Ubiquitous Appliance

유비쿼터스 어플라이언스

공학박사 송면규

碩学堂

머 리 말

Mark Weiser가 Ubiquitous라는 용어를 주창한 이래 기업의 이미지, 광고 카피 등 각 분야에서 새로운 컨셉으로 많이 활용되고 있다. 특히 혁신적인 어구에는 예외 없이 'Smart-' 라는 접두어가 등장하고, 성급한 기업인은 수년내에 휴대폰 없이 개인인증만으로 통화 가능한 시대가 온다고 주장하고 있다. 또 phone으로 영화를 보다가 TV로 연결해 보는 N screen 시대가 열리고 있다. 이렇게 u-Society가 실현되고 있는 것이다. 특히 Ubiquitous의 핵심 인프라로 지칭되는 RFID/USN 활성화를 위한 Chipless Tag 개발 등 그동안 비싼 가격으로 인해 더디게 진행된 RFID 보급이 빠르게 확산될 것으로 전망된다.

요즘에는 각종 이름을 붙인 스마트 폰, 태블릿PC 등이 등장하여 User를 유혹하고 있다. 특히 휴대폰에 GPS와 WiFi, 3G 기지국 정보를 혼합한 위치 측정기술이 사용되는 등 스마트 폰을 활용한 다양한 어플리케이션이 등장하고 있다. 지역 검색과 위치 기반 광고, 지오태깅과 소셜네트워킹, 증강현실과 같이 수많은 위치기반 서비스를 지원할 수 있도록 WiFi, MEMs와 Bar code, NFC/RFID, Bluetooth, 지상파 주파수 등을 활용한 다양한 기술이 활용되고 있는 것이다. 이러한 여러 기술의 융합으로 실내나 지하에서도 사용자의 위치를 끊임없이 추적할 수 있다.

지금까지는 인터넷 서비스의 확산과 많은 솔루션 개발로 e-Business라는 명칭으로 기업 등에서 정보화가 진행되었지만, 이제는 통신 서비스 제공 사업자들이 초고속 정보통신망을 경쟁적으로 가정에까지 연결시켜 가정을 중심으로 한 정보화가 빠르게 확산될 것으로 예상된다. 특히 Smart TV 등이 등장하고 가전기기가 디지털화되면서 인터넷을 통한 정보 서비스 기능과 보다 다양한 기능을 가진 '인터넷 정보가전' 이라는 명칭으로 상용화되고 있다.

일부 통신사업자는 SNS 플랫폼을 다양한 분야의 제휴사와 연계한 할인점, 백화점, 영화관, 학교 등 특정 장소에 위치한 고객에게 광고, 맞춤형 쿠폰, 장소 특화 편의시비스 등 고객 성향에 맞는 스마트 비즈니스를 제공하는 '타킷 마케팅 솔루션' 을 홍보하고 있다. 이렇게 컨버전스 시대로 바뀌면서 전통적으로 묶여있던 '콘텐츠-서비스-네트워크-고객' 이라는 기존의 틀에서 벗어나 이제 누구라도 네트워크 기반의 서비스를 이용할 수 있는 새로운 서비스 프레임이자 탈통신 기반이 조성되고 있는 것이다.

몇년 안에 둘둘 마는 TV가 출현하고 접을 수 있는 휴대폰이 등장하는 등 유비쿼터스를 앞세워 빠르게 발전하는 새로운 기술들이 이제는 특정 영역에서 벗어나 사회생활 전반에 급속히 파급되는 등 변화를 주도하고 있다. 특히, 하나의 제품으로 복합적 기능을 편리하게 이용하고자 하는 소비자의 요구가 증가하면서 QPS(방송+전화+인터넷+이동통신), 텔레매틱스(통신+방송+자동차산업) 등 디지털 컨버전스의 제품이 속속 등장하고 있는 것이다. 향후에는 Youtube Generation이 등장하는 등 음성통화만을 중요시 한 세대는 이해하기 힘든 동영상으로 대화하는 시대를 준비해야 할 것 같다.

주거개념도 단순히 거주와 휴식 장소에서 지식창출이나 정보공유 등을 모두 포괄하는 복합 디지털 주거환경으로 빠르게 변화하고 있다. 머잖아 인터넷이 냉장고, 세탁기 등 가전제품에 들어가고 자동차에서도 사용할 수 있게 되면서 휴대폰이 없어도 개인 인증만으로 언제 어디서나 인터넷 전화를 사용할 수 있게 된다. 이처럼 유비쿼터스는 주거환경의 빠른 변화를 주도하고 있다. 무엇이 이런 변화를 이끌고 있는 것일까. "소비자가 원하는 방향으로 가면 시장은 따라오게 마련"이라는 어느 대기업 임원의 말은 모바일 인터넷 활성화 해법이 결코 멀리 있지 않음을 보여주는 좋은 예가 아닐까 싶다.

이러한 시대적 변화에 대응하고자 본 교재를 RFID/USN, WiFi, u-Home network, ITS, Smart TV 등 유비쿼터스 관련 기본 실무를 중심으로 저술하였다. 물론 본 교재 한권으로 유비쿼터스 분야의 전반을 소화한다는 것은 무리가 있다고 생각한다. 따라서 본 교재를 통하여 유비쿼터스 환경에 대한 기본 지식과 실무, 향후 발전방향 등을 독자가 이해하는데 다소 도움이 될 수 있다면 소기의 목적을 달성했다고 할 수 있겠다. 또한 급속한 IT산업의 발전에 부응하는 교재가 될 수 있도록 선배와 독자 제현의 지도편달을 기대한다. 아울러, 미진한 부분에 대한 보완과 새로운 기술동향 등을 계속 점검해 나갈 계획이다.

끝으로, 본 교재가 출판될 수 있도록 애써주신 도서출판 석학당 윤용호 사장님을 비롯하여 편집부 직원들에게 감사의 뜻을 전한다.

2011년 2월

연구실에서 저자

Contents_

2.4. IPv6(Internet Protocol version 6) _ 140

2.5 WiBro _ 148

2.6 와이파이(Wi-Fi) _ 162

2.7 와이맥스(WiMAX) _ 173

2.8 LTE(Long Term Evolution) _ 175

ubiquitous

제1장

유비쿼터스 소개

1. 유비쿼터스의 의미

유비쿼터스라는 용어를 처음으로 사용한 사람은 미국의 마크 와이저(Mark Weiser)이다. 당시 마크 와이저는 제록스 팰로우 연구소에 근무하고 있었는데, 유비쿼터스 컴퓨팅이 메인프레임, PC에 이은 제3의 정보혁명의 물결을 이끌 것이라고 주장하였다. 또한 일본의 트론(TRON) 프로젝트를 주도해 전 세계의 주목을 받은 바 있는 도쿄대의 사카무라 켄 교수는 그의 저서 '유비쿼터스 컴퓨팅 혁명'에서 유비쿼터스 환경에서는 정보 습득과 활용이 최적화돼 소모성 자원의 효율적인 사용이 가능해질 것이며, 유비쿼터스 컴퓨팅이 대량 생산의 획일적인 '하드와이어드' 사회를 개개인의 다양성에 적절하게 대응할 수 있는 '프로그래머블' 사회로 탈바꿈시켜 줄 것으로 전망하였다. 이처럼 유비쿼터스는 전 세계적인 최대 화두로 다뤄지고 있으며, 유비쿼터스의 실현으로 실세계의 각종 사물들과 물리적 환경 전반, 즉 물리 공간에 걸쳐서 컴퓨터들이 편재되게 하되 사용자에게는 겉모습이 드러나지 않도록 환경 내에 효과적으로 심어지고 통합되는 새로운 형태의 정보통신 환경이 구축될 것으로 보인다. 요즘에는 길거리에서 'u-홈네트워크'라는 간판과 '유비쿼터스 리조트' 등의 홍보물을 쉽게 볼 수 있다. 이제 유비쿼터스 시대에 접어든 것이다.

우리가 생활하는 물리공간을 제1공간, 인터넷상의 활동하는 전자공간을 제2공간이라고 하면, 물리공간과 전자공간이 한데 어우러지는 공간을 제3공간, 즉 유비쿼터스 세상이라고 할 수 있다. 이렇게 공간혁명이 진행되게 된 배경은 인간이 사회적 · 경제적 활동을 하기 위해서는 반드시 물질의 흐름과 정보의 흐름이 같아야 한다는 데서 연유된다. 유비쿼터스 세상이 편하니까 변하려했다기보다는 유비쿼터스 세상은 인간이 도달하고 싶어하는 이상적인 사회 환경으로 자연스럽게 추구되어 온 것이라 보는 것이 옳을 것 같다. 제3공간이 인터넷으로 대변되는 제2공간, 즉 전자공간과 비교하여 다른 점은 전자공간은 거대한 컴퓨터 안에 물리공간을 넣은 것이라고 생각할 수 있다. 즉, 싸이월드 사진첩(전자공간)에 직접 찍은 실제 건물사진(물리공간)을 올리는 것처럼, 제3공간은 우리가 살고 있는 물리 공간을 거대한 컴퓨터로 만들어서 우리가 그 컴퓨터 안으로 들어가 생활한다고 생각하면 이해가 쉬울 것 같다.

특히 요즘에는 SNS, e-mail 등을 통해 tweet(글 한편에 해당하는 단위로 140글자 이내)를 전송할 수 있으며, 트위트는 사용자의 프로필 페이지에 표시되고 다른 사용자들에게도 전달된다. 미국의 첫 흑인 대통령인 버락 오바마가 대통령 선거에서 승리하는데 트위터를 이용한 홍보효과를 톡톡히 본 것으로 알려져 있으며, 기업에서도 홍보나 고객불만 접수 창구 등으로 널리 활용하고 있다.

이 세상을 거대한 컴퓨터로 만든다는 의미는 network를 더 치밀하게 만들고, 이 network에 접속할 수 있는 포인트를 무한대로 늘리는 것을 말한다. 예를 들어, 유비쿼터스로 가기 위한 필수 기술의 하나인 RFID는 머지않은 미래에 단가를 아주 저렴하게 하여 모든 사물에 삽입시키게 된다. 즉 책 한권에 한 개가 아닌 필요에 따라 수십 개에서 수백 개를 삽입시킨다. 예를 들어, 지금 사무실 주변에 수천~수만 개의 RFID가 존재한다고 생각해 보자. 그러면 우리는 PDA나 휴대폰 같은 단말기를 가지고 이 RFID와 필요한 정보를 주고받을 수 있을 것이다. 수많은 RFID를 PDA가 쓰~윽 훑고 단번에 구분할 수 있으려면 RFID는 각자 고유의 주소를 가지고 있어야한다. 그래서 요구되는 기술이 IPv6이다.

↘ IPv6 : 현재 사용하고 있는 IPv4 주소 수의 4제곱을 한 방대한(43억의 4제곱) 주소체계
좀 더 자세한 부분은 뒤에서 설명하기로 한다.

만약 1997년에 어떤 책을 샀는데 사자마자 책에 내장된 RFID칩을 휴대폰으로 조회해보니 "3년 뒤에는 밀레니엄이 옵니다"라는 내용이 나왔다고 해보자. 그러면 13년이 지난 지금 다시 그 책에 그 RFID칩을 조회해보면 분명 "밀레니엄은 지난 지 10년이 되었습니다."라는 바뀐 내용이 나올 것이다. 이것이 가능한 것은 집에 특정한 AP를 설치하면(즉, network를 치밀하게 만들어) 이 책의 RFID칩은 이 AP와 자동으로 교신을 하고 AP는 인터넷망을 따라서 이 책을 출판한 출판사의 서버와 연결돼서 출판사가 내용을 update하는 대로 정보를 이 RFID로 전송해줘서 계속 새로운 정보를 읽을 수 있게 되기 때문이다.

이제는 유비쿼터스의 라틴어 어원인 '도처에 널려 있다' '언제 어디서나 동시에 존재한다.'라는 뜻이 어느 정도 피부에 와 닿지 않나 싶다. 방안에 수만 개의 칩이 있다면 정말 징그러울 정도로 도처에 널려 있다고 생각할 수 있다. 이 정도면 거대한 컴퓨터 안에 인간이 살고 있는 것이라 볼 수 있지 않을까?

그런데 위의 예처럼, 수많은 RFID(컴퓨터)의 끝에는 인간이 있다. 즉 서버의 내용을 update시키는 것은 인간이고, 자동업데이트를 시키는 프로그램이 있다고 해도 그걸 만드는 사람은 곧 인간이다. 그리고 또, 그 인간역시 RFID(컴퓨터)와 프로그램으로 둘러싸인 공간 안

에 있다. 다시 말해, 인간 안에 컴퓨터가 있는 것인지 컴퓨터 안에 인간이 있는 것인지 구분할 수 없는 상태가 된다. 이렇게 전자공간과 물리공간이 서로 어우러진 상태, 이것이 전형적인 유비쿼터스의 모습이다. 하지만 여전히 주도권은 인간에게 있다. 왜냐 하면, 인간은 언제든지 맘에 들지 않는 컴퓨터나, 시스템 또는 프로그램을 바꿔버릴 수 있기 때문이다. 인간이 일부러 통제하지 못하는 기계를 만들기 전까지는 컴퓨터가 맘에 안든다고 인간을 바꿀 수는 없을 것이다. 따라서 유비쿼터스 시대에는 기술적인 재정립과 더불어 새로운 세싱에 대한 필요한 가치관과 윤리의식도 재정립되어야 하겠다.

2. 유비쿼터스 시대

언제부터인가 유비쿼터스에 대해 사람들의 관심이 부쩍 높아졌으며, 유비쿼터스라는 용어가 최근 들어 일반인의 입에서도 쉽게 오르내릴 정도로 일상적인 용어가 됐다. 최근에는 u-홈네트워크, 인터넷 냉장고 또는 유비쿼터스 아파트 등 각종 광고에서도 쉽게 유비쿼터스 용어를 접할 수 있다. 그러나 정작 일반인들이 생각하는 유비쿼터스의 개념은 서로 다르고, 또 그 개념이 모호한 경우가 많다. "이것이 유비쿼터스다"라고 말하는 전문가들은 많지만, 모두 제각각이다. 전문가의 입장이 아닌 일반인의 관점에서 한번쯤은 그 정의에 대해 정리해 보면 어떨까 생각한다.

'지금 사용하고 있는 컴퓨터(PC라고 생각하자)의 불편한 점이 무엇인가' 라는 질문이 유비쿼터스를 바로 인식하는 출발점이라 할 수 있겠다. 독자가 이동 중에 smart phone 등 4대의 컴퓨터를 활용하고 있다고 가정해보자. 우선 4대의 컴퓨터를 활용하자면 불편한 점이 있을 것이다. 그것은 바로 필요한 정보를 찾을 때마다 서로 다른 장소에 있어 바로 활용할 수 없기 때문이다. 또한 각 컴퓨터마다 서로 다른 버전의 소프트웨어가 있어 호환성 문제로 자료들 찾더라도 열어보지 못하는 등의 문제점도 종종 발생한다. 이외에도 집이나 사무실을 벗어나 자료를 프린트하는 것이나, 서로 다른 컴퓨터의 정보 공유 등의 기술적인 문제들이 발생한다. 이렇듯 지금 사용하고 있는 컴퓨터의 불편함을 보완하는 것이 작은 의미에서의 유비쿼터스 출발이 아닐까 생각한다.

유비쿼터스의 관점에서 볼 때 기존 컴퓨팅 환경을 개선해야 할 문제들은 다음과 같은 것이다. 언제 어디서나 software service data에 변함없는 접근을 할 수 있어야 한다. 즉, 내가 필요로 하는 software service data는 항상 한 곳에 있어야 한다. 통상 유비쿼터스를 얘기할 때 홈 네트워크를 그 전부인양 생각하는 것이 일반적이다. 그러나 향후 유비쿼터스는 우리가 살아가는 모든 곳에 적용된다고 보는 것이 좀 더 타당할 것이다. 태그, 센서, 네트워크, 미들웨어, 인터페이스, 텔레매틱스, 지능형 홈 등 다양한 분야에서 유비쿼터스가 구현될 것이기 때문이다.

일본의 노무라연구소에서 유비쿼터스 네트워크 연구를 주도하고 있는 무라카미 데루야스 이사장은 지난 1988년 미국 제록스사 팔로알토 연구소의 마크 와이저가 제기한 '유비쿼터스 컴퓨팅'을 '유비쿼터스 네트워크'란 독창적인 개념으로 재해석하였다. 그들의 주장에는 어떤 차이가 있는 것일까? 유비쿼터스 컴퓨팅이 모든 장치(꼭 장치만은 아니지만, 이해를 쉽게 하기 위해 장치에 국한하고자 한다)에 컴퓨터 칩을 집어넣어 모든 곳에서 컴퓨팅 환경을 구현하는 것이라 한다면, 유비쿼터스 네트워크는 '인간이 언제 어디서나 컴퓨터에 연결(네트워킹)돼 있는 환경'을 의미하는 것이다.

여기서 주목할 점은 지금까지 대부분의 사람들은 유비쿼터스란 유비쿼터스 컴퓨팅이라고 생각하고 있다는 것이다. 또한 모든 장치를 개발 · 판매하는 기업들의 입장에서도 냉장고에 컴퓨터 칩을 넣어 냉장고가 컴퓨팅을 하는 환경을 고려하고 있다. 하지만 유비쿼터스 네트워크는 어떠한가? 유비쿼터스 네트워크는 냉장고가 네트워크에 연결만 되면 되는 것을 의미하며, 유비쿼터스 네트워크 환경에서의 냉장고는 컴퓨터가 아니라 통신 단말기가 되는 것이다. 이처럼 유비쿼터스를 유비쿼터스 컴퓨팅과 유비쿼터스 네트워크의 관점에서 볼 때 필자는 일반적으로 유비쿼터스 네트워크 쪽에 더 많은 비중을 두고 싶다.

앞서 언급한 유비쿼터스 관련 기술과 활용분야에서 보듯 유비쿼터스는 실제로 일반인이 알기에는 쉽지 않은 내용들이다. 위와 같이 다양한 분야의 기술들을 이용해 유비쿼터스 세상을 만들고, 일반인이 실제로 이용하는데는 또한 간과해서는 않될 중요한 것이 있다. 바로 각 단말기별 통신을 중계하고 중앙 집중 컴퓨팅을 수행하기 위한 '서버 기반 컴퓨팅 기술' 및 컴퓨팅 결과 산출물을 저장할 수 있는 '스토리지 기술'이다. 또한, 중앙 집중 컴퓨팅을 하기 위해서는 소프트웨어 등을 사람이 실제로 조작하기 위한 인터페이스 통합 기술이 별도로 필요하게 된다. 서버기반 컴퓨팅 환경의 유비쿼터스 네트워크가 구현되면 사용자는 제조사의 단말기에 종속되지 않고 자신이 소유한 어떤 단말기(휴대폰 · TV · 냉장고 · PDA 등)로도 유비쿼터스 세상을 즐길 수 있게 될 것으로 기대된다. 머지않아 우리 앞에 다가올 유비쿼터스 유토피아 세상을 생각하면서 말이다.

3. 유비쿼터스 환경구축을 위한 기술요소

기본적인 환경구축을 위해서는 거미줄 같은 네트워크, 스스로 감지하고 동작하는 컴퓨팅과 센서 기술, 그리고 NT(나노기술), BT(생명기술), CT(문화기술), ET(환경기술), RT(로봇기술), ST(우주기술)기술 등과의 융합이 이루어져야 완벽한 유비쿼터스 시대가 열리게 된다.

우리나라에서는 크게 3가지 기반 기술로 uBcN, IPv6, USN 을 추진하고 있는데, 여기서는 간략하게 설명을 하기로 한다.

가) uBcN(ultra Broadband convergence Network)

통신 · 방송 · 인터넷을 통합한 망으로 음성 · 데이터 · 유무선 · 방송 서비스를 언제 어디서나 이용할 수 있도록 하는 유비쿼터스형 서비스망을 말한다. 현재 통신과 방송을 융합한 DMB서비스와 음성과 data의 통합서비스인 VoIP(인터넷 전화) 서비스 등을 제공하고 있으며, 향후 통합망이 완성되면 모든 제품들은 네트워크에 연결되어 언제 어디서나 원격으로 원거리의 장치를 제어하거나 자동차내의 TV를 통한 화상통화같이 여러 망을 융합한 서비스를 제공받을 수 있게 된다.

유선통신 기술로는 엑세스망으로 기존의 전화망, xDSL망, CATV망, 차세대 광통신 기술인 FTTH가 있고 댁내 망에 필요한 PLC(전력선 통신)기술, 랜 케이블을 이용한 이더넷 기술, 기존 전화선을 이용한 홈 PNA 기술, PC 주변기기에 주로 활용되던 IEEE 1394 등이 있으며, 무선통신 기술로는 IEEE 802.11을 핵심으로 하는 무선 랜(WLAN)기술, 근거리 무선통신인 블루투스, IEEE 802.15.3 High Rate WPAN 기술 및 IEEE 802.15.4 low Rate WPAN 기술 등이 있다.

참고로, 고속 WPAN 기술은 저속 WPAN 기술의 특징과 같이 소형, 경량, 저비용, 저전력 및 간편한 휴대 등이 요구되며, PC주변기기, 가전기기, 모바일기기간의 고속data 전송이 가능하고 HD급 영상을 손쉽게 전송하고 원하는 정보를 down loading하거나 up loading하는 시간을 최소화할 수 있다. 또 저속 WPAN 기술은 무선센서 네트워크에 주로 응용되어 모든 사물에 내재되거나 혹은 부착 · 착용할 수 있는 소형, 경량, 저비용, 저전력 및 간편한 휴대 등의 특성을 갖춘 센서노드들 간의 네트워킹을 제공한다. 센서노드는 환경, 방범 · 방재, 헬스케어, 위치, 음성 등과 같은 다양한 종류의 센싱기능, 센싱데이터 처리 및 제어 데이터 생성, 무선전송기능으로 구성된다. 이처럼 유비쿼터스 시대는 존재하는 모든 사물에 센싱 혹은 액츄에이션 노드가 부착될 수 있고 이들 간의 유기적인 네트워킹을 통하여 맞춤형 서비스 제공이 가능하여 이 분야의 연구 활동은 더욱 왕성할 것으로 기대된다. 이 모든 기술이 개별적으로 발전해서 최종적으로 융합이 될 때 진정한 유비쿼터스형 통합망이 구축될 것이다.

나) IPv6

IPv6는 현재 사용하고 있는 IPv4 주소 수의 4제곱을 한 방대한(43억의 4제곱) 주소체계를 뜻하는데, 지금의 주소 체계로는 수적인 한계가 있기 때문에 IPv6를 도입한 것이다.

예를 들어, 통합네트워크(BcN)가 구현되어 원격으로 차안에서 집안에 에어컨을 틀고 싶을 때 네트워크상의 에어컨을 찾기 위해서는 에어컨의 주소가 있어야 하고, 이런 식으로 모든 제품마다 필요에 따라 모든 부속마다 IP주소가 필요하게 되어 엄청난 양이 필요하게 되기 때문에 유비쿼터스 환경의 구축을 위해 IPv6 주소체계는 필수적이다.

다) USN(Ubiquitous Sensor Network)

USN은 필요한 모든 곳에 RFID로 대표되는 센서들을 부착하여 주변 환경을 인식하고, 나아가 통합네트워크(BcN)와 연동시켜 정보를 관리하는 네크워크를 말한다.

고속도로 Toll gate를 예를 들어보자. 이제는 달리면서 그냥 통과해도 요금이 자동으로 결제된다. 자동차 내에 RFID칩이 부착되고 toll gate에 RFID 리더기가 설치돼 있어 자동차가 지나가면 리더기가 자동차 소유자의 RFID칩을 감지, 소유자의 은행계좌를 파악하고 통합망에 연결되어 소유자의 은행계좌를 연결하여 요금을 자동으로 징수하게 된다. 또 자동차가 하루에 몇 대나 toll gate를 통과했는가 하는 기본적인 정보부터 필요에 따라 어떤 색깔의 어떤 차종이 통과했는지 하는 구체적인 정보까지 알 수 있다.

USN의 최종단계는 무수히 많은 센서들간 상호 네트워크를 형성(Ad-hoc 네트워크)하여 기능이 적은 다른 센서를 제어하는 단계인데 모든 차와 고속도로에 RFID칩이 삽입되면 고속도로의 센서(노면파악)와 프로그램에 따라 차량은 제어를 받아 무인으로 주행이 가능하고 뒷차가 가깝게 다가오면 감지하여 자동으로 뒷차의 속도를 줄이도록 제어해서 안전 운행이 가능한 환경이 만들어진다. 우리나라 자동체 업계에서도 올해부터 자동제어시스템이 장착된 자동차를 출고하겠다고 홍보하고 있다.

유비쿼터스 시대의 한 장면을 스크린 하여 보자.

출근길에 나선 교수 김영주 씨가 차를 몰고 도로에 진입하자 노면이 미끄럽다는 안내음성이 나온다. 막히는 길도 당연히 자동으로 안내된다. 도시 전체에 유비쿼터스 시스템이 도입됐기 때문에 교통량이 한쪽으로 몰릴 걱정도 없고 화재나 교통사고가 발생하면 실시간으로 경찰서와 소방서로 정보가 전달된다. 또 가로등 조명은 주변 환경과 날씨에 따라 자동으로 제어된다. 이렇게 유비쿼터스는 날씨부터 교통, 치안, 관광까지 다양한 정보를 원하는 시민에게 휴대폰으로 실시간 전송해 준다.

u-IT839의 9대 신성장 동력 중 하나로도 꼽힌 IT SoC도 필수 기술로 볼 수 있는데, 전자제품을 열어보면 하나의 기판위에 여러 개의 반도체나 칩들이 붙어있는걸 볼 수 있다. SoC(System on Chip)란 이렇게 많고 부피도 큰 것을 하나의 칩에 모두 집결시키는 기술로 고장율도 낮고 가격도 저렴하고 크기도 작아서 모든 사물에 컴퓨터를 삽입시키는 유비쿼터스 시대에 필요한 기술 중 하나이다.

그리고 적용환경에 따라, 유비쿼터스형 실내를 구축하기 위한 홈 네트워크 기술이 있고 주행 중에 필요한 텔레매틱스 기술이 있다. 기본적으로 위에서 소개한 기술들을 바탕으로 환경에 더 적합한 기술들끼리 모았다고 보면 된다.

참고로, 컴퓨팅 기술로는

· 입는 컴퓨팅(wearable computing): 컴퓨터를 옷이나 안경처럼 착용
· 노매딕 컴퓨팅(nomadic computing): 어디서든 연결된 환경 실현
· 퍼베시브 컴퓨팅(pervasive computing): 모든 사물에 컴퓨터를 심음
· 조용한 컴퓨팅(silent computing): 사용자가 의식하지 않아도 작업 수행
· 감지 컴퓨팅(sentient computing): 센서를 이용한 정보 감지
· 1회용 컴퓨팅(disposable computing): 저렴한 가격의 컴퓨터
· 임베디드 컴퓨팅(embeded computing): 수행기능을 사전에 프로그래밍
· 엑조틱 컴퓨팅(exotic computing): 스스로 생각하여 물리공간, 전자공간의 연계

등이 필요하고, 삶을 풍족하게 할 수 있는 다양한 콘텐츠들이 필요하다. 또 개인정보의 유출이 심각해 질 수 있는 상황에서 보안기술도 필수이고, 새로운 환경에 따른 에티켓과 윤리의식이 요구된다 하겠다.

4. 유비쿼터스 서비스의 분류

유비쿼터스 공간에서 중요한 가정은, 언제 어디서나 아무런 장애없이 사물과도 칩을 통하여 통신할 수 있어야 한다는 것이다. 향후 우리 인류는 유비쿼터스 사회의 도래로 인하여 커다란 변화를 겪게 될 것이다. 그러한 변화 중의 하나가 유선이나 무선 인터넷으로는 상상할 수 없을 정도로 다양한 유비쿼터스 서비스들의 속출이라고 할 수 있다. 유비쿼터스 공간에서는 어떤 서비스들이 관심을 끌게 될 것이고, 또 이러한 서비스들을 체계적으로 분류할 방안이 필요하다.

유비쿼터스 서비스를 "u-Trade, u-Hub, u-Care, u-Support" 이렇게 크게 4가지 서비스 군으로 분류해서 설명하면 다음과 같다.

가) u-Trade

누구나 한번쯤은 대형 할인매장에서 쇼핑한 경험이 있을 것이다. 다양한 물건을 고르거나 구경하는 일은 시간이 걸리더라도 재미있지만, 살 물건을 모두 고른 후 계산대 앞의 긴 줄에서 기다리는 것처럼 지루한 일은 없을 것이다. 이러한 문제를 해결하기 위해 세계 최대의 유통업체인 월마트는 퓨처스토어 프로젝트를 추진하고 있다. 즉 고객이 계산대에서 카트를 끌고 지나가기만 하면 계산대의 센서가 지불해야 할 금액을 자동으로 인식하므로, 고객은 더 이상 긴 줄에서 지루하게 기다릴 필요가 없게 된다. 이렇듯 유비쿼터스 공간이 형성되면 대형 상점의 계산대 앞에서 내 차례가 오기만을 지루하게 기다리는 것도 추억으로 남게 될 것이다.

전 세계 최대의 유통업체인 월마트는 물류혁신을 통한 경쟁력 제고를 위해 정보기술에 대

한 깊은 관심과 과감한 투자로 관련 업계를 선도하여 왔다. 지금 월마트는 유비쿼터스 시대를 대비하여 RFID 기술을 기반으로 하는 퓨처스토어를 추진하고 있다. 일찍이 Bar code 시스템을 구축하여 물류혁신과 고객만족을 주도한 바 있는 월마트가 퓨처스토어를 통하여 제2의 혁신을 선도하고 있다.

이렇게 월마트가 제공할 예정인 지불과 관련된 유비쿼터스 서비스는 고객이 할인매장 등에서 쇼핑할 때이므로 사용방법은 간헐적(Spot)이고, 사용목적은 삶의 질, 즉 웰빙보다는 생산성 향상에 있다고 할 수 있다. 이러한 유형의 유비쿼터스 서비스는 실거래 또는 실거래를 위한 보조 업무가 주목적이므로 'u-Trade' 라고 부른다.

한국도로공사에서는 실시간으로 교통상황을 알려주는 등 고속도로의 정보화 및 첨단화를 위하여 지능형 고속도로를 추진하고 있다. 이를 지원하는 ITS 서비스는 정체의 가중, 교통 흐름의 단절 등을 파악하는 교통정보 시스템과 교통정보 감지기술, 교통흐름 제어기술, 실시간 정보의 송 · 수신 기술 등과 같은 첨단 정보통신 기술을 접목함으로써 고속도로의 유비쿼터스화를 선도하고 있는 중이다.

↘ ITS(지능형 교통 시스템, Intelligent Transport System) :
기존의 도로 체계에 정보통신 기술과 자동차 제어 기술을 도입하여 교통 체계의 효율성과 안정성 등을 높이기 위한 것. 특히 차량과 교통 기반 시설들을 연계시켜주는 유 · 무선 통신망은 시스템의 안정도와 서비스의 성공적인 제공을 위해 필수적인 요소이다.

2007년에 한국도로공사에서 시속 160km의 속도로 주행할 수 있는 한국형 '아우토반' 을 2016년까지 1,500억 원을 들여 구축한다고 발표했다. 도로공사에서 구축하고 있는 한국형 차세대 고속도로 '스마트 하이웨이' 를 살펴보면, 스마트 하이웨이는 정보기술(IT)과 첨단 도로 건설기술이 결합된 형태로 차 안에서 도로 상황 등 교통정보를 실시간으로 주고받으며 소음과 교통체증 없이 고속주행이 가능한 고속도로를 말한다. 스마트 하이웨이가 인공위성이나 교통정보센터를 이용해 각종 안전정보를 각 차량에 제공해 일부 기능을 제어하기 때문에 가능하며, 첨단 고속도로가 건설되면 운전자들은 안전성과 편리성을 실감하게 된다.

그리고 가끔 발생하는 안개 속 다중충돌사고나 악천후로 인한 교통사고 등을 미연에 방지할 수 있게 된다. 또 처음 설계과정부터 고속 주행에 적합하도록 만들어져 운행 시 소음이 크게 줄어들고, 고속 주행 시에도 안정적 운전이 가능하다. 특히 도로와 차량 간 양방향 정보전달이 가능하기 때문에 실시간 정체구간 해소, 우회도로 안내 등이 가능한 것도 장점이다. 이렇게 스마트 하이웨이는 국내 거점 도시간의 이동성을 향상시켜 궁극적으로 물류비 절감과 국토균형 개발에도 큰 도움을 줄 것으로 기대된다.

주요 ITS 서비스로는 '하이패스' 와 같은 전자식 통행료징수 시스템인 ETCS, 교통관리 시스템인 FTMS 등이 있다. 그리고 실시간 교통정보를 수집 · 분석하여 고속도로 운전자에게 제공함으로써 교통의 흐름을 원활하게 하고, 도로의 효율성을 극대화시키며 차량의 안정성을 도모하고 있다.

나) u-Hub

"Out of sight, out of mind" 라는 속담이 있다. 과거에는 해외에 멀리 떨어져 있는 사람이 생각나면 전화로 음성 통화를 했다. 하지만 이제는 휴대폰으로 해외 거주자와 SMS, photo mail 교환 등 글로벌 로밍 서비스가 가능해져 지리적인 거리와 전혀 무관하게 되었다. 예컨대 UMS 서비스는 유비쿼터스 공간에서 필요할 때, 즉 간헐적으로 그리고 생산성보다는 삶의 질, 즉 웰빙 향상을 위해 주로 활용될 것이다. 사용 방법은 간헐적이고 사용 목적은 웰빙, 즉 삶의 질 향상에 해당된다. 유비쿼터스 시대의 초기 단계에는 여전히 이동통신회사라는 Hub를 중심으로 고객 간에 서비스가 이용될 것이므로 'u-Hub' 라고 부른다.

NTT도코모는 'i-mode' 의 신화적인 성공, 세계 최초의 3G 서비스인 FOMA 개시 등과 같은 성공을 바탕으로, 이제는 유비쿼터스 시대의 첫 주자가 되기 위해 네트워크 분야의 경쟁력 제고에 회사의 역량을 집중하고 있다. 네트워크 분야의 근간이 되는 FOMA, I-mode 등에서의 탁월한 경쟁력을 활용, 유비쿼터스 전략도 관련 네트워크 분야의 선점을 목표로 하고 있다. 또한 FOMA, i-mode 서비스를 통하여 고객 해지율을 낮추며, 신규 고객도 대거 유치하고 사용자에게는 다양한 서비스로 고객만족을 제공하기 위해 노력하고 있다.

다) u-Care

한여름 찌는 듯한 삼복더위에 외출하고 난 뒤 집에 돌아오면 부랴부랴 에어컨을 켤 것이다. 하지만, 집안 공기가 시원해지는 데는 한참이나 걸려 에어컨을 켜고 난 후에도 한동안 더위 때문에 짜증이 난 경험이 있을 것이다. 이제 유비쿼터스 시대에는 이러한 일로 시달릴 필요가 없다. 집에 도착하기 전에 모니터와 같이 설계된 자동차 윈도우를 통하여 운전하면서 집안을 살피기도 하고 날씨가 더우면 미리 에어컨을 켤 수도 있기 때문이다. HP가 추진 중인 cool town 프로젝트의 예를 분석해 보면, 운전자는 이러한 유비쿼터스 서비스를 간헐적이 아닌 지속적으로 그리고 생산성보다는 삶의 질, 즉 웰빙 향상을 위해 주로 이용하게 될 것이다.

사용방법은 지속적이고 사용목적은 삶의 질, 즉 웰빙 향상에 해당한다. 이러한 유비쿼터스 서비스는 사용자 배려가 주목적이므로 'u-Care' 라고 한다.

MS는 운영체계나 office tool 중심의 소프트웨어 회사에서 '컴퓨팅 생활공간을 창조하는 기업' 이라는 비전으로 easy living의 시제품을 구현함으로써 유비쿼터스 시대에 대비하고 있다. Easy living은 상황인식, 위치감지, 분산, 이동 및 무선 등의 컴퓨팅을 통해 유비쿼터스 공간에서 많은 잠재력을 보여주고 있다. 즉 지능형 환경을 기반으로 이동 컴퓨팅 기술을 지원하는 프로젝트로 일상생활에 적용될 유비쿼터스 컴퓨팅에 대한 구체적인 접근사례라고 할 수 있다. Easy living에서 제공되는 시나리오는 인지력, 개인 확인, 산재된 컴퓨팅, 자동 행위, 음악연주 응용 등이고 관련 기술로는 개인추적시스템, 의자/바닥 센서, 카메라 이용 탐지, 뉴퍼슨 트래커, 액티브 배지, 키보드 탐지 등이 있다.

또한, HP는 개방형 표준을 기반으로 웹, 휴대용 단말기, 전자기기 등을 이용하여 생활의 모든 환경을 인터넷과 상호 융합하는 cool town 프로젝트를 추진함으로써 유비쿼터스 사회를 추진하고 있다. Cool town 환경에서는 모든 정보기기가 인터넷에 접속되며 인간은 무선, 기기, 서비스와 통합되어 콘텍스트를 인지하는 상태가 되고 모든 사물이 웹에 표출된다. HP는 개별 기업 중심인 닷컴에서 네트워크 중심인 닷넷으로의 대전환이 이루어진다는 비전 아래 전자기기, 네트워킹, 웹 등의 교차점에 관한 연구를 수행해 왔다. Cool town 프로젝트가 완성되면 인터넷을 사용하지 않는 약 40억 명의 지구상 인구도 네트워크 속으로 들어와 인터넷의 정보를 활용할 수 있을 것으로 기대된다.

라) u-Support

여러분은 가을 단풍을 즐기려고 설악산이나 내장산에 갔다가 길이 많이 막혀 일부러 산악지역으로 우회한 적이 있을 것이다. 또 "길이 꼬불꼬불하고 가로등이 드문데다 달빛도 없는 한밤중이어서 사고가 나지 않을까" 하고 운전하면서 식은땀을 흘리거나 장시간 운전으로 피곤하여 졸음운전을 한 경험이 있을 것이다. 이러한 상황에 처하더라도 유비쿼터스 공간에서는 전혀 두려워할 필요가 없다. 도로 노견에 칩들이 내장되고 자동차에는 센서가 부착돼 있어 차가 노견으로 너무 가까이 접근하면 충돌하지 않도록 사전에 핸들을 꺾어줄 것이기 때문이다.

또한, 자동차가 위치추적을 바탕으로 집과의 거리를 수시로 체크하고 길거리 신호등으로부터 교통상황을 실시간으로 전송받아 집에 도착하기 전에, 예를 들어, 30분 전에 운전자에게 음성으로 "도착 30분전"이라고 알려줄 것이다. 나아가 "에어컨을 켤 것인가?" "전기밥솥 전원을 켤 것인가?" 등 운전자가 관심을 가질만한 사항들을 하나하나 물어오면, 단순히 "예" 또는 "아니오"라고 대답하면 자동차가 음성을 인식해서 그대로 조치를 취하게 된다.

이러한 ITS나 텔레매틱스 서비스를 분석해보면, 국가나 지방자치단체가 간헐적이 아닌 지속적으로 그리고 위험한 곳의 도로를 넓히거나 수신호를 할 필요가 없게 되므로 웰빙, 즉 삶의 질보다는 생산성 향상을 위해 주로 사용하게 될 것이다. 사용방법은 지속적이고, 사용목적은 생산성 향상에 해당된다. 그리고 업무 지원이 주목적이므로 'u-Support' 라고 부른다.

세계 최대의 자동차 회사인 GM은 자동차 시장의 한계를 절감하고 신규 수요를 창출하기 위해 부가적으로 온스타 서비스를 제고하기 시작했다. GPS와 무선 통신망을 기반으로 한 온스타 서비스는 운전자와 탑승자에게 교통정보, 응급 상황시 대처, 원격 차량 진단, 인터넷 이용 등 각종 서비스를 제공한다. GM이 온스타 서비스를 제공함으로써 경쟁력을 회복하게 되자 다른 회사들도 자체적으로 또는 다른 회사들과 연합하여 유사한 서비스를 도입하기 시작했다.

또한, 코리아나 화장품은 신속한 물류배송으로 고객만족과 유통질서 확립을 위해 장기간에 걸쳐 다각적인 노력을 기울여 왔다. 물류 시스템의 완전 전산화가 이루어지지 않았던 초기에는 제품별로 암호화가 되지 않아 유통경로에 대한 추적이 쉽지 않았다. 비표 바코드 시스템을 직접 판매 방식인 전 유통 채널과 대리점 도매 판매 채널에 적용함으로써 물류 편의성, 유출 방지 등의 효과를 거두게 되었다. 비접촉식인 RFID 기술은 현재 일부 생산출고 라인에만 적용되고 있으나 향후에는 비표 바코드 시스템으로 대체하게 된다. 아래 〈표 1.1〉에 서비스별 패러다임을 보여주고 있다.

〈표 1.1〉 서비스별 패러다임

서비스 군	유비쿼터스 서비스	서비스 군	유비쿼터스 서비스
u-Trade	거래, 지불/광고 금융, 오락	u-Support	ITS/텔레매틱스, 원격검침 FFA/원격지원, 비디오 콘퍼러싱
u-Hub	커뮤니티, UMS 실시간 채팅, 파일공유	u-Care	디지털 홈, 헬스 케어 관리 지원, 교육, 보안

5. 유비쿼터스시대 문제점과 해결방안

유비쿼터스 시대에서 가장 중요한 것 중 하나는 개인 프라이버시 침해의 문제다. 이미 방송통신위원회에서는 'RFID 사생활 보호지침안'을 마련하고 RFID태그에 의한 개인정보의 기록이나 수집행위를 전면으로 금지하기로 하고, 2007년 하반기부터 적용하고 있으나 편법과 처벌을 두려워하지 않고 저지르는 범죄의 가능성이 여전히 존재하고 있다. 지금도 몰래카메라가 보안용으로 둔갑하여 버젓이 판매되고 있는 것처럼 특수한 RFID 리더기를 구입해서 벽 넘어 옆집의 RFID 정보를 얻어낸다던지 길에 지나가는 사람들로부터 그 사람의 RFID칩을 통해 몰래 정보를 빼내올 수도 있다. 사신의 정보를 누군가가 훔쳐본다는 것도 기분 좋은 일이 아닌데 이 정보를 나쁜 곳에 이용한다면 아주 큰 문제가 될 것이다. 이를 막기 위해서는 보다 강력한 법적 제도와 시민들의 건전한 윤리의식이 필요하고 보안, 암호화 기술이 더 발달되어야 하겠다.

2007년 8월에 '너무 친절한 버스카드'라는 제목의 기사가 있었다. 내용은 운전자가 사용한 버스카드 이력을 상세하게 검색할 수 있다는 것이다. 남편이 아내에게 친구 모임에 간다고 전화를 했는데, 우연히 아내가 인터넷 검색을 통해 남편의 버스카드를 조회한 바, 남편이 다른 장소에 있는 게 확인되어 가정 분란이 있었다는 것이다. 이러다 조지 오웰의 '1984년' 같은 세상이 올까 두렵다.

두 번째 문제는 정보 격차가 점점 커진다는 점을 들 수 있다.

즉, 부익부 빈익빈 현상이 심화될 수 있다는 것이다. 지금도 인터넷을 사용하는 사람과 그렇지 못한 사람과의 정보 격차가 큰데 본격적인 유비쿼터스 시대가 되면 IPTV, IP폰, 웨어러블 컴퓨터, 텔레매틱스 등 수많은 장비와 서비스들이 쏟아지게 되면서 일부 특권층에서만 이 엄청난 서비스와 정보들을 누리게 될 것으로 예상된다. 예를 들면, TV를 보면서 한 탤런트가 입은 옷이 사고 싶을 때, 이것을 TV를 통해 바로 살 수 있는 자와 인터넷으로 검색해서 사는 자, 그리고 발품을 팔아서 가게를 뒤져서 사는 자와 아예 못 사는 자를 비교해보면 불과 몇 년 전에는 볼 수 없었던 빈부에서 오는 또 다른 차이를 보게 될지도 모른다.

세 번째는 시스템 자체의 취약성에 관한 문제이다.

유비쿼터스 시대 이전에도 한 회사의 서버가 다운된다는 것은 큰 손실을 의미하였다. 단지 전자공간상에서의 활동이 정지된 것인데 이것이 곧 물리공간에 영향을 주어 손실이 발생하게 된 것이다. 하지만, 이 전자공간과 물리공간이 같이 돌아가는 유비쿼터스 시대에서 시스템이 다운된다는 것은 전자공간과 물리공간에 동시에 피해를 주게 되는 것이고, 사람을 대신해서 기계가 일을 하고 있어서 수동으로 물리공간을 돌릴 수도 없게 된다. 따라서 예전에 비해 훨씬 더 큰 손실을 주게 될 것이다. 또 거미줄 같은 네트워크가 형성돼 있어서 바이러스 등이 침입할 수 있는 경로가 훨씬 더 다양해진다. 이런 문제를 해결하기 위해서도 보안 기술과 암호화 기술의 발전이 필수적이고 법적 제도의 재정립이 필요하다.

네 번째 문제점으로 사람들의 기계 의존도가 너무 커진다는 것이다.

그리고 더 큰 문제는 사람들이 기계에 의존하고 있다는 것조차 못 느낀다는 것이다. 이것이 곧 유비쿼터스 시대의 장점이자 단점이다. 모든 기계가 잘 작동을 한다면 그나마 문제는 덜하겠지만, 만약 기계가 고장 났을 때는 문제가 된다. 예를 들어, 홈 네트워크 시스템으로 집안 온도와 습도, 채광, 소음 등을 최적의 상태로 유지하며 생활하다 갑자기 고장이 나면(이미 면역력은 약해져 있어서) 금방 병이 날 수 있다. 더우면 대문을 활짝 열고, 등목을 하던 시절에 비해 사람들은 자신도 모르게 온실 안의 화초처럼 변해갈 것이기 때문이다.

다음으로 전자파에 의한 피해도 간과할 수 없다. 지금도 흔히 휴대폰이나 모니터에서 발생하는 전자파도 좋지 않다고 하는데 무선이 보편화되는 유비쿼터스 시대의 공간은 무선 랜, 블루투스, 지그비, UWB 등 각종 주파수의 전자파들로 가득 차게 될 것이다. 따라서 이를 대비한 기술적인 대안이 모색되어야 할 것이다.

그리고 제도적 법률도 유연하게 마련되어야 한다. 분명 급속한 변화 속에서 많은 기술적, 사회적 문제들이 발생하게 될 것이다. 이럴 때마다 신속하게 새로운 법률적인 해결방안이 마련되어야 한다. 제도적 방안이 걸림돌이 돼서 발전하는 기술의 속도를 저해하는 요인이 된다면 이것이야말로 정말 큰 손실이 아닐 수 없다.

마지막으로 가장 필요한 것은 성숙된 시민의식이다. 앞으로 밀려올 수많은 변화들에 분명히 혼란스러운 면이 있을 것이다. 이를 미리 이해하고 능동적으로 대처할 수 있어야 하겠다.

6. Ubiquitous Refine

언어는 시대의 변화를 담는 그릇이다. 새로운 기술이 도입되거나 삶의 양식이 변하면 새로운 단어가 탄생한다. 정보기술(IT)이 그 대표적인 예이다. 요즘은 'IT' 라는 단어가 마치 우리말이라도 되는 것처럼 무차별적으로 사용되고 있으며 '유비쿼터스' 라는 용어도 일반화되었다.

하지만 유비쿼터스의 원래 의미는 신성을 담고 있다. 라틴어로 '하느님은 언제 어디서나 당신과 함께 계신다' 는 뜻이다. 이는 '신(神), 곧 우주' 라는 범신론적 개념이다. 하지만 유비쿼터스 환경에 힘입어 이제 인간이 과거에는 상상조차 할 수 없었던 신의 영역으로 발을 들여놓은 셈이다. 정말 대단하지 않은가.

가) 유비쿼터스 우려

인간이 과거에는 상상조차 할 수 없었던 신의 영역으로 발을 들여놓았다고 생각해서인지 유비쿼터스에 대한 평가는 대부분 '찬양' 일색이다. 하긴 가족과 외식을 하고 귀가하기 전에 냉 · 난방 온도를 미리 맞춰놓고, 해외에서 휴가를 즐기면서 언제라도 주식매매 주문을 낼 수 있으니 찬양의 대상이 되는 건 당연할지도 모르겠다. 하지만, 모든 현상이 그렇듯 유비쿼터스 또한 그 나름의 장점과 문제점을 동시에 갖고 있다. 개개인이 언제 어디서나 누구와도 접촉할 수 있다면 그만큼 사생활도 제약을 받을 가능성이 높아진다.

1980년대 후반에 사회생활을 한 사람들 가운데 상당수는 '삐삐' 때문에 한두 번은 당혹스러운 경험을 했을 것이다. 목욕탕에 들어가자마자 삐삐가 울리는 바람에 몸에 물 한 방울 묻히지 못한 채 다시 나와야 했다는 얘기도 심심찮게 들을 수 있었다. 지금의 IT 기술은 과거의 삐삐(pager: 수신전용 단말기)와는 비교가 되지 않을 정도로 발전했다. 마음먹기에 따라서는 사생활을 제약하는 정도가 아니라 얼마든지 침해할 수도 있다. 언제 어디에서 누구와도 접촉할 수 있다는 것은 개개인이 항상 감시의 내상으로 전락할 수 있다는 뜻이다.

이제는 IT 기술을 이용해서 영화에서처럼 개인의 일거수일투족을 마치 운동경기를 시청하듯 감시할 수도 있다. 이동통신 서비스 '친구 찾기' 를 통해 노조 간부를 감시했다는 의혹을 산 대기업의 경우가 대표적인 사례다. 그래서 선 마이크로시스템즈의 CEO 스콧 맥닐리는 "이제 사생활이란 아예 없다. 이런 상황에 적응하려고 노력할 수 밖에 없다" 고 말할 정도다.

나) 유비쿼터스의 빛과 그림자

유비쿼터스의 우려는 여기에서 그치지 않는다. 최근에는 통신서비스업체 등을 통한 개인정보 유출 사건이 수시로 발생하고 있다. 통신업체 등이 보유한 막대한 양의 개인 신상정보 DB를 입수해 마케팅에 활용하려는 수요 때문이다. 그러다 보니 가입자 개인정보 임대사업을 아예 신규 수익사업으로 추진하는 통신서비스업체까지 등장하고 있을 정도이다.

개인정보 유출은 단지 사생활 침해에 그치는 것이 아니라 간혹 엄청난 범죄로 이어지기도 한다. 실례로, 인터넷 포르노 사업 운영자인 케네스 테브스는 1997년 캘리포니아 차터 퍼시픽 은행으로부터 400만개의 고객 신용카드 번호를 사들였다. 은행은 테브스가 인터넷 결제사기를 방지하기 위해 신용카드 번호를 구입한 것으로 생각했다. 하지만 테브스는 80만명분의 번호를 포르노 사이트에 등록한 것처럼 꾸민 후 고객 1명당 19달러 95센트를 결제하도록 했다. 테브스가 이 같은 카드사기로 빼돌린 돈은 무려 4,900만 달러에 달했다고 한다.

다) 적절한 절제 요구되는 유비쿼터스

유비쿼터스 환경은 가히 신(God)과 같은 위력을 갖고 있다. 신은 쓰나미 같은 재앙을 불러일으키기도 하지만, 고른 강우 및 일조량을 통해 쾌적한 삶을 제공하기도 한다. 유비쿼터스 환경도 마찬가지다. 다행히 신과는 달리 유비쿼터스 환경은 인간이 제어할 수 있다.

따라서 유비쿼터스를 통해 행복한 새로운 세상을 만들려면 적절한 절제가 필요하다. 기술로 이런 절제를 실현할 수 없다면 법적 규제를 강구해야 한다. 그렇지 못하면 유비쿼터스 시대가 조지 오웰의 '1984년' 에 등장하는 세상으로 전락할지도 모른다. 또한 기술이 발달한다고 해서 인간의 행복지수도 같이 높아지는 것은 결코 아니다.

ubiquitous

제2장

유비쿼터스 구현기술

2.1 RFID(*Radio Frequency Identification*)

2.1.1 RFID 개요

제2차 세계대전 때 아군 비행기와 적군 비행기를 구분하기 위해서 사용됐다는 기록이 말해주는 것과 같이 RFID는 최근에 개발된 기술이 아니다. 하지만 2004년부터 기술이 급격히 발전하고 이용도 다방면으로 확대되고 있으며, chipless tag가 등장하면서 활용도가 훨씬 늘어날 것으로 예상된다.

향후 RFID의 용도는 화장실 변기에 센서가 부착되어 건강상태를 점검도 하고, 비를 맞고 들어오면 습도센서가 작동하여 훈풍기가 자동으로 따뜻한 바람을 내보내며, 방안에 아무도 없으면 에어컨과 전등이 자동으로 꺼지기도 하고, 아기 기저귀에 센서를 부착해 놓으면 쉬를 했을 경우 핸드폰에서 "우리 아기 쉬했어요"라는 안내를 받을 수도 있다. 또 어머니 슬리퍼에 RFID를 부착해 놓으면, 내 방에 근접했을 때 내 컴퓨터에 문자 메시지가 뜰 수도 있다. 서울시에서 2007년 9월부터 자전거에 RFID 태그를 부착하여 시민들이 편리하게 이용할 수 있도록 하는 등 RFID가 빠르게 확산되고 있다. 또한, 군사용으로도 많이 활용될 것으로 예상되는데, 전방에 사람을 인식할 수 있는 센서를 도처에 설치하여 무인 보초로도 활용될 수 있고, 무인 전차 등도 가능할 것으로 예상된다. 우리나라에서도 155마일 휴전선 철책에 RFID를 설치하는 방안을 검토해야 한다는 의견이 대두되고 있다. 환경 연구나 농축산에도 많이 활용될 수 있는데, 곳곳에 RFID센서를 설치해서 비가 현재 오는지 안 오는지, 온·습도가 어떠한지를 알면 농사에 많이 도움이 되고, 닭이나 소, 돼지 등을 사육하는데도 많은 도움이 된다.

RFID를 응용한 향후 슈퍼마켓 계산대의 예가 〈그림 2.1〉에 도시되어 있다. 각 상품은 모두 IC Tag(RFID)을 부착하여 지불 gate를 지나는 것만으로 쇼핑 내용 금액이 집계된다. 계산대는 명세/합계금액을 확인 후 지불하는데, 카드지불의 경우 자동 재확인이 가능하다. 계산대의

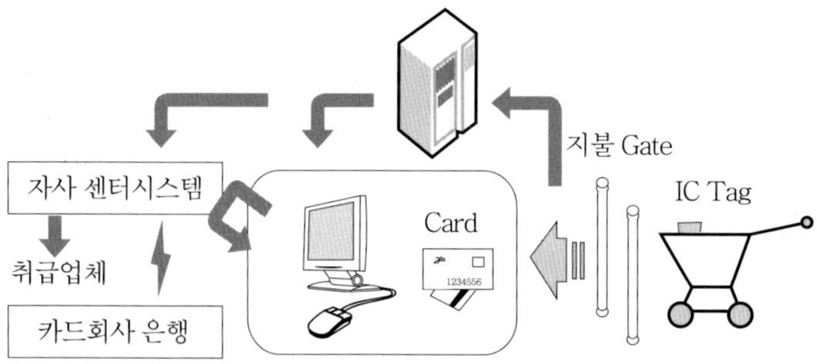

〈그림 2.1〉 향후 슈퍼마켓 계산대

무인화 또한 가능하며, 구입정보는 한 품목씩 리얼타임으로 센터로 송신 처리되고, 정보는 취급업체에 실시간으로 전송된다.

가) RFID 시스템의 구성

요즘에는 주차장 설비와 지하철의 요금 징수 시스템 등 여러 분야에 RFID가 많이 적용되고 있다. RFID 시스템은 일정한 주파수 대역을 이용해 무선으로 통신이 가능한 Tag를 이용하여 사물을 식별하는 응용을 지칭하며, RFID 시스템의 구성을 〈그림 2.2〉에 도시하였다.

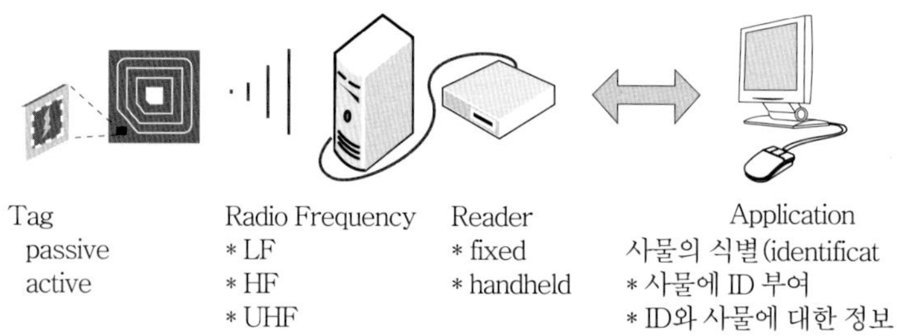

〈그림 2.2〉 RFID 시스템의 구성

RFID 시스템은 무선접속 방식에 따라 상호 유도(inductively coupled) 방식과 전자기파(electromagnetic wave) 방식으로 구분되며, 상호 유도 방식은 단거리(1m 이내), 전자기파 방식은 근거리(3m)에서 이용된다. RFID system의 구성은 〈그림 2.2〉에 도시한 바와 같이 고유의 정보를 보관하는 트랜스폰더(Tag)와 판독 및 해독 기능을 하는 판독기(Reader), 데이터를 처리하기 위한 컴퓨터와 같은 장비(Host computer), 그리고 ERP(Enterprise Resource Planning)나 SCM(Supply Chain Management) 등의 응용프로그램으로 구성된다.

나) Reader의 구성

Reader의 역할은 에너지원을 만들어서 tag에 전력을 공급하고 tag의 data를 받아들여서 통신(태그와 정보 송수신)을 실행하며, 태그에서 수집된 정보를 관리시스템으로 전송하는 역할을 한다. 〈그림 2.3〉에서 보듯이 reader의 구성은 송/수신부(RF장치), 안테나, 마이크로 컨트롤러(제어장치), 통신장치로 구분할 수 있다.

만약 필드영역 안에 tag가 없을 때는 RF 캐리어 신호를 안테나를 통해서 전송하고 필드영역 안에 tag가 존재할 때에는 data를 FSK 방식으로 송신하게 된다. 수신부에서는 검파기에 의해서 검출된 신호를 filter와 pulse shaping을 거치면서 캐리어 신호의 1/2주파수의 구형파로 복조되어 data를 읽어 들이게 된다.

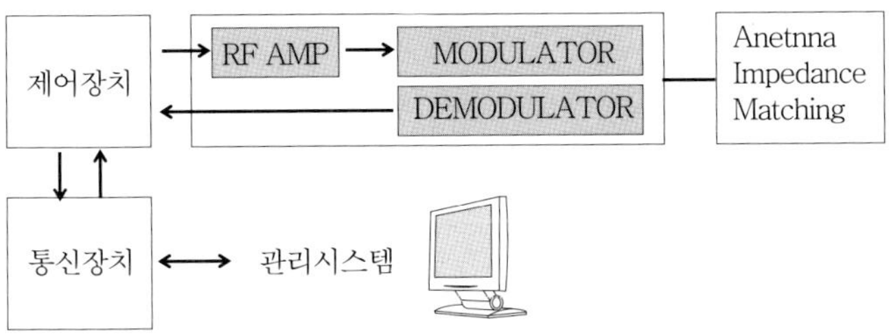

〈그림 2.3〉 리더의 구성

다) 원리

리더기의 원리를 〈그림 2.4〉에 도시하였다. 리더기가 태그로 전파를 송신하면 태그는 수신전파로부터 에너지를 얻어서 활성화 된다. 활성화된 태그는 자신의 정보를 전파에 실어서 리더기로 송신하고, 태그가 송신하는 전파의 에너지원을 얻는 방법에 따라 수동형과 능동형으로 구분된다. 수동형은 리더기로부터 수신되는 전파에서 송신 에너지를 얻고, 능동형은 별도의 battery에서 송신 에너지를 얻는다.

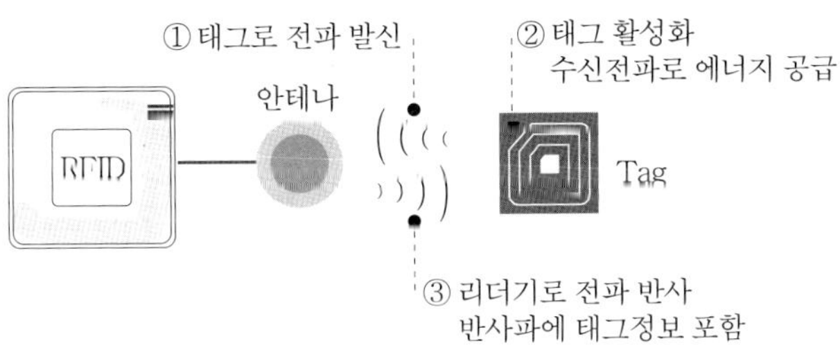

〈그림 2.4〉 리더기의 원리

라) Tag의 구성

태그는 안테나와 저전력 IC회로로 구성되며, 무선 주파수를 발산하는 반도체 칩에 용도에 맞게 설계된 판독기로 정보를 송신 및 저장(물품 정보기록)하는 역할을 한다. 〈그림 2.5〉는 tag의 일반적인 내부 구조를 도시한 것으로 이것은 경로가 추적되어지는 물체에 부착돼 그 물체에 관련된 자료를 가지고 다니는 역할을 한다. Tag는 에너지원의 유무에 따라 능동(active)형과 수동(passive)형으로 분류된다. 수동형 tag는 IC chip에 내장돼 있는 자료를 전송하기 위해 필요한 에너지원을 reader에서 보내주는 신호에서 취득하고, 능동형 tag는 자체 내에 내장돼 있는 에너지원에서 power를 얻는다. 또한, 자료 메모리 형식에 따라 읽기만 가능한 형식과 읽고 쓰기가 가능한 두 종류의 형식이 있다. 이런 RF용 카드의 장점은 보안성과 높은 신뢰성, 다기능, 사용 편리성 등과 같은 기능을 보유하고 있어서 카드 사용자에게 편리함을 제공한다.

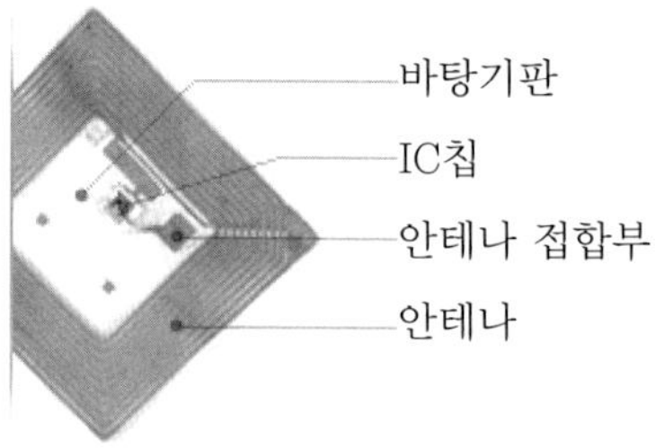

〈그림 2.5〉 Tag의 일반적인 내부 구조

〈그림 2.6〉 일반적인 RFID tag와 리더의 형태

태그는 형태가 다양하지만 가장 일반적인 형태는 〈그림 2.6〉과 같이 얇은 카드 형태이다. 리더 역시 휴대폰 일체형 외에 다양한 모양이 있다. 가격 또한 다양하여 태그는 싼 것은 100원에서 비싼 것은 10만원대 까지 있고, 리더는 싼 것은 몇 십만원 비싼 것은 700만원 정도이다.

마) RFID의 형태

RFID의 형태는 전원공급(능동형, 수동형), 주파수 대역(저주파, 고주파), 통신접속(상호유도, 전자기파)에 따라서 분류되며, 다음 〈표 2.1〉과 같은 특징을 갖고 있다.

〈표 2.1〉 RFID의 형태

분 류	구 분	특 징
전원공급	능동형 태그 (Active)	-내장battery 사용, 읽기/쓰기, 다양한 메모리 크기 -최장 10년사용(온도에 영향), 30~100m data 교환
	수동형 태그 (Passive)	-외부전원 공급없음, 구조간단, 저가, 반영구적 수명 -짧은 판독거리, 높은 출력판독기필요, Read-only
주파수 대역	저주파 시스템	-30~500kHz 저주파 사용, 짧은 판독거리 -저비용 시스템, 보안/자산관리/동물식별 등
	고주파 시스템	-850~950MHz 또는 2.4~2.5GHz 고주파사용 -30m 이상 판독거리, 고비용 시스템, 고속읽기 -철도/차량/컨테이너 추적/자동통행료징수 시스템 등
통신접속	상호유도 (Inductively coupled)	-1m이내, coil안테나 사용, 에너지는 판독기가 제공 -수동형
	전자기파 (Electro magnetic)	-중장거리용, 고주파 안테나 사용, 원거리 사용가능 -능동형

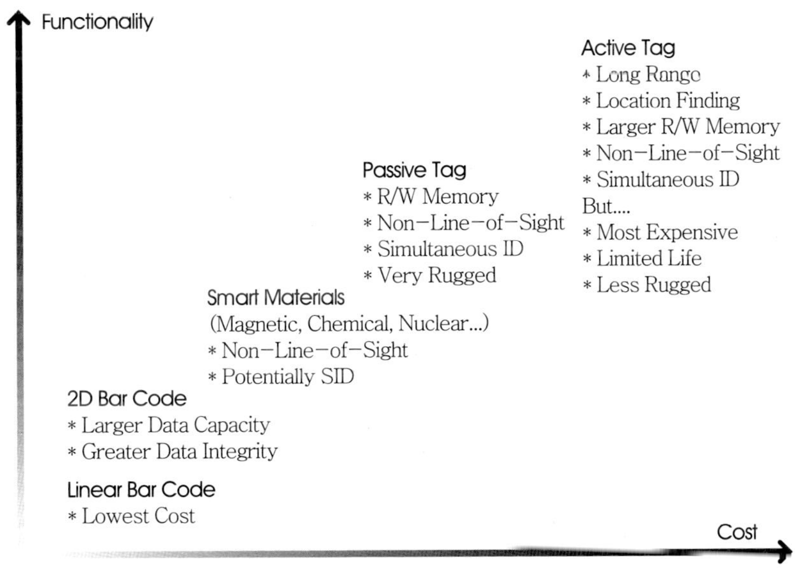

〈그림 2.7〉 RFID의 형태

2.1.2 정보신호의 변환

RFID는 리더기와 태그(Tag) 사이의 디지털 통신기술을 근간으로 한다. 따라서 통신 매체간 신호의 변환 및 부호화는 효율적인 정보 전달 특성을 위해서 필수이다. 이 장에서는 RFID에서 이용되는 부호화(Encoding)와 복호화(Decoding)에 대해 알아보도록 한다.

가) 신호의 변환 및 부호화 방식

RFID에서 리더기와 수동형 태그 사이로 정보 전달을 하기 위해서는 공기 매질(Air Interface)를 통해 정보를 전송하기 이전에 약속된 형태의 전기신호로 부호화(encoding)되어야 하며, 효율적인 전파특성을 위하여 디지털 대 아날로그 신호변환을 해야 한다. 아날로그는 매질 전파특성이 우수하며 디지털 정보는 정보 처리 특성이 간편하므로, 반송파라는 아날로그 신호에 변조라는 신호 변환 기능으로 디지털 정보를 포함하여 전송한다. 정보의 부호화 및 변환방식은 정보 전달 매질 특성과 정보 전달 효율성에 따라 정보신호의 변환 및 부호화 방법들이 존재한다. 중세시대에 봉화대에서 연기 신호로 국경 수비 상황보고를 상부에 보내려고 한다면, 불을 피우기 전에 어떤 연기 패턴이 보낼 메시지에 담긴 단어에 합치게 되는지를 미리 알아야 할 것이다. 이때 단어들은 디지털 정보이고, 연기는 정보의 표현이 되며, 따라서 연기 패턴을 정의하는 것은 데이터 부호화의 한 형태가 될 것이다. 몇 가지 추가적인 표준규약 사항이 있지만, 현대의 통신 기술도 근본적으로는 이와 같은 요구 사항을 가지고 있다. 직선만 가지고는 별 단어를 나타내지 못하는 것처럼 단순 신호 자체로는 정보를 잘 표현하지 못한다. 신호란 수신자와 송신자 모두가 인식할 만한 식별 가능한 변화를 신호에 담아서 그 신호로 의도된 정보를 표현할 수 있도록 조작되어야만 한다. 우선 정보는 '0'과 '1'의 합의된 패턴으로 변환되어야 한다. 문자 데이터의 경우, 이러한 패턴들은 ASCII나 EBCDIC이라는 두 가지 협약 중 하나에 속할 수 있다.

정보를 표현하는 신호 속성은 크게 디지털이나 아날로그라는 두 가지 형태로 구분할 수 있다. 그리고 각 디지털 또는 아날로그로 이루어진 정보신호들의 상호 변환 방식은 〈그림 2.8〉과 같이 디지털 대 디지털, 아날로그 대 디지털, 디지털 대 아날로그, 아날로그 대 아날로그 부호화 변환방식이라는 네 가지 정보 신호의 변환 방식이 가능하다.

정보(데이터)신호의 부호화 및 변환방식

- 디지털 대 디지털 부호화
- 디지털 대 아날로그 부호화
- 아날로그 대 디지털 부호화
- 아날로그 대 아날로그 부호화

〈그림 2.8〉 정보(데이터) 신호의 부호화 및 변환 방식

나) 디지털 대 디지털 신호 변환 및 부호화

디지털 대 디지털 신호변환은 생성된 디지털 정보를 전달하기 위하여 다른 형태의 디지털 신호로 변환을 의미한다.

예를 들면, 키보드에서 컴퓨터로 입력된 글자의 자판 데이터를 직렬 전송할 때, 원래의 데이터와 전송되는 데이터는 둘 다 디지털이다. 이러한 부호화의 형태에서 키보드가 만든 2진수 '1'과 '0'의 신호들이 직렬회선을 통해 컴퓨터의 주 장치로 전달될 수 있는 일련의 전압

펄스로 변환된다.

다음 〈그림 2.9〉는 디지털 정보와 디지털 대 디지털 신호변환 시스템의 기능으로 변환된 디지털 신호의 부호화된 결과를 보여준다.

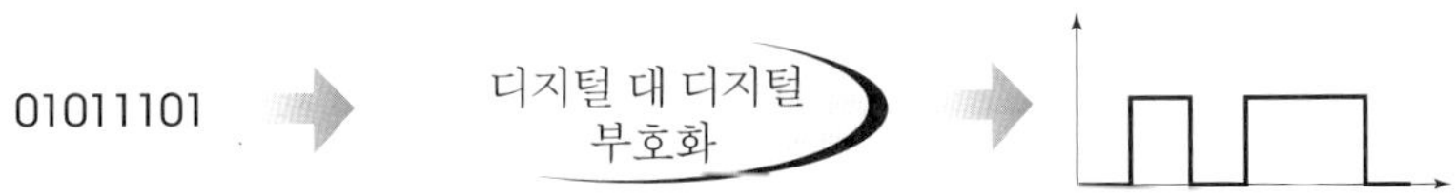

〈그림 2.9〉 디지털 정보와 디지털 신호의 관계

디지털 대 디지털 부호화의 많은 변환 방법들 중에서 여기서는 데이터 통신에 가장 많이 사용되는 단극형, 극형 및 양극형이라는 세 가지 범주에 관하여 논의하기로 한다.

단극형 부호화(Unipolar encoding)는 오직 한 준위의 값만 이용하므로 단순하다.

극형 부호화(Polar encoding)에는 양과 음의 두 가지 전압 준위를 사용하며, NRZ, RZ 및 2상(biphase)이라는 세 가지 하위 범주가 있다.

세 번째 방식인 양극형 부호화(Bipolar encoding)에는 양, 음, 영의 세 가지 준위를 사용하며, AMI, B8ZS 및 HDB3라는 세가지 하위 범주가 있다.

〈그림 2.10〉에 디지털 대 디지털 부호화 종류에 대해서 나타내었다.

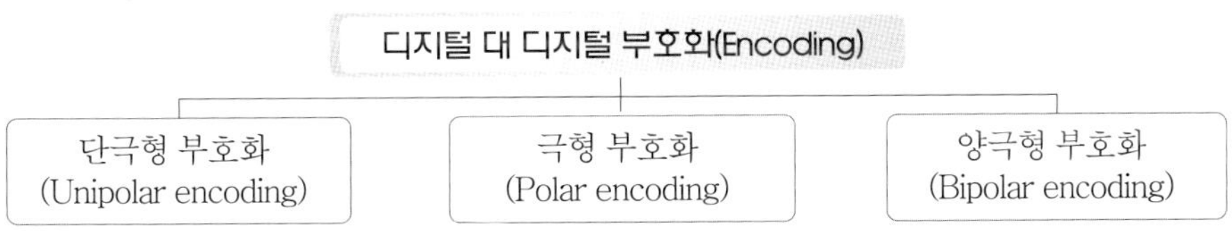

〈그림 2.10〉 디지털 대 디지털 부호화의 종류

1) 단극형 부호화 (Unipolar encoding)

단극형 부호화는 매우 단순하면서 원시적이다. 비록 요즘은 거의 쓰이지는 않지만, 단순하기 때문에 보다 복잡한 부호화 시스템 개발에 관한 개념을 쉽게 소개하거나 디지털 전송 시스템이 극복해야 할 문제들을 조사하는데 이용한다.

디지털 전송 시스템은 보통 전선이나 케이블 같은 매체 링크를 따라 전압 펄스를 보내는 방식으로 동작한다. 대부분의 부호화 방식에서 하나의 전압 준위는 2진수 '0'을 나타내고 다른 준위는 2진수 '1'을 나타낸다.

펄스의 극성이란 펄스가 양이거나 음이라는 것을 지칭한다. 단극형 부호화는 오직 한 극만을 사용하기 때문에 그런 이름이 붙여졌다. 그러므로 두 2진 상태 중 하나만이 부호화된다. 다른 상태 즉, 일반적으로 '0'은 제로 전압으로 표현되거나 아무 것도 흐르지 않는 휴지 회선으로 나타낸다.

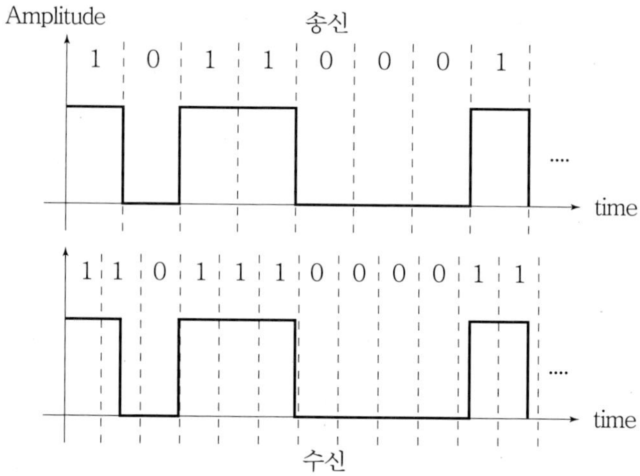

〈그림 2.11〉 단극형 부호화(Unipolar encoding)의 개념과 동기화 문제

〈그림 2.11〉은 단극형 부호화의 개념을 보여준다. 여기서, '1' 은 양의 값으로 부호화되었고 '0' 은 아무것도 보내지 않는다. 단순하다는 것 외에도 단극형 부호화는 구현 비용이 저렴하다는 장점이 있다.

그러나, 단극형 부호화는 직류 성분과 동기화라는 두 가지 문제 때문에 단극형 부호화를 실제에서 사용할 수는 없다.

(1) 직류성분

단극형 부호화 신호의 평균 진폭은 '0' 이 아니다. 이 때문에 직류 전류성분(DC component, 주파수가 '0' 인 성분)이 생긴다. 신호에 직류 성분이 있게 되면, 마이크로파나 변압기와 같이 직류 성분을 다룰 수 없는 매체를 통과하지 못하게 되며, 정보의 오류를 발생한다.

(2) 동기화

신호에 변화가 없게 되면, 수신자는 각 비트의 시작과 끝을 결정하지 못한다. 그러므로 연이은 '1' 이나 '0' 을 포함하는 데이터 흐름이 있을 때 단극형 부호화에서 동기화 문제가 나타난다. 디지털 부호화 방식은 비트 형식의 변화를 표시하기 위해서 전압 준위의 변화를 사용한다. 또한 신호 변화는 하나의 비트가 끝나고 새로운 비트가 시작되는 것을 나타낸다.

그러나 단극형 부호화에서 예를 들면 3개의 연이은 '0' 과 같이 한 가지 종류의 연속된 비트는 아무런 전압의 변화도 일으키지 않고 해당 시간 동안 '0' 의미로 정의된 전압만 발생시킨다. 비트 흐름에서 다음 비트의 시작을 표시해 주는 신호의 변화가 없을 때는, 수신자는 항상 타이머에 의존할 수밖에 없다. 1,000bps로 정해진 전송 속도라면, 만약 수신자가 0.003초 동안 '0' 의 전압을 감지한다면, 0.001초당 하나의 '1' 을 읽은 셈이 되므로 수신자는 모두 3개의 '1' 을 읽은 것으로 안다.

그러나 전파지연(propagation delay)은 신호의 타이밍을 왜곡시킬 수 있다. 예를 들면, 3개의 '0'은 0.004초로 지연되어 수신자에 전달되면 수신자로 하여금 추가로 한 비트를 더 읽은 것으로 만들 수 있다. 바로 그 추가된 한 비트 때문에 그 이후의 모든 것을 잘못 해독하게 된다. 더욱이 수신자의 시계가 동기화되지 않아서 수신자가 비트 흐름을 잘못 읽을 수 있다.

단극형 전송에서 동기화 문제를 제어하기 위한 해결 방법은 시계 펄스를 전하는 별도의 병렬전선을 사용하여 수신자가 그 신호를 사용하여 자신의 타이머를 재동기화할 수 있도록 하는 것이다. 그렇지만 데이터 전송을 위해서 회선을 이중 회선으로 만드는 것은 비용이 많이 들어 경제적이지 못하다.

2) 극형 부호화

극형 부호화(polar encoding)는 양과 음의 두 가지의 전압 준위를 같이 사용한다.

두 준위를 사용하면 대부분의 극형 부호화 방법에서 회선의 평균 전압 준위는 감소되고 단극형 부호화의 직류 성분 문제도 해결될 수 있다. 맨체스터 부호화(Manchester encoding)와 차분 맨체스터 부호화(Differential Manchester encoding)에서 각 비트는 양 전압과 음 전압 모두 같이 사용하여 이루어져 있으므로 직류 성분이 완전히 제거되어 있다.

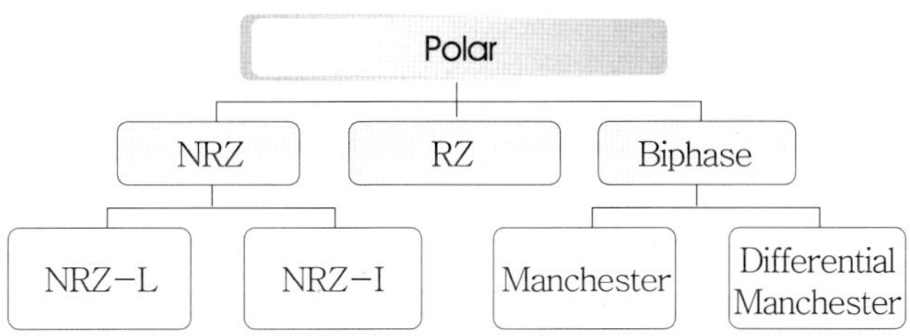

〈그림 2.12〉 극형 부호화의 종류

〈그림 2.12〉와 같이 극형 부호화는 다양한 종류가 존재한다. 여기서 비영복귀(NRZ : Non Return to Zero), 영복귀(RZ : Return to Zero) 및 2상(biphase)이라는 가장 일반적으로 사용되는 세 가지 방식에 대해서만 알아보자.

NRZ 부호화는 비영준위 복귀(NRZ-L : Non Return to Zero-Level)와 역비영복귀(NRZ-I : Non Return to Zero-Invert)라는 두 가지 방식으로 되어 있다.

2상 또한 두 가지 방법이 있는데, 첫번째가 10 BASE-T이더넷에서 채택된 맨체스터이고, 두번째는 토큰링에 사용되는 차분 맨체스터이다.

(1) 극형 부호화의 종류

① 비영복귀(NRZ, Non-Return to Zero)

비영복귀(NRZ) 부호화에서는 신호의 준위는 항상 양 아니면 음이다. '0' 비트가 휴지

회선(idle line)으로 표현되는 단극형 부호화와는 다르게 NRZ 시스템에서 휴지회선은 어떠한 전송도 발생하지 않고 있다는 것을 의미한다. NRZ 전송 중 가장 많이 사용되는 NRZ-L, NRZ-I의 두 가지 방식에 대해서 설명한다.

· NRZ-L: NRZ-L부호화에서는 신호의 준위는 표현하는 비트의 상태에 따라 달라진다. 양 전압은 비트 '1'을 의미하고, 음 전압은 비트 '0'을 의미한다. 그러므로 신호의 준위는 비트의 상태에 따라 좌우된다.

· NRZ-I: NRZ-I에서는 전압준위의 반전은 비트 '1'을 나타낸다. 비트 '1'을 표시하는 것은 전압 자체가 아니라 양 전압과 음 전압 사이의 변화이다. 비트 '0'은 아무 변화도 없는 것으로 표현된다. NRZ-L에 비해 NRZ-I의 장점은 비트 '1'을 만날 때마다 신호가 변하기 때문에 동기화를 제공해 줄 수 있다는 것이다. 7개의 연속된 '1'은 7번의 신호를 반전시킨다. 각각의 반전은 실제로 도착한 시점에서 수신자의 타이머를 재동기화할 수 있도록 해 준다. 통계적으로 '0'의 문자열보다 '1'의 문자열이 더 자주 발생한다. 여기에서 '0'들로 만들어진 문자열은 문제를 발생시킬 수 있지만, '0'은 자주 발생하지 않기 때문에 수신자가 읽어 들이는데 큰 문제가 되지 않는다. 〈그림 2.13〉은 동일한 일련의 비트에 대한 NRZ-L과 NRZ-I 표현을 각각 보여준다. NRZ-L에서는 양과 음 전압은 특별한 의미를 갖는데, 곧 양은 '1' 그리고 음은 '0'이다. NRZ-I에서는 전압 펄스 자체는 의미가 없다. 대신에 수신자는 '1'을 인식하기 위해 한 준위에서 다른 준위로 변화하는 것을 찾는다.

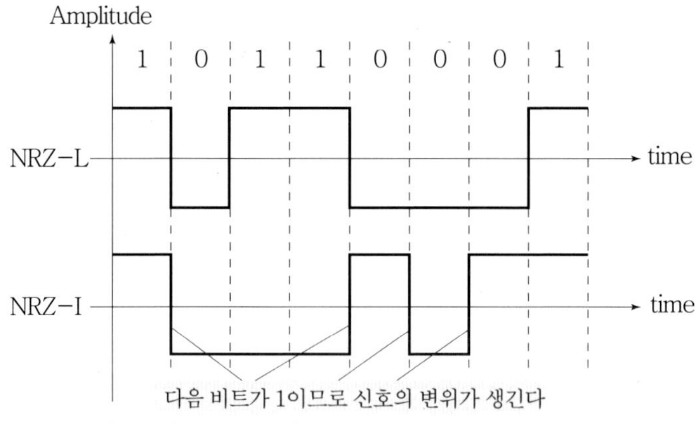

〈그림 2.13〉 동일한 비트의 NRZ-L과 NRZ-I의 비교

② 영복귀(RZ, Return to Zero)

원래의 데이터가 연속적인 '1'이나 '0'의 문자열을 포함하고 있는 경우에는 언제든지 수신자는 어디를 읽고 있는지 자신의 위치를 놓칠 수 있다. 단극형 부호화에서 언급하였

던 것처럼, 동기화를 보장하는 한 가지 방법은 분리된 채널로 별도의 타이밍 신호를 보내는 것이다. 하지만 이러한 해결책은 비용이 비싸고 자체 오류가 발생하기 쉽다. 보다 좋은 해결책은 어떻게 해서든지 NRZ-I와 같고 '1' 뿐만 아니라 '0' 의 문자열도 잘 다룰 수 있도록 부호화된 신호에 동기화정보를 포함시키는 것이다. 동기화를 보장하기 위해서는 각 비트마다 신호의 변화가 있어야 한다. 수신자는 이러한 변화를 사용해서 자신의 동기신호를 설정, 갱신, 동기화를 할 수 있다.

위에서 본 것처럼 NRZ-I는 순차적인 '1' 들에 대해 이러한 문제를 해결한 것이다. 하지만 매 비트마다 신호가 바뀌기 위해서는 두 가지 값만을 사용해서는 그렇게 할 수 없다. 한 가지 해결책은 세가지 값 즉 양, 음, 그리고 영을 사용하는 영복귀(RZ, Return to Zero) 부호화이다. 〈그림 2.14〉에 신호의 형태를 도식화하였다.

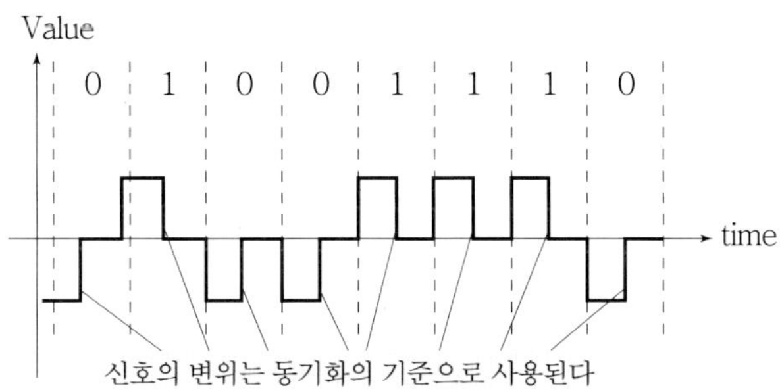

〈그림 2.14〉 RZ신호의 부호화

RZ에서는 신호는 비트와 비트 사이에서 바뀌는 것이 아니라 매 비트 구간 동안 바뀐다. NRZ-L에서와 같이 양의 전압은 '1' 을 의미하고 음의 전압은 '0' 을 의미한다. 하지만 NRZ-L과는 달리 각 비트 간격의 반이 지나고 나면 신호는 0으로 돌아온다. 양이나 음의 값으로만 나타내는 대신에 비트 1은 정확히 양 대 영에 의해 표현되고 비트 0은 음대 영에 의해 표현된다.

RZ 부호화의 주요 단점은 한 비트를 부호화하기 위해서는 두 번의 신호 변화가 필요하므로 매우 많은 대역폭을 차지한다는 것이다. 그러나 지금까지 검토한 세 가지 방법 중에서 가장 효과적이다.

③ 2상(Biphase)

동기화 문제에 대한 현재 가장 최선의 해결책은 아마도 2상 부호화일 것이다.

이 방법에서는 신호는 비트 간격의 한 가운데에서 변화하지만 0으로 돌아오지는 않는다. 대신에, 반대 극으로 바뀌어 지속된다.

RZ처럼, 이와 같은 도중 전이로 인해 동기화가 가능하다. 앞에서 언급한 것처럼 최근 네트워크에서 사용되는 맨체스터와 차분 맨체스터라는 두 가지 방식의 2상 부호화 기법이 있다.

· 맨체스터 부호화(Manchester encoding)

맨체스터 부호화는 동기화를 해결함과 동시에 해당 비트를 표현하기 위해 각 비트 간격의 중간에서 신호를 반전시킨다. 음 대 양 전이는 2진수 '1' 을 나타내고, 양 대 음 전이는 2진수 '0' 을 나타낸다. 두 가지 목적을 위해 한 번의 전이를 사용함으로써 맨체스터 부호화는 오직 두 준위의 진폭만을 사용하여 RZ와 같은 수준의 동기화를 달성한다. 맨체스터 부호화는 동기화와 비트 표현을 위해 비트의 중간 지점에서 신호 전이를 사용한다.

· 차분 맨체스터 부호화(Differential Manchester encoding)

차분 맨체스터 부호화에서는 비트 간격 중간에서의 반전은 동기화를 위해 사용되지만, 비트 간격의 시작점에서 전이 여부가 비트를 식별하기 위해서 사용된다. 곧, 비트 시작점에서 전이가 있는 경우는 2진수 '0' 을 의미하고 전이하지 않는 경우는 2진수 '1' 을 의미한다. 차분 맨체스터에서는 2진수 '0' 을 표현하기 위해서 두 번의 신호변화가 요구되지만, 2진수 '1' 을 표현하는 데는 하나만 요구된다. 차분 맨체스터에서는 비트 간격 중간의 반전은 동기화를 위해서만 사용된다. 비트 표현은 비트의 시작 지점의 반전과 비반전에 의해 나타난다. 다음 〈그림 2.15〉는 동일한 비트 패턴에 대한 맨체스터와 차분 맨체스터 신호를 보여 준다.

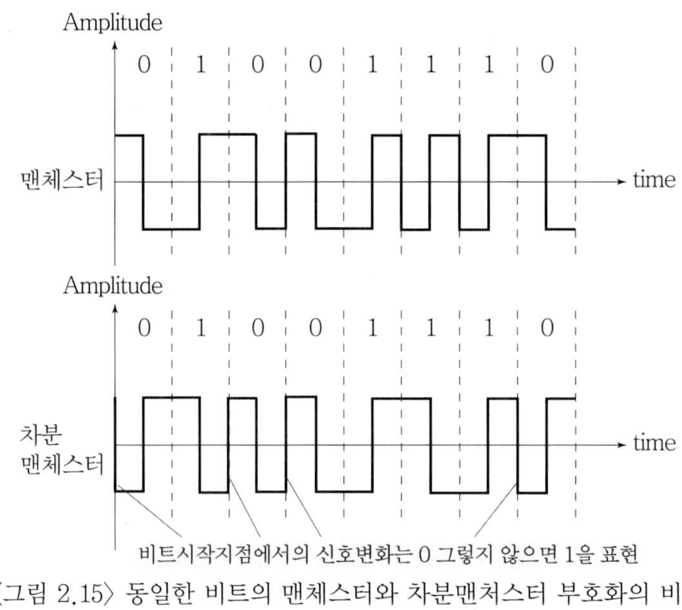

〈그림 2.15〉 동일한 비트의 맨체스터와 차분맨처스터 부호화의 비교

3) 양극형 부호화

RZ에서처럼 양극형 부호화(Bipolar encoding)는 양, 음 및 영의 세 가지 전압 준위를 사용한다. 하지만 RZ와는 달리 양극형 부호화에서의 준위 '0' 은 2진수 '0' 을 표현하는 데 사용된다. 양과 음 전압은 교대로 '1' 을 표현한다. 만약 첫번째 비트 '1' 이 양의 진폭으로 표현되었다면, 두 번째는 음의 진폭으로 표현되고, 세 번째는 양의 진폭에 의해 표현되는 등이다. 이러한 식으로 진폭이 교대로 되는 것은 비트 '1' 이 연속적이지 않을 때노 동일하다. 양극형 부호화 중에서 세가지 방식이 데이터 통신 분야에서 많이 사용되고 있는데, 이는 AMI, B8ZS 및 HDB3이다. 〈그림 2.16〉에 그 종류를 도식화하였다.

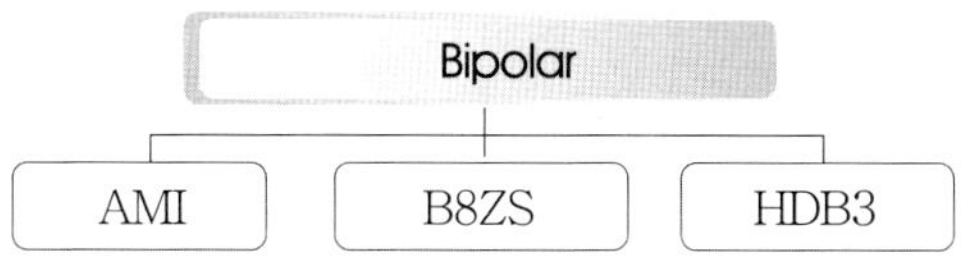

〈그림 2.16〉 양극형 부호화(Bipolar encoding)의 종류

(1) 양극형 AMI

양극형(Bipolar) AMI(Alternate Mark Inversion)는 양극형 부호화 중 가장 단순한 형태이다. Alternate Mark Inversion이라는 이름에서 mark라는 단어는 전신 분야에서 유래되었고 '1' 을 의미한다. 그래서 AMI는 교대로 '1' 이 반전되는 것을 의미한다.

중립의 제로 전압은 2진수 '0' 을 나타낸다. 2진수 '1' 은 교대되는 양과 음 전압에 의해 표현된다. 〈그림 2.17〉에 나타내었다.

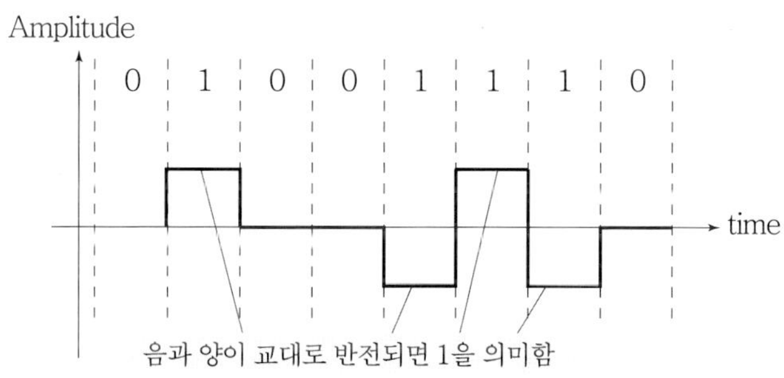

〈그림 2.17〉 양극형 교대 표시 반전(Bipolar AMI)의 부호화

양극형 부호화에서는 양, 영, 음의 세 준위를 사용한다. 매번 '1' 이 나타날 때마다 전압 반전을 함으로써 양극형 AMI는 두 가지를 해결한다. 첫째로 DC 성분이 '0' 이 되고, 둘째로 연속된 '1' 이 있어도 신호 복호 동기화 하는데 문제가 없다. 반면에 연속된 '0' 으로 구성된 데이터가 존재할 때 신호 동기화에 실패하는 경우가 발생하며, 이를 보정해 주는 방법이 없다.

(2) 양극형 AMI의 두 가지 변형

양극형 AMI의 두 가지 변형은 연속된 '0' 에 대한 동기화 문제를 해결하기 위해 개발되었다. 첫째는 양극형 8 영 대입(bipolar 8-zero substitution, B8ZS)이라 불리는데, 북미에서 사용된다. 둘째는 고밀도 양극형(high-density bipolar3, HDB3)이라 불리는 것으로 유럽과 일본에서 사용된다. 둘 다 중복적으로 '0' 이 연속되는 경우에만 원래 패턴을 변경하는 양극형 AMI의 개선된 방식이다.

① B8ZS는 연속된 '0' 의 문자열에 동기화를 제공해주기 위해 북미에서 채택된 방식이다. 대부분의 상황에서 B8ZS의 기능은 양극형 AMI와 동일하다. 양극형 AMI는 '1' 을 만날 때마다 극을 변경시킨다. 이러한 극 변화는 수신자에게 필요한 동기화를 제공해 준다. 그러나 '0' 이 계속되는 동안에는 신호가 변하지 않아서 종종 동기화에 실패한다.

(a) B8ZS(양극형 8 영 대입) 연속적으로 8개의 0이 나오고, 바로 앞에 양의 펄스 경우 → 000+−0−+로 인코딩

(b) B8ZS(양극형 8 영대 입) 연속적으로 8개의 0이 나오고, 바로 앞에 음의 펄스 경우 → 000−+0+−로 인코딩

〈그림 2.18〉 양극형 8 영 대입(B8ZS)의 개념

B8ZS과 양극형 AMI간의 차이점은 데이터 흐름 속에서 '0' 이 8개 이상 계속해서 나타날 때 나타난다. B8ZS의 해결책은 〈그림 2.18〉과 같이 '0' 문자열 속에 위반(violation)이라는 의도적인 신호 변화를 강제로 주는 것이다. 연속적으로 8개의 '0' 이 발생하면, B8ZS은 이전의 '1' ('0' 바로 전에 발생된 '1')의 극성에 근거해서 변경된 패턴을 삽입한다.

만약 이전의 비트 '1' 이 양이었다면 8개의 '0' 은 영, 영, 영, 양, 음, 영, 음, 양으로 부호화될 것이다. 수신자는 변경된 극을 만나야 1인 것을 확인해야 한다. 세 개의 '0' 을 둘러싼 연속된 두번의 양 전압을 보게 되면, 잘못된 것이 아니고 고의로 삽입된 위반 패턴이라는 것을 인식하게된다. 그 후, 예상한 두 번째 쌍의 위반 패턴을 찾는다. 그것들이 발견되면 이 8개의 비트를 '0' 으로 변환하고 다시 보통의 encoder 양극형 AMI 모드로 돌아간다.

만약 이전 '1' 의 극이 음이었다면, 위반 패턴은 같지만 극성은 바뀐다. B8ZS에서는 연이어서 8개의 '0' 이 오면, 이전 '1' 의 극에 근거하여 두 가지 방법 중 하나의 패턴으로 변경시킨다.

② 고밀도 양극형3 (HDB3) 방식은 연속된 0 문자열의 동기화 문제를 유럽이나 일본에서는 미국과 다른 방법으로 해결하였다. HDB3라는 이 규약은 북미의 B8ZS에서처럼 8개의 '0' 을 기다리는 대신에 매번 연속된 4개의 '0' 을 만나면 양극형 AMI 패턴에 변화를 삽입한다. 비록 이름은 HDB3이지만, 연속된 4개의 '0' 을 만나면 패턴이 변한다.

〈그림 2.19〉에 나타낸 것처럼 HDB3에서는 만약 연이어서 4개의 '0' 이 오면, 이전 '1' 의 극성과 마지막 대체 이후에 생긴 '1' 의 개수에 근거해 네 가지 방법 중 한 가지로 패턴을 변경시킨다.

B8ZS에서처럼, HDB3의 위반 패턴은 이전 비트 '1' 의 극성에 근거한다. 하지만 B8ZS와는 달리 HDB3은 마지막에 대체한 이후의 비트 흐름 속에 있는 '1' 의 수를 확인한다. 마지막 대체된 이후의 2의 계수가 홀수일 때는, B8ZS는 연속된 네 번째 '0' 의 위치에 위반 패턴을 넣는다. 만약 이전 비트의 극성이 양이면 위반 패턴은 양이다. 만약 이전 비트의 극성이 음이면 위반 패턴은 음이다.

마지막으로 대체된 이후의 '1' 의 개수가 짝수일 때는, B8ZS는 연속된 '0' 의 첫 번째와 네 번째 위치에 위반 패턴을 넣는다. 만약 이전 비트의 극성이 양이면 위반 패턴은 양이다. 만약 이전비트의 극성이 음이면 위반 패턴은 음이다.

요점은 일부러 표준 패턴을 위반한 것을 기계가 인식할 수 있도록 하고, 그와 같은 패턴을 사용하여 시스템을 동기화하는 것이다.

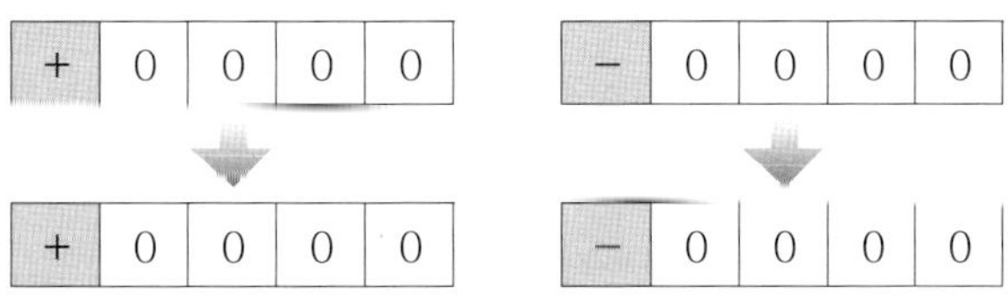

(a) 1의 갯수가 홀수 : 연속된 네 번째 0의 위치에 위반패턴

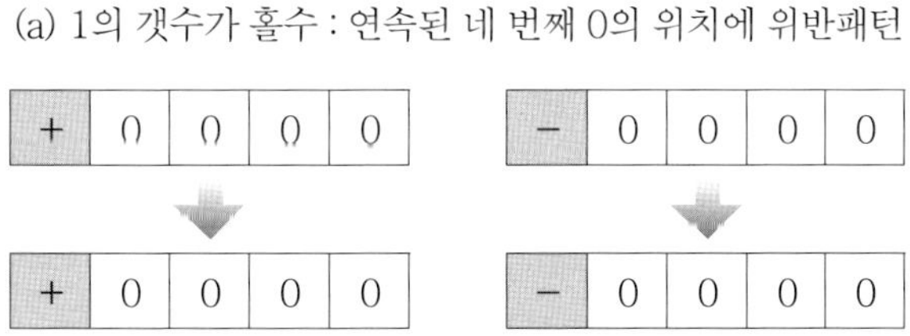

(b) 1의 갯수가 짝수 : 연속된 0의 첫번째와 네 번째 위치에 위반패턴

〈그림 2.19〉 고밀도 양극형3(HDB3)의 개념

다) 아날로그 대 디지털 변환 및 부호화

아날로그 대 디지털 부호화는 아날로그 정보를 디지털 신호로 표현하는 것이다. 예를 들면, 가수의 목소리를 콤팩트디스크에 녹음할 때 아날로그 정보를 복사하기 위해 디지털 장비를 사용할 것이다. 그렇게 하기 위해서는 아날로그 메시지가 가진 잠재적으로 무한 개가 될 수 있는 값의 수를 줄여서 디지털 흐름으로 표현하되 정보의 손실을 최소화하면서 표현해야 할 것이다. 아날로그 대 디지털부호화의 여러 가지 방법을 이 장에서 논의할 것이다.

〈그림 2.20〉은 codec(coder-decoder)이라는 아날로그 대 디지털 부호기를 보여준다. 아날로그 대 디지털 부호화에서는 연속되는 파형 속에 포함된 정보를 일련의 디지털 펄스(1 또는 0)로 표현한다.

〈그림 2.20〉 아날로그 대 디지털 부호기

지금까지 알아본 부호화 시스템에서는 신호를 전송하는 형식에 대해 집중적으로 알아보았다. 아날로그 대 디지털 부호화에는 앞에서 논의한 모든 디지털 신호를 이용할 수 있다. 전송 신호의 구조는 문제가 되지 않는다. 문제는 어떻게 무한 개의 값을 의미나 품질을 최대한 유지하면서 이산된 값들로 변환시키는가 하는 것이다.

1) 펄스 진폭 변조

아날로그 대 디지털 부호화의 첫 단계는 펄스 진폭 변조(pulse amplitude modulation; PAM)라 불린다. 이 기술은 아날로그 정보를 가지고 표본을 채집하고 그 채집 결과에 근거하여 연속된 펄스를 만든다. 표본채집(sampling)이란 단어는 같은 간격마다 신호의 진폭을 특정하는 것을 의미한다.

PAM에서 사용되는 표본 채집 방법은 데이터 통신보다는 다른 공학 분야에서 더 유용하게 사용된다. 그러나 PAM은 펄스 코드 변조(pulse code modulation; PCM)라는 중요한 아날로그대 디지털 부호화 방법의 기초가 된다.

2) 펄스 코드 변조

PCM은 완벽한 디지털 신호를 만들기 위해서 PAM에 의해 만들어진 펄스를 사용한다. 그러기 위해 PCM은 PAM 펄스를 우선 양자화한다. 양자화(quantization)는 채집된 값에 특정 범위의 정수 값을 할당하는 방법이다.

〈그림 2.21〉는 양자화의 결과를 보여준다.

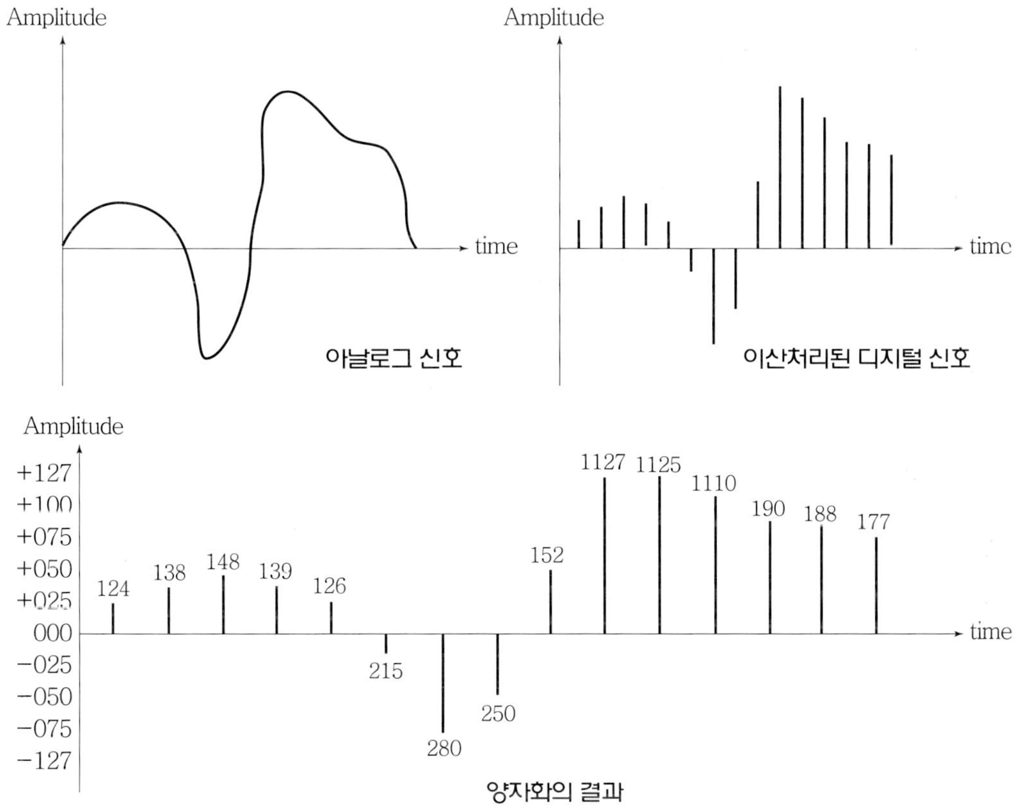

〈그림 2-21〉 아날로그 대 디지털 부호화 및 양자화의 결과

다음은 양자화 된 표본에 부호화 크기 값을 할당하는 간단한 방법을 보여준다.

각 값은 대응하는 7비트 2진수로 변환되었다. 8번째 비트는 부호를 표시한다.

2진수는 디지털 대 디지털 부호화 기법 중의 하나를 사용하여 2진 신호로 변환된다.

〈그림 2.22〉는 원래 아날로그 신호를 펄스 코드 변조를 통하여 부호화하고, 부호와 크기에 따라 1바이트 단위 정보로 정량화한 결과이다

+024	00011000	−015	10001111	+125	01111101
+038	00100110	−080	11010000	+110	01101110
+048	00110000	−050	10110010	+090	01011010
+039	00100111	+052	00110110	+088	01011000
+026	00011010	+127	01111111	+077	01001101

부호비트 0 → −, 1→ +

〈그림 2.22〉 부호와 크기를 이용한 정량화 결과

PCM은 실제로 PAM, 양자화, 2진 부호화, 디지털 대 디지털 부호화의 4개의 분리된 과정으로 구성되어 있다.

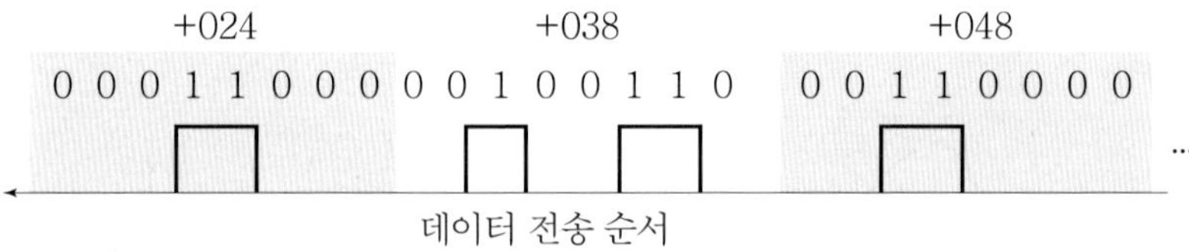

〈그림 2.23〉 부호화한 펄스 코드 변조를 최종적으로 단극형 신호로 부호화하여 전송한 결과

〈그림 2.23〉는 아날로그 대 디지털 부호화 결과인 데이터에서 처음 세 개의 채취된 값을 단극형 신호로 부호화하여 직렬 전송하는 과정을 보여 주고 있다. PCM은 북미의 전기 통신 시스템의 T-회선 전송에서 목소리를 디지털화 하는데 사용되는 채집 방법이다.

라) 디지털 대 아날로그 변환 및 부호화

디지털 대 아날로그 신호로 디지털 정보를 표현하는 것이다. 예를 들어, 공중망을 통해 한 컴퓨터에서 다른 컴퓨터로 데이터를 전송할 때, 초기 데이터는 디지털이지만 전화선은 아날로그 신호만 전송할 수 있기 때문에 데이터를 변환해야 한다. 디지털 데이터는 2진수 '1' 과 '0' 에 해당되는 두 가지 서로 다른 값처럼 보이도록 조작된 아날로그 신호로 부호화되어야 한다.

아날로그 형태로 변환하는 이유는 전송로가 아날로그 형태의 신호를 전송하는데 적합하게 만들어져 있기 때문이다. 〈그림 2.24〉는 디지털 정보, 디지털 대 아날로그 부호화, 그리고 그 결과인 아날로그 신호 간의 관계를 보여 준다.

〈그림 2.24〉 디지털 대 아날로그 변환

〈그림 2.25〉에 디지털 데이터를 아날로그 형태로 변환하여 전송하는 진폭에 따른 ASK (Amplitude Shift Keying), 주파수에 따른 FSK(Frequency Shift Keying), 위상변화에 따른 PSK(Phase Shift Keying), 그리고 ASK와 PSK의 조합형인 QAM(Quadrature Amplitude Modulation) 의 종류를 도식하였다.

디지털 대 아날로그 부호화의 종류 중에서 RFID 데이터 통신에 가장 보편적인 것들은 〈그림 2.25〉 특성 신호 그림과 같이 '1' 과 '0' 으로 된 정보를 수동형 태그에 전력전달을 위한 반송파(carrier) 진폭에 실는 진폭편이변조(ASK; Amplitude Shift Keying), 주파수에 실는 주파수편이변조(FSK; Frequency Shift Keying), 위상에 실는 위상편이변조(PSK; Phase Shift Keying)가 있다.

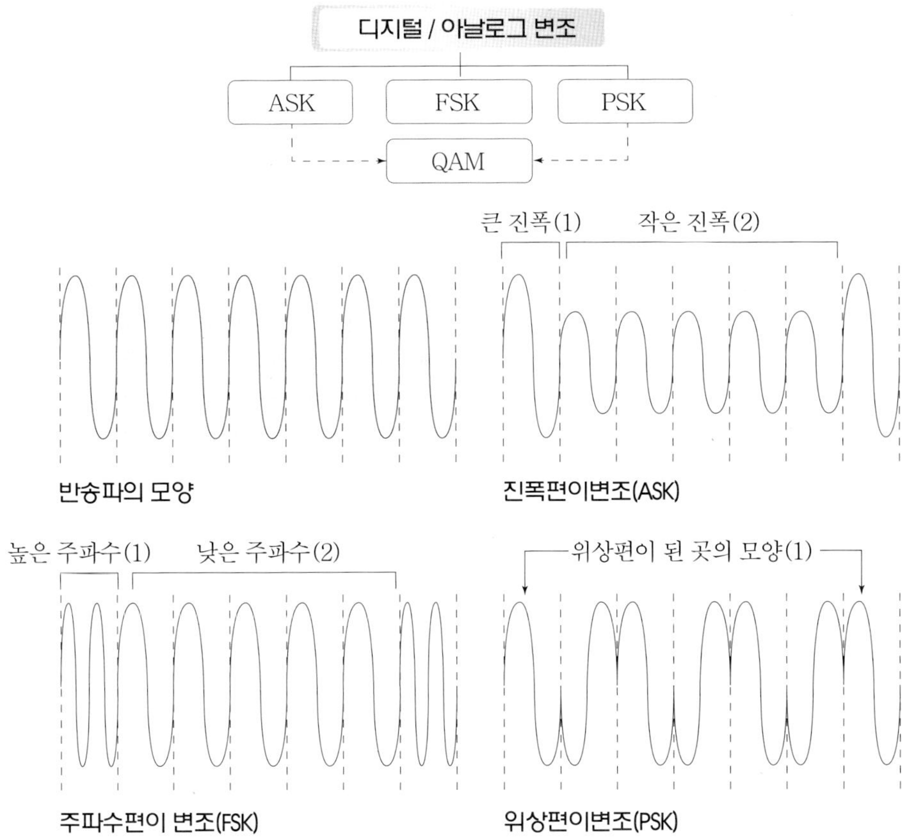

〈그림 2.25〉 디지털 대 아날로그 변환 및 부호화 종류 및 신호 특성

마) 아날로그 대 아날로그 변환 및 부호화

아날로그 대 아날로그 부호화는 아날로그 신호로 아날로그 정보를 표현하는 것이다. 익히 알고 있는 라디오는 아날로그 대 아날로그 통신의 예이다. 〈그림 2.26〉에 아날로그 대 아날로그 변환 하드웨어, 그리고 그 결과로 생기는 아날로그 신호의 관계를 보여 준다.

〈그림 2.26〉 아날로그 대 아날로그 부호화

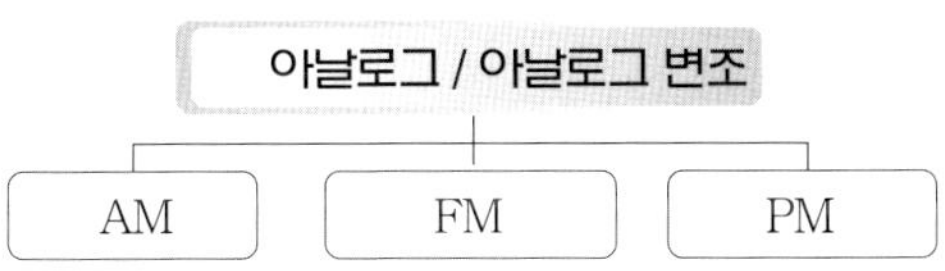

〈그림 2.27〉 아날로그 대 아날로그 변환종류

아날로그 대 아날로그 부호화는 진폭 변조(AM), 주파수 변조(FM), 위상 변조(PM)라는 세 가지 방법으로 이루어질 수 있다. 〈그림 2.27〉은 그 종류를 나열한 것이다.

1) 진폭 변조(AM)

AM 전송에서는 변조되는 신호의 진폭 변화에 따라 반송파의 진폭이 같이 바뀌는 식으로 변조된다. 반송파의 주파수와 위상은 동일하게 유지되며, 정보의 변화에 따라 진폭만이 변한다. 〈그림 2.28〉은 이러한 개념이 어떻게 작동하는지 보여준다. 원신호 ①의 파형이 ②반송파에 실리게 되면 ③과 같은 AM파형으로 변환된다. 여기서 원신호(ex. Audio)는 반송파의 외곽선이 됨을 알 수 있다.

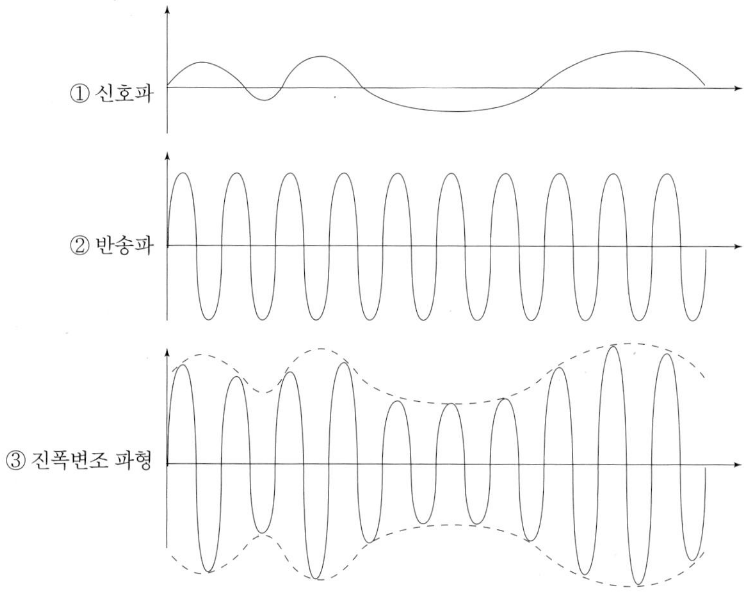

〈그림 2.28〉 AM 변조 방식

2) 주파수 변조(FM)

FM 전송에서는 반송파 신호의 주파수가 변조되는 신호의 전압 준위의 변화를 따라가도록 변조된다. 반송파 신호의 최고 진폭과 위상은 일정하게 유지되지만, 정보 신호가 변화하는 것에 비례하여 반송파의 주파수가 변화된다. 〈그림 2.29〉는 변조 신호와 반송파 신호와 그 결과로 생성되는 FM 신호간의 관계를 보여 준다.

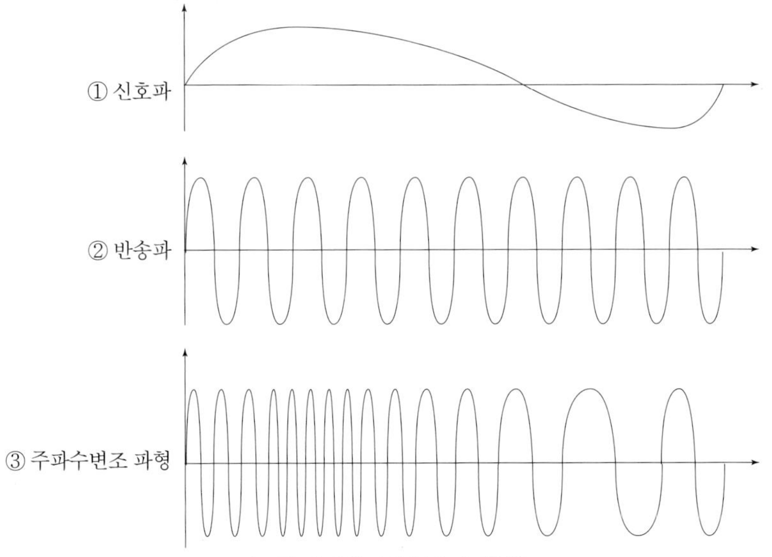

〈그림 2.29〉 FM 변조 방식

3) 위상 변조(PM)

하드웨어를 좀더 단순하게 만들기 위해서 주파수 변조의 대용으로 위상 변조가 일부 시스템에서 사용된다. PM 전송에서는 반송파 신호의 위상이 변조 신호의 전압 준위(진폭)의 변화에 따라 변조된다. 반송파의 최고 진폭과 주파수는 일정하게 유지되지만, 정보 신호의 진폭이 변화함에 따라서 반송파의 위상이 비례하여 변한다. 위상 변조에 대한 분석과 최종 결과(변조된 신호)는 주파수 변조의 경우와 비슷하다.

2.1.3 변복조

RFID에서의 무선 통신시스템, 변복조 원리 및 신호에 대해 기본 이론을 설명한다.

가) RFID의 통신시스템(Communication System)

RFID의 통신은 공간을 전송매체로 하는 통신으로 송신측에서 정보신호를 전자파에 실어 공간에 방사하고, 수신측에서는 공간을 거쳐 전송되어온 전자파를 수신하여 원래의 신호를 검출하는 방식의 통신이다. 이러한 통신을 위해 RFID System은 〈그림 2.30〉과 같이 호스트 컴퓨터, 리더(reader), 태그(Tag)로 구성되어 있다. 리더(Reader)는 태그(Tag)에 해당하는 카드의 정보를 읽고 전원을 공급하는 기능을 하며, 태그(Tag)는 안테나와 저전력 IC회로로 구성되어 리더(Reader)와 통신을 하면서 데이터를 주고 받게 된다. 그리고 리더(Reader)는 태그(Tag)의 정보를 읽어 들인 후 호스트 컴퓨터에 송신한다.

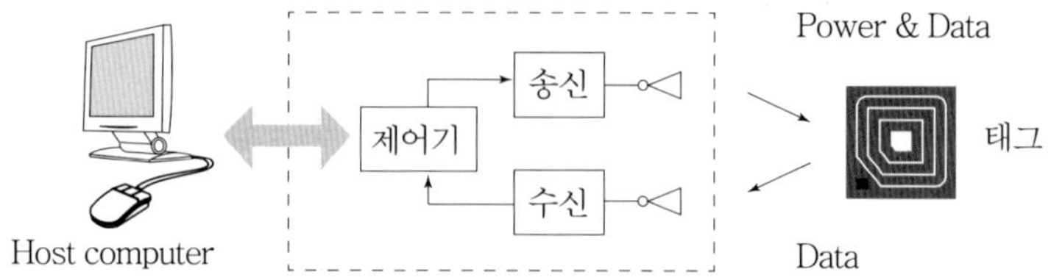

〈그림 2.30〉 RFID 시스템 구성

RFID 시스템에서 리더(Reader)와 태그(Tag) 사이에는 무선통신을 통해 정보 교류가 이루어진다. 정보교류를 위하여 시스템 구성으로는 크게 송신부, 채널, 수신부로 나눌 수 있으며, 송신부는 정보를 부호로 변환하는 부호화(encoding)가 수행되고, 부호화된 정보의 원거리 전송을 위하여 알맞은 형태의 신호로 바꾸어주는 변조(modulation)를 수행한다. 송신부에서 이러한 처리는 일반적인 미디어(문자, 음성, 화상)가 저주파대역의 신호들이기 때문에 원거리 전송이 불가능하다. 채널은 약속된 특정주파수대역으로 통신을 하기 위한 무선통로이고, 수신부에서는 송신부에서 수행한 과정의 역과정으로, 변조된 신호를 복조(demodulation)를 통하여 미디어 신호만을 추출하고, 부호화된 신호를 다시 정보로 복원하기 위한 복호화(decoding)를 수행한다. 이러한 일련의 과정은 〈그림 2.31〉의 RFID 통신시스템 모델과 같다.

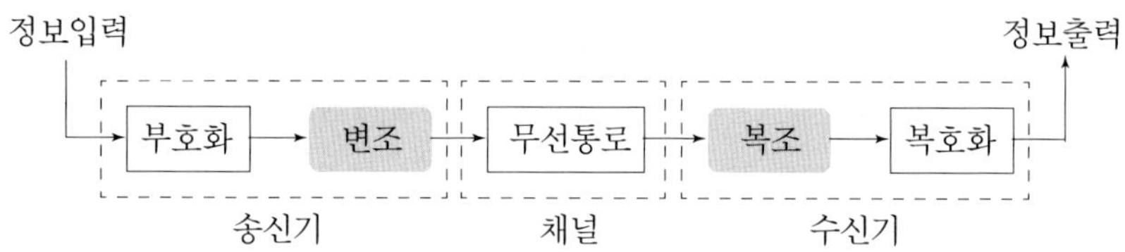

〈그림 2.31〉 RFID 통신시스템 모델

나) RFID에서의 변복조

통신에서 변조의 정의는 주파수가 높은 쪽으로 옮겨가는 것 또는 이동하는 것을 의미한다. 통신시스템에서 미디어(문자, 음성, 화상)의 정보신호를 먼 거리에 전송하고자 할 때는 원신호를 그대로 보내지 않고 보통 주파수가 높은 정현파의 진폭, 주파수 또는 위상의 하나로 변화시킨 신호를 전송한다. 이러한 과정을 변조(modulation)라고 한다. 이때 원신호를 변조파(modulating wave), 높은 주파수를 반송파(carrier wave), 변조된 파를 피변조파(modulated wave)라고 한다. 또한 수신측에서 수신한 피변조파로부터 반송파를 제거하여 원래의 정보를 얻는 조작을 복조(demodulation)라고 한다.

이렇게 신호 변복조를 수행함으로써 얻는 효과는 먼 거리까지 전송하는 전송효율의 개선과 안테나 길이의 단축으로 효과적인 안테나의 설계가 가능하며, 한 통신로에서 여러 신호를 동시에 전송하게 할 수 있는 다중통신(multiplexing)이 가능하다. 또한 통신로상에 혼입되는 잡음과 간섭의 영향을 줄일 수 있고, 회로소자의 단순화 및 시스템의 소형화가 가능하다.

다) 변조 형태 및 특징

1) 아날로그 변조(Analog Modulation)

아날로그 신호를 반송파의 진폭, 주파수, 위상으로 변환한다. 대표적인 아날로그 변조 방식으로 AM(amplitude Modulation), FM(Frequency Modulation), PM(Phase Modulation) 등이 있고, 이것들은 각기 전자기파의 세 가지 중요한 요소인 진폭, 주파수, 위상 파라미터를 변조 또는 변경하여 정보를 전송한다. 다른 모든 변조 기법들은 이들 세가지 변조 기법 중 하나로부터 파생되었다. 세가지의 파라미터로 이루어진 신호를 방정식으로 표현하면 다음과 같다.

$$X_c(t) = A\,sin(2\pi f_c t + \varphi)$$

$X_c(t)$: 출력신호, A : 전압성분(진폭), $2\pi f_c t$: 주파수 성분, φ : 위상 성분

여기서 신호파의 진폭(A), 주파수($2\pi f_c t$), 위상(φ)를 변화시키는 것이 변조의 실체가 된다. 즉 변조란, 신호파의 속성에 따라 반송파의 파라미터를 변화시키는 것이라 다시 정의할 수있다.

(1) 파라미터의 변화에 따른 분류

① 진폭 변조(AM) : 반송파의 진폭을 신호파에 따라 변화시키는 변조방식

② 주파수변조(FM) : 반송파의 주파수를 신호파에 따라 변화시키는 변조방식

③ 위상 변조(PM) : 반송파의 위상을 신호파에 따라 변화시키는 변조방식

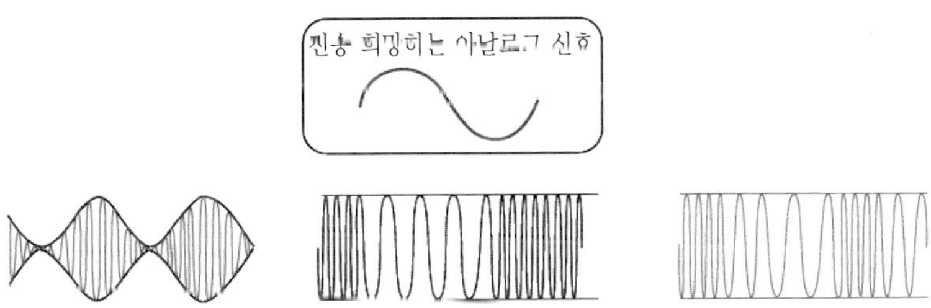

(a) AM 변조 (b) FM 변조 (c) PM 변조

〈그림 2.32〉 아날로그 변조방법

(2) 변조형태에 따른 변조방식 분류

① 아날로그 변조

· 진폭변조(AM : Amplitude Modulation) : 반송파의 진폭의 신호파에 따라 변한다.

· 각 변조(Angle Modulation)
  – 주파수 변조(FM : Frequency Modulation) : 진폭이 일정한 반송파의 주파수가 신호파에 따라 변한다.
  –위상 변조(PM : Phase Modulation) : 반송파의 위상이 신호파에 따라 변한다.

② 아날로그 펄스 변조

· PAM(Pulse Amplitude Modulation) : 진폭만을 입력신호전압에 따라 변환시키는 변조방식
· PWM(Pulse Width Modulation) : 펄스에 대한 주기 및 폭은 일정하게 하고, 펄스의 폭만을 입력신호에 따라서 변화시키는 방식
· PCM(Pulse Code Modulation) : 신호파의 진폭을 양자화하여 그 양자화된 값을 2진수로 표시하여 2진부호에 따른 펄스를 만드는 변조방식
· PFM(Pulse Frequency Modulation) : 펄스의 진폭 및 폭은 일정하고 펄스의 반복 주파수에 대해서만 입력신호에 따라 변화시키는 변조방식
· PPM(Pulse Position Modulation) : PPM 경우에서 펄스의 위상(위치)만을 입력신호에 따라 변화시키는 방식이다. 따라서 PPM은 펄스위치를 변화시키므로 인접채널과 누화를 일으킬 염려가 있어서 채널 수를 가능한 제안해야한다.
· PNM(Pulse Number Modulation) : 변조된 신호파의 진폭에 따라 단위펄스를 일정한 시간 내에 그 수를 변화시키는 변조방식

〈표 2.2〉 변조형태에 따른 변조방식 분류

분 류	구 분	
아날로그 변조 (Analog Modulation)	진폭 변조 (Amlitude Modulation)	DSB-SC(Suppressed Carrier)
		SSB(Single Sideband)
		DSB(Double Sideband)
		VSB(Vestigial Sideband))
	각 변조 (Angle Modulation)	FM(Frequency Modulation)
		PM(Phase Modulation)
아날로그 펄스 변조 (Pulse Modulation)	PAM(Pulse Amplitude Modulation)	
	PWM(Pulse Duration/Width Modulation))	
	PPM(Pulse Position Modulation))	

2) 디지털변조

디지털 변조(Digital modulation) 방식은 아날로그 변조방식을 근간으로 하고 있다. 반송파의 진폭, 주파수 위상을 데이터 비트(1, 0)에 따라 변화시키는 것으로 2개의 이산적인 상태를 사용하는 2진 변조(binary modulation) 방식과 다수의 bit를 동시에 전송할 수 있는 다원 변조(multilevel modulation) 방식이 있다.

〈그림 2.33〉 디지털 변복조 구성도

2진 변조(binary modulation)는 하나의 데이터 비트(1 또는 0)을 전송하기 위하여 두 개의 이산적 상태를 사용하는 변조 방식으로 2진 ASK(BASK), 2진 FSK(BFSK), 2진 PSK(BPSK) 등을 예로 들 수 있다. 다원 변조(multilevel modulation) 방식은 다수의 비트를 한번에 전송하기 위하여 많은 이산적 상태를 사용하는 변조이고, M-Level의 파형이 만들어지며 다음과 같은 관계가 성립한다.

$$M - 2^n \quad n = \log_2 M \qquad n = \text{메시지 비트}$$

디지털 통신 시스템 설계 시 유의사항은 먼저 데이터 전송률이 최대이어야 하며, 심볼 에러율이 최소이어야 한다. 전송률($Rb/2W = \log_2 M$에서 $\log_2 M$)이 최대가 되기 위해서는 채널 대역폭(W)이 작아야 하며, 방해 신호에 강해야 한다. 그리고 회로 구성이 간단해야 하며, 최소의 전력으로도 전송이 가능해야 한다.

반송대역 전송은 디지털 신호에 따라 반송파의 진폭, 주파수 그리고 위상 중 어느 하나를 변조해서 전송하는 방식으로 적은 비대역을 갖는 회선에 적합하고,그 형태는 〈표 2.3〉과 같다.

〈표 2.3〉 반송대역 전송의 형태

분 류	형 태
ASK (Amplitude shift keying : 진폭 편이 변조)	정현파의 진폭에 정보를 싣는 방식으로 반송파의 유 · 무로 표현
FSK (Frequency shift keying: 주파수편이 변조)	정현파의 주파수에 정보를 싣는 방식으로 2가지 (고주파, 저주파) 주파수를 이용
PSK (Phase Shift keying : 위상편이 변조)	정현파의 위상에 정보를 싣는 방식으로 2, 4, 8 위상편이 방식이 있음
QAM (Quadrature Amplitude Modulation)	APK(Amplitude Phase Keying)이라고도 하며, 반송파의 진폭과 위상을 동시에 변조하는 방식

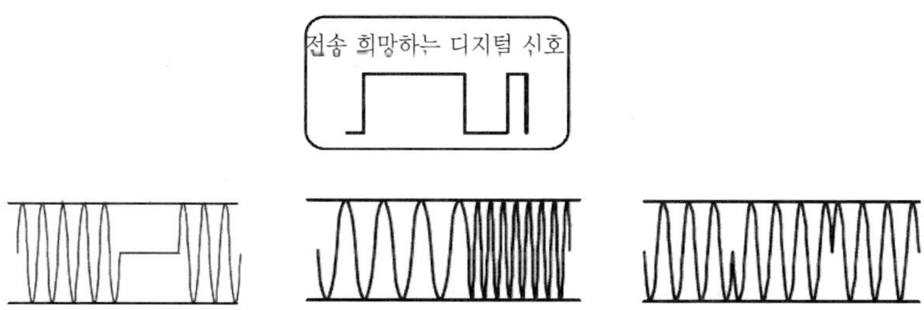

(a) ASK 변조 (b) FSK 변조 (c) PSK 변조

〈그림 2.34〉 디지털 변조방식

〈표 2.4〉 디지털 변조의 종류

분 류	형 태
디지털 변조 (Pulse Coded Modulation)	ASK: Amplitude Shift Keying(진폭편이 변조)
	FSK: Frequency Shift Keying(주파수편이 변조)
	PSK: Phase Shift Keying(위상편이 변조)
	QAM: Quadrature Amplitude Modulation(직교 진폭 변조)

〈표 2.5〉 아날로그와 디지털 변조의 비교

변조 방식	아날로그 변조	디지털 변조	사용 예
진폭 변화	AM	ASK (Amplitude Shift Keying)	무선원격조정, 리모콘
주파수 변화	PM	FSK (Frequency Shift Keying)	특정소전력 데이터 통신용 무전기 G8M(유럽휴대폰)
위상 변화	FM	QAM (Quadrature Amplitude Modulation)	위성방송의 음성신호 PDC/PH8(일본휴대폰)

라) 디지털 변조의 원리

1) 디지털 변복조부의 구성

(1) 디지털 변조부의 각부 역할

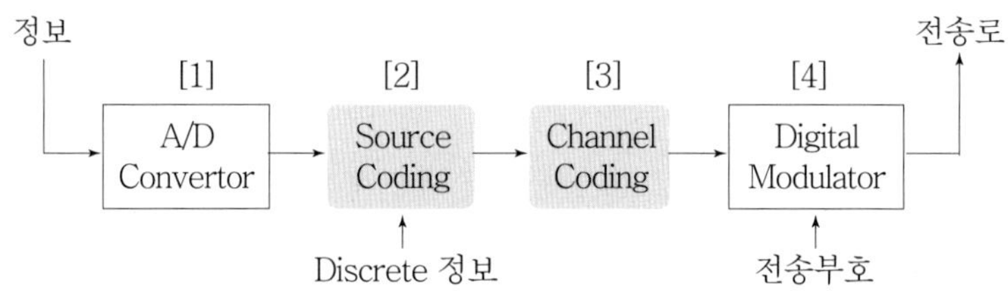

〈그림 2.35〉 디지털 변조 구성

① A/D 변환 : Analog 신호를 Digital 신호로 변환하는 기능을 수행한다.

② 신호원 부호화(source coding) : 통신 시스템의 이용 효율을 높게 할 목적으로 압축 부호화를 행하는 것으로 신호의 분석에 따라 다음과 같이 분류할 수 있다.

· 신호의 파형을 변조하는 방식인 파형 부호화기
  - PCM(Pulse Code Modulation)
  - DM(Delta Modulation)
  - ADPCM(Adaptive Difference PCM)

· 신호원 부호화기 : 신호원 모델을 분석하여 분석된 데이터를 변조하는 방식

· 혼성 부호화기 : 파형 부호화기와신호원 부호화기의 장점을 결합한 방식
  - RELP(Residual Excited Linear Prediction)

- CELP(Code Excited Linear Prediction)
- VSELP(Vector SumExcited Linear Prediction)

③ 채널 부호화(channel coding) : 무선 채널을 통해 수신기에 도달하는 동안에 신호가 약해지거나 변형된 결과에 의해 복조 후에 데이터에 오류가 발생하게 되는데, 이를 개선(극복)하기 위해 채널 부호화를 행한다. 채널 부호화를 위해 이용되는 부호로는 CRC 부호, convolution 부호 등이 있다.

④ Digital 변조 : 부호화된 신호로 다시 반송파의 진폭, 주파수, 위상의 변화를 일으키는 ASK, FSK, PSK 등을 행한다.

(2) 디지털 복조부의 각부 역할

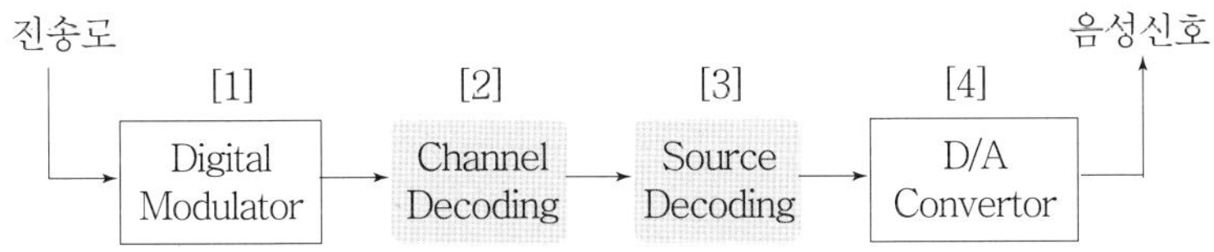

〈그림 2.36〉 디지털 복조 구성

① 디지털 복조 : 전송로를 통해 수신된 신호에 대해 원래의 정보를 추출하기 위해 동기 검파 및 비동기 검파를 행한다.

② 채널 복호화(channel decoding) : 송신측에서 이용한 오류 부호에 대해 오류 검출 및 정정을 수행한다.

③ 음성 복호화(source decoding) : 송신측에서 압축해서 송신한 정보에 대해 압축의 반대 과정인 신장을 통해 원래 신호 크기를 재생하는 기능을 수행한다.

④ D/A 변환 : 디지털화된 신호를 음성신호 정보인 아날로그신호로 변환한다.

2) 디지털 변복조부의 형태와 특성

(1) ASK(Amplitude Shift Keying)

① 2진 ASK(Binary Amplitude Shift Keying)

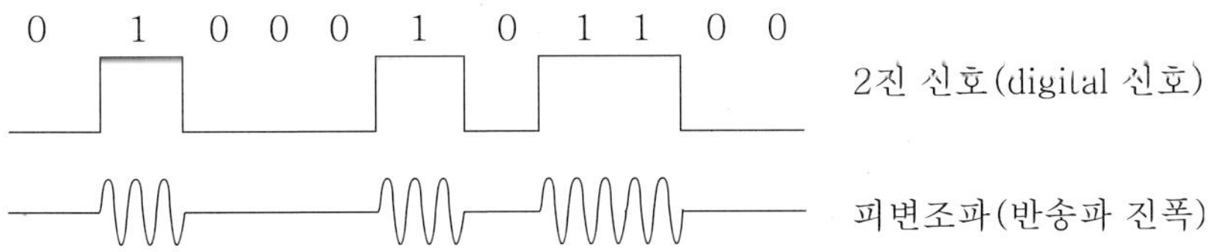

〈그림 2.37〉 ASK의 변조개념도

· 2진 ASK 변조는 디지털 신호(1, 0)의 정보 내용에 따라서 반송파의 진폭을 변화시키는 방식으로, 단극 NRZ 형태의 2진 데이터에 대응하여 반송파를 ON시키거나 OFF시

키는 방식이므로 OOK(On-Off Keying)이라고도 한다. 즉, 2진 데이터가 '1' 이면 반송파를 송출하고 '0' 이면 송출하지 않는다. ASK 개념도는 〈그림 2.37〉과 같다. ASK는 변조 과정에서 대역폭이 2배가 되므로 최대 대역폭 효율은 16[bps/Hz]이며, 복조 동작은 비동기식의 포락선 검파기를 사용해야 한다. 왜냐하면 동기 검파는 비동기 검파에 비해 1[dB] 향상되기 때문이다. 따라서 S/N비가 큰 경우 비교적 회로 구성이 간단한 비동기 검파를 주로 사용한다.

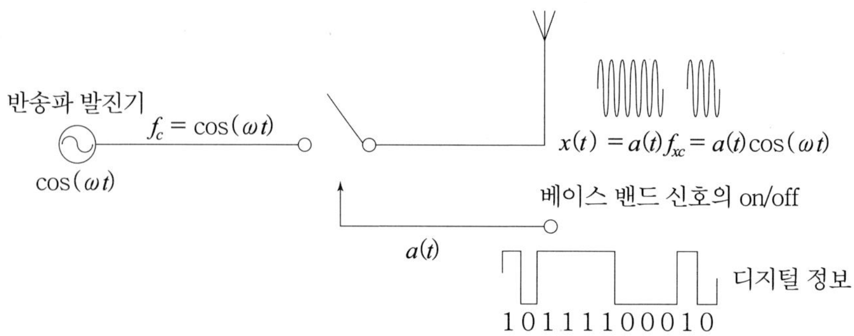

〈그림 2.38〉 ASK 변조기 구성도

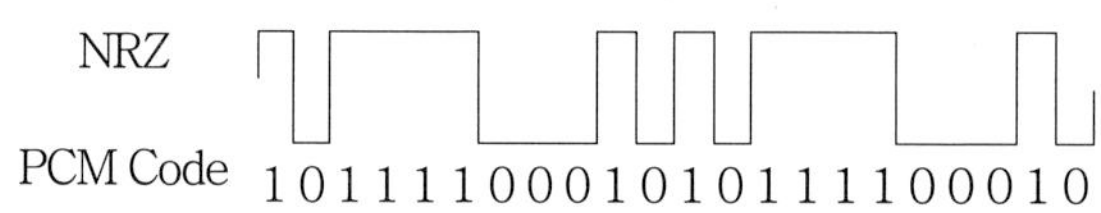

〈그림 2.39〉 2진 ASK 신호파형

· 2진 ASK 복조는 ASK 방식의 복조는 반송파와 같은 주파수를 곱한 후, 저역 통과필터를 통과시켜 검파한다. 2진 ASK 방식은 비트 오류 확률 특성이 좋아서 저속의 데이터 전송에 많이 이용되며, 복조 방식으로는 동기 검파기(정합 필터, 상관기)를 사용한다. 정합 필터는 필요한 신호는 최대로 강조하고, 잡음은 억압시켜서 에러의 가능성을 줄이고 펄스의 유무를 정확히 판단할 수 있는 기능을 가진 최적 필터를 말하며, 시간 영역에서는 상관기(correlator), 주파수 영역에서는 정합 필터(matched filter)라고 한다.

· ASK의 특징
  - AM과 같이 민감하므로비교적 저속 데이터 전송에 이용한다.
  - 채널의 상태에 민감하므로 단독으로 거의 사용하지 않고 PSK와 함께 사용한다.
  - Baseband 방식에 비해 2배의 전송 대역을 필요로 한다.
  - 매우 간단히 구현할 수 있지만 에러 복구 성능이 다소 떨어진다.
  - 에너지 이득은 있다.
  - 전송하기 전에 ASK 신호를 필터링함으로써 불연속성을 제거한다.

- OOK 전력 밀도 스펙트럼은 양측파대 특성을 가지게 되므로 baseband 대역폭은 R_b이고 변조 후에는 $2R_b$가 된다(단, R_b는 bit rate로 데이터 신호 속도를 의미).
- 4원 복극 NRZ 형태(00, 01, 11, 10)의 2진 데이터를 반송파의 진폭으로 변화시키는 방식으로 APK(Amplitude Phase Keying) 적용하며, 복조는 동기 검파를 채택하고 있다.

· 진 ASK(-array ASK)

1[bit] → = (0, 1)진 (BASK)

2[bit] → = 2(00, 01, 10, 11)진 (QASK, 4진 ASK)

n[bit] → =진

등과 같이 진 ASK란 한 번에 몇개의 n비트를 전송하는 것을 의미한다. 2진보다는 4진이 한번에 전송하는 정보량이 많다는 것을 알 수 있다.

(2) 주파수편이변조방식(FSK)

FSK(Frequency Shift Keying) 변조방식은 디지털 신호(2진 데이터)의 정보 내용에 따라서 반송파의 주파수를 변화시키는 방식으로 비트의 전송 속도가 느리고, 시스템이 매우 협대역이며 잡음에 강한 모뎀의 전송 방식이라고 할 수 있다. 또한 FSK 변조방식은 주파수가 다른 반송파를 정보의 2진값에 따라 교체시킨 ASK변조 신호의 합성이라고 생각할 수 있고, FSK의 송신기는 2개의 반송파 $f_1\cos(\omega_1 t)$, $f_2\cos(\omega_2 t)$를 디지털 정보 $a(t)$와 $\overline{a(t)}$에 대응하며 교체시키면서 송신한다. 이를 식으로 표현하면 다음과 같고, 개념도는 〈그림 2.40〉과 같다.

$$x(t) = a(t)\cos(\omega_1 t) + \overline{a(t)}\cos(\omega_2 t), \begin{cases} a(t) = 1 \\ a(t) = 0 \end{cases}$$

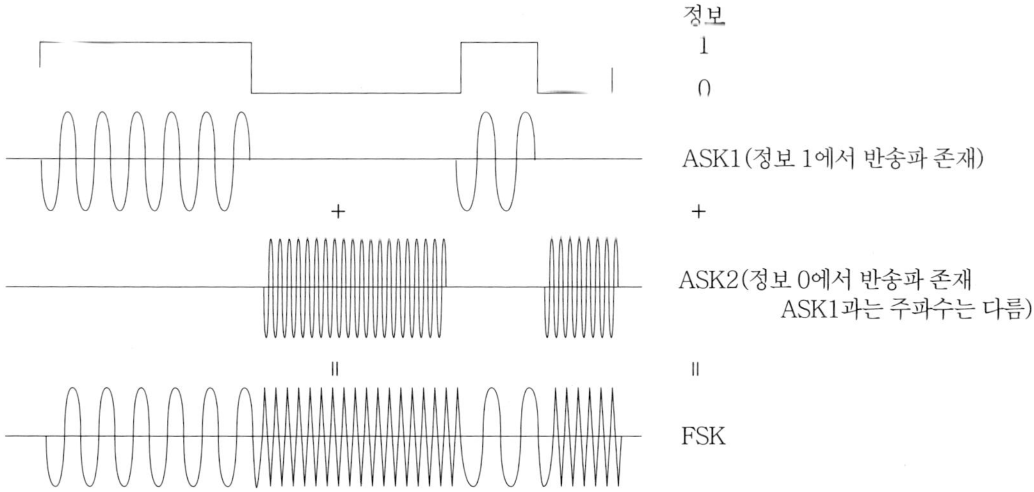

〈그림 2.40〉 FSK 변조 개념도

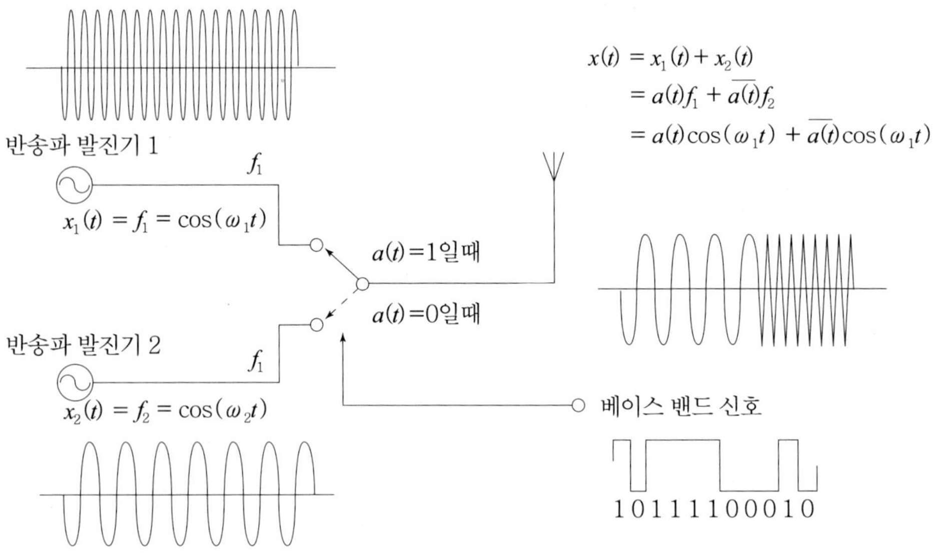

〈그림 2.41〉 FSK 변조기 구성도

① 2진 FSK(BFSK: Binary Frequency Shift Keying)

· 2진 FSK 변조

2진 FSK는 디지털 신호 '0' 또는 '1'에 따라 반송파의 주파수를 달리 대응시키는 방식이다.

'0'을 전송하고자 하는 경우에는 낮은 주파수 반송파를, '1'을 전송하고자 하는 경우에는 높은 주파수의 반송파를 전송하거나 또는 그 반대로 전송하는 방식(0과 '1'에 따라 진폭과 위상은 같고 주파수만 다른 반송파가 전송되는 방식)이다.

디지털 신호(2진 데이터)의 정보 내용에 따라서 반송파의 주파수를 두 개의 주파수로 변화시키는 저속도 비동기 방식으로 1200[bps] 이내에서 많이 이용되는 디지털 변조 방식이다. 따라서 FSK는 ASK에 비해 더 넓은 대역을 필요로 하며 오류 확률은 OOK와 거의 동일하다. 이 때문에 BFSK가 OOK에 비해 전력면에서 최대 3[dB] 이득을 갖는다.

· 2진 FSK 복조

복조는 동기 검파와 비동기 검파가 사용되며, 변조 지수에 따라 전송 대역폭이 결정된다.

– 동기 검파 방식 : 변조된 신호에 국부 반송파 신호를 곱한 후 LPF를 통과한 후 원래의 신호를 검파하는 방식으로, 신호의 반송파 주파수와 국부 반송파 주파수가 같아야 하며, 또한 위상도 동기가 되어야 한다.

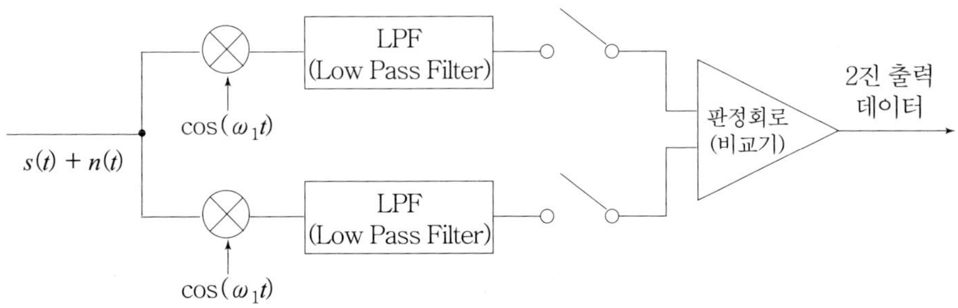

〈그림 2.42〉 상관기(correlator)에 의한 동기 검파

∵ FSK에서 2개의 다른 반송 주파수를 사용했을 경우 수신된 파형이 다르므로 두 정합필터를 사용하는 경우

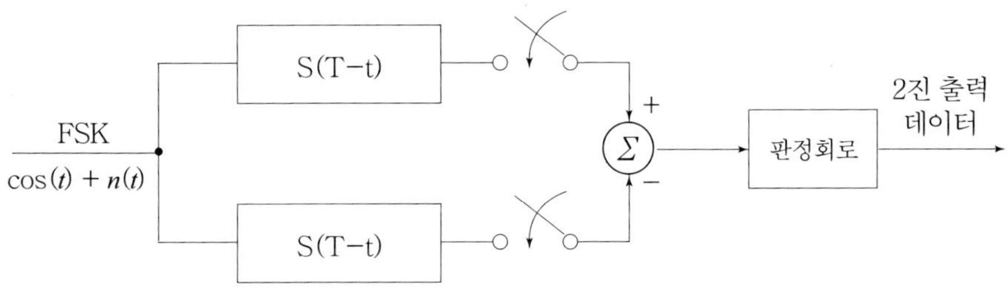

〈그림 2.43〉 정합필터(matched Filter)에 의한 FSK 동기 검파

∵ PLL(Phase Locked Loop)을 이용한 FSK 동기 검파 방식

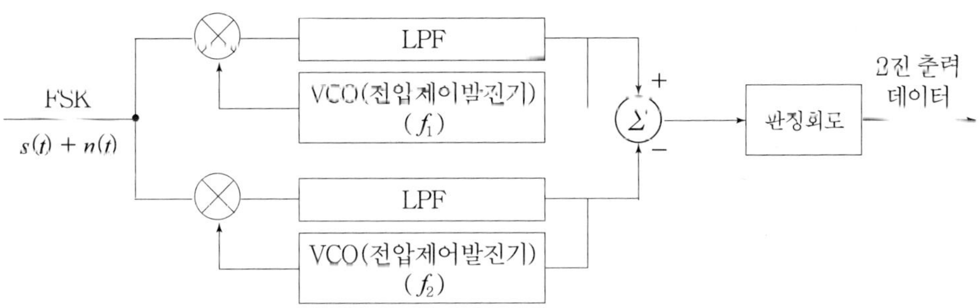

〈그림 2.44〉 PLL에 의한 FSK 동기 검파

– 비동기 검파 방식 : FSK 비동기 검파 방식은 수신되는 신호 파형의 정확한 위상을 알 수 없는 경우에 이용되는 것으로, 간단한 비선형 회로에 변조된 신호를 통과시킨 후 포락선 검파기로 검파한 신호를 다시 LPF를 이용하여 고조파 성분을 제거하는 방식이다.

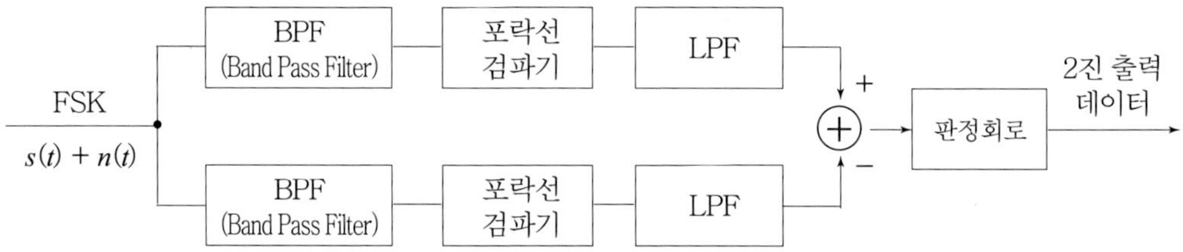

〈그림 2.45〉 2개의 포락선 검파기를 이용한 비동기 검파

- 대역통과 필터(BPF) : 2개의 전송 주파수 중 하나의 통과 대역을 선택, 즉 FSK 신호 중에서 높은 반송 주파수는 통과시키고 낮은 반송 주파수는 감쇠시킨다.
- 포락선 검파기 : 각각의 통과 대역에 있어서의 전체 전력을 검출
- 저역 통과 필터(LPF) : 높은 주파수 성분을 제거한다.
- 판정 회로(비교기) : 각각의 포락선 검파기에서 나오는 2개의 값 중에서 더 큰 값을 선택한다.

· FSK의 특징

- FM처럼 각종 잡음에 강하다. 즉 S/N을 향상시키고, 간섭 신호의 영향을 줄일 수 있다.
- 일종의 FM처럼 취급할 수 있어 수신기에는 자동이득제어[AGC(Auto Gain Control)] 회로 없이도 수신된 신호의 증폭이 가능하다.
- FM과 같이 대역폭을 계산할 수 있다. [$B = 2(f_s + \Delta f)$]
- 동기 검파시 FSK 오류 확률과 ASK 오류 확률은 같다. 그러나 비동기 검파의 경우에는 FSK 오류 확률이 ASK 오류 확률보다 적다. 따라서 FSK가 ASK보다 오류 확률이 적다.
- 코딩이 간단하며, 구현이 용이하고, 저속도 모뎀의 변조 방식으로 사용한다.

② 4진 FSK(M-Array FSK)

디지털 신호(2진 데이터)를 n개의 비트 그룹으로 묶어서 $N=n/2$개의 반송파 주파수로 변조하는 방식으로, 예를 들면 4개의 반송파($N=4$) 주파수를 사용할 경우 한 개의 반송파 주파수로 2개의 bit를 동시에 변조할 수 있다. 따라서 N이 증가하면 전송 대역폭이 증가하고 스펙트럼 효율이 떨어지기 때문에 2진 FSK가 많이 사용되며, 스펙트럼 확산(spread spectrum) 통신 방식에 많이 사용된다. 그리고 검파된 심볼이 겹치지 않도록 N개의 신호들 간에는 직교성이 충족되어야 한다.

(3) 위상편이변조방식(PSK)

PSK(Phase Shift Keying)는 디지털 신호(2진 데이터 디지털 신호(2진 데이터)의 정보

내용에 따라 반송파의 위상을 변화시키는 방식으로 2원 디지털 신호를 m개의 비트로 묶어서 $M=2^m$개의 위상으로 분할시킨 위상 변조 방식을 M진 PSK(Array PSK)라 하며 2진, 4진, 8진 PSK 등이 사용된다.

일반적으로 PSK는 일정한 포락선(진폭)을 갖는 파형이기 때문에 전송로 등에 의한 레벨 변동의 영향을 적게 받는다. 따라서 심볼 에러(symbol error)가 우수하며, 변복조 회로가 비교적 간단하다. 잡음이 있는 통신로에서 동기 검파시 부호 오율의 특성이 가장 우수한 디지털 변조 방식이다. 〈그림 2.46〉은 PSK 변조 파형을 보여주고 있다.

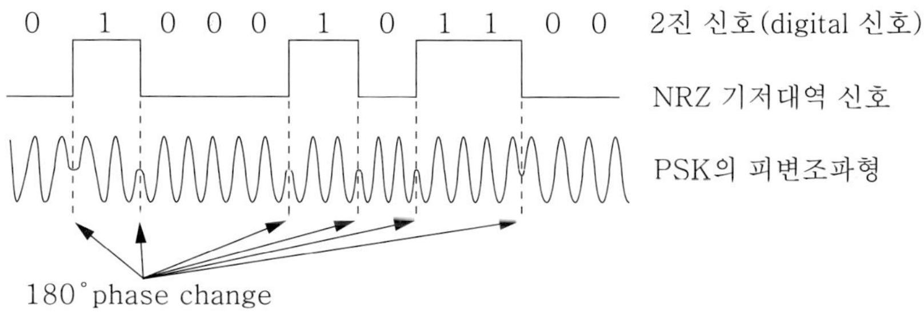

(a) 2진 부호에 따른 NRZ 신호와 피변조파형

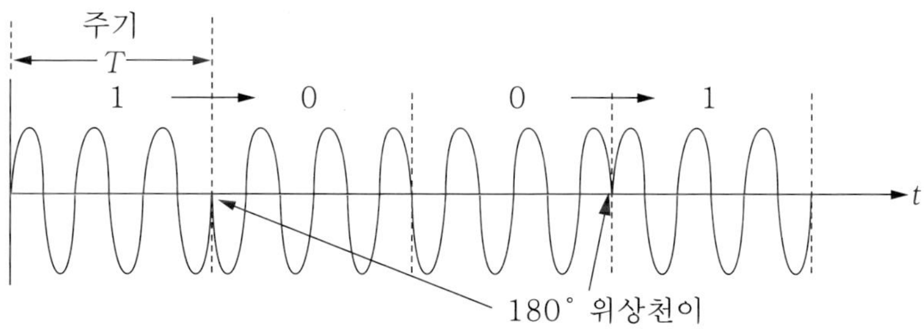

(b) 2진 PSK의 피변조파형(출력)

〈그림 2.46〉 2진 PSK 파형

① 2진 PSK (Binary Phase Shift Keying)

· 2진 PSK 변조

2진 PSK는 디지털 신호 0 또는 1에 따라 반송파의 위상을 변화시키는 방식으로 입력되는 단극성 신호는 먼저 이극성 형식으로 변환한 후 국부 발진기의 출력 와 곱해져 0° 또는 180°의 위상 편이를 일으킨다.

"0"→ $A\cos(\omega t + 0°)$ "1"→$A\cos(\omega t + 180°)$: 0 과 1 을 전송할 경우 180° 위상차가 있는 반송파를 전송하는 방식을 말한다.

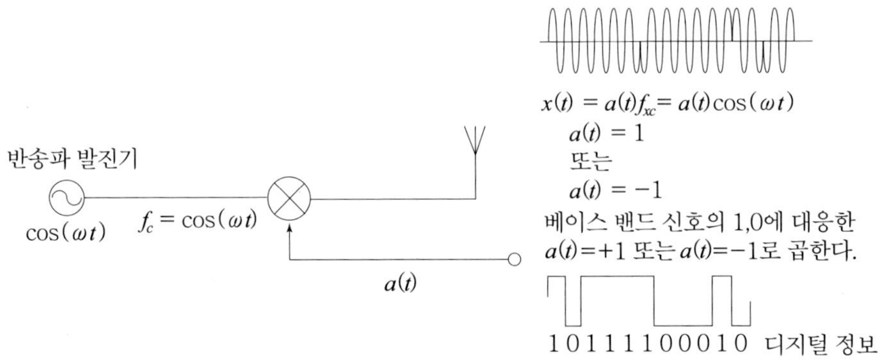

〈그림 2.47〉 PSK 변조기 구성도

· 2진 PSK 복조

수신측에서는 BPSK 신호를 복조하기 위해 반송파를 사용하게 된다. 이러한 반송파 발생과 신호 복조에 사용되는 회로를 중심환(costas loop)이라고 한다. 중심환에서 사용되는 detector mixer는 Exclusive-OR gate 회로로 구성된다.

BPSK에서 대한 복조는 동기 검파를 이용하며, 에러 확률은 비동기 ASK 및 비동기 FSK에 비해 S/N비가 4[dB], DPSK에 비해 1[dB] 유리하다. 즉, PSK에서는 근본적으로 동기 검파 방식만 이용하게 되는데, 그 이유는 정보가 반송파의 위상에 포함되어 있기 때문에 0과 1에 대응하는 반송파 자체의 위상을 수신측에서 처음부터 알지 못하는 경우에는 검파를 행하여도 0인지 1인지를 판별할 수 없게 되기 때문이다.

전송된 총전력 중에서 반송파 성분이 변조 지수의 자승배만큼 감소되므로 오류확률이 증가하여 S/N비가 떨어진다. 따라서 PSK의 검파 방식으로 비동기 검파보다 3[dB] 정도 S/N비가 좋은 동기 검파만 사용한다.

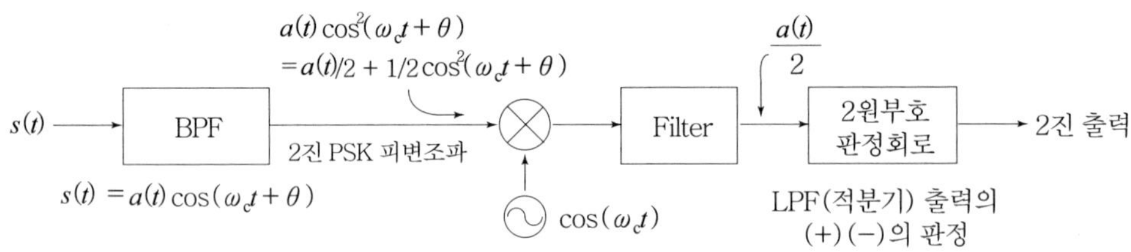

〈그림 2.48〉 BPSK 복조 구성도

② 4진 PSK(QPSK[Quadrature Shift Keying])

· 4진 PSK 변조는 주파수가 같고 위상이 90° 다른 2개의 반송파를 각각 BPSK처럼 변조시킨 후 합성하는 변조 방식이다. 즉, 한 번에 2개의 비트(00, 01, 10, 11)를 동시에 전송할 수 있는 방식으로 각각의 전송 비트에 대한 반송파의 위상을 달리하여 전송한다.

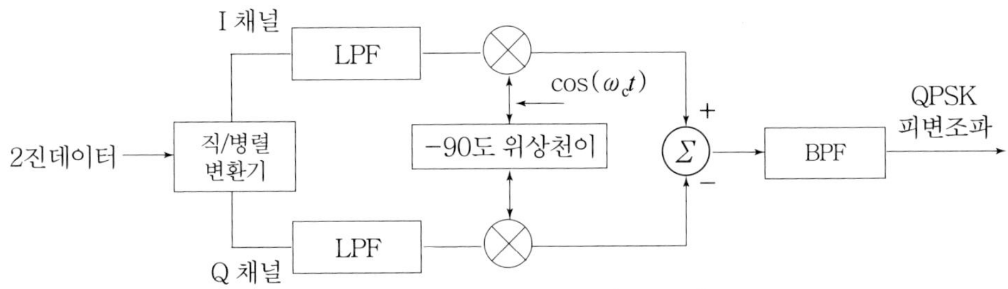

〈그림 2.49〉 QPSK 변조기의 구성

QPSK 변조과정과 변조신호는 다음 〈그림 2.50〉, 〈그림 2.51〉에서 보여주고 있다.

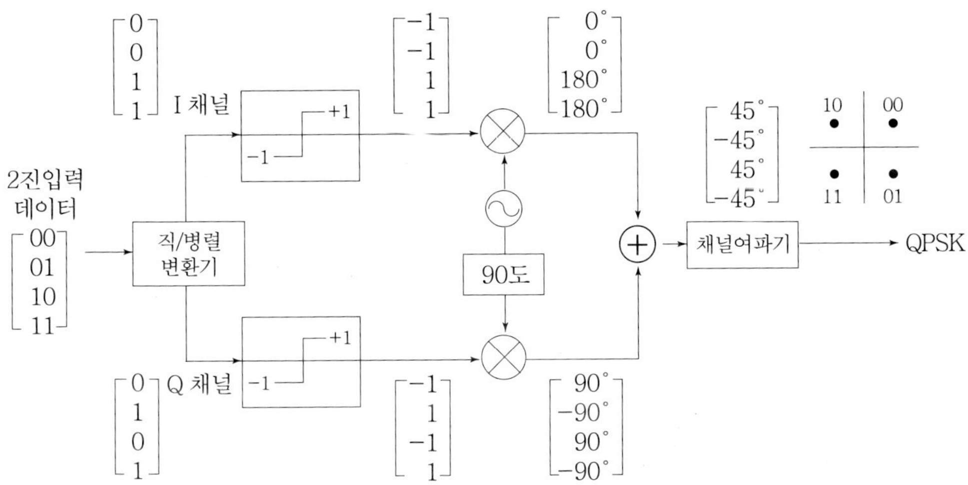

〈그림 2.50〉 QPSK 변조과정

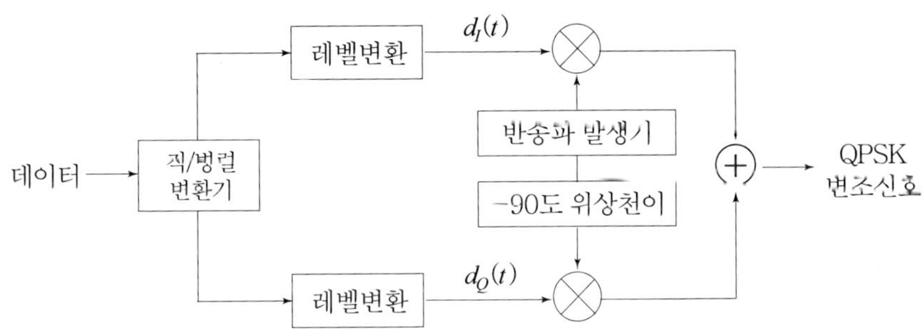

〈그림 2.51〉 QPSK 변조신호

· QPSK의 동작 원리는 입력 데이터 신호가 직/병렬 변환기에 입력되면 직/병렬변환 회로는 입력 데이터 신호 중 홀수번째 비트는 I(In−phase)채널로, 짝수번째 비트는 Q(Quadrature−phase)채널로 보낸다.

QPSK 변조기의 입력 데이터 열은 직/병렬 변환기에 의해서 분배된다. 즉, 2원 부호를 나타내는 입력 데이터 열 $\{d_k\}=\{d_0, d_1,\ldots\}$을 다음과 같이 I채널과 Q채널로 나누어 이들을 각각, $\{\{d_I(t)\},\{d_Q(t)\}\}$라 하면 다음과 같이 된다.

$\{d_I(t)\} = d_1, d_3, d_5 \ldots$ (홀수 비트)
$\{d_Q(t)\} = d_0, d_2, d_4 \ldots$ (짝수 비트)

입력 데이터의 한 비트 구간은 T_b이며, 직/병렬 변환기의 출력 신호를 T_s라고 하면 관 $T_s=2T_b$계가 성립한다. 즉, 심벌 구간은 비트 구간의 2배가 된다.

- 레벨 변환기에서는 비트 '1' 은 1, 비트 '0' 은 −1로 치환한다.
- $d_I(t)\cdot\cos(\omega_0 t)$와 $d_Q(t)\cdot\cos(\omega_0 t)$ 가 합해져 QPSK 변조 신호를 발생한다.

· QPSK 특징은 채널과 Q채널의 에러 확률은 BPSK의 에러 확률과 동일하며, S/N비는 BPSK보다 3[dB] 나쁘다. 그 외에 다음과 같은 특징을 갖는다.

- CDMA 순방향 link에 QPSK 변조 기술을 이용한다.
- 동일한 주기 T 를 기준으로 하면 BPSK 보다 2배 속도로 비트를 전송할 수 있다.
- 한 개의 심볼이 2개 bit를 표시하므로 I채널과 Q채널의 2진 데이터의 조합에 의해 위상이 결정된다.
- 채널과 Q채널의 데이터 모두가 변하면 ±180° 의 위상 변화가 생기고, 두 개의 채널 중 한 개의 데이터가 변환하면 ±90° 의 위상 변화가 발생한다. 점유 대역폭은 BPSK의 1/2로 나타난다.

(4) 직교 진폭변조(QAM)

① QAM의 개념

QAM(Quadrature Amplitude Modulation) 방식은 제한된 전송 대역을 이용한 데이터의 전송 효율을 향상시키기 위해 반송파의 진폭과 위상을 동시에 변조하는 방식으로, PSK에서는 I,Q채널의 각 데이터 신호값의 합성은 일정하기 때문에 독립적이 아니다. 그러나 2개의 채널(I채널, Q채널)이 독립이 되도록 한 것을 직교 진폭 변조라 한다. 디지털 신호(2진 데이터)의 전송효율 향상, 대역폭의 효율적 이용, 낮은 에러율, 복조의 용이성을 얻기 위한 ASK와 PSK의 결합 방식으로 APK(Amplitude Phase Keying) 방식이라고도 한다.

② QAM 의 변복조

· QAM 변조에서 QAM은 완전히 독립된 2개의 기저대역 신호 계열로 직교하는 2개의 반송파(cos, sin파)를 각각 ASK로 변조한 것을 합성해서 동일한 통신로에 송출시키면 비트 전송 속도를 2배 향상시킬 수 있다.

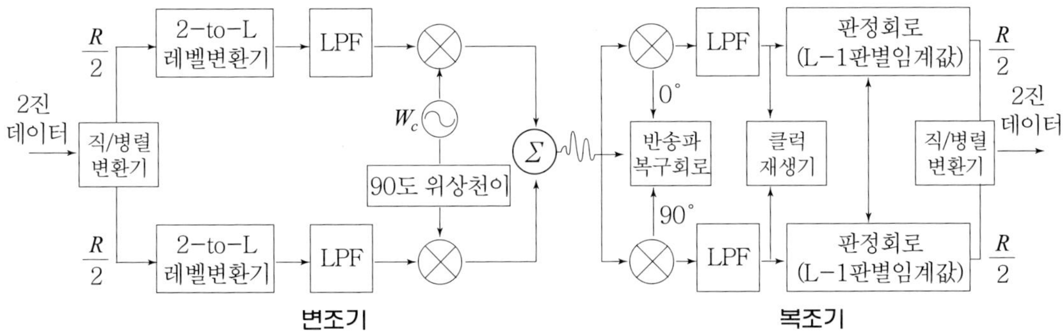

〈그림 2.52〉 QAM 변복조의 구성도

여기서 QPSK 변조기는 I(In-phase : 동상) 채널과 Q(Quadrature : 직교) 채널 상에서 2개의 레벨(±1)만을 가지나 QAM은 다수(4, 6, 8, 10)의 레벨을 갖는다. 2진 데이터를 직병렬 변환기에 통과시켜 2개의 채널로 분리하고 2개의 직교 채널에 들어온 비트를 2-to-L 레벨 변화기에 의해 L레벨의 신호로 변환시킨 후, 각 채널에서 L레벨의 신호는 cos과 sin 반송파를 갖는 곱셈 변조기에 인가되어 DSB-SC(Double Side Band-Suppressed Carrier) 변조된 후 합성하면 QAM 피변조파가 된다.

· QAM 복조기는 QPSK 복조기에 L레벨의 신호를 판별하는 (L-1) 레벨 판정 회로가 곱셈기 후단에 포함된다.

③ QAM의 특성

QAM의 대역폭 효율은 $f_s = f_b/2$이므로 2[bps/Hz]($T_s = 2T_b$, f_s는 simbol rate 또는 baud rate라고 한다.)이며, 여기서 QAM의 스펙트럼은 I와 Q채널의 기저대역 신호의 스펙트럼에 의해 결정된다. 따라서 페이저도(phasor diagram)상에서 M진 QAM의 신호점이 M진 PSK 피변조파의신호점에 비해 거리가 더 길므로 오류 확률면에서 다소 우수하다.

· QAM 신호는 2개의 직교성DSB-SC 신호를 선형적으로 합성한 것이다.
· M진 QAM과 M진 PSK의 전력 스펙트럼과 대역폭 효율은 동일하다.
· M진 QAM(또는M진 PSK)의 대역폭 효율은 0[bps/Hz]이며(16진 QAM의 최대 전송대역폭 효율은 $4\log_2 M$[bps/Hz]), 64진 QAM의 최대 전송 대역폭 효율은 6[bps/Hz]이다. 대역폭 효율은 클수록 바람직하다.
· QAM의 소요 전송 대역 B_R+2B로서 DSB-SC의 경우와 동일하나(B : 기저대역폭으로 2배에 해당한다).
· QAM의 스펙트럼 효율을 향상시키기 위하여 I와 Q채널에 PRF(Partial Response Filter)를 사용한 QAM을 QPR(Quadrature Partial Response)이라 한다.
· M=4일 경우 QAM은 QPSK와 동일하며, QAM과 QPSK의 차이점은 QAM은 LPF를 이용하고, QPSK는 BPF를 이용한다는 점이다.

· 4진 PSK와 4-QAM은 동일하며, QAM의 신호 공간은 위상뿐만 아니라 진폭 방향에도 변조가 되는 2차원 변조 방식이다. 즉, QAM은 APM(Amplitude Phase Modulation) 변조방식으로 잡음과 위상 변화에 우수한 특성을 갖는다.
· QAM은 한정된 전송 대역 내에서 고속의 데이터 전송이 진행되는 특징 이외에 신호의 진폭 · 위상을 나타내는 신호점 배치가 전송로의 잡음에 대해 우수한 특징을 지닌다.

2.1.4 트랜스폰더

RFID 시스템에서 실재 인식데이터를 가지고 있는 트랜스폰더 즉 Tag에 대해 알아보도록 한다. RFID 시스템은 물건, 사람들의 출입이나 기타 위치와 종류별 분류의 확인을 위하여 라디오 주파수(Radio Frequency)를 이용하며, 세 가지 구성요소가 조합되어야 제 기능을 발휘한다. 즉 리더(Reader)와 트랜스폰더(Tag) 및 컴퓨터 등은 데이터를 가공할 수 있는 장비들이다. RFID 리더(Reader)에는 트랜스폰더(Tag)를 향하여 전파(Signal)를 주거나 받아들이는 전자회로 부분을 가지고 있다. 리더(Reader) 내의 마이크로프로세서는 트랜스폰더(Tag)로부터 들어오는 신호를 바꿔주거나 그 데이터의 신호를 검증하면서 기억 장치인 메모리에 저장하고, 필요에 따라서는 송신하기도 한다.

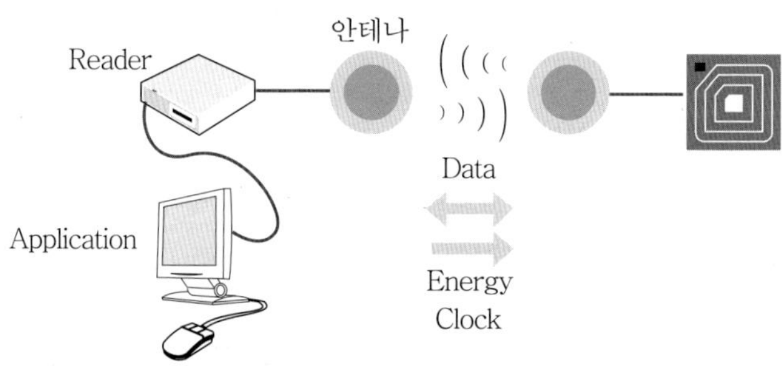

〈그림 2.53〉 RFID 리더(Reader)와 트랜스폰더(Tag)의 통신

〈그림 2.53〉과 같이 RFID 시스템은 리더(Reader)에 전파(Signal)를 보내거나 받기 위한 안테나를 가지고 있다. 안테나는 전파를 주고받을 수 있는 전자회로 부분과 같이 일체형으로 되어있거나, 혹은 전자회로 부분과 떨어져서 안테나만 단독으로 분리된 경우도 있다. 트랜스폰더(Tag)내에는 다양한 용도와 요구에 맞게 만들어진 IC 칩이 중요한 부분을 차지하고 있으며, 리더(Reader)와의 통신을 제어하고 있다. 칩 내의 기억장치(Memory)는 몇 개의 다른 구역으로 나누어지는데, 인증번호(ID Code)와 기타 데이터를 기억해두기 위한 자리와 리더(Reader)로부터 트랜스폰더(Tag)의 작동을 위한 신호를 받아서 자료를 보내기 위한 자료실이 있다. 트랜스폰더(Tag)에도 칩과 연결된 안테나와 신호(Signal) 동조를 위한 콘덴서

(Capacitor)가 내장되어 있다. 트랜스폰더(Tag) 내에는 일반적으로 데이터를 주소별로 지정할 수 있는 기억장치를 가지고 있으며, 그 용량은 보통 8비트에서 16K비트까지 보편화되어 있다. 〈그림 2.54〉는 RFID의 안테나와 트랜스폰더(Tag) 사이의 통신방식을 나타내고 있다. 대부분의 RFID시스템은 용도에 맞게 설계되는데, 원활한 작동을 위하여 정해진 주파수와 안테나 크기를 가지고 있다. 또한, 안테나를 통하여 리더(Reader)로부터 방사되어 나오는 전자기장(Electromagnetic Field)은 적당한 크기의 전자기장 대역폭을 가지고 있다.

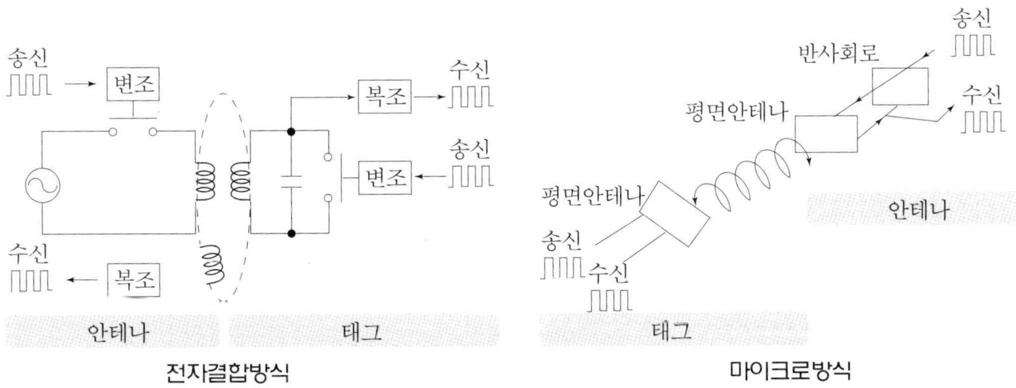

〈그림 2.54〉 RFID 리더(Reader)와 트랜스폰더(Tag)의 통신방식

전기장에서 데이터들은 전자결합방식과 마이크로파방식, 전자유도방식, 광방식 등 여러 방식이 사용되지만 기본적으로 RF Field 내에서의 동작은 비슷하다. 트랜스폰더(Tag)가 안테나의 전자기장 내를 지나가면 리더(Reader)로부터 나오는 신호를 감지하게 되고, 트랜스폰더(Tag) 내에 저장되어 있던 자료를 리더(Reader)에 보내기 시작한다. 리더(Reader)로부터 나오는 전파신호는 통상적으로 타이밍 정보를 트랜스폰더(Tag)에 보내면서 트랜스폰더(Tag)가 작동하기 위한 전기적인 에너지(Power)를 제공한다.

리더(Reader)로부터 나오는 타이밍 정보와 트랜스폰더(Tag)로부터 나오는 데이터는 거의 동시에 일어나게 된다. 트랜스폰더(Tag)에 전자기장(Electromagnetic Field)이 가해지고 있는 동안에는 메모리 내의 위치와 주소에 따라 정해진 순서대로 데이터를 처리하게 된다. 각 메모리 위치에 저장된 데이터는 리더(Reader)에 보내지게 되며, 메모리 내에 많은 위치를 차지하고 있으면 계속하여 데이터를 보내게 될 것이다. 트랜스폰더(Tag)로부터 데이터를 받는 동안 리더(Reader)는 트랜스폰더(Tag)에서 들어오는 데이터를 확실한 디지털 신호로 변환하여 CRC(Cyclic Redundancy Check) 검증을 거쳐 정상적인 데이터인지 아닌지를 확인하게 된다.

만약 데이터가 정상적이면 그 데이터는 RS-232, RS-422, RS-485 또는 다른 RF LINK를 통하여 컴퓨터나 다른 컨트롤러에 보내지게 된다. 리더(Reader)가 트랜스폰더(Tag)의 자료를 인식하기 위해서는 직접 접촉하거나 직접 작동하기 위한 기준선도 필요 없다. 왜냐하면 금속성이 아닌 모든 물질들은 리더(Reader)에서 방사되는 전자기장이 투과하기 때문이다. 다시 말해서 트랜스폰더(Tag)를 어디에 넣거나 물건 속에 감추어 두어도 리더(Reader)는 트랜스폰더(Tag)의 데이터를 읽어 낼 수 있다.

트랜스폰더(Tag)는 일반적으로 능동(Active)형이 아니면 수동(Passive)형으로 대별된다. 능동(Active)형은 전원(Battery)을 꼭 필요로 하는 타입으로서 외부로부터의 동작전원을 공급받거나 어떤 비금속성 케이스 내에 트랜스폰더(Tag)와 같이 내장된 배터리의 전원으로 동작을 하게 된다. 이 시스템이 유리한 점이 있다면 리더(Reader)의 필요전력을 줄이고 일반적으로 리더(Reader)와의 인식거리 (Reading Range)를 좀 더 멀게 할 수 있다는 것이다. 부정적인 요인으로 본다면 배터리를 사용함으로써 작동시간의 제한을 받고, 확실한 환경 하에서만 사용이 가능하며, 수동(Passive)형 장치에 비해 가격이 비싸다는 것이다. 참고로 요즘에는 Tag 가격의 저렴화 및 RFID 확산을 위해 microwave reflector 현상 기술을 이용한 전도성 물질 기반의 Chipless RFID Tag 개발이 한창이다.

수동(Passive)형 타입의 트랜스폰더(Tag)는 내부 또는 외부로부터 직접적인 배터리의 전원을 필요로 하지 않고 오직 리더(Reader)로부터 나오는 전자기장에 의하여 작동 에너지를 얻게 된다. 수동(Passive)형 트랜스폰더(Tag)는 능동(Activ)형 트랜스폰더(Tag)에 비하여 매우 가벼우며 가격도 저렴하면서 반영구적이다. 부족한 점은 인식거리가 짧고 리더(Reader)가 좀 더 많은 전력을 필요로 하는 것이다.

〈표 2.6〉에 능동형 태그(Tag)와 수동형 태그(Tag)의 특성을 비교하여 나타내었다.

〈표 2.6〉 능동형 태그(Tag)와 수동형 태그(Tag)의 특성 비교

	능동형(Active)	수동형(Passive)
특징	태그에서 자체 RF신호 송신 가능 배터리에서 전원 공급	판독기의 신호를 변형 반사 판독기의 전파 신호로 전원 공급
장점	장거리(3M) 이상 전송 가능 센서와 결합 가능	배터리 없으므로 저가격 구현가능 배터리 교체 비용 없음
단점	배터리에 의한 가격 상승 동작시간 제한	장거리 전송 제한 센서류의 모듈 추가 제한
적용분야	환경 감시, 근수, 의료, 과학분야	물류 관리, 교통, 보안, 전자상거래 분야

한편 트랜스폰더(Tag)는 쓰기/읽기의 기능상으로 세 개의 그룹으로 나눌 수 있다.

첫째는 읽고 쓰는 리드 라이트타입(Read-Write Type), 두 번째는 한번 쓰고 수시로 읽을(Write-Once/Read-Many=WORM)수 있는 형과 셋째 읽기만(Read-Only)하는 타입이다.이 세 가지 형태의 트랜스폰더(Tag)들은 능동(Active) 형이나 수동(Passive)형 양쪽에서 적용된다.

〈표 2.7〉 Tag의 종류별 특징

방식별 구분		주요 특징
태크 Read/Write 능력	Read only	제조시 프로그래밍, 정보내용은 변경 불가 가격저렴, 바코드와 같이 단순인식 분야 사용
	WORM	사용자가 데이터를 프로그래밍하며 프로그래밍한 후에는 변경 불가
	Read/Write	몇 번이고 프로그래밍 및 데이터 변경 가능 고가이나 다양한 분야에서 고도의 활용이 가능
태그 전원 유무	능동형 (Active)	태그에 배터리가 없으며, 10m 원거리 통신용 가격 고가, 수명 제한, VHF 대역 이상에서 사용
	수동형 (Passive)	태그에 배터리가 없으며, 10m 이내 근거리 통신용 가격 저렴, 수명 반영구적(약 10년 이상)
무선 주파수 대역	135kHz 이하	FA용, 동물신식 등 근거리 용도로 활용 시스템 가격이 저렴
	13.56MHz	IC카드, 신분증 등 1m 이내에서 활용 가능 데이터 전송상의 신뢰성이 높음
	UHF파	433MHz(active), 860-960MHZ 대역을 이용 마이크로파 대역에 비해 무선인식 성능이 우수 ISO-A/B, EPC 태그 등 국제적으로 활성화 전망
	마이크로파	2.45Ghz의 ISM 대역 이용 UHF대역에 비하여 수분, 금속환경에서 인식을 저하
기 타		응용분야에 따라 Application(데이터/메시지), Communication (태그/리더간 통신), Transport(무선 주파수 대역)의 3가지 layer로 구분 가능

〈표 2.7〉에 태그의 쓰기 및 읽기 기능에 따라 분류된 종류별 특징을 기술하였다. Read-write 타입의 트랜스폰더(Tag)들은 보통 정상적인 동작 상태에서 메모리 내에 저장된 데이터를 필요에 따라 수시로 변경하여 사용할 수 있다. Reade-Write 타입의 트랜스폰더(Tag)들은 고속도로의 요금징수 전화카드 또는 은행의 지불카드 등에 이용될 수 있다. 이 READ-WRITE 트랜스폰더(Tag)는 일반적으로 WORM 트랜스폰더(Tag)이나 READ ONLY 트랜스폰더(Tag)에 비해서 훨씬 비싸다. WORM 타입의 트랜스폰더(Tag)들은 한 번만 사용자 요구에 맞도록 만들어진다. 한번 쓰여진 (WRITE) 데이터는 절대 바꿀 수 없다. 이 트랜스폰더(Tag)는 READ/WRITE 트랜스폰더(Tag)들보다는 조금 저렴하다. READ ONLY 타입의 트랜스폰더(Tag)는 제조공정에서 제조 회사 기준으로 세계에서 유일한 코드번호(알파와 뉴메릭의 조합 혹은 기타 등)를 부여 작성하게 되며 절대로 수정이 불가능하다. 트랜스폰더(Tag) 내에서의 이러한 데이터는 수준 높은 보안성을 부가시켜 준다. READ-ONLY 트랜스폰더(Tag)들을 사용하는 동안은 컴퓨터상에서의 신뢰도를 높이거나 사람이나 기타 물건들에 관한 확인 작업에 관하여 타당성 있는 정보를 가공하기 위한 컴퓨터 내의 기억장치에 최적의 상태를 제공한다.

READ-ONLY 트랜스폰더(Tag)는 READ-WRITE 트랜스폰더(Tag)나 WORM(Write-Once/Read-Many) 트랜스폰더(Tag)들에 비하여 매우 저렴하다. RFID 시스템들도 동작하

기 위한 어떤 주파수 대역 구분을 만들어 놓았다. 특별한 경우를 제외하고는 대체로 고주파(High Frequency) 대역인 850MHz에서 950MHz대를 쓰거나 혹은 2.4GHz에 5GHz대를 사용하는 분야와 중간 주파 대역인 10MHz에서 15MHz 분야 그리고 저주파 대역인 100kHz에서 500kHz대를 사용하는 구획으로 나눌 수 있다. 〈표 2.8〉에 RFID에 쓰이는 주파수 대역별의 특성을 비교하였다. 각각의 대역별로 그 특성이 달라지며 특성에 따라 최종적으로 적용분야가 나누어지게 된다. 각각의 시스템들은 어느 편이 좀더 성능이 뛰어나고 업무에 중대한 영향을 미칠 수 있는지 자기 나름대로의 응용분야를 가지고 있다. 고주파 트랜스폰더(Tag)는 주로 먼 거리의 트랜스폰더(Tag)를 인식하거나 아니면 고속의 이동 상태를 요구하는 분야에 사용하게 된다. 응용 예로는 기차나 자동차의 감시 또는 고속도로의 요금 징수 시스템에 적당하다. 불리한 점이 있다면 시스템장비의 고 가격을 포함하여 트랜스폰더(Tag)를 인식하기 위한 정확하고 정밀한 조준 작업을 요구하는 점이다. 공통으로 약속되진 않았지만 13.56Mz를 사용하기 시작하여 ACCESS CONTROL(출입, 근접확인 기타 등)이나 스마트카드(Smart Card) 등에 적용하여 많은 양의 데이터를 옮겨주고 받는 응용 분야에 이용되기 시작하였다.

〈표 2.8〉에 RFID에 쓰이는 주파수 대역별의 특성을 비교하였다. 각각의 대역별로 그 특성이 달라지며 특성에 따라 최종적으로 적용분야가 나누어지게 된다.

〈표 2.8〉 RFID에 쓰이는 주파수 대역별의 특성

구분	저주파(LF)	고주파(HF)	극초단파(UHF)		마이크로파
	125kHz,134kHz	13.56MHz	433.92MHz	860~960MHz	2.45GHz
인식거리	〈 60cm	약 60cm	약 50~ 100m	약 3.5m~10m(수동)	약 1m(수동)
일반특성	· 비교적 고가 · 환경에의한성능 저하 거의 없음	· 저주파보다저가 짧은 인식거리와 다중태그 인식이 필요한 응용 분야에 적합	· 긴 인식거리 · 실시간추적 및 컨테이너 내부습도, 충격 등 환경 센싱	· IC 기술 발달로 가장 저가로 생산가능 · 다중태그인식거리와 성능이 가장 뛰어남	· 900대역태그와 유사한 특성 · 환경에대한영향을 가장 많이 받음
동작방식	· 수동형	· 수동형	· 능동형	· 능동/수동형	· 능동/수동형
적용분야	· 공장자동화 · 출입통제/보안 · 동물관	· 수확물 관리 · 대여물품 관리 · 교통카드 · 출입통제/보안	· 컨테이너 관리 · 실시간위치 추적	· 공급망 관리 · 자동통행료 징수	· 위조방지
인식속도	저속 ←→ 고속				
환경영향	강인 ←→ 민감				
태그크기	대형 ←→ 소형				

2.1.5 RFID 리더

가) 125kHz 리더(Reader)

1) 125kHz 리더(Reader) 구조

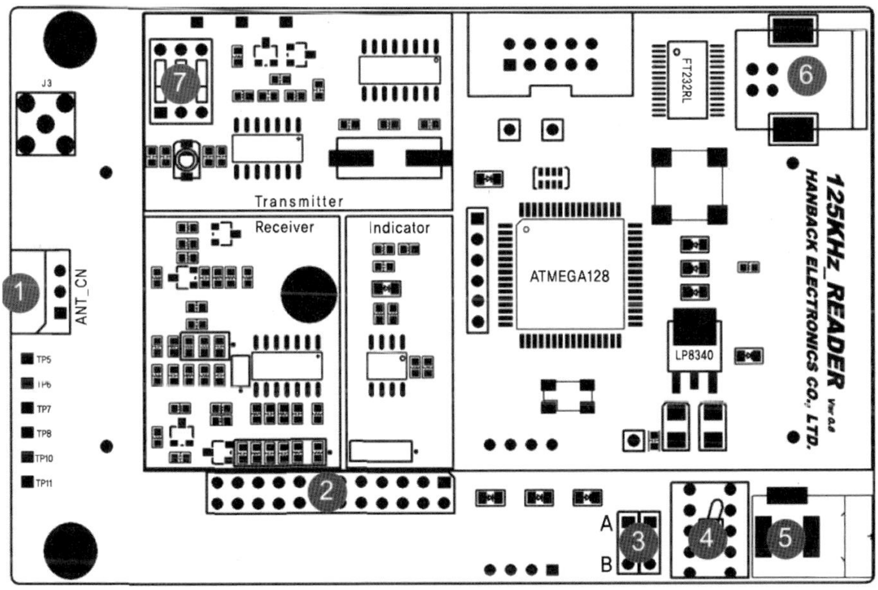

〈그림 2.55〉125kHz 리더(Reader)

125kHz 리더(Reader)의 구조는 크게 Transceiver와 마이크로프로세서, 주변 IO를 포함한 기타 부로 세분화되며, 추가요소로 코일안테나가 있다.

국내에서 사용되는 BUS 카드, 지하철 카드도 이 대역 시스템에 해당된다. 이 대역을 이용하는 응용분야는 주로 짧은 거리의 인식을 요구하거나 저렴한 시스템 가격을 요구하는 분야이다. 대부분이 출입 통제 보안(Access Control), 동물의 개체별 인식작업, 작업의 자동화, 재고관리, 재고자산 등의 조사 등에 사용된다. 트랜스폰더(Tag)의 데이터를 읽어 낼 수 있는 인식거리는 기능상 리더(Reader)의 안테나 크기와 트랜스폰더(Tag) 내에 있는 안테나의 크기에 따라 비례하여 결정된다. 한편 저주파 트랜스폰더(Tag)는 125kHz 혹은 134kHz대의 주파수를 사용하는데 환경 영향을 적게 받는다는 장점 때문에 주로 농물 식별용이나 공정 자동화 분야에 많이 도입되고 있다.

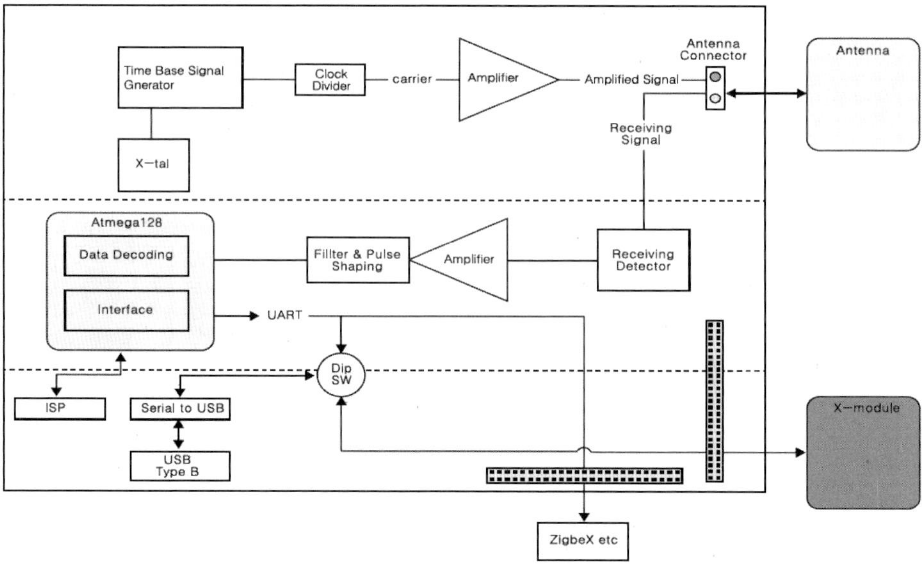

〈그림 2.56〉 125kHz 리더(Reader) 블록도

(1) Transceiver part : 125kHz 리더(Reader)는 별도의 칩셋이 사용되지 않았다.

① Transmitter : 125kHz의 Carrier 발생부와 Carrier Signal 증폭부(power Driver), 안테나 매칭부로 구성된다. 안테나 매칭부분에 대해 안테나의 인덕턴스 값과 리더(Reader)의 임피던스를 맞추기 위해 공진캐패시턴스가 존재하며, 이를 DIP Sw⑦를 이용해 셋팅 값을 조절할 수 있다.

② Receiver : 안테나 공진부, Envelope Dectector, 신호 증폭부, 필터(Filter), Comparator로 구성된다.

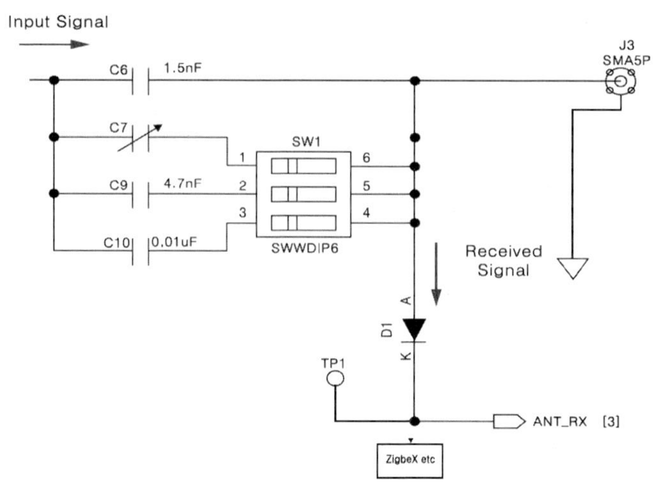

〈그림 2.57〉 Transceiver part

(2) 마이크로 프로세서

AVR128을 사용하였으며 주변 IO(USB, UART)를 관장한다.

(3) 기타

전원(Power), 확장커넥터, UART, USB

① 전원(POWER)

- 주전원 DC 5V/ZigbeeX 연동을 위해 DC3V 발생
- 리더(Reader) 단독으로 사용할 때 DC Adaptor Jack(⑤)에 어댑터(Adaptor)를 연결하고 SW(④)로 POWER ON/OFF

② 확장 커넥터

- HandHeld 리더(Reader)로 사용시 리더(Reader) 결합용 커넥터(②)를 이용한다.

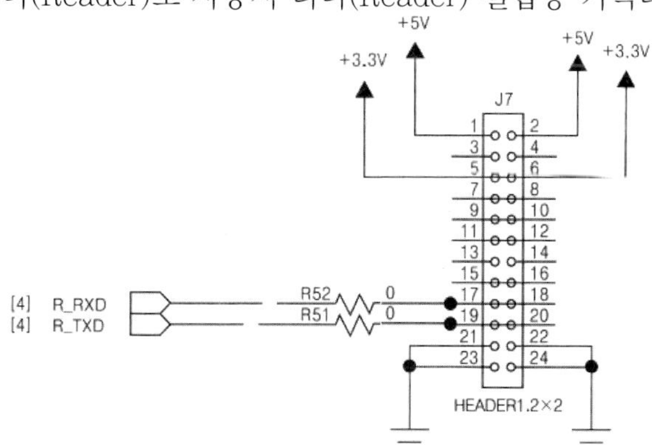

〈그림 2.58〉 리더(Reader) 결합용 커넥터

- Ibex를 이용하여 USN연동을 위해서 하단 J5와 연결하여 사용한다.

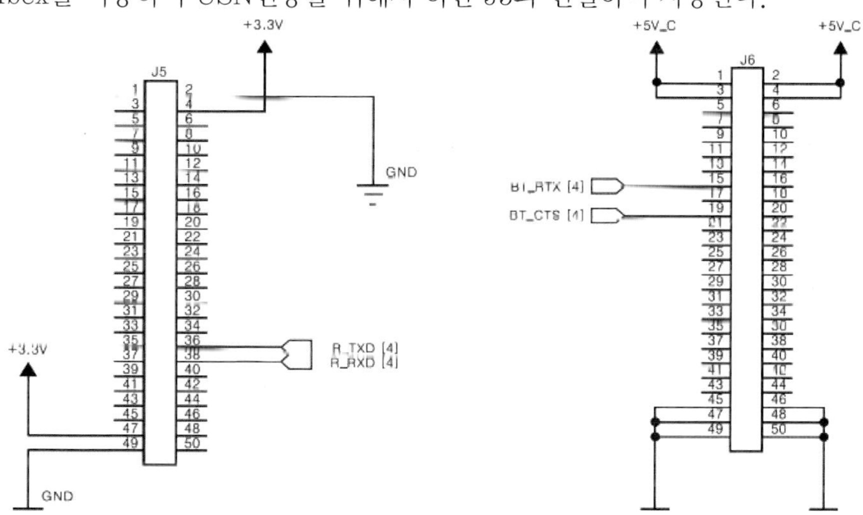

〈그림 2.59〉 리더(Reader) Module 하단 커넥터 회로

(4) UART

리더(Reader) 구동형태에 따라 사용방법이 달라지며 SW③을 이용하여 USB와 내부 UART로 구별되어 사용한다.

① Base 결합 : 프로세서의 UART와 X-module(Hand held Reader 응용을 위한 임베디드 시스템 모듈)의 UART로 연결된다. SW③은 하단 B로 향하도록 한다.

② 리더(Reader) 단독 : 리더(Reader)의 USB Port를 이용하여 PC와 연결된다. SW③은 상단 A로 향하도록 한다.

③ Hand held 리더(Reader) : 프로세서의 UART와 X○ module의 UART로 연결된다. 리더(Reader) 결합용 커넥터(②)를 LCD 모듈의 리더(Reader) 결합용 커넥터와 결합한다. SW③은 하단 B로 향하도록 한다.

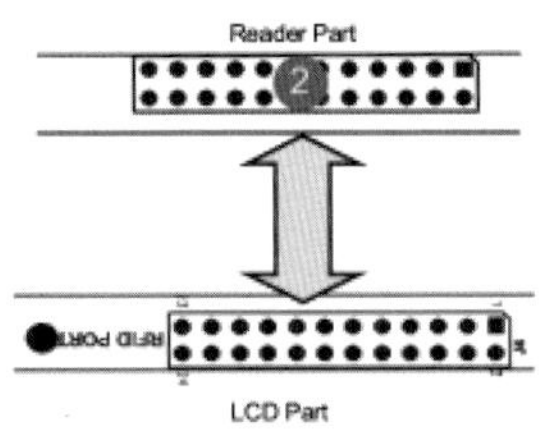

〈그림 2.60〉 LCD Module과 리더(Reader) 결합방법

Base 결합	리더(Reader) 단독	Handheld 리더(Reader)
A B	A B	A B

〈그림 2.61〉 리더(Reader) 구동형태에 따른 SW③ Setting

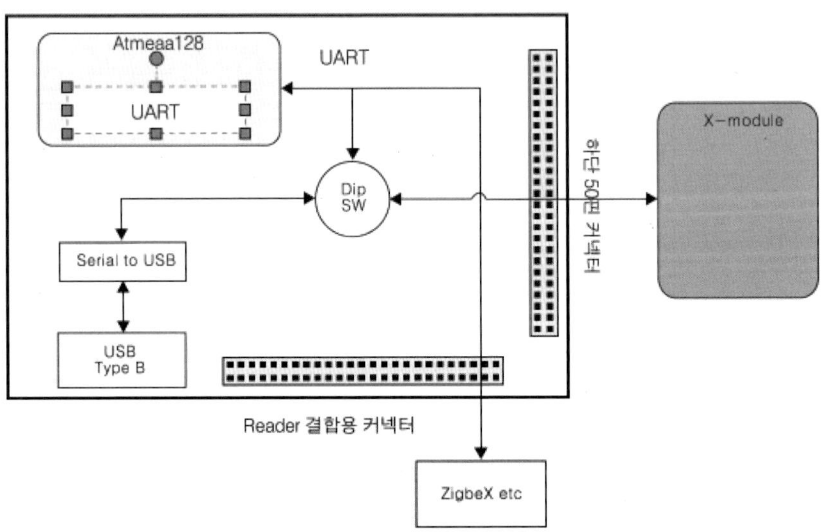

〈그림 2.62〉 리더(Reader)의 UART 구조

(5) 코일 안테나

코일 안테나의 커넥터 부를 리더(Reader)의 Ant_CN ①에 결합한다.

안테나의 공진조건은 Transmitter의 안테나 임피던스 매칭에 대한 SW Setting을 참조하도록 한다.

내부 직경 : 40mm
외부 직경 : 50mm
코일 직경 : 0.23mm
(굵기는 조금 바꾸어도 상관 없음)
턴수 : 112turn
인덕턴스 : 약 1mH

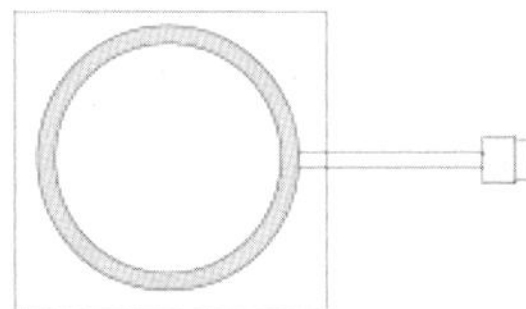

2) 사용법

125kHz리더(Reader)는 장비에서 탈착하여 PC의 어플리케이션과 단독으로 실행이 가능하다

① 안테나 결합 : 안테나 커넥터와 코일안테나의 종단의 커넥터를 결합하여 사용한다.
② USB, 전원케이블 연결 : USB 타입 B를 이용하여 PC와 연결하도록 하며 전원은 별도 5V 어댑터를 사용한다.

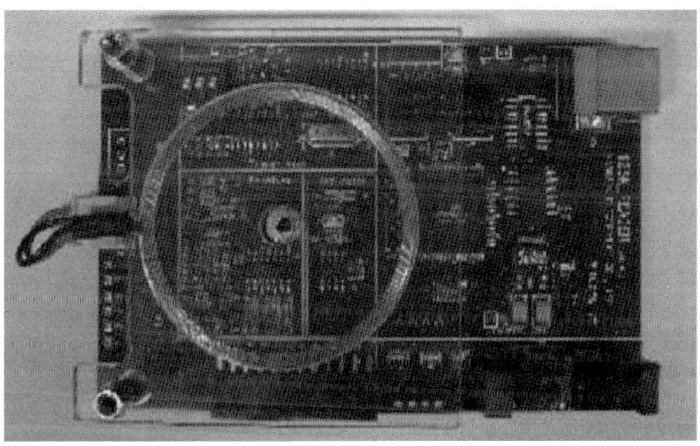

나) 13.56MHz 리더

1) 13.56MHz 리더 구조

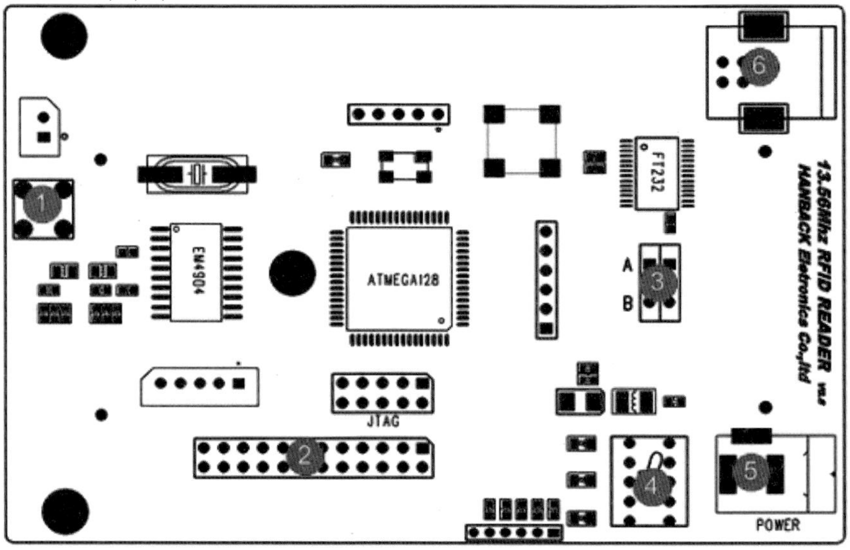

〈그림 2.63〉 13.56MHz 리더 구조

13.56MHz 리더의 구조는 크게 EM4094 Transceiver와 마이크로프로세서, 주변 IO를 포함한 기타부로 세분화되며 추가요소로 패턴안테나가 있다.

125kHz와 달리 구조가 매우 간단하지만 전용 칩셋을 사용하기 위해서 안테나 매칭부에 특히 유의해야 한다.

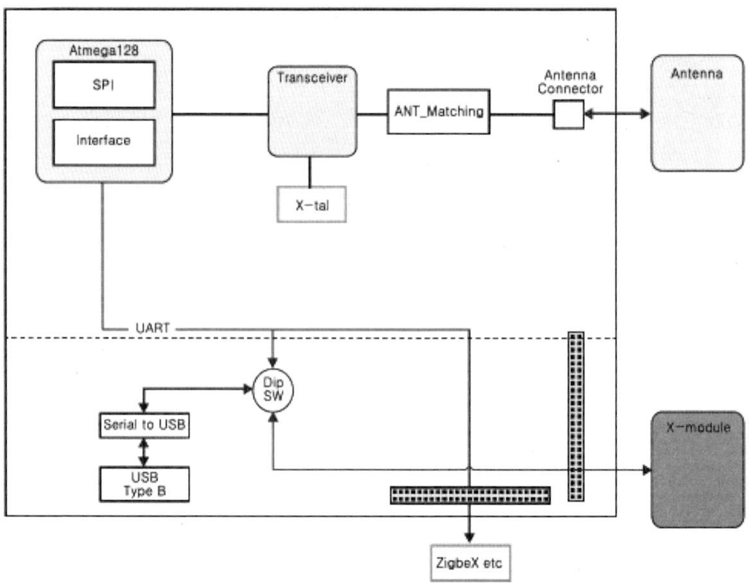

〈그림 2.64〉 13.56MHz 리더 구조 블록도

(1) Transceiver part

Transceiver 칩셋은 EM Microelectronic사의 EM4094를 사용하였다.

EM 4094는 EM사의 13.56MHz 전용 칩셋으로 ISO14443, ISO15693을 지원하는 RFID 칩셋이다.

기본적인 하드웨어는 EM사의 EM4094 Fact sheet를 참조하면 〈그림 2.65〉와 같이 Transceiver와 마이크로프로세서, 크리스털, 안테나 매칭부로 나누어질 수 있다. 이 칩은 주 클럭으로 13.56MHz를 사용하며, 마이크로프로세서와의 인터페이스는 SPI를 사용한다.

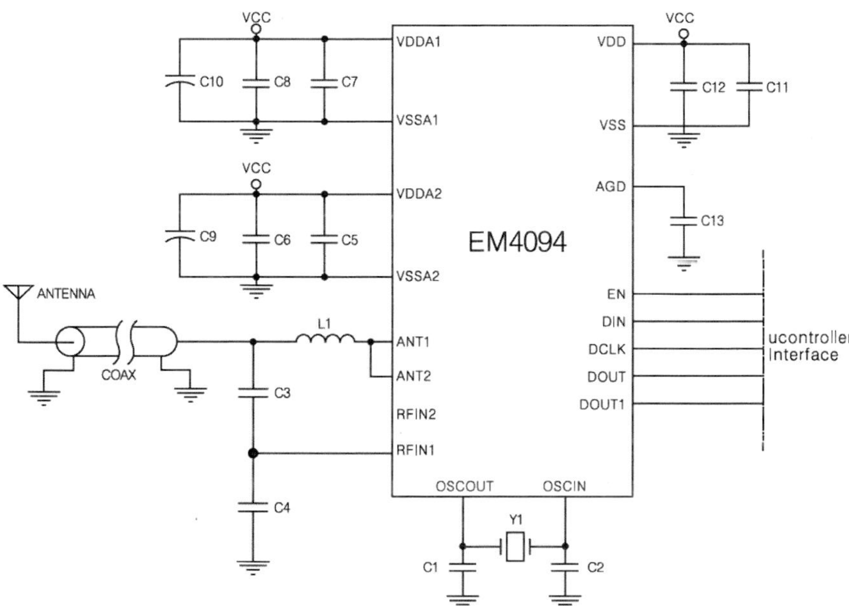

〈그림 2.65〉 13.56MHz 리더 칩셋

(2) 마이크로 프로세서

AVR ATmega 128이 사용되며, EM4094로의 컨트롤과 주변 IO(USB, UART)를 관장하게 된다.

(3) 기타

Power, 확장커넥터, UART, USB

125kHz와 유사한 구조를 가진다.

① POWER

· 주 전원은 DC5V를 사용하며, ZigbeX와의 연동을 위해 DC3V을 발생한다.

· 리더 단독으로 사용할 때, DC Adaptor Jack(⑤)에 Adaptor를 연결하고 SW(④)로 POWER ON/OFF를 한다.

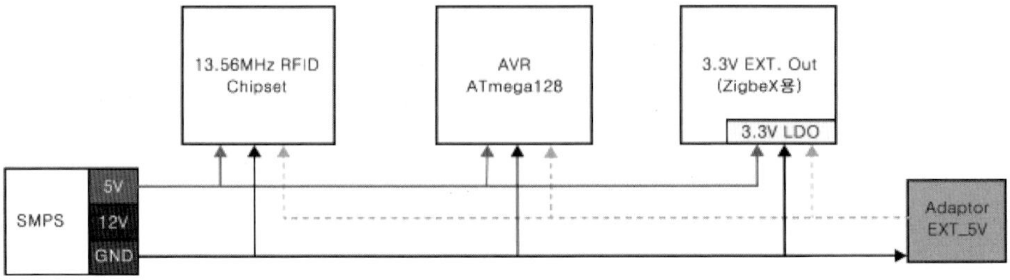

〈그림 2.66〉 HDE-RFID-REX의 POWER 구조

② 확장 커넥터

· Handheld 리더로 사용시 리더 결합용 커넥터(②)를 이용한다.

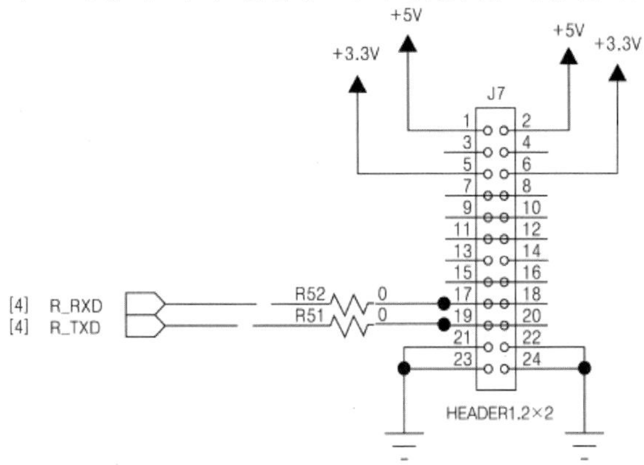

〈그림 2.67〉 리더 결합용 커넥터

· ZigbeeX를 이용하여 USN연동을 위해서 하단 J5와 연결하여 사용한다.

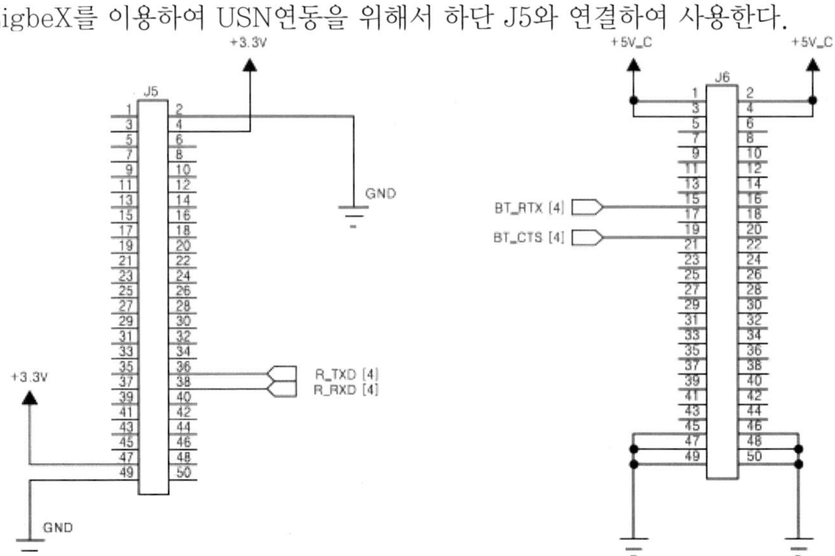

〈그림 2.68〉 리더 Module 하단 커넥터 회로

(4) UART

리더 구동형태에 따라 사용방법이 달라지며 SW③을 이용하여 USB와 내부 UART로 구분하여 사용한다.

① Base 결합 : 프로세서의 UART와 PXA module의 UART로 연결된다.
SW③은 하단 B로 향하도록 한다.

② 리더 단독 : 리더의 USB Port를 이용하여 PC와 연결된다.
SW③은 상단 A로 향하도록 한다.

③ Handheld 리더 : 프로세서의 UART와 PXA module의 UART로 연결된다.
리더 결합용 커넥터(②)를 LCD 모듈의 리더 결합용 커넥터와 결합한다. SW③은 하단 B로 향하도록 한다.

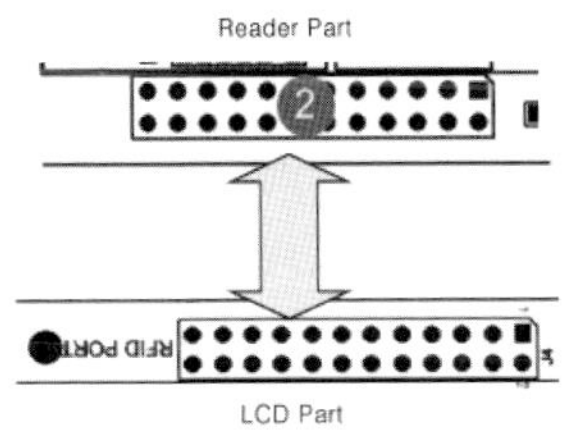

〈그림 2.69〉 LCD Module과 리더 결합방법

Base 결합	리더(Reader) 단독	Handheld 리더(Reader)
A B	A B	A B

〈그림 2.70〉 리더 구동형태에 따른 SW③ Setting

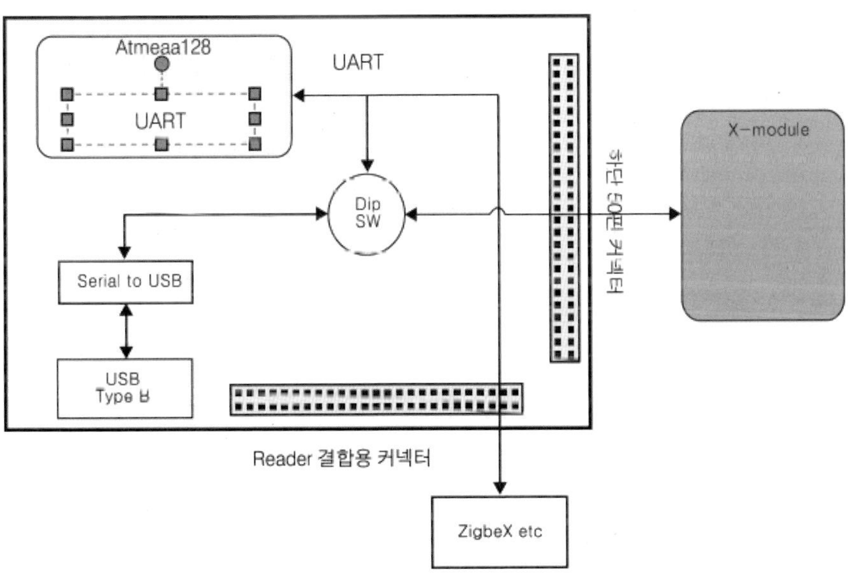

〈그림 2.71〉 리더의 UART 구조

(5) 패턴 안테나

13.56MHz의 안테나로 패턴 안테나가 사용된다. 리더의 SMA connector ①에 결합한다.

① 안테나 S2

안테나의 임피던스를 조정하기 위해 가변캐패시턴스가 존재한다.

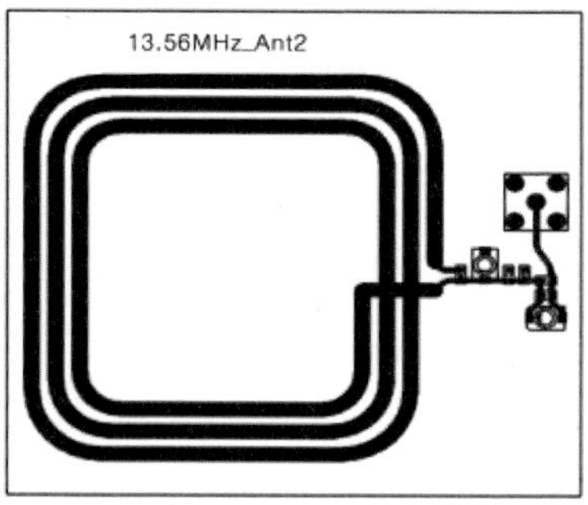

〈그림 2.72〉 임피던스 매칭 회로가 있는 패턴 안테나

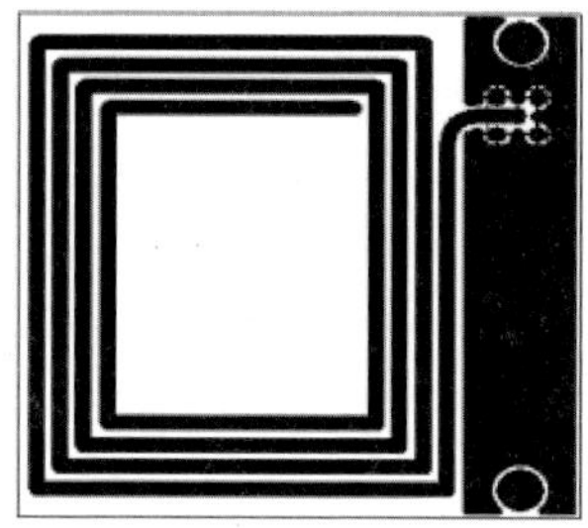

〈그림 2.73〉 패턴 안테나

② 안테나 S3

임피던스 매칭부가 존재하지 않는 다이렉트 안테나 타입

2) 사용법

사용법은 리더 단독으로 실행 시를 기준으로 기술한다.

(1) 안테나 결합

① 리더의 커넥터(1)에 연결 케이블(3)을 결합

② 13.56MHz 안테나(2)의 커넥터(4)와 연결 케이블(3)을 결합

〈그림 2.74〉 안테나 결합

(2) USB, 전원케이블 연결

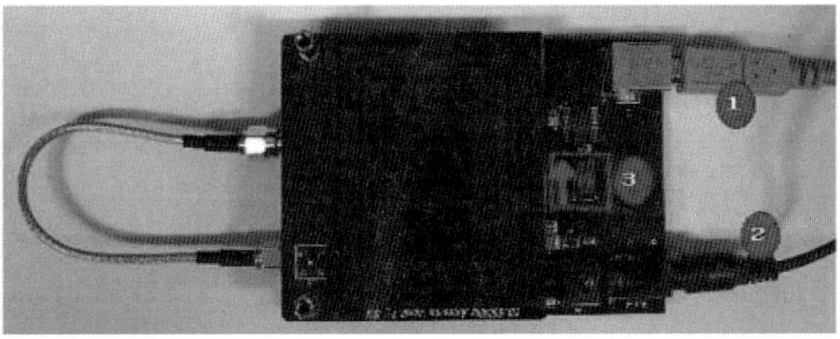

〈그림 2.75〉 USB, 전원 케이블 결합

그림과 같이 우측 상단에 USB 케이블(1)을 연결한다. 우측 하단에 Power 케이블(2)를 연결하고, Dip 스위치(3) 방향을 위로 설정한다.

전원 스위치(4)를 화살표 방향으로 설정한다. LED에 전원이 켜져 있는지 확인한다.

3) Handheld 리더로의 구성

4LCD part 와 X-Scale part로 구성

handheld 리더 사용시 LCD 모듈의 상단 커넥터와 리더를 결합하여 사용한다.

Handheld 리더 사용법은 Handheld RFID 리더 편를 참조하도록 한다.

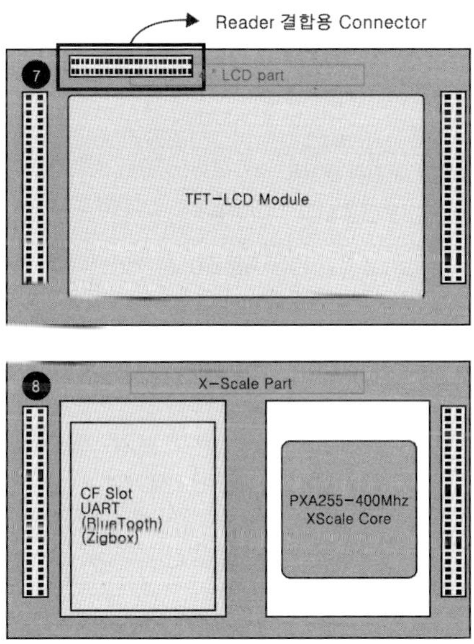

〈그림 2.76〉 LCD 모듈과 X-Scale part

다) Handheld 리더

1) 개요

Intel PXA255 Processor는 높은 성능과 저전력의 마이크로 아키텍처로 설계되었다. XModule은 이 프로세서의 응용사양에 따라서 시스템을 개발하도록 지원하는 실습용(개발용) 모듈이다. 또한, 이 프로세서들은 앞으로 요구되는 저전력과 높은 성능을 요구하는 응용제품, 휴대용 보조장치, 통신기기, 스마트 폰, 무선 PC 등에 사용된다. Intel PXA255 프로세서는 32Bit 데이터 버스, 400MHz로 동작되며, 17×17mm uBGA 패키지이다.

2) 시스템 구성

X-Module의 구성내용을 자세히 살펴보도록 하자.

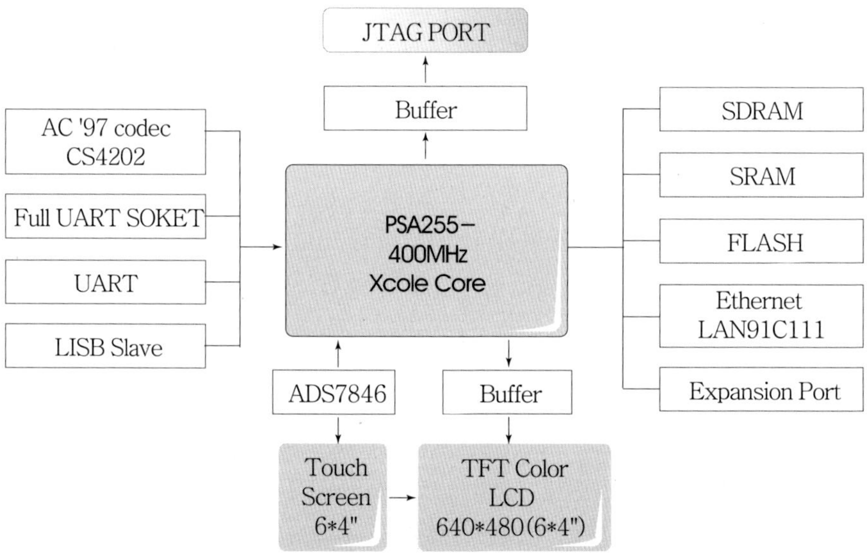

〈그림 2.77〉 X-Module 시스템 구성

〈그림 2.78〉은 X-MODULE 보드를 구성하는 주요부품, 점퍼, 스위치, LED 등의 위치를 나타내며, 보드에 필요한 액세서리 부속품과 구성부품을 표시한다.

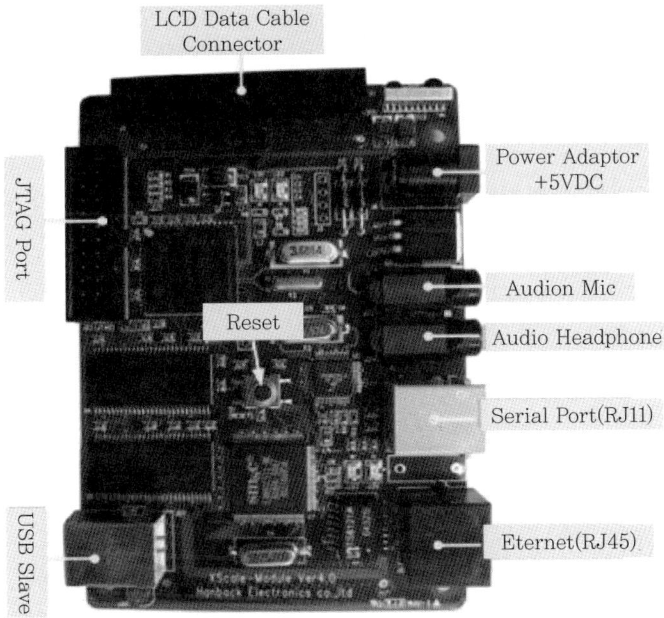

〈그림 2.78〉 Power Supply and Regulation

(1) 전원구성

X-MODULE 은 외부로부터 +5V/DC Adaptor로 전원이 공급된다. 적색 LED로 Power on(+5VDC, +3.3VDC) 표시를 한다. X-Module에는 Liner Technology의 LT1085CM-3.3을 사용하여 +5V로부터 +3.3V로 전압을 공급하였으며, 적색 LED로 Power on을 표시한다. 〈그림 2.79〉는 X-MODULE의 전원구성을 도식화한 것이다.

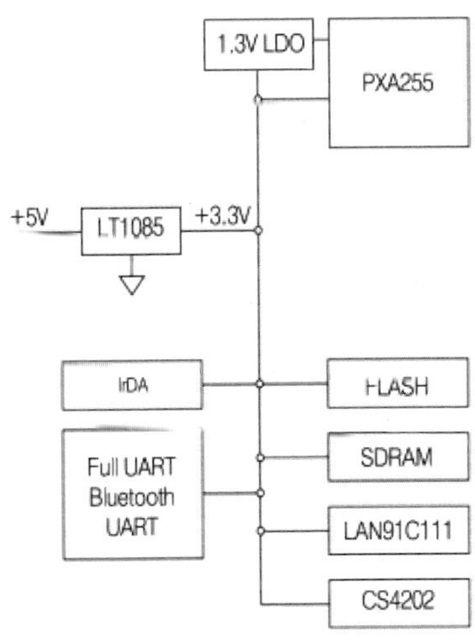

〈그림 2.79〉 전원구성

(2) Reset

X-MODULE은 Hardware Reset Switch S1(RESET)를 두고 있다. 이 리셋신호는 프로세서에만 연결되어 있으며, 시스템 리셋은 프로세서에서 출력되는 RESET_OUT 신호에 연결되어 있다.

〈그림 2.80〉은 버튼의 위치와 회로구성을 도식화한 것이다.

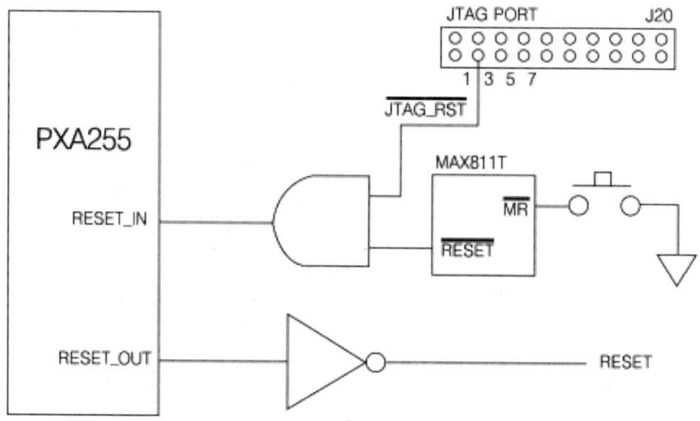

〈그림 2.80〉 Reset

(3) Flash memory

X-MODULE 모듈에는 32Mbyte의 NOR Flash 메모리를 사용한다.

〈그림 2.81〉은 Flash Memory의 위치와 회로구성을 도식화한 것이다.

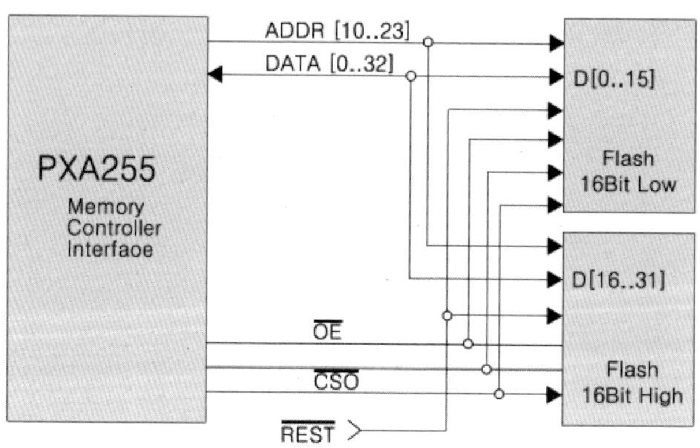

〈그림 2.81〉 Flash memory

(4) SDRAM

X-MODULE에는 2개의 SDRAM 칩으로 64Mbytes의 메모리가 장착된다.

〈그림 2.82〉는 X-MODULE과 PXA255 프로세서와의 연결상태를 보여준다.

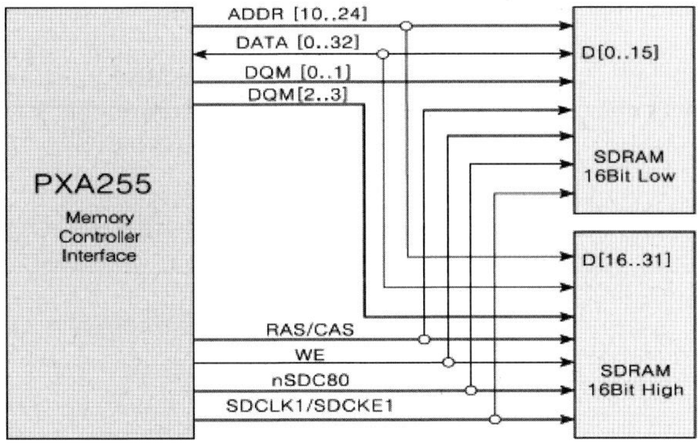

〈그림 2.82〉 SDRAM

(5) Audio CODECs

X-MODULE은 AUDIO CODEC으로 CS4202칩을 사용한다. Cirrus Logic의 Crystal CS4202은 PC 멀티미디어 시스템용으로 디자인된 스테레오 코덱이다. 이 코덱은 20비트의 D/A 컨버터와 18비트 스테레오 A/D 컨버터를 가지고 있다.

〈표 2.9〉 AC' 97 신호

Name	Direction	Description summary
nACRESET	O	Active-low CODEC reset. The CODEC' s registers reset when nACRESET is asserted
GP28/BITCLK	I	12.288 MHz bit-rate clock
GP31/SYNC	O	48kHz frame indicator and synchronizer
GP30/SDATA_OUT	O	Serial audio output data to CODEC for digital to analog conversion
GP29/SDATA_IN_0	I	Serial audio input data from Primary CODEC
GP32/SDATA_IN_1	I	Serial audio input data from Secondary CODEC

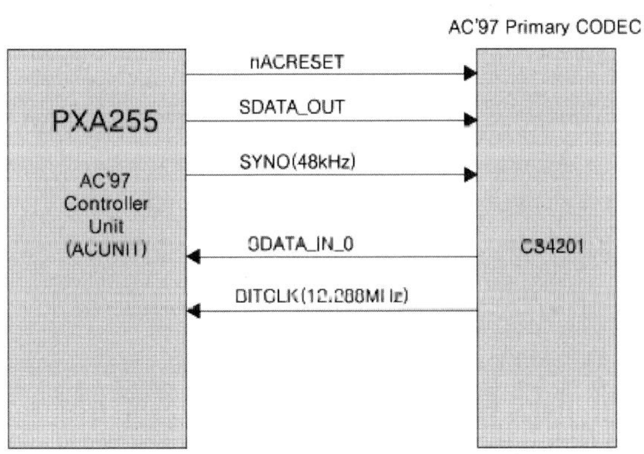

〈그림 2.83〉 Audio CODECs

〈표 2.9〉는 PXA255의 AC' 97 Controller의 Signal Description을 표시한 것이다.
〈그림 2.83〉은 PXA255 프로세서와AUDIO CODEC 칩의 연결 상태를 나타낸 것이다.

(6) Touch-Screen Controllers

X-MODULE의 LCD에 장착된 터치스크린 콘트롤러는 ADS7846 칩이다. Burr Brown ADS7846은 터치스크린 콘트롤러로서 프로세서의 synchronous Serial Port Controller (SSPC)를 통하여 통신하며, 모토롤라의 Serial Peripheral Interface(SPI) 프로토콜을 사용한다.

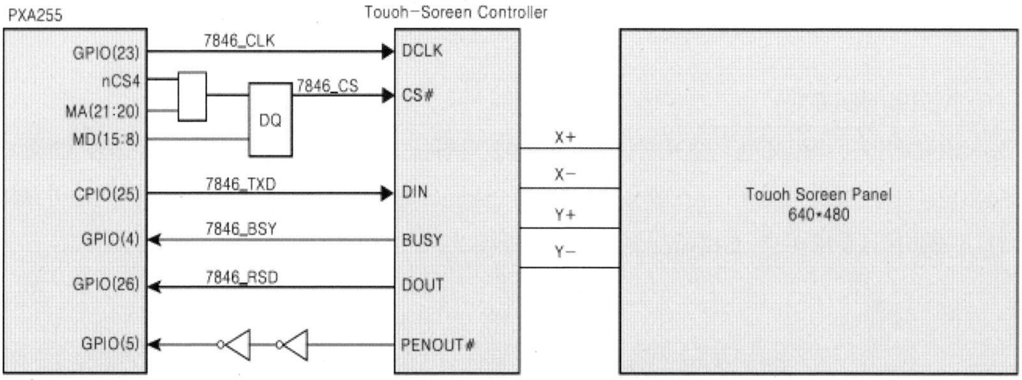

〈그림 2.84〉 Touch-Screen Controllers

〈그림 2.84〉는 X-MODULE에서 사용된 터치스크린 콘트롤러와 터치스크린 패널 그리고 PXA255 프로세서간의 연결상태를 보여준다.

(7) IrDA Infrared Transceiver

X-MODULE은 두 가지 모드를 수용하는 Agilent IrDA 트랜시버로 Slow infrared(SIR)과 Fast infrared(FIR) 프로토콜을 수용한다. Mis-cellaneous Write Register에 IrDA 비트로트랜시버 모드를 제어한다. IrDA 트랜시버(보드의 D13)는 GPIO핀 IR_RXD와 IR_TXD에 연결된 포트를 통해 Fast Infrared로 정보를 전송한다. 〈그림 2.85〉는 IrDA 모듈의 위치와 회로구성을 도식화한 것이다.

〈표 2.10〉 IrDA 신호

Name	I/O	Name Description
IRRXD	Input	eceive pin for FICP
IRTXD	Output	Transmit pin for FICP

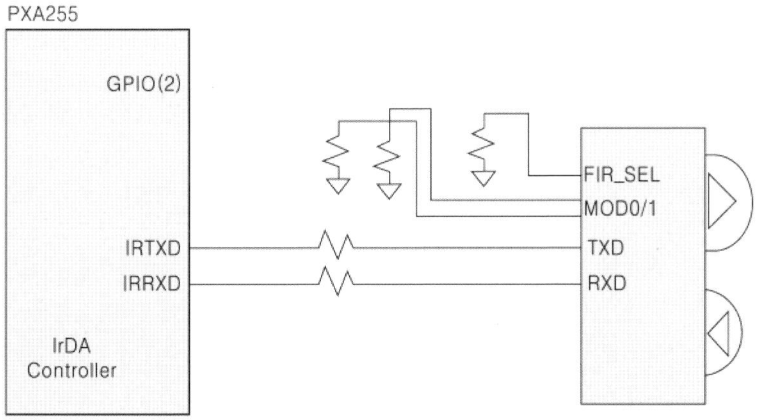

〈그림 2.85〉 IrDA Infrared Transceiver

(8) Serial Communication Ports

X-MODULE에는 Full Function UART(FF)의 Serial 포트가 있다. PXA255 프로세서의 GPIO를 이용하여 만들어진 UART 신호는 Maxim사의 MAX3241CUI RS232 트랜시버를 통하여 표준 RJ11 커넥터에 전송한다.

· Full Function – J11 (FF Serial)

Bluetooth UART 인터페이스는 미리 정해진 RFID 리더 모듈과의 통신 인터페이스이다. 그 것은 Maxim MAX3232E 트랜시버를 통해 표준 시리얼 레벨에서 사용할 수 있다. 〈그림 2.86〉은 회로구성을 도식화 한 것이다.

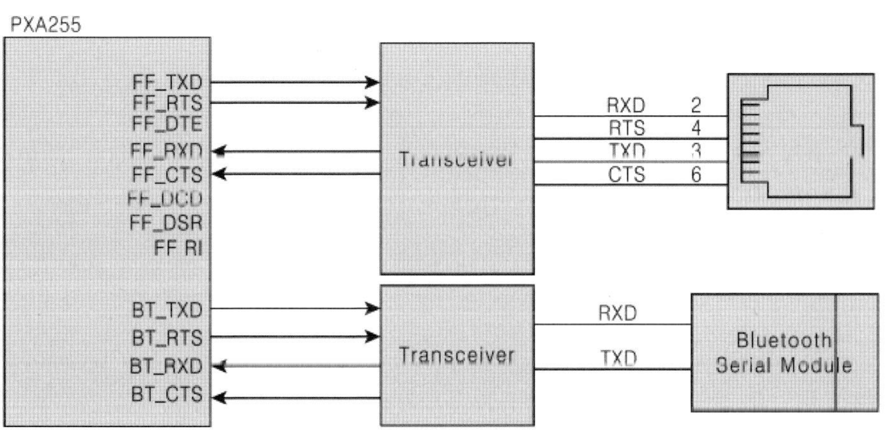

〈그림 2.86〉 Full Function – J11 (FF Serial)

(9) Ethernet Controller LAN91C111

X-MODULE에는 LAN91c111 Ethernet Controller를 PXA255 프로세서에 연결하여

10/100Mbps로 IEEE 802.3 운영을 지원하며, 10/100Base-T(트위스트 패어)의 연결을 제공한다.

X-MODULE 보드의 Ethernet Controller는 다음의 기초적인 준비, 제어와 운용 특성을 제공한다.

· 32비트 동작
· Configuration을 위한 시리얼 EEPROM
· 소프트웨어에 의한 리셋

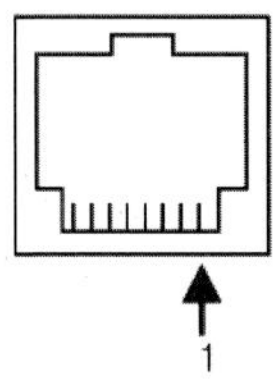

1	TX+
2	TX-
3	RX+
4	NC
5	NC
6	RX-
7	NC
8	NC

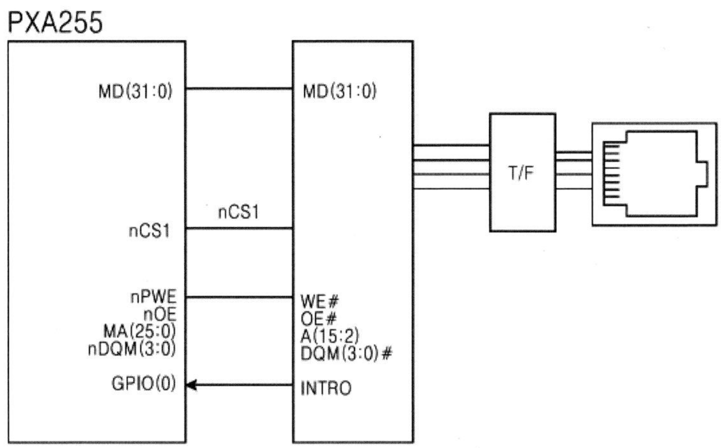

〈그림 2.87〉 Ethernet Controller LAN91C111

〈그림 2.87〉은 LAN91C111 Ethernet Controller와 PXA255 프로세서의 연결상태와 RJ25 LAN 포트의 핀 배열을 보여주고 있다.

3) Handheld 리더로의 구성

4LCD 모듈과PXA255 프로세스 모듈로 구성되며 handheld 리더 사용시 LCD 모듈의 상단커넥터와 리더를 결합하여 사용한다.

(1) X-MODULE 결합

① 결합 전 모습

X-MODULE과 RFID 리더를 Base 보드에서 분리 후 그림과 같이 연결한다.

커넥터 방향을 주의해서 결합한다.

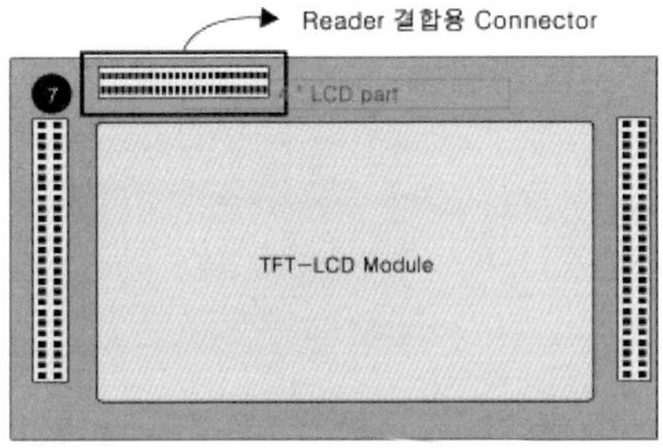

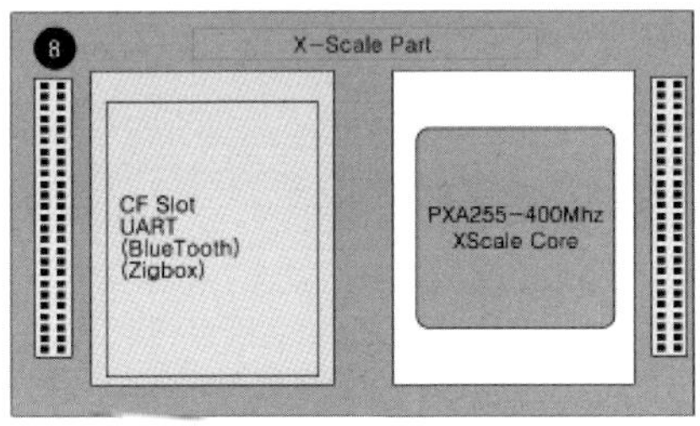

② 결합 후 모습

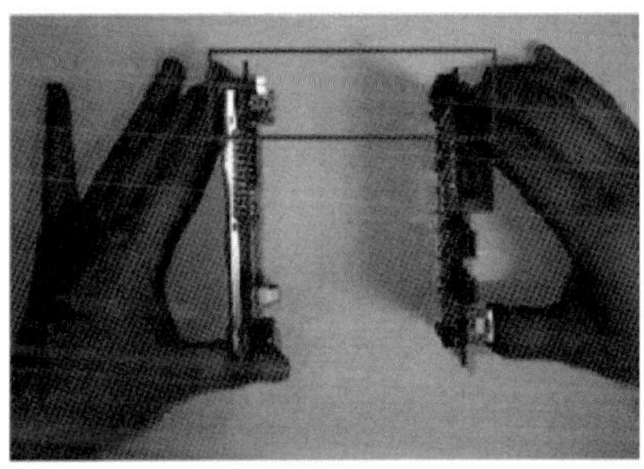

(2) X-MODULE과 리더 연결

① 안테나와 X-MODULE 결합 전 모습

리더 하단의 결합 커넥터(소켓형)와 X-MODULE의 결합커넥터(핀타입)을 결합

· 13.56MHz

위에서 본 결합 모습

아래에서 본 결합 모습

· 125kHz 리더 : 13.56MHz 리더와 동일

② X-MODULE과 리더 결합 후 모습

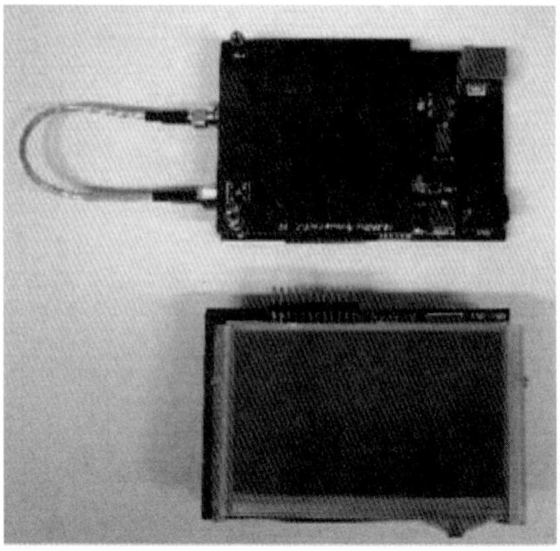

※ 연결 시 주의 사항
· 안테나와 X-MODULE 사이의 커넥터 방향에 주의해서 연결
· 체결이 잘 되도록 안쪽으로 밀어서 결합한다.

3) X-MODULE에 USB 및 전원 연결

① 리더 우측 상단에 USB(1)케이블을 체결하고 X-MODULE 좌측 하단에 전원 케이블 (2)를 연결한다.

② Handheld RFID 리더를 사용할 때 리더의 전원을 X-MODULE로부터 전원을 공급받게 되므로 리더 쪽의 어댑터는 사용하지 않는다.

③ UART 선택 SW는 하단으로 셋팅한다.

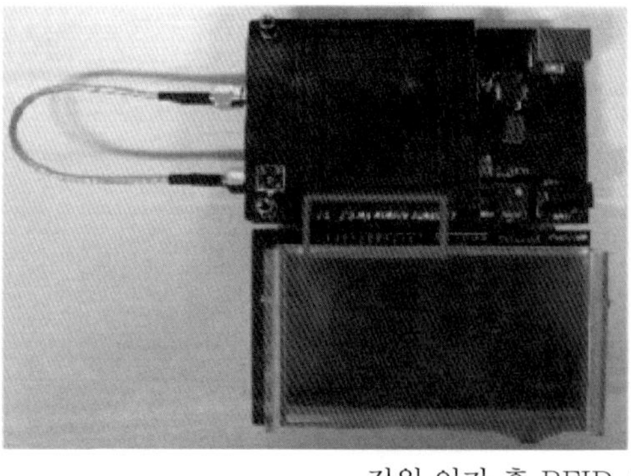

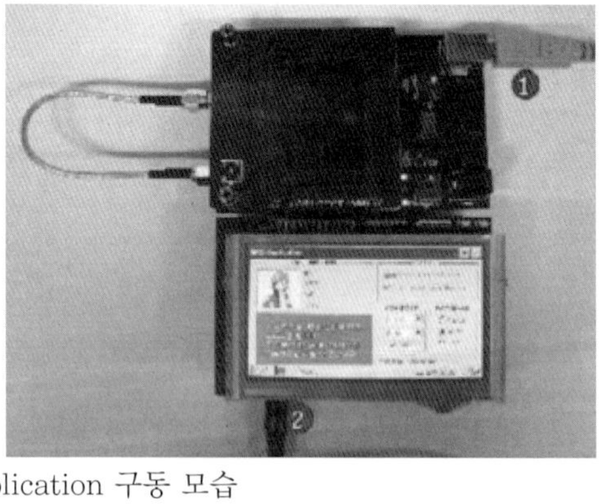

전원 인가 후 RFID Application 구동 모습

2.1.6 RFID 표준화

가) RFID 표준화 동향

RFID는 다양한 산업분야에서 표준 없이 응용시스템을 개발하거나 응용별 개별적으로 표준

화가 진행되면, 글로벌 관점에서의 사용 및 보급에 큰 장애가 될 수 있다. 이를 방지하기 위해 ISO의 자동인식기술분야(JTC1/SC31)에서 본격적으로 실용 주파수대역별 표준화를 추진하게 되었으며, 그 결과 2004년부터 해당주파수 대역별 국제표준을 제정하고 있다.

RFID기술은 제2차 세계대전 중에 영국이 자국 전투기 식별(IFFsystem : Identification of Friendor Foe system)을 위해 개발하여 사용한 것이 최초의 도입사례로 알려져 있으나, Tag 비용이 너무 고가였기 때문에 수십 년동안 시장에서 널리 활용되기 어려웠다. 그 후, 60년대부터 실용화를 위한 연구개발이 시작되어 1960년대 후반부터 1970년대까지 EAS(Electronic Article Surveillance), 자동차 제조 공정관리, 가축 식별/추적관리 등에 활용 되었고 1980년대에 들어와 ETC(Electronic Toll Collection), 제조현장에서의 물류관리자동화 등에 일부 응용되기 시작하였다. 1990년대 중반부터 각 응용분야에 대해 국제 표준화기구(ISO)에서 국제표준화기 논의되어 본격적인 실용화의 기반이 갖추어지기 시작했다.

RFID 시스템은 수십 년간의 실용화 실적을 갖고 있고 EAS, ETC, 공장의 공정관리, 수자상관리, 가축관리 시스템 등과 같은 로컬 환경에서 제한적으로 사용되어 왔다. 그러나, RFID기술은 2000년 전후로 Tag의 저가화가 보다 가속화되어 공급망관리(SCM) 전분야에서 확산이 전망되고 있는 실정이다. 특히, 향후의 RFID시스템은 글로벌 차원의 Open환경이 요구되고 있어 국가, 업계, 기업을 뛰어 넘어 세계 어디서나 호환이 가능한 RFID 시스템의 확산을 위해 국제표준화가 추진되어 왔으며, 그 결과로 ISO에서는 UHF대역 등 주파수별 Air Interface(리더-태그간 통신규약이라 함)의 국제표준을 제정하였다.

해외에서는 2005년부터 월마트, 국방성 등이 1차적으로 박스, 파렛트 단위에서 RFID태그를 부착하고, 단계적으로 RFID 도입범위를 확대한다는 계획을 갖고 있어서 RFID 기술은 국제표준 제정과 함께 폭발적인 확산도 전망되고 있다. 따라서 RFID기술 대응에 미온적인 국가나 기업은 경쟁력 저하 우려까지 예상되며, 우리나라 기업도 RFID기술에 적극적으로 대처해야 할 시점이라고 인식되고 있다. 특히 Chipless Tag가 현재 전 세계 소비량의 2.5%를 차지하고 있지만, 향후에는 30% 이상 증가할 것으로 예상되며, 기존 Tag와 비교해서 성능면에서 전혀 뒤지지 않고 가격은 기존 Tag의 10분의 1에 불과하다. 아직 Chipless Tag에 대한 표준이 제정되지 않고 있어 기술 개발을 하면서 세계 표준화를 선도할 수 있는 좋은 여건이다. 따라서 삼성전자 등 많은 기업에서 Chipless Tag 개발에 특히 많은 관심을 갖고 있다.

나) 스마트카드 표준(ISO 14443)

RFID 무선통신이론에 입각한 13.56MHz의 reader와 태그로 구성되어 있으며, ISO/IEC 14443,15693을 다루고 있다. 비접촉식 카드는 ISO/IEC 10536(밀착 카드), 14443(근접 카드), 15693(원격 카드) 세 종류로 구분된다.

1) 개요

비접촉식 카드는 ISO/IEC 10536(밀착 카드), 14443(근접 카드), 15693(원격 카드) 세 종류로 구분되며, 10536은 단말기와 동작 거리가 1/2인치로서 밀착을 해야 하는 특수 목적의 카드에 적용을 하며, 14443은 단말기와 카드 사이의 동작 거리가 10cm 내외 버스나 지하철과 같은 대중교통 요금지불에 적합하도록 설계되어 있다. 15693은 카드와 단말기 사이의 거리가 1미터 이내로서 출입증으로 적용 시 출입 통제가 가능하고, 스키장에서 가슴이나 팔목에 부착하는 경우 리포트 요금 지불에 적합하도록 설계되어 있다.

ISO 14443은 물적 특성, RF 전력 및 신호 인터페이스, 초기화, 충돌방지, 전송 프로토콜 부분으로 구분된다. ISO 14443은 '비접촉 IC 카드' 로 공식 명칭을 사용하며, 비접촉 근접 결합 스마트 카드의 동작 방법과 동작 파라미터를 설명하고 있다. 비접촉 IC 카드는 비교적 인접거리가 15cm내외의 근접한 거리에 사용되며, 주로 티켓, 버스 카드 용도로 사용된다.

2) 물리적 특징

ISO 14443의 물리적인 특성은 스마트 카드의 기계적 성질을 정의하였다. 크기는 ISO7810에 규정된 값 즉, 85.7mm×54.03mm×0.76mm(±오차범위)에 대응한다.

ISO 14443은 커플링 장치 부근에서 작동하는 type-ID-1의 카드에 작동한다. ISO 14443의 물리적 특성은 ISO/IEC 7810에 명시된 type-ID-1에 대한 요구 사항을 만족해야 한다. 일반적인 치수의 사항은 ISO/IEC 7810에 명시된 type-ID-1의 요구 사항과 같다. 추가적인 물리적 특성으로 자외선, X-rays, 비틀림 응력, 교류식 자기 필드, 교류식 전자 필드, 정전기, 정적 자기 필드, 작동 온도 등을 표준으로 다룬다.

3) RF 전력과 신호 인터페이스 특징

RF 전력과 인터페이스는 PCD(Proximity Coupling Device)와 PICC(Proximity Card) 사이의 연속 동작에 의해서 수행된다. RF 전력에 의한 신호 인터페이스의 간단한 예는 리드의 근접 커플링 디바이스(PDC)에서 RF필드에 의한 PICC(근접카드)의 활성화 → 근접카드는 리드의 근접 커플링 디바이스로부터 명령 대기 → 근접 커플링 디바이스에 의한 명령 전송 → 근접카드에 의한 응답 전송 순으로 진행된다.

동작 전력 공급은 근접 커플링 디바이스가 전력 공급을 위해 근접카드와 10cm 이내에서 비접촉으로 결합하는 에너지 차원의 RF자기장을 생성한다. 생성된 RF자기장은 통신을 위해 변조된다. 이때 사용되는 RF 동작 주파수는 13.56MHz이고 사용된 동작 범위는 리더에 의하여 발생된 자계 필드는 1.5A/m $\le H \le$ 7.5A/m의 범위 내에 있다. 따라서 근접결합 스마트 카드의 판독 자계강도(interrogation field strength) H_{min} = 1.5A/m를 갖는 스마트 카드는 전송 안테나로부터 최소 x=0의 거리에서 필드 세기 1.5A/m(낮은 전송 파워를 갖는 휴대형 배터리가 있는 리더)를 발생시키는 리더에 의하여 얽힐 수 있다는 결론을 내릴 수 있다.

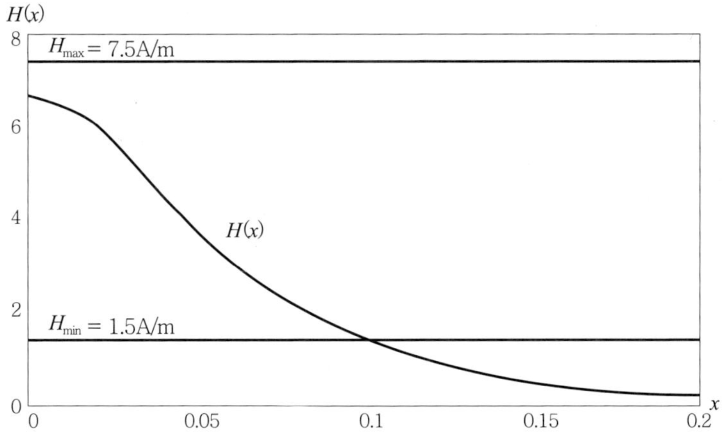

〈그림 2.88〉 근접 결합 스마트 카드의 전형적인 필드 세기 곡선

만일 리더의 필드 세기 곡선과 근접 결합 스마트 카드의 판독 필드 세기를 알고 있다면 시스템의 범위가 계산될 수 있다. ISO 14443에 따른 일반적인 리더의 필드 세기 곡선을 〈그림 2.88〉에 나타내었다. 이 경우에 스마트 카드 판독 필드 세기 1.5A/m에 의하여 거리 10cm의 결과를 얻을 수 있다.

ISO 14443에서 신호 인터페이스는 리더와 근접 결합 스마트 카드간에 데이터 전달을 위해서는 타입 A와 타입 B의 다른 방법이 있다. 이들 스마트 카드는 두 개의 통신 방식 중 하나만을 지원가능하다. 그러나 규격을 만족하는 리더는 두 가지 방법에 의한 통신을 모두 할 수 있어야 하므로 모든 스마트 카드를 지원해야 한다.

근접 커플링 디바이스는 타입 A와 타입 B의 두 종류 근접 카드 존재 여부를 감지하기 전에 아이돌링(idling) 상태에서, 두 변조방식을 교대로 동작시켜야 한다. 이것은 리더가 두 통신방식간을 대기 모드(wait for smart card)동안 주기적으로 스위칭해야 함을 의미한다. 그러나 리더는 카드와의 통신 관계가 지속되는 동안에는 스위칭되어서는 안 된다. 〈그림 2.89〉는 타입 A의 ISO 14443에 따른 근접 결합 스마트카드의 변조과정이다.

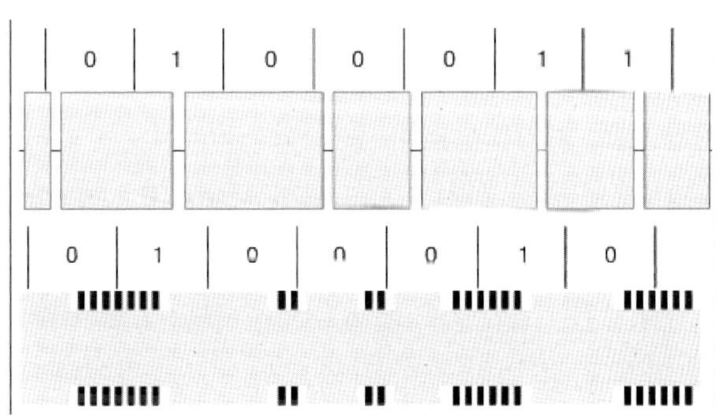

〈그림 2.89〉 ISO 14443에 따른 근접 결합 스마트 카드의 변조과정(A)

(1) 타입 A 통신 인터페이스

타입 A카드에서는 리더에서 카드로의 데이터 전송용 변조 방식에 의해 변형된 밀러 코딩을 갖는 방식으로 통신 변조는 데이터 전송 속도 $f_c/128$을 갖는 근접 커플링 디바이스(PCD)에서 근접 카드(PICC)로의 통신은 일시 정지를 생성하기 위하여 RF동작 필드의 100% ASK 변조가 정의되어 있다. 타입 A카드의 데이터 전송 속도는 초기화 및 충돌 방지 동안의 송신 데이터 전송속도는 $f_c/128$(~106kbps)이다.

근접 커플링 디바이스(PCD)의 초기 범위는 초기 값의 5% 이하로 지속적으로 감소해야 하고, t_2 이상인 경우에는 5% 이하를 유지해야 한다. 근접 카드(PICC)는 필드가 초기값 5%를 초과한 후 초기값의 60%를 초과하기 전에 일시 정지 종료를 검출한다. 다음 그림은 일시 정지 종료를 나타낸 것이다.

근접 커플링 디바이스(PCD)에서 근접 카드(PICC)로의 통신 전송 속도는 초기화 및 충돌방지 동안에 데이터 전송 속도 $f_c/128$(~106kbps)이다. 부 반송파 주파수 f_s는 $f_c/16$(~874kHz)이고 초기화 및 충돌방지 동안의 비트 지속시간은 부반송파의 8주기이다. 자세하게 설명하면부반송파를 갖는 부하 변조는 스마트 카드로부터 리더로의 데이터 전달을 위해 사용된다. 부반송파 주파수는 h=847kHz(13.56MHz/128)이다. 부반송파의 변조는 멘체스터 코딩을 사용한 데이터 스트립을 사용하여 부반송파를 ON/OFF 부호화함으로써 구현된다. 근접 커플링 디바이스(PCD)에서 근접 카드(PICC)로의 양방향 보레이트(baud rate)는 '*Bd* = 106kbps(13.56 MHz/128)이다.

(2) 타입 B 통신 인터페이스

타입 B카드에서 근접 커플링 디바이스(PCD)에서 근접 카드(PICC)로의 통신 변조는 RF동작필드의 10% ASK 변조가 정의되어 있다. 타입 B카드의 데이터 전송 속도는 초기화 및 충돌 방지 동안의 송신 데이터 전송 속도는 $f_c/128$(~106kbps)이다. 변조 지수는 8%~14% 사이가 되어야 한다.

변조 파형은 변조신호의 상승 에지와 하강 에지는 일정해야 한다. 스마트 카드로부터 리더로의 데이터 전달을 위하여 부반송파를 갖는 부하 변조가 타입 B카드에 사용된다. 부반송파 주파수는 h=847kHz(13.56MHz/16)이다. 부반송파변조는 NRZ 코딩된 데이터 스트립을 사용하여 부반송파를 180° BPSK 변조함으로써 구현된다.

간단한 NRZ 코딩이 bit 코딩에 사용된다. 0/1 변화 시에 HF 신호의 순간 응답과 순간 특성은 표준에 상세하게 정의되어 있고, 전송안테나의 품질에 대한 요구 조건은 이로부터 구할 수 있다. 양방향에서의 보레이트는 '*Bd*=106kbps(13.56 MHz/128)이다. 다음 〈그림 2.90〉은 타입 B의 ISO 14443에 따른 근접 결합 스마트 카드의 변조과정이다.

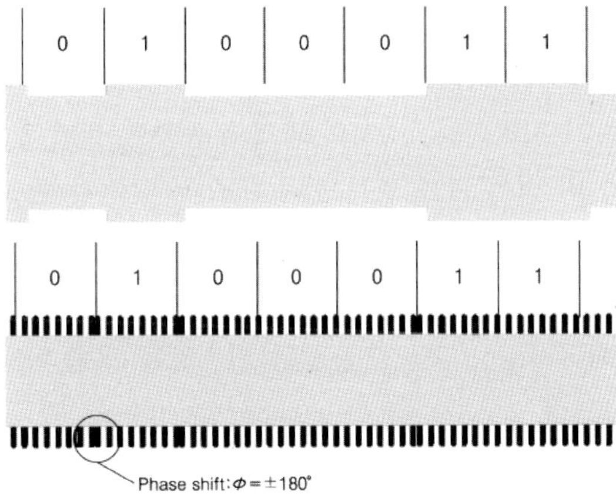

〈그림 2.90〉 ISO 14443에 따른 근접 결합 스마트 카드의 변조과정(B)

근접 카드(PICC)에서 근접 커플링 디바이스(PCD)로의 통신 전송 속도는 초기화 및 충돌방지 동안에 데이터 전송 속도 f_c/128(~106kbps)이다. 근접 카드(PICC)의 부 반송파는 주파수 fs의 부반송파를 생성하도록 부하가 걸린 유도 결합필드에서 근접 카드와 통신할 수 있다. 부반송파내에서 부하를 전환시킴으로써 발생하도록 되어 있다.

부하 변조 진폭은 최소 30/H(mVpeak) 이상이 되도록 한다. 부반송파는 주파수 f_s는 f_c/16(~847kHz)가 되도록 한다. 결과적으로 초기화 및 충돌방지 동안의 비트 지속시간은 부반송파의 8주기와 같고, 부반송파변조는 그림과 같이 BPSK 방식으로 변조된다. 위상편이는 부반송파의 상승에지와 하강에지에서만 일어난다.

4) 초기화와 충돌 방지 특징

근접 결합 스마트 카드가 리더의 통신 영역 내로 들어가면 무엇보다 먼저 리더와 스마트 카드 간에 통신 관계가 성립한다. 이때 하나 이상의 스마트 카드가 리더의 통신 영역 내에 있고, 리더가 이미 다른 카드와 통신을 하고 있을 수도 있다는 사실을 고려해야 한다. 이와 같은 충돌방지 기법을 다시 한번 설명하면 타입 A 근접 카드(PICC)에 적용할 수있는 초기화, 충돌방지는 근접카드에서 적어도 두 개 이상의 근접 카드(PICC)가 동시에 보수 비트 패턴이 융합되고 전체 비트지속 시간 동안 반송파는 부반송파로 변조되는 과정을 말한다. 이때 충동 방지를 위해서 몇 가지 파라미터가 존재하는데, 프레임 형식, 타이밍, 프레임 지연시간, 근접 카드에서 근접 카드(PICC)로의 프레임 지연시간, 근접 카드(PICC)에서 근접 카드로의 프레임 지연 시간, 요청 보호 시간, 프레임 형식, 비트 지향 출동방지 프레임 등이 필요하나. 그리고 타입 A와 타입 B에 대한서로 다른 변조 방식은 서로 다른 프레임 구조와 충돌 방지 방식이 필요하다.

(1) 타입 A카드

타입 A 스마트 카드가 리더의 판독 영역에 들어갔을 때 전원 전압이 충분하다면 카드의 마이크로프로세서는 동작하기 시작한다. 초기화 과정의 동작이 끝난 후 만일 카드가 이중 인터페이스 카드라면, 카드가 비 접촉 모드 또는 접촉 모드에 있는지 체크하는 과정이 포함된다. 카드는 이른바 '대기 모드(IDLE mode)' 로 들어간다. 이 시점에서 리더는 판독 영역 내에 있는 또 다른 스마트 카드와 데이터 교환을 할 수 있다. 대기 상태에 있는 스마트 카드는 리더가 다른 스마트 카드로 데이터(any command)를 전송하는 것에 반응할 수 없다. 따라서 기존의 통신은 방해받지 않는다.

만일 카드가 대기 상태에 있을 때 유효한 REQA 명령(Request-A)을 받는다면, ATQA블록(Answer to Request)이 응답으로서 리더로 전송된다. 리더의 판독 영역 내에 있는 또 다른 카드로 가는 데이터가 REQA 명령으로 잘못 해석되지 않기 위해서는 이 명령이 7개의 데이터 bit만으로 구성되어야 한다. 한편, 되돌아오는 ATQA 블록은 2개의 byte로 구성되며 표준 프레임 형태로 돌아온다.

카드가 REQA 명령에 응답한 후에는 준비(READY)상태로 들어간다. 리더는 이때 최소한 하나의 카드가 판독 필드 내에 있다는 사실을 인식하고 SELECT 명령을 전송함으로써 충돌방지알고리짐(dynamic binary search tree algorithm)이다. Bit 위주의 프레임은 찾기 기준과 카드의 응답을 전달하기 위해 사용된다. 리더와 카드간의 전송 방향은 원하는 수만큼의 bit수가 수신되었을 때 전환된다. SELECT 명령의 유효 bit수(NVB : Number of Valid Bits) 파라미터는 현재의 검색 기준 길이를 규정하고 있다.

하나의 일련 번호의 길이는 4byte이다. 만일 일련 번호가 충돌 방지 알고리즘에 의하여 검출된다면 리더는 원하는 카드를 선택하기 위하여 SELECT명령 속에 전 길이의 일련 번호(NVB =40h)를 최종적으로 전송한다. 검출된 일련 번호를 갖는 카드는 이 명령을 SAK(SELECT Acknowledge)로 확인해주고, 선택된 상태인 ACTIVE 상태로 들어간다. 그러나 한 가지 특징은 모든 카드가 4byte(단일 크기)의 일련 번호를 갖는 것은 아니라는 사실이다.

표준에는 7byte(이중 크기)의 일련 번호와 10byte(3중 크기)까지의 일련 번호도 허용하고 있다. 선택된 카드가 이중 또는 삼중 크기의 일련 번호를 갖는다면, 카드의 SAK에서 리더로 알려져야 한다. 이는 카드가 READY 상태에 있을 때에 SAK에서 종속 bit를 설정함(b3=1)으로써 가능하다. 이러한 결과로 리더에서 충돌 방지 알고리즘이 세 번 구동되어야 한다. 일련 번호 중 어느 부분이 검출되었는지를 카드에게 알려주기 위해서는 SELECT 명령이 세 개의 종속 레벨(CL1, CL2, CL3)을 구별해야 한다. 그러나 일련 번호를 검출하는 과정은 항상 종속 레벨 1부터 시작한다. 긴 일련 번호의 일부가 더 짧은 일련 번호와 일치하는 경우를 방지하기 위하여 종속태그(CT=88h)가 이중 또는 삼중 크기의 숫자 중에 미리 정해진 위치를 삽입된다. 이 값은 따라서 더 짧은 일련 번호의 해당 위치에서는 발생하지 않는다.

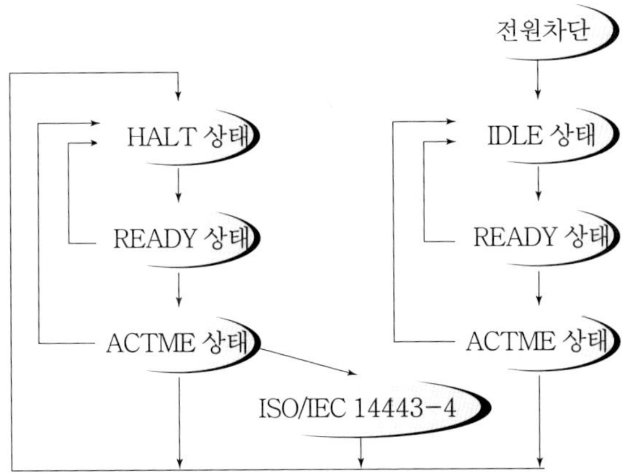

〈그림 2.91〉 ISO 14443에 따른 A 스마트 카드의 상태 다이어그램

Downlink	REQUEST	①	②	③	SELECT 10111010
Uplink		Collision	Collision	Collision	
Transponder 1			10110010		
Transponder 2		10100011			
Transponder 3		10110011			
Transponder 4			11110101		
Transponder 5				10111010	

τ, T

〈그림 2.92〉 충돌 방지 과정 동안 전송

리더의 명령과 스마트 카드의 응답간에 정확한 타이밍(시작일치)이 유지되어야 한다. 표준에는 스마트 카드의 동기를 위하나 동작이 규정되어 있어 응답은 고정된 시간 내에서 정해진 순간에만 전송될 수 있다.

(2) 타입 B카드

만일 타입 B카드가 리더의 판독 영역 내에 들어온다면 스마트 카드는 몇 가지 초기화 과정을 거친 후 대기(IDLE) 모드로 돌아가고, 유효한 REQB(REQUEST B) 명령을 수신하기를 기다린다. REQB 명령을 즉시 전송함으로써 타입 B카드에서 충돌 방지 알고리즘이 시작된다. 여기서 사용되는 방식은 동적 슬롯 알로하(dynamic slotted ALOHA) 프로시저이며, 슬롯의 수는 리더에 의하여 동적으로 바뀔 수 있다.

현재 이용할 수 있는 슬롯의 수는 REQB 명령의 파라미터에서 코딩된다. 카드를 선택하는 동안 사전 선택을 원활하게 하기 위하여 REQB 명령은 또 하나의 파라미터 AFI(Application Family Identifier)를 갖는다. 이것은 어떤 애플리케이션 그룹이 검색 기준으로서 들어갈 것지를 결정한다).

카드가 유효한 REQB 명령을 수신한 후에 파라미터 AFI에 미리 선정된 애플리케이션 그룹이 카드에 저장되어 있는 애플리케이션 그룹에 존재하는지를 체크한다. 만일 존재한다면, REQB명령의 파라미터 M을 계산하여 충돌 방지를 위한 슬롯의 수를 산출한다. 이용 가능한 슬롯의 수가 하나보다 많다면 카드 내의 난수 검사 발생기는 슬롯의 수를 결정하는데 사용된다. 이 슬롯에서 카드는 리더 응답을 전송하게 된다. 카드가 슬롯과 동기를 이룰 수 있기 위해서는 리더가 자신의 슬롯 표시를 각 슬롯의 시작 시에 전송해야 한다.

카드는 이전에 결정된 슬롯 표시가 수신될 때까지(Ready Requested State) 기다리고, ATQB(Answer to Request B)를 전송함으로써 REQB 명령에 응답한다. 슬롯 표시를 전송하고 난 직후에 리더는 스마트 카드가 현재의 슬롯 내에 ATQB를 전송하기 시작하였는지 검색한다. 만일 아니라면, 현재의 슬롯은 시간을 절약하기위하여 다음 슬롯 표시를 전송하여 간단히 무효화시킬 수 있다.

스마트 카드에 의하여 전송되는 요청에 대한 응답 ATQB는 리더에게 스마트 카드의 중요한 파라미터에 대한 정보 범위를 제공한다. 카드를 선택할 수 있게 하기 위하여 ATQB는 무엇보다 먼저 4byte의 일련 번호를 포함한다. 타입 A카드에 비하여 타입 B카드의 일련 번호는 마이크로칩과 영구적으로 연결되어 있을 필요는 없으며, 매번 전원을 켜서 재설정된(Power-on reset) 후에도 난수를 새로 결정할 수 있다.

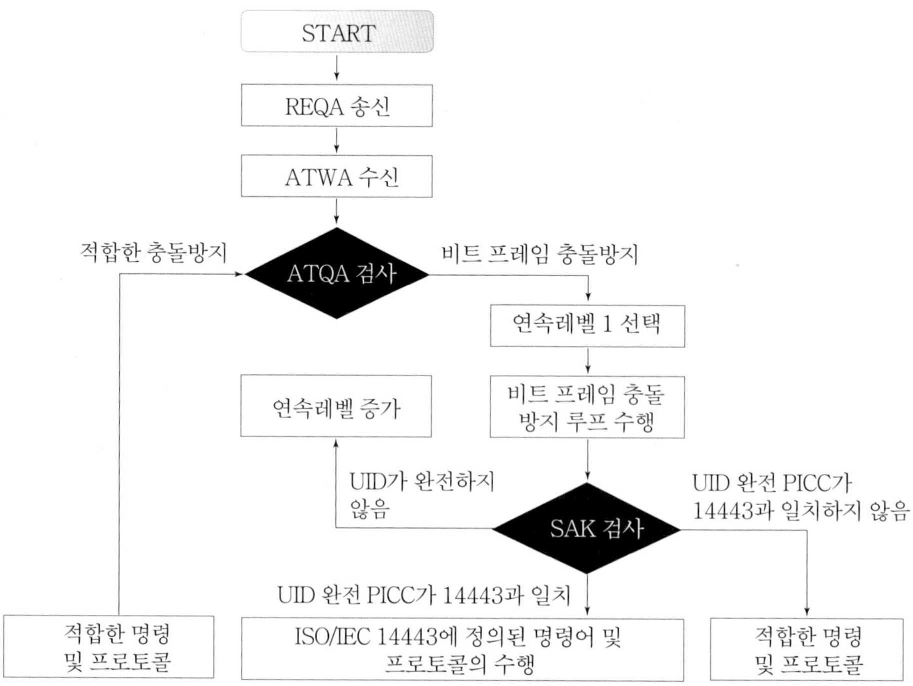

〈그림 2.93〉 근접 카드에 대한 초기화와 충돌방지 흐름도

비 접촉 인터페이스의 파라미터들은 프로토콜 정보(Protocol Info) 파라미터에서 코딩된다. 예를 들면, 스마트 카드의 최대 가능한 보레이트, 최대 프레임 크기, 또 다른 프로토콜에 대한 정보 등이다. 또한 애플리케이션 데이터(Application Data) 파라미터는 카드에서 이용 가능한 몇가지 애플리케이션에 대한 정보를 포함한다(다중 애플리케이션 카드인 경우). 리더가 오류 없이 최소 하나의 스마트 카드의 ATQB를 수신하면 그 카드가 선택된다. 이것은 리더에 의해 전송된 첫번째 애플리케이션 명령에 의하여 발생한다. 이 명령의 구조는 표준 프레임의 구조와 일치한다. 그러나 특별한 접두바이트인 ATTRIB 접두바이트에 정보를 추가함으로써 확장될 수 있다.

ATTRIB 접두바이트 그 자체는 선택될 카드의 일련 번호(PUPI)와 파라미터 byte로 구성되어 있다. 파라미터 byte는 리더의 가능한 통신 파라미터에 관한 중요한 정보를 포함한다. 예를 들면 리더의 명령과 스마트 카드의 응답간에 최소한의 대기 시간, 부하 변조기에서 부반송파 시스템의 스위칭 시간 간의 필요 대기 시간과 카드에 의하여 전송된 첫번째 데이터 bit 등이다.

5) 전송 프로토콜 특징

리더와 근접 결합 스마트 카드간에 통신 관계가 성립된 후에 읽기와 쓰기, 데이터 처리를 위한 명령이 카드로 전송된다. RATS(Request for Answer to Select)는 ATS(Answer To Select)가 유용할 때, SAK(Select Acknowledge)를 수신 후 다음 명령어로서 근접 카드에 의해 보내진다. 근접 커플링 디바이스는 RATS(Request for Answer to Select)에 대한 응답으로 근접커플링 디바이스의 ATS(Answer To Select)를 보낸다. 근접 커플링 디바이스는 RATS(Request for Answer to Select)가 선택 이후에 직접적으로 수신된 경우에만 RATS(Request for Answer to Select)에 응답한다.

만일 근접 커플링 디바이스가 ATS(Answer To Select)에서 변화 가능한 매개 변수들을 지원하면, 근접 커플링 디바이스의 요청은 매개 변수를 변화시키는 ATS(Answer To Select) 수신 이후의 다음 명령어로서 근접 카드에 의해서 사용된다.

근접 커플링 디바이스는 PPS(Protocol and Parameter Selection) 요청에 대한 응답으로 PPS(Protocol and Parameter Selection) 응답을 보낸다.

위와 같이 표준에서 이 부분은 데이터 프로토콜의 구조와 전송 오류의 처리에 대하여 설명하고 있다. 결과적으로 통신 상대간에 오류 없이 데이터가 전달될 수 있도록 한다

타입 A카드에서는 여러 가지 카드에 대한 프로토콜의 형상과 리더 특성(예를 들면, 가능한 보레이트, 데이터 블록의 최대 크기)에 관한 부가적인 정보가 전달되어야 한다. 타입 B카드에서는 이 정보가 이미 충돌 방지 과정(ATQB, ATTRIB) 중에 전달된다. 따라서 이 카드 형태의 경우에는 프로토콜이 즉시 시작될 수 있다.

(1) 타입 A카드에서 프로토콜 활성화

충돌 방지 루프 안에서 타입 A 카드의 선택은 카드가 SAK(select acknowledge)를 전송함으로써 확인된다. SAK는 ISO 14443-4에 상응하는 프로토콜이 카드 내에 구현되어 있는지 아니면 카드가 고유의 프로토콜(예를 들면, MIFARE)을 가지고 있는지에 대한 정보가 포함되어 있다.

ISO 14443-4에 상응하는 프로토콜이 카드에서 사용 가능하다면, 리더는 RATS(request for answer to select) 명령을 전송함으로써 카드의 ATS(Answer to select)를 요구한다.

RATS명령은 이후의 통신에서 중요한 두 개의 파라미터를 포함한다. FSDI와 CID. FSDI(frame size device integer)는 카드에서 리더로 전송되는 한 블록 내의 최대 byte 수를 정의한다. 가능한 값은 16, 24, 32, 128과 256 등이다. 또한 스마트 카드는 CID(card identifier)가 할당된다. CID를 사용하면, 리더가 몇 개의 타입 A카드를 동시에 선택된 모드로 유지하는 것이 가능하고, CID를 통해서 각 개별 카드를 선택적으로 호출하는 것이 가능하다.

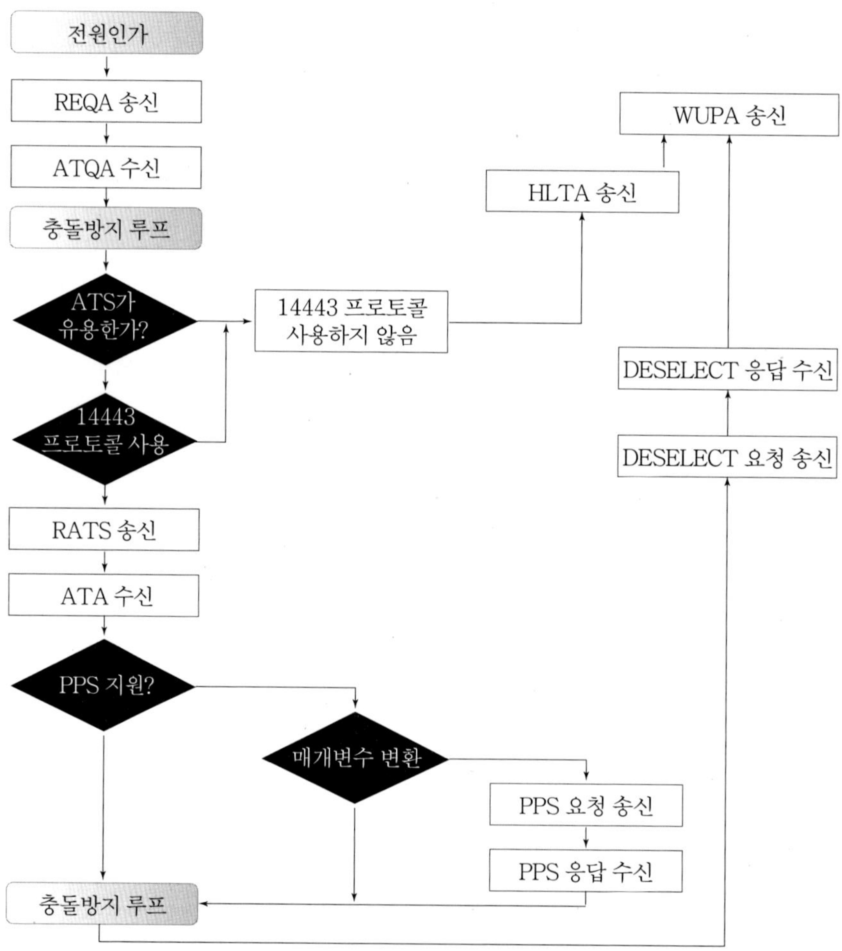

〈그림 2.94〉 근접 카드에 대한 프로토콜 활성화

RATS 명령에 대한 응답으로서 카드에 의하여 전송된 ATS(answer to select)는 접촉 스마트 카드의 ATR(answer to reset) 기능에 상응하며, 스마트 카드의 동작 시스템의 중요한 프로토 콜 파라미터를 설명함으로써 카드와 리더 간의 데이터 전송이 구현된 애플리케이션 분야의 특성에 따라 최적화될 수 있다.

(2) 근접 카드에 의한 타입 A 근접 커플링 디바이스 활성화

개별적으로 표준안에 수록된 선택적 파라미터들은 ATS에 포함될 수 있다. ATS를 수신한 직후 리더는 특별한 PPS(protocol parameter selection)명령을 전송함으로써 전송 보레이트의 변경을 시작할 수 있다. 초기 보레이트를 106kbps로 시작했을 경우, 스마트 카드가 ATS 내의 선택적 파라미터인 DS와 DR에서 더 높은 보레이트의 지원을 표시하면 양방향으로의 보레이트는 서로 독립적으로 2, 4, 8배로 증가할 수 있다.

ISO 14443-4에 설명된 프로토콜은 리더와 스마트 카드간의 애플리케이션 데이터(APDU application data unit) 전송을 규정한다. 전송된 APDU는 명령과 응답과 같은 임의의 원하는 데이터를 포함할 수 있다. 이 프로토콜의 구조는 프로토콜 T=1(ISO 7816-3)에 크게 기초하고 있다. ISO 7816-3은 접촉 스마트 카드로부터 이미 알고 있는 내용으로서 이 프로토콜을 이미 사용되고 있는 스마트 카드 운영체제(특히 이중 인터페이스스마트 카드)로 가능한 간단하게 통합시키기 위한 것이다. 따라서 ISO 14443-4에 정의된 프로토콜은 통산 프로토콜 T=CL이라고 부른다.

ISO 14443 카드로의 전체 데이터 전송은 〈그림 2.95〉에 설명된 OSI 계층 모델에 상응하도록 표현될 수 있다. 이 모델에서 모든 계층은 특정한 업무를 독립적으로 수행하고, 따라서 상위 레벨들과 직접 연결될 수 있다. 물리 계층인 계층 1은 전송 매체와 byte 레벨에서 데이터의 코딩을 설명한다. ISO 14443-2는 여기서 타입 A와 타입 B에 대하여 두 가지 등가의 과정에 대한 설명을 제공한다. 전달 계층인 계층 2는 리더와 스마트 카드간의 데이터 전송을 제어한다. 계층 2는 자동적으로 데이터 블록의 정확한 주소 할당(CID), 과도하게 큰 데이터 블록의 연속적으로 전송(chaining), 시간적 흐름에 따른 관찰(FWT, WTX), 전송 오류 등을 관리한다. 애플리케이션 계층인 계층 7은 애플리케이션 데이터 즉, 스마트 카드로의 명령 또는 명령에 대한 응답을 포함한다. 애플리케이션 계층에서 사용되는 비 접촉 스마트 카드의 데이터 구조는 일반적으로 접촉 스마트 카드에서 사용되는 것과 완전히 동일하다. 특히, 이 과정은 이중 인터페이스 스마트 카드에 매우 유용한 것으로서, 애플리케이션 계층이 현재 사용되고 있는 통신 인터페이스에 독립적이라는 것을 의미하기 때문이다. 계층 3에서 6은 데이터 패킷을 결정하고 목적지로 전송하는 복합적인 망에서 사용된다. 스마트 카드에서는 OSI계층 모델의 이들 계층들은 사용되지 않는다.

스마트 카드가 활성화된 후에(예를 들면, ATS의 전송 후 타입 A) 카드는 리더로부터 첫 명

령을 기다린다. 여기서 따르고 있는 순서는 항상 주-종(master-slave) 원리에 상응한다. 리더는 마스터, 카드는 슬레이브에 해당한다. 리더는 항상 먼저 스마트 카드로 명령을 전송하고, 카드는 명령을 수행한 후에 리더로 응답을 보낸다. 이러한 패턴은 변경될 수 없다. 따라서 스마트 카드는 리더와의 통신을 먼저 시작할 수 없다.

I 블록(정보 블록) : 애플리케이션 계층으로부터 데이터 전송(APDU)
R 블록(복구 블록) : 전송 오류의 처리
S 블록(감독 블록) : 프로토콜의 상위 제어

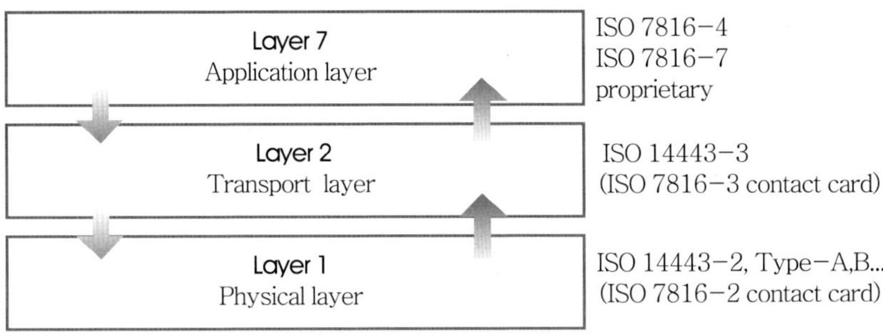

〈그림 2.95〉 스마트 카드에서 ISO/OSI 계층 모델

블록들은 PCB(Protocol Control byte)의 서로 다른 코딩에 의하여 구별된다. 선택적 CID(card identifier)는 리더의 판독 영역 내에서 각 스마트 카드의 주소 할당을 위하여 사용된다. 따라서 몇 개의 스마트 카드가 동시에 활성화될 수 있고, CID를 이용하여 선택적으로 호출할 수 있다.

NAD byte(node address)는 ISO 14443-5와 ISO 7816-3(T=1)간의 호환성을위하여 도입되었다. 따라서 이 byte의 사용은 ISO14443에서는 더 이상 정의되어 있지 않다. 블록의 경우, 정보 필드(INF)는 애플리케이션 계층의 데이터(APDU)를 위한 컨테이너의 역할을 한다. 내용은 전체적으로 빠르게 전달된다. 이것은 프로토콜의 내용이 분석이나 평가 없이 직접 전달함을 의미한다. 끝으로 16bit CRC가 오류 제어를 위해 EDC(error detection code)로서 첨부된다.

다) 스마트카드 표준(ISO 15693)

ISO 표준 15693 비 접촉 인접 결합 스마트 카드의 동작 방법과 운영 파라미터에 대하여 설명하고 있다.

1) 개요

인접 결합 스마트 카드는 유사 식별 체계와 구별을 위해서 국제 표준으로 정합성을 고려하여 무선 인식 태그와 유일 식별 체계를 규정하고 있다. 데이터를 무선 인식 태그에 기록하는 단계에서 태그 식별자가 요구된다. 태그 식별자는태그에 기록된 정보가 정확환 데이터를 캐리어에 명확하게 기록 되었는지를 보장해 준다. 비 접촉 직접회로카드는 '인접 카드' 라는 제목이 붙어있는 ISO 표준 15693은 비 접촉 인접 결합 스마트 카드이다.

'비 접촉 인접 결합 스마트 카드' 는 무선 인식 태그를 사용하고 무선인식 태그는 읽거나 기록하는 각 부분을 태그 식별자가요구하고 적용한다. 태그 식별자는리더기와 태그 사이에 주고 받는 정보가 정확하게 태그와 주고 받고 있다는 것을 보장한다. 태그 인식 방법은 가상 식별자와 고유 식별자로 구분되고, 가상 식별자를 이용한 방법은 태그 변화에 따른 태그 파라미터에 기반한 임시 식별자이다. 가상 식별자는 여러 형태로 나타낼 수 있는데, 논리 식별자와 세션 식별자로 구분된다.

고유 식별자는 각각의 태그에 날짜와 시간 정보를 기록하여 시간, 공간적으로 고유한 식별자를 만드는 방법이다. 식별자를 구분하는 방법으로 시간, 위치 등으로 구분된다.

마지막으로 영구적 고유 식별자가 있는데 전 세계적으로 완전하고 유일한 식별자가 요구된다면, 고유 식별자는 변경이 불가능하도록 태그 안에 입력되어 있어야 하며, 따라서 영구적인 고유 식별자가 된다. 인접 카드의 접근 제어 시스템에서 사용되는 것과 같은 동작 거리 1m 이내의 스마트 카드들이다. 이 스마트 카드에서 사용되는 데이터 전송 장치는 단순한 상태 처리기를 갖는 매우 싼 메모리 모듈들이다. 표준은 다음과 같은 부분으로 구성되어 있다.

2) 물리적 특징

태그 인식 방법은 가상 식별자와 고유 식별자로 구분되고 가상 식별자를 이용한 방법은 태그 변화에 따른 태그 파라미터에 기반한 임시 식별자이다. 가상 식별자는 여러 형태로 나타낼 수 있는데 논리 식별자와세션 식별자로 구분된다. 고유 식별자는 각각의 태그에 날짜와 시간 정보를 기록하여 시간, 공간적으로 고유한 식별자를 만드는 방법이다. 식별자를 구분하는 방법으로 시간, 위치 등으로 구분된다.

표준의 Part1은 인접 결합 스마트 카드의 기계적 성질을 정의한다. 스마트 카드의 크기는 ISO 7810에 규정된 값에 상응한다. 즉, 85.72mm×54.03mm×0.76 mm±오차범위. 또한 표준의 이 부분은 다음과 같은 시험에 대한 사항이 포함되어 있다.

- 꺾는 힘(dynamic bending stress), 동적 비틀림 세기(dynamic torsion stress), 자외선과 X-ray 방사, 전자파 방사

3) 무선 인터페이스와 초기화 특징

인접 카드(VICC)로의 전력 이동은 VCD와 VICC내 연결 안테나를 통한 라디오 주파수에 의해 실행된다. VCD에서 VICC로 전원을 공급하는 RF 운영필드는 VCD에서 VICC로

의 통신을 위해 이용된다. 유동성으로 연결된 인접 카드(VICC)의 전력 공급은 전송 주파수 13.56MHz에서 리더(PCD)의 자계 필드 변화에 의하여 제공된다. 인접 카드는 이를 위하여 면적이 큰 안테나 코일을 사용하며, 이때 와이어를 3~6회 감은 것을 사용한다.

리더에 의하여 발생되는자계 필드는 한계값 115mA/m $\leq H \leq$ 7.5 A/m 범위 내에 있어야 한다. 따라서 인접 결합 스마트 카드의 판독 필드 세기 H_{min}은 자동적으로 H_{min}=115mA/m인 경우가 된다.

인접 카드(VICC)에 대한 통신 신호 인터페이스는 매개 변수에 있어 몇몇 모드는 서로 다른 국제 무선 통신의 조절과 적용 요구 사항을 충족시키기 위해 지정되어 왔다. 모드로부터 지정된어느 데이터 코드화는 변조와 결합된다.

(1) 데이터 전송 리더에서 카드 인터페이스

데이터 코딩은 펄스 포지션 변조에 의해서 결정된다. 2개의 데이터 코딩 모듈은 VICC에 의해서 지원된다. 선택은 VCD체 의해서 결정되고 start of trame을 포함해서 VICC를 포함한다.

리더에서 인접 스마트 카드로의 데이터 전달을 위해서는 10% ASK와 100% ASK가 모두 사용된다. 선정된 변조 지수에 상관없이 두 개의 서로 다른 부호 방식 중 하나가 선택된다. 원칙적으로 인접 스마트 카드는 변조와 부호 방식을 모두 지원해야 한다. 그러나 방식 간의 모든 결합이 동등하게 구현 가능한 것은 아니다. 예를 들면, '256개 중 1' 부호화와 결합된 10% ASK는 장거리 모드에서 선호된다.

이 결합에서 13.56MHz 반송파 신호의 필드 세기에 비하여 상대적으로 약한 변조된 사이드밴드의 필드 세기는 카드로의 전력 공급을 위하여 허용 가능한 최대값의 자계 필드값을 취하도록 한다. 이에 비하여 리더에서 '4개중 1' 부호화와 결합된 100% ASK 변조는 감소된 범위 또는 차폐(shielded)된 리더에서 사용될 수 있다. 데이터 코딩 모드는 256의 1 하나의 단일 바이트 값은 한 펄스의 위치로 표시된다. 256/f_c(~18.88us)의 256 연속 탕미 기간 중 1에서 펄스의 위치는 바이트의 값을 결정한다. 이 경우 한 바이트의 송신은 ~4,833ms가 걸리고 결과 데이터율은 1,65kbits/s(f_c/8192)이다. 그 프레임의 마지막 바이트는 EOF가 VCD에 의해 전달되기 전에 확실히 전송된다.

(2) 256개 중 '1' 부호화

이 방식은 펄스 위치 변조(PPM: Pulse Position Modulation) 방식이다. 이것은 전달될 디지트의 값이 변조 펄스의 시간적 위치에 의하여 0~255 범위 내에 확실하게 정의되어 있음을 의미한다. 따라서 8bit 즉, 1byte는 한 번에 동시에 전달된다. 한 byte의 전체 전송 시간은 4.833ms이다. 이것은 9.44μs짜리 512개의 시간 슬롯에 해당한다. 변조 펄스는 홀수 번째 시간슬롯에서만 발생한다(0부터 세기 시작). 전송된 디지트의 값 n은 펄스 위치로부터 십게 결정될 수 있다.

Pulse Position = $(2 \cdot n + 1)$

한 byte의 전송 시간(4.833ms)으로부터 계산된 데이터 속도는 165kbps이다.

데이터 전송의 시작과 끝은 정해진 프레임 신호에 의하여 확인할 수 있다. 시작 프레임(SOF)과 종료 프레임(EOF)의 부호화는 표준에서 이들 디지트가 유용한 데이터의 전송 중에 발생할 수 없도록 선정된다. 프레임 신호의 확실성은 항상 신뢰할 수 있어야 한다. '256개 중 1' 부호화에서 SOF 신호는 두 개의 9.44㎲짜리 변조 펄스와 그사이에 56.65㎲(9.44㎲×4)짜리 시간슬롯으로 구성된다. EOF신호는 짝수 번째 시간 슬롯에서 전송되는 9.44㎲ 길이의 변조 펄스 하나로 구성되는데, 이것은 데이터 byte와 확실하게 구별하기 위해서이다.

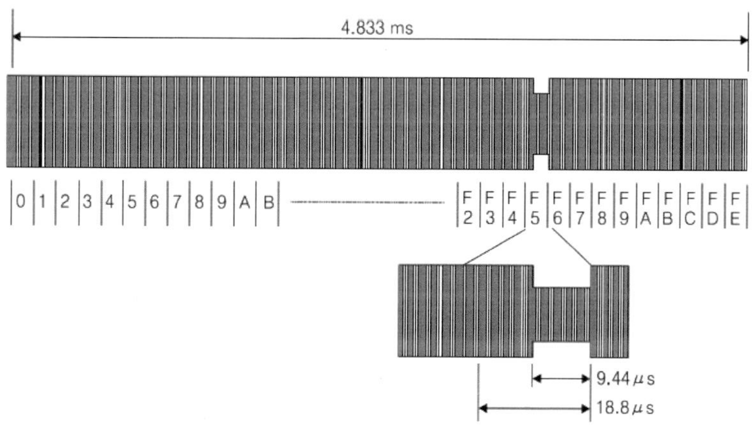

〈그림 2.96〉 256개 중 '1' 부호화

〈그림 2.10〉 ISO 15693에서의 변조와 코딩 방식

Parameter	Value	Comment
Power Supply	13.56MHz±7kHz	Inductive coupling
Data transfer reader → card		
Modulation	10% ASK, 100% ASK	Card Supports both
Bit coding	Long distance mode. 1 of 256 Fast mode : 1 of 4	Card Supports both
Baud rate	Long distance mode : 1.65Kbit/s Fast mode : 24.6Kbit/s	
Data transfer reader → card		
Modulation	Load modulation with subcarrier	
Bit coding	Manchester, subcarrier is modulated with ASK(423kHz) or FSK(423/485kHz)	
Baud rate	Long distance mode : 6.62Kbit/s Fast mode : 24.48Kbit/s	selected by the reader

(3) 4개 중 '1' 부호화

역시 이 방식에서도 변조 펄스의 시간적 위치가 디지트의 값을 결정한다. 두 개의 bit가 한 번에 동시에 전송되며, 따라서 전송될 디지트의 값은 0~3 사이의 값을 갖는다.

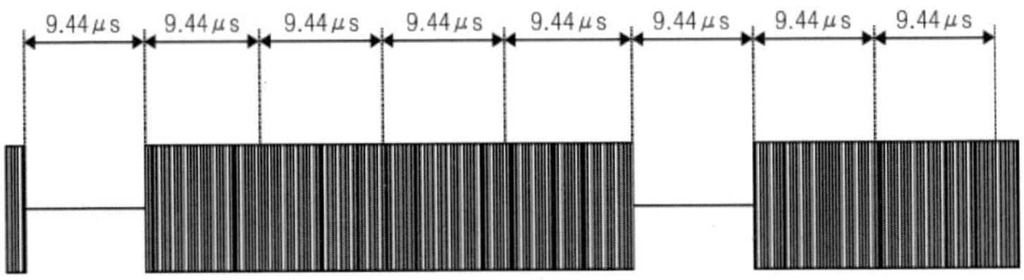

〈그림 2.97〉 4개 중 '1' 부호화

한 byte의 전체 전송 시간은 75.52μs이고, 이것은 9.44μs짜리 시간 슬롯 8개에 해당한다. 변조 펄스는 짝수 번째 시간 슬롯에서만 전송될 수 있다(0부터 세기 시작). 전송된 정보의 값 n은 펄스의 위치로부터 쉽게 결정할 수 있다.

Pulse Position = $(2 \cdot n + 1)$

한 byte(75.52μs)를 전송하는데 걸린 시간으로부터 계산한 데이터 속도는 26.48kbps이다.

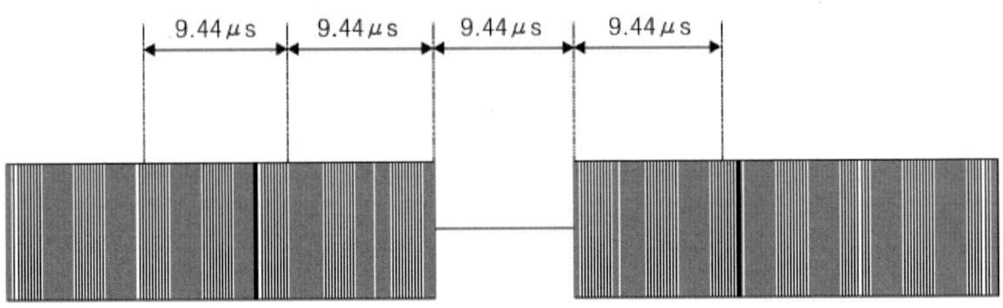

〈그림 2.98〉 EOF 신호는 짝수 값

'4개 중 1' 부호화에서 SOF 신호는 9.44μs짜리 두 개의 변조펄스와 그 사이의 시간 37.76μs으로 구성된다. 유용한 데이터의 첫번째 디지트는 SOF 신호의 두 번째 변조 펄스 후에 18.88μs의 시간이 지나고 나서 시작된다.

전송의 끝은 친숙한 프레임 종료 신호(EOF)에 의하여 확인된다.

(4) Subcarrier

하나 또는 두 개의 부반송파는 ISO/IEC 15693-3에 정의된 것과 같이 프로토콜 헤더에서 첫번째 비트를 사용하는 VCD에 의해서 선택되어 사용된다. VICC는 두 가지 방식을 다 지원한다.

하나의 부분송파를 사용할 때, 부반송파 로드 변조의 f_{s1} 주파수는 $f_c/32$(423.75kHz)이어야 한다. 두 개의 부반송파를 사용할 때 f_{s1} 주파수는 $f_c/32$(423.74kHz)여야 하며, f_{s2} 주파수는 $f_c/28$(484.28kHz)이어야 한다.

만약 두 개의 부반송파가 존재하면 그들 사이에서의 연속적이 페이져 관계가 성립되어야 한다.

(5) 데이터 비율

낮거나 높은 데이터 비율을 사용될 것이다. 데이터 비율의 선택은 ISO/IEC 15693-3에서 정의된 것처럼 프로토콜 헤더에 있는 두 번째 비트의 사용으로 VCD에 의해서 만들어질 것이다.

VICC는 테이블 1에서 보여준 데이터 비율을 지원할 것이다.

· 고트 표현과 고딩

데이터는 다음의 스키마에 일치하여 맨체스터 코딩의 사용에 의해서 부호화된다.

아래에 보여준 모든 다이밍은 VICC로부디 VCD끼지의 높은 데이디 비율을 말힌다.

낮은 데이터 비율을 위해서 같은 subcarrier frequency가 사용된다. 여기의 경우에서는 타이밍과 펄스의 수는 4배로 곱해져야 한다.

〈표 2.11〉 데이터 비율

데이터율	신호부 반송파	듀얼 반송파
저	6.62kbits/s(f_c/2048)	6.67kbits/s(f_c/2032)
고	26.48kbits/s(f_c/512)	26.69kbits(f_c/508)

(6) 데이터 전송 카드에서 리더 인터페이스

변조된 부반송파를 갖는 부하 변조는 인접 카드로부터 리더로의 데이터 전송을 위해 사용된다. 저항성 또는 용량성 변주 저항은 부반송파의 주파수에 따라 시간상에서 켜지거나 꺼지는 상태로 변환한다. 부반송파 그 자체는 시간축 상에서 맨체스터 부호된 데이터 스트림에 의하여 ASK 또는 FSK 변조된다. 변조 방식은 표준의 충돌방지에 정의된 전송 프로토콜의 헤더에 있는 플래그 비트(제어 비트)를 사용하여 리더가 선택한다. 따라서 이 경우에도 두 방식 모두 스마트 카드에 의하여 지원되어야 한다.

데이터 속도는 두 개의 값 사이에서 변환될 수 있다. 전송 프로토콜의 헤더에 있는 플래그 bit(제어 bit)에 의하여 리더는 데이터 속도를 선택할 수 있으며, 이것은 카드가 두 가지 방식을 모두 지원해야 하는 것을 의미한다.

4) 초기화 및 충돌방지 특징

(1) 충돌방지 루프

에너지가 공급되는 필드의 VCD와 하나 이상의 VICC간의 대화 처리와 준비물 위해 사용하는 알고리즘

초기화 및 충돌방지 데이터 요소의 정의

① 고유식별자(UID)

VICC는 64비트의 고유 식별자(UID)에 의해서 식별된다. 이는 충돌 방지 루프 동안 VCD와 VICC 사이의 일대일 교환에 대해 각 VICC를 유일하고 개별적으로 주소화 하는데 사용된다.

UID의 구성은 최상위 비트 8은 'E0' 이 된다. IC 제조회사 의해 할당되는 48비트의 고유한 일련 번호를 가진다. 응용 계통 식별자는 VCD에 의해 지정된 응용 유형을 표현하고 모든 VICC로부터 요청되는 응용 범주를 충족시키는 모든 VICC를 찾을 경우에만 사용한다. AFI는 각각 4비트의 2니블로 구성된 한 바이트로 구성된다.

② 데이터 저장 형식 식별자 (DSFID)

데이터 저장 형식 식별자는 VICC메모리에 데이터가 구성된 방법을 나타낸다. 데이터 저장 형식 식별자는 각각의 명령어에 의해 프로그래밍되고 고정되며, 한 바이트로 코드화된다. 데이터의 논리적 구조로서 정보를 즉시 고려한다.

③ CRC

CRC는 ISO/IEC 13239와 같이 계산된다. 두 바이트의 CRC는 EOF 이전에 각 프레임 내에서 요청과 응답을 추가한다. CRC는 SOF 이후에 CRC필드를 포함하지 않을 때까지 모든 바이트를 계산한다.

④ VICC 메모리 구조

VICC의 메모리는 256블록까지 지정할 수 있다. 블록 사이즈는 256까지 될 수 있다. 이는 8kbytes까지의 최대 메모리 용량이 되도록 한다.

(2) 일반적인 프로토콜

전송 프로토콜은 양방향으로 VCD와 VICC 간의 명령어와 데이터의 교환 메커니즘을 정의한다. CVD에서 VICC로의 요청, VICC에서 VCD로의 응답으로 이루어져 있다. 각 요청 필드는 플래그, 명령어 코드, 명령에 따른 의무적 이고 선택적인 매개 변수 필드, 응용 데이터 필드, CRC로 구성되어 있다. 각 응답 필드는 플래그 명령에 따른 필수적이고 선택적인 매개 변수 필드, 응용데이터 필드, CRC로 되어 있다. 프로토콜은 비트 지향적이고, 프레임 내의 전송된 비트의 수는 8배수이고, 단일 바이트 필드는 최하위 비트가 먼저 전송된다.

① 주소지정 모드

주소 플래그가 1로 세트되면, 요청은 주소 지정된 VICC의 고유한 UID를 포함한다. 1로 세트된 주소 플래그를 갖는 요청을 수신한 임의의 VICC는 자신의 고유 UID와 수신된 ID를 비교한다. 만일 일치하면 요청을 실행하고, 일치하지 않으면 아무 것도 하지 않는다.

② 비주소 지정 모드

주소 플래그가 0으로 세트되면, 요청은 고유한 ID를 포함하지 않는다. 0으로 세트된 주소 플래그를 갖는 요청을 수신한 임의의 VICC는 요청을 실행하고, 명령 기술에 명시된 것과 같이 VCD에 응답을 보여준다.

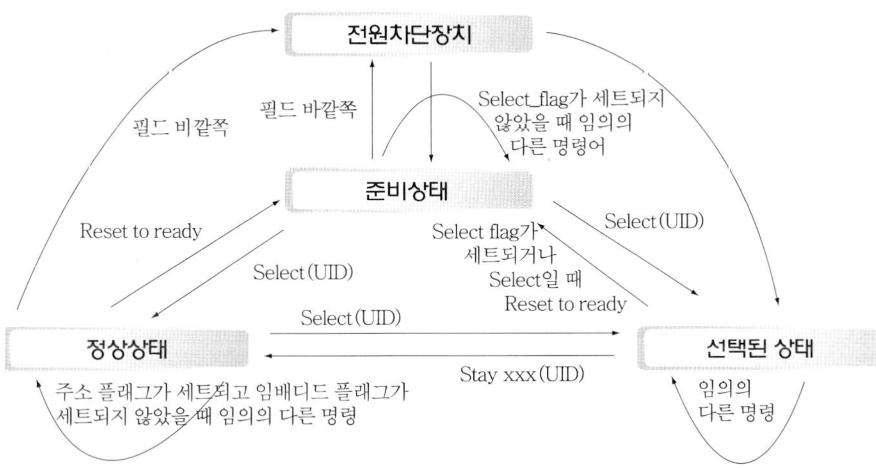

〈그림 2.99〉 프로토콜 모드

(3) 충돌 방지

충돌 방지 시퀀스의 목적은 VICC의 고유한 ID(UID)에 의해 VCD필드에 존재하는 VICC의 목록을 만들기 위해서이다. VCD는 하나 또는 다중의 VICC를 갖는 통신의 주요 장치이다.

Inventory 요청의 발생을 통해 카드 통신을 초기화한다. VICC는 충돌 방지에서 기술된 알고리즘에 따라 결정된 슬롯에서 응답을 보내거나 또는 응답하지 않는다.

① 요청 매개 변수

Inventory 명령이 발생되면, VCD는 원하는 세팅으로 N b_slot_flag를 세드하고, 명령 필드이후에 마스크 길이와 마스크 값을 추가한다.

마스크 길이는 마스크 값의 중요 비트 수를 나타낸다. 이 비트 수는 16슬롯이 사용되었을 때는 0과 60 사이의 임의의 값을 가질 수 있고, 1슬롯이 사용되었을 때 0과 64 사이의 임의의 값을 가질 수 있다.

② 충돌 방지 메커니즘

· VCD는 프레임 내에서 Inventory 요청을 보내고, EOF에 의해서 종료된다. 슬롯의 수는 16이다.
· VICC 1은 슬롯 0에서 그 응답을 전송한다. 이것은 유일한 것으로, 어떠한 충돌도 발생하지 않고 그의 UID가 VCD에 의해 전송되고 등록된다.
· VCD는 다음 슬롯으로 교환을 의미 하는 EOF를 보낸다.
· 슬롯 1에서 두 개의 VICC 2와 3이 그들의 응답을 전송하며, 이는 충돌을 발생시킨다. VCD는 이를 감지하고 슬롯 1에서 검출된 충돌을 기억한다.
· VCD는 다음 슬롯으로의 전환을 의미하는, EOF를 보낸다.
· 슬롯2에서 어떤 VICC도 응답을 전송하지 않는다. 그 결과 VCD는 VICC SOF를 간하지 않고 EOF를 보내므로 다음 슬롯으로 전환을 결정한다.
· 슬롯3에서VI CC4와 5로부터 받은 응답으로 인해서 또 다른 충돌이 발생한다.
· 그러면 VCD는 그 후 이미 UID가 정확하게 수신된 VICC1에 지정된 요청을 전송하는 것을 결정한다.
· 모든 VICC는 SOF를 감지하고 충돌방지 시퀀스를 빠져 나온다. 이들은 이 요청을 처리하고 VICC1에 지정되기 때문에, VICC 1만이 그 응답을 전송한다.
· 모든 VICC는 다른 요청을 수신할 준비가 되어 있다. 만일 Inventory 명령이 있으면, 슬롯 번호 부여 시퀀스는 0부터 다시 시작한다.

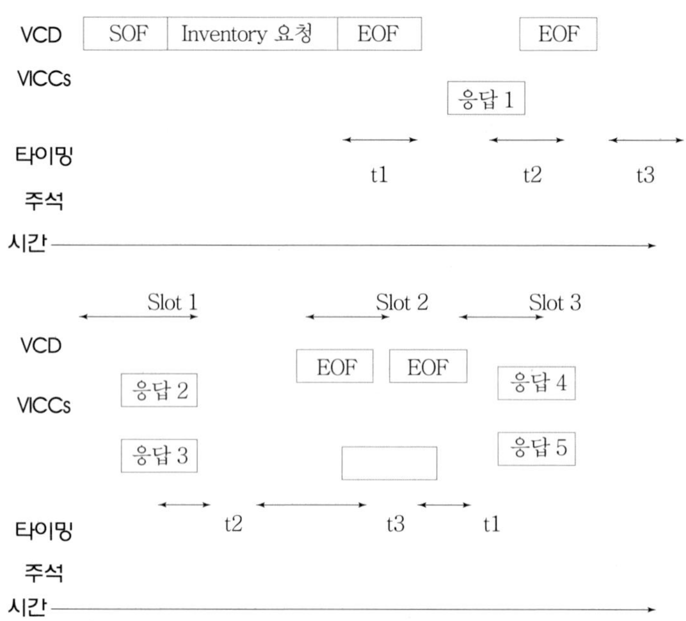

〈그림 2.100〉 충돌 방지 메커니즘

카드(CARD)가 리더(READER)의 통신영역 내로 들어가면 리더와 카드(CARD) 왕의 통신이 시작된다. 이때 하나 이상의 스마트카드가 리더(READER)의 통신영역 내에 있고 이미 다른 카드와 통신을 하고 있다면 충돌방지(Anti-Collision)를 고려해야 한다. 다음은 변조 방식에서 충돌 현상을 나타낸 것이다.

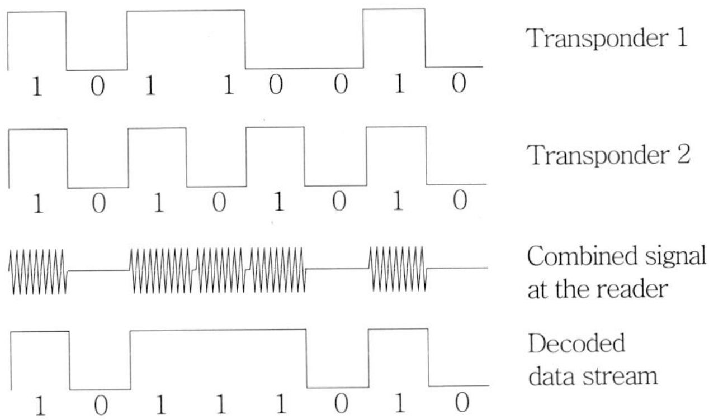

〈그림 2.101〉 NRZ 방식에서의 데이터 충돌(감지 못함)

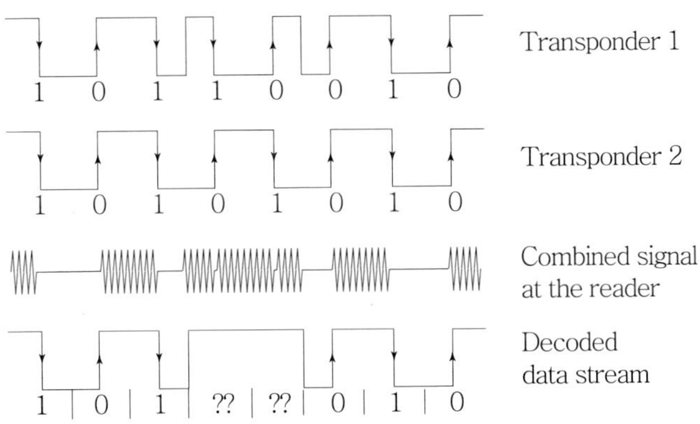

〈그림 2.102〉 Manchester 방식에서의 데이터 충돌(감지 가능)

2.2 USN(*Ubiquitous Sensor Network*)

2.2.1 USN 개요

유비쿼터스 네트워크는 유비쿼터스 컴퓨팅을 수행하기 위해 구성된 사람과 사람, 그리고 사람과 사물의 통신을 넘어서서 주변에 사물들이 지능화되고 네트워크에 연결되어 정보를 공유하는 공간이 유비쿼터스 네트워크 공간을 의미한다. 유비쿼터스 지능공간에서는 관리자의 수동적인 설정이 없어도 지능 객체들이 네트워크를 구성하고 사용자의 요구를 파악하여 이를 해결하기 위한 협업 커뮤니티를 형성하게 된다. 유비쿼터스 네트워킹은 이러한 커뮤니티 컴퓨팅을 지원할 수 있는 네트워킹 기술로 물리적 공간이나 시간의 제약 없이 네트워킹 수행이 가능하고 자동설정을 통해 도처에 존재하는 지능화된 사물들이 사용자의 일부처럼 동작하여 서비스를 제공해 줄 수 있는 통신 기술이다.

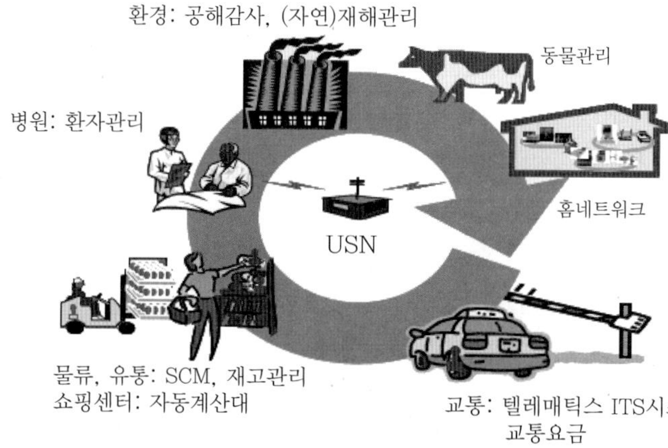

〈그림 2.103〉 USN 서비스의 예

〈그림 2.104〉에서 보는 바와 같이 USN은 물품 등 관리할 사물에 아주 작은 전자태그를 부착하고 전파를 이용하여 사물의 정보/ID 및 주변 환경 정보를 자동으로 추출하고 유무선 통신망에 연결하여 우리 생활의 모든 분야, 즉 식료품으로부터 축산물관리, 폐기물관리, 환경관리, 물류 · 유통, 보안 등의 영역까지 정보화를 침투 · 확산시켜 비즈니스에 대변혁을 가져오고, 삶의 질을 획기적으로 개선시키는 서비스를 말한다. 또한, 네트워크 자가 관리 및 자가 복구 기능과 다양한 멀티미디어 응용을 지원하기 위한 QoS 처리 기능을 지원해야 하며, 컴퓨팅 노드간의 통신을 원활히 지원할 수 있도록 다양한 네트워킹 기술들이 복합적으로 결합되어 사용된다. 즉 유무선기간 네트워크 기술인 BcN, B3G 등이 기반 인프라 네트워크 기술로 사용되고 컴퓨팅 노드간의 직접적인 통신은 WPAN, WLAN, 센서 네트워크 등의 개별 기술들이 사용된다. 이들 개별 기술들을 결합하고 유비쿼터스 네트워킹 요구사항을 만족시키기

위해서는 개별 네트워크 기술들의 복합/연동 기술이 필요하다. 이에 관련된 핵심 네트워크 기술은 Ad-hoc 네트워킹 기술과 다양한 네트워크 액세스 기술의 결합으로 볼 수 있다. 여기에서는 이러한 Ad-hoc 네트워크 기술과 복합/연동 기술 중 요즘 주목받고 있는 무선 메쉬 네트워크와 하이브리드 메쉬 네트워크의 구조를 갖고 커뮤니티 컴퓨팅을 지원하기 위한 u-Zone 커뮤니티 네트워크 기술에 대해서 설명하기로 한다.

가) USN 인프라 개요

모든 사물에 전자태그를 부착하여 무선으로 사물과 환경정보를 수집하고 Network을 통하여 실시간 정보를 구축하여 사물정보화, BCN과 통합되어 Ubiquitous Network을 실현한다.

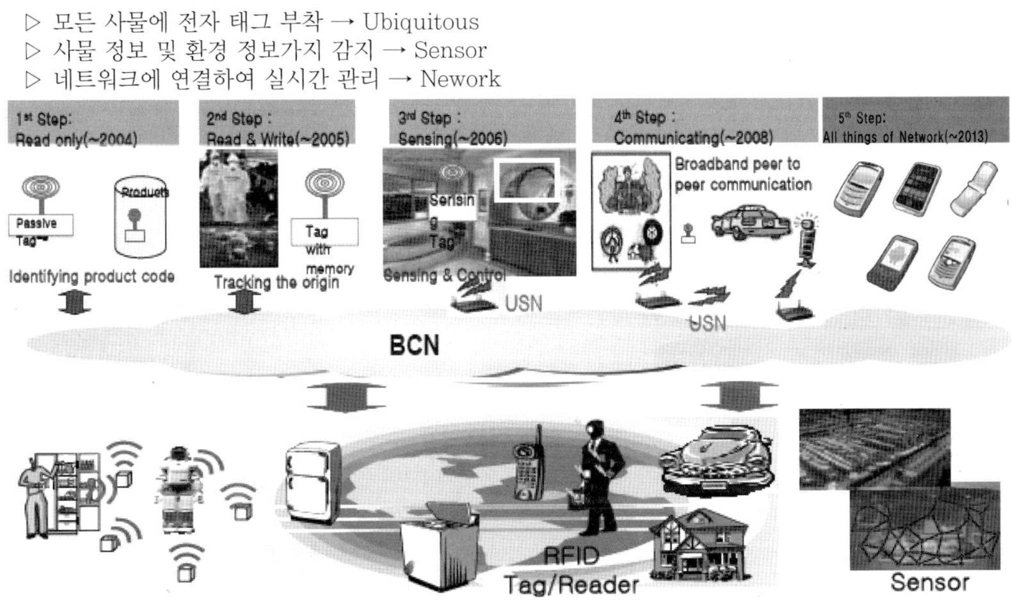

〈그림 2.104〉 USN 인프라 개요

나) USN 태그의 발전단계

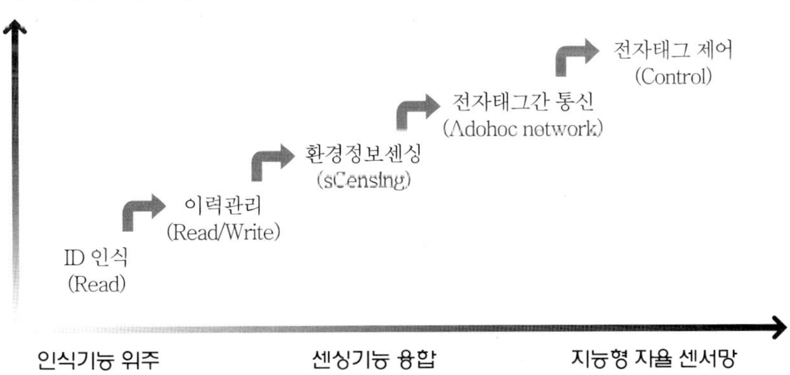

〈그림 2.105〉 USN 태그의 발전단계

USN은 초기에 전자태크를 이용 개체를 식별하는 단계에서 센싱 기능을 부가하여 환경정보를 동시에 취득하는 단계를 거쳐 태그 상호간 통신을 통하여 Ad-hoc network을 구축하고 기능이 적은 다른 태그를 제어하는 단계로 발전할 것으로 예상된다.

다) RFID 태그 기술

① 가격(100원/2011년): 칩의 소형화, 칩제작/배열공정의 자동화, 안테나의 저가화, 칩/안테나 조립공정의 자동화, 물품부착 공정의 자동화 등

② 인식거리(수동형): Rectenna(Rectifier/Antenna)기술, 낮은 소모전력, FeRAM 등 메모리

③ 안테나: 부착물질의 특성을 고려한 고효율 소형안테나, 칩 내장형 안테나, 무편파형

④ 센서기능: 온도/습도/압력 등 저가형 센서, 센서 내장형 칩 등

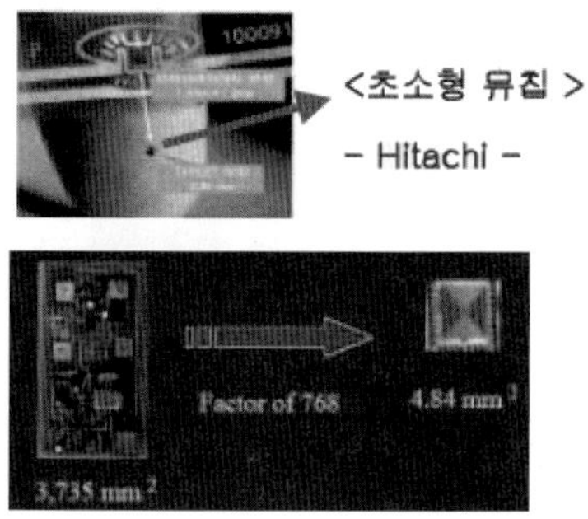

(저주파수 대역 Tag) (안테나 분리형 UHF 대역 Tag) Alien Techology (안테나 일체형 초소형 센싱 Tag) Teni Tag

〈그림 2.106〉 RFID 태그 형태

라) RFID 리더 기술

① 리더의 형태: 〈그림 2.107〉에서 도시한 것과 같이 Gate 형, Desk-Top, Handheld, PC/PDA 장착카드형, 단말기 내장형 등이 있음.

② 멀티밴드/멀티프로토콜 리더: 초기에는 다양한 Tag가 존재, 경우에 따라 Bar code 지원.

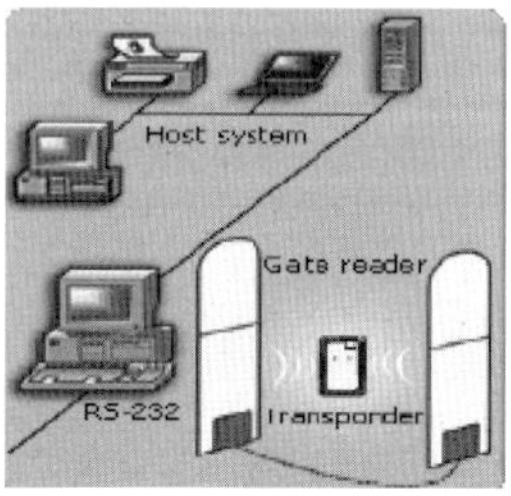

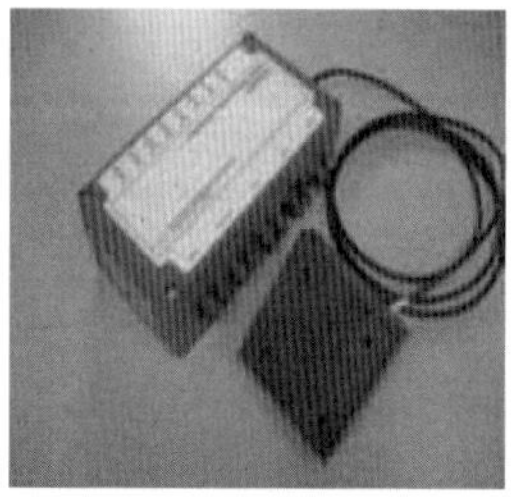

Gate형 Desp top형 Hand held형 PC/PDA Card형

〈그림 2.107〉 리더의 형태

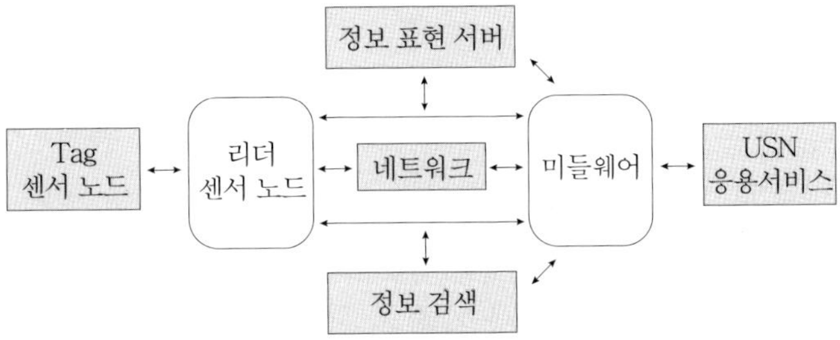

〈그림 2.108〉 u-센서 네트워크의 구성

③ 태그 인식률: 고속 리딩, 충돌 회피기법, 빔제어 안테나 기술 등
④ 환경 적응형: 편파 및 전파전파 영향 감소기법 등
⑤ 소형화: SoC, 내장형안테나, 저전력 소모기술, 단말기내장
⑥ Upgrade 가능한 구조: SDR(Software Defined Radio) 기술 등

〈표 2.12〉에서는 USN의 분야별(센서관련 기술, 네트워크 기술, 응용기술)요소 기술들을 간단히 비교하였다.

〈표 2.12〉 USN의 요소 기술

요소기술분야	내 용	세부 기술
센서관련 기술	사물 및 환경인지에 사용되는 센서 기술 분야	센서기술, 프로세스 기술, 전원기술, 무선 기술(전파 상호간섭 회피 기술)
네트워크 기술	정보전달을 위한 네트워크 기술	노드제어 기술, 네트워크 기술, 에드-혹, 멀티-혹, 지그비, 와이파이 등
응용 기술	네트워크상의 정보를 응용, 서비스하기 위한 기술	미들웨어 기술, 시스템 운영기술, 애플리케이션 통합기술, 애플리케이션 개발환경 및 툴 기술 등

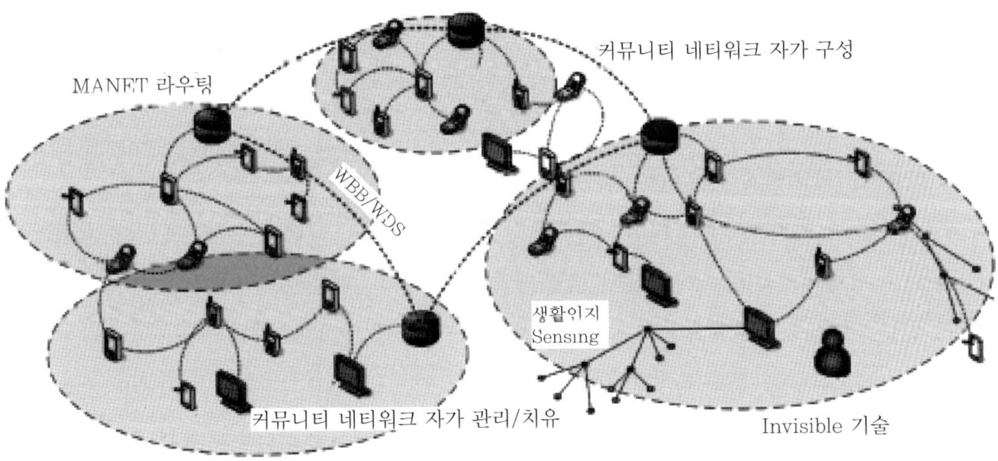

〈그림 2.109〉 유비쿼터스 커뮤니티 네트워크

〈그림 2.109〉는 Ad-hoc 네트워킹을 이용해서 자가 구성된 유비쿼터스 커뮤니티 네트워크의 한 예를 나타낸다. 유비쿼터스 통신 환경은 다양한 유무선 접속 기술을 사용하는 이종의 하드웨어 플랫폼들로 구성되는 복잡한 네트워크 형태가 될 것으로 예상된다. 즉 고성능의 처리 능력을 갖는 서버급 장비에서 PDA와 같은 경량화된 휴대용 단말, 더 나아가 컴퓨팅과 통신능력이 부여된 주변의 수많은 사물들까지 다양한 통신 노드들이 필요에 따라 스스로 네트워크를 구성하게 된다. 유비쿼터스 단말들은 스스로 환경을 인식하고 수집된 정보를 분석 · 가공하여 서로 정보를 공유하게 된다. 이렇게 자가 구성이 가능하고 자가 관리 및 자가 치유 기능이 요구되는 유비쿼터스 네트워크의 특성은 무선 이동 Ad-hoc 네트워크인 MANET의 속성과 잘 융합된다. 이동 Ad-hoc 네트워크는 기반 통신 인프라가 없어도 참여 노드들만으로 네트워크를 구축할 수 있는 특성을 지닌다.

초기 이동 Ad-hoc 네트워크 기술은 군용 통신이나 재해 등의 특수 지역에서 별도의 인프라 없이 단말들이 직접 통신할 수 있도록 하기 위해 연구되었다. 최근 이동 Ad-hoc 네트워크의 장점을 다양한 영역으로 확대 적용하려는 연구가 활성화 되고 있다. 그러나 이를 위해서는 여전히 풀어야 할 요소들이 많이 있다. 특히 이동 Ad-hoc 네트워크는 대역폭, 에너지, 정보처리 능력 등에 있어서 이용 자원이 제한적이고 노드의 자율 이동성으로 인해 토폴로지가 빈번히 변한다. 이로 인해 이동 Ad-hoc 네트워크의 규모를 확장하면서 동시에 안정적인 통신이 가능하도록 하는 것은 어려운 일이다. 이것이 이동 Ad-hoc 네트워크의 제약을 극복하고 규모의 확장, 효율적 에너지 관리, 높은 이동성 지원을 위한 새로운 형태의 무선네트워크 구조 및 그 구조 하에 적절한 라우팅 프로토콜이 요구되는 이유이다.

2.2.2 유비쿼터스 네트워크

유비쿼터스 네트워킹은 커뮤니티의 구성 노드(스마트 오브젝트 및 기존 무선 이동 노드를 포함)들에게 커뮤니티의 요구사항과 물리적인 네트워킹 환경 등을 능동적으로 고려하여 커뮤니티 컴퓨팅을 수행할 수 있도록 해주는 네트워킹 요소 기술을 의미한다. 커뮤니티는 지역적으로 분산되어 있는 통신 노드들과 물리적 통신 단위 영역들이 연동되어 형성되는데 목표 지향적 특성을 갖고 있다. 커뮤니티 멤버는 서로 협업하여 커뮤니티의 공동 목표를 해결하고 이를 이용자가 성장해 나가는 커뮤니티 컴퓨팅을 수행한다. 따라서 커뮤니티 컴퓨팅을 수행하기 위한 하부 네트워킹 요소기술은 시간 및 공간에 구애받지 않고 커뮤니티 멤버들이 통신할 수 있도록 기반 구조를 제공해 주어야한다. 무선 네트워크 기술은 이러한 유비쿼터스 컴퓨팅을 수행하기 위해 핵심적으로 요구되는 기술이다.

2.2.3 무선 네트워크 기술

기존 통신환경에서 지역적 제한을 감소시켜 준 무선네트워크 기술은 유비쿼터스 네트워킹의 주요 기술로 자리 잡고 있다. 이미 셀룰라, WiBro, WiFi 등의 다양한 무선 접속기술이 시현되고 있고 그 사용자 또한 증가하고 있는 추세이다. 이동성의 측면에서는 4G로 발전해가는 셀룰라 네트워크가 유리하지만 data 전송률과 사용자에게 부과되는 비용을 비교할 경우 WLAN이나 WPAN이 효율적이다.

향후 수년 내에 모든 네트워크와 단말들은 All IP로 전환될 것으로 예상되고 있으며, 그 결과 다양한 특성을 갖고 광대역을 사용하는 트래픽이 발생될 것이다. 증가하는 이용률과 data양을 기존의 액세스 포인트(AP)나 기지국(BS)과 같은 통신 인프라만을 이용해 처리할 수는 없다. 또한, 다양한 노드의 특성(예: 계산 능력, 사용 OS, 이동성 등)을 반영할 수 있는 새로운 네트워킹 기술이 요구되고 있다. 이를 해결하기 위해 기존 유무선 통신 인프라를 기반으로 Ad-hoc 네트워킹 기술의 대표적인 특성인 relaying 기술을 접목 시키려는 연구가 대두되고 있다.

최근 주목받고 있는 기술로 무선 메쉬 네트워크기술을 들 수 있다. 이와 더불어 4G 등의 무선 네트워크에서도 릴레이 특성을 적용하려 하고 있는데 협업 릴레이 통신이 한 예이다. 무선 환경에서 협업 릴레이 통신은 기존의 통신 방안보다 효율적이다. 기존 ACK 기반 방식을(e.g. ARQ)적용할 경우 수신단이 data를 받지 못하거나 받은 data에 오류가 생겼을 때 ACK를 송신에 보내지 않는 것으로 송신의 재전송을 유도해 냈었다. 무선 환경에선 이럴 경우 유선 환경보다 네트워크 성능이 더 감소하게 된다. 이 경우 수신단말 이외에도 송신의 data를 전달받은 노드이거나(예: 송신의 통신 범위에 있는 노드), 경로상의 중간에서 라우터의 역할을 하는 노드가 이를 감지하고 송신단 대신 data를 릴레이 해준다면 좋은 성능을 얻어낼 수 있다.

2.2.4 Ad-hoc 네트워크

MANET(Mobile Ad-hoc Network)은 사전에 구축된 네트워크 인프라가 없더라도 무선 이동 노드들이 협업하여 자가 구성할 수 있는 네트워크이다. MANET은 기존의 인프라 기반 네트워크 보다 네트워크 구성 시 장소와 시간의 제약이 적다는 장점으로 인해 유비쿼터스 환경에 적합한 접속 기술로 인식되고 있다. 또한 이동 Ad-hoc 네트워크의 릴레이 기능으로 기존에 구축되어 있는 WLAN이나 셀룰라 네트워크에 추가 인프라의 구축 없이도 통신영역을 쉽게 확장할 수 있다. 결국 이동 Ad-hoc 네트워크는 임시적인 네트워킹을 필요로 하는 응용에서부터 유무선 통합 네트워킹 기술의 한 분야까지 다양한 형태로 적용이 가능하다. 유비쿼터스 네트워크에서 이동 Ad-hoc 네트워크가 효율적으로 사용되기 위해 고려되어야 할 사항은 다음과 같다.

① 가변적인 토폴로지 변화: 구성 노드들의 이동성으로 인해 네트워크의 토폴로지가 빈번히 변하고 예측할 수 없다.
② 자원의 제약: 이동 Ad-hoc 네트워크는 일반 노드들만으로 구성되므로 네트워크의 유효시간이 짧고 각 노드의 CPU나 저장 공간이 제한적이다. 특히 사용전원이 한정 되어 있다.
③ J네트워크 관리: 인프라가 없으므로 중앙 제어 기반의 관리 방식은 이동 Ad-hoc 네트워크에 적용되기 어렵다.
④ J다중 홉 기반의 라우팅: 모든 노드들이 호스트이면서 동시에 라우터의 역할을 수행해야 하므로 기존 라우팅 방식의 직접 적용은 어렵다.

이 이외에도 기타 무선 네트워크의 고려사항인 QoS 지원, 보안, 전달의 신뢰성, 효율적인 멀티캐스팅 등이 해결되어야 한다. 또한, 향후 유비쿼터스 네트워킹을 지원하기 위해 요구되는 커뮤니티 컴퓨팅 요소기술 및 이를 지원하기 위한 zero/autonomic 네트워크 구성과 다계층 협업을 통한 성능향상 등이 향후 과제이다.

2.2.5 무선 메쉬 네트워크(WMN)

WLAN이나 셀룰라 네트워크 등의 무선네트워크는 점대점(point to point)이거나 점대다점(point to multi-point)의 스타형 토폴로지를 기반으로 하는 단일 홉 네트워크이다. 반면, 기존의 유선 네트워크는 다점대 다점(multi-point to multi-point)의 메쉬형 토폴로지를 기반으로 한다. 메쉬 구조는 다중 data 경로를 설정할 수 있어서 네트워크의 오류에 대응하기가 용이하고 data 전달의 신뢰성을 향상 시키는 장점이 있다. 무선 메쉬 네트워크는 이러한 메쉬 구조를 무선 네트워크에 적용하여 안정적인 무선 경로를 확보하고 필요시 저비용으로 네트워크를 확장할 수 있도록 해주기 위해 제안된 방식이다.

무선 메쉬 네트워크는 무선 Ad-hoc 네트워크의 한 응용으로 자가형성(self-organization) 및 자가구성(self-configuration)이 가능한 다중 홉 기반 무선네트워크이다. 즉 네트워크를 구성하는 메쉬 클라이언트들 간의 협업과 메쉬 라우터들을 통해 Ad-hoc 네트워크를 구성하게 되고 동적으로 토폴로지를 관리하고 유지하게 된다. 무선 메쉬 네트워크는 세 가지 형태로 구분된다. 가장 기본적인 형태는 이동 노드들로만 구성된 무선 Ad-hoc 네트워크로 클라이언트 메쉬라고 정의된다. 나머지 두 형태는 Ad-hoc 네트워크와 인프라 기반 무선네트워크의 혼용으로 볼 수 있다.

무선 인프라에 해당되는 메쉬 라우터는 메쉬 클라이언트에 해당하는 이동 노드들의 네트워크 구축이나 data 전달의 부하를 경감시켜주고 계층적인 네트워크 구조를 통해 네트워크의 확장성을 향상시켜준다. 이러한 메쉬 라우터들을 메쉬 형태로 연결하여 단일 홉으로 연결된 이동 노드들의 back bone 역할을 해주는 구조가 인프라/백본 메쉬이고 클라이언트 메쉬와 인프라 메쉬를 통합 적용한 형태가 하이브리드 메쉬 네트워크이다. 〈그림 2.110〉에 나타낸 커뮤니티 네트워크가 인프라/백본 무선 메쉬 네트워크이고, 〈그림 2.111〉의 u-Zone 기반 네트워크가 하이브리드 무선 메쉬 네트워크이다.

〈표 2.13〉에 IEEE 802계열 관련 규격 간의 대표적인 특성(표준화 그룹, 무선반경, 전송속도, 주파수 대역, 이동성, 확장성)을 비교하였다.

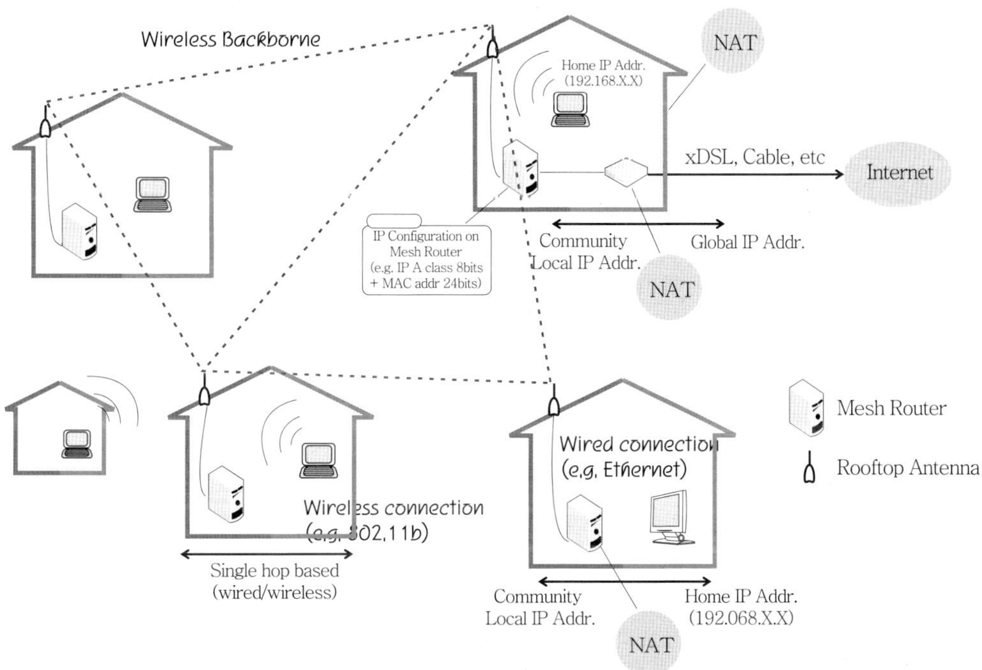

〈그림 2.110〉 무선 커뮤니티 네트워크(인프라/백본 WMN)

〈표 2.13〉 IEEE 802계열 무선 규격

표준화 그룹	802.11TGs (WiFi Mesh SG)	802.15 TG5 (WPAN Mesh)	802.16e (Mobile WiMAX)	802.20 (MBWA)
무선반경	WLAN	WPAN	WMAN (2~5Km)	WMAN
전송속도	802.11a/b/g/n 지원(11~540Mbps)	20~25Kbps	15Mbps(5MHz)	1~1.5Mbps
주파수 대역	2.4GHz, 5GHz	응용에 따라 다양함	2~6GHz (802.11:10~66GHz)	3.5GHz이하
이동성	도보/저속 이동성	적은 이동성	중속 이동성	고속(250Km/h)
확장성	양호	보통	보통	보통

2.2.6 u-Zone 기반 커뮤니티 네트워크 구조

기존의 통신 공간은 물리적인 통신조건에 따라 통신이 가능한 영역이 제한되며 수동적인 통신 상대 지정 등 설정이 필요하고 커뮤니티 멤버간의 통신 QoS 수용이 어렵다. 유비쿼터스 zone(u-Zone) 기반 커뮤니티 네트워크는 가까운 미래에 도래할 유비쿼터스 사회 구축을 위한 기반 인프라이다. 최적화된 커뮤니티 네트워크를 구성하기 위해 기존의 기반 네트워크 기술(BcN, WiBro, WiFi, LTE, 4G 등)에 물리적인 제한사항을 극복하기 위해 Ad-hoc 네트워킹 기술을 결합한 통신 공간의 구축이 필요하다. u-Zone은 사용자를 위한 유비쿼터스 서비스 네트워크를 작은 영역으로 분할한 단위이다. u-Zone은 기본적으로 802.11 규격 호환의 무선 LAN 네트워크로서, 무선 다중 홉 전송모드를 사용한다. 여기에 다중 무선접속 규격 기능을 사용하여 향후 신규 무선 통신 기술의 포괄적인 추가가 가능하다.

커뮤니티 네트워크는 하나 또는 여러 개의 u-Zone들의 묶음으로 구성된다. 각 u-Zone 네트워크는 지리적인 위치의 차이, 제공하는 서비스 및 목적 또는 그외 여러 가지 필요에 따른 커뮤니티 통신을 지원한다. 〈그림 2.111〉은 u-Zone 네트워크 모델을 그린 것으로, 센서 네트워크는 상황 정보를 취득하기 위한 네트워크이며 u-Zone 네트워크와는 센서 서버를 통해 접속한다. u-Zone은 u-Zone Master(u-ZM)라는 장비에 의해 상호 연결되거나 uT-Gateway를 거쳐 외부 네트워크와 연결된다. u-ZM는 하나의 u-Zone 안에서 사용자들 사이의 통신을 지원하며 통신을 위한 부하를 경감시키기 위한 라우팅 보조 장비이면서 동시에 커뮤니티 컴퓨팅을 지원하기 위한 네트워크 요소기술이 탑재되는 지능형 장비이다.

〈그림 2.112〉는 u-ZM의 하드웨어 모듈과 소프트웨어(ZMOS: u-Zone Master Operation Software) 기능 다이어그램을 나타낸다.

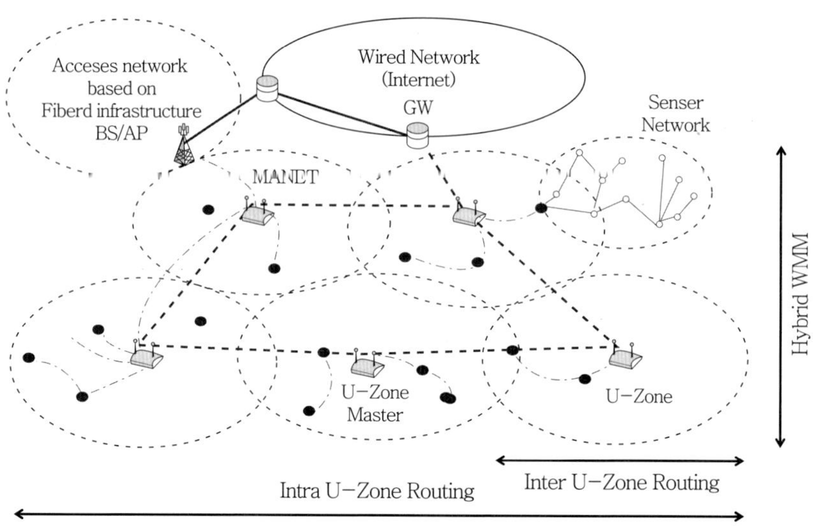

〈그림 2.111〉 u-Zone 기반 커뮤니티 네트워크

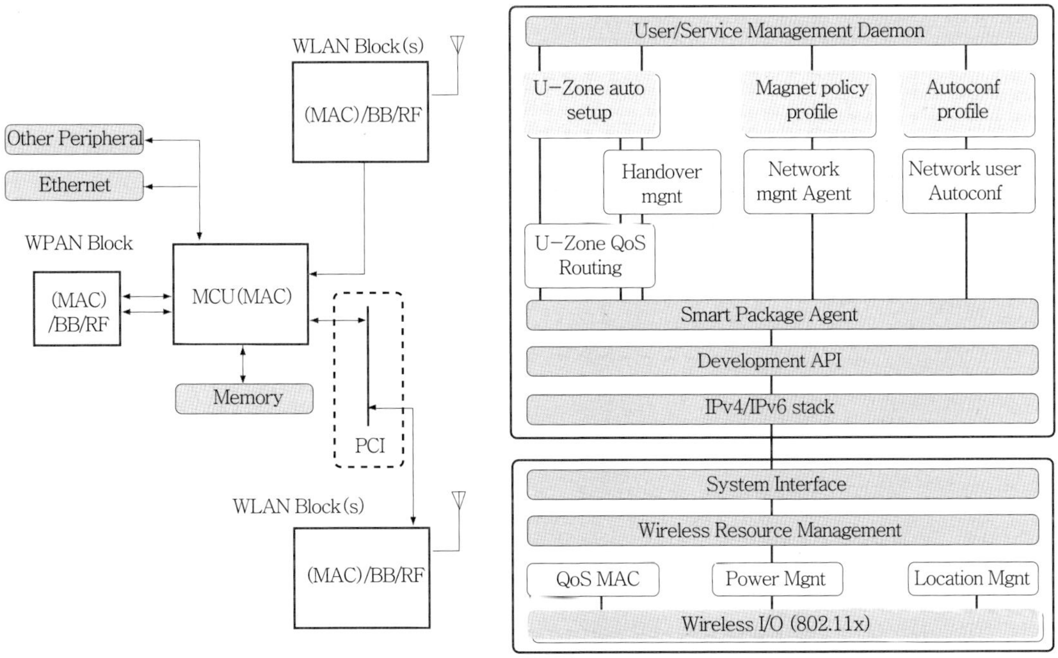

(a)u-Zone 마스터의 하드웨어 모듈구성 (b) u-Zone 마스터의 동작 소프트웨어 구성

〈그림 2.112〉 u-Zone의 하드웨어/소프트웨어 모듈 구성

2.3 BcN(*Broadband convergence Network*)

2.3.1 BcN의 개요

가) BcN의 의의

디지털 경제의 가속화는 이제 산업과 산업간, 기기와 기기간, 산업내의 융합으로 확산되어 가고 있다. 이는 정보화의 핵심인 정보고속도로라 할 네트워크 분야에서도 예외는 아니다. 이를 통하여 시너지를 창출해 내고, 새로운 서비스를 비즈니스 모델을 만들어 내며 산업을 발전시켜 나가고 있다. 정부에서는 모든 사물에 네트워크 구성, 사물 간 통신으로 각종 융합 서비스를 제공할 수 있는 '미래 사물통신 네트워크' 구축을 추진해 가고 있다. 이는 현재 구축돼 있는 광대역 통합망(BcN)과 이동통신, 와이브로 등을 통합해 유비쿼터스 사회를 만들어가겠다는 것으로, 기존의 유선망을 신규 구축하거나 사람 중심의 비싼 무선데이터서비스를 이용하는 방식 대신, 사물통신 네트워크를 이용하여 현재보다 절반 이하의 비용으로 4대 강 유역의 수질·수위, 기상, 이산화탄소, 건물관리를 한다는 것으로, 우리사회가 유비쿼터스 사회로 점점 진전되어 감을 알 수 있다. 요즘 정보화의 화두중 하나는 IP 트랜스포메이션(Transformation) 또는 All IP화라 할 수가 있다. IP 트랜스포메이션이란 기존에 있던 여러 종류의 통신

망과 통신방식을 단일 IP 기술로 통합하는 것으로, 넓게 보면 우리 삶에 필요한 모든 의사소통 도구와 방식을 하나로 단일화하는 것을 뜻한다. 요즘에는 IP 트랜스포메이션을 활용한 통합 서비스가 활성화되면서 이종기기 간 통신이 수월해지고 있다. 기존에는 컴퓨터 끼리 혹은 전화기 끼리의 통신만 가능했지만, 이제는 컴퓨터와 전화단말기, 컴퓨터와 홈네트워크 디바이스, 컴퓨터와 내비게이션 등 다양한 이기종간 통신이 가능해지고 이를 활용하는 다양한 통신 서비스가 출현하고 있다. 또한 정부와 공공기관에서는 단일한 완전 IP망을 활용하여 범죄를 예방하는 원격카메라, 전기 및 가스 검침, 교통 통제 및 관리 등의 공공서비스를 안전하고 저렴한 통신체계로 지원할 수 있게 되어가고 있다. 정부에서도 이런 다양한 서비스를 지원하는 차세대망(NGN)이라 불리는 광대역통합망(uBcN) 프로젝트를 추진하면서 업계를 자극하고 있다. uBcN이란 통신, 방송, 인터넷이 융합된 품질보장형 광대역 멀티미디어 서비스를 언제 어디서나 끊김없이 안전하게 광대역으로 이용할 수 있는 차세대 통합 네트워크를 말한다. BcN망의 국내 가입자 수는 유무선을 합쳐 2013년에는 6,000만 명이 될 것으로 전망되고 있다. 우리의 통신환경을 모두 통합적으로 광대역화하겠다는 것은 기존 통신기반들을 점진적으로 IP환경에 맞게 단일화시키겠다는 의미이다. 즉, 국가기간망인 PSTN(Public Switched Telephone Network)이나 기존 무선통신망 등이 이를 모두 아우르는 하나의 기간망인 인터넷을 중심으로 바뀐다는 의미이다. 이러한 변화는 기득권을 누리던 통신서비스 사업자에게는 위기가 되고, 후발 통신서비스 사업자에게는 새로운 기회가 되고 있다. 또한 통신장비 업체들에게도 이런 변화는 피할 수 없는 시장 환경이 되었다. 따라서 IP발전에 기여하기 위해서 많은 통신 기업들이 획기적 발상의 솔루션들을 내놓고 있다. 예를 들어 기존망의 2~3배 전송능력의 전송망을 기존장비의 반값으로 만들거나 여러 통신시스템을 간단히 통합하는 서브시스템을 개발하는 등 일종의 혁신이 이루어지고 있는 것이다. 통신사업자들도 추가적인 투자에 대비해 시장이 원하는 새로운 서비스를 출시함으로써 투자 효율의 극대화를 이루기 위해 노력 중이다. 해외도 예외는 아니다. 구글은 인터넷서비스 사업에서 얻은 노하우를 무선 단말사업으로 확장하고 있고, 애플은 멀티미디어 사업이 어떻게 인터넷과 융합할 수 있는 지를, 오라클과 마이크로소프트는 기업과 소비자들의 요구 사항을 반영하고자 IP서비스를 강화하는 미들웨어 전략으로 대응하고 있다. 이런 전략은 다양한 고객의 요구사항을 능동적이면서 효과적으로 반영하고자 하는 의지로 보인다. 다양한 인터넷 서비스를 기존의 단일 플랫폼으로는 지원이 불가능하고 시스템 자체가 융통성을 지녀야 한다는 사실을 오래 전부터 인지한 전략적인 시장 대응이라 하겠다. 알카텔루슨트도 IMS를 시장에 내놓으면서 통신시장의 IP 기반 멀티미디어 서비스 진화를 지원하고 있다. IP 기반 통신망과 통신서비스 애플리케이션을 가장 효율적이고 저렴하게 구동하는 툴을 제공함으로써 IP트랜스포메이션의 혁신에 동참하고 있는 것이다. 이러한 업계의 재치 있고 창의적인 아이디어가 앞으로 전개될 완전 IP 환경 구현에 차별적인 가치를 창출해 나갈 것이다.

나) BcN에 대한 정의

광대역 통신망은 통신, 방송, 인터넷이 융합된 광대역 멀티 미디어 서비스를 언제 어디서나 이용할 수 있도록 하는데 필요한 차세대 통합 네트워크를 말하며, 유선과 무선, 음성과 데이터, 통신과 방송을 하나로 묶어 50M~100Mbps급(향후 2013년까지 GB급)의 융합서비스를 지원한다. 광대역 통신망은 유비쿼터스 기술을 구현하기 위해 꼭 필요한 인프라이므로, 이용자 중심의 유비쿼터스 서비스 환경을 만들려면 반드시 갖추어야 할 부문이다. 초창기 유선망 중심에서 무선망으로 주류를 이루며 발전해가고 있는 통신기술로 이에 대한 정의를 보면

· 광대역 통합망(BcN)이란? Broadband Convergence Network 의 약어로서 통신, 방송, 인터넷이 융합된 품질 보장형 광대역 멀티미디어 서비스를 언제 어디서나 끊임없이 안전하게 이용할 수 있는 차세대 통합 네트워크를 지칭한다.
· BcN이란? 광대역 통합망(BcN : Broadband Convergence Network)을 지칭하는 것으로 패킷형태의 전송기술을 이용하여 다양한 형태의 통신서비스를 모두 전송 및 수용할 수 있는 미래형 통신망으로, 패킷이라는 통일된 기술기반하에 각 서비스들은 표준화된 개방형 프로토콜로 상호 유기적으로 동작하며 음성, 데이터, 인터넷, 멀티미디어 등 각종 서비스가 하나의 통합 인프라 상에서 모두 제공될 수 있는 통신망을 말한다.

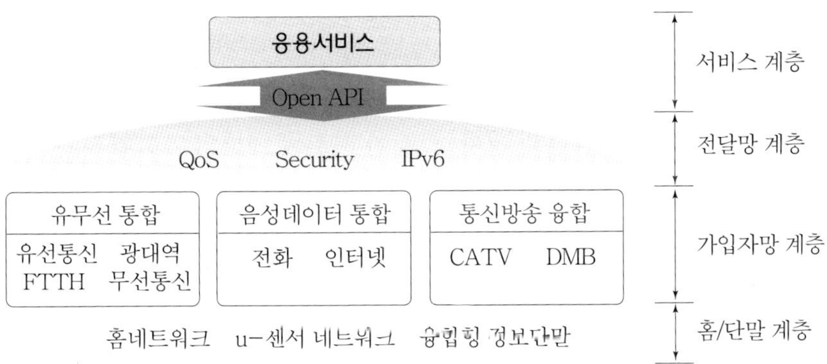

〈그림 2.113〉 광대역 통합망 구성 개념도

BcN은 통신·방송·인터넷 등의 멀티미디어 서비스를 안전하게 제공하는 통합 광대역 네트워크를 말한다. 완성될 경우 50배나 빠른 속도의 인터넷을 이용할 수 있으며, 통신·방송 서비스의 질도 크게 개선될 것으로 보인다. BcN의 궁극적 목적은 통신·방송·인터넷 등을 통합한 광대역 멀티미디어 서비스를 안전하게 제공할 수 있게 하는 품질보장형 통합 네트워크를 구축하는 것으로 과거 정보통신부에서 '브로드밴드 IT 코리아 건설' 이라는 목표를 이루기 위해 NGN(Next Generation Convergence Network: 차세대통합 네트워크)을 확대해 2003년 7월 발표하였다. 과거 방통위는 이 통합 네트워크가 완성될 경우 초고속인터넷보다 50배나 빠른 속도의 인터넷을 이용할 수 있으며, 통신·방송 서비스의 질도 크게 개선될 것이라고 예측하

였으며. 1,000만 가입자에게 고정 및 고속이동환경에서 50~100mbps 대역폭(bandwidth)이 가능한 무선망을 구축하는 계획이다. 이에 의하면 광대역통합망은 서비스 계층을 비롯해 제어 · 전송망 · 가입자망 등의 계층으로 구분하고, 표준 인터페이스에 의해 서로 접속된다.

2.3.2 BcN 서비스와 시장성

가) 서비스

BcN은 광대역화(Broadband), 통합 · 융합화(convergence), 그리고 네트워크(Network)의 세가지 키워드를 포함하는 개념으로, 이용자 중심의 서비스 환경 요구와 사업자의 새로운 수익 창출 동기에 의해 융합형 멀티미디어 서비스가 활성화되면서 발전을 거듭하고 있다. 우선 통신사업자들의 서비스가 음성에서 데이터로 전환됨에 따라 수익 창출 및 비용절감을 위해 기존의 음성을 IP망으로 통합해 VoIP, 멀티미디어 영상전화, 통합메세징, 다자간통화 등 다양한 IP 기반의 고속 고품질 멀티미디어 서비스가 제공되고 있다. 또한, 유무선 서비스 결합을 통한 새로운 수익모델 창출을 위해 휴대인터넷, 원폰 서비스, 평생번호 서비스, 통합 VPN 등 다양한 통 · 융합 서비스가 등장하고 있는데 이러한 통 · 융합 서비스 유형은 다음 3가지 형태로 볼 수 있다. 첫째로 음성데이터 통합 서비스 분야는 IP를 기반으로 음성, 데이터, 영상을 통합하여 제공하는 서비스로, 음성 서비스의 경우 최소 기존 PSTN 망 품질수준 보장이 가능하여야 하며, 다양한 단말을 통해 고품질 XoD(VoD, MoD, GoD 등) 서비스가 있다. 둘째로 유무선 통합 서비스 분야는 통합단말을 통해 정지 혹은 이동 중에 네트워크에 접속할 수 있도록 하는 서비스와 유선의 광대역과, 무선의 이동성을 상황에 따라 최적의 접속환경으로 제공하는 서비스가 해당된다. 유무선간 영상전화, 휴대인터넷, 등이 있으며 All IP 유무선 통합 서비스가

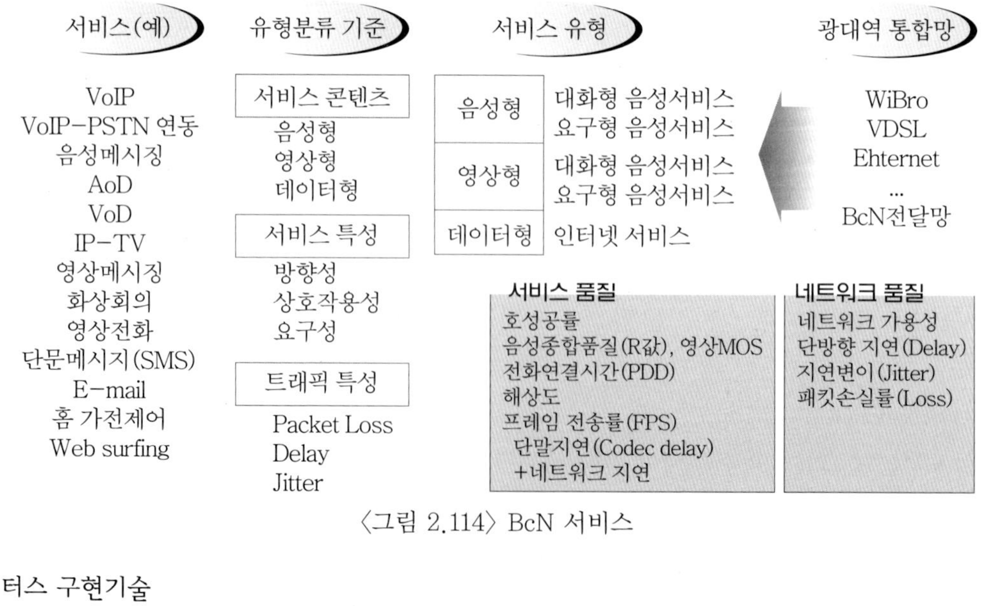

〈그림 2.114〉 BcN 서비스

있다. 마지막으로 통신 · 방송 융합 서비스 분야로 IPTV처럼 하나의 매체로 D-TV(Video), 인터넷(Data), 전화(Voice) 서비스를 동시에 제공하며, 디지털 방송 및 기존 방송망으로 정보를 수신하고 통신망으로 정보를 송신하는 양방향 서비스, TV를 이용한 홈쇼핑, 홈뱅킹, 금융 등의 전자상거래(T-Commerce) 및 전자정부 서비스(T-Government)등 멀티서비스가 있다.

나) 시장성

디지털 경제의 가속화는 다양한 컨텐츠의 유통을 촉진시키고 이로 인해 네트워크의 트레픽 증가는 망 고도화를 유발하게 된다, 더구나 유비쿼터스와 이동성의 증가는 언제 어디서나 다양한 경로로 필요한 컨텐츠/비즈니스 서비스를 원하는 고객의 니즈가 강해져 감을 의미한다. 이런 수요에 대응하여 방통위는 대용량·고품질의 초광대역(UBcN) 융합서비스를 원활히 제공할 수 있는 방송통신말 도도화 계획을 확정 · 발표한 바 있다.

1) 국내

국내 BcN 시장은 방송통신 융합과 유무선 통합 기조로 인해 2008년 기준으로 약 2조 9,000억원 규모로, 이들 중에서 사용자와 밀접하게 관련되어 있는 전달망과 가입자망 규모는 각각 8,000억원과 1조 5000억원에 달할 것으로 추산하고 있다. BcN 시장은 매년 15.3% 확대되고, 2011년까지 매출이 연평균 62% 성장할 것으로 보고 있다. BcN 장비 시장도 2012년에는 10조 9,372억원 규모에 이를 전망이다. 유선장비 시장은 BcN망 구축에 따른 장비 수요 증가로 인해 2012년까지 연평균 성장률 7.5%를 기록할 전망이고, 무선장비 부문은 와이브로, HSPA 등 신규 투자로 7.84%의 높은 성장률을 기록할 것으로 보인다. 부문별로는 서비스 및 제어계층이 연평균 9.05%의 성장률을 보이며 2012년에 1조 9671억원에 달하고, 전달망 계층은 2012년까지 연평균 9.99%의 성장을 보이면서 1조 7,349 억원의 시장규모를 보일 전망이다. 가입자망도 현재는 xDSL 등의 초고속 인터넷 접속 장비 수요가 포화상태이지만, FTTH 등의 새로운 광접속 시장이 커지면서 2012년까지 5.66%의 연평균 성장률을 보이면서 3조 4,070억원에 이를 전망이다. 한편 방통위는 미래 방송통신서비스 수요를 충족시키기 위해 ALL-IP 기반 '초광대역융합망(UBcN: Ultra Broadband convergence Network)' 구축을 추진키로 하고, 이를 위해 정부와 민간이 오는 2013년까지 총 34조 1,000억 원(정부 1조 3,000억 원, 민간 32조 8,000억 원)의 재원을 투입할 예정이다. 방통위는 BcN이 구축되면 초고화질 · 실감형 양방향 TV를 기반으로 다양한 서비스를 이용할 수 있게 될 것으로 기대하고 있다. 구체적으로 SoTV(Service over TV)와 모바일 등 다양한 환경에서 전화와 인터넷, 방송 등이 결합된 다중융합서비스(MPS : Multiple Play Service)를 즐기는 게 가능해질 것으로 보인다.

〈표 2.14〉 UBcN 구축 세부목표

구분			2009~2010	2011~2013
백본망		유선전화망 IP화	30%	70%(2015년 100%)
		이동전화망 IP화	-	15%
가입자망	유선	광대역(50M~100M)	1,200만	1,450만
		초광대역(최대 1G)	-	상용서비스(2012년) 20만(2013년)
	무선	광대역(1M~2M)	2,800만	4,600만
		초광대역(평균 10M)	-	상용서비스 및 30만(2013년)
방송망		디지털 지상파 방송 커버리지	93%	96%
		디지털 케이블 TV 홈패스율	93%	96%
센서망		망고도화	공공부문 센서망 연계	

〈표 2.15〉 재원확보계획안(단위: 억원)

구분			1단계(2009~2010)	2단계(2011~2013)	합계
민간	백본망		38,953	60,843	99,796
	서비스제어		17,605	27,209	44,814
가입자망		유선	34,832	53,043	87,875
		무선	34,705	56,313	91,018
	방송망		2,084	2,785	4,869
	소계		128,179	200,193	328,372
정부	구축지원		4,984	8,003	12,987
합계			133,163	208,196	341,359

정부는 지난 95년부터 초고속정보통신망, 광대역통합망 구축사업을 지속적으로 추진해 세계 최고 수준의 IT인프라를 구축하는 성과를 거뒀다. 특히 유선전화망, 이동통신망 및 인터넷망 등 백본망은 지난 2005년부터 ALL-IP망으로의 통합을 추진해 왔다. 유선가입자망의 경우 지난해 말까지 초고속망(2Mbps급)을 전국적으로 구축하고 도시지역을 중심으로 50~100Mbps급 광대역통합망(BcN) 구축도 추진해 왔다. 유선 BcN은 지난해 11월 현재 전체의 57%인 954만 가구에 보급된 상태다. 무선가입자망은 이미 2007년도에 평균속도 1Mbps 급의 HSDPA 전국망 구축을 완료했다. 또 WiBro network도 전국적인 구축을 진행중이다. 방송망의 경우 지난 2006년 주요 시.군 단위까지 디지털지상파 망 구축을 추진, 지난해 10월 현재 다지털 보급(커버리지) 비율이 87%에 이르고 있다. 이와 함께 난시청 지역에 대한 커버리지 확대도 적극 추진되고 있다. 그러나 현재의 IT인프라로는 융합화, 실감화, 지능화, 개인화하는 미래 방송통신서비스 수요를 충족시키는데 한계가 뒤따른다는게 정부 분석이다. 이에 방통위는 방송통신망 중장기 발전계획을 확정·발표하였고, 이에 따라 백본망은 전화망 및 이동통신망 등을 IP기반의 프리미엄망으로 고도화하고자 하는 목표를 제시하고 있

다. 시외전화망의 경우 2011년까지 모든 회선을 IP망으로 전환하고 시내전화망도 2013년까지 IP화 비율을 70% 높일 방침이다. 한편 지난해 10월 현재 시외 및 시내전화망을 통틀어 유선전화의 IP화 비율은 7% 선으로 집계되고 있다. 이와 함께 서비스제어 플랫폼(IMS)으로 고도화하기로 했다. 또 유선가입자망은 2012년까지 1400만 가입자에게 광대역 서비스를 제공하고 대도시 위주로 기가급 초광대역 가입자망을 구축, 2012년 상용서비스를 제공키로 했다. 무선가입자망의 경우 2012년까지 4000만 가입자에게 3G(광대역) 서비스를 제공하는 하는 것을 목표로 하고 있다. 또한 이동 중 IPTV 시청이 가능한 평균 10M급 속도의 3.9G · 4G(초광대역) 사용서비스제공을 위한 전국망도 구축하고 있다. 이 밖에 방송망은 2011년 양방향인프라를 구축하는데 주력을 하고 2012년까지 지상파 TV 디지털 방송 커버리지를 96%수준으로, 디지털케이블 TV가 가정에 직접 도달하는 홈패스 비율을 95% 수준으로 확대하기로 했다. 또 센서망의 경우 공공기관 등의 독자적으로 구축 · 운영하고 있는 것을 ALL-IP 기반의 방송통신망과 연계 · 융합하는 방식으로 바꾸기로 하고 있다. 이를 위해 2011년 초까지 서울 · 수원 · 대전 · 대구 · 부산 · 광주 등 8개 거점에 테스트베드를 구축하고 2012년까지 공공부문 센서망의 연동 규격을 마련해 운용할 계획이다.

2) 해외

세계 BcN 장비 시장은 2006년에 1802억 달러에서 연평균 2.9% 성장하여 2012년에는 2139억 달러 규모에 이를 전망이다. 유선장비 시장에서는 규모가 상대적으로 큰 가입자망 계층의 성장이 연평균 2.52%에 그침에 따라, 연평균 4.3의 성장률로 2012년에 1685억 달러의 시장규모를 보일 전망이다. 무선장비 시장은 연평균 1.39%의 성장을 보이며 2012년에 453억 달러 규모로 예상된다. BcN 세계시장 전망을 계층별로 나누면 서비스 및 제어계층에서는 과금, 고객관리, 위험요소 관리 등과 네트워크 관리의 중요성이 커짐에 따라 2012년 까지 5.81%의 성장률을 보일 전망이다. 이외에 전달망 계층은 고용량 광전송시스템의 수요가 늘어남에 따라 2012년까지 연평균 6.72의 성장률을 보이며 412억 달러의 시장규모를 보이고 가입자망 부문은 xDSL, FTTH등 광대역 집속장비와 LAN장비의 성장을 바탕으로 2012년까지 연평균 2.52%의 성장률을 보이며 809억 달러에 달할 전망이다.

2.3.3 BcN의 최근 트렌드

세계 경기가 침체된 가운데 미국, EU, 일본을 비롯한 각국은 세계 경제위기 극복을 위해 ICT(Information & Communication Technology)를 활용한 경기부양책을 추진 중이다. 국내 역시 마찬가지로 ICT를 경제 성장의 견인차로 생각하고 ICT를 활성화하는 정책을 추진하고 있다. ICT는 한국의 국내 총생산(GDP) 대비 10%, 전체 수출액의 30%를 차지하는 국가 경제의 한 축이며, 과거 ICT 사업이 세계 경제 성장에 큰 기여를 한 것처럼 방송통신융합 산업은 전 세계 경제의 지속적인 성장과 인류 복지 향상의 원동력으로서 미래혁명을 주도해 나갈 것으로 보인다. 이런 가운데 BcN은 유선전화와 이동통신, 인터넷, 방송 등 모든 서비스망이 인터넷을 기반으로 통합되고, 저렴한 요금으로 영상전화 등 다양한 멀티융합서비스 제공이 가능해질 것이다. 특히 한국의 전체 가구의 94%가 초고속 인터넷을 사용하고 있고, 2013년까지 기존의 광대역통합망(BcN)보다 10배 빠른 기가급 초광대역 방송통신망(UBcN)을 구축해 나갈 계획이다. 이 외에도 2011년 인터넷 주소 IPv4 고갈 가능성에 대처하기 위한 새로운 주소체계인 IPv6로 조기 전환, 주파수 경매제 도입, 녹색 방송통신 기술개발, 그린네트워크 구축, 에너지 절약 설비 활용 등 다영한 그린 ICT 정책을 추진하고 있다. 사실 지난 수년간 융합에 대한 수많은 논의들이 이제 하나의 산업으로서 자리를 잡아가고 있고, 이 중심에 ICT가 자리하고 있다. 무한한 가능성을 가진 ICT를 중심으로 융합 환경을 조성한다면 산업 전반의 발전이 가능하다. 이미 ICT는 자동차, 환경기술 등과 융합해 인간의 생활에 혁신을 가져오는 동시에 엄청난 부가가치를 창출하고 있다. 또 비용 절감과 환경 보호라는 부수적인 효과를 가져 오기도 한다. ICT는 글로벌 경제 위기를 극복하기 위한 최적의 대안으로도 평가 받고 있다. 지난번 영국 런던에서 열린 G20 회의에서 고용을 창출하고 새로운 부가가치를 창출할 수 있는 성장동력으로 ICT의 주요 분야인 모바일 서비스와 광대역 모바일 브로드밴드를 주목한 이유도 ICT가 다른 산업과 융합해 무한한 부가가치를 만들어낼 수 있기 때문이다.

가) 국내 트렌드

국내 기업들도 향후 유비쿼터스 시대를 맞이하여 미래 네트워크를 선점하기 위한 치열한 경쟁을 벌이고 있다. 여기서는 국내 대표적인 통신기업들을 중심으로 광대역통합망 전략을 살펴보기로 한다.

1) KT

국내에서 가장 많은 광대역 망과 가입자를 가지고 있는 KT의 네트워크 전략은 모바일와 및 광대역화, All-IP 기반의 BcN 구축이다. All-IP 기반 BcN의 핵심은 고객이 원하는 다양한 서비스를 IP 라는 단일 매개체로 어디서나 제공하는 광기반 전달망을 구축하는데 있다. 이와 관련, KT는 All-IP 전환 및 광가입자망(FTTH) 확대 구축에 중점을 둔 네트워크 최적화 전략을 실행하고 있다. 특히 408개 국사의 통신시설을 100개 이하의 광역국사로 집중화함으로써 토털 솔루션 노드 개념의 네트워크 최적화를 추진하고 있다. 아울러 금년까지 FTTH 전환 비율을 92%로 높이고 2015년에는 모든 네트워크를 FTTH로 전환할 방침이다. 또 BcN 인프라 진화를 위해서는 음성·데이터 및 유무선 방송·통신의 통합에 역점을 둘 계획이다. 아울러 망 구조별 전략도 추진하고 있는데, 제어망의 경우 통화기반 제어기술이 교환기 → 소프트스위칭IMS로 진화하고 있는 추세다. 이에 따라 제어망에 IMS 구조의 세션제어 체계를 도입하고 인증 · 과금 · 프로파일 체계 통합을 위한 AAA를 구축하고 있다. AAA란 IP서비스에 대한 인증(Authentication) 및 권한검증(Authorization) 및 과금(Accounting) 체계를 통합하는 것을 말한다. 전달망의 경우 IPTV, 와이브로 등 품질보장형 서비스 제공을 위해 IP 프리미엄망을 도입하고, ALL-Optic 스위치 기반의 전송망 진화를 꾀할 계획이다. 액세스망은 이더넷 · SDH · WDM 기반의 FTTH 구현 기술이 각자의 단점을 보완하는 방향으로 발전할 것으로 예상된다.

2) SK텔레콤

SK텔레콤의 네트워크 전략은 이동전화(WCDMA·CDMA), 광대역무선(와이브로), 위성DMB, 디지털홈 등의 지속적 발전을 통해 광대역통합망으로의 진화를 목표로 하고 있다. 방송통신망 구축에 대한 내용을 보면 2009년에 HSDPA 도입을 통한 WCDMA 광대역화 및 와이브로 상용화를 완료, IMS를 통해 WCDMA·CDMA 멀티미디어 서비스망을 통합하였으며, 2011년 WCDMA 등의 가입자망에 대한 광대역화를 지속적으로 추진하고 IMS를 활용, 단일 멀티미디어 코어망을 완성할 계획이다. 지난 2004년부터 추진하고 있는 BcN 시범서비스는 IMS 기반의 멀티미디어 서비스 및 유무선 연동 · 통합 서비스 개발에 중점을 두고 있다. 아울러 방송통신 융합형 신규서비스 중심의 비즈니스 모델을 발굴하는데도 주력하고 있다. 특히 BcN 3단계 서비스를 통해 유무선 통합 IMS를 구축, 멀티 디바이스간 서비스 및 콘텐츠의 이동성을 제공할 계획이다. 이와 함께 펨토셀과 멀티액세스망을 효율적으로 활용해 무선인터넷망 개방 솔루션을 제안 · 적용하는데 중점을 둘 계획이다. 이어 SK텔레콤은 자회사 SK브로드밴드와 함께 오는 2012년까지 국내 농어촌 지역 절반에 해당하는 지역에 광대역통합정보통신망(BcN)을 구축할 예정이다. 전체 투자규모는 약 2천억원대로 알려졌으며 SK브로드밴드 전체 370만 세대로 추산되는 농어촌 지역의 52.5%(194만 2천 세대)에 BcN을 구축하게 된다.이와 관련, SK브로드밴드는 현재 제공 승인 농어촌 지역 중 50Mbps 이하 지역에 대해서는 2012년까지 50Mbps 이상으로 서비스를 고도화할 예정이며 망이 설치가 안된 지역(약 53만세대)에 대해서는 2012년까지 신규 BcN망을 구축할 계획이다. SK텔레콤은 농어촌 지역에 대한 BcN망을 구축을 통해 향후 도시와 농어촌간의 정보격차가 해소되도록 노력해 나갈 방침이다.

3) LG데이콤

LG데이콤의 네트워크 전략은 오는 2013년까지 개인 맞춤형 오픈 서비스 플랫폼과 고품질 광대역 멀티미디어 인프라 네트워크를 완성한다는 계획이다. 우선 IMS 기반의 TPS · QPS 제어플랫폼을 구축하고 오픈 플랫폼으로의 고도화를 모색할 계획이다. 또한 IP 백본 · 코어망 구조를 개선하고 품질보장형 멀티미디어망을 광대역화 하기로 하였으며, 아울러 광전송 백본을 차세대 광전송기술(ROADM) 및 광회선분배기(OXC) 기반으로 구성해 효율성을 높일 방침이다. 이와 함께 품질 향상 및 닥시스 3.0의 확대 적용을 통해 멀티미디어 서비스를 안정적으로 제공할 계획이다. 이밖에 자가망 미보유 지역을 중심으로 FTTH 인프라를 확대 구축하고 QPS 단말의 라인업 구축도 모색키로 했다. 이러한 목표를 실현하기 위해 플랫폼, 전달망, 가입자망, 단말 등 분야별로 세부 진화방향을 설정했다. 플랫폼의 경우 IMS 인프라를 우선 도입해 융합서비스 제어의 효율성을 높일 방침이다. 또한 오픈 서비스 플랫폼으로의 고도화를 통해 지식기반 개인 맞춤형 서비스를 제공하기로 했다. 가입자망은 광대역 품질보장형 망으로 고도화하는데 초점을 맞추게 된다. 이를 위해 HFC망 및 광랜망의 기능을 업그레이드하고 FTTH 확대 구축도 추진키로 했다. 이러한 인프라 고도화를 통해 기가급 서비스를 제공할 예정이다. 단말의 경우 가격과 품질경쟁력을 갖추는데 주력할 계획이다. 특히 FMC 단말 확보를 통해 커버리지를 확대하고 유무선 연동서비스를 제공함으로써 수익을 창출할 계획이다.

4) 케이블업계

케이블TV 사업자의 궁극적 목표는 케이블 기반의 융합 멀티미디어 서비스를 구현하는데 있다. 이를 위해 케이블 및 IP의 강점을 살리고 신규서비스와 기술을 효과적으로 도입하는 방향으로 각종 사업을 추진할 방침이다. 이와 관련, 케이블 인프라 진화를 위해 HFC 수용용량을 확대하는데 중점을 두고 있다. 구체적 내용을 보면 HFC 주파수 대역을 상향(5~42MHz → 65MHz → 88MHz), 하향(54~870MHz → 1GHz → 2/3GHz)별로 확장해 나갈 계획이다. 또한 망구조를 개선해 HFC 광구간을 가입자 단으로 전지배치하고 셀 분할을 통해 공유 가입자를 줄일 방침이다. 아울러 셀당 가입자를 500 → 300 → 100 수준으로 점차 축소해 나갈 예정이다. 이와 함께 IP(닥시스) 기반의 네트워크 진화에도 주력하고 있다. 우선 닥시스 3.0 기반의 광대역 IP네트워크로의 진화를 꾀하는데 힘을 쏟을 방침인데, 이는 HFC 채널 본딩기술을 적용, 다양한 융합서비스를 수용하는 게 핵심이다. 아울러 닥시스의 버전을 지속적으로 업그레이드함으로써 인터넷 대역폭을 향상시켜 나갈 계획이다. 구체적으로 ▷ 닥시스 1.0/2.0(~40Mbps) ▷ 프리닥시스 3.0(100Mpbs) ▷ 닥시스 3.0(300Mbps 이상) 수준으로 인터넷 대역폭을 늘려나가기로 했다. 이 밖에도 인터넷 전화(VoIP)의 진화를 꾀하고, 케이블 기반의 홈네트워크를 도입하는 방안도 추진하고 있다.

5) 국방부

국방부도 지식정보화 구현을 위한 국방정보화 정책 방향을 수립하고 군의 정보화를 'n디펜스 543' 세부전략 하에 추진하겠다고 밝혔다. 국방부는 정보통신기술 발전 추세에 맞춰 2020년까지 정보화에 기반 전장 관리와 국방경영을 혁신하고 유비쿼터스 환경 구축과 정보화 추진체계를 선진화한다는 방침이다. 일단 기반체계, 유용체계 모델링 및 시뮬레이션, 상호운용성 및 표준화, 정보보호 등 5대 분야를 선진화하기로 했다. 최근 추진되는 군 광대역 통합망(BcN)의 구축과 향후 추진할 TICN, 가상화 기술에 의한 정보처리 플랫폼 구축도 이 일환이다. 또 RFID/USN 기술을 이용한 자원관리 활용 확대와 시뮬레이션 기반 훈련체계 구축, 사이버전에 대응한 정보보호 기술 강화도 추진된다. 국방정보화 추진 법제화, 국방정보화 기본설계도 수립, 통합정보관리 체계 구축, 소프트 인프라웨이 확산 등은 4대 전략 과제로 꼽혔다. 또 2012년까지 국방통합정보관리소 기본설계를 마치고 통합 및 그린 기술을 적용한다. 아울러 국방정보자원 관리와 국방정보화 성과 관리, 국방정보통신 서비스 관리 등 3대 분야에 대해선 관리체계를 고도화하기도 한다.

나) 해외 트렌드

먼저 미국은 ATIS 표준화 단체를 중심으로 라우터 기반의 유선 인터넷과 셀룰라의 2G/3G 뿐만 아니라 무선 인터넷이 결합된 망을 중점적으로 검토하고 있다. 특히, 라우터 개발 업체는 기존 인터넷을 결합된 망 운영 관리 기능을 탑재하고, IMS(IP Multimedia Subsystem)를 포함하여 무선 이동 서비스를 수용하여 NGN 요구사항을 수용하는 방향으로 개발하고 있다. 무선 장비는 IP 프로토콜 뿐만 아니라 이동난말의 요구사항을 수용하도록 개발 진행 중이다. 일본은 광네트워크 구축을 통하여 QoS 제공 측면에 집중하고 있으며, 최근에는 전달망에 유, 무선 통합을 포함한 IMS 개념의 도입을 추진 중이며, IMS 기술이 아직 검증이 되지는 않았지만 기존 PSTN/ISDN망과 연동하는 데 매우 효과적일 것으로 보고 있다. 독일은 3GPP망과 기존 ATM망 및 IP망은 당분간 통합없이 별도 구축을 추진중인 것으로 파악되고 있으며, NGN 표준화 동향을 예의 주시하고 있다. 영국 BT와 프랑스 FT는 현재 운용중인 ATM 망 구조를 NGN 개념으로 고도화시키는 것과 동시에 기존 인터넷망에 MPLS 기술을 적용하여 고품질의 이동 및 무선 접속 능력을 강화하는 작업을 진행 중이다.

2.3.4 향후 전망

위에서 보았듯, BcN은 단순한 통신망을 넘어서 경제 · 사회 · 문화를 변혁시키는 거대한 패러다임의 핵이라고 할 수 있다. 국가적으로는 정보통신이라는 하나의 산업으로서, 타 산업과의 관계에서는 융합을 통하여 새로운 사업을 창출하거나 산업의 경쟁력을 향상 시키는 도구로서 산입화 전략을 이끌거나, 통신사업자에는 새로운 비즈니스/수익 모델이, 제조업자 컨텐트 사업자에게는 새로운 시장기회를, 사용자에게는 다양한 혜택을 제공하고 있다. 향후 정보통신 서비스는 컨텐츠(contents), 네트워크, 단말의 획기적인 발전을 통하여 현재 상상할 수 있는 것을 뛰어넘는 신개념의 서비스로 진화해 나갈 것으로 보인다. 현 단계에서의 BcN의 키워드는 네트워크의 통합 및 서비스의 통합을 일컫는 컨버전스라면 앞으로는 이에 그치지 않고, 단말, 네트워크, 서비스, 통신공간, 통신대상 등이 끊임없이 융합되는 방식으로 새로운 형태의 컨버전스가 계속 진행될 것이다. 이어 미래의 BcN은 모든 공간에서, 사물을 포함하는 모든 것을 대상으로, 끊임없이 정보를 소통시키는 유비쿼터스(ubiquitous)가 될 것으로 예측되고 있다. 이에 정부도 인터넷 인프라를 기반으로 한 인간 중심 방송통신을 인간 대 사물, 사물 대 사물간 영역을 확대, 유비쿼터스 사회를 앞당길 수 있는 '미래 사물통신 네트워크' 구축을 추진하고 있다. 이는 차세대 방송통신 시장의 새로운 먹거리로 성장, 미래 인터넷 시대를 주도할 것으로 전망되고 있다.

사물통신 네트워크는 광대역통합망(BcN), 차세대 인터넷 주소체계(IPv6) 등 사람 중심의 인터넷 인프라와 연계하고 이동통신(2G/3G), WiBro, WiFi 기반기술을 활용함으로써 저렴하면서 광범위한 확장성과 이동성을 통해 사물의 정보를 안전하고 편리하게 감지, 전달할 수 있다. 이는 재난·재해 방지, 기상·해양 모니터링, 건물관재 등에 산발적으로 사용된 폐쇄적인 센서네트워크를 통합함으로써 저탄소, 에너지 절감, 친환경의 녹색성장을 위한 핵심 인프라로서의 서비스 적용 범위와 이용대상 확대도 가능하다. 특히 그동안 범부처, 지자체, 공공기관 등이 개별적으로 추진했던 u-City, USN의 경우 인프라의 중복투자와 정보의 공동 활용 미흡의 문제점을 해결, 국가 방송통신자원의 효율적 이용이 극대화될 것으로 기대하고 있다. 이에 방통위는 사물통신망을 침체된 방송통신 시장의 새로운 수익원으로 삼고 공공·민간서비스를 발굴·적용해 국내외 시장을 확대·선점하겠다는 목표다. 방통위는 2012년까지 세계 최고의 사물통신망 구축, 미래 성장가능성이 큰 사물통신 융복합 서비스 발굴, 핵심 원천기술 확보 및 국제표준 선도를 추진한다는 전략이다. 이를 위해 공공기관 및 전 지자체 대상의 '사물통신선도망', 차세대 사물통신 융복합 서비스를 시험·검증할 수 있는 '사물통신선도망', 광대역 방송통신망을 기반으로 한 전국적인 '사물통신공중망'을 구축해 부처·기관별 중복투자를 최소화하고 센서 통신망의 기반시설을 확보할 계획이다. 방통위는 "사물통신망 시장이 침체된 방송통신 시장에 새로운 수익원을 창출할 것으로 전망함에 따라 향후 사물통신망 구축기본계획 수립을 완료해 사물통신망에 대한 범국가 차원의 종합계획을 마련할 계획" 임

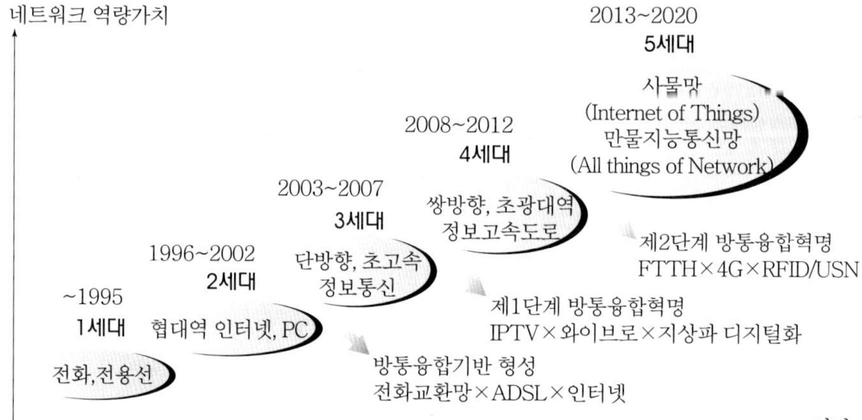

〈그림 2.115〉 네트워크 진화방향

을 밝히고 산학연관 선순환 구조 체계 정립, 단계적 사업계획 마련, 관련 법제도 개선 등을 추진할 방침이다.

시장조사기관 스트래티지 애널리틱스의 조사에 따르면 전세계 모바일 사물통신시장은 2008년 160억달러에서 2014년 570억달러 규모가 될 전망이다. 이다트(IDATE)는 2004년 9,200만개였던 사물통신 모듈이 2011년까지 5억개가 사용될 것으로 내다봤다. KT와 SKT도 국내 사물통신 시장이 산업 전반에 걸쳐 2009년 약 6억달러(약 6000만 회선)의 잠재시장을 형성하고 있으며, 2014년에는 22억달러 규모로 성장할 것으로 예측하고 있는 것처럼 인간과 모든 사물 및 환경을 연결하는 똑똑한 네트워크의 융합이 IT 3.0 시대의 사물통신망이 2012년까지 쌍방향 · 초광대역 융합망을 기반으로 인간과 정보단말기, 통신수단을 연결하지만, 2012년부터 2020년까지는 사물통신망을 기반으로 인간, 자연물, 사물이 통신하면서 기존과 다른 형태의 지능공간서비스를 제공하게 될 것으로 보인다. 지금까지 정보통신 서비스와 네트워크는 기존 산업의 보완재에서, 향후 제조업은 만물지능통신망을 기반으로 인간중심적 · 환경 친화적인 4차산업(Super Industry)으로 변화해 나갈 것으로 전망하고 있다. 유비쿼터스 시대가 눈앞으로 다가오고 있다.

2.3.5 통신 · 방송 · 인터넷 등이 통합된 새로운 네트워크 사회의 등장

향후 디지털 정보기술은 음성·데이터·영상·멀티미디어 등 모든 형태의 정보를 디지털화가 가능하도록 발전될 것이며, 네트워크 기술 및 성능의 획기적 발전으로 그 적용 범위가 가전, 자동차, 영상, 콘텐츠, 센서 등 거의 전 분야로 확대되리라 예상된다. 이에 따라 미래지식사회는 컴퓨터, 통신, 방송 등 모든 정보통신 기기가 하나의 네트워크에 연결되는 광대역통합망 기반의 네트워크 사회로 빠르게 진화될 전망이다.

〈그림 2.116〉 네트워크 기반의 광대역 통합망의 구성

아울러 미래 사회는 여가 시간의 증가, 삶의 질을 중시하는 사회 · 문화적 욕구가 급증하고, 사회 구성원이 시간·장소 및 이용수단에 구애받지 않고 지식과 정보를 생산·공유할 수 있는 서비스 환경을 요구하고 있으며, 가전·자동차 등 모든 일상용품에 통신 및 컴퓨팅 기능이 내재되어 광대역 통합망에 연동·수용됨으로서 누구나 언제 어디서나 원하는 서비스를 편리하게 이용할 수 있는 유비쿼터스 네트워크 사회로 발전될 전망이다.

〈표 2.16〉 유비쿼터스 정보 환경으로의 발전 전망

협대역통신망 (2.4kbps~9.6kbps)	초고속통신망 (1.5~2Mbps)	광대역통신망 (50~100Mbps)
· 음성 문자정보서비스 · 전자적 정보처리 유통에 초점 · 기기간 연계성 및 통합성 낮음	· 초고속인터넷 서비스 · PC 기반 서비스 이용 · 일부 IT 제품의 네트워크화	· 다양한 통합 IT 서비스 · 모든 영역에 IT 융합 내재 · 모든 제품이 네트워크에 연결
· 협대역 기술 · 단일미디어 기술	· 초고속인터넷 기술 · 웹기반 서비스 기술 · stand alone형 IT 기술	· 광대역 네트워크 기술 · 디지털 컨버전스 기술 · 유비쿼터스 컴퓨팅 기술 · 타산업과의 융합기술
1990년	2000년	2010년

2.3.6 IT 신성장 동력 등 첨단 기술개발의 핵심기반 제공

BcN은 홈 네트워크, 지능형 서비스로봇 등 IT 신성장 동력과 BT, NT 등 첨단기술개발의 핵심 인프라를 제공함으로서 미래 국가전략산업의 육성에 기여할 것으로 기대된다.

* u-IT839 9대 신성장 동력 : 지능형 서비스 로봇, 홈네트워크, 차세대 PC, 차세대 이동통신, 디지털 콘텐츠, IT SoC, 텔레매틱스, 임베디드 S/W, 디지털 TV를 말한다.

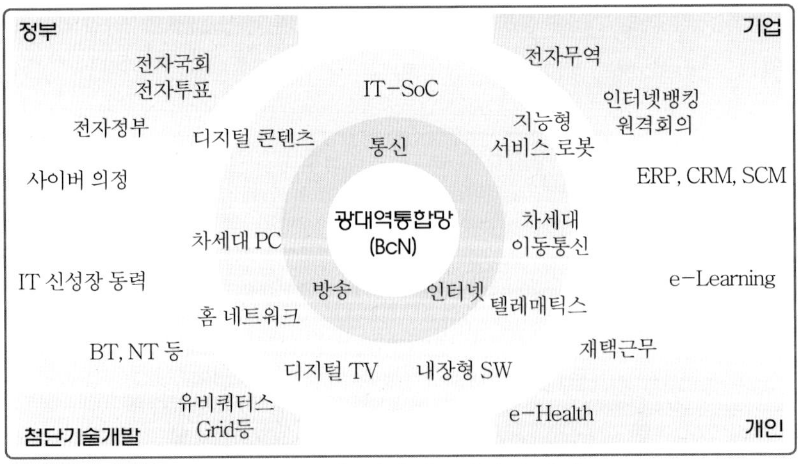

〈그림 2.117〉 광대역통합망의 전망

2.3.7 광대역 통합서비스 발전 전망

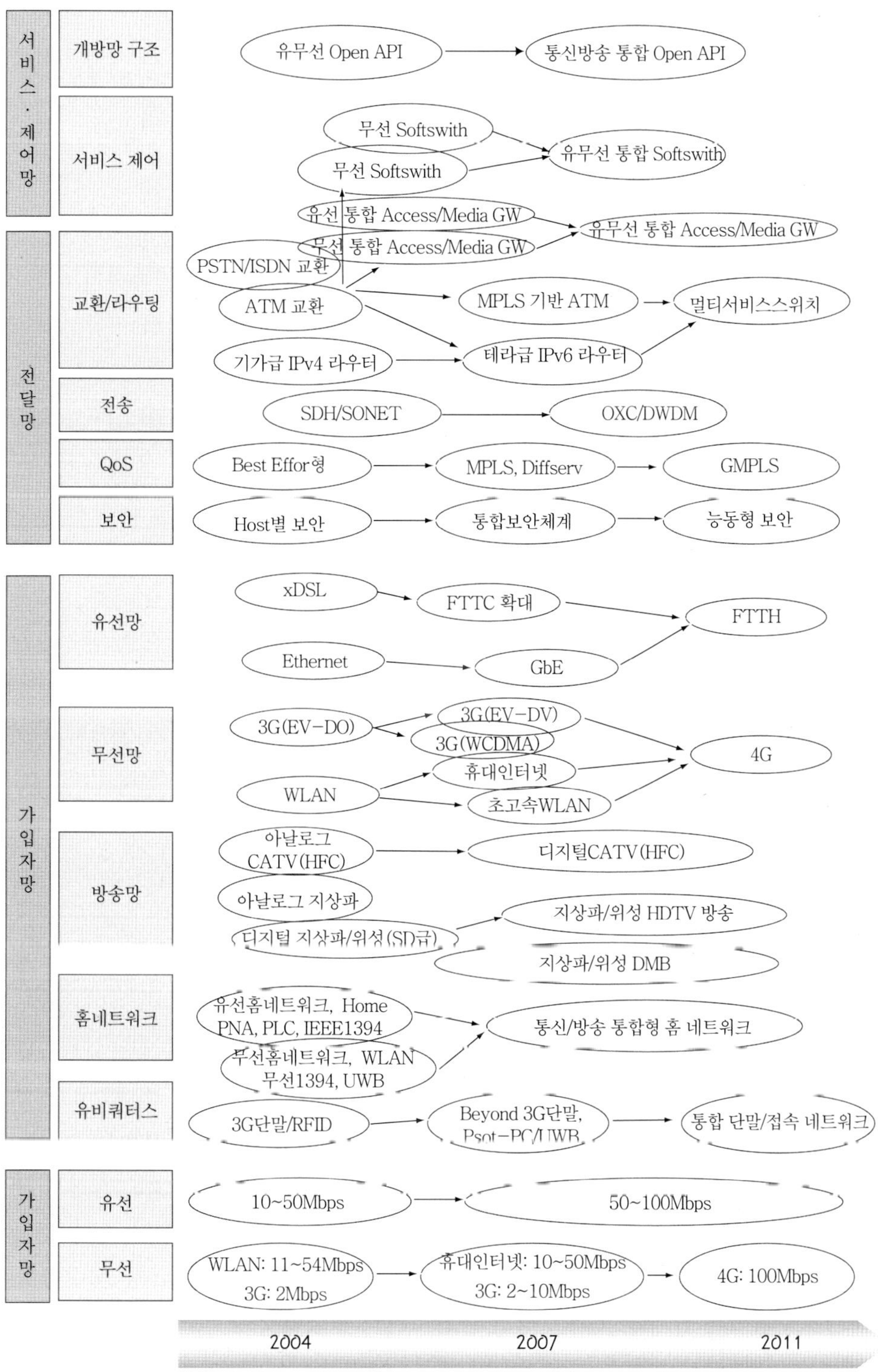

〈그림 2.118〉 광대역통합망의 발전 방향

가) 서비스 및 제어망

음성 · 데이터, 유무선, 통신 · 방송 융합서비스 제공이 가능한 개방형통신망 구조로 발전할 것으로 전망되며, 통합망의 제어 및 전달기능이 분리되어 제어 기능은 Soft switch가 수행되고, 향후 유무선 통합형 Soft switch로 발전할 것이다.

나) 전달망, 가입자망

Tera급의 전송능력, 품질 · 보안성 보장 및 스위칭 · 라우팅 능력을 제공하는 구조로 발전할 것으로 전망되며, 전송은 TDM의 SDH/SONET(DS3 이상의 광대역을 전송하기 위한 ITU-T 및 북미식 광전송망 표준 계위)에서 WDM의 OXC(광회선분배기:Optical Cross Connect)에 의한 광통신망으로 광대역화 하고, ATM 및 라우터 등의 교환장치는 품질 보장을 위해 MPLS(Multi Protocol Label Switching) 기술이 적용되며, 향후 GMPLS(Generalized MPLS)로 발전할 것으로 전망된다. 또한, 보안은 고성능 네트워크 보안기술이 적용되어 통합형 보안관리 체계로 고도화되고, IPv6 주소는 가입자망 및 홈 네트워크에 우선 적용되고, 향후 전달망으로 확대되어 All IPv6 체계로 발전되어 액세스 G/W, 트렁크 G/W 등을 통해 이종망간 연동·통합될 것으로 전망된다.

다양한 초고속 멀티미디어 정보를 송수신할 수 있는 광대역 가입자망으로 발전될 전망이며, 유선망은 FTTC(Fiber to the Curve)형 광가입자망과 PON(Passive Optical Network), Gigabit Ethernet 등으로 발전하면서, FTTH(Fiber to the Home)로 진화 중이다. 무선망은 휴대인터넷과 4G로 발전하고, 방송망은 디지털 CATV(1Gbps급) 및 DMB에 의한 통신 · 방송의 융합이 가속화될 것으로 전망된다.

다) 홈 네트워크

댁내의 다양한 정보기기가 상호 연결되고 광대역 가입자망과 연결되어 다양한 디지털 홈서비스를 제공할 전망이며, 유선 홈 네트워크 기술은 Home PNA(전화선기반, Home Phoneline Networking Alliance, 전화선을 이용하여 데이터를 전송하는 홈 네트워크 표준으로 10Mbps 전송가능), PLC(Power Line Communication), IEEE1394(약 400Mbps의 홈 네트워크 표준규격) 등의 표준이 적용될 전망이다. 그리고 무선 홈 네트워크 기술은 수십Mbps를 제공하는 Wireless LAN과 수백Mbps급의 Wireless 1394 및 UWB 기술로 발전될 것이며, Home G/W는 다양한 Middleware 기술(UPnP, Universal PnP), OSGi(Open Services Gateway Initiative), HAVi(Home Audio Video Interoperability), Jini 등을 수용하며, 전달망의 Soft switch와 연동을 통해 다양한 통합서비스 제공이 가능하도록 발전될 것이다. 또한, USN은 통합단말, 스마트태그, UWB 및 센서기술 등을 중심으로 발전되리라 예상된다.

2.3.8 대표적인 광대역 통합 서비스

가) 광대역 통합서비스 개요

이용자 중심의 서비스 환경 요구와 사업자의 새로운 수익창출 동기에 의해 융합형 멀티미디어 서비스의 보급이 확대될 전망이다. 대표적인 융합서비스로 VoIP, 휴대인터넷, DMB 등이 등장하고, 이를 기반으로 다양한 응용 서비스(영상전화, 고품질 VoD, Multimedia over IP(MMoIP), 유무선통합 VPN, 개인 맞춤형 방송, 콘텐츠 대화형 방송 등)가 확대될 것이며, 융합형 서비스가 활성화되면서 통신대역폭은 초기 수Mbps급 이하에서 수십Mbps급 이상의 보장 속도가 요구될 전망이다.

나) 음성 · 데이터 통합서비스

IP를 기반으로 음성, 데이터, 영상을 통합하여 제공하는 VoIP, MMoIP(멀티미디어영상전화) 등 멀티미디어 통합서비스를 의미하며, data망에 음성을 통합하여 VoIP, 멀티미디어 영상전화, 통합 메시징, 다자간 통화 등 다양한 IP 기반의 고속 · 고품질 멀티미디어 서비스가 개발될 것으로 전망된다.

또한, 유무선 연동 영상전화 및 다자간 영상전화, 통화중 멀티미디어 자료공유, 멀티미디어 통합 메시징 서비스 등이 제공될 것이며, 통신사업자들은 투자의 중심이 음성에서 data로 서비스 중심이 이동함에 따라 새로운 수익창출 및 비용절감을 위해 IP망으로 통합하는 추세이다. 대표적인 음성 · data 통합서비스인 VoIP 시장은 2007년 약 3천2백억 원 규모로 성장했으며, 2011년에는 VoIP 통화량이 PSTN을 추월할 것으로 전망된다.

다) 유무선 통합서비스

이용자가 단일 ID를 가진 통합 단말을 통해 정지 혹은 이동하면서 유무선간 끊김없이 네트워크에 접속할 수 있도록 하는 서비스를 의미하며, 유선의 광대역과 무선의 이동성 등 상황에 따라 최적의 접속환경으로 Web 검색, e-Mail, 증권, 게임, VoD 등 다양한 서비스를 제공한다. 유무선 data서비스 시장은 가입자수 포화에 따른 성장 둔화, 경쟁에 따른 수익성 악화, 무선인터넷의 이용요금 및 대역폭의 한계로 아직은 이용활성화가 미흡한 실정이다.

따라서 유무선 서비스 결합을 통한 새로운 수익모델 창출을 위해 유선사업자들은 이동성 확보를 위한 초고속인터넷과 무선 랜 연동서비스를, 무선사업자들은 멀티미디어 서비스 제공을 위한 대역폭 확보를 위해 그리고 3G와 무선 랜 연동서비스를 제공하기 위해 노력하고 있다.

포춘지 조사에 의하면 아이폰 가입자가 200만명에 도달하는 등 수요가 급증하고 있다. 특히 이동통신 3사가 2011년 각각 스마트폰 15~30종, 태블릿 PC 4~8종을 쏟아내고 올해 말

엔 이동전화 가입자 10명 중 4명이 스마트폰을 사용할 풍경이 펼쳐지는 등 생활의 변혁이 가속화 될 것으로 전망된다.

라) 통신 · 방송 융합서비스

방송망으로 정보를 수신하고, 통신망으로 정보를 송신하는 Interactive TV 등 통신 · 방송 인프라를 통합적으로 이용하는 서비스를 의미하며, TV를 이용한 홈쇼핑, 홈뱅킹, 금융 등의 전자상거래(T-Commerce) 및 전자정부서비스(T-Government)를 이용한다. 통신과 방송사업자는 기존의 사업 영역에서 탈피하여 융합서비스를 개발, 제공하기 위해 노력 중이나, 통신사업자는 법제도적 제약으로 방송서비스 제공이 곤란하고, 방송사업자는 사업 규모의 영세성으로 인한 투자재원 조달의 어려움이 있다. 따라서 직간접적으로 상대 사업영역에 진출하기 위해 통신사업자는 DMB 제공, DMC 구축사업에, 방송사업자는 방송망의 디지털화, DMC 구축 등을 통해 초고속인터넷, VoD, 데이터방송, DMB 서비스 등의 새로운 수익모델 발굴을 위해 노력하고 있다. 대표적인 통신·방송 융합서비스인 위성 DMB는 연평균 56.4%, 지상파 DMB는 연평균 74.8%의 큰 성장을 보일 전망이다.

마) 비즈니스 서비스

이용자가 IP 기반 통합망을 이용해서 다양한 서비스를 창출하고, 수익을 실현할 수 있는 서비스를 말하며, 개인이 정보를 수집·가공 ·제공하거나 창의적인 idea를 기반으로 맞춤형 서비스를 창출하는 Agent 역할을 한다.

바) QoS 서비스

사업자가 SLA(Service Level Agreement, 고객과 회사가 서비스 품질보장에 대해 협약을 맺고 그에 알맞은 서비스품질 수준을 유지)를 체결하고 이를 기반으로 트래픽 처리 우선순위를 차별화하는 품질보장 서비스를 제공하며, SLA 기반 프리미엄 품질 서비스, 콘텐츠 이용시마다 요금을 협상하는 동적 요금 기반 QoS 서비스를 제공하게 된다.

사) Security 서비스

이용자에게 차별화된 보안수준을 제공하고, 지역적으로 분산된 기업이용자들에게 사설망 수준의 보안을 제공하는 서비스로, MPLS(Multiprotocol Label Switching, 멀티프로토콜 라벨 스위칭)에 의한 보안 강화형 VPN(Virtual Private Network), IPSec+Internet Protocol Security(개방형 표준의 프레임워크로 비밀성과 무결성을 보호해주고 IP 네트워크를 통해 이동하는 data에 대한 인증을 제공해주는 일련의 매커니즘을 규정한 것으로, OSI 모델의 3계층에서 동작)에 의한 본사 서버 연결 서비스 제공 등으로 End-to-End 보안을 보장하는 서비스이다.

아) 홈 네트워크 서비스

BcN 접속이 가능한 댁내의 지능형 로봇, 정보가전, 센서, RFID 등을 활용하여 편리하고 안전하며 즐거운 삶을 제공하는 서비스로서 양방향방송, 원격교육, 원격의료, 원격검침, 원격방범·방재, 댁내 환경관리 서비스 등이 있다.

자) IPv6 서비스

대량의 IP 주소와 품질보장, 보안성, 이동성 및 자동 네트워킹 기능을 기반으로 디지털 홈, P2P 응용, 텔레매틱스 등의 서비스를 제공한다. 자동차 구성부품·기기에서 수집된 정보를 활용한 자동진단 · 제어, 운전 중 인터넷접속, 생활정보 및 교통정보 수신 서비스 등을 제공한다.

카) u-센서 서비스

USN은 사물 등 모든 대상에 RFID를 부착하여 정보를 인식하고, 주변 상황까지 탐지(Sensor)하여 이를 실시간으로 인터넷 기반 즉, 광대역통합망(BcN)에 연결하여 관리하는 시스템으로서 사물 등의 정보화를 위한 시발점이며 유비쿼터스 사회의 구현을 위한 기반구조를 말한다.

BcN에 연동된 Ubiquitous 센서 네트워크를 기반으로 이용자의 위치, 선호도, 시간, 이용빈도 등에 따라 최적의 서비스를 제공하며, u-센서 네트워크의 RFID, 센서 등을 활용하여 물류·유통·교통·환경·의료·쇼핑 등 다양한 분야의 서비스를 제공한다. 전자 태그가 부착된 물품 구입 시 값을 자동으로 계산하고, 식품의 유통기한, 경로, 재고관리, 구매자 선호도 파악 등을 자동으로 인식·분석·처리하는 등의 서비스를 제공한다.

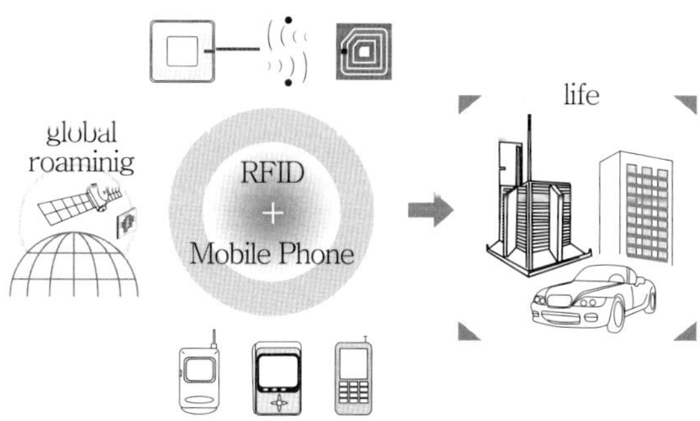

〈그림 2.119〉 USN의 개념도

2.3.9 국내 가입자망의 발전 전망

DSL, HFC, LAN 등 FTTC 방식의 유선 가입자망은 전화선, 동축, UTP 등의 구간이 줄어드는 FTTC의 확대 및 신규 기술 적용 등을 통해 지속적으로 광대역화가 추진될 전망이며, DSL은 공동주택을 중심으로 50Mbps급 VDSL 서비스가 제공되고 점차 단독주택으로 보급 확대될 예정이다. HFC는 Cell 분할을 통한 셀당 가입자수 축소, DOCSIS 2.0(차세대 케이블모뎀 기술표준) 이후의 기술 개발 등을 통해 최대 1Gbps급으로 대역폭을 확대할 예정이며, LAN은 아파트에서 100Mbps를 공유하는 현재의 Fast Ethernet 기술을 1Gbps를 공유하는 Gigabit Ethernet으로 발전할 것으로 예상된다. 향후 HFC, FTTH 등을 기반으로 양방향 100Mbps 이상의 통신, 수백 채널의 HD급 방송, 다양한 통신 · 방송 융합서비스 등의 이용이 가능하게 될 전망이다. 현재 적용 가능한 최고 수준의 기술을 적용한 BcN 유선가입자망 기술 특성은 〈표 2.17〉과 같다.

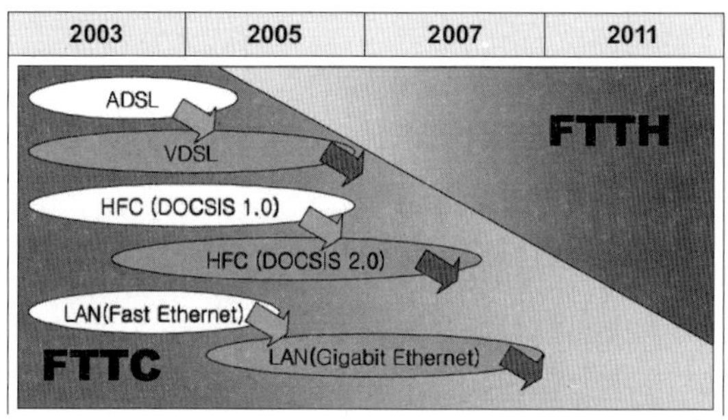

〈그림 2.120〉 유선가입자망 기술발전 전망

〈표 2.17〉 BcN 유선가입자망 기술 특성

구 분	DSL	HFC	LAN	FTTH
기술방식	VDSL 50/10Mbps (1가입자 전용)	DOCSIS2.0 40/30Mbps (100가입자 공유)	Gigabit Ethernet 1/1Gbps (500가입자 공유)	AON.PON 1/1Gbps (1가입자 전용 또는 공유)
통신서비스 (SLA,보안, 망관리 등)	우수 (가입자당 최대 50Mbps)	미흡 (가입자당 최대 8Mbps) *동시사용률 5%로 가정	미흡 (가입자당 최대 40Mbps) *동시사용률 5%로 가정	매우 우수 (가입자당 100Mbps ~1Gbps)
통신.방송 융합서비스(초기수준)	미흡	우수	미흡	매우 우수
투자비 부담 (초기수준 융합서비스) (목표서비스)	DSLAM/모뎀교체 FTTC확대 소 (방송서비스 부적합)	CMTS/모뎀 교체 셀분할(FTTC확대) 소 지속적으로 확대	Switch/Hub교체 소 (방송서비스 부적합)	광케이블/장비구축 대 소
국내 기술수준	중간 DSLAM/모뎀(국산) VDSL칩(국산시제품)	낮음 모뎀(국산) CMTS/칩(외산)	중간 중소형(국산) 대형(외산)	높음 선진국 수준에 근접

가) DSL 가입자망의 광대역화

기존 ADSL 가입자망에 대해 전화선 구간을 1km 이내로 하는 FTTC 확대 및 50Mbps급 VDSL 기술을 적용할 전망이다.

나) HFC 가입자망의 광대역화

기존 HFC 가입자망의 셀 분할을 통한 FTTC 확대 및 100Mbps급 또는 1Gbps급 기술을 적용할 것으로 전망되며, 2005년까지(1단계) 상향 65MHz, 하향 864MHz로 대역폭 확대(100Mbps급 기술) 및 셀당 200 가입자 이하로 셀 분할 추진하였으며, 2007년 (2단계) 상향 100MHz, 하향 1.5GHz로 대역폭 확대(1Gbps급 기술) 및 셀당 100 가입자 이하로 셀 분할을 추진하였다.

다) LAN 가입자망의 광대역화

아파트에 구축한 LAN 가입자망에 대해 각 동까지 광케이블로 연결하는 FTTC 확대 및 Gigabit Ethernet 기술을 적용하여 추진하고 있다.

라) FTTH(Fiber To The Home)

FTTH 기술은 원래의 의미대로 구분할 경우 현재 PTP(Point—to—Point)방식, AON(Active Optical Network) 방식, 그리고 PON(Passive Optical Network)이 적용된 기술이다. 신규 공용주택을 중심으로 FTTH 가입자망 구축을 촉진하고, 향후 수요, 주거특성, 기술개발수준 및 경제성 등을 종합적으로 고려하여 단독주택 및 기존주택으로 확대 구축할 예정이며, 공동주택에는 FTTC를 구내통신실까지 구축한 후 AON 또는 PON 기술을 적용하여 FTTH 가입자망을 구축할 예정이다. 단독주택에는 통신국사에서 집까지 1:1로 직접 연결하거나, 집 인근에 수동형 광장비를 설치하는 PON 기술을 적용하여 가입자망을 구축할 것으로 전망된다.

2.3.10 BcN의 기술적 이슈

BcN의 기본 목적은 현재 통신시장이 안고 있는 구조적인 문제점들을 해결하고 우리나라가 현재 보유하고 있는 높은 수준의 유무선 통신 및 인터넷 망의 유기적인 결합을 통해 국가적인 신성장 동력산업을 촉진할 수 있는 기반을 마련하는 것이다. 여기서는 BcN을 구현하기 위한 기술적 이슈를 간단하게 기술하고자 한다. 인터넷과 유무선 통신에 있어서 우리나라는 새로운 서비스를 발굴하고 수용하는데 적극적으로 임해왔다. 그 결과 우리나라의 유무선 통신과 인터넷 통신망은 국제적으로 시범 지역이라고 불릴 만큼 매우 앞선 수준의 서비스를 제공할 수 있는 기술을 확보하게 되었다. 특히 정부 주도로 추진한 초고속 정보통신망의 구축을 통해 패킷 기반의 인터넷 서비스가 급속히 확산되었다.

한편, 이에 따라 많은 가입자들이 인터넷을 사용하게 되면서 사용자들은 사업자에게 더 많은 서비스를 요구하게 되었다. 사용자들의 요구는 품질이 보장되는 서비스를 장소와 시간에 구애 받지 않고 언제 어디에서든지 지속적으로 제공받기를 원하는 것으로 요약할 수 있다. 현재 국제적으로 활발히 논의되고 있는 NGN(Next Generation Network)도 이러한 사용자들의 요구를 수용하기 위한 노력의 일환으로 볼 수 있다. 이러한 새로운 서비스의 요구가 강한 나라 중의 하나가 단연코 우리나라가 아닐까 싶다. 이러한 요구는 다양한 서비스를 요구하는 사용자뿐만 아니라 새로운 사업모델을 개발하고 이를 통해 이익을 얻고자 하는 서비스 제공자에게서도 매우 강하다. 이런 면에서 방송통신위원회를 중심으로 추진되는 BcN 구축 관련 사업은 의미가 매우 크다 할 수 있다.

광대역통합망의 기본 목적은 현재 통신시장이 안고 있는 문제점들, 즉 시장의 포화로 인한 성장둔화, 패킷망에서 품질보장 서비스의 제공기반 기술 미비, 이에 따른 새로운 사업모델의 부재 등 여러 가지 문제를 해결하고 나아가서 우리나라가 현재 보유하고 있는 높은 수준의 유무선 통신 및 인터넷 망의 유기적인 결합을 통해 국가적인 신성장 동력 산업을 촉진할 수 있는 기반을 마련하는 것이다.

BcN의 기술적 이슈를 살펴보면, 다음과 같다.

가) 서비스의 품질(Quality of Service, QoS)

기존의 패킷망의 대표적 문제점의 하나는 서비스에 대한 품질 보장이 어렵다는 것이다. 단순한 정보의 전달을 목적으로 고안된 현재 구조 위에 이러한 요구를 충족시키기에는 한계가 있기 때문이다. 기존에 품질보장을 위해 사용되는 방식에는 등급 기반(class based) 또는 우선순위 기반(priority based)의 QoS 보장 방식이 있다. 우선순위 기반의 경우 차별화를 통한 품질을 보장하기 위해서 높은 등급의 서비스가 어느 경우에도 품질을 보장받을 수 있도록 망의 자원을 충분히 보유하여야 한다. 이 과정에서 패킷 전송의 가장 큰 장점인 통계적 다중화 이득은 없어지게 된다. 또 이렇게 풍부해진 망자원이 평상시에 낮은 등급의 서비스를 개선시키는데 사용된다. 통신망 사업자의 입장에서는 많은 돈을 들여서 값싼 서비스의 품질을 개선시키는 결과를 얻게 되는 것이다. 또한, 등급기반 QoS의 경우 등급에 따라 일정 대역을 할당받아서 서비스를 하게 된다. 개별 서비스는 자기가 속한 등급에 의해 처리된다. 따라서 개별 서비스의 QoS를 보장할 수는 없다.

BcN이 추구하는 QoS는 플로(flow)로 구분되는 개개의 서비스들에 대해 절대적인 품질을 보장하는 것이다. 이를 위해 망자원의 상태를 고려하여 서비스를 받아들이는 CAC(Call Admission Control)의 도입이 필수적이고, 받아들여진 서비스를 실제로 전송하는 장비에 있어서 플로 기반의 트래픽 제어 기술이 필요하다. 또한, 품질의 보장은 종단간(end-to-end)의 개념으로 구현되어야 한다. 현재 품질 보장이 접속(access)망과 기간(core)망의 개별적인 구조를 갖는다면 BcN은 이들 사이에 일관된 구조를 구현해야 한다. 이를 위해 일관되고 실현 가능한 종단간 QoS 구조가 필요하다.

나) 인증을 위한 AAA(Authentication, Authorization, Accounting)

현재의 인증 시스템은 MAC(Media Access Control) 기반의 인증방식으로 서비스 제공의 효율성과 유연성의 한계가 있다. 즉 사용자에게 제공되는 서비스는 주어진 물리적 위치 및 MAC 주소를 기반으로 이루어진다. 따라서 사용자는 지정된 위치에서 지정된 물리적 MAC 주소를 통해야만 서비스를 받게 된다. 이러한 구조는 초기의 망 형태인 접속을 제공한다는 측면에서는 의미가 있지만, 다양한 품질의 차별화된 서비스가 제공될 광대역 통합망의 인증방식으로는 분명히 한계가 있다. 광대역 통합망은 사용자 및 서비스 중심의 인증서비스를 제공함으로써 사용자에게 보다 유연한 서비스를 물리적 장소에 제한 없이 제공하여야 한다.

예를 들면, 고급 서비스 가입자가 친구의 집을 방문해 집에 설치된 망을 이용하여 본인이 가입하고 있는 고급서비스를 이용하는 것이 가능해진다. 이를 위해서 현재 제공하고 있는 물리적 위치 위주의 인증 서비스를 사용자 위주의 동적 구조로 바꿔서 사용자의 등록 및 인증을 장소에 관계없이 지원하기 위한 구조가 마련돼야 한다.

다) 망의 안정성(Network reliability)

망의 안정성은 차별화된 서비스를 만족시키기 위한 기본적인 요소이다. 따라서 BcN은 기본적으로 회선 서비스와 대등한 수준의 안정성을 제공해야 한다. 망의 안정성을 위한 기능으로는 망 보호(protection)와 망 복원(restoration)을 들 수 있다. 빠른 시간 내에 망 장비들간의 동작으로 인해 장애를 복구해 내는 보호 절체 기능과 장애 발생 후 제어 노드의 통제에 의해 서비스를 복구해 내는 복원 기능은 서비스의 요구사항에 따라 다양하게 제공되어야 한다. 복구의 등급에 따라 빠른 복구를 요구하는 서비스와 그렇지 않은 서비스를 차등적으로 지원해 주어야 한다. 이러한 망의 안정성을 위해 체계화된 OAM(Operation & Maintenance) 기반의 망관리 체계를 통하여 장애를 감지하고 복구하는 구조를 필요로 한다.

라) SLA(Service Level Agreement)

다양한 서비스 제공을 위해서 사용자와 서비스 제공자간의 약속인 SLA는 필수적이다. 차별화된 서비스를 원하는 사용자에게 보다 많은 서비스를 제공해 주어야 한다. SLA의 내용은 Delay, Jitter, Loss 같은 QoS 값에서부터 사용자의 서비스에 대한 품질을 규정하는 호 성공률, 서비스 보호 등급 등 다양하게 정의될 수 있다. BcN은 이러한 요구사항을 만족시키는 구조를 가져야 한다. 물론, 이를 위하여 SLA를 감시하는 기능이 구현되어야 한다.

마) 이동성(Mobility)

광대역통합망은 다양한 서비스에 대해 이동성을 보장할 수 있는 구조를 가져야 한다. IPv6 및 IPv4 기반의 이동 IP(mobile IP)와 같은 무선망 이외에 유선망에서의 사용자 이동성 및 서비스의 연속성을 지원할 수 있는 구조를 가져야 한다.

바) 안정성(Network security)

BcN은 외부의 악의적 공격에 대해 망을 보호하는 구조를 가져야 한다. 즉 중앙 집중식 제어구조인 BcN은 외부의 공격을 조기에 감지하고 이를 처리할 수 있는 구조를 가져야 한다. 이를 위해 망 장비에서 실시간으로 이상을 감지할 수 있는 기능과 감지된 이상을 분석하여 공격 트래픽과 정상 패킷을 효과적으로 구분하여 처리할 수 있는 기능이 필요하다.

사) 과금(Billing)

광대역통합망은 다양한 서비스를 지원하기 위한 과금 구조를 가져야 한다. 기존의 과금 방식인 정액제 뿐 아니라 서비스의 이용량에 따라 과금하는 종량제나 이를 혼합한 과금 방식으로 기존의 사용자나 서비스 제공자 모두의 요구를 만족시킬 수 있는 모델을 마련해야 한다. 종량제 서비스를 지원하기 위한 장비 및 제어 구조의 개편은 필수적이라 할 수 있다.

2.4. IPv6(*Internet Protocol version 6*)

2.4.1 IPv6 개요

IPv6는 IPv4의 문제점인 address의 부족, 보안성의 취약, QoS/Multimedia 제공을 위한 성능 부족 등의 문제점을 해결 목적으로 등장하였다. 또한 IPv4의 문제점 해결 등을 위해 개발된 128bits 주소 체계의 internet protocol이다. 참고로, IPv4 주소는 약 43억(2^{32})개의 주소 생성이 가능하나 비효율적인 할당과 WiBro, VoIP 등 신규 IP 수요 증가로 2013년경부터 주소 부족이 예상되나, IPv6 주소는 43억개를 연속 4번 곱한 수 약 3.4×10^{38}(2^{128})개의 주소를 생성할 수 있어 유무선의 통합 및 통신과 방송의 융합을 달성하기 위해 충분한 주소 자원의 제공이 가능하다.

가) IPv6 도입의 필요성

· IPv4 주소부족 문제를 근본적으로 해결
· 방·통 융합형 서비스 확산을 위한 인프라 고도화
· 고품질의 통신서비스를 위한 인터넷 구조개선
· IPv6 기반의 인터넷 장비산업의 활성화 촉진
· 쉽고 편리한 인터넷 이용 환경 구현

나) 특징

· 128bits 주소체계로 43억개를 연속 4번 곱한 3.4×10^{38} 주소 표현 가능(지구상의 전체 모래알 보나 십익 배 많은 숫자임)
· 고품질의 QoS 제공
· 보안 기능 강화
· 다양한 Option 설정
· 간단한 Header 형식(영역 수를 12개 → 8개로 단순화)

2.4.2. Header 구조와 기능

가) 구조

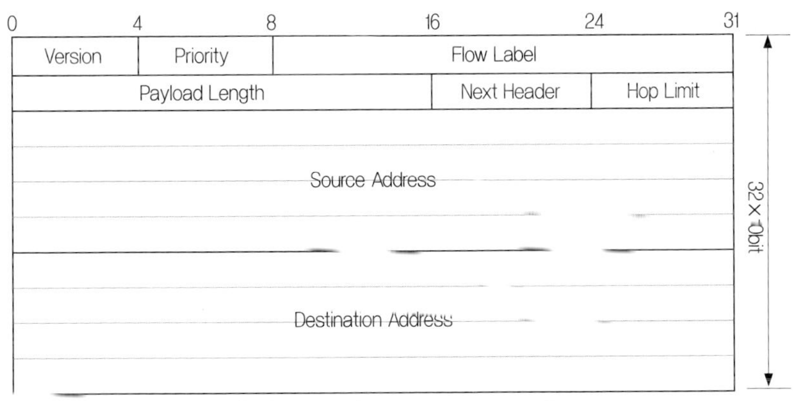

〈그림 2.121〉 IPv6 Header 구조

나) 기능

① Version : IP Version number 표시(버전 6)
② Priority : 송신장치에 송신 우선순위를 요청하는 기능으로 이 기능을 이용하여 multi-media 통신을 위한 고품질의 QoS 지원 가능

③ Flow Laber : 길어지는 bit를 식별하기 위한 laber로 packet이 암호화되어 있더라도 식별이 가능하고, 임의의 길이 option 사용 가능(이 기능을 이용하여 service에 따라 대역폭을 확보할 수 있어 멀티미디어 실시간 처리 가능)

④ Payload Length : Payload(data) 길이 표시

⑤ Next Header : IP Header 다음에 오는 Header type 정의

⑥ Hop Limit : Packet 전송 시 Node에 의해 '1' 씩 감소되며 '0' 이 되면 이 packet 무시됨

⑦ Source Address : 송신지 주소 표시(128bit)

⑧ Destination Address : 수신지 주소 표시(128bit)

⑨ Option : IPv6 Header와 TCP/UDP Header 사이에 위치하며, 다양한 선택 기능 제공(길이: 무제한)

다) IPv4와 비교

IPv4와 IPv6의 차이점을 비교하면 다음과 같다.

〈표 2.18〉 IPv4와 IPv6 비교

구 분	IPv4	IPv6
주소 표현	32bit(43억)	128bit(3.4×10^{38})
주소 할당	비순차적 할당(비효율적)	순차적 할당(효율적)
고품질의 QoS	미흡	제공
보안 기능	미흡(IP Sec 별도 설치)	제공
Option 설정	제한	가능
Header 구조	복잡	간단
Application	다양	미비
Plug & Play	없음	자동구성으로 지원
이동성	상당히 곤란	가능
Header	고정 Size	변동 Size

라) IPv6 역할

통합 환경에서 IPv6의 역할은 아래와 같다.

〈표 2.19〉 IPv6 역할

구 분	IPv6 역할
음성·데이터의 통합	VoIPv6을 활용한 유선전화 수준의 음성서비스 제공
유·무선 통합	Mobile IPv6 기술을 적용하여 유·무선 통합 IP망 구성
통신·방송 융합	Multicasting 등을 활용하여 고품질의 주문형 양방향 인터넷방송 서비스 제공

2.4.3. IPv6 동향

인터넷에 연결된 모든 장치는 네트워크의 다른 장치에 연결하기 위해 IP 주소가 있어야 한다. 현재 인터넷의 대부분은 IPv4를 기반으로 실행되지만, 이제 주소 공간의 10% 정도만이 남아있는 상태이다. 따라서 새로운 사용자와 장치를 인터넷에 연결하기 위해서는 IPv6를 채택하는 것이 필수적이다. 모든 장치와 네트워크가 IPv6와 호환되도록 보장하지 않으면 다른 인터넷 사용자와의 통신에 문제가 발생할 수 있으며, 온라인 컨텐츠와 서비스에 액세스할 수 없게 된다. 또한 IPv6 채택을 미루고 있는 조직들은 엉성한 조달계획과 성급한 배치로 인해 많은 비용을 치를 지도 모른다.

가) 해외 동향

1) 미국

① 인터넷 산업의 주요시장을 차지하고 있는 미국은 차세대인터넷에서도 주도권을 유지하기 위하여 IPv6 도입을 적극 추진하고 있다.

- 전 세계적으로 할당된 IPv4 주소의 50% 이상을 확보하여 주소자원이 풍부하지만, 정부주도로 IPv6 도입을 추진하고 있다.
- 정부기관에서 신기술 도입을 위해 선도 구매자로서의 역할을 충실히 수행하고, 공공분야에서 초기시장 창출을 위해 노력중이다.

  참고로, 시스코, 주니퍼, MS, HP 등 주요 IT 기업들도 자국 내 초기시장을 바탕으로 세계시장 선도를 위하여 R&D 및 장비개발을 활발히 추진 중이다.

② 국방부(DoD) : 2003년 10월부터 신규 구입하는 통신장비에 IPv6를 필수적으로 적용하고, 2008년까지 국방정부망을 IPv6로 완전 전환하도록 하였다.

③ 의회 산하 감사국(GAO: Government Accountability Office) : 2005년 5월에 DoD를 제외한 23개 연방정부의 IPv6 도입 현황을 조사하고, IPv6로 전환할 것을 권고하였다.

④ 예산관리청(OMB: Office of Management and Budget) : 모든 정부부처에 2008년 까지 IPv6로 전환하도록 하였다.

2) 유럽

① EC는 IST(Information Society Technology) 주관으로 2000년부터 40개 이상의 IPv6 관련 프로젝트를 추진하고 있으며, 현재 19개 프로젝트를 진행 중이다. 특히, IPv6를 4세대 이동통신과 모바일 TV(DVB-H)의 핵심기술로 선정하고 관련된 원천기술을 개발하고 있다.

② NATO 'C3(Consultation, Command and Control) Agency' 에서 유럽 각 국가의 국

방분야 IPv6 전환을 추진하고 있다.

③ 오스트리아 국방부(DoD)는 2013년까지 국방분야에서 IPv6로의 전환을 추진하고 있다. 유럽은 대규모의 네트워크뿐만 아니라 홈 네트워크 및 인터넷 자동차와 같은 소규모의 무선 네트워크에서도 IPv6를 적용하고 있다. 측히 산업체에서는 네트워크 장비 이외에 가전기기, 응용프로그램 등 다양한 분야에서 IPv6 제품을 개발하고 있다.

3) 중국

① 2002년에 신식산업부를 중심으로 6TNET(IPv6 Telecom Trial Network)를 구축하고, 상용화를 위한 IPv6망 기술 및 응용서비스 기술 개발을 본격화하고 있다.

② 2003년부터 2006년까지 2,000억 원을 투자하여 중국 전체에 IPv6 기반 백본망(CNGI: China Next Generation Internet)을 구축하였다. 특히, 중국 전역에 30개의 IPv6 기가팝을 구축하고, 이를 각 지역 대학교와 연동시켜 IPv6기반 백본망을 구축하였다.

나) 우리나라

방송통신위원회는 "2010년까지 공공기관 IPv6로 전환을 완료하고 IPv6 이용자 1,000만명 확보"의 비전으로 IPv6 활성화를 추진하고 있다. 하지만 주요 인터넷 사업자들의 IPv6 지원 장비 비율이 낮은 등 아직 차세대주소체계인 IPv6로의 전환 속도가 더디다는 지적을 받고 있다. 특히 유선인터넷망 가입자 보유수 1위인 KT와 2위인 SK브로드밴드는 각각 2.5%와 0.25%라는 낮은 수치를 보여, IPv6주소체계 전환 지연에 따른 인터넷 주소 고갈에 대한 우려를 낳고 있다. 1,069개 공공기관 중 간 67개만이(2009. 9현재), 또 인터넷 주소를 다량으로 사용하고 있는 학교의 경우, 단 5개 학교만이 IPv6 지원 장비를 도입하는 등 도입 준비율이 매우 낮다.

우리나라의 IPv6 추진 전략을 살펴보면 다음과 같다.

① BcN으로 고도화되어 가는 인터넷 환경에 맞는 IPv6 서비스 및 관련 장비의 개발을 추진 중에 있다.

② IPv6 상용화 가능성이 높은 서비스를 지속적으로 발굴하고, 관련 장비 및 단말 산업을 집중적으로 육성한다.

③ VoIP, IPTV, WiBro 등 성장 가능성이 큰 분야에 IPv6 기반으로 기술개발이 이루어지도록 적극 추진한다.

④ u-IT 839 전략과 유비쿼터스 관련 사업에 IPv6 도입을 적용한다.

· BcN, VoIP, IPTV, u-City 등 유비쿼터스 관련사업 추진 시 IPv6 적용을 유도한다.

⑤ 중장기적으로 IPv6 도입이 필수적인 공공분야에 IPv6를 선도적으로 도입하여 IPv6 확산을 가속화시킨다.

· 관련부처와 협의하여 공공부문 통신망에서 IPv6위 본격적인 도입을 유도하여, 산업체의 개발 의욕을 고취시킨다. 특히, 재난재해관리, 국방 등 대규모의 주소자원이 필수적인 분야에 대한 IPv6 도입을 선도적으로 추진하는 등 규모가 큰 공공부문 통신망을 선도적으로 전환하도록 한다.

⑥ 유비쿼터스 구현을 위한 충분한 IPv6 주소자원을 확보하고, 인터넷 구조 개선을 통하여 다양한 신규 서비스를 활성화한다.

⑦ 정부, 학계, 산업체, 연구계 및 사용자와의 협력체계를 강화한다.

· 국내 IPv6의 조속한 확산을 위한 'IPv6 전략협의회'를 지속적으로 운영하여 IPv6 확산을 위한 추가 계획을 체계적으로 실행한다.

2.4.4 IPv6 응용

가) IPv6 응용분야

IPv6의 응용 분야는 아래의 〈그림 2.122〉 휴대인터넷의 단계별 서비스 확장 방안을 보면 알 수 있듯이 이동통신망의 무선인터넷 서비스 분야, 홈 네트워킹을 이용한 정보가전 분야 그리고 군사 및 재해 관련 분야 등이다.

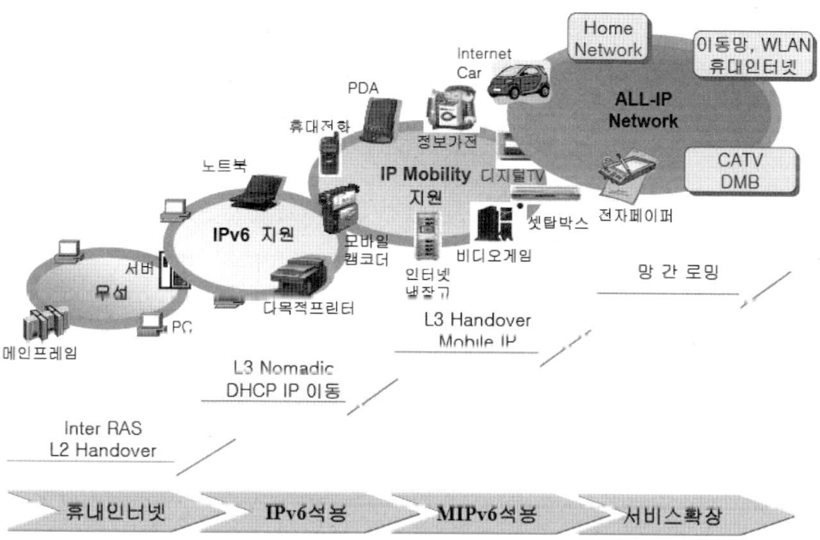

〈그림 2.122〉 휴대인터넷의 단계별 서비스 확장 방안

(1) 이동통신망의 무선인터넷 서비스 분야

차세대이동통신 무선인터넷 환경에서는 기존의 음성 및 문자 서비스 외에도 인터넷 data 서비스와 고품질의 영상서비스를 제공하는 것이 기본으로 인식되고 있다. 이러한 서비스를 제공

하기 위하여 고속의 data 전송속도와 더불어 기기마다 IP를 부여하는 것이 가능하므로 IPv6 주소 방식의 적용 가능성이 매우 높다. IPv6의 도입은 단순히 주소 공간의 부족을 해결해 준다는 것 외에도 무선 data 서비스에서의 가장 중요한 문제인 보안관련 사항(IPsec 지원)과 최적화된 로밍 문제들을 효율적으로 제공함으로써 무선인터넷 사업자들의 많은 관심 속에서 빠르게 진행되고 있다.

(2) 홈 네트워킹을 이용한 정보가전 분야

최근 지능형 아파트의 등장과 함께 가정에서의 홈 네트워킹에 대한 요구 사항이 중요한 이슈로 부각되고 있으며 인터넷 정보 가전은 대표적인 인터넷 응용의 하나로 고려되고 있다. 가정의 홈 네트워킹을 구성하기 위한 공통적인 요구사항은 각 기기에게 풍부한 주소공간의 제공과 함께 각 인터넷 가전의 상시 연결성 제공, 주소자동설정을 통한 플러그 앤 플레이 기능 및 저렴한 관리비용 등을 들 수 있다. 앞으로 스마트폰을 비롯한 인터넷 전화, TV, 냉장고, 오븐 등의 정보 가전 단말 수가 2012년경에는 기존 가전 수의 약 20~30% 이상이 인터넷 접속을 위한 기능을 포함할 것으로 전망된다. 따라서 각 기기에 IP를 부여하기 위하여 IPv6의 적용은 필수적이다.

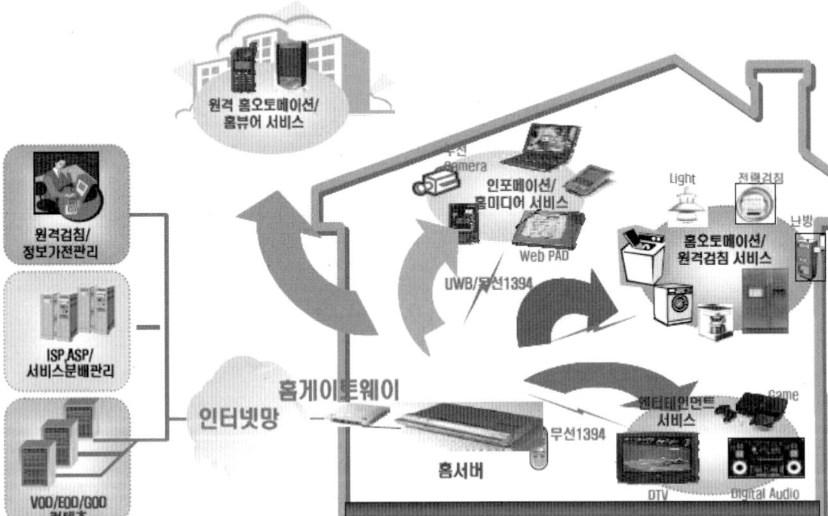

〈그림 2.123〉 정보가전 운영을 위한 망 구성도(홈네트워크 예)

(3) 군사 및 재해 관련 분야

군사 분야는 보안 및 QoS 관련 요구사항이 많아 IPv6의 도입 가능성이 가장 높은 분야 중 하나이다. 그 이유는 군사 분야가 보안 및 QoS 관련한 응용의 요구사항이 많으며, 이러한 요구사항은 IPv6의 도입으로 가장 적절히 해결될 수 있기 때문이다. 또 한가지 이유는, 기존 IPv4와의 연동 문제인데, 군사 분야에서는 글로벌 인터넷(IPv4) 망과의 연동보다는 보안 이유로 인해 군사 분야에 한정적으로 사용될 가능성이 높으므로 연동문제를 고려하지 않고 사용할 수 있어 IPv6의 도입 가능성이 높다고 볼 수 있다. 기술적으로 IP사양이 IPv6에 기본 장착됨으로써 보안과 관련한 기능이 한층 강화되었으며, 이동성 강화, QoS 지원 등이 큰 장점으로 고려되고 있다. 물론 가장 큰 장점은 풍부한 주소 공간제공으로 각종 무기류와 움직이는 군대 수를 감안해 볼 때 IPv6 도입이 요구되는 분야라고 볼 수 있다. 일례로 유럽을 중심으로 한 NATO(North Atlantic Treaty Organization) 등에서는 IPv6에 대한 연구가 활발히 진행 중에 있다.

나) IPv6 응용관련 프로그램

〈표 2.20〉 각 OS별 IPv6의 지원

OS	MAC OS	Windows	Unix	Linux	Free BSD
IPv6 지원여부	지원	지원	지원	지원	지원

〈표 2.21〉 각 OS별 IPv6의 지원 응용프로그램 현황

구 분	WindowsNT/2000/XP	UNIX	LINUX
DNS	DIND8/NT	BIND9	BIND
FTP Server	상용 s/w	NcFTPd, Libra, oftpd, proftpd	Poor-tpd
FTP Client	FFFTP, NcFTP	NcFTP, lftp	Poor-tpd
Remote Access (SSH, Telnet 등)	TeraTerm, Portwarder,Putty	bash	INETD
WWW Server	Apache IIS	Apache, thttpd, mini_httpd	Apache, thttpd, mini_httpd
WWW Client	Exploror, Mozilla, wget, WWWC, Lynx	Mozilla, mMosaic, Lynx	Mozilla, mMosaic, Lynx, Netscape
Editor	Meadow, NTEmacs	EMAC	EMAC
Script Language	Active Perl, Ruby	Active Perl, Ruby	PHP
기타	OpenlDAP, Cygwin, GtkHx & Hxd	quake, zebra	zebra, USAGI

나) IPv6의 응용기술

IPv6의 응용기술을 크게 분류해보면 IPv4/IPv6 변환과 관련된 네트워킹 기술과 응용서비스 기술로 나눌 수 있으며 기능적으로 보안, QoS, 이동형 서비스, P2P 등이 있다.

(1) IPv4/IPv6 전환기술

IPv4/IPv6 전환기술이란 기존의 IPv4에 적합하게 구현된 응용을 IPv6에서도 가능하도록

하는 기술을 의미한다. 이러한 전환기술은 기존의 IPv6 전이 과정으로, 두 주소 체계의 공존은 오랫동안 지속될 것으로 예상된다. 이러한 변환기술은 크게 3가지로 분류할 수 있다. IPv4/IPv6 게이트웨이 사이에서 사용하는 IPv4/IPv6 호환, 호스트와 라우터 사이에서 사용하는 Dual stack, 이종 간의 네트워크에서 사용하는 자동 Tunneling 등으로 분류할 수 있다.

(2) IPv6 응용관련 기술과 적용분야

IPv6의 기술이 도입되면서 멀티미디어의 대용량 data 전송이 용이해지고 있다. 왜냐하면 IPv6 라우터가 멀티캐스트를 지원하므로 터널링 없는 멀티캐스트 망을 구축할 수 있어 터널링 오버헤드를 제거할 수 있고 이로 인한 전송 지연을 줄일 수 있기 때문이다. IPv6에서 구현되는 멀티캐스트는 실시간 data 전송이 가능한 원격회의, 원격의료, 원격교육 등을 위한 분야에서 각광받게 될 것이다. 또한 IPv6의 자동 네트워킹 기술로 인해 무선 IP 할당 및 무선인터넷의 활용이 용이해질 것이며, 음성 신호를 압축하여 패킷 형태로 전송하게 되는 VoIPv6에서도 활용할 수 있을 것이다. IPv6 기반 초고속정보통신망상의 멀티미디어 P2P서비스 기반 응용 개발도 새롭게 부상할 서비스 분야이다. IPv6에서 부각될 응용 기술로는 멀티캐스트, Mobile IP, VoIP, VPN, QoS, P2P 등이 있다.

2.5 WiBro

2.5.1 개념

와이브로란 Wireless Broadband Internet의 줄임말로 휴대형 단말기를 이용하여 정지 및 이동 중에 언제 언디서나 고속의 전송속도로 인터넷에 접속하여 다양한 정보 및 콘텐츠 사용이 가능한 초고속 인터넷 서비스를 말한다. 즉 실내의 유선 초고속 인터넷 서비스를 실외에서 이동 중에도 사용할 수 있도록 확장하는 개념이다.

와이브로는 2.3GHz 주파수 대역을 이용하여 셀 반경 1km이내 이동시 최소 60km/h 이상에도 끊임없는 무선인터넷 서비스를 보장하고, 보다 저렴하게 무선인터넷을 이용할 수 있는 서비스이다. 와이브로로 서비스를 시작해서 노트북용 무선랜카드나 USB 무선랜카드처럼 생긴 장치를 연결하면, 길거리나 달리는 차 안에서 영화를 즐기고 온라인 게임이나 웹서핑을 하는 것을 집이나 학교, 사무실 등에서 인터넷서핑을 하듯이 할 수 있다.

처음엔 고속데이터 통신 기술을 지칭하는 용어로 고안된 것이지만 통신업체에 의해 서비스되는 전국 액세스망으로 지금은 기술 이름보다 서비스명으로 더 잘 알려져 있다.

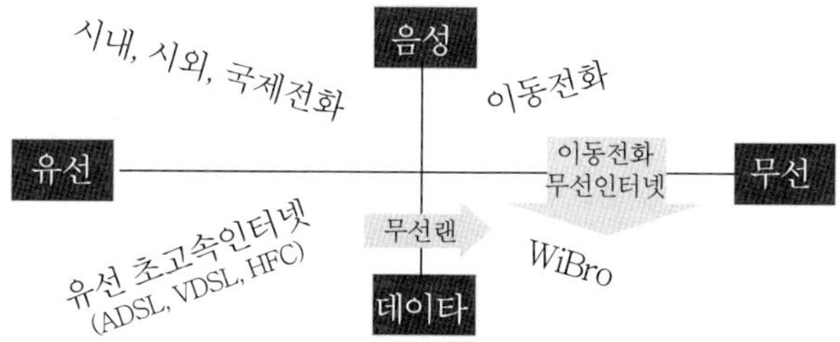

〈그림 2.124〉 와이브로 서비스 개념

우리나라의 휴대인터넷인 와이브로는 초기에는 60km/h 이하의 이동성을 가지며, 실내외에서 끊김없이 초고속 무선 인터넷 서비스를 제공할 수 있도록 설계되었다. 와이브로를 사용하는 애플리케이션은 WiBro network 하나만을 사용하는 애플리케이션과 WiBro network와 이종 망을 함께 사용하는 애플리케이션으로 나눌 수 있다. 전자는 다시 두 망을 시간적으로 동시에(simultaneously) 사용하는 애플리케이션과 두 망을 연동하는(vertical hand over) 애플리케이션으로 나눌 수 있다. 이러한 WiBro 서비스는 이동전화가 제공하는 고품질 음성 서비스의 data통신 영역을 보완하는 고속의 대용량 data 서비스라 할 수 있으며 좀 더 쉬운 표현으로 이동형 ADSL 이라 설명할 수 있다. WiBro의 목표와 유관기관의 견해를 종합해 볼 때, WiBro 서비스의 특징은 다음과 같이 말할 수 있다. 첫째 이동성, 둘째 끊김없는 사용성, 셋째 정지 및 보행 중에 또는 120km/h이상 이동 중에도 무선 인터넷 서비스를 제공한다.

또, 실내는 물론 실외에서도 인터넷 사용 중에 Cell의 이동이 있어도 서비스를 끊김없이 사용할 수 있도록 도와준다는 점이다. 즉 WiBro는 다양한 초고속 무선 멀티미디어 서비스를 원활히 제공할 수 있도록 10Mbps 이상의 전송 속도를 제공하며, VoIP 기술을 단말기에 탑재하여 이동전화를 대체할 수도 있다.

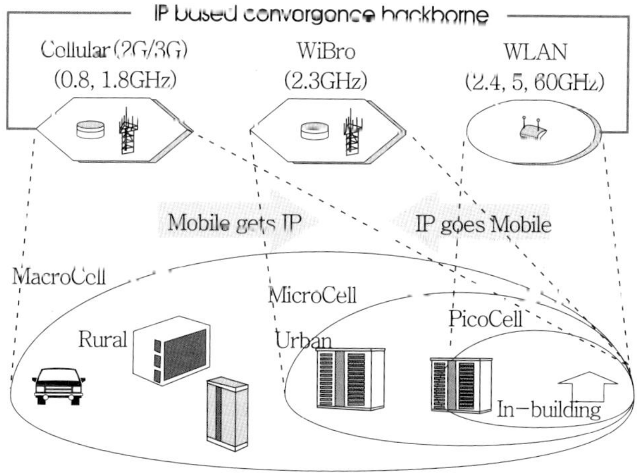

〈그림 2.125〉 WiBro 서비스 영역

2.5.2 WiBro 전개과정

IT 기술이 눈부실 정도로 빠르게 발전하고 있다. 유선과 무선으로 경계를 나누어 진화해 온 IT 기술은 서비스간의 영역을 넘어 유무선 융합과 모바일 브로드밴드를 전개하면서 향후 제4세대(4G) 멀티미디어 시대를 선점하기 위해 총력을 기울이고 있다. 가히 통신기술의 빅뱅(Big bang) 시대라 할 수 있을 정도이다. 이러한 통신부문의 거대한 물줄기를 주도하는 중심에 우리나라가 세계 최초로 선보인 WiBro가 자리잡고 있다. WiBro의 등장은 차세대 무선통신기술이 결집돼 창출된 필연적 산물이다. 2000년대 이후 차세대 무선통신은 서비스 전개영역에 따라 혁신적인 진화를 거듭해 왔다. 대표적인 기술로 Bluetooth, ZigBee, Wi-Fi, 무선 매시네트워크, 고정형 와이맥스, 와이브로(이동형 와이맥스), HSPA, UWB 등을 들 수 있다.

이러한 차세대 무선통신기술은 전송속도, 이동성, 개인화, 경제성, network간 융합성, 단말기 통합성을 지향하고 있으며, 기술속성은 와이브로를 통해 최적으로 실현되고 있다. 이는 와이브로 기술이 초고속인터넷과 이동전화기반 무선인터넷의 장점을 결합하면서, 저렴한 비용으로 모바일 브로드밴드와 컨버전스의 편익과 효용을 제공하는 서비스이기 때문이다. 와이브로는 연관된 산업 생태계를 바탕으로 지속적인 발전을 거듭해 왔으며, 이러한 발전은 현재 진행형으로 network 진화를 위한 원동력이 되고 있다. 한국정보통신기술협회(TTA) 산하에 결성된 휴대인터넷 프로젝트그룹(PG 302)은 2004년 6월에 제1단계(Phase-Ⅰ)표준을 확정하였다. 이 표준에 의하면 와이브로는 TDD와 OFDMA 방식을 채용하고, 60km 이하의 이동속도에서 최소 전송속도가 상향 128kbps, 하향 512kbps를 만족시키는 기술로 정의되었다. 그 이후 와이브로는 성능을 획기적으로 개선하여 제2단계(Phase-Ⅱ)표준을 확정하였으며, 2005년 12월에는 마침내 모바일 와이맥스인 IEEE 802.16e 표준으로 승인을 받는 쾌거를 이루었다. 이를 통해 와이브로는 다중 안테나 기술인 MIMO 기술을 채용하여 전송속도를 이용자당 3~4Mbps로 개선시켰으며, 이동속도 120km/h 이상으로 향상됐다. 이제 와이브로는 기존 무선 랜을 보완하거나 이동전화기반 무선인터넷을 개선하는 수준의 기술을 넘어, 제3.9세대(3.9G)라 부를 정도로 차세대 무선통신에서 가장 앞선 기술 중 하나로 시장에 등장했다. 특히 OFDMA, MIMO, Smart antenna 기술은 제4세대 멀티미디어 통신의 핵심기술로 다른 서비스에 비해 와이브로가 빠르게 구현하고 있어, 시장선점과 주도권싸움에서 유리한 고지를 확보해가고 있다.

> ↘ MIMO(Multi Input Multi Output) :
> 여러 개의 안테나를 사용해 무선신호를 송수신하는 smart antenna 기술로 하나의 20MHz 채널 상에서 2개의 54Mbps급의 data 전송을 동시에 집약하여, 최대 108Mbps급의 무선속도를 제공하는 기술

이러한 눈부신 기술전개의 성과와 함께 다른 기술과의 경쟁에서 지속적 우위를 점유하고,

유비쿼터스 시대의 기반기술로 자리매김하기 위해 와이브로가 추진해야할 당면과제는 무엇일까. 이러한 과제의 키워드는 network로서 와이브로의 역량강화란 말로 요약할 수 있을 것이다. 경제학에서 네트워크효과(network effect)라는 법칙이 있다. 특히, 통신서비스에서 네트워크 효과는 network 규모가 커질수록 그 효용과 가치가 기하급수적으로 커진다. 보다 많은 커뮤니케이션이 가능해지는 직접적 효과 이외에 다양하고 저렴한 보완재를 이용할 수 있는 간접적 효과 때문에 이용자는 더욱 큰 편익과 혜택을 누리게 될 수 있게 된다. 앞으로 와이브로가 경쟁우위의 기술로 더욱 진화하기 위해서는 network 효과를 제고하는 역량을 강화하는 것이 요구되며 이를 위해서는 와이브로가 차세대 네트워크의 허브 인프라로 자리매김해야 한다.

또한 다른 무선통신 기술과 원활하면서도 끊김없는(seamless) 연동을 통하여 이용자에게 보다 큰 규모의 네트워크 이용성을 강화해야 한다. 특히 무선 랜, 무선 매시 네트워크와의 연계를 통해 서비스 제공지역을 효과적으로 확장해야 한다. 아울러 홈 네트워킹이나 u-Health 등을 위해 블루투스, 지그비 등 근거리 무선통신과의 상호 네트워킹을 강화해야 한다. 특히, HSPA와의 경쟁에서도 와이브로 단독 보다는 연동된 와이브로 네트워크 효과를 더욱 활용하는 방향으로 진화하는 것이 보다 효과적일 것이다. 아울러 기존 통신서비스 영역을 넘어 다른 산업 기술과의 연계를 강화하는 방향으로 진화해야 하며, 신규 융합 산업의 전개 network로서의 역할을 주도해야 한다. 컨버전스 또는 유비쿼터스 IT 환경에서 통신과 다른 산업의 융합은 생존과 성장의 필수 요건으로 이는 WiBro 기술진화의 중요한 지침이 될 것이다.

통신과 방송의 융합, 텔레매틱스, 정보가전, u-City와 같은 융합형 산업의 특성을 반영한 맞춤형 기반 네트워크로 WiBro가 최적이 될 수 있도록 플랫폼 또는 어플리케이션을 강화하는 기술개발이 지속적으로 이루어져야 한다. 또한 지금까지 수많은 신기술들이 개발되었으나, 소수의 기술만이 성공하고 대다수의 신기술은 이름도 없이 사람들의 기억에서 사라졌다. 따라서 시장의 요구를 충족시킬 수 있는 방향으로 끊임없이 개량되고 발전되지 않는다면 WiBro로도 예외가 아닐 것이다. WiBro는 보급 면에서 보면, 우선 길거리나 달리는 차 안에서 영화를 즐기고, 온라인 게임을 하거나, 웹 서핑을 하는 것을 지금 사무실에서 인터넷 서핑을 하듯 할 수 있다. 아주 싼 비용으로 무선 인터넷이 가능하다는 말이다.

물론 지금도 유선사업자가 제공하는 무선 랜(예: 넷스팟 등)이나 기존 '코드분할다중접속(WCDMA)' 을 이용하여 무선 인터넷을 할 수 있다. 그러나 무선 랜은 도달거리가 짧아서 이동중일 때나 'AP(Access Point)' 가 멀어지는 실외에서는 서비스가 되지 않는다. 휴대전화상에서 사용 가능한 EV-DO 무선인터넷은 사용 범위도 넓고 접속도 비교적 잘 되지만, 요금체계가 너무 비싸다. 그러나 주파수 2.3GHz 대역의 와이브로 서비스가 시작되면서 상황이 달라졌다. 우선 노트북용 무선 랜카드나, USB 무선 랜카드처럼 생긴 장치를 연결하면, ADSL 정도의 통신이 가능하다. 더구나 현재의 유선 인터넷보다 약간 비싼 월3~4만 원 정도의 비용만 부담하면, 인터넷을 마음대로 사용할 수 있기 때문에 유선 인터넷과 이용료 차이도 크게 없다.

또 하나의 차이는 와이브로는 개방형이기 때문에 콘텐츠의 선택폭이 넓다.

현재 WCDMA무선 인터넷은 SK텔레콤, Nate 닷컴에 입점한 콘텐츠만 주로 볼 수 있다. 하지만 WiBro 단말기에서는 유선 초고속 인터넷에서처럼 자유롭게 인터넷의 바다를 항해할 수 있다.

2.5.3 유사서비스별 특성 비교

와이브로와 유사 서비스별 특성 비교는 아래〈표 2.22〉에서 알 수 있듯이 무선 랜 서비스와 비교할 때 High throughput, Low cost, 접속의 용이성이 있으며, 기존 Cellular 서비스와 비교할 때 끊김없는 접속, 이동성, QoS, 보안성 등의 특성을 들 수 있다.

〈표 2.22〉 유사 서비스별 특성 비교

항 목	WiBro	Cellular	W-LAN
섹터/사용자 성공률	고	저	고
서비스 비용	중/저	고	저
Seamless access	지원	지원	–
Mobility	중/저	고	–
QoS	지원	지원	–
Security	지원	지원	제한된 지원

가) 기존 서비스와의 비교

HSPA는 기존의 휴대폰에서 사용되던 EVDO망처럼 이동성과 커버러지가 우수하다. 또한 음성통화를 지원하기 때문에 휴대폰에 적용해서 사용하기 쉽다는 이점이 있다. 반면에 와이브로는 대용량의 데이터를 송수신할 수 있을 만큼 속도가 빠르며 데이터 통신 위주의 서비스라 정보 단말기기에 적합한 서비스를 가지고 있다. 이들 서비스는 모두 기존의 WiFi나 EVDO에 비해서 서비스 품질이나 특성이 우수함은 자명하지만 이슈는 이러한 서비스를 사용하는 비용이다. 이미 휴대폰 사용료를 월 2~3만원 지불하고 초고속 인터넷 사용료를 월 2~3만원 지불하고 있는 상황에서 또 다른 무선 데이터 통신 요금을 지불해야 한다는 것은 여간 부담이 아닐 수 없다. 잘 알시다시피, 기존에 서비스되는 공중 무선랜 서비스인 넷스팟은 1만5천원, EVDO를 이용한 데이터 프리 요금은 2만6천원 정도이다. 이들은 사용 용량과 관련없이 정액제로 서비스되고 있다. 하지만 WiBro와 HSPA는 정액제가 아닌 종량제 서비스를 기본으로 한다. 이들 서비스의 요금제는 월 전송용량에 따라 가격이 달라지는 방식을 채택하고 있다. 즉 모바일 기기를 통해 송수신하는 데이터의 용량에 따라 월 과금이 달라진다는 것이다. 1GB 이하의 용량을 사용한다면 적어도 월 2~3만원의 비용이 들지만 네트워크에 on해서 3~4MB의 음악 파일과 수십 MB의 영상과 플래시 파일을 모바일 기기로 즐긴다면 1GB는 부족하다.

〈표 2.23〉 WiBro와 타 서비스와의 속도 비교

구 분		WiBro	HSPA	ADSL
신문 36면 (880KB)	download	1.5초	5초	2.1초
	upload	5초	18초	13초
MP3 10곡 (320MB)	download	57초	2분 40초	1분 12초
	upload	2분 51초	10분 25초	7분 25처
CD 1장 (690MB)	download	21분 54초	61분 20초	27분 52초
	upload	65분 42초	239분 35초	170분 41초

〈표 2.24〉 기타 WiBro 기술 속성

항 목	WiBro
기반기술	음성서비스 비고려, 고속데이터 전송에 가장 효율적인 IP 기반 전송기술 채택 – OFDMA, MIMO, 스마트 안테나 등
시스템 효율성	높은 전송효율, 낮은 전송원가 – 광대역화 및 IP 기반 망 구조
단말기	휴대폰, 스마트폰, PDA, 노트북 등
서비스 유형	고속데이터 웹 브라우징, VOD, AoD
서비스 커버리지	도심지 중심

비록 WiBro가 빠르고 어디서나 이동하며 즐길 수 있는 무선인터넷 서비스라는 점에서 매력적이지만 가격이 시장진출의 장애요소로 존재한다.

나) 무선통신 발전상에서의 WiBro

WiBro는 시장수요, 기술여건 등에 따라 다음과 같이 변화가 예상된다. 또 이동성을 유지하고 전송속도 향상과 VoIP 수용을 위해 이동성 향상이 요구된다. 따라서 차후 서비스별 전송속도가 향상되고, 무선링크 연동기술이 중요해질 전망이다.

· IMT-2000 : EVDO, R4 → EVDV, R5,R6

· 무선 랜 : IEEE 802.11a/g ⇒ 802.11n

2.5.4 WiBro 발전 전망

WiBro는 2007년 10월에 ITU-R에서 국제기술표준으로 채택되면서 국내외적으로 많은 관심을 받고 있다. 4세대 통신(IMT-Advanced)은 Enhanced IMT-2000과 New Radio Access로 나눌 수 있으며, 결합서비스 제공을 위한 망 연동 기술이 중요하다. Enhanced IMT-2000은 기존 시스템을 고도화시켜 30Mbps의 전송속도를 목표로 하고 있고, New Radio Access는 이동속도가 0~4km/h일 때 최대 1Gbps의 data율을 목표로 하고 있으며, 이동속도가 4km/h 이상일 때 최대 100Mbps의 data율을 목표로 하고 있다.

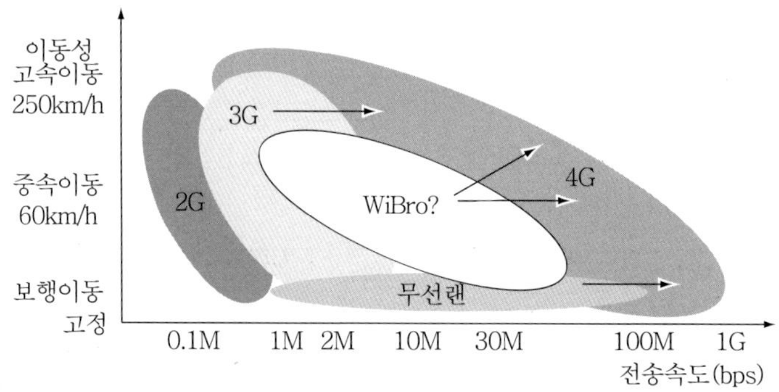

〈그림 2.126〉 와이브로 발전전망

2.5.5 와이브로 시장 동향

가) 국내 가입자 및 시장 현황

와이브로 서비스 사업자로는 2005년 KT, SKT, 하나로통신 3사가 선정되었으나 하나로통신은 2005년 4월 사업허가를 포기하면서 현재 KT와 SKT 두 회사가 서비스를 제공하고 있다. 2006년부터 서비스를 시작하여 이미 5년이 지났지만 와이브로는 애초의 기대와는 달리 시장 확산이 지연되고 있다. 2010년 10월 기준 와이브로 가입자 수는 약 55만명 정도로서 경쟁관계에 있는 HSPA에 비해 크게 떨어진다. 주도적 사업자인 KT는 애초 4대 신규서비스 중 하나로 와이브로를 선정하고 설비투자의 확대를 통해 국내시장 확대 및 해외시장 개척에 주력하고자 하였다. 그러나 사용서비스 개시 5년이 지났으면서도 약 55만명의 가입자를 유치한 상태에 불과하여 최근 가입자가 감소하는 등 여전히 서비스활성화에 어려움을 겪고 있다. 게다가 2009년 KTF와 통합 이후 와이브로 사업의 필요성도 점점 감소하고 있는 현실이다. KT 와이브로는 서울 전역 및 수도권 지하철 및 전철 주요 간선도로 및 국도 도심지, 그리고 김포공항과 서울 수도권의 전 대학 및 지방 주요 대학 등에서만 이용가능하다. KT에서는 음영지역 해소를 위한 기반시설 투자를 적극적으로 하고 있다.

현재 KT는 와이브로 확대를 위해 노트북 대여서비스 및 UICC 개발, 타사업 영역과 연계 공동마케팅 등을 추진하고 있다. KT는 그 밖에도 기업용 와이브로 활성화, 해외진출 교두보 확보 및 국방관련 분야로의 진출을 고려 중이다. 현재 기업용 와이브로 시스템을 개발, 시연 및 시험운영을 완료한 상태인데 대표적인 기업용 와이브로 시스템이 현대중공업에 구축한 와이브로 기반 조선작업현장의 통합관리이다.

현재 KT의 와이브로 시장 확대 전략은 다음과 같다. 첫째 서울과 수도권 지역에만 구축되어 있는 커버리지를 확장하는 것이다. 다만 일률적으로 전 지역에 걸친 커버리지 확대가 아니라 사용자 중심의 커버리지 확대에 주력한다. 둘째, 서비스 제공에 있어 전국 주요도시의 핫

존을 우선 확보한 뒤 점차 주변으로 확대한다. 셋째, 특화상품 기반의 커버리지 확대를 추구한다. 즉 M2M, B2B 기업과의 제휴 등 상품개발을 통한 지역별 커버리지 확대를 목표로 하고 있다. 이러한 시장 확대전략에 입각하여 KT는 향후 투자계획으로 데이터 트래픽 과다지역에 대해 와이브로 특화상품을 통한 와이브로 커버리지 확대를 추진하여, 2011년에는 일반 시급까지 확대되는 것을 목표로 제시하고 있다. 그러나 정부에서는 특수목적 회사의 설립을 요청하였고 와이브로 가입자는 여전히 늘어나지 않고 있어 애초 투자계획대로 진행할 수 있을지는 불확실한 상태이다.

또한 KT는 와이브로 사업의 해외진출도 시도해왔다. 일본 무선 초고속 인터넷 사업권 확보를 위해 ACCA 네트웍스-NTT 도코모 컨소시엄에 전략적 제휴 파트너로 참여하고 있으며 이로 인해 KT는 글로벌 로밍 기지국 및 단말기의 공동개발과 조달 멀티미디어 서비스 공동개발 등 다양한 분야에서 협력을 도모하고 있다. 또한 KT는 미국의 모바일 와이맥스 서비스 사업자인 스프린트-넥스텔과도 단말 공동개발, 글로벌 로밍 등에서 협력하는 양해각서를 체결하였다.

한편 SKT는 와이브로를 WCDMA에 대한 보완재로 규정하고 데이터 수요가 밀집되는 대도시에 핫 존 위주로 망을 구축운영하고 있을 뿐 시장확대에 적극적이지 않다. 핫 존은 특정 도시의 특정 지역만을 서비스 대상으로 하므로 KT에 비해 서비스 커버리지가 작다. 2010년 12월까지 서울 수도권을 포함한 총 42개 시에 서비스 망을 구축한 상태이다. SKT는 2010년 약 2만8천여명의 가입자 확보에 머물러 있고, KT보다 상대적으로 와이브로에 대한 투자 및 마케팅 비용 등을 적게 투입하는 등 와이브로 시장참여에 소극적인데 이는 절대적인 우위를 차지하고 있는 기존 이동통신 서비스의 경쟁재인 와이브로에 대한 투자가 회사의 영업전략 측면에 딜레마로 작용하기 때문이다.

나) 장비사업자

와이브로 관련 장비사업 중 기지국, 제어국, 비메모리 반도체, 단말기 등의 분야들은 대기업 위주의 시장 구도를 보이는 반면, 중계기 및 관련 부품 부문에서는 중소기업들이 대부분이다. 장비시장의 단말기와 이동통신망의 무선 구간을 연결하는 기지국, 여러 대의 기지국을 관리하며 기존 유선망과 연결하기 위한 제어국, 망관리 시스템 및 설치비용이 비싼 기지국의 수를 줄여 경제적으로 커버리지를 확장시켜 주는 중계기 등으로 구성된다. 이러한 장비 중에서 설치비용이 비싸고, 서비스 품질에 매우 큰 영향을 미치기 때문에 신뢰성 확보가 중요한 기지국, 제어국 등의 시스템은 대기업 위주로 시장이 형성되는 반면 중계기 등의 시장은 중소업체들이 포진하고 있다.

국내의 와이브로 장비 사업자로는 삼성전자 및 LG노텔 등이 있다. 삼성전자 및 포스데이타는 기지국, 제어국 및 핵심 칩 개발을 그 외 다수의 중소 통신장비업자들이 광중계기, 네비게이션, 단말기 시장에 참여하고 있다. 와이브로 관련 원천기술을 보유한 삼성전자는 장비, 단말기 및 핵심 칩 개발을 완료하고, 이를 기반으로 국내시장은 물론 미국과 러시아 등 세계시장으로 와이브로를 확대하는 것을 주요 목표로 하고 있다.

삼성전자는 현재 국내에서는 KT의 와이브로 망 관련 장비를 공급하고 있으며 해외에서는 현재 전 세계 23개국의 35개 사업자와 와이브로 사업을 추진하고 있다. 이중 유럽, 미국 및 남미 등 이미 세계 8개국 10개 사업자와는 와이브로 상용화 계약을 체결했거나 시범서비스를 진행 중이다.

미국 시장의 경우 2008년 4월 30일 모바일 와이맥스 상용 서비스를 본격적으로 시작하였으며, 기존에 인프라를 구축하던 5개 지역에서 뉴욕을 추가해 모두 6개 대도시에서 와이브로 상용서비스를 제공하고 있다. 특히 삼성전자는 신개념의 가정용 초소형 기지국인 펨토셀을 자체 개발, 미국의 이동통신 사업자인 스프린트-넥스텔에 공급해 세계최초로 상용화하였다. 중계기 시장에는 쏠리테크, 기산텔레콤, 엠티아이, 영우통신, 위다스 등의 업체들이 있고, 관련 부품업체로는 파트론, 에이스테크놀로지, 에이스안테나, KMW 등을 들 수 있다. 그러나 이들 업체들의 와이브로 관련 매출 비중은 아직 낮은 수준인데 그 이유는 관련 설비투자가 국내 KT에 집중되어 있고 해외수출이 활성화되어 있지 못하기 때문이다.

주요 장비사업자 중 하나인 포스데이타는 2009년 7월 사업권을 반납하였다. 포스데이타가 와이브로 사업 중단을 발표하면서 IT분야 수출상품 중 하나로 주목받아온 와이브로 장비사업의 전망을 어둡게 하고 있다.

다) 국외시장 동향

우리나라를 포함하여 전 세계 약 27개국이 2.3GHz, 2.5GHz 대역에서 모바일 와이맥스 서비스를 도입하거나 추진 중이다. 2.3GHz 대역에서는 우리나라, 말레이시아, 싱가폴이 서비스를 제공하고 있으며, 미국과 일본, 러시아 등은 2.5GHz 대역에서 서비스를 제공하고 있다.

① 미국

미국의 주요 사업자는 스프린트-넥스텔이 최대 주주인 Clearwire로서 2.5GHz의 주파수를 이용하여 서비스하고 있다. 클리어와이어는 2008년 9월 29일 미국 최초로 모바일 와이맥스의 상용서비스 OHM을 메릴린드주 볼티모어시에서 제공하기 시작하였으며 최대반경 10km 영역 내에서 10Mbps 이상의 통신속도를 제공하고 있다. XOHM 사업부가 제공하는 서비스는 정액요금제로 가정에 설치한 주택용 와이맥스 브로브밴드 모뎀(CPE)을 이용하는 가정 내 무선 서비스는 월정액 25달러, 노트북 PC 및 휴대장치로 지역 내의 어디서든지 인터넷에 접속하는 모바일용 n-the-go 서비스는 30달러 정도이다.

그 밖에 클리어와이어사는 포틀랜드, 라스베가스, 애틀랜타 지역을 대상으로 서비스를 개시하였으며, 2009년에 필라델피아, 보스턴, 댈러스 지역에서 상용서비스를 시작하였다.

미국에서 와이맥스 사업의 전개방향은 대도시를 중심으로 케이블 TV 사업자와 함께 무선 브로드밴드 서비스를 제공하여 전국적으로 커버리지를 확대하는 방향으로 나가고 있다. 현재 케이블 TV회사들의 경쟁사인 이동통신사들이 모두 LTE를 지지하고 있는 가운데, 케이블 TV회사들이 가지지 못한 이동통신 네트워크를 와이맥스가 보완해주고 있기 때문이다. 따라서 향후 미국의 와이맥스 사업 전개의 변수는 케이블 TV회사들이 쥐고 있다고 할 수 있다.

② 일본

일본의 와이브로 주요 사업자는 UQ Communication과 WILCOM이 있으며, 2007년 12월 사업자로 선정되어 2.54GHz 대역에서 서비스를 제공하고 있다. 모바일 와이맥스 도입 초기 총무성의 모바일 WiMAX 허가 방침안에 따르면, 사업계획 인정 후 3년 이내에 서비스를 개시하여야 하고, 5년 이내 인구커버율 50%를 달성해야 하며, 무선망 설비를 개방하는 것을 면허 요건으로 하고 있다. 또한 통신시장의 유효경쟁 유도를 위해 기존 이동통신사들의 직접적인 참여는 불허함을 원칙으로 하였다. 이에 따라 총무성은 NTT 도코모나 KDDI 등 기존 3세대 이동통신사와 계열사를 통한 참여도 인정하지 않으며, 만약 참여하는 경우에는 출자비율이 3분의 1 이하인 신규회사의 설립을 요구하였다. 이러한 총무성의 방침은 기존사업자를 배제하고 최대 2개의 사업자에게 사업권을 할당하는 것으로서 사업시작 당시 면허조건을 충족하는 기업은 WiMAX를 추진하는 유선사업자 ACCA와 차세대 PHS를 추진하는 윌콤 정도였다. 그러나 이러한 총무성의 방침에 대해 WiMAX 인증실험을 진행해 온 기존 사업자는 강력히 반발하였으며, KDDI는 모바일 WIMAX 전국면허를 획득한 자회사 무선브로드밴드 기획의 회사명을 Q커뮤니케이션즈로 변경하고 모바일 와이맥스 사업을 2009년 7월 1일부터 정식 개시하였다. UQ Communication의 서비스지역은 2009년 9월말 관동지역에서는 도쿄, 가나가와현, 사이타마현, 치바현 지역이며, 중부지역에는 아이치현, 그리고 관서지역에는 오사카, 교토 지역 등으로 전국의 주요 시도를 아우르고 있다. 2008년 시험서비스를 시작으로, 2009년 7월 상용서비스를 제공하기 시작하였으며, 서비스 제공지역은 주요 시도 중심으로 비교적 넓게 분포하고 있다. 요금제는 월 무제한 사용이 가능한 월 4,480엔 플랜과 하루만 이용하고 싶은 사람들이 이용할 수 있는 일일 600엔 플랜이 있다. 한편 다른 와이맥스사업자인 WILCOM은 무선브로드밴드 서비스로 WILCOM CORE XGP를 2009년 4월부터 도쿄도 내의 일부 지역을 대상으로 한정 서비스 형태로 제공하고 있으며, 6월부터는 가상이동망사업과 법인 등 500여 이용자에게 서비스를 제공하고 있다. 그러나 윌콤의 무선브로드밴드 서비스는 모바일 와이맥스가 아니라 차세대 PHS이며, 현재 모바일 와이맥스 서비스를 제공하지 않고 있다.

③ 러시아

러시아에서는 주요 통신사업자인 Scartel이 러시아 최초의 모바일 와이맥스로서 Yota 브랜드를 제공하고 있다. 2.5GHz대의 주파수를 사용하며, 장비는 삼성전자로부터 공급받고 있으며, 현재 모스크바에 약 300개, 셍페테스부르그에 약 200개의 장비를 설치하였다. 모뎀, 노트북, 루트, 세계 최초의 GSM 모바일 WiMAX 대응전화인 HTC MAX 4G 등의 서비스를 제공하고 있으며, 고속무선인터넷을 이용해서 모바일 IPTV, VOD 온라인 음악 제공, 사진블로그 등의 독자의 모바일서비스를 제공하고 있다. 2010년 10월 현재 30만 가입자를 모집하여 시장을 확장하고 있다.

2.5.6 와이브로의 향후 진로와 정책방향

가) 글로벌 통신시장 및 국내통신시장 동향

세계통신시장의 현재 동향은 크게 유선의 쇠퇴와 무선으로의 대체, 무선데이터 통신 및 무선인터넷의 급격한 확산 등 통신서비스 분야별로 흥망성쇠가 나뉘고 있다. 첫째, 인터넷망의 보급이 확대됨에 따라 가격이 매우 저렴한 VoIP가 등장하여 기존의 유선전화는 거의 매출 대비 이익을 발생시키지 못하고 있으며, 이동통신의 보급과 이동통신 전화요금의 인하에 따라 유선전화의 가입자는 해마다 줄고 있다. 인터넷 서비스도 IPTV 등 데이터 매출의 비중을 높이고 있으나 현재 통신서비스 분야의 가장 큰 수익원은 이동통신에 의한 전화와 무선데이터 통신이라고 할 수 있다. 둘째, 스마트폰, 넷북의 보급 확대는 통신사업자의 무게중심을 음성통신에서 데이터통신 쪽으로 이동시키고 있다. 스마트폰을 이용할 경우 하나의 단말기에서 3G와 와이브로 서비스 모두를 이용하는 것이 가능해지고, 모바일 인터넷장치(Mobile Internet Device)에 기반한 인터넷 사용이 가능하게 되면서 무선데이터통신이 통신 서비스의 새로운 트렌드가 되어가고 있다. 이에 따라 통신사업자들은 정액제 등을 통해 무선데이터 통신서비스를 제공하고 적극적으로 신규가입자를 유치하고 있다.

우리나라는 5천만이 넘는 이동통신 가입자를 기반으로 하는 이동전화 중심의 모바일 서비스가 보편화된 상황이다. 이동전화는 다른 어떤 이동성 기기보다 휴대가 용이하고 음성통화 서비스를 넘어 정보단말로의 가치가 높지만, 이동통신 사업자들은 음성통화 수익성 악화를 우려하여 적극적으로 무선망 개방을 꺼려 했었다. 하지만 지금은 data 서비스를 통한 수익성 창출을 고려하여, 무선인터넷 기반구축에 적극적이다.

최근 KT가 대표적 스마트 폰인 아이폰을 출시하면서 다른 이동통신사들도 다양한 스마트폰 및 무선인터넷 서비스 등을 제공하고 있어 국내 이동통신시장도 급격히 변화하고 있다. 하지만 다양한 3G 스마트폰과 무선인터넷 서비스플랜의 출시가 현 단계에서는 오히려 와이브로의 서비스에 부정적 영향을 미칠 수도 있다. 와이브로 서비스의 잠재 이용자이기도 하였던 무선인터넷 서비스 수요 대기자들을 대부분 아이폰 등 스마트폰이 흡수한다고 할 때, 여전히 서비스 커버리지 및 서비스 내용 그리고 통화품질 등에 제약을 가지고 있는 와이브로의 확산에는 부정적 측면으로 작용할 수 있다.

나) 와이브로의 향후 진로

와이브로의 진로와 관련해서는 현재 2가지 견해로 나누어져 있다. 첫째는 수출로 새로운 활로를 찾는 것이 우선이라는 입장이다. 이 입장은 국내시장의 활성화를 위해 무리하게 전국적인 커버리지를 확보하고자 하고 또한 이를 위해 기업들의 투자이행을 강요할 필요가 없으며, 사업자의 자율선택에 맡겨야 한다고 본다. 이러한 주장은 초고속인터넷 인프라가 14Mbps로 세계 최고 수준인 우리나라에서 옥외 인터넷의 획기적 확산이 어렵고 또 현재 4세대 표준의 대세인 LTE에 비하여 서비스 및 단말기의 가격 경쟁력이 낮아 와이브로의 경쟁력이 떨어진다는 판단에 근거하고 있다. 이 입장은 해외시장 개척의 전제조건이 국내시장 활성화라는 명제에 집착하기보다 해외진출을 적극적으로 지원하여, 글로벌 시장에서 와이브로의 저변을 확대하자는 것이다. 삼성과 인텔 등이 기술경쟁력을 갖춘 와이브로 신화기술을 4G 기술로 채택시키는 결과를 얻었다. 하지만 WiBro는 전 세계시장의 15% 범위에 국한된 것으로 예견되고 있다.

둘째, 정부의 지원정책과 국내사업자의 적극적 시장개척에 따른 국내 와이브로 시장의 활성화에 국내외 와이브로 사업의 향배가 걸려있다는 입장이다. 이에 따라 정부는 와이브로의 활성화를 위해 다양한 지원정책을 마련하고, KT · SKT로 하여금 와이브로 사업신청단계의 투자계획을 실행에 옮기도록 주문하고 있다. 또한 사업자는 커버리지의 확대와 다양한 서비스 개발을 통해 보다 적극적으로 시장창출에 나서고 있다.

정책방향, 국가 차원에서 볼 때 국내 독자기술인 와이브로를 바라보는 시각은 다를 수 밖에 없다. 따라서 와이브로의 향후 진로에 대한 다양한 논쟁에도 불구하고 현재까지 정부의 기본정책은 와이브로 기술의 가능성에 대한 기대, 선 인프라 구축 후 서비스 확대라는 기본적 원칙을 유지하고 있다. 이미 2009년 10월 방통위는 와이브로 활성화를 위해 3대 정책방향과 8대 정책과제를 제시하였다. 우선 3대 정책방향으로 경쟁활성화, 전국망 구축, 사업성 제고를 제시하고, 이를 통해 국내 서비스 시장을 활성화하여 와이브로 서비스의 국제적 테스트 베드(Global Mobile Internet Test bed)로서의 입지를 구축함으로써 세계시장을 선도한다는 것이다. 또한 8대 정책과제로는 기존 사업사의 주파수 대역폭 변경과 신규사업자 진입, 와이브로 공공서비스 활성화 등을 제시하고 있다.

정부의 와이브로 활성화에 대한 의지와 다양한 정책방안의 제시에도 불구하고 시장전망은 여전히 불투명하다는 것이 와이브로 사업이 당면한 현실이다. 특히 4G의 상용화를 앞두고 있어 와이브로에게 주어진 시간은 그리 많지 않다. 따라서 현 시점에서 와이브로 서비스의 가능성과 경쟁력을 점검하고 재평가한 뒤 와이브로의 향후 진로와 관련한 정부의 정책적 결단이 시급히 요구된다. 향후 와이브로의 진로를 결정함에 있어 정부가 고려해야 할 정책적 측면들은 다음과 같다.

첫째, 와이브로 전략의 전면적 수정 또는 정책적 목표치의 조정이 필요하다. LTE 진영과의 경쟁 등 국제적 변수 때문만이 아니라 국내의 현재 시장구조 속에서 어떠한 활성화 정책이 나오더라도 와이브로 사업 초기의 전망을 달성하기는 어려울 것이기 때문이다. 따라서 와이브로 사업에 대한 목표를 기본의 국가대표 기술표준으로 전국적 차원의 서비스로 활성화하는 방향보다는 서비스 대상의 목표를 분명히 하여 제한된 지역과 영역의 서비스로 효용성을 최대화하는 방향으로 나가야 할 것이다. 즉 기존 4G 및 와이브로 전략의 핵심이었던 와이브로를 통한 세계시장 선점 전략을 수정하고 소규모 시장을 통한 다양한 성공모델을 만들어가는 전략이 필요하다.

둘째, 와이브로의 성공적인 비즈니스 모델 개발이 시급하다. 일반적으로 특정 서비스가 시작되면 관련 비즈니스 모델의 성공여부에 따라 시장 확산 정도가 결정된다. 그러나 국내 와이브로 시장 서비스 사업자인 KT 및 SKT는 현재 국내에서 성공적인 모델을 보유하지 못하다고 할 수 있다. 일부 연구에 따르면 HSPA와의 경쟁구도 아래서도 충분히 와이브로의 안정적인 잠재적 가입자 그룹이 존재할 수 있음을 시사하고 있다. 그러나 이를 위해서는 조기에 완성된 서비스를 제공하여야 하고 시장확산을 주도할 킬러서비스를 출현시켜 조기에 수요가 시장에서 실현되도록 해야 한다. 또한 차세대 핵심기술, 부품에 대한 투자지원과 기술선점 분야의 조기상용화 등에 대한 적극적 지원이 필요하다. 와이브로의 발전방향 중 하나로 대표적인 것이 기업무선통신망의 활용이다. KT에서 현대중공업에 와이브로 기반 무선통신망을 구축하였는데, 이는 와이브로가 기존 기업의 무선통신망을 대체할 무선인프라로서의 가능성이 크다는 것을 보여준다. 기업무선통신망 영역에서 성공한다면 와이브로 국가적 단위로 움직이기보다 외국기업들을 대상으로 한 기업무선통시망으로서 진출하는 것이 가능해질 것이다.

셋째, WiBro(mobile WiMAX)가 LTE와 4G 기술표준으로 공동 채택될 것으로 전망된다. 하지만 LTE 기술이 향후 85% 이상 시장을 점유할 것으로 예측되고 있어, 이에 대한 철저한 대비를 하여야 할 것이다.

넷째, 국내 통신시장 구조의 전환과 전면적 경쟁 활성화 정책이 필요하다. 이를 위해서는 신규사업자 허용, MVNO와 재판매의 전면적 허용 그리고 와이브로 망의 개방 등이 뒤따라야 할 것이다. 그러나 신규사업자 허용과 관련하여 정부가 지역별로 사업권을 부여하는 방안은 엄밀한 검토가 이루어져야 할 것으로 판단된다. 일본의 경우도 와이브로 사업자는 2개 사업자에 불과하고 그나마 실질적으로 서비스를 제공하고 있는 회사는 1개사에 불과하다. 따라서 우리나라의 경우도 현재 전국적 서비스사업자 2개사에서 지역별로 사업권을 준다고 해도 기업 차원에서 이윤창출이 가능할 지에 대해서는 불확실한 상태이다. 따라서 지역별 사업자를 허용하는 경우도 MVNO 사업자가 중심이 되어 와이브로 시장에서의 경쟁을 활성화하도록 하는 방향으로 이루어져야 할 것이다. 또한 MVNO의 활성화를 위해서는 와이브로 망의 개방에 대한 검토도 함께 이루어져야 할 것이다. KT 및 SKT는 현재 와이브로 망 개방 의무를 지니고 있지 않으나, 정체된 와이브로 시장을 활성화하기 위해서는 향후 망을 개방하여 와이브로 재판매사업자 및 MVNO를 통해 국내 와이브로 시장을 활성화시킬 필요가 있다.

다섯째, 정부의 선 인프라 구축, 후 서비스 활성화 전략의 재검토가 요구된다. 현재 방통위의 전국망 구축 노력은 과거 초고속망 구축의 사례 등에 기반하여 인프라의 구축이 곧 시장의 활성화를 가져올 것이라는 전제에 입각하고 있다. 그러나 초고속망 구축의 사례가 바로 와이브로 시장에도 적용될 수 있을지는 불확실하며, 특히 와이브로를 통해서만 가능한 콘텐츠가 절대적으로 부족하기에 인프라의 구축에도 불구하고 시장 활성화기 이루어지지 않을 지도 모른다. 결국 시장 활성화를 위한 여건이 충분히 마련되지 않은 상태에서 무리한 인프라의 구축은 자원낭비와 실패를 가져올 수 있다.

여섯째, 방통위는 신규사업자 허가와 관련하여 주파수 대역을 2.3GHz에서 2.45GHz로 전환하거나, 채널 대역폭을 8.75MHz에서 10MHz로 전환하도록 하였다. 하지만 이러한 정책은 삼성전자를 중심으로 한 장비 제조업 진흥에는 부정적으로 작용할 수 있으며, 2.3GHz 대역 주파수를 국제기규에서 광대역 무선인터넷 용도로 관철시킨 우리나라의 신인도가 타격을 받을 수 있다. 또한 이미 투자를 진행한 기존 사업자의 네트워크 및 단말 비용도 큰 부담으로 작용할 수 있다. 그러나 다른 한편으로 주파수 대역변경은 다음과 같은 긍정적 효과가 있을 수 있다. 미국, 일본, 영국 등 주요국에서 광대역 무선인터넷 대역으로 2.5GHz를 추진 중에 있으므로 규모의 경제에 의한 장비 가격인하에 기여할 수 있다. 2.3GHz 대역용 장비 및 단말기는 삼성전자에 의존해야 하나 2.5GHz 대역장비 및 단말기는 Alcatel 등 타 장비업체가 추진 중이므로 서비스 활성화에 긍정적으로 작용할 수 있다. 마지막으로 디지털 컨버전스 환경 하에서는 이해관계자간 참여와 협력을 통한 법, 제도적 장벽 및 갈등 해소 노력이 무엇보다 필요하다. 와이브로 서비스가 대표적인 유무선 통합형 컨버전스 서비스라고 할 때, 정부의 관련 시장 정비와 정책적 지원, 관련 사업자의 활성화 의지, 참여주체간의 유기적 협력체계가 필수적이다. 또한 서비스 및 장비사업자와 기타 관련 부속장비 사업자의 유기적인 파트너십, 기술과 장비의 공동개발 등의 협력체계 구축이 필요하다.

2.6 와이파이(*Wi-Fi*)

2.6.1 개념

Wi-Fi는 고객의 이동성 보장, 사무환경 개선요구로 출현한 기술이다. 장비 간에 무선을 이용하여 연결함으로써 고객에게 이동성 보장, 사무환경을 개선하는 무선 랜 기술은 1997년 '802.11' 이라고 불리는 무선 랜 규격의 원형이 등장하면서 발달되기 시작하였다. 세계적으로는 802.11계열 기술이 와이파이로 통용된다. 와이파이는 'Wireless Fidelity' 의 약어로 무선접속장치(AP)가 설치된 곳을 중심으로 일정 거리 이내에서 PDA나 노트북 컴퓨터를 통해 초고속 인터넷을 이용할 수 있는 무선 랜을 지칭한다. 무선주파수를 이용하므로 전화선이나 전용선이 필요 없으나 PDA나 노트북 컴퓨터에는 무선 랜카드가 장착돼 있어야 한다.

또한 전송속도가 4~11Mbps로 대용량의 멀티미디어 정보도 주고받을 수 있으며 장시간 사용해도 사용료가 저렴하고 이동성과 보안성까지 갖추고 있다. 그러나 와이파이는 기지국당 커버리지가 30~200m 정도로 매우 협소하기 때문에 이동성은 크게 떨어진다. KT의 네스팟이나 스페인에서 시작된 '폰(PONE)' 서비스 등이 와이파이 기술을 기초로 하고 있으며, 미국과 유럽은 이미 와이파이 기술을 일종의 공공재로 여기고 있다. 주요 도시들은 시 전 지역에 걸친 와이파이 Zone의 구축 및 제공으로 시민들이 공공장소에서 무료 무선인터넷 이용이 가능하다. 이제는 휴대전화에 와이파이 기술을 채택, 인터넷전화(VoIP)와 결합돼 엄청난 파급효과를 일으키고 있다.

Wi-Fi는 IEEE 802.11에서 규격화하고 있으며, 다양한 방식이 있다. 따라서, Wi-Fi 는 이동성 보장을 최대 장점으로 빠르게 성장하고 있는 기술이라고 할 수 있다.

2.6.2 IEEE 802.11 규격과 종류

IEEE 802.11 규격에서 규격 제정 및 개정 중인 세부 내용은 〈표 2.25〉와 같다.

〈표 2.25〉 IEEE 802.11 규격

구 분	규격명	규격 내용
Upper Layer	802.11f	액세스 포인트간의 정보교환 프로토콜
MAC	802.11d	사용지역을 통지하기 위한 확장
	802.11e	프레임 송신의 효율화와 QoS
	802.11i	시큐리티 기능 확장
	802.11k	무선랜 자원관리
	802.11r	고속로밍
	802.11s	Mesh network
PHY	802.11a	5GHz대를 사용, 최대 54Mbps
	802.11b	2.4GHz대를 사용, 최대 11Mbps
	802.11g	2.4GHz대를 사용, 최대 54Mbps
	802.11h	5GHz대의 유럽용 사양으로 전력제어와 자동채널 설정 등을 규정
	802.11j	5GHz대의 일본용 사양
	802.11n	2.4 GHz & 5GHz대를 사용, 최대 100Mbps
기 타	802.11l	L과 숫자 1이 혼동되기 쉽기 때문에 없음
	802.11m	각 무선랜 규격의 잘못을 수정
	802.11o	O과 숫자 0이 혼동되기 쉽기 때문에 없음
	802.11p	무선랜을 DSRC에 사용하기 위한 규격이나 테스크 그룹은 개시되지 않고 있음

가) IEEE 802.11x

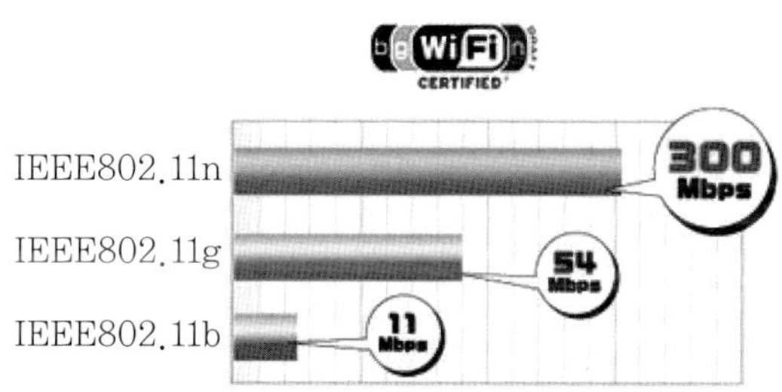

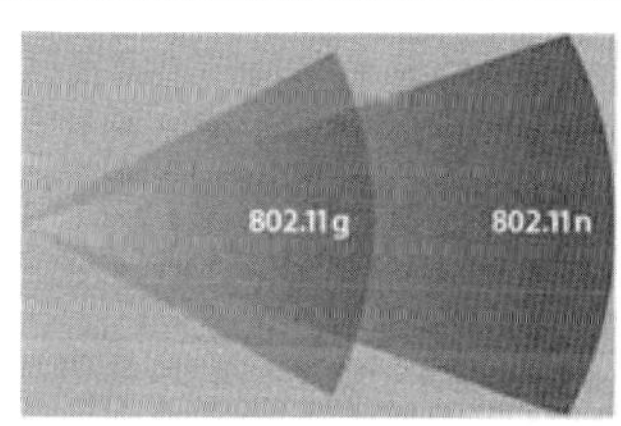

무선 네트워크를 하이파이 오디오처럼 편리하게 쓰게 한다는 뜻에서 와이파이(Wi-Fi)라고도 부른다. 무선접속장치(AP)가 설치된 곳을 중심으로 일정 거리 이내에서 PDA나 노트북 컴퓨터, 핸드폰을 통해 초고속 인터넷을 이용할 수 있다. 무선주파수를 이용하므로 전화선이나 전용선이 필요 없으나 PDA나 노트북 컴퓨터에는 Wi-Fi 카드가 장착되어 있어야 한다.

1980년대 말 미국의 Proxim사와 Symbol사 등 무선기기 회사에서 처음으로 사업화하였으나 다양한 방식이 난립하여 일반화되지는 못했다. 1999년 9월 미국 Wi-Fi협회인 WECA(Wireless Ethernet Capability Alliance; 2002년 Wi-Fi로 변경)가 표준으로 정한 IEEE802.11b와 호환되는 제품에 와이파이 인증을 부여한 뒤 급속하게 성장하기 시작하였고, 우리나라에는 2000년에 도입되어 대학과 기업을 중심으로 활성화되고 있다.

나) IEEE 802.11b

초기에는 전파 도달거리가 10m에 불과했으나 2000년대에 들어와서는 50~200m 정도까지 대폭 늘어났다. 전송속도가 4~11Mbps로 대용량의 멀티미디어 정보도 주고받을 수 있으며, 장시간 사용해도 사용료가 저렴하고, 이동성과 보안성까지 갖추고 있다.

유선 연결이 복잡한 백화점이나 병원 · 박물관 등과 전시회 · 세미나 · 건설현장 등 일시적으로 네트워크를 설치하는 데에 매우 유용하다.

Wi-Fi 보급촉진 및 각 Wi-Fi 제품 간의 호환성을 확보하기 위하여 Wi-Fi의 상호 접속성을 보증하기 위한 단체인 WECA(Wireless Ethernet Compatability Alliance)가 Wi-Fi 제품 간 상호 운용성 테스트를 통과한 제품의 표준 규격이다.

WECA에 의해, Wi-Fi 규격 IEEE802.11b High Rage의 마케팅상의 플랫폼으로 WECA에 상호운용 테스트를 완료한 제품에만 해당되고, Wi-Fi 인증제품은 상호호환 운용성이 WECA에 보증된다.

다) IEEE 802.11n

802.11n이란 무선 랜(LAN) 기술로, 노트북 등 휴대용 컴퓨팅 기기와 인터넷 라인을 서로 연결시켜주는 방식의 무선 전송 기능을 말한다.

802.11n 기술은 현재 광랜을 뛰어 넘는 600Mbps까지 속도를 낼 수 있으며, 2.5GHz, 5GHz의 풍부한 대역폭을 가지고 있다.

2.6.3 Wi-Fi의 구성

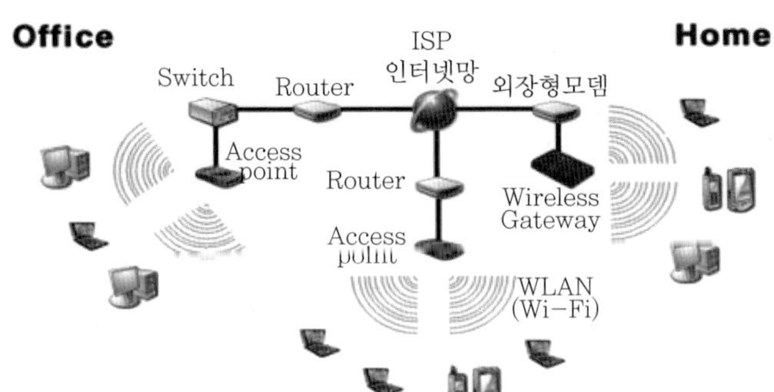

〈그림 2.127〉 Wi-Fi의 구성도

Wi-Fi는 일반적으로 무선랜 카드(Wi-Fi Card), 액세스 포인트(AP: Access Points), 옥외용 LAN 브리지(Outdoor LAN bridge) 등 3가지 주요 요소로 구성된다. 무선랜 카드는 유선LAN 환경에서 LAN카드가 NOS(Network Operating System)와 유선사이에서 인터페이스 기능을 수행하듯이 Wi-Fi 환경에서 NOS와 안테나 사이에서 인터페이스 기능을 수행하여 네트워크로의 투명한 연결을 제공하며, 무선랜 카드는 유선환경에서의 유사 LAN카드들-PCMCIA, PCI, USB 등과 동일한 형태(form factor)로 만들어진다.

AP는 무선 환경에서의 LAN 허브(LAN Hub)를 말하며 표준 이더넷 케이블을 통해 유선망의 백본과 연결되며 안테나를 통하여 무선 단말기들과 통신을 하게 되는데 AP의 반경은 20M에서 500M에 이르며, 1개의 Access Points는 기술방식과 구성 및 사용방법에 따라 수십 명 대의 사용자를 지원한다. Wi-Fi의 반경을 넓히는 작업은 AP의 추가를 통하여 비교적 손쉽게 이루어지는데, 이 같은 방법은 네트워크의 congestion을 감소시키며 커버리지 영역을 확대시킨다.

병원, 관공서와 같은 대규모 시설 등은 상시적인 네트워크 접속을 제공하기 위하여 여러 대의 AP를 요구하며 AP는 자신의 영역 내에서 사용자의 움직임을 추적하며 특정 사용자의 통신을 승인하거나 거부할 수도 있다.

〈그림 2.128〉 가정 내에서의 Wi-Fi의 활용도

2.6.4. Wi-Fi의 구축 형태

가) Peer-to-peer방식(Ad Hoc 방식)

유선망과의 연결 없이 무선 랜 카드를 장착한 2대 이상의 PC들로 이루어진 형태로 컨벤션 센터나 야외공간과 같이 기존 인프라가 구축되어 있지 않은 장소에서 신속하고 손쉽게 Wi-Fi 환경을 구축할 수 있다. AP는 Repeater로서의 역할을 수행함으로써 독립적인 Wi-Fi의 범위를 배로 확장할 수 있다.

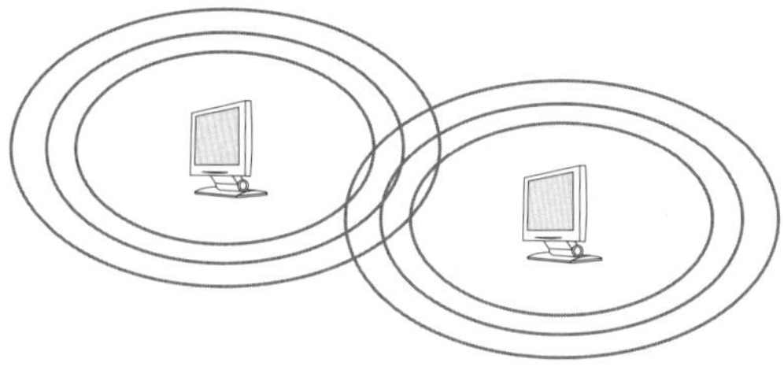

〈그림 2.129〉 Peer-to-Peer 방식

이 방식은 무선 랜 카드를 장착한 클라이언트 상호간의 통신을 지원함으로 유선 네트워크에 대한 접근을 지원하지 않기 때문에 유선에 접속하기 위한 AP를 필요로 하지 않는다.

나) Client/Server(Infrastructure networking) 방식

Client/Server방식은 유선망 자원과의 브리지 기능을 수행하는 AP에 여러 대의 PC들이 무선망으로 연결된 형태로써 여러 대의 AP가 Wi-Fi를 유선LAN에 연결시킴으로써 사용자들이 네트워크 자원을 공유할 수 있도록 한다. 무선 클라이언트가 새로운 AP가 있는 영역으로 이동할 때 기존 AP의 접속을 끊고 새로운 AP로 자연스럽게 접속되도록 하는 로밍이 가능한 특징이 있다.

이 방식에서 무선통신은 주어진 전력(power output)범위 하에서 얼마나 멀리 신호가 전달될 수 있느냐에 의해 그 한계가 주어지며, 무선 접속의 범위를 확장하기 위하여 셀룰러 이동통신 시스템과 유사한 마이크로 셀을 이용하며, 사용자는 어떠한 지점에서도 항시 하나의 AP와 마이크로 셀에 연결되어져 있다.

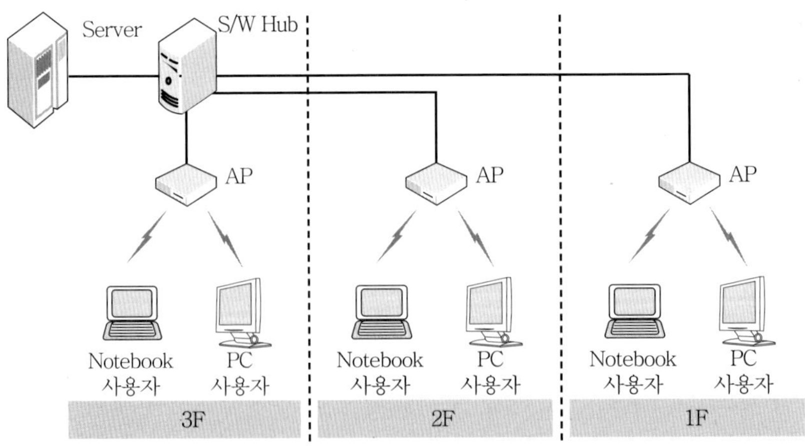

〈그림 2.130〉 Client/Server 방식

다) 외부 안테나를 이용한 방식

이 방식은 기존 망이 설치된 건물 간에 케이블링 작업이 없고 전송 속도는 4~6Mbps이고 최고 5km정도까지 두 망을 연결할 수 있다. 두 개의 액세스 포인트 또는 PC용 브리지/라우터/게이트웨이가 사용되며 두 건물간의 LAN을 연결하기 위해 안테나가 사용된다. 일대일 간의 통신을 위해서는 방향성(Directional) 안테나, 일대 다수간의 통신을 위해서는 전 방향성(Omni-Directional) 안테나가 사용 된다.

2.6.5. Wi-Fi의 특징

가) 적용 범위와 영역

전파 방식과 적외선 채널의 통신 가능 거리는 제품 설계 기능(전송 파워와 리시버 설계), 그리고 특히 실내 환경에서의 전파 경루에 달려 있다. 벽, 금속, 건물 구조 그리고 심지어 사람까지도 데이터 전송에 영향을 미칠 수 있다. 고체는 적외선 시그널을 차단하므로 적외선 방식을 선택할 때는 다소 제약이 따른다. 반면, 라디오 채널의 전파 방식 대부분은 실내 벽과 장애물을 관통할 수 있다. 이밖에 Wi-Fi의 적용 반경도 고려해야 하는데, 이는 제품별로 다양하므로 사전에 살펴야 한다. 이 적용 가능 범위는 여러 대의 액세스 포인트를 통해 확장이 가능하다.

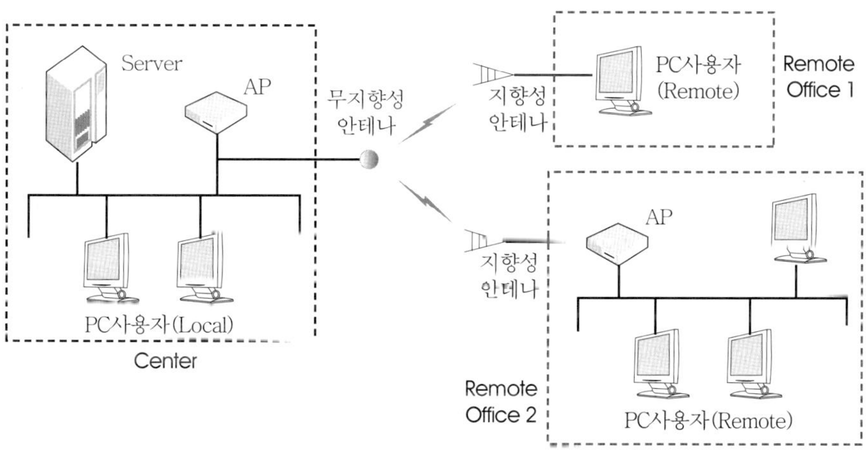

〈그림 2.131〉 Wi-Fi 적용 예

나) 처리량

Wi-Fi의 처리량은 유선 LAN과 마찬가지로 사용하는 제품의 품질과 셋업에 달려 있다. 처리량에 영향을 미치는 요인으로는 이용자 수, 범위와 멀티패스 등의 채널 요인들, 이용하고 있는 Wi-Fi 시스템의 형태, 그리고 LAN 연결 지점에서의 지연과 병목 등이다.

다) 보안

무선 데이터 기술은 50년이 넘는 기간 동안 상업용과 군용 애플리케이션으로 사용, 그 성능이 입증됐다. 전파 방해는 처리량의 감소를 초래할 수 있지만 작업장에서 그런 방해가 일어나는 것은 드문 일이다. 실제로 Wi-Fi는 휴대폰 연결보다 훨씬 더 안정적이다.

라) 무선장비 간 상호 호환

호환성 Wi-Fi 제품은 아직도 벤더 간 호환성 문제를 완벽하게 해결하지 못했다. 이유는 세 가지이다. 첫째, 적용되는 기술들이 서로 상호 연동되지 않기 때문이다. 즉, FHSS 기술을 기반으로 한 시스템은 DSSS 기술을 기반으로 한 시스템과는 서로 통신할 수 없다. 둘째, 서로 다른 주파수대를 이용하는 시스템은 설령 같은 기술을 이용하고 있다고 하더라도 상호 연동되지 않는다. 셋째, 서로 다른 벤더에서 나온 시스템들은 같은 주파수대를 사용해도 각 벤더별 구현하는 방식에 따라 연동되지 않을 수도 있다.

마) 방해와 공존

여러 개의 Wi-Fi을 배치하는 경우, 일부 업체의 제품은 다른 Wi-Fi을 방해할 수 있다. 물론 서로 방해하지 않고 공존할 수 있는 것들도 있다. 사전에 이 문제를 확실히 하여야 한다.

바) 비용

Wi-Fi 구현 시 가장 큰 장점은 케이블 설치비용이 없다는 점이다. 케이블 비용이 필요 없고, 이를 설치하고 보수하는 데 드는 인건비도 필요 없다. 그러나 Wi-Fi 장비 자체 비용이 비싸다. 기본적으로 액세스 포인트와 Wi-Fi 어댑터가 요구된다.

액세스 지점의 수는 대게 적용 범위나 서비스 대상이 되는 이용자의 숫자와 형태에 따라 좌우되는데, 적용 범위는 제품이 커버할 수 있는 면적에 비례한다.

사) 전력소모

노트북용 제품의 배터리 수명 노트북용 Wi-Fi 어댑터는 호스트가 되는 노트북으로부터 AC나 배터리 전원을 끌어 쓰게 설계되어 있다. 때문에 얼마나 효율적인 전력 소모를 보장하는가도 관건이다.

2.6.6. 무선 통신 간 비교

〈표 2.26〉 무선통신간 비교

구 분	IrDA	PIAFS	SWAP	무선LAN	Bluetooth
규격 명칭	IrDA Ver1.0b	PIAFS	HomeRFIEEE	802.11n	Bluetooth (IEEE802.15)
주요 기업	HP, IBM, TEMIC, Philips	-	Microsoft, intel, IBM, HP, Compaq	TGnSync, WWise	Ericsson, Nokia, Intel, IBM, Toshiba, Microsoft
전송 속도	4.16Mbps	최대 64 kbps/초	1~2Mbps	최대 600 Mbps/초	최대 723kbps/초
통신 거리	약30m	100m	50m	표준 50m	표준 10m
접속 대수	1대 1접속	1대 1접속	1대 다수	1대 다수 접속 (128대 까지)	1대 다수 접속 (7대 까지)
접속 설정	때에따라 다름	사전에 필요	사전에 필요	사전에 필요	사전에 필요하지만 쉽다
접속 상대	PC, 그 밖에 다수	PC - AP	PC 그밖에 가전 제품	PC-PC(AP)	휴대전화, PC, 카메라 등
전송 데이터	데이터만	데이터만	데이터만	데이터만	음성과 데이터
표준화	세계표준 규격	일본국내의 규격	-	세계표준 규격	세계표준 규격
모듈 가격	0.2~0.3 달러	-	25달러 (목표)	-	10달러 내외
장점	저가격, 고속 통신	비교적 장거리 기존의 네트웍 (TCP/IP) 지원가능	제품 다수, 고속 통신	방향, 장애물에 강함	저비용 저전력소비, 상호접속성 좋음
단점	접속기기간의 방향 및 장애물에 약함	일본 내에서만 일부 가능, 저속통신	고비용, 접속 시 설정이 힘듬	고비용, 음성데이터 불가	전송속도 느림 (고속화 진행 중)

2.6.7. Wi-Fi 현황

가) 기술 성숙 단계

Wi-Fi를 언급하면서 표준에 대한 내용을 피해가기란 어렵다. 이 기술이 성공하게 된 바탕은 어느 정도 802.11 표준의 품질 때문이라고 할 수 있다.

최초로 상업적 성공을 거둔 것은 802.11b를 기반으로 한 장비로, 2.4GHz ISM 밴드를 사용하고 11Mbps의 최대 신호율을 갖춘 것이었다. 다음에 나온 것이 5GHz 밴드와 54Mbps의 최대 신호율을 갖춘 802.11a 장비였다. 이 장비가 당연히 802.11b의 뒤를 이을 것으로 생각되었으나 실제로는 그렇지 못했다. 기술적인 어려움으로 인해 최초의 802.11a 장비는 성능 기대에 미치지 못했으며 가격도 비쌌기 때문이다. 공급업체들이 1세대 기술의 문제 해결에 몰두하는 가운데 802.11g 표준이 등장했다.

802.11g 표준은 대단한 상업적 성공을 거두었다. 이 표준은 802.11b와 같이 2.4GHz ISM 밴드를 사용했으나 신호율은 802.11a와 같은 54Mbps를 사용했다.

802.11a의 경우에 비해 RF 기술을 수월하게 활용할 수 있었기 때문에 곧 우수한 성능의 장비가 등장했다. 54Mbps 수준을 전송하는 이 장비는 고속 기술 장비로써의 입지를 굳히고 시장을 석권했다. 그러나 802.11a가 완전히 사장된 것은 아니며 2.4GHz ISM 밴드로는 용량이 부족해지면서 5GHz 밴드를 이용한 네트워크 운영의 장점이 대두되고 있다.

채널이 늘어나고 간섭이 줄어든 장비란 곧 성능에 민감한 네트워크에 이상적이라는 것을 의미한다. 초기의 기술 문제가 해결되면서 802.11a는 현재 기업용 네트워크에서 채택되고 있다.

802.11n이 등장하여 100Mbps 수준을 훨씬 초과하는 실제 데이터 처리율을 제공하고 있다. 802.11n 표준은 다중 안테나를 가진 여러 개의 독립형 전파를 기반으로 한 MIMO 기술을 사용한다. 이 다중 전파는 발신자로부터 수신자 사이에 다양한 경로를 취하는 무선 주파수 효과인 'Multipath' 라는 것을 이용하여 다른 경로를 통해 동일한 라디오 채널로 데이터를 송신할 수 있다. 이러한 데이터 '계층' 은 전반적인 처리량을 늘이거나 Wi-Fi 네트워크의 범위를 대폭 넓히는데 사용될 수 있다. 오늘날 Wi-Fi 네트워크의 일반적인 문제는 가정과 사무실 전체의 사용 가능 데이터를 믿을 수 있고 견고하게 연결하는 일이다.

레거시 802.11 디바이스도 지원 가능하나 성능 저하를 감수해야 한다. MIMO 기술을 최대한 활용하는 802.11n은 간섭이 전혀 없는 5GHz 밴드를 사용하지만 2.4GHz 밴드도 여전히 사용할 수 있다.

나) 우리나라 IEEE 802.11n의 현황

인텔의 새로운 모바일 플랫폼인 산타로사가 발표되면서 함께 주목받은 것이 새로운 무선 네트워크 규격인 802.11n의 draft-n 기술이었다. 최대 전송 속도가 54Mbps이었던 802.11g에 비해 802.11n은 최대 300Mbps의 속도를 낼 수 있어 유선 네트워크에 비해 상대적으로 느렸던 무선 네트워크 환경에 큰 활력을 불어 넣을 것으로 기대를 하고 있다.

하지만 국내에선 802.11n의 제 성능을 쓰지 못하고 그 절반의 속도인 135Mbps의 전송 속도로만 사용이 가능하다. 그 이유는 802.11n이 사용하는 2개의 채널을 하나로 묶어 쓰는 채널 본딩을 사용하게 되면 약 40MHz의 대역폭을 쓰게 되는데 이는 한 채널당 최대 26MHz를 넘지 못하게 하는 국내 전파사용법상 제약에 걸려 채널본딩이 불가함으로 20MHz로 낮춰진 성능으로 최대 135M의 속도로 밖에 사용할 수 없다. 시대를 맞추지 못하고 뒤떨어져 가는 IT관련법들이 하루 빨리 개정이 되어야 할 것이다.

다) 유무선 통합 기능 구현

최근 차세대 Wi-Fi 칩셋이 속속 출시되고 있다. 이 신형 칩셋의 특징은 통합 수준이 높아지고 전력 효율이 훨씬 높아졌다는 점이다. 결과적으로 Wi-Fi를 저렴한 비용으로 더 작은 공간에 응용할 수 있게 되었다.

따라서 Wi-Fi는 배터리를 이용하는 다양한 휴대용 제품으로 영역을 확대하고 있다. 역시 새로운 Wi-Fi QoS 표준인 WMM과 WMM-SA를 사용하는 새로운 애플리케이션으로 가장 관심을 끄는 것은 Wi-Fi를 활용한 전화일 것이다.

사무실의 IP 네트워크를 통해 음성 전화를 걸 수 있는 유연성과 비용 상의 장점은 곧 IP 텔리포니가 이미 기업에서 확고한 위치를 정립했다는 것을 의미한다.

핸드셋에 Wi-Fi 기술을 사용하여 이더넷 케이블을 대체하는 과정은 자연스러운 변화이며, 현재 여러 형태의 Wi-Fi 전화 제품이 출시되어 있는 상황이다. 그러나 Wi-Fi가 이동 전화 안으로 이동하고 있다는 점을 고려한다면 이것은 빙산의 일각에 불과하다.

오늘날의 이동 전화는 대부분 미디어를 이용할 수 있는 지능형 플랫폼으로 Wi-Fi를 전화에 적용할 경우 MP3, 비디오 칩 또는 게임에 쉽게 접속할 수 있도록 향상된 데이터 연결성을 제공하는 매력적인 기능을 갖추게 된다. 또한 Wi-Fi를 이용할 경우 Wi-Fi 네트워크를 통해 음성 전화를 할 수 있기 때문에 이동 전화 네트워크를 가정이나 기업의 네트워크로 확장할 수 있다.

이동 전화 네트워크가 확장되는 동안 유선 사업자들과의 충돌이 있었다. 많은 사람들이 집이나 사무실에서 이동 전화 네트워크를 통해 전화를 걸거나 받는다.

이것은 곧 유선 사업자들의 매출 손실과 사용자 측의 불필요한 지출로 이어진다. 동시에 IP 텔리포니 및 어디에든 거의 무료 전화를 걸 수 있게 해주는 Skype와 같은 회사들이 늘어나고 있다. 이로 인해 '이중 모드' 핸드셋 개발에 관심이 쏠리고 있다.

이것은 가정이나 사무실에서는 Wi-Fi를 사용하는 로컬광대역 네트워크에 연결되고 밖에 나가면 이동 전화 네트워크를 이용하여 연결되는 핸드셋이다.

이것을 유무선 통합(fixed-mobile conver-gence) 기능이라고 한다. 이 기능을 실현하려면 QoS를 구현하는 고급 Wi-Fi 기술뿐 아니라 통화를 효율적으로 전달하고 라우팅할 수 있도록 네트워크 수준에서 작동되는 몇 가지 새로운 표준과 프로토콜이 필요하다. 이러한 요구를 해결하기 위해 다수의 주요 사업자들과 장비 제조업체들에 의해 비승인 모바일 액세스(Unlicensed Mobile Access, UMA) 기술이 개발되었다.

라) 디지털 홈 네트워크로

많은 가정에 광대역 연결 공유 수단으로서 Wi-Fi가 제공되고 있으며 광대역 속도는 일반적으로 10Mbps 미만으로 1Mbps에도 못 미치는 곳도 많은 상황이므로 현재의 802.11a/b/g 기술은 앞으로 당분간 일반적인 검색과 파일 공유 요구를 충분히 수용하고도 남을 것이다. 그러나 비디오와 미디어 서비스가 도입될 경우 이것으로는 부족하게 된다. 바로 이 점에서 802.11n의 필요성이 대두된다.

방송 및 기타 오락 서비스 제공자들은 오랫동안 프로그램 컨텐츠를 집안 어디에나 배포할 수 있는 방법을 강구해왔다. 이는 고객과 사업자 모두에게 거대한 잠재 이익을 제공한다.

· 이 기술을 통해 셋톱박스가 없는 다른 방에서도 비디오나 TV를 볼 수 있게 된다.
· 집안의 다른 곳에서 동시에 다른 채널이나 미디어를 시청할 수 있다.
· 하나의 중앙 미디어 서버에 비디오와 다른 미디어를 저장하였다가 다른 방에서 원격으로 이를 다시 볼 수 있다.
· 전화 소켓이나 케이블 어댑터 등 가정으로 들어오는 입력 지점과 TV 셋이나 AV 시스템 등 시청하거나 접속하는 지점을 분리하므로 설치 방법이 간단하다.

2.6.8. 향후 전망

이렇듯 우리의 생활에서 점차 Wi-Fi는 없어서는 안 될 장치가 되어가고 있다. 홈 네트워크와도 결합하여 외출을 하여도 집안 상황을 체크를 할 수 있으며, 아이폰으로 자동차를 무인 조종할 수 있으며, 물건을 구입할 때도 일일이 바코드에 찍지 않아도 게이트만 통과하면 알아서 계산이 되는 기술 등 너무 많은 기술들이 점차 우리 삶을 바뀌게 만들 것이다.

이러한 삶의 편리함은 우리에게 조금 더 큰 여유시간과 이득을 줄 것이고 인터넷의 보급이 가져온 정보화의 물결이 스마트폰으로 인하여 한번 더 몰아치는 것과 같다.

단점이라면 너무 많은 정보량과 업무의 연장성, 집중력으로 인한 몸의 피로 등을 생각해 볼 수 있다.

위에도 말했지만 정보화의 물결에 수많은 뉴스와 지식이 많아질수록 우리가 알아도 될 정보도 있지만 그렇지 않는 정보들도 있다. 예를 들어 스펨메일을 보자. 인터넷 이메일을 가지고 있는 사람이라면 자신의 이메일함에 있는 몇백개의 스펨메일을 보면서 괴로울 것이다. 일일이 선택하면서 지워야 하지만 그래도 혹시 지인이나 업무상의 이메일이 올 수도 있기 때문에 어느 정도는 확인을 해야 한다. 이 또한, 시간 낭비고 전력 낭비고 정신적 낭비이다.

업무적으로 연장선이 될 수 있다. 스마트폰의 보급이후 많은 회사에서 업무가 편해졌다고 한다. 물론 쉽게 업무를 처리할 수 있는 것이 회사에서만은 아니다. 휴일에도 스마트폰을 이용한 업무 지시나 출장 나갔을 때도 위치 추적을 이용해 직원의 위치를 알 수도 있다는 것이다. 어떻게 보면 사생활 침해라 볼 수도 있지만 회사는 능률적으로 일하는 곳이기에 직원은 스트레스를 받는다.

이처럼 포괄적으로 과학이 발전하는 이유를 본다면 인간을 편하게 하기 위해서지만 실제로는 괴로움도 같이 가져가야하는 판도라의 상자 같다.

2.7 와이맥스(*WiMAX*)

2.7.1 개념

WiMAX(World Interoperability for Microwave access)는 무선 랜의 확장되는 개념에서 제안된 기술로 IEEE 802 계열의 기술을 중심으로 개발된 고정무선 서비스 기술로 기본적으로 무선 랜 기술인 Wi-Fi보다 기능 및 범위를 확장하려는 개념에서 출발했다. 또한 WiMAX는 IEEE802.16의 별칭으로 Wi-Fi(802.11a/b/g)의 공간적인 한계를 극복하기 위해 개발된 기술로 안테나 하나로 도시전역을 서비스할 수 있는 광대역 Broadband 서비스 기술이다.

Wi-Fi가 30~200m 정도로 서비스 커버리지가 매우 협소하다는 단점이 있는 반면, WiMAX는 50km까지 서비스 커버리지를 확대할 수 있고, 전송속도도 최대 70Mbps까지 가능한 Last mile 기술이라고 볼 수 있다. 따라서 WiMAX 기술은 기존의 유무선 인터넷 서비스 시장을 일부 대체 또는 보완하면서 새로운 시장기회를 창출할 수 있을 것으로 기대된다. WiMAX의 가장 중요한 장점은 기존의 DSL 및 cable modem보다 비용이 효율적이어서 저렴한 구축비용으로 먼 곳까지 초고속 인터넷 서비스에 근접한 속도의 고정형 무선 인터넷을 가능하게 하기 위한 MAN(Metropolitan Area Network) 서비스 규격이다.

2.7.2 모바일 와이맥스 기술표준화

802.16 WiMAX 기술은 무선광대역 기술로 기존의 유선 광대역망의 보완재 개념으로 크게 주목받으며 등장하여, 점차 이동성이 강화된 Mobile WiMAX인 802.16e 기술로 진화하였다. 전송속도가 다소 떨어지고 양질의 주파수를 활용해야 하더라도 이동성 개선 및 안정적인 서비스 커버리지 확보에 주안점을 두는 방향으로 발전돼 가고 있다. 모바일 와이맥스를 3G기술 표준에 추가하는 것은 2006년 와이맥스 표준을 이끌고 있는 미국 인텔이 한국에 공식 제안하면서 추진돼 왔다. 이에 따라 미국, 한국을 포함한 모바일 와이맥스 진영은 2007년 6월초 일본 교토에서 열린 제22차 ITU-R(국제전기통신연합 전파통신부문) 이동통신전문가그룹(WP8F)회의에서 와이맥스 기술을 기존 IMT-2000기술 표준에 포함하는 의제와 관련한 기고문 등을 발효해 이를 통과시켰다. 그리고 2007년 개최된 전파통신총회(Radio Assembly)에서 회원사 간의 협의를 통해 기술표준이 채택되었다.

가) 802.16

IEEE 802.16 그룹은 2000년부터 활동을 시작하여 2002년 4월에 10~60GHz 주파수 대역에서 운용되는 802.16 버전의 표준을 발표하였다. 이 기술은 가시성(LOS)확보를 전제로 하고 있으며, 고속 전송속도에 중점을 두고 있다.

나) 802.16-2004(Fixed WiMAX)

Fixed WiMAX는 WiMAX 포럼에서 WiMAX의 기반 기술로 선정한 바 있는 기술표준이다. 주로 고정 단말기간 무선통신에 대해 다루고 있으며, 가시선이 확보되는 경우는 45km까지 서비스 커버리지가 확보될 수 있으나, 가시선을 확보하지 못할 경우에는 1~2km까지로 설정되어 있다. 주파수 대역은 2~11GHz 대역을 활용할 수 있고, 섹터당 20MHz의 채널을 바탕으로 전송속도는 최대 75Mbps까지 구현할 수 있다.

다) 802.16e(Mobile WiMAX)

IEEE 802.16e는 모바일 와이맥스로 불려지고 있으며, 802.16-2004의 버전에 비해 이동성 문제를 대폭 향상시켜서 노트북, PDA, 이동전화 등 이동형 단말기를 통한 접속이 가능하도록 한 표준이다.

2.7.3 와이파이 vs 모바일 와이맥스

WiMAX는 본격적인 4세대 무선기술로 각 방면에서 새로운 비즈니스 기회를 창출하게 될 것으로 기대되고 있으며, 지난 2006년 8월 9일에 미국의 스프린트는 2.5GHz 주파수대에 Mobile WiMAX를 도입한다고 발표하였다. 주파수 대역폭은 2.3GHz와 2.5GHz대에서 표준으로 정해졌으며, 전파 도달거리는 반경 약 50km에서 70Mbps급의 전송속도를 목표로 하고 있다. WiMAX는 기존의 Wi-Fi장비(무선 랜)가 몇 십 미터밖에 되지 않는 도달거리 때문에 엄청난 엑세스 포인트를 설치해도 가용성에 한계가 크다는 단점을 극복하는 것을 목표로 하고 있다. 표준안 제안자들도 무선 랜 장비 업체들로서 WiMAX는 거리와 속도를 엄청나게 향상시킨 무선 랜으로 이해한다. 무선 랜 장비 업체들이 핫스팟 서비스라는 개념을 이동통신 또는 유선통신 회사에 제안하여 공중 무선 인터넷 서비스 시장을 열려고 했으나 와이파이의 짧은 거리 때문에 사업이 성공적이지 않은 경험을 바탕으로 넓은 거리에서 사용 가능한 무선 랜 기술을 제안한 것이다.

결론적으로 '와이브로는 휴대전화로부터, 와이맥스는 무선랜으로부터' 서로의 영역으로 진보하는 기술이다. 이와 달리 무선 랜에서 시작한 광대역 무선기술은 WiFi 단계를 거쳐 현재 고정형 WiMAX와 이동형 와이맥스 기술로 발전했으며, 이동형 와이맥스 기술인 WiBro는 이미 세계 최초로 상용 서비스를 제공하고 있다. 이 같은 발전과정을 거치고 있는 이동통신 기술과 광대역 무선기술이 함께 어울려지면서 4세대 이동통신 기술로 채택될 것으로 전망된다. 이미 미국 스프린트 넥스텔은 한국의 WiBro(이동형 와이맥스)를 4세대 이동통신 기술로 채택하였다. 한국이 독자적으로 개발한 광대역 무선기술인 WiBro는 해외에서는 모바일 와이맥스로 소개되었다.

기존의 WiFi와의 가장 큰 차이점으로는 WiFi가 통달거리가 짧은 대신 고대역 서비스를 하는 반면, WiMAX는 통달거리가 긴 대신 상대적으로 낮은 대역폭을 제공한다는 기술적인 차이도 분명히 존재하지만, WiFi는 주파수 사용료를 내지 않고 일반기업이나 가정에서 임의로 사용 가능하며, WiMAX는 사업자가 주파수 사용료를 내고 광대역 서비스를 한다는 큰 차이점이 있다. 또한 mobile WiMAX와 WiBro 사이에 기술적인 차이는 없다. 다만 mobile WiMAX와 WiBro는 〈표 3.5〉에 나타낸 바와 같이 인증 프로파일 상에 나타나는 주파수 밴드와 대역폭에서 차이를 보이고 있다. 그 외의 모든 기술사항(예를 들어 상하향링크, FDMA, 프레임구조, 채널코딩방식 등)은 동일하다. 참고로, 우리나라는 1A 프로파일을 사용하고 있으며, 전세계적으로는 mobile WiMAX의 주 프로파일은 3A이다. 하지만, WiBro의 활성화를 위해 3A 방식을 병행할 수 있도록 허용하였다.

〈표 2.27〉 Mobile WiMAX vs WiBro 기술 상호 비교

Band class		1	2	3	4		5	
주파수대역 (GHz)		2.3~2.4	2.305~2.320 2.345~2.360	2.496 ~2.690	3.3~3.4	3.4~3.8	3.4~3.6	3.6~3.8
Duplex		TDD	TDD	TDD	TDD	TDD	TDD	TDD
대역폭	3.5MHz		2.A					
	5 MHz	1.B	2.B	3.A	4.A	5.A	5L.A	5H.A
	7 MHz				4.B	5.B	5L.B	5H.B
	8.75MHz	1.A						
	10 MHz	1.B	2.C	3.A	4.C	5.C	5L.C	5H.C

2.8 LTE(*Long Term Evolution*)

2.8.1 개요

LTE란 HSDPA(고속하향패킷접속)보다 12배 이상 빠른 고속 무선데이터 패킷통신 규격을 가리키며 롱텀에볼루션(long term evolution)의 머리글자를 딴 것으로, 3세대 이동통신(3G)

을 '장기적으로 진화' 시킨 기술이라는 뜻에서 붙여진 명칭이다.

LTE는 현 이동통신 망에서 진화된 기술로 전 세계 무선 기술 표준화 단체 중 하나인 3GPP가 지난 2004년 말부터 고품질의 다양한 서비스를 제공하는 새로운 이동통신 기술의 필요성을 인식하고, 낮은 전송 지연(low latency), 높은 전송률(high data rate), 시스템 용량과 커버리지를 개선하는 기술이다. 3GPP에서는 기존의 WCDMA 기반의 3세대 이동통신 시스템의 기술적 한계를 극복하기 위해 2004년 말에 LTE 계획을 발표하였고, 2006년 6월에 Technical Report규격을 작성 완료하였으며, 2007년 9월에 Technical Standard 규격 작업을 완료하였다.

LTE 이동통신 시스템은 패킷 데이터 전송에 기반을 둔 다양한 서비스 지원을 목표로 하는 기술로 최대 20MHz 대역폭 기준 하향링크 최대 전송속도 100Mbps, 상향링크 50Mbps의 전송속도를 지원한다. 그리고 데이터 전송 효율 향상, 효율적인 주파수 자원 이용, 이동성, 낮은 latency, 패킷 데이터 전송에 최적화된 기술과 서비스 품질 보장 등을 제공한다. LTE 시스템은 기존 시스템에 비해 주파수 및 고속의 멀티미디어 서비스를 효율적으로 사용하는 IP 네트워크로 진화되는 이동통신 시스템이다. LTE 이동통신 단말은 대역폭 20MHz기준으로 이동속도 120km/h에서 하향링크 30Mbps,상향링크 15Mbps의 데이터 전송속도를 지원한다.

또한, 고품질 및 고속의 멀티미디어 서비스를 제공하는 단말로 3.5세대인 HSDPA에 반해 모바일 영상 서비스가 본격적으로 제공되는 LTE 이동통신 시스템의 단말이다.

LTE는 4세대가 규정하는 서비스 속도인 이동중 100Mbps, 정지 시에는 1Gbps구현으로 상용화가 가능하며, 이는 현재 상용화된 WCDMA의 50배, 초고속인터넷 VDSL의 2배에 해당하는 것으로, HDTV급 대용량 멀티미디어 콘텐츠 구현이 가능하다. 즉, CD 1장(700MB) 짜리 영화 1편을 다운로드 할 경우 56초이면 가능한 기술적인 측면과 현 이동통신 망을 기반으로 하고 있다는 점에서 4세대 기술 중 가장 강력한 기술로 평가받고 있다.

LTE는 All IP를 백본으로 음성망과 데이터망을 하나로 통합하며, 현 이동통신 망에서 진화되는 점을 고려해 볼 때 기존 HSDPA 또는 WCDMA 망과 연동이 끊김 없이(seamless) 유연하게 이뤄질 수 있다. 또한, 이 기술은 기존 5MHz로 한정된 대역폭을 1.25MHz에서 20MHz까지 변화 가능하도록 하고 있으며, 주파수 대역을 효율적으로 사용하기 위하여 무선 다중 접속 및 다중화 방식은 Orthogonal OFDM, 고속 패킷 데이터 전송 방식은 MIMO, 그리고 스마트 안테나(smart antenna) 기술을 기반으로 한다.

2.8.2 LTE 이동통신 시스템 및 단말 플랫폼

가) LTE 이동통신 시스템

LTE 이동통신 시스템은 현재 사용되고 있는 CDMA2000, HSDPA를 포함한 WCDMA 계열의 LTE 이동통신 시스템의 Rel.6 이후의 시스템으로 기존 시스템에 비해 주파수 및 고속의 멀티미디어 서비스를 효율적으로 사용하는 IP 네트워크로 진화되는 이동통신 시스템을 의미한다. LTE 시스템은 효율적인 패킷 데이터 전송에 적합하고, 방송 서비스 등 멀티미디어 서비스의 최적화를 추구하며, 효율적인 주파수 자원의 이용, 이동성, 서비스 품질 보장 등을 제공하기 위해 3GPP에서 2007년 9월 표준 규격이 완성되었다. LTE의 경우 20MHz 대역폭을 기준으로 할 때 하향링크의 경우 100Mbps, 상향링크의 경우 50Mbps의 전송속도를 목표로 하고 있다. 그리고 3G 시스템에 비해 약 2~4배 증대된 주파수 효율(5bps/Hz)과 1.25MHz부터 20MHz 까지의 다양한 대역폭 지원, 셀 경계에서의 향상된 전송률, 저속의 이동국에 최적화 및 350km/h의 고속 이동국 지원을 위한 무선전송기술이다. 아울러 가격 경쟁력을 가지는 시스템, low latency, 패킷 데이터 전송 기반을 둔 다양한 서비스 지원 등을 주요 목표로 하는 기술이다.

1) LTE Test Bed 구조

LTE Test Bed 구조는 〈그림 2.132〉와 같이 단말(UE), 기지국(e-NodeB), 그리고 기지국을 관장하는 ACGW 등으로 구성되고, 초고속 인터넷 망 및 애플리케이션 서버에 접속된다. 테스트베드 구조에서 RF, 물리계층, MAC 계층, 그리고 RLC 계층 프로토콜 및 무선 구간으로 구성되는 무선전송 시스템은 2GHz대 주파수 대역에서 주파수를 효율적으로 이용하는 무선전송 기술을 사용하여 셀룰러 형태의 망 구성이 가능하고, IP 기반 무선 데이터 서비스의 상하향 전송 특성에 효과적으로 적응할 수 있는 구조이다. 또한 옥외 환경에서 micro cell 서비스 영역을 제공할 수 있으며, 단말기 이동속도가 최대 120km/h까지 가능한 구조이다. 무선전송 시스템의 프로토콜은 유선 인터넷에서 제공하는 VoIP, VoD, MBMS, 웹 브라우징, FTP등 다양한 형태의 IP 기반 무선 데이터 서비스를 위하여 무선 자원을 사전 예약 방식으로 운용하여 지연시간 및 패킷 손실에 대한 서비스 품질을 보장한다. 또한, 무선 자원을 효율적인 방식으로 할당하고 관리하는 MAC 프로토콜을 포함한다. 무선전송 시스템은 세밀한 서비스 효

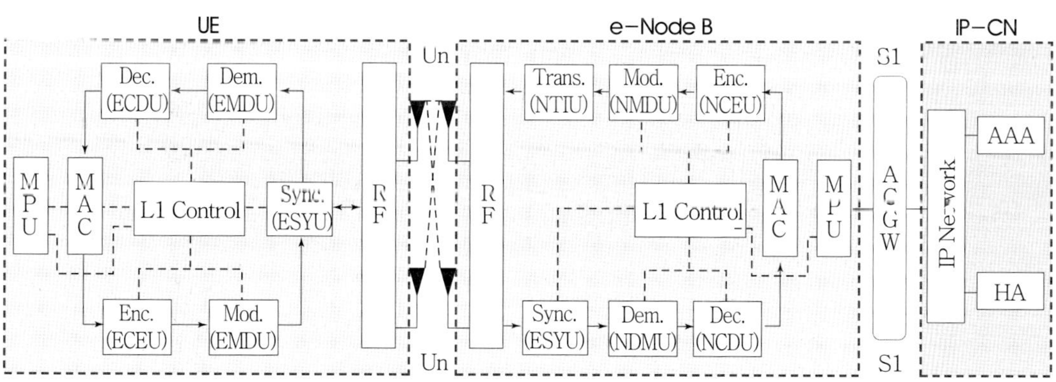

〈그림 2.132〉 3G LTE Test Bed 구조

금을 보장하기 위한 경제적인 시스템 구조를 가지며, 확장이 용이하고, 서비스 중단 없이 셀간 이동성을 보장할 수 있는 구조이어야 한다.

2) LTE 기지국/단말 정합 기능

기지국(e-NodeB)은 복수 개의 UE로부터 무선신호를 수신하여 ACGW로 전달하거나 반대로 ACGW로부터 수신되는 각종 정보들을 무선 신호로 변환하여 UE에게 전달하는 기능을 수행한다. e-NodeB와 UE 사이에서 초기 접속 및 섹터간 핸드오버 기능, QoS 제어 기능을 수행한다. 단말(UE)은 2GHz 대역 주파수에서 무선 전송 시스템의 무선접속 규격에 따라 무선채널 송수신 기능과 MAC 처리 기능 등으로 e-NodeB에 접속하여 고속 패킷 데이터를 송수신한다. UE가 새로운 셀로 이동하게 되면 UE는 기존 셀에서 제공되는 서비스를 새로운 셀에서도 연속적으로 유지하여야 한다.무선 전송 시스템에서는 고속 패킷 데이터를 포함하는 다양한 무선 데이터 서비스를 제공하기 위하여 정의된 Uu 및 S1인터페이스를 〈그림 2.133〉과 같이 정의하고 각각에 대하여 기술한다.

① Uu 인터페이스

UE와 e-NodeB 사이의 무선 접속 구간에서 정의되는 인터페이스 요구사항이다.

- 가입자 당 최대 전송속도: 30Mbps/20MHz(DL), 15Mbps/20MHz(UL), 주파수 대역전체를 효율적으로 사용하는 것이 가능한 방식
- 인터넷 트래픽 등의 버스트성의 패킷 데이터를 효율적으로 전송하는 방식
- 3GPP RAN LTE에서 권고하고 있는 규격을 준수하고 OFDMA/SC-FDMA 방식의 무선 접속기술을 사용하는 셀룰러 구조를 고려하여 셀간(inter-NodeB) 또는 섹터간의 핸드오프가 가능한 전송 방식
- 사용되는 채널 대역폭은 기지국/단말 모두 10MHz 및 20MHz의 scalable한 대역폭이며, 실외에서 최대 120km/h 내외의 단말기 이동성을 지원
- 옥외의 비가시거리 환경에서도 서비스를 보장하며, 옥외 환경에서 micro cell 기반의 서비스 영역을 제공

② S1 인터페이스

e-NodeB와 ACGW 사이 유선 접속구간에서 정의되는 인터페이스 요구사항이다.

- 액세스 망 구축에 적합하고 기존의 고속 이더넷과 호환이 가능한 방식
- 네트워크 신뢰성, 장애 관리, 확장성, 경제성을 고려한 기가비트 이더넷 링크 사용이 가능한 방식
- e-NodeB와 ACGW간에는 IP 프로토콜을 기반으로 접속 가능한 방식

나) LTE 단말 플랫폼

LTE 단말 플랫폼은 〈표 2.28〉의 규격 및 요구사항을 만족하여야 한다.

〈표 2.28〉 3G LTE 단말 플랫폼 규격 및 요구사항

구분	LTE 단말 플랫폼
전송속도	DL: 30Mbps, UL: 15Mbps DL only: 50Mbps, UL only: 25Mbps
대역폭	10MHz, 20MHz
주파수 효율	2.5bps/Hz
이동속도	120km/h
다중접속	DL: OFDMA, UL: SC-FDMA
변조방식	DL: QPSK/16QAM/64QAM, UL: QPSK/16QAM
채널 코딩	Convolution Code/Turbo Code
MIMO 구조	TX: Up to 2 Antenna(UL 1x2) RX: Up to 2 Antenna(DL 2x2 MIMO)

1) LTE 단말 플랫폼 구조

LTE 단말 플랫폼 구조는 상향링크 송신을 위한 단말기 기저대역 서브시스템(EBS) 송신단은 파라미터 설정 및 단말기 송신기를 전반적으로 제어하는 UE 송신 제어부(L1 TX Control), 상위 계층과 인터페이스를 형성하여 물리채널로 전송될 데이터 블록을 저장하는 물리 채널 송신 버퍼부(PHY Ch. TX Buffer), 그리고 이 물리채널 송신 버퍼부로부터 물리 채널 데이터 블록을 입력 받아 CRC 첨부, 스크램블링, 채널 부호화 및 인터리빙을 수행하는 TrCH/채널 인코딩부(TrCH/Channel Encoding)와, 채널 인코딩부 출력 비트열로부터 변조/안테나 심볼 매핑을 수행하고 프리앰블, 파일럿, indicator 채널 등을 생성하며, 프레임 구조에 따라 자원 인덱스를 물리 인덱스로 매핑한 뒤 OFDM 변조를 수행하는 물리 채널 송신 변조부(PHY. Ch. TX Modulation) 등으로 구성된다. 하향 링크 신호를 수신하는 단말기 기저대역 서브 시스템(EBS) 수신단은 파라미터 설정 및 단말기 복조기를 전반적으로 제어하는 UE 수신 제어부(L1 RX Control)의 OFDM 복조와 프레임 구조에 따른 시간/주파수 디매핑을 수행하여 각 물리 채널별 수신 데이터를 추출하고, 프리앰블을 처리하여 상향 링크 동기 및 채널 상태 파라미터를 추출하는 물리채널 수신 복조부(PHY Ch. Rx Demodulation), 물리 채널별로 채널 추정 및 복조를 수행하고 채널 부호화와 CRC 오류 검사 등의 관련 기능을 수행하는 TrCH/채널 디코딩부(TrCH/Channel Decoding)와 채널 디코딩부가 내보내는 데이터 블록을 저장하여 상위 계층과의 데이터 인터페이스를 형성하는 물리채널 수신 버퍼부(PHY Ch. RX Buffer)로 구성된다. 이 때 수신 안테나 수 N은 2개를 갖는다. 이와 같이 LTE 단말 플랫폼은 EBS, ECS, 그리고 ERS로 구성된다.

〈그림 2.133〉 단말 플랫폼 하드웨어

2) LTE 단말 플랫폼 기능

① UE 송신 제어부(L1 TX Control) : 단말기 기저대역 서브시스템(EBS)의 송신 파라미터를 설정하고 단말기 송신기를 전반적으로 제어하는 기능부로서 L1 제어 소프트웨어 및 상위 계층연동 소프트웨어와 함께 고속 신호처리 장치로 구성된다.

② 물리 채널 송신 버퍼부(PHY Ch. TX Buffer) : 상위 계층과의 인터페이스를 형성하여 물리 채널로 전송될 데이터 블록을 저장하는 기능을 수행하는 기능부로서 고속 대용량 저장 장치로 구성된다.

③ TrCH/채널 인코딩부(TrCH/Channel Encoding) : TrCH/채널 인코딩부는 UE 물리 채널 송신 버퍼부로부터 받은 물리 채널 데이터 블록(DB)을 CRC 비트 첨부, 스크램블링, 터보 부호화, 인터리빙, 파일럿 비트 첨부 등 각 물리 채널에 해당하는 채널 부호화를 수행하여 물리 채널 부호화 블록(DB)을 형성하고 물리채널 송신 변조부로 전달하는 기능을 가진다.

④ 물리 채널 송신 변조부(PHY Ch. TX Modulation) : 물리 채널별로 최종 송신 신호를 생성하는 물리채널 송신 변조부는 채널 인코딩부로부터 입력되는 데이터를 변조 방식에 따라 송신 심볼을 생성하고, 고정 패턴의 프리앰블을 생성하며, 프레임 구조에따라 각 OFDM 심볼 입력 데이터를 구성하여 OFDM 변조를 수행하는 역할을 한다. 따라서 변조부는 물리 채널별로 변조 방식에 따른 성상도에서의 매핑을 할 수 있어야 하고, 상위로부터 받은 정보에 따라 프리앰블을 생성할 수 있어야 한다. 또한 생성된 심볼을 프레임 구조에 따라 시간 및 주파수 위치를 결정하여 OFDM 심볼을 구성하고, 구성된 OFDM 심볼은 OFDM 변조를 한다.

⑤ UE 수신 제어부(L1 RX Control) : 단말기 기저대역 서브시스템(EBS)의 수신 파라미터를 설정하고 단말기 수신기를 전반적으로 제어하는 기능부로서 L1 제어 소프트웨어 및 상위 계층연동 소프트웨어와 함께 고속 신호 처리 장치로 구성된다.

⑥ 물리 채널 수신 복조부(PHY Ch. RX Demodulation) : 물리 채널 수신 복조부는 여러 안테나로 수신된 OFDM으로부터 초기 시간/주파수 동기를 얻고 셀을 구분하여 시간/주파수 동기를 트래킹하며 OFDM 복조 후에 프레임 구조에 따라 채널별로 데이터를 구분하고, 트래픽/제어 물리 채널에 대해서는 패킷 단위로 채널 디코딩부로 전송하는 역할을 수행한다. 또한 채널 정보와 잡음 정보를 추정하여 그로부터 공간채널의 SNR을 구하고 그 평균과 표준 편차를 구하는 주요 기능을 수행한다.

⑦ TrCH/채널 디코딩부(TrCH/Channel Decoding) : TrCH/채널 디코딩부는 물리 채널 수신 복조부에서 제공하는 물리 채널 수신 신호 블록에 대하여 복조 및 복호를 수행하여 송신된 물리 채널 데이터 블록을 복원하고, 복원된 데이터 블록에 대한 CRC 오류를 검사하는 기능을 수행한다. 따라서 채널 디코딩부는 복호된 정보 비트를 디스크램블링하여 전송된 물리 채널 데이터 블록을 복원하고, 이에 대한 CRC 오류를 검사한다. CRC 검사 비트를 제거한 복원된 데이터 블록은 물리 채널 수신 버퍼에 저장하여 상위 계층과 인터페이스를 형성한다.

⑧ 물리채널 수신 버퍼부(PHY Ch. RX Buffer) 물리 채널 수신 버퍼부는 채널 디코딩부가 내보내는 데이터 블록을 저장하여 상위 계층과 데이터 인터페이스를 형성하는 기능부로서 고속 대용량 저장 장치로 구성된다.

2.8.3. 단말 플랫폼 기술 동향

가) 국내 기술 동향

3GPP LTE 상용화를 위한 LSTI 기술 연합은 3GPP LTE 기술의 조기 상용화를 목적으로 결성된 단체다. 참여 회사는 LG전자를 비롯하여 유럽형 이동통신 사업자인 보다폰, 오렌지, T모바일,이동통신 장비 제조사인 에릭슨, 노텔, 알카텔-루슨트, 노키아-지멘스 등 10여개 업체 등이다. LSTI 기술 연합은 3GPP LTE 기술의 상용 검증 규격 개발과 실제 무선환경에서의 진송 성능 및 호환성 테스트 등을 공동 추진하고 있다.

LG전자는 2007년 2월 LTE 단말을 기술 공개 시연한 데 이어, 부산에서 열린 3GPP 회의에서 4G 전송기술의 표준으로 채택하였다. 이번에 표준으로 승인된 기술은 여러 개의 안테나를 사용해 고속 데이터 전송 시의 수신 강도를 높임으로써 무선망에서 성능이 줄어들게 되는 문제를 효과적으로 개선한 것으로, MIMO와 OFDM 기술에 기반을 두고 있다. 이 기술은 상、하향 링크 모두 20Mbps 속도를 구현할 수 있으며, 현재 상용화된 HSDPA나 HSUPA와 비교하면 동일 주파수 대역폭에서 각각 2배와 4배 이상 속도다. LG전자는 관련 업체들과 표준화 협의를 진행하면서, 이번 기술의 초기 제안 및 표준 채택 에서 주도적인 역할을 하였다. 이와 같이 LG전자는 LTE 등 최첨단 이동통신 기반 기술을 확보함으로써 차세대 이동통신 시장에서 경쟁력을 확보할 것으로 기대하고 있다.

삼성전자는 자체 개발한 와이브로 웨이브 2용 단말칩과 기술을 2006년에 와이브로 상용화 관련 계약을 체결한 미국 스프린트에 2007년 말부터 계속 공급하고 있다. 삼성전자는 와이브로 복합 단말기 디럭스 MITs를 비롯해서 PDA 형태의 와이브로 단말기(M8100), USB, 동글(dongle) 등 다양한 와이브로 단말기를 개발하였다. 특히, 와이브로 USB 동글은 노트북 PC에 꽂으면 초고속 인터넷을 자유롭게 사용할 수 있다.

SK텔레콤은 2011년 7월에 국내 최초로 서울지역에 LTE 서비스를 상용화해서 초고속 4G 이동통신 시대를 열겠다고 홍보하고 있다.

나) 국외 기술 동향

UMB와 LTE는 차세대 이동통신기술로 불리고 있다. UMB는 퀄컴이 핵심이 된 CDMA2000 진영이 내세우는 기술의 최상위 플랫폼이고, LTE는 노키아 등 유럽 회사가 중심이 된 WCD-MA 진영의 차세대 기술이다. UMB는 5~20MHz의 주파수 대역폭을 이용하며, 최적화된 OFDMA 기술을 채택하고 VoIP를 가능 하게 하고, FDD와 TDD 모드를 지원한다. 또 다수개의 안테나로 데이터를 송수신해 전송 효율을 높여주는 MIMO 기술과 공간 분할 다중 접속(SDMA) 기술도 지원한다. UMB는 최고 280Mbps의 하향링크와 최고 68Mbps의 상향링크 전송속도를 제공하며, 이더넷 수준의 성능과 IP 서비스의 QoS를 보장한다. 하지만 UMB는 2008년 상반기에 샘플칩을 출시하고, 2009년 상반기에 상용화할 예정이었으나, 지금은 기술이 사장되었다. LTE는 하향링크는 최대 278Mbps, 상향링크는 최고 85Mbps를 지원하며, 하향링크는 OFDMA, 상향링크는 SC-FDMA 기술을 이용한다. 5~20MHz의 대역폭과 FDD 및 TDD 모드, MIMO 및 SDMA 기술을 지원한다. 글로벌 통신 장비 업체 노키아 지멘스 네트웍스가 LTE 네트워크에서 공간 분할 다중화 방식으로 Virtual MIMO를 적용한 상향링크 기술은 단일 안테나를 장착한 2대의 표준형 단말기를 동일한 무선 채널에서 기지국과 동시에 통신하도록 하여 상향링크 속도가 기존 54Mbps보다 두 배 빠른 108Mbps를 구현하는 데 성공했다. Virtual MIMO의 상향링크는 네트워크 용량 확장, 가용 스펙트럼의 효율 향상, 그리고 단일 증폭기와 안테나를 사용하여 생산 비용을 절감하고, 전력 소모량을 낮출 수 있을것으로 기대된다. 노키아-지멘스네트웍스는 독일의 Heinrich Hertz 연구소와 공동으로 진행한 테스트베드에서 공간 분할 다중화 방식으로 Virtual MIMO를 실험하여 상향링크 108Mbps, 하향링크 160Mbps의 전송속도를 기록한 바 있다.

NTT 도코모는 자사가 개발한 Super 3G 방식을 제안하여 2009년에 도입하였다. Super 3G에서는 데이터 전송속도는 하향링크 100Mbps 이상, 상향링크 50Mbps 이상의 고속 통신을 실현하여 통신 지연의 개선, 주파수 이용 효율 향상으로 상향링크에 SC-FDMA, 하향링크에는 OFDMA를 사용한다. 단말간 전송지연을 5ms이하로 하여 고품질 IP 전화를 실현하는 것을 목표로 하고 있다. CDMA 기반의 3G 시스템에서는 단말이 기지국을 전환할 때 동시에 복수의 기지국과 접속하는 소프트 핸드오버 방식을 사용하고 있는 데 비해 Super 3G에서는 기지국을 순식간에 전환하는 하드 핸드오버 방식을 사용한다. NTT 도코모는 Super 3G 실용화를 위해 2007년 7월 부터 개발 제조사를 모집하였고, NEC는 파나소닉 모바일 커뮤니케이션사, 후지쓰사와 협력하여 통신플랫폼 기술을 개발하였다. 에릭슨은 LTE 기술 개발의 선두주자로서 모바일 와이맥스 및 LTE 기술을 모바일 브로드밴드에 접목하였다. 휴대폰으로 실시간 축구 중계를 보면서 화면 아래쪽에서는 다른 사람과 채팅을 하는 장면을 연출한 멀티태스킹이 가능한 초박형 상용 단말을 개발하였다.

화웨이는 3G 휴대폰과 PCMCIA 카드 등 단말에서부터 통신 사업자용 백본 시스템에까지 폭넓은 제품군을 선보였다.

2.8.4. LTE 요구사항

① Supporting Services Provided from the PS-Domain LTE은 PS-domain에서 제공받는 서비스에만 초점을 맞춘다. 현재 Release 6 이하의 3GPP 규격에서 제공되는 circuit domain 서비스는 evolved PS domain에서 기존과 동일하거나 보다 나은 QoS, backhaul 그리고 radio 효율로 제공되어야 한다.

② 최대 전송속도 : LTE는 하향링크의 경우 100Mbps, 상향링크의 경우 50Mbps를 제공하여야 한다.

③ Cell Edge Bit Rate

· 하향링크 : 5% CDF 포인트에서의 user throughput은 단일 Tx 및 Rx 안테나 환경에서 주파수 영역 등화기를 사용하는 Release 6 HSDPA 보다 3~4배 정도가 되어야 한다.

· 상향링크 : 5% CDF 포인트에서의 user throughput은 단일 Tx 및 Rx 안테나 환경의 HSUPA에 비해 2~4배가 되어야 한다. Average user throughput은 2~3배가 되어야 한다.

④ Spectrum Efficiency : Spectrum efficiency는 Release 6 대비 2~4배가 되어야 한다.

⑤ Possibility for a Radio-Access Network Latency : 무선 액세스 네트워크의 round trip time(userplane UE-RNC 또는 corresponding node above Node B)-UE)는 10msec 이하(possibility)가 되도록 한다.

⑥ Scaleable Bandwidth : 기본적으로 5, 10, 20MHz는 default이고 15MHz도 가능해야 한다. 1.25MHz 및 2.5MHz도 고려해야 한다.

⑦ Enhanced MBMS : LTE 시스템은 enhanced MBMS를 제공해야 한다. Enhanced

MBMS의 spectrum efficiency는 Release 6의 x배가 되어야 한다.(TR에서 x를 정확히 명시하지는 않았음)

⑧ 이동국 속도 : 시스템은 저속 이동국 속도에 최적화되어야 한다. 하지만 고속 이동국도 지원해야 한다. 음성 서비스의 경우 300km/h에서도 기존의 3G 시스템과 동일한 품질을 만족해야 한다.

⑨ 주파수 대역 : LTE 시스템은 paired 및 unpaired 모두에서 동작 가능하여야 한다.

2.8.5 물리계층 기술 동향

가) 다중접속 기술

3G LTE 물리계층에서 고려되고 있는 다중접속(multiple access) 기술은 하향링크와 상향링크가 서로 다른 기술을 고려하고 있다. 하향링크의 경우 OFDM 기술을 주 논의 대상으로 하고 있고 상향링크의 경우는 단말기 전력 증폭기의 PAPR을 최소로 하기 위해 DFT Spread OFDM(DFT-S-OFDM)기술을 논의 대상으로 고려하고 있다.

· 하향링크 다중접속 기술 : 하향링크의 다중접속 기술은 이미 IEEE 802 계열에서 많이 사용하는 OFDMA 기술이 주 working assumption이다. 저속 이동국의 경우 하나의 resource block(25 subcarriers×7 OFDM symbols) 단위로 주파수 스케줄링 개념을 도입하는 user diversity기반의 멀티플렉싱을 도입한다. 고속 이동국의 경우에는 user diversity 대신 주파수 다이버시티를 얻는 방식을 도입한다. 〈그림 2.134〉는 resource블록의 예를 나타낸다.

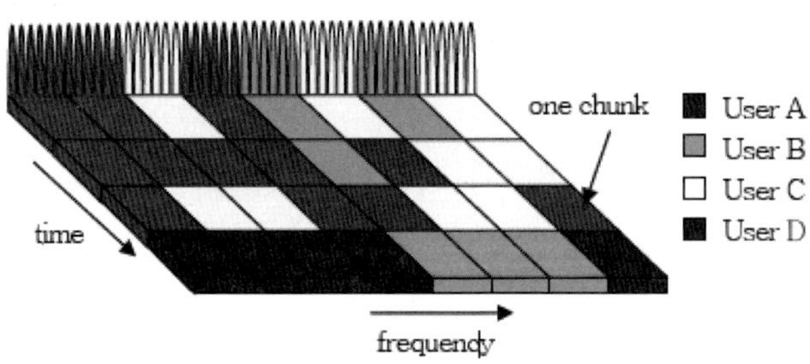

〈그림 2.134〉 Resource Block

나) MIMO

3GPP LTE는 셀 위치에 2Tx 안테나 UE에 2개의 Rx 안테나를 baseline으로 정하였고 최대 4개의 Tx/Rx 안테나를 고려하고 있다. 3GPP LTE에서 논의되고 있는 하향링크 MIMO 기법에 대해 기술해 보기로 한다.

L1/L2 제어채널의 경우 후보 기술로 거론되고 있는 open-loop Tx 다이버시티 기법은 SFBC, CDD, Combined SFBC/CDD 이다. 이 중에서 Combined SFBC/CDD는 ETRI에서 제안한 기술로 4개의 Tx 안테나를 사용하는 경우에 적용할 수 있다. 이 밖에 SCH, BCH, PICH, PCH 채널에 대해서 STBC, SFBC, TSTD, FSTD, CDD가 후보 기술로 올라와 있다. 데이터 채널의 경우 STBC, SFBC, TSTD, FSTDF, CDD 등이 거론되고 있으나 최종적으로 한 개의 Tx 다이버시티 기법을 택할 것으로 보인다. Unicast를 위한 closed-loop MIMO 기법은 향후 다음과 같은 높은 수준 원칙을 따르는 MIMO 기법들에 대해 성능과 복잡도를 평가하여 결정하게 된다.

· 한 개의 자원블록에 대해 한 개의 부호어를 형성하여 전송하는 기법, 또는 한 개의 자원블록에 대해 최대 4개의 부호어를 전송하는 기법
· Codebook을 사용하는 precoding 방식: FDD의 경우 unitary precoding만을 고려
· Precoding 기법을 사용한 SDMA(또는 다수사용자 MIMO)
· 채널환경에 따른 전송 스트림 개수의 적응적 운영(rank adaptation)
· Node B가 다수사용자 MIMO와 단일사용자 MIMO 모드의 사용을 결정

제안되고 있는 closed-loop MIMO 기법은 크게 단일사용자 MIMO와 다수사용자 MIMO 기법으로 나뉜다. 이 중 삼성의 PU2RC와 ETRI의 SPUSRC는 precoding 기반 다수 사용자 MIMO 기법으로 공간적 영역에서 다수 사용자 다이버시티를 얻을 수 있어서 시스템의 전체적인 스루풋을 높일 수 있다. Qualcomm의 MIMO 기법은 피드백 오버헤드를 줄이기 위해 고안된 가상 안테나 permutation 기법을 특징으로 한다. 또한 다수사용자 MIMO의 경우만 precoding을 사용하되 피드백 및 시그널링 오버헤드를 이유로 다수사용자 MIMO를 제한적으로 운영하는 것을 선호하고 있다. Intel은 단일부호어 전송방식에 채널의 SVD를 통해 얻은 precoding 매트릭스를 양자화하여 이를 UE가 피드백하는 기법을 제안하고 있다.

다) 채널멀티플렉싱

EUTRA 하향링크 시스템에서는 저속으로 움직이는 UE들에게는 주파수 스케줄링 이득을 얻기 위해서 연속하는 부반송파 군을 할당하여 지역 전송하고 고속으로 움직이는 UE들에게는 주파수 다이버시티 이득을 얻기 위해서 연속하지 않는 부반송파 군을 할당하여 분산 전송하게 된다. 주어진 지원에서 지역 전송과 분산 전송을 수행해야 하므로 이를 효과적으로 할당하는 멀티플렉싱 기술에 대한 논의가 3GPP LTE TR25.814 표준에서 진행 중에 있다. TR25.814에 이러한 기술을 정의하기 위해 물리채널의 PRB 외에 트랜스포트채널의 VRB를 정의 하였으며 할당방식에 따라 LVRB와 DVRB로 나뉜다. 그러나 정확한 VRB와 PRB 간 매핑룰과 멀티플렉싱 방식은 정해지지 않았다. 따라서, 여기에서는 지금까지 다수 업체 또는 기관에 의해 제안된 매핑룰과 멀티플렉싱 방식을 정리하고 성능과 시그널링 오버헤드 관점에

서 비교하도록 한다.

① 시간분배 멀티플렉싱 : 하나의 서브프레임 내에서는 지역할당전송과 분산할당전송 방식 중 하나의 할당방식만을 적용하고 시간적인 스케줄링을 통해서 서브프레임별로 서로 다른 할당방식을 적용하는 멀티플렉싱 방식으로 다수 업체들이 비슷한 견해를 가지고 있다. 특히, 삼성의 경우, 고속으로 움직이는 UE들이 많을 경우 이러한 방식을 적용하자는 안을 제시하고 있다.

② 주파수분배 멀티플렉싱 : 하나의 서브프레임 내에서 지역할당전송 방식과 분산할당전송 방식을 모두 적용하고 서브프레임별 또는 서브프레임 군별로 주파수 스케줄링을 수행하는 멀티플렉싱 방식으로 업체들간 이견이 존재한다. DVRB 매핑룰은 DVRB를 위한 PRB 수와 주파수영역상 위치에 근거하여 재구성된다. 따라서, DVRB UE들은 DVRB PRB 수와 위치를 알고 있어야 한다. 이러한 방식은 주로 Motorola, NTT DoCoMo, Ericsson,Siemens, Philips가 제안하고 있다.

2.8.6. MAC 계층 기술 동향

LTE 시스템에서의 특징은 기존 시스템에서 RNC에 위치했던 RRC 기능과 재전송 관련 기능이 eNB(e-Node B)로 한 단계 내려와서 위치하게 된 점이다. 이는 LTE 시스템의 요구사항인 낮은 레이턴시(latency)와 계층간 중복된 기능의 통합 및 재조정을 만족하기 위해서이다. 여기에서는 3GPP RAN WG2에서 작성중인 TR25.813(V.0.7.2 2006.3)을 기준으로 하여 표준 기술 동향을 기술한다. Overall Protocol Architecture E-UTRAN 시스템은 UE들에게 E-UTRA 사용자 평면(user plane)과 제어 평면(control plane) 프로토콜 종단점(termination point)을 제공하는 eNB들로 구성된다. 사용자 평면은 RLC/MAC/PHY로 구성되고, 제어 평면은 RRC를 의미한다. eNB들은 aGW(access GateWay)와 S1 인터페이스로 접속한다. 현재 aGW의 구성에 있어서 사용자 평면과 제어 평면으로 나눌 것인가 또는 함께 구성할 것인가에 대하여는 논의중에 있으며, 아래의 기능은 eNB가 담당하는 기능들이다.

· aGW의 선택
· 페이징 메시지 전송과 스케줄링
· 시스템 정보 방송과 스케줄링
· 상향/하향링크에서의 무선자원의 동적 할당
· eNB 측정의 설정(configuration)과 준비(provision)
· 무선 베어러(radio bearer) 제어
· 어드미션 제어(radio admission control)
· LTE_ACTIVE 상태에서의 이동성 제어

가) 트랜스포트 채널

하향링크의 트랜스포트 채널의 종류 및 속성은 다음과 같다.

- BCH: 셀 전체에 전송되어야 하며, 미리 정의한 포맷에 따라 고정 전송한다.
- DL-SCH: HARQ, 적응 코딩 및 변조, 동적/준-동적(semi-static) 자원 할당이 가능해야 하고,저전력 소모 동작을 위한 불연속적인 수신 DRX기능을 지원해야 한다.
- PCH: DRX 주기에 따라 셀 전체에 전송할 수 있어야 하며, 트래픽 또는 다른 제어 채널들에 동적으로 사용할 수 있는 무선 자원에 매핑된다.
- NCH: UE의 저전력 소모 동작 지원을 위하여 고려중인 트랜스포트 채널이다(FFS). 상향 링크의 트랜스포트 채널의 종류 및 속성은 다음과 같다.
- UL-SCH: HARQ, 적응 코딩 및 변조, 동적/준-동적 자원 할당 기능을 지원해야 한다.
- RACH: 경쟁 기반으로 운용되며, 도입 여부를 논의중에 있다(FFS).

나) MAC 계층 동작 특성

Layer2는 RLC, MAC, 그리고 PDCP 등의 부계층으로 구성된다. 각각의 부계층들은 SAP을 통하여 인터페이스를 갖게 되며, 하향링크의 경우에는 ROHC를 수행하는 PDCP는 싸이퍼링 기능과 함께 aGW에서 위치한다. LTE 시스템에서 MAC 계층은 TTI 단위로 수행될 스케줄링 기능과 우선순위(priority) 핸들링과 무선 베어러간 멀티플렉싱 등을 수행한다. 상향링크는 MIMO가 적용되지 않는 경우에하나의 TTI에 오직 하나의 트랜스포트 블록이 존재하며, 하향링크에서의 트랜스포트 블록 수는 FFS 항목이다.

2.8.7. 향후 발전 전망

LTE는 2G의 GSM과 3G의 비동기식 기술(WCDMA)의 진화 기술로, 와이브로와 함께 4G 이동통신 기술로 채택될 전망이다. LTE 시비스는 20MHz 대역폭을 사용하여 하향링크 100Mbps, 상향링크 50Mbps의 고속 전송이 가능한 차세대 이동통신 기술이다. 4G는 국제전기통신연합 (ITU-R)이 지난 2005년 이동중 100Mbps, 정지중 1Gbps급 전송속도를 제공하는 미래 무선통신 기술이라고 정의한 차세대 이동통신 서비스이다. 현재 상용서비스가 이뤄지고 있는 3G 고속 영상 이동전화의 전송속도 14Mbps에 비해 10~100배까지 빠른 속도로 무선 인터넷이 가능함으로써 유선으로 인터넷을 사용할 필요가 없다. 또 모든 서비스가 인터넷 기반으로 이뤄져 무선으로 음성, 영상, 그리고 데이터를 한꺼번에 처리할 수 있는 트리플 플레이 서비스(TPS)가 가능해진다. LTE의 가장 큰 특징은 기존 3G 서비스인 WCDMA, HSxPA 서비스와 하위 연동이 가능하다. 즉, LTE를 선택할 경우 기존 3G 망과 4G 망의 연동이 가능하다. 결국 휴대폰 하나로 모든 미디어와 통신을 이용할 수 있게 되는 것이다.

세계 통신업계는 2007년 10월 주파수 할당이 이뤄지면 오는 2012년경에는 4G 서비스 상용화가 가능해질 것으로 보고 있다. LTE가 본격적으로 시작되는 2011년에 이동통신 플랫폼을 공유하고, 2015년에는 대부분 서비스도 통합해 나갈 것으로 전망한다.

특히 LG 유플러스가 국내 이동통신사 가운데 가장 먼저 LTE 시스템 공급업체를, KT에서 세계 최초로 무선통신망에 그린 통신망 기술인 'Cloud Communication Center' 를 도입한다고 2010년 10월에 발표하면서 드디어 국내에서도 LTE 시대의 서막이 열렸다. SKT와 LG 유플러스에서는 2011년 여름부터 수도권에서 LTE 상용서비스를 시작할 계획을 갖고 있다.

현재 주요국들은 세계 통신 시장의 환경 변화에 따라 시장 주도를 위한 기술 개발 및 표준화 경쟁, 신규 제품 및 서비스의 경쟁적 출현 등과 관련된 투자가 활발하게 이루어지고 있다. 휴대폰을 포함한 통신 기기의 미래 모습은 통신 서비스와 네트워크의 진화와 밀접한 관련이 있으며, 3G 및 3.5G 이후 네트워크의 광대역화에 따른 대용량 데이터의 처리능력이 확대되면서 고화질 동영상과 VoIP 등 패킷 활용 서비스가 활성화될 것으로 전망된다.

2.9 HSPA(*High Speed Packet Access*)

우리나라 휴대전화의 역사는 17년 전인 1988년으로 거슬러 올라간다. 지금도 40~50대의 비즈니스맨들은 당시 두툼한 모토로라의 아날로그 휴대전화(1G)에 대한 기억이 생생하다. 손에 잡기에 버거울 정도로 두툼했던 휴대전화가 어느새 손바닥 안에 소지할 정도의 소규모 단말기로 영화 관람까지 가능한 3.5세대가 현실이 되었다.

WCDMA는 1998년에 3GPP(3rd Generation Partnership Project)가 유럽을 중심으로 결성되어 IMT-2000 비동기 방식의 표준화를 만들게 되었다. 그 이전만 하여도 유럽과 일본에서 나름대로 WCDMA 기술을 개발하고 있었다. 그러나 유럽은 그때까지만 해도 TDMA 기술인 GSM(Global Systems for Mobile Communication)을 2세대 규격으로 만들었고 CDMA 기술로 전환하는 것은 갈등이었다. 그래서 유럽이 일본을 끌어들인 것으로 해석할 수 있는데, 그 이후에 규격 혹은 시스템 개발 과정에서 유럽의 주도권을 미루어 보아 알 수 있다. 그때까지 한국은 cdma2000 기술을 선도하고 있었으나 국제 경쟁력을 위해 WCDMA 기술 개발에 참여하게 되었다.

1999년 초안(Rel.99)은 ITU-R의 IMT-2000 표준개발과정에 맞춰 그 해 12월에 작성되었고, 2000년 5월에는 ITU-R에서 IMT-2000의 5가지 규격 중 하나로 채택되었다. 이후 3개월마다 TSG RAN(Radio Access Network) 회의를 통해 필요시 버전이 채택되었다. 2001년 3월에 완성된 Rel.4의 초안은 물리계층의 관점에서 Rel.99와 비교하여 유사하지만

PDSCH(Physical Downlink Shared Channel)와 다이버시티 기술에서 다소 구체화되었다. 또한 2002년 3월에 완성된 Rel.5의 초안에는 이전 표준화에 HSDPA 기술이 추가되었다. WCDMA의 up grade 버전으로 각광받고 있는 이 기술은 무선통신 분야에서 일대 혁신을 일으키고 있다.

즉, HSDPA는 1세대(아날로그) · 2세대(CDMA) · 2.5세대(CDMA 1X EVDO)와 3세대인 WCDMA에 이은 3.5세대라고 평가고 있다. HSDPA는 현재 WCDMA보다 훨씬 빠르게 영상 및 음성을 전송할 수 있는 고속 data 전송기술로 휴대전화로 얼굴을 보며 전화할 수 있고 끊김없이 영상통화도 할 수 있다. 또 영화 한편을 단 1~2분 만에 down load할 수도 있다. 특히 고해상도 쌍방향, DVD급 영화 및 비디오, 용량이 큰 e-mail 첨부 등 고속 모바일 서비스를 지원한다.

서비스 사업자 입장에서는 HSDPA 기술을 이용하면 운영비용을 대폭 절감할 뿐 아니라 기존 network를 더욱 효율적으로 활용하는 것이 가능하여 고품질 통신을 제공할 수 있다. 이와 관련, LG전자가 공급받고 있는 에릭슨의 HSDPA칩은 경쟁사인 퀄컴이 생산하는 유사 칩에 비해 가격이 상대적으로 저렴한데다 전력소모량도 적어 성능이 뛰어난 것으로 평가되고 있다. LG전자는 이 칩을 2007년 하반기부터 HSDPA 등 고성능 3G폰에 탑재하고 있다.

HSDPA는 2008년 1월 현재 75개국의 166개 사업자가 상용서비스를 제공하고 있으며, 38개 네트워크가 서비스 시작을 준비하여 전체 HSDPA 네트워크 수는 82개국에서 204개에 이르고 있다. HSUPA는 HSDPA와 비교해 수가 적은 22개국 26개의 상용 네트워크를 구성하여 서비스를 제공하고 있다.

〈표 2.29〉 이동통신의 발전 방향

	1세대	2세대	2.5세대	3세대	3.5세대	4세대
특징과 기술방식	아날로그 전화(AMPS)	디지털전화 (CDMA)	무선인터넷 (cdma2000)	멀티미디어 (1x EVDO, WCDMA)	광대역통신 (HSDPA, WiBro)	방송, 통신, 인터넷
도입시기	1988.7	1996.1	2000.9	2003.6	2006	2012전후
서비스 내용	음성서비스	문자메시지	벨소리 다운	동영상	영화, TV	유무선통신 및 방송

2.9.1 기술 개요

HSDPA는 WCDMA(3세대) 이은 3.5세대 이동통신으로 down load 속도가 14Mbps로 이동 중에도 고속 인터넷이 가능하여 WiBro와 경쟁하고 있는 기술이다. 하지만 WiBro와 HS-DPA로 인해 언제 어디서나 초고속으로 인터넷이 가능하게 되어 본격적인 유비쿼터스 시대를 앞당길 수 있을 것이라 예상된다. HSDPA는 기존의 WCDMA Release 99 및 Release 4와 동일한 주파수 대역에서 사용 가능한 고속의 하향 packet data 서비스를 위한 시스템이다. 상향링크에 대한 전송속도를 증대시키기 위한 노력의 결과로 HSUPA 기술이 2004년 6월 3GPP Release 6단계에서 표준화가 이루어졌으며, 우리나라에서는 2008년 상반기에 상용화되었다. HSDPA와 HSUPA는 완전히 새로운 장비가 아니라, 기존의 WCDMA Release 99 기지국을 upgrade시켜 data 속도를 획기적으로 올려주는 방식으로 기존의 음성 서비스 주파수 대역을 공유하여 data 서버를 제공한다. HSUPA라는 이름은 산업계에서 기존의 HSDPA와 짝을 이루기 위해 붙인 이름이며, 3GPP 표준 내에서의 정식명칭은 E-DCH(Enhanced-uplink Dedicated Channel)이다.

HSDPA에서는 전송 효율의 증대를 위해 AMC(Adaptive Modulation and Coding)와 H-ARQ(Hybrid Automatic Repeat reQuest) 기법을 적용하고 있으며, 스케줄러 기능을 Node B에 추가하여 빠른 채널에 적응하도록 하였다. AMC 기술은 채널 환경의 변화에 따라 미리 정의된 MCS(Modulation and Coding Selection)레벨 중 가장 적합한 전송 방식을 결정하는 링크 적응 기법이다. HSDPA에서는 효율적인 AMC 동작을 위해 QPSK와 16QAM 변조 방식이 사용되고 코드율 1/3인 터보 코드를 효율적으로 펑쳐링하여 다양한 MCS 레벨을 얻을 수 있도록 하였다. 또한 채널의 품질을 송신측에 전달하기 위해 CQI(Channel Quality Indicator)를 상향으로 보내게 된다. H-ARQ는 MAC 계층의 오류 제어 기법인 ARQ와 물리계층의 오류 제어 기법인 채널 코딩을 결합한 기술로 재전송 횟수를 감소시켜 시스템 용량을 증대시키는 기술이다.

즉, HSDPA는 WCDMA의 하향링크 전송속도를 획기적으로 향상시키기 위하여 기존 WCD-MA 기지국 및 단말기에 적용되는 기술이다. HSDPA는 3GPP의 표준화 중 Release 5에 최초로 도입되었으며 Release 6에서는 DPCH 코드자원을 절약하기 위한 F-DPCH(Fractional-DPCH), ACK/NACK의 신뢰성 있는 수신을 위한 Preamble/Postamble 등 약간의 성능개선사항이 추가되었다.

또한 HSDPA는 하향 고속 패킷 데이터 전송을 가능하게 하기 위해 기존의 WCDMA 시스템에 영향을 주지 않는 범위에서 다음과 같은 하향 및 상향 링크가 추가되었다.

① HS-DSCH(High Speed Downlink Shared Channel): 고속 패킷 data 전송을 위한 하향 링크 전송 채널로, HS-DSCH는 한 개 이상의 HS-PDSCH를 통해 data 전송이 가능하다.

② HS-PDSCH(High Speed Physical Downlink Shared Channel): HS-DSCH data를 전송하기 위해 사용되는 하향 물리채널로, 각 기지국은 최대 15개의 HS-PDSCH 운용이 가능하다.

③ HS-SCCH(High Speed Shared Control Channel): HS-DSCH로 전송되는 패킷 data를 단말기가 수신하는데 필요한 제어정보와 기타 용도의 제어정보를 기지국이 전송하는데 사용하는 하향채널이다.

④ HS-DPCCH(High Speed Dedicated Physical Control Channel): 각 단말이 하향 파일럿 채널 상황이 가장 양호한 기지국을 선택하여 해당 채널 상황에 적합한 변조 및 부호화 정보를 feed back하는데 사용하는 상향채널이며, 또한 기지국으로부터 packet data를 수신한 단말은 ACK/NACK 정보를 HS-DPCCH를 통해 전송한다.

HSDPA와 기존 WCDMA와의 커다란 차이점은 WCDMA는 전파 상태에 관계없이 통신 속도가 일정한데 반해, HSDPA는 전파 상태에 따라 속도에 변화가 많다는 점이다. 즉 옥내에 HSDPA용 IMCS(In-building Mobile Communication System) 기지국을 설치하는 경우에 기지국 바로 옆과 같이 전파 상태가 아주 양호한 곳인 경우 통신 속도가 14Mbps, 전파 상태가 비교적 양호한 장소에서는 7~8Mbps, 그리고 셀 경계지역과 같이 잡음이 많은 장소에서는 2Mbps 정도로 떨어진다. 이처럼 통신 속도가 크게 변화하는 주된 이유는 전파 상태에 따라 2ms마다 변조방식이나 부호화율을 제어하기 때문이다. 한편, 최대속도는 14Mbps이지만 동일 셀 내에 복수의 사용자가 있는 경우 속도를 공유하기 때문에 1인당 평균속도는 2~4Mbps 정도가 된다.

〈표 2.30〉 HSDPA 관련 물리 채널 특성

채널 명칭	채널 용도	주요 특성
HS-PDSCH	DL 전송 채널	· 데이터 전송채널 · SF=16 QPSK/16QAM · 1 TrGH에 1TrBlk 존재 · 채널 부호화율을 TTI(Transmission Time Interval :2[msec])
HS-SCCH	DL 제어 채널	· 2영역으로 구성 · HS-PDSCH 채널 정보 · H-ARQ파라미터 · SF=256 QPSK사용 · UE(User Equipment)당 최대 4개 사용
HS-DPCCH	UL 제어 채널	· AMC를 위한 채널 품질 정보(CQI) · H-ARQ를 위한 ACK/NAK정보

〈표 2.31〉 기존 WCDMA와 HSDPA의 비교

구 분	WCDMA Release 99	R5 HSDPA	비 고
속 도	384kbps	약 14Mbps	35배
변조속도	QPSK	16QAM	2배
부호화율	1/2.2	1	2.2배
코드 사용률	0.165	0.94	7.5배

〈표 2.32〉 EV-DO · WCDMA · HSDPA의 비교

구 분	1x EV-DO	WCDMA(R4)	HSDPA(R5)
FA당 대역폭	1.25MHz × 2	5MHz × 2	5MHz × 2
제공서비스	Data only	음성+데이터	음성+데이터
하향 최고전송 속도	2.4Mbps	2Mbps	10Mbps
상향 최고 전송속도	153.6Kbps	2Mbps	2Mbps

HSDPA는 이처럼 전파 상태나 사용자의 혼잡 상태에 따라 통신 속도가 크게 변화하는 피크 속도 중심의 통신 방식이라고 하는 특징을 가지고 있다. 이 같은 특징으로 인해 HSDPA는 best effort라고 하는 형태로 정액제를 도입하기 쉬운 통신 방식으로 평가되고 있다.

WCDMA의 다음 버전(R5)인 HSDPA는 상향은 종전과 같이 최대 2Mbps이면서 하향 다운로드 속도를 10Mbps로 획기적으로 발전시킨 규격이다. 하지만, 시스템 규격이 10Mbps까지 지원한다 하더라도 단말기에서 아직 이 속도까지는 지원하지 못하고 있다. 퀄컴이 2007년 하반기에 출시한 MSM6280은 하향 7.2Mbps까지 지원하고 있다.

WCDMA의 차기 버전인 HSDPA는 대용량 data 전송을 기반으로 무선 초고속인터넷 시장을 겨냥하고 있는데다 진행 일정도 휴대인터넷과 같다. 기술도 평균 data 전송량이 3.4Mbps (HSDPA)와 5.4Mbps(휴대인터넷)로 비슷하고, Max. data 전송량도 14Mbps(HSDPA)와 18Mbps(휴대인터넷)로 기술적 우위를 논하기가 어렵다. 지원 가능한 이동속도는 HSDPA가 최대 250Km/h까지 제공가능하여 사실상 휴대인터넷(WiBro)을 위협하는 요인이 되고 있다.

HSDPA 서비스는 속도가 6배 정도 빨라지면서 DVD급 고화질 동영상 파일을 내려 받아 언제 어디서든 휴대전화기 화면으로 고화질 동영상 서비스를 즐길 수 있다. 내 손 안에 초소형 DVD 플레이어가 생기는 셈이다. 1~2분 내에 고화질 영화 한 편을 휴대전화기로 내려받을 수 있으며, 또 HSDPA폰을 노트북이나 개인휴대단말기(PDA)에 연결하면 버스, 지하철, 고속철도 등에서도 집에서 하는 유선 인터넷처럼 고속으로 웹서핑을 할 수 있다. 이와 함께 여러 사람이 참가하는 동영상 회의도 가능해진다.

2.9.2 서비스 시나리오

저녁 초과근무를 하는 아내를 대신해 시내 L마트에 쇼핑 온 맞벌이 부부인 대기업 직원 천윤철 씨는 “여보! 귤 싱싱하지? 이 정도면 당신 만족해? 그럼, 오렌지는 마음에 들어?” 이렇게 통화하더니 아내의 만족한 표정을 보고 전화를 끊고 계산대로 향했다. 이것은 TV에서 나오는 광경이 아니라 바로 화상 휴대전화에서 실현되는 풍경이다. 단말기를 통해 상대방의 표정까지 실제로 재현할 수 있는 HSDPA 신모바일 풍속도는 기존보다 6배 빠른 전송속도 덕분에 가능하게 되었다. 그러나 사생활 침해나 높은 단말기 사용료는 간과할 수 없는 우려를 가져왔다. 또 이달 말 결혼을 앞두고 있는 유재신 씨는 HSDPA 서비스의 고마움을 어느 때보다 크게 느끼고 있다. 가장 친한 친구가 개인 사정으로 인해 결혼식을 참석하지 못해 휴대전화로 결혼식 장면을 생중계 하듯 보여주었기 때문이다.

한편, 휴대전화의 아이러니는 무시할 수 없다. 사랑하는 남자친구와의 대화 장소는 신중을 기할 수밖에 없다. 특히 개인의 노출이 심한 화장실에서의 통화는 절대 금물이다. 또한, 휴대전화의 위기 해결 능력이 진보한다. 아내 출장 중에 아들 얼굴에 반점이 생겨 당황했는데, 단말기를 통해 아들 얼굴을 본 아내가 피부 건조증이니 즉시 병원에 데리고 가서 진찰을 받아보라는 조언을 해 가족 특유의 가족애를 느끼게 되었다.

그러나 모든 사람에게 이 서비스가 반가운 것만은 아니다. 친구들과 밤늦게 술자리를 갖던 중견기업 오정균 부장은 아내의 전화 벨소리에 화들짝 놀랐다. 야근을 한다고 거짓말을 했는데 아내가 주변을 보자고 요구해 너무나도 당황했다. 그래서 오 부장 주변의 동료들은 영상휴대전화라면 고개를 절레절레 흔든다. 이동통신사들이 영상통화를 원하지 않을 때 음성통화만 하거나 대체 영상을 배경화면으로 선택할 수 있도록 하고 있지만 그것은 신뢰성 차원에서 부정적인 영향을 미치기 때문이다.

2.9.3 파급효과

3.5G 서비스인 HSDPA가 기술적으로 3G 서비스인 WCDMA에 비해 크게 우월해질 전망이다. HSDPA는 무엇보다 하향 다운로드 속도가 WCDMA에 비해 매우 빨라 최대 속도 2Mbps, 실제 속도 300~400Kbps에 불과한 WCDMA를 압도한다. Network 처리 용량도 크게 개선되어 단일 기지국에서 수용 가능한 사용자의 수가 현재보다 2~3배로 늘게 된다. 이렇게 되면 이전보다 적은 기지국으로 인구 밀집 지역을 커버할 수 있어 망 활용의 효율성이 제고된다. 향후 HSDPA가 이동통신 산업에 미치는 파급 효과를 진단해 본다. 먼저 단기적으로 기존 cdma2000 단말기를 사용하는 가입자들에게 서비스 측면에서 우월성을 이해시켜야 할 것이다. 가입자들이 이미 동기식 3G에 익숙하므로 새로운 수익성을 창출하기 위해서는 더 많은 노력이 필요할 것 같다.

한편 중장기적으로 이동통신 산업에서 HSDPA의 도입은 대륙판의 이동과도 같은 의미를 지닌다. 지금은 수면 밑에서 조용히 움직이고 있지만, 조만간 산업 전반에 걸쳐 거대한 지진과 같은 영향을 일으킬지도 모르기 때문이다. 특히 3G 기술 경쟁구도, 이동통신 패러다임, 이동통신 킬러 애플리케이션, DMB/WiBro 등 경합 기술과의 역학 관계, 휴대폰의 기본 개념 등에 걸쳐 중대한 변화를 촉발시킬 것으로 예상된다. 3GPP2 진영의 EVDO Revision B는 3GPP의 HSPA, HSPA+ 및 IEEE의 mobile WiMAX와 지속적으로 경쟁할 것으로 예상된다.

> ↘ EVDO :
> 통화지의 전파상태에 따라 데이타 속도를 가변시키는 AMC 기법이 최초로 적용된 기술로 2002년 우리나라에서 최초로 상용화된 기술이다. EVDO는 packet voice(VoIP)로도 음성서비스 지원이 가능하므로, Evolution-Data Optimized(EVDO)로 불리기도 한다.

가) HSPA와 WiBro간의 경쟁구도

HSPA와 와이브로가 가입자 확보를 위한 교두보 확보를 위해 이동통신 사업자가 나서고 있다. 현재의 EVDO 요금제로는 무선data 시장을 활성화되기 힘들며 SK텔레콤이 WCDMA 서비스를 지원하면서 data 무제한 정액요금제를 인하시키며 패킷요금도 단순화한 것은 HSPA+ 등 차세대 서비스를 선점하기 위한 포석으로 보인다. 부가서비스 역시 HSPA+와 WiBro간 경쟁 시나리오이다. 현재 WCDMA가 예상보다 활성화되지 못한 이유가 사생활 침해에 상당한 영향을 주는 화상전화 서비스이므로 HSPA에서는 가입자에게 설득력 있는 적합한 차별화된 부가 서비스를 개발해야 된다. WiBro 역시 고속 광대역의 장점과 All IP 기반의 개방형 플랫폼의 특성을 최대한 이용해야 한다는 것이다.

나) CDMA2000에 대한 우월성 확보

종전에는 3G 시대가 비동기식 WCDMA vs 동기식 EVDV로 양분되어 진행된다는 것이 지배적인 생각이었다. 그러나 단계적인 진화가 되어 갈 것이라는 고정 개념을 무시하고 정부의 주도적인 정책 지원 아래 미국처럼 WCDMA(3G)를 건너뛰어 HSDPA(3.5G)로 전면 이행하였다. 간단한 보드 교체나 S/W up grade으로 저렴하게 HSDPA 구현이 가능하기 때문이다. 동기식 방식에서도 기존 Road map의 전면 수정이 불가피해졌다. 원래 동기식 3G 방식에서는 CDMA EVDO가 EVDV로 진화할 것으로 예상되었다. 그러나 망 구현상의 기술적 난제로 도입이 지연되던 EVDV는 HSPA의 등장 및 HSPA+ 진화로 결정적 타격을 입게 되었다.

다) 무선 멀티미디어 시대의 도래

기존의 WCDMA가 과거에는 각광받았지만, 실제로 속도나 망 용량, 서비스 품질 등에서 모바일 멀티미디어 시대를 열기에는 역부족이다. 유선통신 시장에서 ISDN이 아니라 ADSL이 본격적인 멀티미디어 인터넷 시대를 열었듯이, 이동통신 시장에서도 진정한 무선 멀티미디어 시대는 3G 기술인 WCDMA가 아니라 3.9G 기술인 HSPA+에 의해 열리고 있다. WCDMA HSPA 방식은 가입자에게 다양한 무선 멀티미디어 서비스를 제공하고, 하나의 무선 단말기가 인터넷, WLAN, 위성망 및 WPAN을 액세스할 수 있게 되며 유선과 무선이 결합된 광대역망이 구축되어 복합적인 서비스와 광대역 핵심망의 액세스를 제공하게 된다. 그리고 인터넷 패킷 데이터의 증가로 비대칭적인 전송율을 가진 광대역 액세스 및 분배망을 포함하여 복합적인 유무선 플랫폼 서비스를 제공하며 이를 위한 초고속 패킷 무선전송 기술, 무선 LAN 기술과 모바일 소프트네트워크 기술을 중심으로 무선 멀티미디어 기술이 발전될 것이다.

기존보다 고차원의 이동성을 제공하고, 고속의 트래픽을 무선 구간에서 수용함으로써 이동 환경에서의 무선 멀티미디어 서비스 이용이 가능하여 언제나 지식 정보의 검색 및 활용이 가능하며 우수한 품질의 무선 접속망을 활용하여 정부, 산업, 가정 등의 정보화 달성이 가능한 지식 정보 사회의 구현이 기대된다. 사회 경제 활동을 시간, 장소, 대상 등에 구애받지 않고 유비쿼터스 환경 하에서 수행(4A: Anything, Anytime, Anywhere, Anyone)할 수 있고 서비스의 품질과 신뢰도가 향상되어 무선통신기기를 이용하여 상거래를 하는 M-Commerce가 이전보다 활성화되어 사이버 경제활동의 활성화가 기대되며 시간과 장소에 제한 없이 원격 교육, 원격 진료를 받을 수 있으며, 위치 파악 등의 서비스를 통해 국민의 안정성이 향상되는 등 국민 생활의 질이 향상되어 국민 생활의 질적 향상을 통한 복지사회의 구현이 기대된다.

라) 모바일 TPS의 등장

HSPA의 도입은 이동통신 시장의 킬러 애플리케이션도 변화시키고 있다. 과거 이동통신 시장의 킬러 애플리케이션은 문자 메시지, 벨소리, 모바일 게임, 사진 전송 등 개별 서비스 중심으로 발전해 왔다. 그러나 HSPA가 도입된 후 이동통신 시장의 Killer Application은 개별 서비스 하나 하나가 아니라 이들을 한데 묶는 모바일 TPS(mobile Triple Play Service)가 될 것이다. '모바일 TPS' 란 이동통신을 통해 음성/데이터/방송 등 3개 역무가 동시 제공되는 서비스로 사업자들은 이를 통해 수익성 제고/가입자 확대/ 미래경쟁력 확보 등 세 마리 토끼를 한번에 잡겠다는 전략이다. 산업계에서는 현재보다 data 속도가 빠른 HSPA의 상용화로 이동통신사업자들의 TPS사업이 너욱 탄력을 받을 것으로 전망하고 있다.

바) 차세대 휴대폰의 등장

HSPA와 모바일 TPS 시대의 도래는 휴대폰의 개념 또한 변화시키고 있다. 즉 지금까지 휴대폰은 그 본질상 통화 기능을 중요시하며 data 서비스가 부가 기능을 차지했지만, HSPA 등장으로 통화 기능이 부수적인 요소로 전락하고, 휴대형 멀티미디어 기기 측면이 더 강조되고 있다. 음성통화 기능보다는 모바일 개념이 수반된 인터넷이나 방송의 구현에 최적화되어, 기존의 휴대폰을 넘어선 신 개념 휴대폰이 등장하고 있다. 기존의 PC와 차별적인 신 개념 컴퓨팅 기기를 차세대 PC라 하듯이, 현재 휴대폰을 넘어선 향후의 휴대폰은 차세대 휴대폰이라 할 수 있을 것이다. 다양한 모바일 콘텐츠의 다운로드 및 스트리밍을 위해 메모리가 1Gbyte를 넘어설 것이고, 게임기 수준의 3차원 동영상 구현을 위해 그래픽 칩이 도입될 것이다. 또한 복잡 다양한 기능을 원활하게 구현하기 위해 고성능 CPU가 채용될 것이며, 전력소모량 급증에 대응하여 연료전지가 여행용 액세서리로 제공될 가능성도 있다.

2.9.4 향후 전망

HSPA는 CDMA→HSPA→HSPA+ 과정으로 진화하고 있다. HSPA+는 현재의 3세대 이동통신인 HSPA(하향 14.4Mbps, 상향 5~6Mbps)를 개량한 것으로 HSPA보다 속도가 2배 이상 빠른 기술로 하향 42Mbps, 상향 11Mbps 속도를 지원한다. 기존의 HSPA가 인터넷 전화 서비스를 안정적으로 지원하기 힘든 것과 달리, HSPA+는 향상된 속도와 용량을 바탕으로 상용망에서 인터넷 전화를 지원할 수 있어 4G 이동통신기술 전 단계로 간주되고 있다.

이동통신 회사들은 현재 4G인 LTE의 도입을 미루고 HSPA+에 집중하는 모습을 보이고 있는데 이러한 사례는 해외에서도 쉽게 찾아볼 수 있다. 이동통신회사에서 HSPA+ 기술에 주목하는 것을 이례적인 시선으로 보는 이유는 2010년 말 까지만 해도 LTE 에코시스템 참여에 적극적이었기 때문이다. 이는 스마트폰과 앱스토어 붐에 힘입어 WiFi 인프라를 무료 또는 저렴한 요금으로 지속적으로 이용함으로써 데이타 이용량이 많은 도심지역에서 WiFi가 traffic 분산 역할을 담당하게 되면서 macro cell이 떠안을 부하가 상대적으로 줄어들었다는 것이다.

이에 따라 최대 100Mbps급 LTE보다 속도에서 한 단계 아래지만, software upgrade 만으로 현재 당장 필요한 수준의 망 용량을 구현하는 방안이 주목받고 있는 것이다. 단말기 수급 측면에서도 당장 HSPA+가 LTE에 비해 유리한 입지이기도 하다.

WiFi의 사업적 가치가 보완재 네트워크에서 전환되는 현 시점에서 오히려 매크로 셀 중심의 셀룰러 네트워크를 WiFi의 보완 네트워크로 접근할 필요성이 높아졌고, 이에 좀더 저렴한 전송단가의 HSPA+가 사업적 정당성을 확보하게 된 것이다.

2.10 FTTH/FTTP

2.10.1 FTTH 도입 배경

정보통신 분야의 눈부신 발달은 주거공간의 개념을 경제, 사회적, 문화적 공간, 교육 공간 등으로 확대시켜 가고 있으며 이와 같은 변화는 원격교육 및 고품질 VOD 등의 넓은 대역폭을 지닌 서비스를 기본적으로 요구하고 있다. 기존의 단순히 제한된 대역폭의 video 서비스, 인터넷, 전화에서부터 획기적으로 향상된 정보 서비스, 즉 고화질 비디오 서비스, 디지털 양방향 TV 등의 신개념 서비스가 등장하고 있다. 이러한 서비스들을 수용하기 위해서는 기간망, 메트로망, 가입자망의 고도화가 동시에 이루어져야한다. 그동안 국내외의 통신사업자들은 기간망 및 메트로망은 테라비트급 통신이 가능할 정도로 고속화된 시스템을 구축하였다. 반면에 전체 통신 수요의 80% 정도를 차지하고 있는 가입자망에는 동선을 이용한 DSL(Digital Subscriber Line) 기술 외에는 이렇다 할 발전을 이루어 내지 못하고 있어, 전체 통신망의 병목 구간이 되고 있다.

정부에서도 인터넷 이용자의 폭발적인 증가에 대응하고 지식정보사회에 국가경쟁력의 핵심기반을 마련하기 위하여 가입자 망의 고도화를 추진하고 있다. 당초 2015년까지 구축할 예정이던 초고속 정보통신망을 5년 앞당겨 2010년까지 조기에 완성키로 한 것이 한 예가 될 수 있다. 방송통신위원회 계획에 따르면 가입자에게 음성, 데이터, 영상 등 다양한 멀티미디어 초고속 정보통신서비스를 제공하기 위해, 전국의 1,600만 가구 중 1,500만 이상의 가구를 초고속 가입자망으로 연결하여 95% 이상의 가구에서 고속 인터넷서비스를 자유롭게 이용할 수 있는 환경을 제공할 예정이다.

최근 기존 동선을 활용하면서 초고속인터넷을 실현하는 기술로 ADSL, VDSL이 널리 보급되고 있지만, 이미 이용자들의 요구수준은 xDSL의 속도한계를 넘어서고 있다. 다음 단계를 담당할 기술 대안으로 고려할 수 있는 차세대 가입자망 기술의 하나가 광케이블이 집안까지 연결하는 광 솔루션이다. 대표적인 기술로 AON과 PON(Passive Optical Network)이 있다. 한편, 멀티미디어의 개념이 통신에 접목되면서 서비스의 광대역화가 이루어지고 있으며, 이 멀티미디어형 광대역 서비스의 요구는 광가입자망 확산의 원동력이 되고 있다. 광가입자망 의 구축은 궁극적으로는 각 가입자 댁내까지 광케이블과 광전송 장치를 공급하여 초고속 통신 서비스를 실현할 수 있는 FTTH가 목표이지만 경제성, 인프라 구축의 문제, 선도적 서비스의 부족, FTTC나 HFC 활성화 등으로 인해 상당기간 광통신망, 동선망, 무선망이 혼재할 것으로 보인다.

〈그림 2.135〉는 FTTH 실현 이전에 가능한 통합 가입자망 형태로 유선망(광선로, 동선/동축선로)과 무선망(WLL, 인공위성 등)을 보여준다.

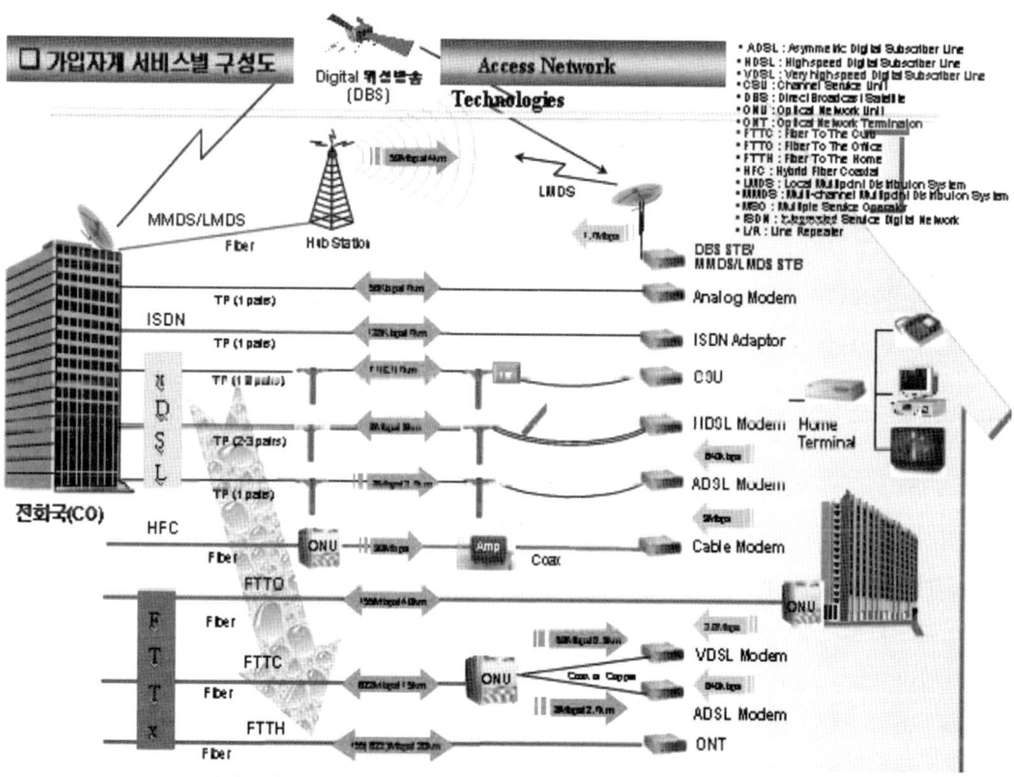

〈그림 2.135〉 FTTH 이전의 유무선 통합가입자망

이렇듯 최근 몇 년간 불고 있는 변화의 바람은 지난 수 십 년간의 미미한 변화와 비교할 때 매우 놀라운 것이며, 이 변화의 모습은 다양한 서비스 제공, 선로 및 전송기술의 발달, CATV와 무선통신의 보급으로 인한 가입자망 경쟁체제의 형성으로 설명될 수 있다.

가입자망은 지금까지 하나의 통신 사업자에 의한 독점사업이 될 수밖에 없었다. 동일한 지역에 사업자마다 다른 통신선로를 제공하기에는 막대한 비용이 들기 때문에 나라별로 국가 기간사업으로 추진되거나 지역을 분할하여 몇 개의 기간통신사업자에 의해 주도되었는데, 이러한 이유로 주변 환경의 변화에 가장 둔감하고 발전 속도가 가장 더딘 분야로 남아 있다. 그러나 최근 들어 통신 관련 신기술들이 개발되고 경쟁체제의 도입이 논의되면서 가입자망에도 새로운 변화가 진행되고 있다. 이 변화의 속도를 가속시키고 있는 여러 요인들 중에 대표적인 것으로 정부의 통신망사업에 관한 규제철폐, 전송매체와 전송기술의 급속한 발달, 그리고 통신망을 이용한 멀티미디어 서비스의 확산을 들 수 있다.

최근 공중통신망을 통한 음성위주의 PSTN 서비스 수요는 이미 한계에 도달한 듯 하나 인터넷, PC 통신 등과 같은 data 관련 서비스에 대한 수요는 폭발적인 증가 추세에 있다. 원격강의, 재택근무, 홈 쇼핑이나 인터넷 등을 통한 각종 정보 제공이 광대역 data 통신망의 구축으로 가능해지고 있으며, 인터넷의 확산은 앞으로 멀티미디어 서비스의 중심이 인터넷 환경이 될 것이라는 예측까지 나오고 있다. 한편 북미시장의 FTTH 가입자 수는 2005년에 이미 백만 가입자를 넘어섰다. 또한 2011년에는 FTTH 가입자가 전체 초고속 가입자의 35% 차지할 것으로 전망되며, PON 방식이 FTTH 구축의 80% 이상을 차지할 것으로 전망된다.

최근 ADSL을 기반으로 하는 초고속 인터넷 서비스가 보편화됨으로써 기존 전기통신망은 커다란 변혁을 맞이하고 있다. 거의 대부분의 data 단말이 TCP/IP 프로토콜을 사용하고 새로운 서비스나 응용들 역시 IP를 기반으로 하기 때문에 IP가 핵심 네트워킹 기술로 자리매김하고 있다. 이에 따라 IP기반의 인터넷 트래픽은 거의 매 6개월마다 2배 정도로 급격히 증가하고 있으며, 이런 추세는 당분간 지속될 것으로 예상된다. 현재까지 음성 서비스를 위주로 하는 전화망이 전기 통신망의 주요 부분을 차지하고 있긴 하지만, 우리나라를 비롯하여 일부 국가에서는 이미 data 트래픽 양이 음성 트래픽 양을 초과하고 있으며, 수년 내에 전 세계 data 트래픽 양이 음성 트래픽 양을 추월할 것으로 보인다.

가입자망의 경우 ADSL에 이어 가입자 당 10Mbps 이상의 전송속도를 제공해 주는 VDSL 서비스가 보편적 서비스로 자리잡고, 가입자 당 100Mbps 전송속도를 제공해 주는 PON을 이용한 FTTH 서비스가 제공되게 되면 가입자 트래픽은 폭발적으로 증가될 것으로 예상된다. 가입자 망은 공중망의 일부로서 network 접속점과 각 가입자 사이에 구성되는 망을 의미한다. 여기에서 network 접속점은 기존 전화망의 경우는 전화국사의 교환기가 되고, 인터넷인 경우는 인터넷 접속점(Point-of-Presence)에 있는 Access router에 해당한다. 가입자 망은 동선 전화선, 동축케이블, 광섬유 등 수동 가입자 선로가 주요 구성 요소이며, 가입자 data 전송 기능, 선로 집선/다중화 기능, 고품질 data 채널을 제공하기 위한 디지털 반송 기능 등을 갖고 있다. 광 가입자망은 가입자 망의 일부분 혹은 전체가 광섬유로 구성된 가입자망을 의미하며, 광의 종단점에 따라서 FTTC(Fiber-To-The-Curb), FTTH(Fiber-To-The-Home) 등 다양한 광 가입자망이 구성된다.

궁극적인 광 가입자 망은 가입자 집안까지 광섬유를 설치하여 가입자 선로 전 구간에서 광통신 방식으로 통신하는 것이다. 이를 위한 유력한 방법으로 광섬유로 수동 이중 성형 망(PON, Passive Optical Network)을 구성하는 방식이 고려되고 있다. 1차 성형 구조는 국사에 설치되는 OLT에 복수의 PON 망이 연결되는 것으로 구성되고, 2차 수동 성형 분기는 각 PON 망에서 수동 광 분기장치를 통해 한 가닥의 광섬유가 여러 가닥의 광섬유로 분기되어 복수의 ONU와 연결되는 것이다.

다음 단계에서의 PON 기술은 WDM 기술을 접목하는 것이다. WDM-PON에서는 Core 혹은 Metro 망에 구성되는 WDM-Ring과 상호 연동하여 가입자 단대단으로 상위 전송프로토 콜에 무관한 투명한 파장 채널을 제공할 수 있다. WDM-PON을 가입자에게 본격적으로 적 용하기 위해서는 WDM용 광원, 수광소자, WDM 필터, 광증폭 기술 등 코어 망에서 개발된 WDM 기술들이 가입자망에 적용될 수 있도록 저가화, 양산성 및 내환경성 확보가 주요 관건이 된다.

〈표 2.33〉 FTTH 방식 비교분석

방식	E-PON 구성 방식	AON 구성 방식	C-PON 구성 방식
현황	· 세대 단지함에 E-PON ONT(광전 변환장치) 공급 · KT가 추가 부담금 지급 KT측 추가부담금= E-PON ONT(광전 변환장치) - AON ONT(건설사 부담) · KT 기타 장비 구축 및 splitter 배치 · 신형 E-PON ONT 구매 및 소날해야함 (12포트 cat5c,12포트, 전화용cat3) · 가정당 속도최대 100Mbps, 최저 30Mbps	· 세대 단지함에 AON ONT (광전 변환장치) 건설사 부담 · KT 기타 장비 구축 · 광L2,기가 광 L3공급 · 아파트형 광 L2 구매 및 조달 (24포트 MM), 정식 BMT품목 없음 · 가정당 속도 최내 100Mbps, 최저 52Mbps	· 세대 단지함에 AON ONT (광전 변환장치) 건설사 부담 · KT 기타 장비 구축 · 16기가 C-PON-AON으로 구성 · 16기가 C-PON-AON 정식 BMT품목 없음 · 가정당 속도 최대 100Mbps, 최저 52Mbps
단점	· 아파트형 E-PON ONT는 준비가 안된 상태이며 KT가 E-PON ONT로 세대단자함을 구축할 경우 초가 발생분은 추가로 지급해야됨. · E-PON ONT에 소유권을 주장 할 수 없음	· 아파트형 광 L2는 준비 가 안된 상태임. KT가 세대단자함에 대한 추가 비용없음 · L3 확보 상태 광 L2는 미확보됨. 광심유와 장비가 많이 소모되고 비효율적 망구성임. · 고장발생, 고장포인트 과다	· KT가 세대단자함에 대한 추가 비용없음 · 가입자단은 AON 구조로 하고 중간 장비 감소에 의한 효율적 적용 · 정식 BMT 제품 없음

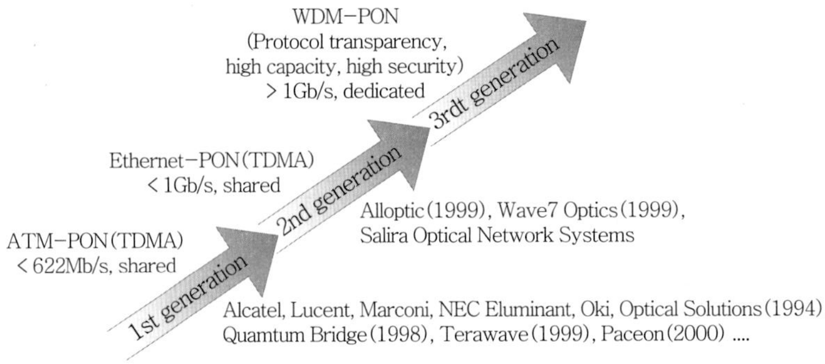

〈그림 3.136〉 FTTH 기술의 발전

가) FTTH의 기술 TREE

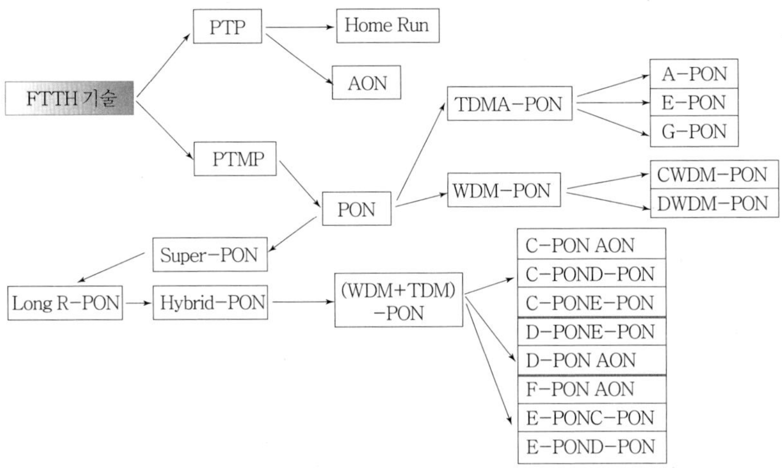

나) FTTx의 개념적 분류

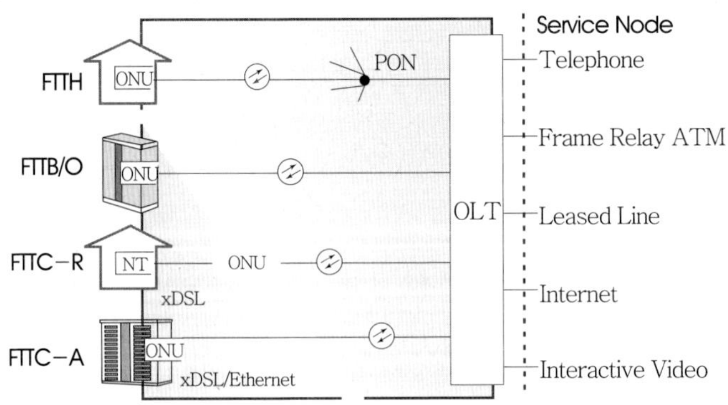

다) FTTC / FTTH 진화전략

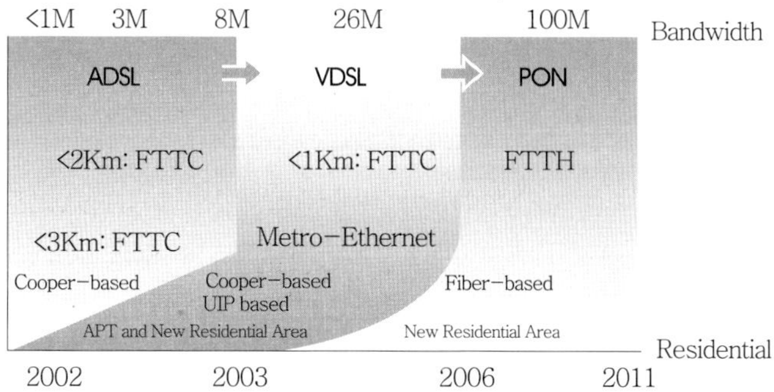

라) Broadband Access 발전 방향

광대역 접속망은 〈표 2.34〉와 같이 발전될 것으로 예상된다.

〈표 2.34〉 광대역 접속망 발전 전망

광기반의 초고속 접속망 구축을 위한 FTTC화	· 품질향상 및 VDSL로의 전환을 고려 단계적 추진 · 구역별 Cell구조 정립을 통한 효율적인 FTTH기반 마련 · 3km이상 지역부터, 1km이상 지역까지 FTTC망 확대
고부가 컨텐츠 중심의 가치망 제공	· VOD 및 디지털 방송 등 멀티미디어 서비스 제공 · 복합서비스 제공: xDSL모뎀+무선데이터 · 음성/데이터/비디오 통합 수용을 위한 홈 게이트 웨이 공급
패킷 및 데이터 위주의 BcN 엑세스 망 구축	· ATM/Circuit위주 엑세스망을 IP/BcN망으로 전환 · A/G, NG-SDH등으로 Single-Network, Multi-service제공기반 구축 · Any Time, Any Device, Any Place, Any Service제공

2.10.2 FTTH 기술

가) PON

FTTH는 이더넷이나 ATM 방식의 광대역 ISDN이 가입자망에 도입되어 대역폭의 제한 없이 FSN(Full Service Network)을 구성하기 위하여 가입자 단말까지를 광케이블로 구성하는 방식이다. FTTH 구축의 가장 걸림돌은 고가인 광장비와 광케이블이 가격이 가입자의 서비스 수요를 어떻게 만족시킬 수 있는 가로 구축비용의 절감이 가장 중요한 관심사가 되고 있다. 현재 제안되는 망구조는 전화국과 가입자간을 직접 접속하는 SS(Single Star)구조와 능동노드로 접속하는 ADS(Active Double Star)구조, 수동소자를 두고 접속하는 PDS(Passive Double Star) 구조로 요약할 수 있다. 각각의 망구조는 서비스 제공 목적이나 대상에 따라 혼재할 것으로 예상되며 신뢰성 있고 경제적인 광가입자망을 구축하기 위한 다각적인 연구가 진행되고 있다. 광가입자망에서 일반 가입자의 가정까지 들어가는 방법은 다양한 방법이 있다. 이것은 주거의 다양한 존재와 다양한 계층의 가입자구조에서 발생된다.

나) AON 이더넷 기술

AON의 장점은 Fiber cable 포설비는 매년 상승하나, 장비가는 매년 하락하므로 초기에 Fiber cable을 다량 포설하고, 저렴한 가격의 장비를 사용하는 AON이 유리하다. 표준화된 End-to-End Ethernet 솔루션 data 전송이 가능하며, 양방향 100 Mbps급 멀티미디어 서비스를 안정적으로 제공 가능하고, 궁극적으로 data, 음성, 영상을 동시에 수용할 수 있다.

장비 분산형 AON(대규모 공동주택의 경우) 동일 장비실에 Optical switch 분산 설치, MDF실에서 동단자함 까지의 배선 간편화 및 접속 비용 절감, 장비 집합형 AON(소규모 공동주택의 경우), MDF실에 Optical switch 집합 설치, 관리 운용의 편리성 극대화 등이 진행되고 있다.

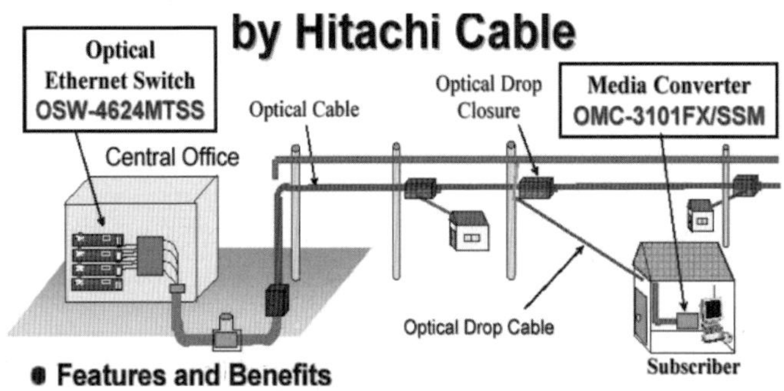

〈그림 2.137〉 AON을 이용한 FTTH 구조

이더넷과 관련한 가장 주요한 이슈는 이더넷이 LAN 영역에 머무르지 않고 MAN/WAN 영역으로 확장되는 추세이다. 이것은 이더넷이 이미 시장에서 성공했으며, 이 과정에서 다른 기술에 비해 성능 대비 가격이 월등히 저렴하다는 점이다. 현재 거의 모든 LAN이 이더넷이며 인터넷 트래픽의 약 95% 이상이 이더넷이라는 점과, MAN/WAN도 이더넷 기반으로 구성하면 프로토콜을 변환할 필요가 없다는 점 때문이다.

다) PON 기술

PON 종류로는 ATM-PON, 이더넷-PON(Ethernet base-passive optical network), WDM-PON(Wavelength Division Multiplexing) 등으로 나뉜다. PON은 20Km 반경 내에 있는 가입자들을 FTTx의 형태로 연결하는 수동 광네트워크로서 하나의 광케이블이 스플리터를 통해 여러 가닥으로 분기하여 최대 64대의 ONU/ONT가 동시에 연결되어 사용할 수 있어 구축비용이 저렴하다. 이는 PON을 통해 하나의 광케이블에 FTTCab, FTTC, FTTB(Fiber To The Building), FTTH 등이 동시에 연결되어 동작할 수 있음을 의미한다. 따라서 PON은 하나의 플랫폼에서 FTTx를 통합하여 궁극적인 가입자망의 형태인 FTTH를 지원하므로 차세대 광가입자 전송기술로 중요한 의미를 지닌다.

PON망의 특징은 광섬유 한 가닥에 많은 가입자 수용 가능하며, 국사내 lasers, regenerators, amplifiers Active 소자수 제거로 인한 저가화가 가능하고, OLT와 ONU 사이의 거리는 최대 20Km(Ethernet, WDM방식-20km초과)이며, 스플리터 이외에서의 분기가 많아질수록 적용가능 거리는 줄어든다. 음성, 데이터, 영상 서비스 제공이 가능하다.

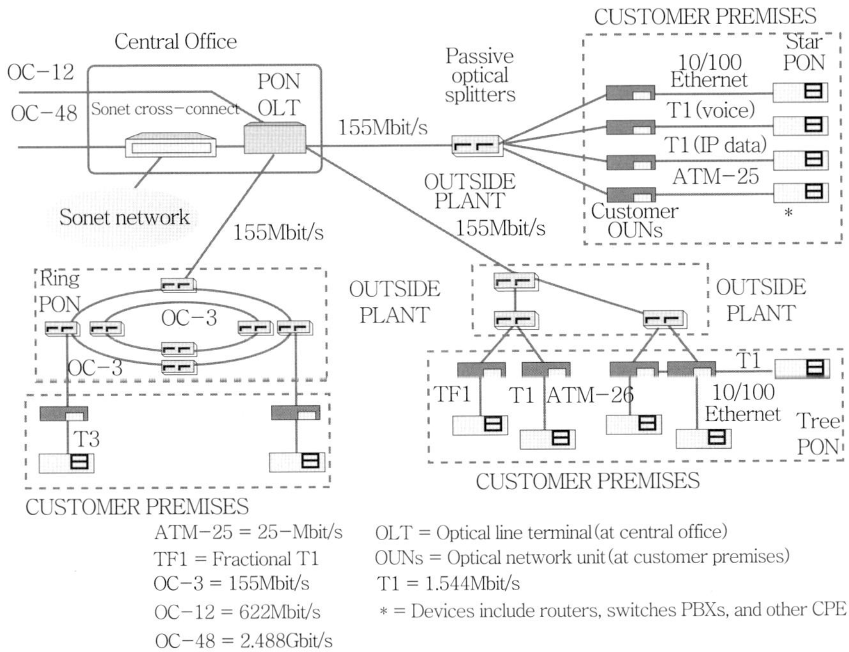

〈그림 2.138〉 PON의 대표적인 망구성

〈그림 2.138〉은 PON의 대표적인 망 구성으로 OLT(Optical Line Termination), ONU(Optical Network Unit), ODN(Optical Distribution Network)으로 구성된다. ONU가 더우 소형하되어 사무실이나 댁내에 설치시에는 ONT 형태가 된다. PON은 이름처럼 네트워크를 장비(Activo)가 아닌 소자(Passivo)로 구성하는 것이다. 또한 PON은 전자적 혹은 광전장치가 추가되지 않는 광네트워크로서 ODN이 수동소자이기 때문에 붙여진 이름으로 전력공급이 필요 없어 전력의 결함에 구애되지 않고 전자기 간섭에도 민감하지 않으며 유지보수 비용이 적게 드는 장점이 있다. 현재의 광접속이 센터부터 접속자까지 일대일로 물리는 방식인 반면 PON은 일정거리까지는 하나의 광선로를 깔고 접속점(ONU)을 중심으로 여러 개로 분기할 수 있는 방식이다. 따라서 처음부터 끝까지 광케이블을 도입하는 것보다 비용을 절감할 수 있다.

> 1. ATM-PON :
> ATM-PON의 구조는 하나의 OLT에 여러 개의 ONU가 광 스플리터를 통해 수동적으로 물려있는 구조다. ATM-PON을 사용하면 전화국 측의 OLT에서 광 송수신기를 절약할 수 있으며 스플리터가 가입자 근처에 있는 경우 광선로를 절약할 수 있다. 기존의 광통신은 일대일 구조로 이루어져 있었지만 ATM-PON을 사용할 경우 하나의 회선을 하향 622Mbps, 상향 155Mbps의 속도로 여러 개 나누어 전달해 줄 수 있기 때문에 비용이 효율적이다. 다른 PON보다 ATM-PON이 먼저 개발에 성공한 이유는 ATM이 시분할 측면에서 유리하기 때문이다.
> 2. E-PON :
> ATM이 QoS가 뛰어나고 음성, 화상 등의 멀티미디어 서비스를 지원하는데 탁월한 기능을 발휘하지만 IP 데이터에 대한 요구가 높아지고 메트로 이더넷 등이 확산되면서 이더넷-PON에 대한 관심이 급격히 부상하고 있다. 이더넷-PON은 IP와의 접목이 용이하다는 점, 높은 비용의 ATM-PON보다 저렴한 가격 등을 강점으로 서서히 부상하고 있다. 특히 국내에서는 IP 데이터 패킷전송에 용이한 이더넷-PON에 더욱 관심을 보이고 있으며, 국책공동연구를 통해 이더넷-PON 개발하였다.
> 3. WDM-PON :
> WDM(Wavelength Division Multiplexing) 기법을 도입하여 상/하향 채널을 위해 다수의 독립된 파장을 제공하는 광가입자망의 궁극적 진화구조이다. WDM-PON 구조에서의 ONU는 다중화 된 WDM신호를 파장으로 분리하여 가입자에게 제공한다.

2.10.3 FTTP

FTTP는 가입자 인접까지는 광케이블을, 이후 가정까지는 UTP를 이용하는 IP over Ethernet 솔루션을 말한다. 특징으로는 고객관점에서 보면, 일반 주택지역을 대상으로 양방향 최대 100Mbps를 제공한다. 사업자 측면에서 보면, 옥외용 함체 설치의 당면 문제를 해소할 수 있으며, 기존 동선로를 사용하지 않으므로, 동선환경에 따른 품질저하가 없다. 또한 가입자가정 모뎀이 불필요하므로, 집안 설치, 관리문제 제거로 운용비를 절감할 수 있으며, 초고속 서비스 음영지역 및 경재 심화지역에 공급이 가능하다고 할 수 있다.

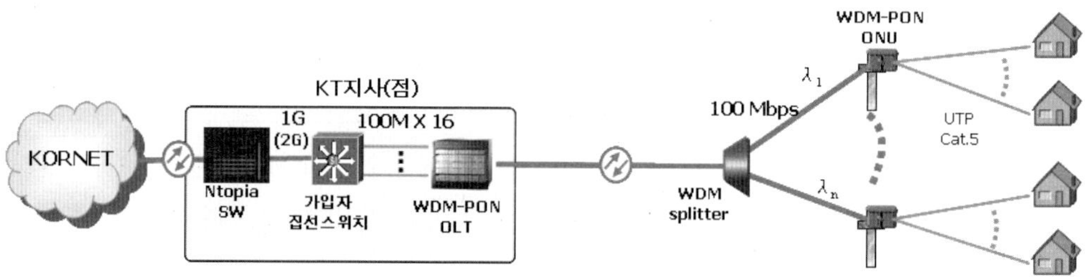

〈그림 2.139〉 기본적인 FTTP망 구성도

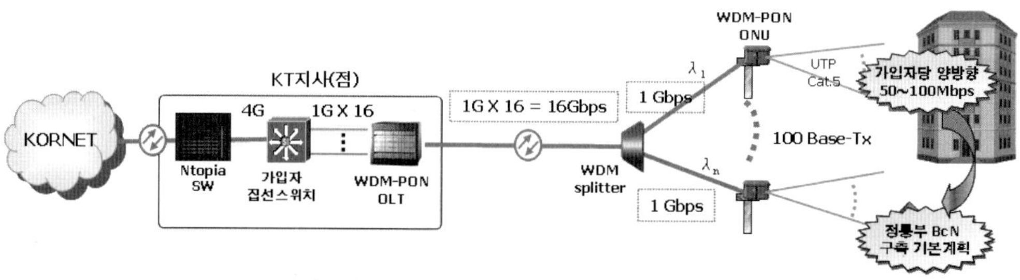

〈그림 2.140〉 1Gbps FTTP망 구성도

〈표 2.35〉 FTTP 솔루션별 비교

구분	WDM-PON	E-PON	AON
장점	· ONU별 파장을 달리함 · 채널별 1Gbps로 대역폭 확장 용이 · 고장발생시 채널 모듈만 교체	· 장비가 저렴함 · 국사내 E-OLT가 집선스위치 대체로 운용관리 우수	· 기술성숙도 높음 · 회선당 단가 가장저렴 · 다수 Vendor로 장치공급 유리
단점	· 신제품 · 소수 Vendor	상대적으로 가입자당 대역폭이 낮고, ONU당 1Gbps 제공불가	· 집선스위치 옥외설치로 OPEX증가 · 집선스위치용 신규 전주 및 전원 인입 필요

〈그림 2.139〉에 기본적인 FTTP망 구성도를 도시하였으며, 〈표 2.35〉는 FTTP 솔루션 종류를 비교하였다. 그리고 〈그림 2.140〉은 1Gbps FTTP망 구성도를 도시하였다. 또한, FTTP솔루션에는 WDM-PON, E-PON, AON방식이 있다.

2.11 WPAN(*Wireless PAN*)

차세대 무선 네트워크 핵심 기술인 근거리 무선통신망(WPAN)은 수십 미터 범위 안에서 무선 인프라를 구성하고 개인 단말기를 직접 연결하여 구현하는 것으로 경제적인 파급 효과가 매우 클 것으로 보인다. WPAN기술에는 Bluetooth, ZigBee, UWB 방식이 있다. Bluetooth는 최고 전송속도가 1Mbps이나 소비전력이 적고 가격이 저렴하면서 자체 보안 기능이 있다. 이미 휴대폰은 "선 없이" 즐길 수 있는 대표기술로 자리 잡고 있으며, 검침 등의 용도로 많이 사용되고 있는 ZigBee는 250Kbps의 속도로 데이터 전송이 가능하여 USN을 구현하는 최적의 기술로 주목받고 있다. 또 UWB 기술은 10m 이내의 거리에서 대용량 멀티미디어 데이터를 무선으로 전송할 수 있는 기술이다. 동영상, 이미지, MP3 파일 등의 대용량 멀티미디어 data를 보다 효율적으로 지원하기 위해서 UWB는 근거리에서 480Mbps 이상의 초고속 전송이 가능하다. 기술 표준이 제정되어 시장이 활성화되는 경우에는 Home network 등의 무선 단말기기간 통신에 핵심기술로 부각될 전망이다. 그리고 국내 독자 기술로 Binary-CDMA 기술이 개발되어, 통신 칩과 모듈이 생산되면서 기술 상용화가 급진전 되고 있다.

WPAN 기술이 활성화 되면서 홈 네트워크 및 유비쿼터스 네트워크에 대한 요구가 증대하여 가정 내 가전기기, 사무기기 및 각종 정보기기들을 근거리에서 배선 없이 초고속으로 연결시킬 수 있게 되었다. WPAN 기술은 Sensor network로 발전하여 다양한 센서를 활용해서 실시간으로 정보를 수집하고, 시설물을 모니터링 하여 신속하고 효율적인 위기 상황 대응을 위한 정보전달 기술로 활용되고 있다. 센서 네트워크는 기술 자체보다는 IT기술과 접목하여 홈 네트워크, 공장자동화, 헬스 케어 등 다양한 분야에서 새로운 수요를 창출하고 있다. 요즘에는 센서의 범위가 확장되어 환경 모니터링 등 사람이 접근하기 어려운 곳의 정보를 통제센터에서 쉽게 관리할 수 있다. 현재까지 홈 네트워크 및 소규모 지역의 환경 모니터링에 국한되었던 센서 네트워크 인프라를 전국적인 규모로 확대함으로서 유무선 인터넷 가입자망과 결합하여 다양한 응용 서비스가 가능하며, 향후 유비쿼터스 사회 구현의 핵심이 될 수 있는 한 축으로 가치 확보가 가능할 것이다.

2.11.1 기술 개요

WPAN은 근거리 무선통신 기술로 비교적 짧은 거리에서 정보를 전달하는데 목적이 있다. 유비쿼터스 환경 구현에 따른 Sensor network와 Ad-hoc 네트워크가 대두됨에 따라 WPAN 또한 기술적 관심의 증가로 제품이 개발돼 상용화 되었다. 또한 개인마다 고유한 네트워크를 구성할 수 있는 기술로 일반적인 유효거리는 10m~50m 이내이다. WPAN 기술이 나오기 전 까지는 이동통신 단말기를 이용하여 인터넷에 접속하기 위해서는 data 통신 기능을 갖춘 단말기와 이것들을 연결하는 별도의 케이블이 필요하였다. 그러나 WPAN 기술이 상용화되면서 기기간의 data 통신이 무선으로 이루어지고, WPAN 기능을 갖춘 디지털 카메라, 프린터, 헤드 폰 등 각종 기기에 케이블이 필요없게 되었다. 전송속도는 100Mbps, 전송거리는 10~50m 정도로 저출력/저전력 기술을 요구하고 있다. 〈그림 2.142〉에 WPAN 개념을 도식화 하였으며, IEEE 802 기술 표준별 서비스 범위는 다음과 같다.

첫째, 802.15는 PAN 영역에서 무선을 이용하는 개인영역 네트워크로 10m~50m 내에 위치한 정보기기 사이의 통신서비스를 제공한다.

둘째, 802.11은 일반적으로 무선 랜이란 이름으로 널리 활용되고 있으며 최근에는 802.11b(WiFi) 단계를 거쳐서 전송속도를 증대시킨 802.11n 기술이 보급되고 있다.

셋째, 802.16 MAN은 802.11에 비해 보다 넓은 커버리지를 제공하는 MAN이며, Wi-MAX 포럼을 중심으로 표준화 논의가 진행 중인 가운데 시범서비스가 활성화되고 있다.

넷째, 3G, 4G WAN은 기술적으로는 이동통신 기술 측면에서 접근되고 있는 개념으로 이동성이 크게 부각되고 있는 기술로 궁극적으로 이동전화 이상의 이동성을 제공할 것이다.

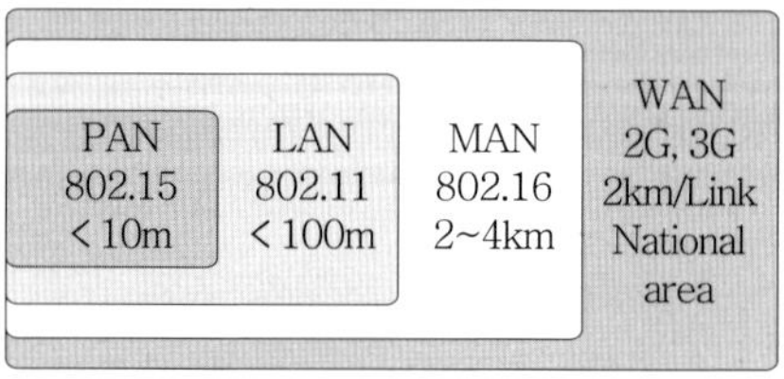

〈그림 2.142〉 WPAN 개념도

WPAN을 다시 한번 정의하자면 "비교적 짧은 거리의 무선 개인통신망 기술"을 의미한다. WPAN의 'PAN'은 범위를 규정하는 것으로, 무선 통신의 범위는 소비자의 관점에서 아래 〈그림 2.142〉와 같이 SAN, WAN, MAN, LAN, PAN으로 구분할 수 있다. PAN은 In-Building 보다 좁은 개념인 개인의 영역이며, WPAN은 개인의 무선기기 등의 통신을 위한 것이다. PAN보다 더 좁은 영역의 BAN이 요즘 많은 주목을 받고 있다.

즉, WAPN은 개인의 영역인 10m~50m 거리에서 무선으로 이뤄지는 통신을 위한 기술이라고 할 수 있다. WLAN이 회사 사무실, 학교 등과 같은 밀집된 지역의 정보통신 기기간의 통신을 위한 무선통신 기술이라면, WPAN은 개인 정보통신 기기간에 통신을 하기 위한 기술이다. 특히 AP 없이 기기간에 직접 통신하는 방식이라는 특징을 갖고 있다.

〈표 2.36〉 WLAN과 WPAN의 비교

구분	네트워크 범위	주요 접속방법
WLAN	사무실, 학교 등에서 밀집된 정보통신 기기간의 근거리 무선통신 기술(약 50~100m 이내)	중계 장치(AP)를 경유하여 통신(Infra-structure)
WPAN	개인 정보통신 기기간의 통신을 유선에서 무선으로 대체하는 기술(10m 이내)	AP없이 기기간의 직접 통신(Ad-hoc)

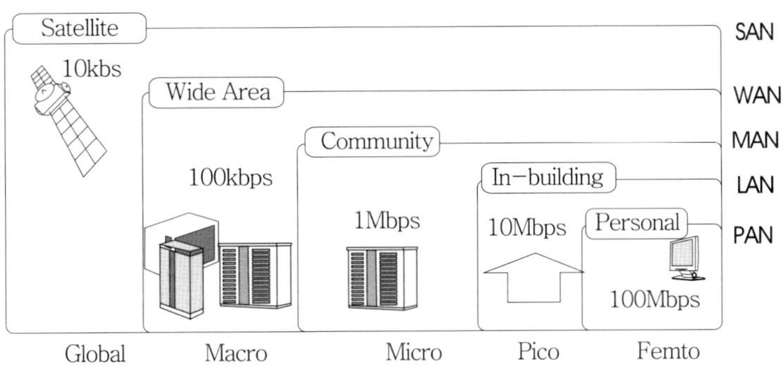

〈그림 2.142〉 사용자 관점에서의 무선세계

WLAN은 PC, 휴대폰, PDA, 가전 등의 기기를 수십 미터 범위에서 무선으로 직접 연결하는 만큼 시장에서의 파급효과가 매우 클 것으로 기대되고 있다. 특히 홈 네트워크나 유비쿼터스 환경에서 필수적인 기술로 평가받고 있어, 기술 간 주도권을 차지하기 위한 치열한 경쟁이 벌어지고 있는 상황이다. WPAN에는 ZigBee, Bluetooth, UWB 등의 방식이 있으며, 각 기술별 개략적인 특징은 다음과 같다.

Bluetooth는 블루투스 1.1 표준이 2001년에 완성되었으며 노트북, 휴대폰 등에 적용되고 있다. 그러나 전송 속도 및 거리가 미흡하며 Wireless LAN과 간섭이 있다. ZigBee는 저가, 긴 전송거리, 낮은 data율 및 저전력의 특징을 가지고 있다. 전력선통신의 호환성 문제를 해결하기 위한 대안으로 주목받으며, USN을 구현하는 최적의 기술로 관심을 받고 있다. UWB는 가정 내에서 멀티미디어 data를 110~480Mbps로 고속 무선 전송함으로써, 초고속 무선 홈 네트워크 구축 기능을 제공한다. 설치비용이 많이 요구되는 고속 유선 홈 네트워크의 대체 기술로 주목을 받고 있다.

WPAN은 개인 중심의 주변 장치들을 무선으로 연결하기 위한 것으로 WLAN과 지향하는 목표가 명백히 구분된다. 근거리 data 통신에 사용되던 IrDA는 통신 거리가 짧고 data율이 낮은 것에 비해, IEEE 802.15.3 표준의 WPAN은 반경 10m 이내에서 고속data 전송을 지원하여 무선 장치간 멀티미디어 통신이 가능하다. 따라서 UWB/802.15.3 WPAN은 홈 네트워크뿐만 아니라, 4세대 이동통신에서 끊김 없는 서비스를 제공하기 위해 개인 영역의 무선통신 인프라를 제공할 수 있을 것이다. 이와 같이 WPAN은 근거리 무선기술 산업에서 중요한 역할을 할 것으로 기대되며, 이를 더욱 활성화하기 위해서는 WPAN에 적용할 수 있는 다양한 애플리케이션들이 개발되어야 할 것이다.

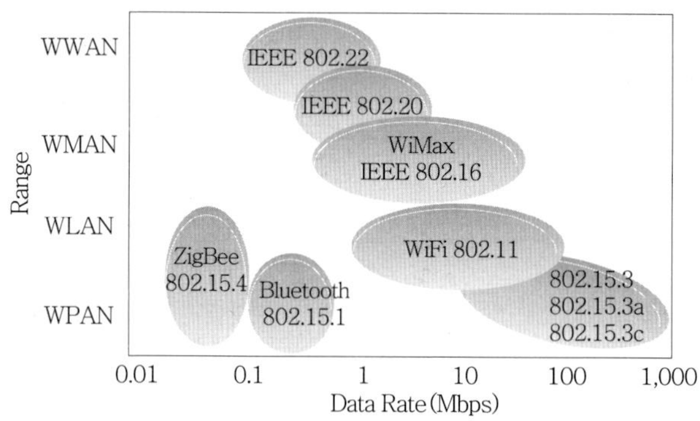

〈그림 2.143〉 IEEE 802 무선영역

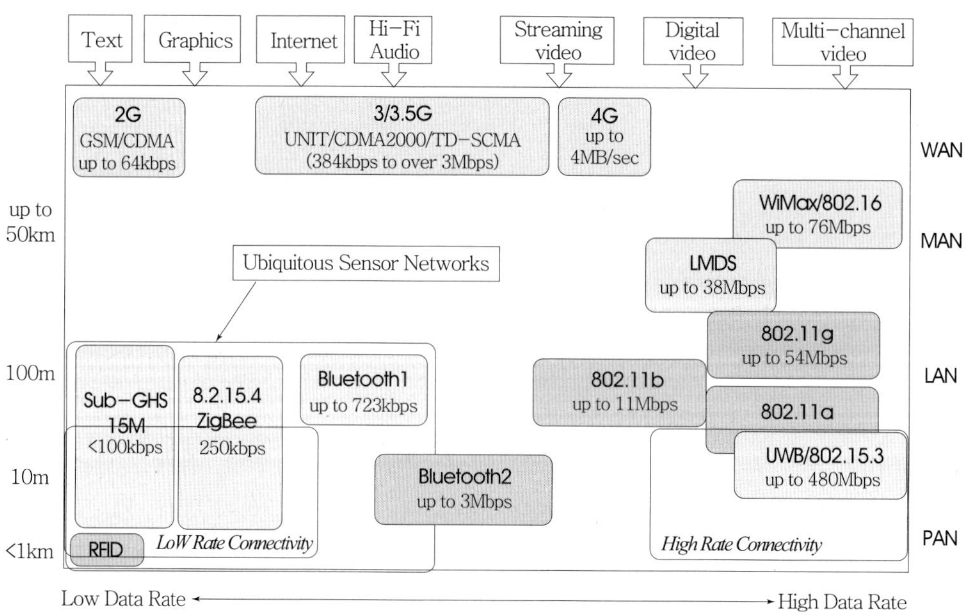

〈그림 2.144〉 Wireless Network 개념도

한편, 4세대 통신망은 더 넓고 향상된 서비스 영역을 제공하면서, 새로운 기술이 개발되기 보다는 기존의 망을 통합하고 상호운용 할 수 있도록 All-IP망으로 진화할 것으로 생각된다. 서비스 제공자들은 제일 먼저 사용자의 이동성을 고려 할 것이다. 또한 이동성을 고려한 4세대 무선망을 설계하기 위해 IP 기반의 멀티 네트워크는 셀 중심의 망구조로 구성될 것이다. 〈그림 2.144〉와 같이 개인영역에서 WPAN, Hot -Spot 영역에서 WLAN, 넓은 영역에서 셀룰러에 의한 국제간 로밍으로 통신망을 구현할 수 있다. 따라서 4세대 이동통신 시스템은 기존의 셀룰러 시스템의 향상된 3세대 시스템과 새롭게 개발된 시스템뿐만 아니라 WPAN, WLAN, 디지털 방송 시스템 등을 IP 기반의 멀티네트워크로 통합하여 끊김없는 인터네트워킹을 제공할 것이다.

2.11.2 무선 단거리 통신기술과 개인화 네트워크 연구동향

가) 무선 단거리 통신 기술

무선 단거리 통신 기술(Short Range Wireless: SRW)은 실내, 사무실, 그리고 폐쇄된 공공장소 등의 환경 하에서 매우 짧은 거리의 통신서비스를 제공하는 네트워크 기술이다.

또한 SRW는 최대 100m까지의 거리 내에서 10~100Mbps의 속도와 저가 및 저전력으로 가까이 위치하는 사용자들간의 통신을 제공한다. SRW는 크게 저가, 저전력 소모에 초점을 맞추어 주로 10m 이하의 단거리의 무선 연결(connectivity)을 제공하는 것을 목표로 하는 무선 개인화 네트워크(Wireless Personal Area networks: WPANs)와 보다 높은 전송 속도와 보다 넓은 서비스 영역을 제공하는 것을 목표로 하는 무선 근거리 네트워크(Wireless Local Area Networks: WLANs)로 나뉠 수 있다. 따라서, SRW는 사람들이 몸에 지니거나 휴대하고 있는 휴대폰, 헤드셋(headset), PDA, 랩탑 PC, 디지털 카메라, 비디오 모니터, 헬스 관리 장치 등을 케이블 없이 연결하여 통신을 지원한다. 또한, SRW는 사용자들에게 건물 내에서 제공되는 근거리통신망(Local area network: LAN) 인터넷 그리고 기존의 음성 및 데이터 통신망과의 연결도 가능하게 한다.

무선 개인화 네트워크에 대한 표준화는 주로 IEEE 802.15 WG(Working Group)에서 이루어지고 있으며, 802.15.1(Bluetooth), 802.15.2(Coexistence between WPAN and WLAN), 802.15.3(High rate WPAN), 802.15.4(Low rate WPAN) 등의 TG(Task Group)들이 활동하고 있다.

이들 TG에서 이루어지고 있는 표준화 및 연구 동향, 여러 WLAN 기술들과의 특징, 장단점 비교, 그리고, 각 TG에서 제안한 PHY 및 MAC을 기반으로 한 응용 계층 규격을 개발하고 있는 WiMedia, ZigBee 등에 대하여 설명한다.

나) 무선 단거리 통신 기술

SRW는 최대 100m까지의 거리 내에서 제공되는 무선통신기술을 의미하며 크게는 무선 개인화 네트워크(WPAN)와 무선 근거리 네트워크(WLAN)로 나뉠 수 있다.

WPAN은 저가, 저전력소모에 초점을 맞추어 주로 10m 이하의 단거리 무선 연결 제공을 목표로 하여, 컴퓨터에서의 직렬 케이블이나 USB 등을 대체할 수 있다. 이에 반해 WLAN은 보다 높은 전송속도와 보다 넓은 서비스 영역의 제공을 목표로 하므로 비용과 전력소모가 WPAN에 비해 많아지게 된다.

SRW기술은 전송 속도를 기준으로 다음의 세 가지로 분류된다. 첫째는 50~100Mbps의 전송 속도를 제공하는 대용량 전송 기술로 홈 환경에서의 비디오 데이터 분배 등에 쓰이며, 예로 IEEE802.11a 및 HIPERLAN/2 등이 있다. 또한, 초광대역 무선 전송(Ultra wideband: UWB), 밀리미터파 또는 IR-LAN 등을 사용하면 100Mbps 이상의 전송도 가능하다. 두 번째로 1~11Mbps의 전송 속도를 제공하는 중간 용량 전송 기술로 PC간의 네트워킹이나 WPAN 등에 이용된다. 예로 IEEE802.11b, 홈RF 및 블루투스 등이 있다. 마지막으로는 저비용 및 저전력으로 수십 kbps까지의 전송 속도를 지원하는 기술이다. 따라서 이 기술은 최소한의 부가 비용으로 무선 통신 기능을 지원하며, 장난감, 백색 가전 기기(white goods), 산업용 제어기기, 그리고 헬스케어 등에 이용 가능하다. 예로 IEEE802.15.4[2]와 ZigBee 등이 있다.

다) 무선 개인화 네트워크

무선 WPAN는 10m 이내의 짧은 거리에 존재하는 컴퓨터와 주변기기, 휴대폰, 가전제품 등을 무선으로 연결하여 이들 기기간의 통신을 지원함으로써 다양한 응용 서비스를 창출할 수 있도록 한다. WPAN은 랩탑 PC, PDA 등 개인 휴대형 디지털 전자기기의 발전으로 인해 이들 기기간의 네트워크화 요구에 의해 등장하였다. 그리고, IEEE의 표준화 기구와는 별도로 업계들의 SIG(Special Interest Group) 위주로 정립된 홈RF나 블루투스 등과의 공존 및 상호 연동의 필요성 등에 의해 본격적으로 주목받기 시작하였다. 1998년에 결성된 블루투스 SIG가 WPAN 연구의 기폭제가 되어 IEEE802를 중심으로 WPAN 연구가 활발하게 진행되어 왔다. 구체적으로 살펴보면, 1998년에는 기존의 WLAN과는 다르게 저전력 소비와 단순한 구조를 가지면서 개인 영역(Personal Operating Space: POS)에서 무선 접속을 제공할 수 있는 표준을 제정하기위해 WPAN SG(Study Group)가 결성되었으며, 1999년에는 IEEE802.15 WG이 만들어졌다.

이러한 WPAN의 일반적인 특징은 다음과 같다.

· 짧은 도달거리

· 작은 크기

· 저전력
· 사용 편의성(즉 사용자가 기기를 가지고 WPAN 영역에 접근하면 자동 동기화 됨)
· 통화 간섭이 적음

라) 고속률 WPAN의 규격

1) IEEE 802.15.3 WPAN의 구성요소

WPAN은 여러 개의 데이터 디바이스(DEV)들이 서로 통신할 수 있도록 하는 ad hoc 데이터 통신시스템이다. WPAN은 10m 반경 내에서 정지하거나 움직이고 있는 사람이나 물체와 통신할 수 있다는 점에서 다른 데이터 네트워크와 구분된다.

WPAN의 기본 요소는 디바이스이다. 두 개 이상의 디바이스 또는 스테이션이 POS(Personal Operating Space) 내에서 동일한 물리채널로 통신하면 WPAN이 구축된다. 이 때, 한 디바이스는 WPAN의 coordinator 역할을 수행해야 한다. coordinator는 WPAN의 기본 타이밍을 제공하고 QoS 요구사항을 제어한다.

① POS

일반적으로 반경 10m 이내에 있는 영역을 가리키며, 정지하거나 이동중인 개인의 커버리지 영역을 나타낸다. 그러나, 무선 물리계층에서 전파 특성은 시간에 따라 변하고 예측 불가능하므로 커버리지 영역을 정확히 정의하기가 어렵다. 위치나 방향이 조금만 변하더라도 신호세기나 품질 면에 있어 큰 차이가 생길 수 있다.

② Ad hoc 네트워크

IEEE 802.15.3 WPAN은 미리 설계되는 것이 아니고, WPAN이 필요할 때 형성되므로 이런 종류의 동작을 ad hoc 네트워크라 한다. Ad hoc 네트워킹은 언제, 어디서나 중앙 인프라의 도움 없이도 디바이스간 통신을 할 수 있는 방식이다.

③ 다른 네트워크와 통합

IEEE 802.15.3 WPAN과 기존의 유무선 LAN을 통합하기 위해 논리적 요소인 포털이 도입된다. 포털은 WPAN 외부의 MSDU가 IEEE 802.15.3 piconet으로 진입하는 논리적인 지점이다. 즉, WPAN 외부의 모든 데이터는 포털을 통해서 IEEE 802.15.3으로 들어온다. 포털은 IEEE 802.15.3 구조와 유무선 네트워크간 논리적 통합을 제공한다. 한 디바이스가 coordinator와 포털의 두 가지 기능을 동시에 제공할 수도 있다.

2) 계층 구조

WPAN의 계층 구조는 〈그림 2.145〉와 같다. MAC과 PHY 계층은 개념적으로 관리 엔티티를 포함하고 있다.

이는 각각 MAC Layer Management Entity(MLME)와 PHY Layer Management Entity (PLME)라고 하며 계층관리 기능을 수행한다. PIB(PAN Information Base)는 관리정보를 나타낸다.

각 디바이스마다 스테이션 관리 엔티티(Station Management Entity: SME)를 포함하고 있어야 하며, SME는 각 계층과 독립적인 별개의 관리 엔티티로서 여러 계층관리 엔티티로부터 계층과 밀접한 상태정보를 수집하거나 각 계층과 관련 있는 파라미터 값을 설정한다.

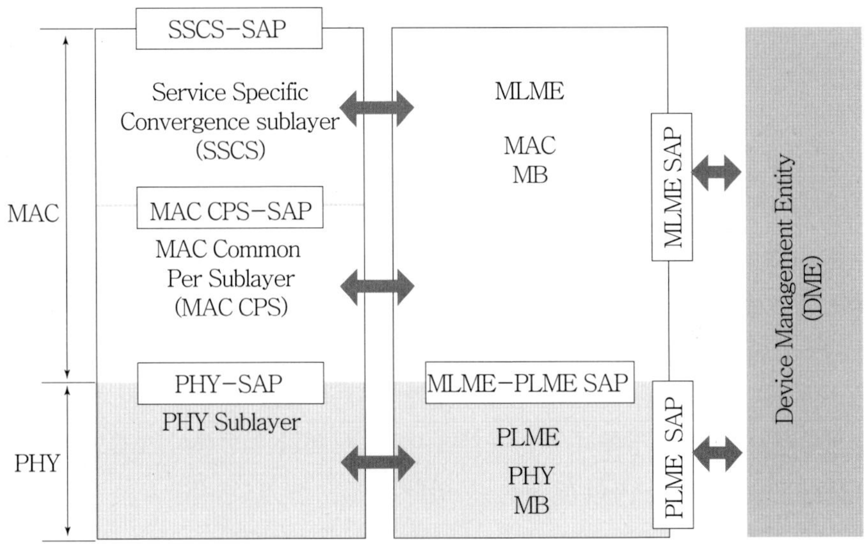

〈그림 2.145〉 IEEE 802.15.3 WPAN의 구조

① PHY 계층

IEEE 802.15.3 WPAN의 PHY이 지원하는 변조, 코딩 및 데이터율은 다음 표와 같다. 2.4GHz PHY은 코딩이 적용되지 않은 DQPSK뿐만 아니라, Trellis 코딩을 적용한 QPSK, 16/32/64-QAM을 지원한다. 802.15.3과 호환되는 디바이스는 최소한 DQPSK는 지원해야 한다. 기본 데이터율은 DQPSK 모드로 동작하는 22Mbps이며, 최대 55Mbps이다. QPSK-TCM 모드는 coordinator 주변에 있는 디바이스들의 연결을 유지할 수 있도록 CFP구간에서 할당된 타임슬롯(GTS)구간에서 동작한다.

이러한 PHY 계층이 동작하는 주파수 영역은 2.4~2.4835GHz이며, 총 5개의 채널이 할당된다.

〈표 2.37〉 2.4GHz PHY의 변조, 코딩 및 데이터율

변조방식	코딩	데이터율
QPSK	8-state TCM	11Mbps
DQPSK	None	22Mbps
16-QAM	8-state TCM	33Mbps
32-QAM	8-state TCM	44Mbps
64-QAM	8-state TCM	55Mbps

〈표 2.38〉 2.4GHz PHY 채널

CHNL-ID	Center frequency
1	2.408GHz
2	2.428GHz
3	2.437GHz
4	2.448GHz
5	2.468GHz

② MAC 계층

WPAN은 coordinator 역할을 하는 디바이스가 superframe을 전송하면서 형성된다. Superframe은 크게 비컨(beacon), CAP(Contention Access Period), CFP(Contention Free Period) 세 부분으로 이루어져 있다.

Coordinator의 주요 기능 중 하나는 WPAN에 관련된 정보와 타이밍을 실은 비컨을 전송하는 것이다. CAP은 CSMA/CA 방식을 사용하고, 비교적 적은 양의 데이터를 비연속적으로 전송한다. CFP는 반드시 coordinator를 거쳐 일정한 시간을 할당 받는 TDMA 방식을 사용한다. 따라서 CFP 구간에서 데이터 스트림이 발생하면 coordinator가 디바이스들의 요구사항을 기반으로 대역폭을 할당한다.

WPAN에 접속하고자 하는 디바이스는 coordinator와 인증절차를 거쳐 다른 디바이스와 통신을 할 수 있다. 이러한 인증과 보안을 위해 세 가지 인증 모델이 있다.

· Open(no authentication)

· Authentication

· Authentication and Privacy

그리고 PHY과 MAC 일부의 동작을 중지시킴으로써 디바이스의 전력소모를 감소시킬 수 있다. 즉, 데이터 전송이 많은 디바이스는 CFP 구간에서 전력소모를 줄일 수 있고, 데이터 전송이 거의 없는 디바이스는 한 superframe 이상 동안 전원을 차단함으로써 더 큰 전력절감을 가져올 수 있다.

마) 고속률 WPAN의 응용

요즘 가전제품과 휴대용 통신 장비들에 적용되는 애플리케이션 상당수가 고속율 WPAN 서비스를 지원하도록 하고 있다. 이러한 애플리케이션은 크게 대용량 데이터 파일 전송에 관련된 것과 실시간 비디오와 고품질 오디오 분배에 관련된 것으로 구분할 수 있다.

〈그림 2.146〉은 고속율 WPAN을 이용한 다양한 애플리케이션들을 보여주고 있다.

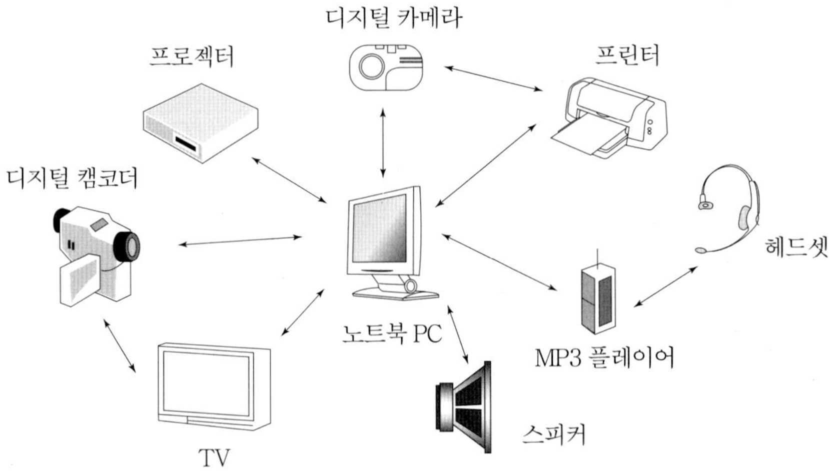

〈그림 2.146〉 고속율 WPAN의 응용

첫 번째 경우는 디지털 카메라와 디지털 캠코더의 수 메가 바이트에 해당하는 이미지 파일과 디지털 비디오 스트림을 개인 PC나 노트북 PC로 옮기는 경우에 해당한다. 그리고 MP3나 CD 포맷의 음악 파일을 PC나 MP3 플레이어로 전송하는 경우에도 적용된다. 그러나 소비자들의 요구를 만족시키기 위해서는 현재 블루투스의 데이터 전송속도보다 몇 배 빠른 전송률이 필요하다.

두 번째 경우, 디지털 캠코더를 TV 화면에 무선으로 동작시키거나 노트북 PC와 프로젝터를 무선으로 연결하는 경우를 예로 들 수 있다. 그리고, 홈 엔터테인먼트 시스템에서 케이블을 무선으로 대체하고 19.2Mbps 고품질 MPEG2 스트림이나 9.8Mbps DVD 스트림을 고품질 디스플레이로 전송하는 경우에도 적용할 수 있다. 또한, 고속률 WPAN을 이용하여 CD나 MP3 플레이어와 무선 헤드셋이나 스피커를 연결할 수도 있다.

한편, 4세대 이동 및 무선 망은 더 넓고 향상된 서비스 영역을 제공할 것이며, 새로운 망이 개발되기 보다는 기존의 망을 통합하고 상호 운용 할 수 있도록 All-IP망으로 진화할 것이다.

ALL-IP망으로 진화하는 경우에 사업자들은 망 기반시설을 향상시키고, 값비싼 주파수 라이센스를 얻기 위해 막대한 자본을 투자하는 반면, 가입자측면에서 느껴지는 이익이나 부가 가치는 뚜렷하지 않을 것이다. 서비스 사업자들은 우선적으로 사용자의 이동성을 고려할 것이다. 사용자의 이동성이란 단말의 종류나 연결 노드에 상관없이 개인 서비스에 접속하도록 하는 것이다.

이동성을 고려한 4세대 무선망을 설계하기 위해 IP 기반의 멀티네트워크는 셀 구조로 구성될 것이다. 그림과 같이 개인망으로 WPAN, hot spot 근거리망으로 WLAN, 넓은 영역에서 셀룰러, 그리고 전세계 커버리지를 위해 위성 망을 구축할 수 있다. 특히, WPAN과 WLAN은 동일한 주파수 대역에서 동작하지만, 이동성이나 제공되는 콘텐츠와 서비스, 데이터율, 비용 측면에서 분명히 구분되는 시스템이다. 그러므로 개인이나 가정에서의 커버리지는 WPAN에 의해 제공되고, hot spot에서는 WLAN으로 핸드오버가 이루어지며(vertical handover), 더 넓은 영역에서는 셀룰러 시스템으로 핸드오버가 이루어진다.

따라서 4세대 이동통신 시스템은 기존의 셀룰러 시스템, 향상된 3세대 시스템과 새롭게 개발된 시스템뿐만 아니라 WPAN, WLAN, 디지털 방송 시스템 등을 IP기반의 멀티네트워크로 통합하여 끊김 없는 인터 네트워킹을 제공할 수 있다.

WPAN은 개인 중심의 작은 주변 장치들을 무선으로 연결하기 위한 것으로서 WLAN과는 지향하는 목표가 명백히 구분된다. 그리고, 근거리 데이터 통신에 사용되던 IrDA는 통신 거리가 짧고 데이터율이 낮은 것에 비해, IEEE 802.15.3 고속률 WPAN 은 반경 10m 이내에서 통신이 가능하며 고속률을 지원하여 무선 장치간 멀티미디어 통신을 효율적으로 할 수 있다. 따라서 고속률 WPAN은 홈 네트워킹뿐만 아니라, 4세대 이동통신에서 끊김 없는 서비스를 제공하기 위해 개인망 영역의 무선통신을 제공할 수 있을 것이다.

이와 같이 고속률 WPAN은 근거리 무선기술 산업에서 중요한 역할을 할 것으로 기대되며, 이를 더욱 활성화하기 위해서는 WPAN에 적용할 수 있는 다양한 애플리케이션들이 개발되어야 할 것이다.

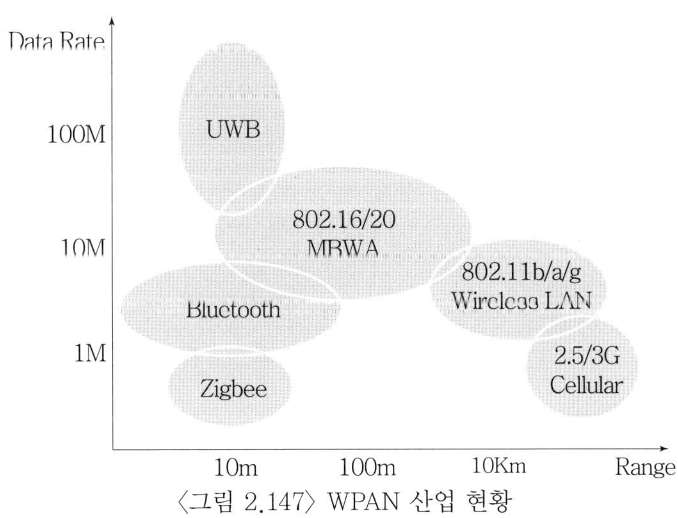

〈그림 2.147〉 WPAN 산업 현황

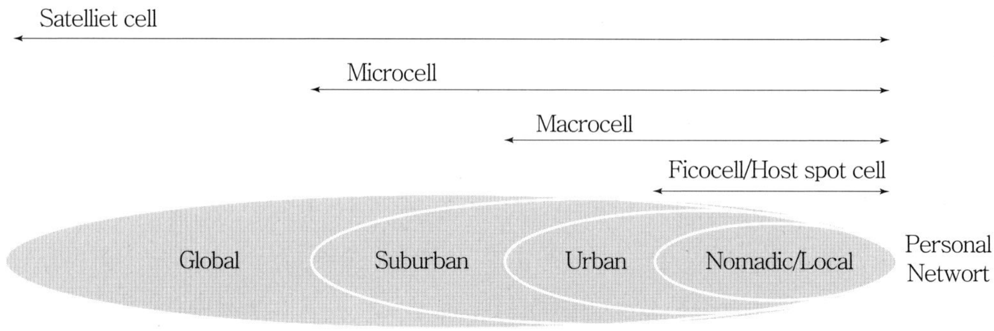

〈그림 2.148〉 4세대 이동통신망을 위한 WPAN

2.11.3 기술의 종류

가) Wi-Fi

3.2 Wi-Fi를 참조하기 바랍니다.

나) Home RF

1) 개요

무선네트워크 기술의 대표 주자로 2.4㎓의 주파수 대역으로 50m 거리에 있는 최대 127개까지의 기기 간 연결을 가능하게 하며, 가정 내에서 컴퓨터, 무선 전화, AV 기기 등을 상호접속하기 위한 규격을 의미한다. Home RF를 심의하는 그룹을 가르키기도 하는데, 이 그룹은 1998년 3월에 발족하였다.

Home RF의 protocol은 SWAP(Shared Wireless Access Protocol)이라고 불리며, data 전송으로 IEEE 802.11을, 또 음성으로 유럽 무선 전화 규격 DECT를 채용하고 있다. SWAP 1.0은 1999년 1월에 공개되고, 전송속도는 1Mbps와 2 Mbps가 있다. 이것의 바턴을 이어 SWAP 1.1이 1999년 6월에 공개됐는데, 전송속도는 0.8 Mbps와 1.6 Mbps로, 무선 LAN의 업계 표준 규격 'Open Air'를 채용하고 있다.

SWAP는 세계 어디에서나 사용할 수 있는 2.4㎓ 대역을 사용하며, TDMA(Time Division Multiple Access)와 음성 서비스에 적합한 DECT(Digital Enhanced Telecommunication), 이더넷의 CSMA/CD 기술을 사용한다.

아울러, Home RF working group에서는 PC와 가전기기, 주변기기, 통신, 소프트웨어, 반도체산업을 주도하는 기업들을 회원으로 1998년 3월에 설립되어 가정 내 무선 통신 프로토콜인 SWAP 1.2를 발표하였다.

〈그림 2.149〉 SWAP System 구성도

2.4㎓ ISM(Industrial Scientific Medical)대역과 5㎓ 대역에서 주파수 호핑(frequency hopping) 기술을 사용하며, 비교적 가정용으로는 충분한 최장 45m의 거리와 최고 1.6Mbps까지의 속도를 제공하며, 가정용 가전 기기 등에서 나오는 방해 전파를 적절히 처리하고 음성, 비디오 및 오디오 데이터를 처리하는 데 있어 WiFi보다 더 나은 기법을 가지고 있다고 주장한다.

프로토콜 구조는 물리계층은 IEEE 802.11의 무선 LAN 표준과 유사하며, SWAP의 MAC 계층은 TCP/IP와 같은 데이터 서비스와 DECT 같은 음성서비스를 함께 지원한다. SWAP 시스템은 음성, 데이터 트래픽의 전송과 PSTN과 인터넷의 연동을 위해 설계되었으며, 2.4㎓ 대역에서 동작한다.

〈표 2.39〉 Home RF 사양

구 분	사 양
주파수 호핑 Network	50hops/second
사용주파수 범위	2,400㎒ ISM대역
전송전력	100mW
데이터 전송률	2FSK 사용시 1Mbps, 4FSK 사용시 2Mbps
동작거리	가정, 정원
지원장치 수	최대 127개
음성 연결	최대 6개의 풀 듀플렉스 채널
데이터 보안	Blowfish 암호화 알고리즘
데이터 압축	LZRW3-A알고리즘
Network ID	48비트

홈RF의 워크그룹은 PC와 가전기기, 주변기기, 통신, 소프트웨어, 반도체 산업을 주도하는 기업들이 회원이다. 이들은 가정 내 무선통신 프로토콜인 SWAP(Shared Wireless Access Protocol) 1.2를 발표한 바 있는데, 이 프로토콜은 2.4㎓ 주파수대에서 TDMA와 DECT, 이더넷의 CSMA/CD 기술을 사용한다. 프로토콜 구조의 물리계층은 IEEE 802.11의 무선LAN 표준과 비슷하며, 음성과 같은 실시간 전송 서비스를 제공하기 위해 DECT 표준안의 일부를 추가함으로써 MAC 계층을 확장시켰다. 현재 가정용 무선 표준에는 홈RF, 사무용 무선 표준에는 WiFi가 사이좋게 시장을 나눠 가지고 있다.

이 둘은 고속인터넷과 노트북의 보급으로 가정에서도 사무기기 호환성에 대한 수요가 급증해 무선 홈 네트워킹 시장을 둘러싼 쟁탈전이 치열하다. 현재로서는 가정용 AV기기를 중심으로 무선기술로 뿌리내린 홈 RF가 강세를 보이고 있으나 Wi-Fi의 반격도 만만치 않다. 대부분의 사무용 기기들은 WiFi 기술을 채택하고 있고 공항과 호텔에서도 WiFi 기술이 절대적인 우세를 보이고 있다. 하지만 홈RF는 가격이 저렴하고 음성지원 기능도 보유하고 있어 아직 양자 간 승부는 결론이 나지 않은 상태이다.

다) Bluetooth

1) 개요

블루투스(Bluetooth)는 1994년 에릭슨이 최초로 개발한 개인 근거리 무선 통신(PANs)을 위한 산업 표준이다. 나중에 블루투스 SIG에 의해 정식화되었고, 1999년 5월 20일 공식적으로 발표되었다. 블루투스 SIG에는 소니 에릭슨, IBM, 노키아, 도시바가 참여하였다.

IEEE 802.15.1 규격을 사용하는 블루투스는 PANs(Personal Area Networks)의 산업 표준으로, 다양한 기기들이 안전하고 저렴한 비용으로 전 세계적으로 이용할 수 있는 무선 주파수를 이용해 서로 통신할 수 있게 한다. 블루투스라는 이름은 10세기의 덴마크 왕 헤럴드 블루투스에서 유래했는데, 대립국면에 있는 파벌들과 협상하는 데 있어서 특히 유명했다. 다시 말해, 다른 장치들끼리 통신할 수 있게 하는 이 기술에 적합한 이름이다.

블루투스는 ISM 대역인 2.45㎓를 사용한다. 버전 1.1과 1.2의 경우 속도가 723.1 kbps에 달하며, 버전 2.0의 경우 EDR(Enhanced Data Rate)을 특징으로 하는데, 이를 통해 2.1Mbps의 속도를 낼 수 있다.

블루투스는 유선 USB를 대체하는 개념이며, 와이파이(WiFi)는 이더넷(Ethernet)을 대체하는 개념이다. 암호화에는 SAFER(Secure And Fast Encryption Routine)+를 사용한다. 장치끼리 믿음직한 연결을 성립하려면 키워드를 이용한 페어링(pairng)이 이루어지는데, 이 과정이 없는 경우도 있다.

Bluetooth 기술이 휴대용 장치 간에 통신을 가능하게 하는 요소 중 하나가 시스템 구현 비용이 저가라는 것이다. 현재의 휴대 장치는 기기 간의 통신을 위하여 적외선 링크(IrDA)를 많이 사용한다. 그러나 비록 적외선 송 · 수신기가 값이 싼 장점을 가지고 있지만 다음과 같은 단점을 가지고 있다. 첫째는 1~2m의 근거리 통신만 가능하며, 둘째는 통신 방향에 민감하여 가시거리에서만 통신이 가능하고, 셋째는 원칙적으로 두 장치간에만 사용이 가능하다는 것이다. 이에 반해 블루투스는 더 넓은 거리에 도달되며, 물체 주변과 여러 물질을 통과하여 전송되며, 동시에 많은 장치에 연결이 될 수 있다.

블루투스가 상용화되면서 기기간의 data 통신이 무선통신으로 이뤄지며 블루투스 기능을 갖춘 디지털 카메라, 프린터 등 각종 기기에도 케이블이 필요 없게 돼가고 있다. Bluetooth는 1998년 스웨덴의 에릭슨이 주축이 돼 노키아, IBM, 도시바, 인텔이 결성한 블루투스 SIG(Special Interest Group)에 의해 본격화됐으며, 1999년 마이크로소프트, 3Com, 루슨트테크놀로지, 모토로라 등의 참여로 확대 발전해왔다. 블루투스 SIG에는 전 세계 2,000여개 회사 이상이 참여하고 있으며, 특히 개방형(Open) 규격을 지향하고 세계적 규격으로 자리매김을 해왔다. 우리나라에서도 SK텔레콤, LG텔레콤 등 62개 업체가 블루투스 SIG에 참여하고 있으며, 삼성전자의 블랙베리나 LG전자의 초코릿폰 등 해외에 수출하는 모델의 대부분은 블루투스를 기본적으로 내장하고 있다.

현재 프랑스와 독일, 영국 등이 블루투스의 인지도나 이용률이 가장 높고, 한국과 일본은 가장 낮으며, 미국은 그 중간인 것으로 조사됐다. 하지만 전 세계적으로 블루투스 기능이 휴대전화에 탑재되는 사례가 꾸준히 증가하고 있는데다 각종 무선기술을 통합한 새로운 칩들에 대한 수요 역시 늘고 있다. 블루투스 기술이 일반화되면서 반경 10m 내에 있는 블루투스를 지원하는 휴대전화, 노트북, MP3 등과 무선으로 연결, 기기에 저장돼 있는 음악파일을 컴퍼넌트 오디오 등을 통해 편안하게 감상할 수 있게 된다.

〈표 2.40〉 블루투스 기술적 특성

구 분	기술적 특성
주파수 대역	2.4~2.4835㎓
가드밴드	일본: 상하 2㎒, 미국/유럽: 하측 2㎒, 상측 3.5㎒
변조방식	GFSK, 변조속도: 약 1Mbps, 변조지수: 0.28~0.35
확산변조	주파수 호핑방식(초당 1,600회 호핑, 1 time slot=625us)
송신전력	- 클래스 1: 100mW, 전력제어 기능은 옵션 - 클래스 2: 0.25~2.5mW, 전력 스텝폭은 8~2dB, - 클래스 3: 1mW
복신방식	TDD(Time Division Duplex)방식, 마스터: 짝수슬롯, 슬레이브: 홀수 슬롯
접속방식	동기접속형, 대칭: 432.6Kbps, 비동기접속형, 비대칭: 최대 721kbps
에러정정	- 부호화율 1/3:동일한 정보를 3회 반복하는 단순반복 코드사용 - 부호화율 2/3: short hamming 부호적용 - ARQ 채택으로 패킷 손상시 수신측의 재송신 요구에 따라 동일패킷 재송신

2) 표준화 현황

① 블루투스 1.0과 1.0B

▷블루투스 1.0과 1.0B는 많은 문제점을 가졌고, 다양한 제조사들이 그들 제품끼리 상호호환성을 가지게 하는데 큰 어려움을 겪었다. 1.0과 1.0B는 또한 핸드셰이킹 과정에서 블루투스 하드웨어 장치 주소(BD_ADDR)를 반드시 전송해야 하므로 프로토콜 수준에서의 익명 표현(Rendering anonymity)을 할 수 없었는데, 이는 블루투스 환경에서 제공되기로 계획된 소비 확대 정책 같은 서비스를 제공하는데 큰 결점이었다.

▷블루투스는 2.4㎓의 주파수를 사용하고 무선 랜 802.11b/g 또한 2.4㎓대의 주파수를 사용한다. 같은 주파수를 사용하기 때문에 동시 사용에 다른 충돌을 피할 수 없는데,

양 제품의 초기 보급 시에는 그것에 대한 우려의 목소리가 많았다. 하지만 블루투스의 버전업과 연결 특성상 큰 문제는 발생하지 않았다.

블루투스는 해당 주파수 대역에서 비어있는 채널을 찾아 data를 전송하기 때문에 간섭이 일어난다 하더라도 금방 다른 빈 곳으로 전송하게 된다. 음성기기의 사용 시 아주 잠깐의 delay가 발생하지만, 체감하기 어려울 정도이다. 하지만, 두 기기의 거리가 1㎝ 이하로 접근할 경우 간섭이 발생할 가능성이 있다.

무선랜과 블루투스 두 기능을 동시에 가지고 있는 기기의 경우에는 두 장비가 하나의 안테나를 사용하게 되므로, 서로 번갈아가며 data를 전송하는 사용방식을 이용해 처음부터 그 간섭을 최대한 줄이도록 하고 있다.

② 블루투스 1.1

2002년 802.15.1 IEEE 표준으로 승인되었고, 블루투스 1.0B의 많은 문제점을 수정하였다. 이 외에 비 암호화 채널(non-encrypted channels)을 지원하였고, RSSI(Signal Strength Indicator)를 수신할 수 있게 되었다.

③ 블루투스 1.2

이 버전은 1.1. 버전과 호환되며, 주요 향상 점은 다음과 같다.

▷빠른 접속과 가까운 거리에서의 주파수 간섭 및 먼 거리에서의 분산스펙트럼(Frequency-hopping spread spectrum)에 대비하였다.

▷실제 전송속도는 1.1과 같은 721kbps이다. 패킷의 오류나 재전송에 따른 음성이나 음원신호의 quality 손실을 막는 eSCO(extended Synchronous Connections)를 지원하게 되었고, three-wire UART를 위한 HCI(Host Controller Interface)를 지원하게 되었다.

④ 블루투스 2.0

▷2004년 10월에 표준화된 이 버전은 1.1과 호환되게 하였다. 주된 향상 점은 3.0Mbps의 EDR(Enhanced Data Rate)를 지원하게 된 점이다. 이로써 평균 3배, 최대 10배의 전송속도 향상과 Duty Cycle 감소에 의한 저 전력 소비 또한 multi-link scenarios의 단순화로 사용할 수 있는 대역폭이 늘어났다.

▷이론상 전송속도는 3.0mbps이고, 실제 전송속도는 2.1Mbps이다. SIG(Special Interest Group)에 표준화가 된 "Bluetooth 2.0+ EDR"은 많은 업체들이 사용하는 EDR과 표준화되지 않은 "Bluetooth 2.0"을 포함한다. 앞에 명시된 기술을 보여주는 HTC TyTN pocket PC phone과 다른 블루투스 2.0 without DER 기술은 추가적인 문제점들을 수정한 버전 1.2와 거의 같다.

▷많은 제품들이 블루투스 2.0을 지원한다고 명시하지만, 실제로 EDR을 지원하는지는 명확하게 표기하지 않아 문제가 되고 있다.

⑤ 블루투스 2.1

블루투스 1.1 버전과 완벽하게 호환이 되는 핵심 표준화 버전인 Bluetooth 2.1은 Bluetooth SIG에 의해 2007년 8월 1일 제정되었다. 이 기술은 다음과 같은 특징을 갖고 있다.

▷확장된 inquiry 응답 : 접속하기 전에 좀 더 나은 필터링을 위해 inquiry procedure 동안 더 많은 정보를 제공한다. 여기서 정보라함은 장치의 명칭, 장치가 지원하는 서비스 목록, 날짜와 시간, 공유정보와 같은 것들을 포함한다.

▷Sniff Subrating 기술 : 저 전력 모드일 경우, 특히 비대칭 전송(asymmetric data flows)으로 연결되어 있을 경우 전력소비를 줄일 수 있다. 휴먼 인터페이스 장치들이 가장 이익이 될 것으로 예상되는데, 적어도 3배에서 최대 10배까지 배터리의 수명을 연장시킬 수 있다.

▷부호화 일시 중지/재개(Encryption Pause Resume) : 암호를 다시 설정했을 경우, 장치 간에 더욱 강력한 암호화로 최소 23.3시간 이상의 연결을 유지할 수 있다.

▷안전하고 간편한 공유 : 보안의 강화와 사용시간이 늘어남에 따라 블루투스 장치 간의 공유 기술이 근본적으로 향상되었다. 이것은 향후 Bluetooth의 사용에 있어 큰 기여를 할 것으로 기대된다.

▷NFC 코퍼레이션 : NFC 라디오 인터페이스를 사용할 수 있다면 자동적으로 안전하게 접속할 수 있게 된다. 예를 들어, 수 센티미터 이내로 헤드셋을 NFC를 포함한 블루투스 2.1 전화로 가져가기만해도 접속할 수 있게 된다. 또 다른 예로는 휴대 전화나 디지털 카메라로 찍은 사진을 디지털 액자에 가깝게 가져가는 것만으로 디지털 사진을 디지털 액자로 up load할 수 있게 된다.

⑥ 블루투스 3.0

블루투스 3.0은 2009년 4월 21일에 발표되었으며, 큰 특징은 IEEE 802.11 PAL(Protocol Adaptation Layer)를 채용해서 기존 버전 보다 속도를 최대 23Mbps로 향상 시켰다. 블루투스 기기 간에 대용량 그림, 동영상 파일을 주고받게 되었다. PC를 모바일 기기로 동기하를 할 수 있고, 프린터나 PC로 많은 사진을 내려 받을 수 있다. 추가된 점은 내장된 전력 기능을 통해 전력소모를 크게 줄일 수 있다.

▷IrDA와 Bluetooth의 비교

"IrDA나 Bluetooth나"하는 차세대 무선 인터페이스 규격을 두고 IrDA 진영과 블루투스 진영 간의 논쟁이 많다. IrDA와 비교하면 통신거리가 길어졌고 2.4GHz의 높은 무선주파수를 이용하기 때문에 방해물이 있을 경우에도 통신이 가능하며, IrDA는 150mW 정도인 반면에 블루투스는 소비전력이 2.7V 전압에서 100mW 이하에 불과하다. 또한, 음성통신 기능을 지원하며, 전화를 이용하지 않고 블루투스를 내장한 PC간에는 음성통화도 가능하고 통신기기간의 보안을 위해 암호기술을 채택하였다. 단점은 아직도 가격이 고가라는 점이다. 그러나 가격은 몇 년 안에 3달러 이내로 떨어질 수 있을 것으로 예상된다.

IrDA도 같은 개념에서 출발했지만 IrDA는 적외선을 이용한다는 점이 다르다.

⑦ 블루투스 4.0

아테로스 커뮤니케이션즈(www.atheros.com)에서 2011년 1월에 높은 성능과 호환성을 갖춘 태블릿 및 휴대용 컴퓨터 기기용 무선 솔루션(AB6233)을 발표하였다. 이 제품은 컴팩트한 형태의 802.11n WiFi와 블루투스 4.0 기반의 system-in-package 솔루션을 제공한다.

▷블루투스의 응용

가. Bluetooth 헤드셋

Bluetooth 헤드셋은 가장 처음 출시된 Bluetooth 어플리케이션 중의 하나인데, 1999년 12월에 출시되었다. Bluetooth를 탑재한 헤드셋은 가격 경쟁력 면에서는 조금 떨어지지만 기존의 핸즈프리 제품을 효과적으로 대체할 수 있는 제품으로 틈새 시장을 공략하는데 효과적인 제품이 될 수 있을 것이다.

나. Bluetooth 랩탑

Bluetooth 칩을 내장하고 있는 랩탑은 Bluetooth를 탑재한 헤드셋에 이어 전화기, PDA 등과 함께 바로 등장하게 될 제품인데, Bluetooth 랩탑은 사용자가 Bluetooth를 탑재하여 상호작용이 가능한 이동 전화기나 PDA, 프린터 등을 소유하고 있을 때 그 가치를 발휘할 수 있는 제품이다.

다. Bluetooth PC SW/HW

PC 기반의 초기 어플리케이션으로는 다음과 같은 것을 생각할 수 있다.

- PC 카드 : 기본적으로 Bluetooth 칩을 포함한 PCMCIA카드는 Bluetooth를 탑재한 랩탑과 이동전화기 또는 주변장치들 간의 무선 연결을 가능하게 해준다.
- USB 어댑터 : 이는 주로 Desk top PC에 적용되는데, USB port에 꽂은 뒤 PC와 주변장치들 간의 무선연결을 가능하게 해준다.
- 라디오 모뎀 : 완벽한 Bluetooth 시스템을 제공하기 위해 독립형 Bluetooth 칩 또는 링크 컨트롤러와 통합되어 있는 Bluetooth 칩으로 구성되어 있다.

라. 산업용 어플리케이션

요즘 Bluetooth 커뮤니케이션의 대부분은 소비자 중심의 다양한 어플리케이션에 초점을 두고 있지만, 산업용 어플리케이션에 대한 잠재력도 간과할 수 없다. 이러한 어플리케이션은 대부분 고객화되어 있어 비용과 시간의 절감 측면에서 산업용 고객에 특히 매력적이다. 또한 초기의 산업용 어플리케이션으로는 운송중인 제품의 무선 감시, 화학 처리과정의 원격 감시, 쉽게 변질되는 제품의 온도 변화에 대한 무선

계측 등을 들 수 있다.

마. 무선 LAN

무선 LAN을 가능하게 해주는 기술로 Bluetooth의 사용은 많은 벤더들이 추구하는 다양한 이용가능 모델 중 하나이다. 무선 LAN은 Lucent나 Microsoft와 같은 기업들이 오피스 네트워크 솔루션에 많은 관심을 보이고 있기 때문에 앞으로 더욱 많은 주목을 받게 될 것으로 기대된다. 하지만 Bluetooth는 무선 LAN영역에서는 전송 속도와 다운로드 능력에 대한 한계점을 가지고 있는 것으로 평가된다.

바. 'hidden computing' 어플리케이션

대부분의 초기 Bluetooth 어플리케이션들은 케이블 대체 제품이었지만, 지금은 보다 복잡하고 다양한 기술의 Bluetooth 어플리케이션이 등장하고 있다. 이들 어플리케이션을 "hidden 컴퓨팅" 어플리케이션이라 한다.

- automatic synchronizer: 랩탑, PDA, 이동 전화기 등의 특정 요소에 대한 동조를 가능하게 해 주며, 특히, 장치들이 각각의 설정된 영역 안에 있는 경우, 달력, 약속, 명함 등을 자동으로 업데이트 한다.
- briefcase trick: 사용자가 서류가방에서 랩탑을 꺼내지 않고도 e-mail에 접속할 수 있도록 해 준다.
- forbidden message: 이 어플리케이션은 전화기가 켜져 있는 경우 사용자의 이동전화기로 e-mail이 자동으로 전송되도록 해 준다. 특히, 기내에 있는 동안 message를 보낼 수 없는 출장자들에게 매우 유용하다.

▷블루투스 기술

가. Radio

블루투스는 2.4GHz의 면허가 필요없는 ISM 대역에서 보통 1mW 출력, 1MHz 대역폭으로 79채널을 초당 1,600번의 주파수 호핑(Frequency hopping), 변조방식은 G-FSK(Gaussian Frequency Shift Keying)이며 duplex 통신을 위하여 TDD 방식을 사용하는 무선 디지털 데이터 통신이다. 주파수 호핑은 누구나 사용할 수 있는 주파수 대역을 사용하므로 타 기기에 의한 선파간섭을 최소화하기 위해 2.4GHz 내에서 운용할 수 있는 HomeRF나 무선 랜에 비하여 전파간섭에 강한 방식이다.

나. 베이스밴드

7개의 기기가 1개의 piconet으로 연결된다. 7개중 1개는 주파수 호핑 패턴생성 등의 피코넷을 관리하는 마스터가 되고 나머지는 슬레이브로 접속된다. circuit 및 packet 스위칭을 지원하고 있으며, 각 패킷은 다른 호핑 주파수에서 전송된다. 패킷전송은 일반적으로 1시간 슬롯 내에서 전송하지만, 경우에 따라서는 3 또는 5시간 슬롯을 사용한다. 또한, 3개의 음성채널은 64kbps로 동기전송을 하고, data는 최대

723kbps/57.6kbps의 비동기 전송을 하거나 432.6kbps로 동기전송을 한다.

피코넷이 형성되는 과정을 살펴보면 다음과 같다. 기기 간에 연결이 되지 않은 상태를 stand by 상태라 하는데, 이 상태에서 각 기기들은 1.28초마다 새로운 메시지를 받아들이고(listen), 연결요청이 있으면 그 기기가 마스터가 되어 다른 기기들을 인식하기 시작(Inquiry/Page)한다. 이때 8비트의 파크(Park) 주소가 할당된 기기들은 파크상태가 된다. 이후 마스터와 통신하는 기기들은 3비트(23 = 8이므로 8개의 주소 중 1개는 broadcasting 주소로 사용하므로 7개 기기가 1 피코넷이 됨)의 활성(Active) 주소를 할당받으면 piconet이 형성된다. 활성상태인 기기들은 다시 3가지 상태가 된다. 실제통신을 하는 활성모드, 대기(Hold)모드, 탐지(Sniff)모드 –활성모드보다는 저 소비전력 상태–가 있는데, 대기 및 탐지모드는 piconet에 참여는 하지만 전체 트래픽에는 영향을 주지 않는다.

마스터는 접속을 위한 key를 포함한 Inquiry를 625㎲ 간격으로 송신하고 2초 내에 slave와 동기화를 이루고 slave는 3비트의 활성 주소를 할당받고 다시 master로부터 Page 메시지를 받고 난 후 마스터에 의해 결정된 호핑 패턴을 사용해 동기화된다. 이후에 서로 인증을 수행하는데, 인증에 사용하는 암호 key는 마스터가 발생한 난수와 slave의 MAC 주소의 배타적 논리합(XOR)을 사용하여 만든다. 인증절차가 완료되면 전용 key가 전달되며, 이후에는 data 송·수신 단계가 된다.

⑧ 프로토콜 및 프로파일

블루투스는 무선 랜과는 달리 OSI 7계층을 모두 정의하고 있으므로 관련 S/W로 프로토콜 등에 대해서도 상당부분 언급하고 있다. 사용되는 프로토콜은 시리얼포트로 보이도록 해주는 RFCOMM과 그 위에서 동작하도록 되는 PPP, 그 상위에 IP, TCP/UDP 등이 있다. 또한, 전화로써 응용을 위해 TCS BIN 프로토콜이 있고, 대용량의 파일전송을 위해 IrDA에서 사용하는 OBEX를 전용하고 있고, 휴대폰의 무선인터넷 프로토콜인 WAP, WAE 등을 사용하고 있다. 이러한 프로토콜의 사용을 관장하는 L2CAP (Link Layer Control and Adaptation Protocol)이 항상 동작하고 있다.

Profile은 프로토콜에 대한 응용에 대한 프로토콜의 배열에 대한 정의이다. 블루투스를 사용한 파일전송 응용일 경우를 예를 들면, 응용S/W – OBEX – RFCOMM – L2CAP 등으로 이어지는 프로토콜의 배열을 말한다. 이러한 각각의 응용에 대한 프로토콜 배열을 규격에서까지 정의하는 이유는 서로 다른 제조사의 블루투스 제품간의 상호 운용성을 보장하기 위한 것으로 블루투스 SIG에서는 하드웨어뿐만 아니라 프로토콜, 프로파일에 대해서도 인증시험을 하여 완벽하게 상호운용성이 보장될 때 블루투스 로고를 붙여서 판매할 수 있도록 하고 있다.

3) 블루트스 무선 인터페이스

블루투스에 대한 무선 인터페이스를 설계하기 전에 다음과 같은 요구 조건을 만족해야 한다. 첫째로, 시스템은 전 세계 어디서나 동작해야 한다. 둘째로, 무선 접속은 멀티미디어 어플리케이션 등을 위하여 음성과 data를 지원해야 한다. 셋째로, 무선 송·수신기는 작고 낮은 전력에서 동작해야 한다. 즉, 무선 송수신기는 휴대폰, 헤드셋, PDA 등과 같은 휴대용 장치에 들어갈 수 있을 정도로 작아야 한다.

① 주파수 대역

블루트스 시스템이 전 세계적으로 동작하기 위한 주파수 대역은, 어디서나 이용 가능하여야 한다. 이러한 조건을 만족하는 유일한 주파수 대역은 ISM인 2.4GHz 대역이다. 이러한 조건을 만족하는 주파수 대역으로 미국과 유럽에서는 2,400~ 2,483.5MHz (프랑스와 스페인에서는 이 대역의 일부분만 가능)사이이며, 일본에서는 2,471~2,497MHz 사이이다. 요구되는 조건은 시스템을 어디서나 사용할 수 있어야 하며, license-free 대역 무선 송·수신기는 2.4~2.5GHz 사이의 주파수 대역을 수용할 수 있어야 하고, 또 이 대역에서 적절한 대역을 선택할 수 있어야 한다.

② 주파수 호핑

ISM 대역은 누구나 이용 가능하기 때문에 이 대역에서 동작하는 무선 시스템은 무선 전화기, 마이크로 오븐 등과 같은 예기치 못한 간섭에 대처해야 한다. 간섭 현상을 줄이기 위해서는, 사용하지 않는 스펙트럼을 찾아 주파수 사용을 회피하는 적응 방법을 사용하거나, 스펙트럼 확산 방식을 이용할 수 있다. 미국에서는 2.4GHz ISM 대역에서 동작하는 무선 장치는 전송 전력 레벨이 0dBm을 초과하면 스펙트럼 확산 방식을 사용하도록 요구하고 있다. 블루투스 무선기기는 저가격, 저전력 무선 구현을 지원하기 때문에 FHSS(Frequency Hop Spread Spectrum)를 사용한다. 통신 중에 무선 송수신기는 pseudo random 방법으로 한 채널에서 다른 채널로 도약을 하는데, 순간적인 홉의 대역폭은 작지만 전체 주파수 대역에 대하여 확산이 이루어진다. 간섭 현상이 홉 채널을 방해하여 잘못된 수신을 야기 시킬 수 있지만, 이러한 현상이 발생하면 링크에서 에러정정 기법으로 비트 에러를 복원 할 수 있다.

③ 채널 정의

블루투스 채널은 FH/TDD(Frequency-Hop/Time-Division-Duplex) 방법을 사용한다. 채널은 슬롯이라고 불리는 625μ sec구간으로 나뉘며, 각 슬롯에 대하여 서로 다른 홉 주파수가 사용되고, 홉 비율 1,600hops/sec이다. 하나의 패킷은 interval/slot 단위로 전송되며, 그 다음의 슬롯들은 TDD 모드로 전송이 되어 송신과 수신을 교대로 한다.

채널은 여러 개의 간격이 일정한 1MHz 홉들을 사용한다. GFSK(Gaussian Frequency Shift Keying) 변조를 이용하여 1Mbit/sec의 심볼율을 얻는다. 블루투스 시스템의 주파수 대역으로 80㎒이거나 더 넓은 대역을 사용하는 나라에서는 79홉 캐리어가 사용된다. 블루투스 시스템의 주파수 대역이 80㎒ 보다 작은 나라(일본, 프랑스, 스페인 등)에서는 23홉 캐리어가 정의된다. 평균적으로 주파수 홉 시퀀스는 같은 확률로 각각의 캐리어를 사용한다. 〈표 2.41〉은 블루투스 시스템의 무선 파라미터를 나타낸다.

〈표 2.41〉 블루투스 시스템 특성

Technique	Bluetooth
Frequency range	2.4㎓ ISM band
Physical layer	FHSS with GFSK modulation, 1600hops/sec
Channel access	Master-Slave, TDD
Raw data rate	1Mbps
Range	10m~100m
Out power	ImW(100mW FOR 100m)
Error robustness	1/3FEC, 2/3FEC, ARQ Type 1
Speech coding	64Kbps with CVSD / log PCM
Security	Minimal built-in PHY

4) 블루투스의 활용

① 1대의 전화기를 3가지로 쓸 수 있다.

블루투스가 탑재된 이동전화를 사무실에서는 인터콤(Intercom)과 연결해 인터콤 헤드셋 으로, 가정에서는 무선 전화 베이스 스테이션과 연결해 무선 전화 헤드셋으로 이동시에는 이동전화로 사용가능하다.

② 인터넷 브리지로 사용할 수 있다.

블루투스가 탑재된 노트북으로 이동시에는 가방속의 이동전화와 연결해서 사무실에서는 모뎀이나 LAN에 연결해 인터넷에 접근할 수 있다.

③ 궁극적인 헤드셋(headset)이 된다.

블루투스가 탑재된 헤드셋 착용시 선이 연결돼 있을 경우 생길 수 있는 행동의 제약이나 이동의 제약을 극복할 수 있다.

④ 노트북을 가방에 넣어둔 채로 e-mail 착신신호를 받거나 검색할 수 있다.

블루투스는 금속이 아닌 모든 물체를 통과해 사용할 수 있으므로 노트북이 가방에 있는 상태에서 이동전화를 사용해 e-mail을 수신할 수 있고 착신신호를 이동전화에 알릴 수 있으며, 이동전화를 통해 e-mail을 검색할 수 있다.

⑤ 자동 동기화

이동전화나 PDA가 PCD와 근접하면 자동으로 자료의 동기화가 이뤄진다.

⑥ 무선 데스크탑

전원을 공급하는 선만 제외하고 현재 사용 중인 PC에 있는 모든 선을 블루투스를 사용해 대체할 수 있다. PC에 키보드, 마우스, 프린터 등 주변장치를 연결하기 위한 모든 선이 사라질 수 있다.

라) ZigBee

1) 개요

IEEE802.1.5.4 표준 중 하나인 ZigBee는 저가의 초소형, 저 전력을 특징으로 하는 근거리 무선통신 기술로서 900㎒ 및 2.4㎓ ISM 주파수 대역을 사용하고 있다. ZigBee 협회의 표준화 활동에 참여하고 있는 노르웨이 업체인 CHIPEON사의 비즈니스 개발 디렉터인 Graham Martin씨는 "2.4GHz의 영역 싸움에서 신뢰성과 비용, 블루투스나 와이파이와 같은 다른 무선 기술과의 상호공존, 이 모든 것을 만족시켜주는 기술이 ZigBee"라고 주장했다. ZigBee는 지능형 홈 네트워킹, 홈오토메이션, 빌딩 제어 및 산업, 의료용 장비, 자동화 물류 환경 모니터링, 보안시장, 휴먼 인터페이스, 텔레매틱스, 군사 등 다양한 유비쿼터스 환경에 응용할 수 있다. 또 적외선 방식의 전통적인 TV리모컨이나 게임기, 컴퓨터 키보드, 마우스 등에서도 활용할 수 있어 블루투스 등 다른 무선 기술과의 경쟁이 예상된다.

일부 애플리케이션 시장에서 단대단 통신 방식의 블루투스 시장과 겹치는 부분은 있겠지만, 블루투스는 칩 가격이 5달러 이하로 낮아지기 어렵기 때문에 근거리 통신기술로 그리 성공적이지 못할 것으로 예측된다. 반면에 ZigBee는 Battery 수명이 100~1000일까지 지속될 수 있는 저 전력을 특징으로 하며 칩 가격도 3$ 선이다. 따라서 "ZigBee는 블루투스의 경쟁자 보다는 블루투스를 위협하는 기술이라고 본다"고 CHIPCON사의 세일즈 디렉터는 말했다. ZigBee 기술의 실례로 최근 모 건설회사의 CF광고를 떠올릴 수 있다. 집안에 가스를 켜놓은 것을 잊어버리고 외출한 주부가 휴대폰으로 가스를 끄는 그 광고가 바로 ZigBee 기술로 구현할 수 있다.

일반적으로 RF 송·수신기와 센서(동작, 압력, 기온, 습도 등) 혹은 제어대상 기기와의 결합을 통해 구성되는 무선센서 및 제어 network의 경우, 대용량 정보전달에 대한 요구보다는 긴 battery 시간과 일정거리 이상의 전송 영역 확보를 필요로 한다. 이러한 요구사항을 충족시키기 위해 IEEE는 2003년 5월 802.15.4 규격을 발표하였고, 마케팅과 인증 등 산업 촉신을 위해 설립된 ZigBee Alliance에서 IEEE에서 정의하는 PHY와 MAC에 네트워크와 보안 계층을 표준화하는 작업을 진행하고 있다.

IEEE 1451(센서네트워크 표준화 담당)에서 블루투스나 WiFi 대신 ZigBee 기술을 USN 구축을 위한 기본 네트워크인 무선 센서 네트워크를 구현하기 위한 기술로 채택한 이유는 기존 WPAN(블루투스, IrDA 등) 기술이 고가이며, 전력소모 문제 등으로 시장 활성화가 부진한 상황에서 ZigBee는 단순한 기능의 저기능성 센서 네트워크를 가능하게 하기 때문이다. ZigBee의 가장 큰 특징은 평균 전력소모가 50mW 정도인 저전력이라는 점이며, UWB가

200mW, 무선LAN이 1W 정도인 점을 감안하면 매우 낮은 전력소모 특성을 갖는다. 한번 배터리를 장착하면 최대 2~3년 정도 사용할 수 있다는 ZigBee 슬레이브 장치의 장점을 활용하면, data 송 · 수신 빈도가 낮은 가정의 냉 · 난방/환기시스템, 가스/화재탐지기 등에 응용이 가능하게 된다.

2) 기술 규격

블루투스는 일정 용량의 data(음성, 파일 등) 전송 용도에 적합한 반면, ZigBee는 저용량의 data로 network상의 기기를 통합·제어하는 용도에 적합하며 향후 다양한 산업 분야에 적용될 것으로 예상된다. ZigBee 송·수신기를 센서(동작, 빛, 압력, 기온, 습도 등)와 결합하여 대규모 네트워크 구성이 가능하게 된다.

〈표 2.42〉 지그비와 타 무선통신 기술의 비교

항 목	WPAN			WPAN/WLAN
	ZigBee (802.15.4)	Bluetooth (802.15.1)	UWB (802.15.3a)	WiFi (802.11b)
주파수 대역	868/915MHz 2.4GHz	2.4~2.48GHz	3.1~10.6GHz	2.4GHz, 5GHz
전송속도	~250Kbps	~1Mbps	~500Mbps	~11Mbps
통신거리	~75m	~100m	10m	100m
N/W상 기기수	255(최대 65만대)	8대	–	256대
배터리 수명	2~3년	4~8시간	–	1~3시간
복잡도/비용	단순/저비용	복잡/고비용	단순/–	복잡/고비용
칩셋가격	$1.5	$5	–	–
N/W구성	P2P, Star, mesh	P2P, Star	P2P, mesh	P2P, Star

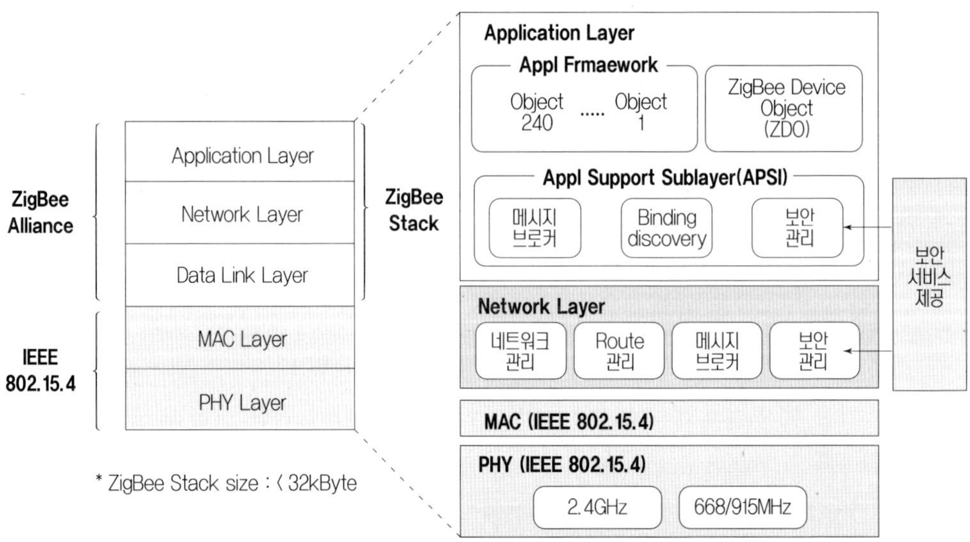

〈그림 2.150〉 지그비의 기술 Layer

IEEE 802.15.4에서 PHY/MAC을 정의했으며, ZigBee Alliance가 상위 3개계층(Datelink, Network, Application)을 정의하였다. IEEE 802.15.4 MAC 계층은 비컨, 데이터, 확인, MAC MAC 명령의 4가지 기본 프레임으로 구분된다. MAC 계층에서의 전력 소모 절감 메커니즘은 Power control 모드에서 프레임 전송 시 전력을 최소한으로 조절해 전력소비를 최소화하며, Power saving 모드를 통해 각 단말기가 평상시에는 SLEEP 모드로 있다가 송 · 수신시에만 AWAKE 상태로 전환하는 방식이다. IEEE 802. 15.4 PHY 계층은 Dual PHY로 정의되어 있으며, 전체적으로 3 밴드, 27개 채널로 구성된다.

IEEE 802.15.4에서 네트워크 및 보안계층, 네트워크 토폴로지를 확장한 ZigBee 기술은 라우팅 알고리즘과 Ad-hoc, Star, Mesh network 등 다양한 네트워크 구성을 지원한다. 하나의 네트워크에 255개의 세 가지 유형 디바이스 연결이 가능해 최대 50여 이상의 멀티 네트워크 구현이 가능하며, 저가격/초저전력 센서 네트워크 구현이 가능해 USN 환경을 구현하기 최적의 기술로 평가되고 있다.

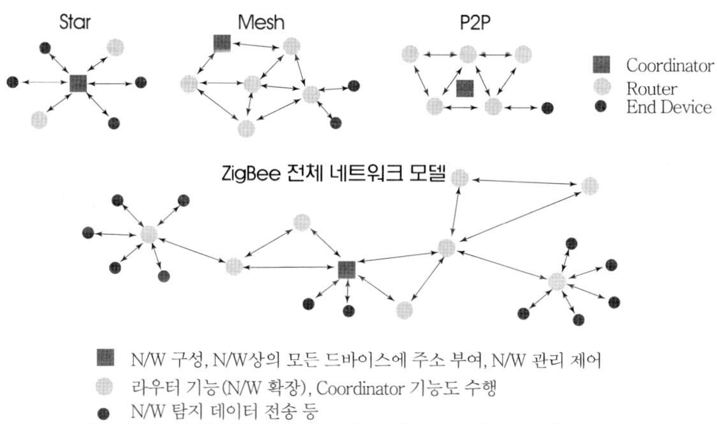

〈그림 2.151〉 ZigBee의 네트워크 구성 3가지 Model

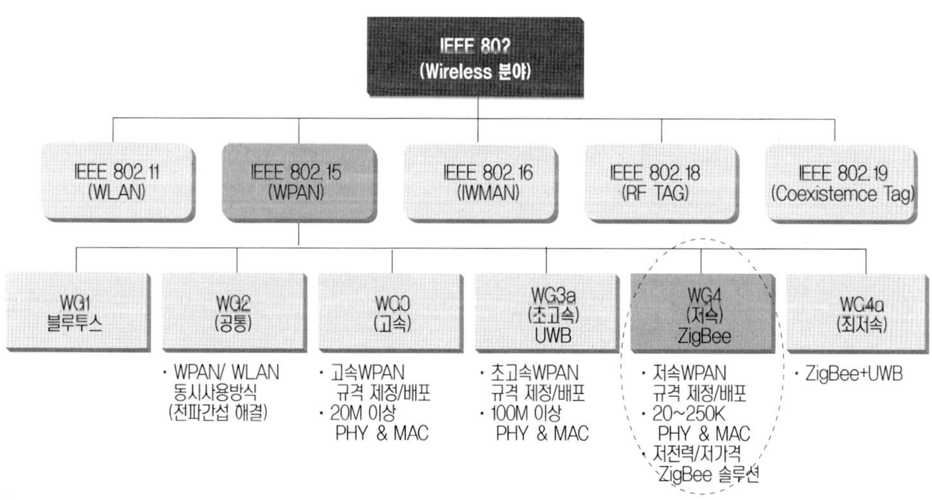

〈그림 2.152〉 IEEE 802 분야 표준화 기구 조직도

3) 국내 주요 업체동향

한국무선네트워크, 레이디오 펄스, 누리텔레콤 등 국내 기업들이 개발한 ZigBee 프로토콜 스택과 모듈이 국제표준인증(ZCP)을 잇따라 획득하면서 시장에서 치열한 경쟁을 하고 있다. 한국무선네트워크(코윈)가 개발한 ZigBee 프로토콜 스택은 영국 반도체 업체 제닉을 통해 싱글칩으로 제작, 전 세계에 공급되고 있으며, 레이디오 펄스도 중국, 미국, 영국, 독일, 이탈리아, 싱가포르 등 해외 유통망을 통해 제품 공급을 하고 있다.

〈표 2.43〉 지그비와 타 무선통신 기술의 비교

구분	업체	개발 현황
칩셋/모듈	삼성종합기술원	900MHz RFIC, 2.4GHz PHY/RFIC플래폼 등 개발
	전자부품연구원	– 세계에서 두 번째로 지그비 RFIC개발(2004.6.) *RFIC, MACMPU 칩을 단일칩으로 개발 중 – 삼성전자에 원천기술 이전
	레디오펄스	듀얼밴드 단일칩 세계최초 개발(2005.3.) *SoC화(RF+MACMCU+모뎀)
모듈/솔루션 (응용 S/W)	한국무선네트워크	지그비 휴대폰 솔루션 개발
	누리텔레콤, TSC, 오렌지로직	홈오토메이션을 위한 다양한 솔루션 개발(SKT, KT등과 협력) *원격검침, 헬스케어 및 각종 홈네트워크 애플리케이션 등

4) 지그비/WiFi/블루투스 비교

〈표 3.20〉에서는 지그비, 와이파이, 블루투스의 주요 애플리케이션과 네트워크의 사이즈, 서비스 거리, 칩 가격 등을 비교하였다.

지그비는 IEEE 802.15.4(PHY, MAC)에 기반한 무선 기술 스펙을 의미한다. IEEE 802.15.4 표준을 기저로 깔고, 상위 레벨의 통신 규약을 규정하고 있다. 지그비는 무선 헤드폰 등 무선 개인 통신망(WPAN)을 위해 IEEE 802.15.4 저전력 디지털 라디오를 사용하도록 되어 있다. 블루투스와 같은 다른 무선 개인 통신망(WPANs)들과 달리, 지그비는 비교적 저렴하고 간단한 기술이다.

〈표 2.44〉 지그비, WiFI, 블루투스 비교

표 준	ZigBee IEEE802.15.4	WIFI IEEE802.11b/ag	블루투스
주요애플리케이션	모니터링 및 제어	웹,이메일, 동영상	케이블대체
스택크기(KBytes)	4~64	1,000+	250+
배터리수명(일)	100~1000+	0.5~5	1~7
네트워크사이즈(노드)	무한대(65,536)	다수	7
무한대, 다수(kbps)	250	11,000/54,000	~1,000
거리(미터)	100+	100	10+
칩 가격	$3	$9	$5

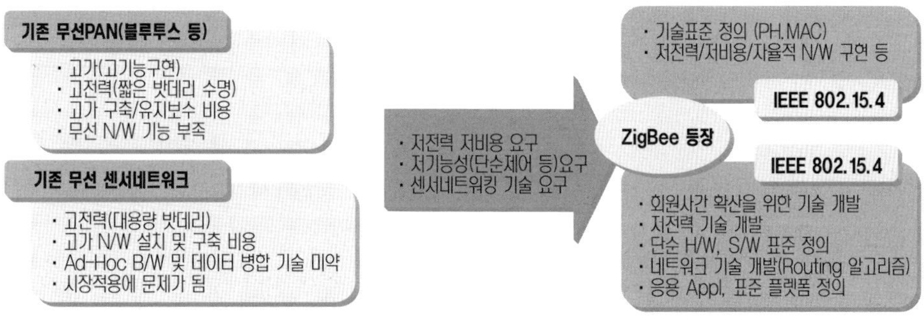

〈그림 2.153〉 ZigBee 사양 비교

지그비는 적은 data 전송량, 적은 전력 소모량, 보안성을 갖춘 네트워킹 등에 최적화 되어 있다. 지그비 기술은 지그비 스펙에 상세하게 정의되어 있으며, 지그비 표준은 회원사들의 모임인 'The ZigBee Alliance'가 발행하고, 유지보수하고 있다.

① 개요

지그비는 저가, 저전력,무선 메쉬 네트워킹 표준이다. 저가이기 때문에 무선 제어(콘트롤) 및 모니터링 응용 분야에 광범위하게 배치될 수 있다. 또한, 저전력이기 때문에 battery 수명이 길어진다. 메쉬 네트워킹 기능을 하기 때문에 넓은 영역 범위에서 고 수준의 신뢰성을 제공한다.

〈그림 2.154〉 ZigBee와 Bluetooth 비교

	Bluetooth	ZigBee
AIR INTERFACE	FHSS	DSSS
PROTOCOL STACK	250 kb	28 kb
BATTERY	rechargeable	non-rechargeable
DEVICES / NETWORK	8	non-255
LINK RATE	1 Mbps	250 kbps
RANGE	~10 meters (w/o pa)	~30 meters

〈그림 2.155〉 ZigBee와 Bluetooth 기술 비교

지그비는 산업, 과학, 의학용 무선 주파수(ISM Band) 내에서 작동한다. 또한, 유럽에서는 868㎒, 미국과 오스트레일리아에서는 915㎒, 범세계적으로는 2.4㎓ 무선 주파수를 사용한다. 블루투스와 같은 개인 통신망에 사용되고 있다.

지그비는 블루투스 등 기존 무선 개인 통신망 보다 저가격을 표방하였다. 지그비 칩 벤더들은 대부분 지그비 칩에 무선 기능, 60~128K의 플래시 메모리, 마이크로컨트롤러 등을 통합 내장하여 판매하고 있다.

지그비 칩으로는 프리스케일 사의 MC13213, 엠버 사의 EM250, 텍사스 인스트루먼트의 CC2430 등이 있다. 무선 기능만 이 프로세서나 마이크로컨트롤러와 같이 쓰이기도 한다.

또한, 독립적인 지그비 소프트웨어 스택이 있기는 하지만, 지그비 칩 벤더들은 지그비 소프트웨어 스택도 같이 제공하고 있다.

② 지그비 얼아이언스와 표준화

IEEE 802.15.4와 지그비와의 관계는 마치 IEEE 802.11과 와이파이 얼라이언스와의 관계와 유사하다. 지그비 1.0 스펙은 2004년 12월 14일 승인되었으며, 지그비 얼라이언스의 회원사에게 공개되었다. 2007년 10월 30일에는 지그비 2007 스펙이 발행되었다. 최초의 지그비 애플리케이션 프로파일인 'Home Automation' 는 2007년 11월 2일 발표되었다.

상업적인 용도 이외의 사용을 위해서도, 지그비 스펙은 일반인에게 공개되었다. 지그비 얼라이언스의 최소 레벨 멤버쉽은 Adapter라고 불리는데, 여기에는 연간 3,500 미국 달러가 필요하다. 아답터가 되면 아직 출판되지 않은 스펙에 접근할 수 있으며, 그 스펙에 근거하여 제품을 만들 수 있다.

③ Chip의 가격

최근 미국에서는 지그비 호환 트랜스리시버 칩의 소매 가격이 거의 1$ 대에 이르고 있다. 무선 프로세서 메모리를 합해 놓은 칩의 가격은 3달러 대로 떨어졌다. 비교하자면, 소비자용 블루투스 칩의 가격은 3달러 미만이다. 미국 외 지역에서는 가격이 조금 더 비싸다. 예를 들면, 영국(2009년 3월)에서의 베어본 지그비 서페이스 마운트 트랜스리시버 칩의 가격이 5~9 영국 파운드였으며, 조립된 모듈 가격은 10 영국 파운드 정도였다.

④ 지그비 스텍 버전

지그비 스텍의 첫 버전은 'ZigBee 2004' 라고 불렸다. 두 번째 발표된 스텍은 'ZigBee 2006' 이라 불리고 있다. 2004년 스텍에서 쓰였던 MSG/KVP 구조를 '클러스터 라이브러리' 로 대체하였으며, 2004년 스펙은 거의 사장되었다.

그 다음에 등장한 것이 'ZigBee 2007' 버전이다. 지그비 2007에는 2개의 스텍 프로파일이 들어가 있다. 지그비 스텍 프로파일 1(간단히 줄여 지그비)는, 가정용과 단순 산업용이다. 지그비 스텍프로파일 2(명칭은 ZigBee Pro)는 더 많은 기능을 포함하고 있는데, 멀티캐스팅, 다 vs 1 라우팅, 대칭 키 키 교환(SKKE)를 이용한 고수준의 보안성 등의 기능이다. 지그비 스텍 프로파일 1이 훨씬 RAM과 플래시 메모리를 적가 사용한다. 지그비 스텍 프로파일 1과 2 모두 완전한 메쉬 네트워킹 기능을 제공하며, 또한 모든 지그비 애플리케이션 프로파일에 대해 작동한다.

지그비 2007은 지그비 2006 장치들과 완전히 호환이 가능하다. 지그비 2007 장치는 지그비 2006 통신망에 합류하여 통신을 할 수 있다. 라우팅 옵션에 차이가 있기 때문에 지그비 프로 장치들은 지그비 2006이나 지그비 2007 통신망에서는 반드시 라우팅 안하는(non-routing) ZigBee End-Device가 되어야 한다.

마찬가지로 지그비 2006이나 지그비 2007 장치들은 지그비 프로 통신망에서는 반드시 라우팅 안하는 ZigBee End-Device가 되어야 한다. 한편, 애플리케이션들은 하위단에서 작동하고 있는 스택 프로파일 버전과 상관없이 작동한다.

⑤ 지그비 애플리케이션 프로파일

현재 완성되었거나 진행 중인 지그비 애플리케이션 프로파일들은 다음과 같다.

▷ 가정 자동화 (Home Automation)

▷ 지그비 스마트 에너지 (ZigBee Smart Energy)

▷ 상업용 빌딩 자동화 (Commercial Buliding Automatiom)

▷ 통신 애플리케이션즈 (Telecommunication Applications)

▷ 개인, 가정, 병원 (Personal, Home and Hospical Care)

다수의 하드웨어 및 주문자 상표부착 생산회사들이 각 제품에서 지그비를 상호 운영할 수 있도록 지그비의 애플리케이션 프로파일을 함께 정의하였다. 지그비 얼라이언스(지그비 연합)가 지그비 스펙을 제정하는 표준화 단체인데, 여기서 스펙뿐만 아니라 지그비의 애플리케이션 프로파일들을 정의하고 있다. 지그비는 시장의 요구에 따라 기술이 점점 다양화 되고, 적용분야의 범위가 커지고 있으나 버전 간 호환성 문제가 걸림돌이 되고 있다. 따라서 그 규모에 맞게 지그비 버전 간 호환성이 개선된다면 더 큰 시장을 선점할 수 잇을 것으로 기대된다.

마) UWB

UWB(Ultla Wide Band)라는 용어는 이 기술의 스펙트럼 특성에서 인용되었으며 기본적인 원리는 임펄스라고 불리는 짧은 펄스를 발생하여 전송한 것을 수신하여 처리하는 것이다. UWB 무선기술은 무선반송파를 사용하지 않고 기저대역에서 수 GHz 이상의 매우 넓은 주파수 대역을 사용하여 통신이나 Radar 등에 응용되고 있는 새로운 무선 기술이다. 특히 이 기술은 수 나노 혹은 수 피코 초의 매우 좁은 펄스를 사용함으로써 기존의 무선 시스템의 잡음과 같은 매우 낮은 스펙트럼 전력으로 기존의 이동통신, 방송, 위성 등의 기존 통신 시스템과 상호 간섭 영향 없이 주파수를 공유하여 사용할 수 있으므로 주파수의 제약 없이 사용 가능한 시스템으로 새롭게 대두되고 있다.

UWB 무선 기술은 1970년대부터 주로 미국에서 군사적인 목적으로 처음 개발되었으나 1994년 이후 UWB 기술에 대한 많은 부분이 군사보안에서 해제됨으로써 Time Domain Corp, Multispectral Solution Inc, Xtreme Spectrum, Aether Wire & Location Inc, Pulse-Link Inc 등 미국 내 여러 업체들에서 이 기술의 상업화를 위한 개발에 박차를 가하고 있으며, 지난 2월 14일에는 미국 연방통신위원회(FCC)가 제한적이지만 UWB무선 기술에 대하여 상업적 이용을 허용함으로써 새로운 차세대 무선 기술로 급부상하고 있다.

Ranging 및 tracking과 같은 radar 분야와 hand-held radio와 같은 간단한 무선통신기기 등에 응용되던 UWB 무선 기술은 최근 주파수 대역이 광대역이면서도 고속 data 전송이 가능한 UWB 특성을 이용하여 UWB 기술을 초고속 무선 인터페이스를 사용하는 WLAN 이나 WPAN과 같은 근거리 광대역 통신에 응용되고 있다.

가) UWB 무선기술의 개요

사람들은 UWB무선 기술은 1897년 마르코니(Marconi)가 보여준 최초의 무선 시스템에서 시작되었다고 이야기 한다. 마르코니의 초기 spark-gap 송신기는 매우 낮은 주파수에서부터 단파대 이상까지의 넓은 스펙트럼을 점유하였으며 이들 시스템은 수동으로 시간 도메인에서 Morse 부호를 송 · 수신함으로써 동작하였다. 현대 UWB 기술의 기초는 1980년대에 Sperry Research Center에서 정립되었다. 마이크로파 네트워크 특성 연구와 물질의 속성을 결정하기 위하여 UWB의 사용을 강조하였는데 이는 목표물 혹은 방해물의 임펄스 응답 특성을 측정하기 위한 실내 시스템의 개발을 유도하였다. 1980년대와 1990년대 시간 domain의 전자장 원리가 무선통신에 응용되었고, 특히 다중경로가 밀집된 환경에서의 근거리 통신에 응용되었다. 이는 높은 다중경로 환경에서 많은 사용자를 수용할 수 있는 UWB통신의 가능성을 보여주는 것으로 현재 매우 높은 스펙트럼 밀집 지역에서 공존할 수 있는지를 시도하고 있다.

UWB 기술의 중요한 다른 응용은 근거리 고해상도 Radar 분야인 sensing 분야이다. 이 분야는 적은 신호처리 과정과 간단한 전기장치에도 불구하고 통신 분야 응용보다 다소 덜 주목받고 있지만 1974년 Morey가 매우 넓은 주파수 대역을 사용하여 수 meter 거리의 땅속을 침투할 수 있는 Radar 시스템을 특허 등록하였는데 나중에 첫번째 응용제품 중에 하나인 지하 매설물 탐지 레이더(Ground Penetrating Radar: GPR)의 상업적인 성공의 기초가 되었다.

기존의 협대역 시스템 및 3G 셀룰러 기술로 설명되는 광대역 시스템과 구분하기 위해 중심 주파수의 25% 이상의 점유 대역폭을 차지하는 시스템 혹은 1.5GHz 이상의 점유 대역폭을 차지하는 무선 전송 기술을 UWB라고 정의하고 있다. 동일 출력을 갖는 세 가지 시스템을 주파수 스펙트럼 상에서 비교하면 UWB 시스템의 경우 기존의 협대역 시스템이나 광대역 CDMA 시스템에 비하여 매우 넓은 주파수 대역에 걸쳐 상대적으로 낮은 스펙트럼 전력 밀도가 존재하므로 기존의 무선 통신 시스템에 간섭을 주지 않고 주파수를 공유하여 사용할 수 있는 매우 유리한 장점을 가지고 있다. 그러므로 FCC는 UWB 무선 기술이 소출력 제도인 Part 15 규정의 비허가 무선 시스템과 같이 사용할 수 있도록 현존하는 의도적 방사 규정으로 사용하기 위한 법제화를 진행하고 있다.

나) UWB 신호의 특성

UWB 시스템은 수 나노 혹은 피코 초의 매우 좁은 펄스를 사용함으로 매우 넓은 주파수 대역에 걸쳐 매우 낮은 스펙트럼 전력 밀도가 존재하고 이는 높은 보안성, 높은 데이터 전송 특성, 정확한 거리 및 위치 측정이 가능한 높은 해상도를 제공하며 다중경로 영향에 강인한 특성을 보인다. 특히 기존의 무선 시스템과는 달리 반송파를 사용하지 않고 기저대역에서 통신이 이루어지므로 송·수신기의 구조가 간단해져 낮은 비용으로 송·수신기를 제작할 수 있는 큰 장점을 가지고 있다.

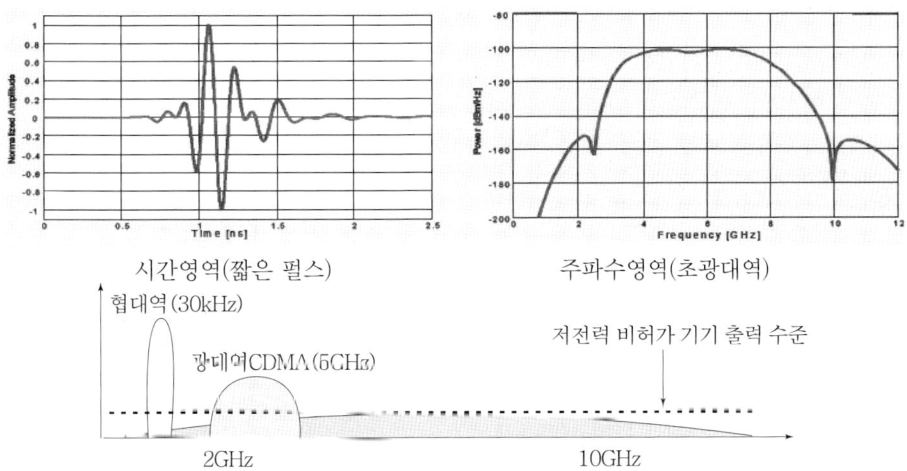

〈그림 2.156〉 Ultra-Wideband의 주파수 대역

〈표 2.45〉 UWB와 타 시스템간의 출력과 대역폭 비교

시스템 구부	협대역	IMT-2000	무선랜	UWB
대역폭	200KHz 이하	5MHz	20MHz 내외	500MHz 이상
출력	수십 mW	수백 mW 이상	수 mW/MHz 이상	0.1uW/MHz 이하

3) UWB 기술의 응용

UWB의 응용 분야는 다양하나 군사용이 아닌 일반 상용화로는 Radar 분야와 통신 분야로

크게 분류할 수 있다. Radar 응용 제품으로는 민간 항공기의 충돌 방지 장치 및 고도계, 지하 매설물이나 광산물 추적을 위한 GPR, 건물벽 속의 구조물을 찾기 위한 Intrusion Detection Radar, GPS 없이 실내에서와 같은 좁은 공간에서 정밀한 위치를 추적할 수 있는 장치인 Precision Geolocation System 등이 대표적이며 일정 범위 안으로 사람이 접근하면 경보음을 울리는 보안 시스템에도 널리 응용되고 있다.

통신 분야 응용 제품으로는 1~2km 통신 거리의 hand-held radio와 mobile Ad-hoc network radio 등이 있으며 최근 사무실이나 가정과 같은 작은 공간에서 10m 정도의 근거리에 있는 개인용 컴퓨터와 주변기기 혹은 가전제품 등을 무선 인터페이스를 이용해서 연결하는 근거리 개인 통신망 등에 응용하기 위한 칩셋 개발도 활발히 진행되고 있다.

UWB 기술 응용분야를 정리해보면 다음과 같다.

▷ 고속 근거리 무선 접속망(무선PAN 등 광대역 고속 데이터 전송시스템)

▷ 보안용 이동체 추적 시스템(전파 울타리, 접근경보기 등)

▷ 의료용 기기(심장 박동률, 호흡수, 기타 건강진단 검침 등)

▷ 자동차용 센서(지능형고속도로 응용, 충돌방지시스템, 원격 출입통제기 등)

▷ RF 인증 및 추적 시스템(ID 카드, 면허증, 자산관리태그 등)

▷ 지표 침투 레이더(광물매장량, 비금속 파이프, 유적지, 다리, 도로 균열조사)

▷ 건축물 영상 검사장치(건설 및 건축 개보수 작업의 안전도를 높일 수 있음)

▷ 매몰자 영상 탐지 레이더(인질, 건물붕괴, 산사태 재난 현장에서의 매몰자탐지)

↘ 임펄스(impulse)

아주 짧은 시간 동안에 큰 진폭을 내는 전압이나 전류 또는 파동. 1회의 경우와 일정한 주기를 두고 되풀이되는 경우가 있는데, 1회의 것을 임펄스, 주기적인 것을 펄스로 구별하여 부르기도 하나, 두 경우 모두를 총칭하여 펄스라고 한다.

같은 펄스를 이용하여 통신을 하기 위해서는 일정한 시간 주기의 펄스를 내보내야 한다. 펄스가 하나만 있을 때에는 매우 낮은 스펙트럼 전력밀도가 광대역 잡음처럼 매우 넓은 대역에 걸쳐 나타나지만, 일정한 시간 주기를 가지는 펄스열의 신호는 규칙적인 펄스 주기성 때문에 스펙트럼 상에 에너지 스파크 현상(comb line)이 나타나게 된다. 주파수 영역에서 이러한 현상이 나타나게 되면 다른 통신에서 사용하는 협대역 신호에 간섭을 줄 수 있기 때문에 이 comb line을 제거하거나 완화시켜야 된다. 그러므로 펄스열의 규칙성을 없애기 위해서 펄스와 펄스의 시간 간격을 변화시켜야 되며 이를 위해 data 변조와 채널화를 수행한다.

펄스를 이용해 정보(0 또는 1)를 보내기 위해서는 기본 펄스에 변조를 시켜야 한다. 변조방법에는 On-Off Keying(OOK), 펄스 진폭 변조(PAM), 펄스 위치 변조(PPM) 등의 여러 가지 방법을 사용하고 있다. PPM방식은 0 또는 1에 따라 기본 펄스의 위치를 변화시키는 것이다. 즉 기준 시간 보다 다소 일찍 도착한 신호는 '0' 다소 늦게 도착한 신호는 '1' 로 결정한다. PPM 방식은 단지 펄스폭의 극히 일부분만 움직여 변조를 행하므로 앞에서 설명한 일정한 주기를 갖는 펄스열의 스펙트럼과 유사한 모양을 보인다. 이는 스펙트럼을 균일하게 다소 완화시킬 수는 있지만 comb line 제거에는 그다지 큰 영향을 끼치지 못함을 말하는 것이며, 이의 개선을 위해 코드를 사용하여 여러 사용자가 동시에 통신할 수 있는 펄스열의 채널화를 시도한다. 여러 사람이 동시에 사용할 수 있도록 다중화 하는 방법은 일정한 펄스 시간보다 큰 시간구간(프레임)을 정해서 특별한 코드를 이용해 프레임 내에 정해진 구간에 펄스를 위치시키면 된다. 이렇게 하면 여러 사용자가 동시 통신을 해도 자기 신호를 구분해 낼 수 있을 뿐만 아니라 규칙적인 펄스열로 인해 주파수 영역에서 나타났던 에너지 스파크 현상도 사라지게 된다.

4) UWB 통신기술의 개요

UWB통신의 목적은 다른 통신시스템에 영향을 주지 않기 위하여 신호에너지를 수 GHz 대역폭에 걸쳐 스펙트럼으로 분산하여 송신함으로써 다른 협대역 신호에 간섭을 주지 않고 주파수에 관계없이 통신을 할 수 있도록 하는 것이다. 주파수 영역의 스펙트럼은 시간 영역의 신호파형의 모양과 밀접한 관계를 가진다.

정현파는 어느 특정주파수에서만 큰 값을 가지지만 임펄스 신호는 비교적 넓은 주파수 대역에서 에너지가 분포하므로 UWB 통신에서는 수 나노 혹은 수 피코 초의 극히 좁은 폭을 갖는 펄스를 반복 사용한다. UWB 통신에 사용되는 신호파형은 0.5ns 주기의 가우시안 모노펄스(Gaussian Monopulse) 신호 등 여러 가지가 있다. 신호의 중심 주파수는 모노펄스 주파수의 역수이며, 대역폭은 중심주파수의 116%로 매우 넓은 3dB 대역폭에서 에너지가 존재한다.

5) UWB 기술기준

UWB는 전력밀도, 주파수대역폭, 불요발사, 간섭저감기술, 부차적 전파발사 허용치 등으로 규정한다. 또한 Low Band(3.1~4.8㎓)는 이동방송중계용 및 차세대이동통신(4G)에의 간섭 방지를 위해 간섭저감기술(DAA)의 적용을 의무화한다.

▷ 3.1~4.2㎓ 대역은 이동방송중계용을 보호하기 위해 DAA 기술 적용 의무화

▷ 4.2~4.8㎓ 대역은 4G 개발 시기를 고려 2010년부터 DAA 기술 적용토록

▷ 7.2~10.2㎓ 대역은 DAA기술을 적용하지 않고 조건 없이 통신용으로 사용 가능

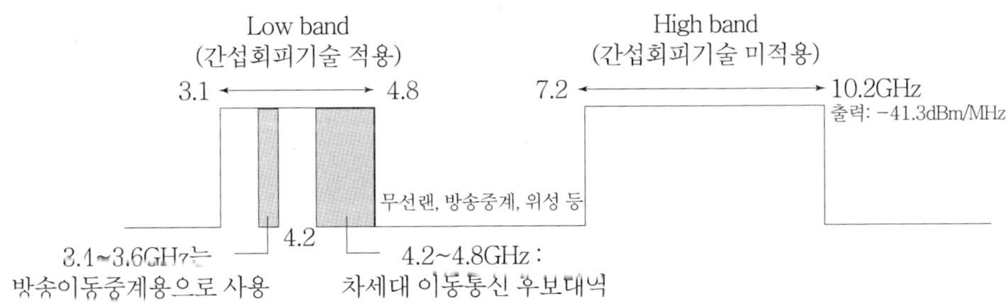

〈그림 2.157〉 UWB 주파수 분배현황

6) 일반조건 및 전력밀도

① 일반 조건 : 항공기, 선박, 위성, 모형비행기 등에 사용을 금지하며, 통신용에 한함

② 전력 밀도 : 〈표 2.46〉과 같이 허용(전 세계 공통)

〈표 2.46〉 UWB 전력 밀도

주파수대	등가 등방성 복사전력 밀도		비 고
	평균 전력 밀도	첨두 전력 밀도	
3.1~4.8㎓ 7.2~10.2㎓	-41.3㏈m/㎒	0㏈m/50㎒	전계강도로 측정 후 환산하여 적용가능 (단, 측정 기준 대역폭은 1㎒임)

7) 주파수 대역 폭 및 불요발사

① 주파수 대역폭 : 450㎒ 이상(주파수대역폭은 외국규정을 모두 수용할 수 있도록 규정)

▷ ITU 및 FCC : 500㎒ 이상

▷ 일본 : 450㎒ 이상

▷ IEEE 802.15.4a ⇒ LFB : 494㎒, HFB : 500㎒ 이상

② 불요 방사

〈표 2.47〉 주파수 대역에 따른 불요방사 기준

주파수 대역	1㎒의 분해대역폭으로 측정한 평균전력
1.6㎓ 미만	−90㏈m/㎒ 이하
1.6~2.7㎓	−85㏈m/㎒ 이하
2.7~3.1㎓	−70㏈m/㎒ 이하
3.1~4.8㎓	−51.3㏈m/㎒ 이하
4.8~7.2㎓	−70㏈m/㎒ 이하
7.2~10.2㎓	−51.3㏈m/㎒ 이하
10.2㎓ 이상	−70㏈m/㎒ 이하

8) 간섭회피 기술 및 부차적 전파발사

① 간섭회피 및 경감기술

다음 조건 중 하나를 만족해야 한다.

주파수 대역	간섭회피 및 경감기술
3.1~4.8㎓	▷ −70dBm/㎒ 이하일것 ▷ 송신시간: 5ms이하, 휴지시간:1sec이상 ▷ −80dBm/㎒ 이상 신호감지 시 2sec내에 −70dBm/㎒ 이하로 저감할 것 ▷ −80dBm/㎒ 이상 신호감지 시 2sec내로 회피할 것
4.2~4.8㎓	2010년 7월부터 시행

② 부차적 전파 발사강도: −54 dBm/㎒ 이하

9) 센서용 UWB 기기의 개요

센서용 UWB 기술은 아래와 같이 광범위한 응용분야를 갖는 새로운 기술로 부각되고 있다.

① 노약자나 조난자의 위치파악

② 물류 관리에 사용할 수 있는 item location/position/tracking

③ ITS 핵심 시스템으로 사용될 수 있는 locator

▷ 장애물, 도로균열, 차선이탈, 차량접근 감지센서

④ 지뢰, 하수도 등의 지하 매설물을 정밀하게 탐지할 수 있는 GPR(Ground Penetrating

Radar) security sensor

⑤ 심장 모니터링과 같은 의료 분야의 의료용 센서

⑥ 유량 레벨 측정기

바) IrDA

① 개요

IrDA(Infrared Data Association)는 적외선 통신 링크에 사용되는 하드웨어와 소프트웨어에 대한 국제표준을 만들기 위해 산업계가 후원하는 조직으로 1993년에 결성되었다. 무선 전송의 특별한 형태인 적외선 통신에서는 ㎔ 또는 트릴리온 Hertz에서 측정되는 적외선 주파수 스펙트럼 내의 모아진 광선이 정보로 변조되어 송신기로부터 비교적 짧은 거리 내에 있는 수신기로 전송된다.

적외선 방사는 리모컨으로 TV를 제어하는 데 사용되는 것과 같은 기술이다.

② 기술 응용

적외선 data 통신은 노트북 컴퓨터와 PDA, 디지털 카메라, 휴대폰, 무선호출기 등의 대중화에 따라, 이제 무선data 통신 내에서 중요한 역할을 하고 있다. 기존에 사용되고 있는 것들 또는 새로운 가능성이 있는 것들에는 다음과 같은 것들이 있다.

▷ 노트북 컴퓨터에서 프린터로 문서를 전송한다.

▷ 포켓용 PC를 이용하여 명함을 교환한다.

▷ Desk top 컴퓨터와 Note book 컴퓨터 사이에 스케줄이나 전화번호부를 같게 맞춘다.

▷ 노트북 컴퓨터에서 공중전화를 이용하여 멀리 있는 팩시밀리에 FAX를 전송한다.

▷ 디지털 카메라에서 컴퓨터에 이미지를 광선으로 보낸다.

▷ 적외선 통신에서는 쌍방의 장치에 모두 송수신기가 있어야 한다. 특별한 마이크로칩이 이 기능을 위해 제공된다. 그 외에도, 통신을 동기화 시켜주는 특별한 소프트웨어가 하나 또는 모든 장치들에 필요하다. 마이크로소프트 윈도우95 운영체계에서 IR에 관한 특별한 지원이 그 예이다.

IrDA-1.1 표준에서 전송될 수 있는 가장 긴 data의 길이는 2,048 byte이며, 최대 전송속도는 4 Mbps이다.

③ 전송 거리

IR은 어느 정도 먼 거리의 상호연결에도 사용될 수 있으며, 근거리 통신망 내의 상호연결 가능성도 있다. 최장 유효거리는 약 1.5마일 정도이며, 계획되는 최고의 대역폭은 16Mbps이다. IR은 가시광선을 전송하는 것이므로, 안개와 같은 대기조건에 민감하다.

사) Binary-CDMA

1) 개요

우리나라에서 개발된 바이너리 CDMA 기술로 근거리 무선통신망을 구축할 수 있는 대안이다. 바이너리 CDMA 기술이란 CDMA와 TDMA의 장점만을 채택한 기술로 초고속 전송 및 저전력 소비 제품을 개발할 수 있다. 국내 기업에서 주파수를 바이너리 형태로 바꿔 멀티 CDMA 신호로 처리할 수 있게 하는 '다위상 CDMA 변복조 방식'과 '아날로그 CDMA 방식의 변복조 방식' 등에 대한 특허를 보유하여 바이너리 CDMA 원천기술에 관한 특허를 국내는 물론 미국과 일본 등지에서도 획득하였다.

바이너리 CDMA는 여러 채널을 동시에 활용할 수 있기 때문에 블루투스처럼 잡음 문제가 발생하지 않는다. 블루투스는 data 송신에 약하고 여러 채널을 적용할 수 없다는 한계가 있으나, 바이너리 CDMA 기술은 반경 500m 안에서 TV, 냉장고, 에어컨, 휴대전화기 등 최대 250개의 디지털 기기를 무선으로 통합할 수 있고 음성, 영상, data를 고품질로 송수신 가능한 첨단기술이라 할 수 있다. 별도의 Base Station 없이도 최대 40개까지 단말기가 연결되는 network를 만들 수 있다. 또한 동영상 전송이 불가능한 블루투스와 지그비 등 기존 무선통신 기술의 한계를 극복했을 뿐만 아니라 서비스 반경이 10~50배 이상으로 넓어졌다.

이러한 바이너리CDMA 기술 특성을 감안하면 산업 현장이나 홈 네트워크에서 사용되는 근거리 무선통신의 기본설계 개념을 완전히 새롭게 할 수 있는 기술로 급속한 발전이 예상된다. 반경 500m 내에서 휴대전화로 찍은 동영상을 바로 고선명TV에 up load가 가능하다. 또 휴대폰, PC, TV, 냉장고, 에어컨이 서로 연결돼 하나의 가전으로 다른 가전을 제어 할 수 있어 홈 네트워크 최적 솔루션을 제공할 수 있어 발전가능성이 매우 크다. 바이너리 CDMA 기술은 한정된 data 송수신과 짧은 서비스거리 때문에 상용화가 늦어진 블루투스 등 기존 근거리 통신기술과 비교가 안될 정도로 확장성이나 범용성이 우수하다.

특히 블루투스나 ZigBee는 미국, 유럽이 원천기술과 국제표준을 장악하고 있지만 바이너리 CDMA 기술은 앞으로 표준화 기구에서 국제표준으로 확정되면 우리나라가 원천기술 보유자가 된다는 점에서 기대를 모으고 있다. 국제 기술표준으로 채택 될 경우 우리가 외국으로부터 기술 사용료를 벌어들일 수도 있다. 그리고 응용 제품이 개발되면 새로운 시장이 활성화되어 수출경제 성장에도 기여할 전망이다. 향후, 바이너리 CDMA 제품의 세계시장 규모가 2011년 11조 6000억원에 이를 정도로 경제적 가치도 매우 큰 것으로 전망된다.

2) 시스템의 동작 개요

Binary CDMA 기술은 멀티채널 CDMA 파형을 Binary 형태로 만들어 기존 TDMA용시스템을 멀티코드 CDMA용으로 그대로 사용한다. TDMA 기술의 보편성과 CDMA 기술의 우수성을 모두 갖고 있는 것이다. Binary CDMA 특성상 CDMA 신호를 전송하는 경우에도 TDMA 신호와 파형이 동일하므로 동일한 1개의 RF 모듈로 사용자가 원하는 대로 TDMA 신호 혹은 CDMA 신호를 선택하여 보낼 수 있다. 개발된 기술은 Bluetooth용 RF를 이용하여 멀티채널 CDMA 신호를 전송한다. 기존의 DS/CDMA기술에 의해 발생되는 멀티채널 변조신호는 다양한 레벨 값을 갖는 아날로그 신호형태가 된다. Binary CDMA 기술은 이러한 신호 크기 변화를 2진화(Binary)시켜서 외형적으로는 TDMA 신호파형과 같은 모양으로 만드는 기술이다. 파형 형태가 2진화 되므로 신호처리 과정도 단순해지고, 전송신호의 선형성이 요구되지 않으므로 전체적인 시스템 구조가 간단해지는 장점이 있다.

개발된 제품은 Bluetooth RF 모듈을 그대로 사용하므로, RF 특성은 블루투스와 완전히 동일하며 BaseBand 모뎀은 블루투스 모뎀 대신 Binary CDMA 모뎀을 사용한다. GFSK RF 특성상 CDMA로 동작하기에는 제약이 있으므로 TDMA/TDD 방식을 채택하면서 블루투스와는 달리 Partial band Frequency Hopping과 Binary CDMA에 의한 DS의 혼합 전송 방식을 사용한다. ISM Band 규약에 따라 블루투스와 같이 주파수 도약을 하지만 블루투스와 다른 점은 Orthogonal hopping을 하므로 상호간의 주파수 충돌이 없으며 WLAN과도 동일 장소에서 사용이 가능하다. 향후 국제 표준화가 이루어진다면 방송과 통신이 결합되는 보편적인 디지털 정보가전과도 연계되어야하는 4세대 이동통신 기술로 사용되기에 손색이 없는 기술이다.

· 주파수 범위 : 2.4~2.48GHz (ISM Band)
· 변조 방식 : GFSK(Binary CDMA)
· 전송 속도 : 800kbps(TDMA), 270kbps(CDMA)
· 전송 거리 : 100m(Class-1), 10m(Class-2)

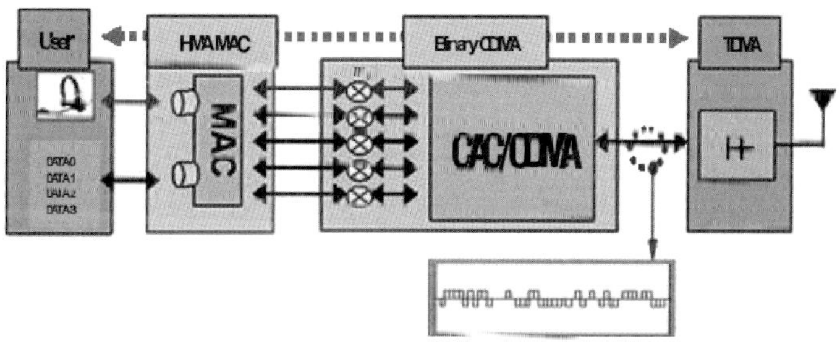

〈그림 2.158〉 Binary-CDMA 구성도

3) 특징

Binary CDMA는 멀티레벨의 전송신호 파형을 2진 파형으로 변조시켜 보내는 기술로 다음과 같은 특징이 있다. CDMA 전송신호를 Binary로 변환시켜 전송하여 시스템 및 부품의 단순화가 가능한 기술이다. 현재까지 출시되거나 개발 중인 산업용 디지털 기기의 무선접속 기술들은 혼잡운용 지역에서의 간섭문제, 많은 신호경로 설정의 문제, 음성 신호 경로 지원문제, 소비전력 문제, 가격 등 각각의 시스템 특성에 따라 여러 문제들이 있다. 이런 문제들을 모두 해결할 수 있도록 CDMA와 TDMA의 장점을 복합적으로 사용하는 기술로 특히 Multicode CDMA에서 나타나는 멀티 레벨의 신호를 위상정보로 전환하여 2진화된 파형을 전송하기 때문에 위에서 언급한 문제들을 해결할 수 있는 독창적인 기술이다. 특히, 멀티레벨 신호가 2진화된 파형으로 변조되어 전송되므로 RF 회로가 간단하고 샘플링율이 낮아져 동기 회로를 간단하게 구현할 수 있는 기술이다.

또한 전력 증폭기로 입력되는 신호 레벨이 고정되어 있기 때문에 증폭기의 효율을 높일 수 있으며, 전송신호를 코드로 확산하여 전송하기 때문에 DS/CDMA와 유사한 성능을 유지하면서도 TDMA 특성으로 인한 상호 간섭의 문제를 완화할 수 있는 기술이다. 동시 다중접속의 Topology가 Multipoint-to- Multipoint로 기존 Point-to-Multipoint 시스템에 비해 다양한 네트워킹이 가능하다.

〈표 2.48〉 Binary-CDMA 기술의 특징

특 징	주요 내용
보편적인 RF 모듈 사용	바이너리 CDMA 기술은 별도의 CDMA용으로 개발된 선형성이 좋은 RF모듈을 사용할 필요없이 기존에 개발되어 있는 TDMA RF모듈을 사용하여 부품을 구하기 쉽고 가격이 저렴하다.
TDMA방식과 CDMA 방식을 지원하는 All Multiple Access	바이너리 CDMA 신호는 전송파형이 TDMA 신호의 전송파형과 동일하므로 전송환경의 요구에 따라 TDMA 방식으로 전송하며 전송속도를 높일 수 있고, CDMA 방식으로 전송하여 간섭에 강한 신호로 만들 수 있다.
열악한 환경에서 기존의 DS/CDMA보다 우수한 성능	바이너리 CDMA기술은 기존의 CDMA 방식의 특징으로 전송채널 특성이 직선성이 보장될 때는 DS/CDMA와 대등한 성능을 나타내며, 전송 특성이 좋지않은 상황에서는 기존의 DS/CDMA에 비해 매우 우수한 성능을 나타낸다.
축적된 TDMA기술 및 시스템 재활용	바이너리 CDMA 신호의 전송파형이 TDMA 방식과 동일하므로 이미 TDMA 방식을 위해 개발되어 있는 기술들을 거의 그대로 사용할 수 있으며, TDMA 신호전송을 위해 구축해 놓은 위성 시스템, 마이크로웨이브 전송장비 등 인프라를 그대로 바이너리 CDMA 신호 전송용으로 사용이 가능하다.
변복조 회로의 단순화로 ASIC화가 용이	바이너리 CDMA회로의 변복조 구조가 단순하여 ASIC화가 용이하여 다양한 응용 시스템의 내부에 임베디드 형태로 SoC 제작이 용이하다.

4) 유사기술과의 장단점 비교

〈표 2.49〉 유사기술과의 장단점 비교

구 분	장 점	단 점
Wi-Fi	· 상용 기술로 안정적 · 기술적으로 상품화 가능수준	· TCP/IP사용으로 센서 네트워크용으로 바람직하지 못함 · 설치비용 고가 · 전력소모가 많다.
Bluetooth	· 대역폭이나 전송거리 우수 · Ad-hoc네트워크로 중계가능 · 가격이 저렴	· 8개 이상의 노드 구성이 어려움 · 네트워크 확장성이 떨어짐 · 전력소모가 많다.
ZigBee	· 대역폭 우수 · 전송거리는 짧다. · Ad-hoc네트워크로 중계가능 · 가격이 저렴 · 전력소모가 적다.	· 현재 표준화 진행 중 · 기술적인 성숙도가 미흡 · 상품화 초기 단계
UWB	· 광대역 전송이 가능 · 저출력/저전력 가능 · Ad-hoc네트워크로 중계가능 · 주파수 이용효율이 좋다.	· 현재 표준화 진행 중 · 기술적인 성숙도가 미흡 · 상품화 초기 단계
Binary CDMA	· 장거리 전송가능 · 국내기술로 개발 · Ad-hoc네트워크로 중계가능 · 가격이 저렴	· 국내 보유기술이나 상용화 미흡 · 비 표준화 기술 · 전력소모가 많다.

〈표 2.50〉 유사기술 상호 비교

구 분	Wi-Fi	Bluetooth	ZigBee	UWB	Binary CDMA
변조방식	DSSS	FHSS	DSSS	CDMA	FH/DS Hybrid
MAC	CSMA/CA	TDMA	CSMA/CA	TDMA	TDMA
대역폭	22MHz	1MHz	5MHz	500MHz이상	1MHz
전송속도	11Mbps	723Kbps	250Kbps	480Mbps	270Kbps/ 800Kbps
주파수	2.4GHz	2.4GHz	2.4GHz	3.1~4.8G/ 7.2~10.2GHz	2.4GHz
노드수	-	8	255	2~10개	255
전송거리	40~300m	10~50m	10~30m	10m	10~500m
전력소모	~3.5W	~150mW	~50mW	-41.3dBm/MHz	~150mW
중계기능	가능	가능	가능	가능	가능
표준화	표준	표준	표준	표준	비표준

5) 향후 전망

Binary CDMA는 ETRI에서 연구한 우리나라 토종기술로 2009년 1월 ISO 국제표준으로 채택되었다. 산업환경에서 QOS를 지원하는 Ad-hoc을 목표로 연구되어 무선 홈 네티워크 분야, 무선 산업분야, 무선 정보단말분야에서 각광받는 기술로 평가되고 있다.

한국전력에서는 2009년 12월에 전력선을 이용한 고속 PCC와 Binary CDMA 무선기술을 융합한 새로운 개념의 스마트 크리드 원격 검침 통신기술을 세계 처음으로 상용화하는 등 Binary CDMA 융합 기술의 활용도는 향후 무궁무진할 것으로 전망된다.

2.12 WLAN(*Wireless LAN*)

2.12.1 개요

IEEE(Institute of Electrical and Electronics Engineers) 802.11은 흔히 무선 랜, 와이 파이라고 부르는 좁은 지역(Local Area)을 위한 컴퓨터 무선 네트워크에 사용되는 기술로, IEEE LAN/MAN 표준위원회(IEEE 802)의 11번째 working group에서 개발된 표준기술을 의미한다.

1) 기술 사항

IEEE 802.11은 현재 주로 쓰이는 유선 LAN 형태인 이더넷의 단점을 보완하기 위해 고안된 기술로, 이더넷 네트워크의 말단에 위치해 필요 없는 배선 작업과 유지관리 비용을 최소화하기 위해 널리 사용되고 있다.

보통 폐쇄되지 않은 넓은 공간(예를 들어, 하나의 사무실)에 하나의 Hot spot를 설치하며, 외부 WAN과 백본 스위치, 각 사무실 핫 스팟 사이를 이더넷 네트워크로 연결한다. 핫 스팟부터 각 사무실의 컴퓨터는 무선으로 연결됨으로서 사무실 내에 번거로이 케이블을 설치하고, 유지보수를 하지 않아도 된다.

2) Hot Spot

핫 스팟은 이더넷 허브와 비슷한 역할을 하는 장비로, 하부 구조(인프라스트럭처) 네트워크 모델에서 핫 스팟 주변에 위치한 무선 클라이언트들을 하나의 네트워크로 묶어 서로 통신할 수 있게 한다. 핫 스팟에 연결된 이더넷 회선을 통해 다른 핫 스팟, 백본이나 WAN 망으로 연결할 수 있도록 해준다.

각 핫 스팟에는 고유의 SSID와 BSSID가 부여되어 있어 클라이언트가 특정한 핫 스팟에 연결할 수 있게 도와준다. 하나의 핫 스팟은 장애물이 없는 지역에서 최대 100미터, 최소 20여

대까지 네트워크를 구성할 수 있다.

3) 하브구조(인프라스트럭처) 네트워크와 Ad-hoc 네트워크

IEEE 802.11 네트워크 환경은 infrastructure 방식과 Ad-hoc 방식으로 구성할 수 있다. 핫 스팟에 여러 대의 클라이언트가 접속해 네트워크를 구성한다면 인프라망(하부구조 네트워크)이라고 부르고, 각 클라이언트가 핫 스팟 없이 서로 data를 주고받는다면 Ad-hoc 네트워크라고 부른다.

보통 인프라망에는 핫 스팟이 필요하므로 초기 설치비용이 많이 들지만, 더 많은 클라이언트를 받아들일 수 있고 더 넓은 접속 반경을 제공해 주기 때문에 자주 사용된다.

4) 보안

IEEE 802.11 네트워크를 구성하는 장비들은 암호화되지 않은 상태로 통신할 수도 있고 64비트, 128비트의 WEP 암호화를 사용해 보안성을 높일 수도 있다. 하지만, WEP 자체의 구조적인 취약점 때문에 WEP로 암호화된 data는 쉽게 해독될 수 있어 잘 사용되지 않는다. 지금은 발전된 형태의 WPA, IEEE 802.11i(WPA2), IEEE 802.1x 등의 보안책을 사용한다.

5) 전송방식 표준

① 802.11(초기버전)

IEEE 802.11은 2 Mbps의 최고속도를 지원하는 무선 네트워크 기술로, 적외선 신호나 ISM 대역인 2.4㎓ 대역 전파를 사용해 data를 주고받으며 여러 기기가 함께 네트워크에 참여할 수 있도록 CSMA/CA 기술을 사용한다.

하지만, 규격이 엄격하게 정해지지 않아서 서로 다른 회사에서 만들어진 IEEE 802.11 제품 사이에 호환성이 부족했고 속도가 느려서 널리 사용되지 않았다.

② 802.11b

IEEE 802.11b는 802.11 규격을 기반으로 더욱 발전시킨 기술로, 최고 전송속도는 11 Mbps이나 실제로는 CSMA/CA 기술의 구현과정에서 6~7Mbps 정도의 효율을 나타내는 것으로 알려져 있다.

표준이 확정되자마자 시장에 다양한 관련 제품이 등장했으며, 이전 규격에 비해 현실적인 속도를 지원해 기업이나 가정 등에 유선 네트워크를 대체하기 위한 목적으로 폭넓게 보급되었으며, 공공장소 등에서 유무상 서비스를 제공하는 업체도 생겨났다.

③ 802.11a

세 번째로 등장한 전송방식인 802.11a는 5㎓ 대역의 주파수를 사용하는 규격으로, OFDM(OFDM, Orthogonal Frequency Division Multiplexing) 기술을 사용하여 최고 54 Mbps가지의 전송 속도를 지원한다.

5㎓ 대역은 2.4㎓ 대역에 비해 다른 통신기기(무선 전화기, 블루투스 기기 등)와의 간섭이 적고, 더 넓은 전파 대역을 사용할 수 있다는 장점이 있다. 하지만, 신호의 특성상 장애물이나 도심 건물 등 주변 환경의 영향을 쉽게 받고, 2.4㎓ 대역에서 54 Mbps 속도를 지원하는 802.11g 규격이 등장하면서 지금은 널리 쓰이지 않고 있다.

④ 802.11g

네 번째로 등장한 802.11g 규격은 a규격과 전송속도가 같지만, 2.4㎓ 대역의 주파수를 사용한다는 점만 다르다. 널리 사용되고 있는 802.11b 규격과 쉽게 호환되어 현재 널리 쓰이고 있다.

⑤ 802.11n

IEEE 802.11n은 상용화된 전송규격이다. 2.4㎓ 대역과 5㎓ 대역을 사용하며, 최고 300 Mbps가지의 속도를 지원하고 있다. 우리나라의 경우, 기술규격 내 주파수점유대역폭의 문제(2개의 채널 점유)로 135~144 Mbps로 속도가 제한되었으나 2007년 10월 17일 전파연구소의 기술기준고시로 300 Mbps까지 사용할 수 있게 되었다.

802.11n은 현재 우리나라에서 상용화되었다. 이 기술의 표준안은 2009년 9월에 제정되었다. 다중 입출력(MIMO, Multiple Input Multiple Ouput)과 프레임 접합 등의 기술에 의해 기존의 무선 랜 규격에 비해 월등히 빠른, 최대 600 Mbps의 속도를 낼 수 있는 차세대 무선 네트워크 기술이다.

⑥ 부가 기능 표준

▷ 802.11d : 지역 간 로밍용 확장기술

▷ 802.11e : QoS, 패킷 버스팅 등 기능 확장 기술

▷ 802.11f : 인터 엑세스 포인트 프로토콜

▷ 802.11h : 유럽용 5㎓ 대역 전송방식

▷ 802.11i : 보안 확장

▷ 802.11j : 일본용 전송방식

▷ 802.11k : 전파 자원 측정 확장기술

▷ 802.11p : 빠르게 움직이는 운송 수단을 위한 무선 접속 기술

▷ 802.11r : 빠른 로밍

▷ 802.11s : ESS 메쉬 네트워킹

▷ 802.11t : 무선 성능 예측(WPP)

▷ 802.11u : 802.11 기반이 아닌 네트워크와의 상호 연동

▷ 802.11v : 무선 너트워크 관리

▷ 802.11w : 보호된 관리 프로그램

무선 랜이란 단어의 의미 그대로, 네트워크 구축 시에 허브에서 이용자까지 트위스트 페어 케이블/동축 케이블 등으로 구성되었던 유선환경에서 벗어나, 전파나 적외선을 이용하여 무선 환경에서 기존의 서비스를 제공할 수 있는 기술이다. 그러므로 무선 랜의 가장 큰 장점 중의 하나는 유선 랜에 비해 일정거리(IEEE 802.11b의 경우, 100m) 내에서 이동성에 대한 자유로움이 보장된다는 것이다. 따라서 가정이나 사무실뿐만 아니라 대학 캠퍼스, 병원, 물류센터, 호텔, 공항에서 무선 랜을 이용한 인터넷 서비스를 사용할 수 있다. 다음 〈그림 2.159〉에서 무선 랜의 기반 구성형태, 〈그림 2.160〉에서는 무선 랜의 간단한 응용을 보여주고 있다.

〈그림 2.159〉와 같이 무선 랜은 AP(Access Point)와 무선 단말기로 구성되며, 무선 단말기는 노트북, PDA, PC에 내장되는 무선랜 카드 등이 있고, 이를 이용하여 인터넷에 접속할 수 있다. 또한, 인터넷이 안 되는 상황에서 자료를 주고받아야 할 경우에도, 무선 랜을 이용하여 케이블 없이도 컴퓨터끼리(Ad-hoc mode) 연결함으로써 USB나 메모리 스틱을 이용하지 않고도 자료를 교환할 수 있다.

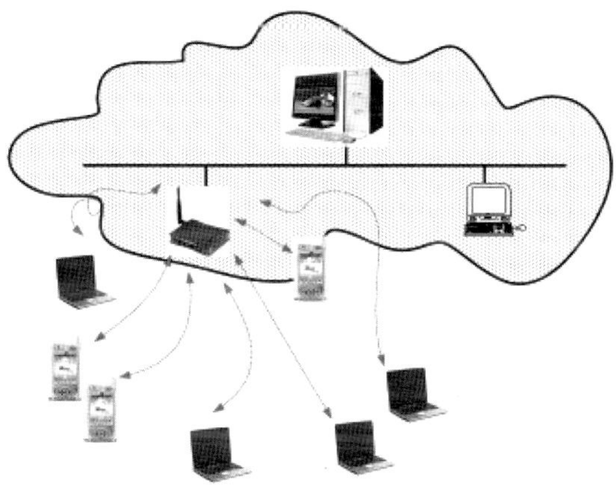

〈그림 2.159〉 무선랜의 기반 구성형태

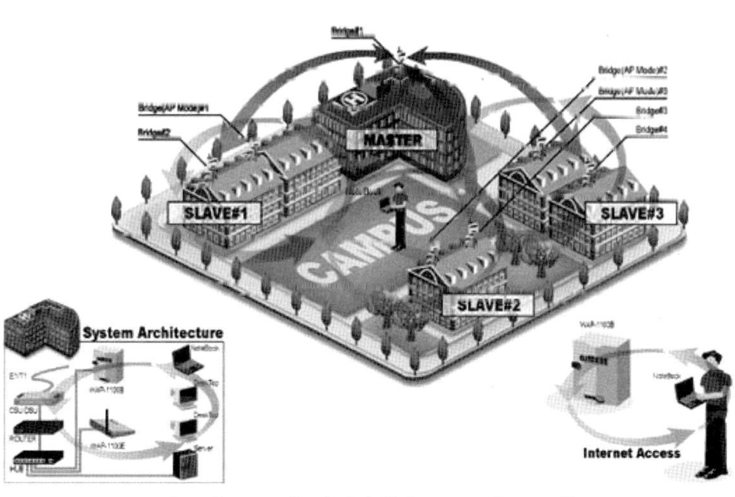

〈그림 2.160〉 응용(캠퍼스, 공항, 호텔)

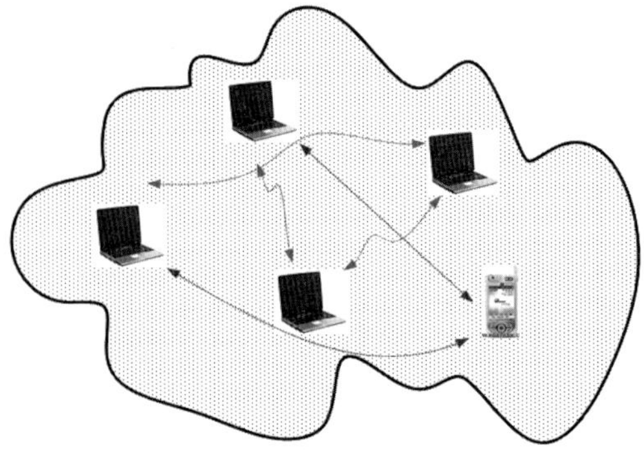

〈그림 2.161〉 Ad-hoc의 형태

〈그림 2.161〉은 Ad-hoc의 형태를 도시하였다.

그러나, 무선 랜의 취약점 중의 하나는 무선 매체를 이용하기 때문에, 〈그림 2.162〉에서처럼 집안의 가구배치, 사무실의 책상 및 파티션 위치에 따라 방사되는 전파의 모습이 달라진다는 것이다. 즉 같은 AP를 이용하고 있다 하더라도 주변 환경에 따라 전송속도가 저하될 수 있다는 것이다. 그 이유로는 전파는 벽도 뚫고, 건물도 통과하지만, 중요한 것은 이런 상황에서 전파의 세기가 많이 약해진다는 것이다. 〈그림 2.162〉에서 볼 수 있듯이 중앙에 붉은색으로 표시되는 부분이 전송속도가 좋고, 주변의 벽이나 파티션을 지난 전파는 노란색으로 표시되어 전송속도가 약한 곳을 의미한다.

그러므로 무선 랜을 설치하고자 하는 환경에서 가장 효율적으로 통신할 수 있는 AP 위치를 설정하는 것이 가장 중요한 일이다. 보통의 경우에 두개의 벽을 통과하면, 신호가 많이 약해져서 인터넷 환경이 불안해질 수 있다.

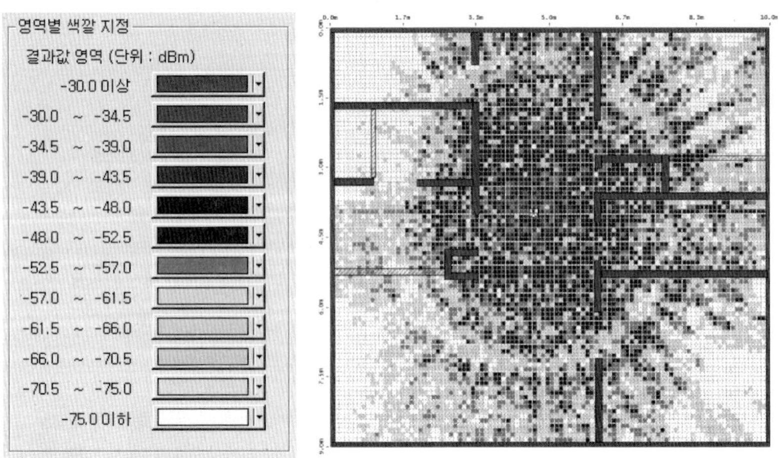

〈그림 2.162〉 무선 랜 실내 전파환경 시뮬레이션 결과

2.12.2 무선 랜 표준

무선 랜은 사용하는 주파수 및 통신방식에 따라 3가지 국제 표준이 있는데, 2.4GHz를 이용하는 IEEE 802.11b와 IEEE 802.11g, 그리고 5GHz를 이용하는 IEEE 802.11a가 바로 그것이다. IEEE 802.11은 IEEE(미국전기전자학회, Institute of Electrical and Electronics Engineers)가 규정한 무선 랜 표준으로, 각각 1999년 및 2003년에 완성되었다. 802.11b 표준은 현재 가장 널리 이용되고 있는 무선 랜 규격으로, 국내에서 제공되는 공중 무선 랜 서비스의 표준이며, 2.4GHz 주파수를 이용하여 최대 11Mbps의 속도를 제공한다. 802.11g는 802.11b와 같은 2.4GHz 주파수를 이용하고, 802.11b와 호환되며, 최대 54Mbps의 전송속도를 제공한다. 802.11a와 802.11g는 802.11b 이후에 완성된 표준으로, 802.11a는 5~6GHz 대역의 주파수를 이용하며 최대 54Mbps의 전송속도를 제공하고, 802.11b와는 호환되지 않는다.

〈그림 2.163〉 ISM 대역의 주파수

다음 〈표 2.51〉은 무선 랜 표준(IEEE 802.11a/b/g)에 대한 비교표이다.

〈표 2.51〉 802.11a/b/g 비교

구분	802.11b	3802.11a	802.11g
주파수 대역(GHz)	2.4~2.4835	5.15~5.35 5.470~5.650 5.725~5.825	2.4~2.4835
이용대역폭	83.5MHz	480MHz	83.5MHz
변조방식	DSSS/CCK	OFDM	CCK/OFDM
전송속도	11Mbps	54Mbps	54Mbps
실제 속도	4~5Mbps	20~36Mbps	20~30Mbps
전송거리	70~100m	15~35m	50~80m
비 중첩 채널수	3	12	

가) 2.4GHz를 이용하는 무선랜 표준

1) 주파수 및 채널

2.4~2.4835GHz 주파수(ISM 주파수 대역)를 이용하는 무선 랜 표준은 〈표 2.52〉와 같이 IEEE 802.11b, 11g가 있다(채널 주파수 동일).

〈표 2.52〉 2.4GHz IEEE 802.11b 채널 주파수

채널 번호	주파수 [단위: MHz]	채널 번호	주파수 [단위: MHz]
1 [F1]	2412	8	2447
2	2417	9	2452
3	2422	10	2457
4	2427	11 [F3]	2462
5	2432	12	2467
6 [F2]	2437	13	2472
7	2442		

2) 전송 속도

· IEEE 802.11b 무선 랜의 최대 전송속도는 11Mbps이며, 데이터 전송에 필요한 헤더부분을 제외한 순수 데이터의 최대 전송속도는 약 5Mbps이다.

· IEEE 802.11g 무선 랜의 최대 전송속도는 54Mbps이며, 데이터 전송에 필요한 헤더부분을 제외한 순수 데이터의 최대 전송속도는 약 20Mbps이다.

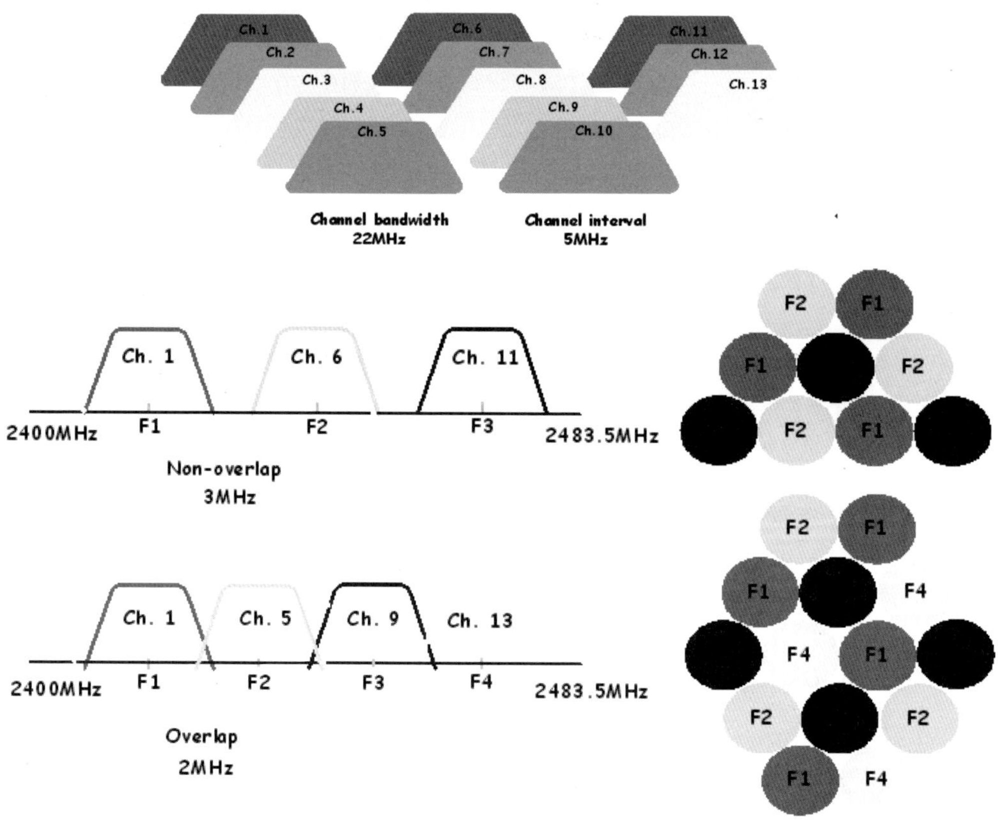

〈그림 2.164〉 비중첩 채널의 개념

· 실내 환경에서는 집안의 벽이나 사무실의 파티션과 이용자의 위치에 따라 무선 랜의 전송속도가 변화하게 된다.

〈표 2.52〉에 나타낸 것은 IEEE 802.11b 무선 랜의 채널 주파수로서, 각 나라마다 11개 채널 혹은 13개 채널을 이용할 수 있으며, 5MHz를 기준으로 채널이 할당되어 있는 것을 확인할 수 있다. 그러나 무선 랜의 채널 대역폭은 22MHz로 채널이 중첩되면, 전파간섭이 일어나는 원인이 된다. 그러므로 채널이 중첩되지 않고 사용할 수 있는 "비중첩 채널수"는 〈그림 2.164〉와 같이 3개 정도이다(혹은, 경우에 따라 스펙트럼이 조금(2MHz) 겹치는 것을 무시하고 4개의 채널을 사용할 수도 있다.

나) 5GHz를 이용하는 무선 랜 표준

1) 주파수 및 채널

IEEE 표준에서는 5GHz를 이용하는 무선 랜 채널의 주파수를 5~6GHz까지 5MHz 간격으로 나누어 총 200개의 채널을 정의하고 있다. 그러나 실제로 5GHz를 이용하는 무선랜(IEEE 802.11a)의 주파수는 다음 〈표 2.53〉과 같다. IEEE 802.11a 무선 랜의 채널 대역폭은 20MHz이므로, 5.725~5.825GHz까지 총 100MHz, 20개의 채널 중에서 동시에 사용가능한 채널은 5개이다.

〈표 2.53〉 5GHz 11a 무선랜 채널

Regulatory domain	대역폭(GHz)	동작채널수	채널 중심주파수 (MHz)
미국	U-NII lower band (5.15~5.25)	36 40 44 48	5180 5200 5220 5240
미국	U-NII middle band (5.25~5.35)	52 56 60 64	5260 5280 5300 5320
미국	U-NII upper band (5.725~5.825)	149 153 157 161	5745 5765 5785 5805

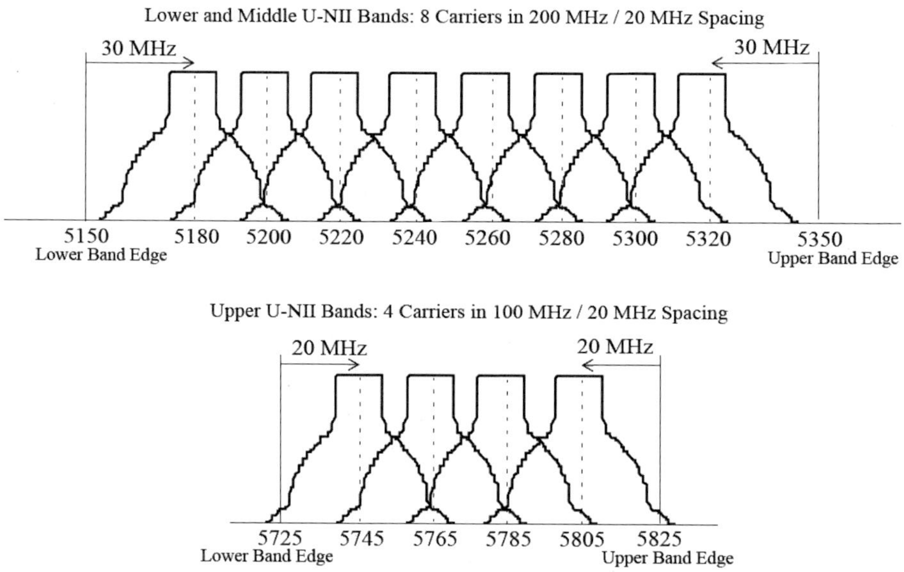

〈그림 2.165〉 5GHz 무선랜의 채널

2) 전송 속도

IEEE 802.11a 무선 랜의 최대 전송속도는 54Mbps이며, data 전송에 필요한 헤더부분을 제외한 순수 데이터의 최대 전송속도는 약 20Mbps 정도이다. 실내 환경에서는 집안의 벽이나 사무실의 파티션과 책상에 의해, 무선 랜의 전송속도도 이용자의 위치에 따라 변화한다.

2.12.3 전파 간섭

가) 전파 간섭이란?

무선 랜 서비스에서 전파간섭이란 동일한 주파수를 이용하는 기기 간에 간섭이 발생하여, 다른 무선국의 정상적인 운용을 방해하거나, 접속실패 및 전송속도를 저하시키는 현상을 말한다. 2.4~2.4835GHz 및 5.725~5.825GHz 주파수는 산업·과학·의료(ISM: Industrial, Science, Medical)용 대역이라 하여, ISM용 무선설비 및 전자레인지, 그리고 무선 랜·블루투스·단거리 전용통신기기와 같은 저전력 무선기기가 이용하고 있다. 따라서 무선 랜은 ISM용 무선설비, 전자레인지, 블루투스 등 동일한 주파수를 사용하는 ISM 기기와 전파간섭이 발생할 가능성이 있으므로, 전파혼신의 가능성을 표시하는 라벨을 무선 랜 제품에 부착하도록 하고 있다.

〈그림 2.166〉은 전자레인지와 무선 랜(802.11b)의 전파간섭 실험결과로, 전자레인지와 무선 랜이 근거리(5m)에서 이용되고 있을 때, 무선 랜의 전송속도가 저하되는 것을 관찰할 수 있는 자료이다.

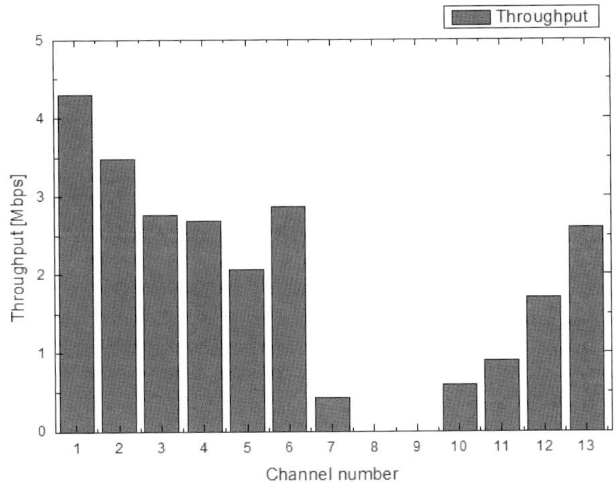

〈그림 2.166〉 전자레인지와 무선 랜의 전파간섭

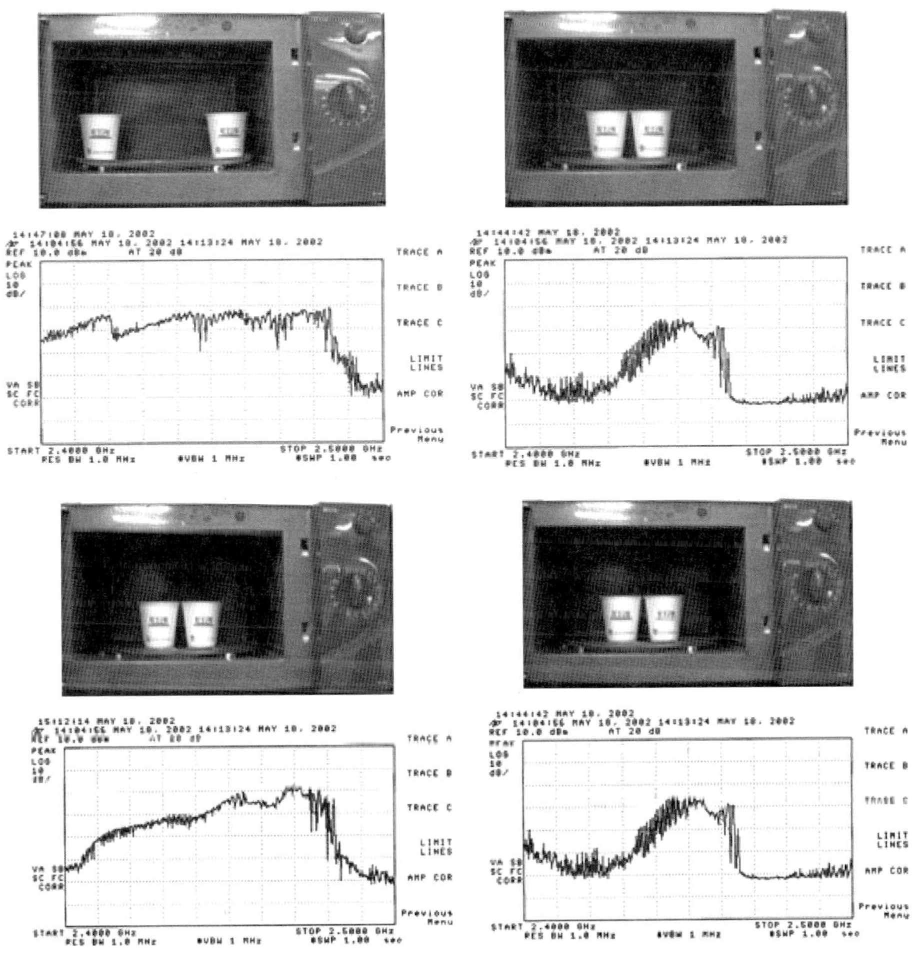

〈그림 2.167〉 무선 랜과 전자레인지의 전파간섭 실험결과

전자레인지는 무선 랜(802.11b/g)이 사용하는 2.4~2.4835GHz 전 대역에서 전파를 발사한다. 따라서 전자레인지가 동작하고 있을 때, 무선 랜 채널을 1번부터 13번까지 변화시키면서 몇 번 채널이 전자레인지로부터 전파간섭을 많이 받는가 확인할 수 있는 실험이다. 실험결과, 1번 채널이 전파간섭 효과가 가장 적었고, 7, 8, 9번 채널의 전송속도가 많이 저하되는 것을 확인하였다. 그러므로 무선 랜과 전자레인지를 근거리에서 사용할 경우, 1번 채널을 사용하는 것이 바람직하다.

그러나 〈그림 2.167〉에서 알 수 있듯이, 처음 두 그림은 전자레인지 안의 내용물 위치에 따라 전자레인지 스펙트럼이 다른 모양으로 발사되는 것을 확인할 수 있었고, 두 번째 그림은 전자레인지 내 내용물의 위치는 동일하지만, 다른 회사(A회사, B회사)의 제품을 비교한 것으로서, 마찬가지로 전자레인지 스펙트럼이 다르게 발사되는 것을 확인할 수 있었다. 즉 상황에 따른 대처보다는 일단 공간적으로 무선 랜과 전자레인지는 5m이상 떨어진 곳에서 사용하되, 가능하면 전자레인지 사용시간을 피하여 이용하는 것이 바람직하다.

또한, 동일한 무선 랜 간에도 인접한 채널을 근거리에서 사용하면, 전파간섭이 일어난다. 따라서 인터넷 설정이 안 될 수도 있고, 속도가 매우 낮아질 수도 있다.

나) 전파간섭 대처하기

1) 무선 랜과 타 무선기기와의 전파간섭 및 공유조건

다음은 무선 랜과 2.4GHz/5GHz 타 무선기기와의 전파간섭 실험결과를 요약하여 전파간섭을 최소화하며, 기기들이 잘 동작할 수 있도록 공유 조건을 정리한 것이다.

① 전자레인지

근거리(5미터 이내)에서 전자레인지가 작동하는 동안 무선 랜을 사용하는 무선랜간에 접속실패하거나 전송속도가 저하된다. 특히 6번 채널이 제일 전송속도가 저하된다. 그러므로 시간적으로 구분하여 사용하거나 자가 이용자의 경우 채널을 본인이 설정할 수 있으므로, 무선랜 채널을 앞뒤로 조정하면 간섭의 최소화가 가능하다.

② 플라즈마 전구

플라즈마 전구는 호텔에서 가장 흔하게 사용되지만, 현재 태양열에 제일 가깝고 환경친화적이라는 이유로, 가정에서도 그 수요가 많아지고 있다. 플라즈마 전구를 사용하는 장소에서는 무선 랜 채널 1~10번을 사용할 경우, 접속실패 또는 속도저하가 발생할 수 있다. 따라서 10~13채널을 사용하면, 간섭을 최소화 할 수 있다. 〈그림 2.168〉에 플라즈마 전구의 형태를 도시하였다.

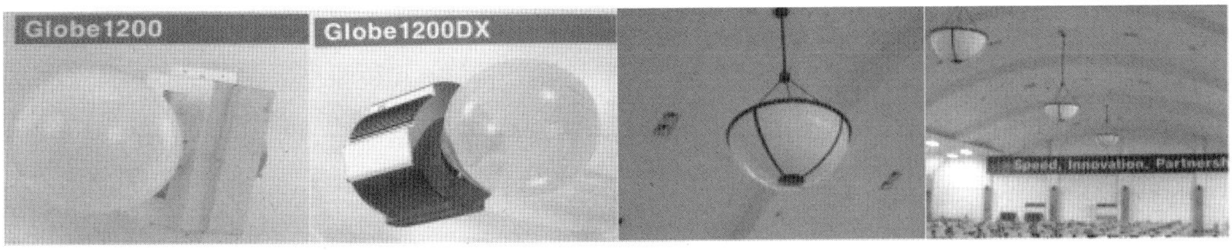

〈그림 2.168〉 플라즈마 전구의 형태

③ 블루투스

블루투스는 무선이어폰, 무선키보드 등 컴퓨터 주변장치에 내장하여 무선으로 데이터를 주고받는데 이용된다. 블루투스가 사용되는 곳에서는 무선 랜과 공간적으로 5미터 이상 이격되지 않을 경우, 접속실패 또는 속도저하가 발생할 수 있으므로 공간적으로 적당히 떨어져 사용하는 것이 좋다.

④ 영상전송용 무신기기

영상전송용 무선기기는 흔히 말하는 감시카메라와 같은 상지에 의하여 얻어신 영상 data를 무선으로 전송하는 무선기기를 말하며, 주로 주차장이나 은행 등에서 주변 환경을 모니터링 할 때 사용한다. 하지만, 영상전송장치도 근거리에서 동일한 주파수를 사용하는 경우, 접속실패 또는 속도저하가 발생할 수 있다. 그러므로 동일 장소에서 무선 랜과 영상전송장치는 서로 겹치지 않는 채널을 사용하는 것이 좋다. 〈표 2.54〉는 영상전송용 무선기기가 사용하는 4개의 채널 정보다.

〈그림 2.169〉 공항에서 활용하는 폭발물 탐지용 로봇(붉은 동그라미-카메라)

〈표 2.54〉 영상전송용 무선기기의 채널현황

채널 번호	주파수 [단위: MHz]	채널 번호	주파수 [단위: MHz]
1	2,410	3	2,450
2	2,430	4	2,470

⑤ 단거리 전용통신기기(DSRC)

단거리 전용통신기기는 요즘 흔히 듣는 ITS, 즉 지능형 교통시스템에 응용되고 있는 기기이다. 〈그림 2.170〉에 DSRC 노변장치와 단말기 제품을 도시하였다. 현재에도 이 시스템들이 일부 도로에서 시범 운행되는 것으로 알려져 있는데, 도로주변에 설치되어 이동하고 있는 차량의 컴퓨터 및 PDA에 교통정보 등 데이터를 주고받는 기기이다. 단거리 전용통신기기와 동일한 장소에서 무선 랜과 함께 사용할 경우, 현재 단거리 전용통신기기는 5GHz 대역에 할당되어 있으므로, IEEE 802.11a 표준제품에서 채널번호 161을 사용하지 않는 것이 좋다.

〈그림 2.170〉 DSRC 노변장치와 단말기 제품

2) 무선 랜 간의 전파간섭 및 공유조건

무선 랜 간의 전파간섭은 IEEE 802.11b 표준을 중심으로 기술하면, 전파간섭은 채널의 스펙트럼이 겹칠 경우에 일어나기 때문에 주변에서 사용하는 채널과 적절히 떨어진 채널을 사용하는 것이 바람직하다.

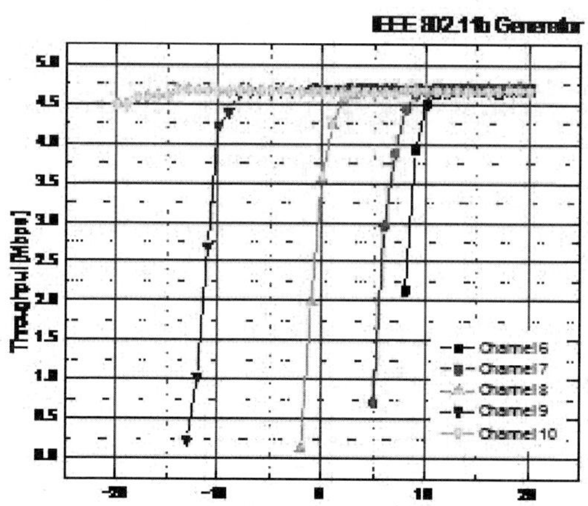

〈그림 2.171〉 인접채널의 전파간섭에 따른 전송속도

〈그림 2.171〉은 802.11b 표준으로 무선 랜 인접채널의 전파간섭에 따른 전송속도를 실험 한 결과로, 정상적인 전송속도 5Mbps(오버헤드를 제외한 순수 전송속도)를 제공받기 위해서는, 두 채널 간 간격이 3~4채널 정도 떨어져야 한다는 것을 알 수 있다. 즉 〈그림 2.171〉의 결과로부터 3개의 무선 랜 채널을 설정해야 한다면, 1, 6, 11번을 설정하고, 4개의 무선 랜 채널을 설정해야 한다면, 1, 5, 9, 13번으로 설정하는 것이 전파간섭을 최소화하기 위한 방법이다.

〈표 2.55〉 이동통신 표준

구 분		표준
0세대		MTS, MTA, MTB, MTC, 1MTS, MTD, AMTS, OLT
1세대		NMT, AMPS, Hicap, Mobtex, DataTAC, TACS, ETACS
2세대	GSM/3GPP 계열	GSM, CSD
	3GPP2 계열	cdma One(IS-95)
	그외	D-/AMPS(IS-54 및 IS-136), CDPD, iDENm PDC, PHS
2세대 진화형 (2.5G, 2.75G)	GSM/3GPP 계열	ASCSD, GPRS, EDGE/EGPRS
	3GPP2 계열	CDMA 2000 1xRTT(IS-2000)
	그외	WiDEN
3세대	3GPP 계열	UMTS(ITRAN), WCDMA-FDD, WCDMA TEE, UTRA-TDD, LCR(TD-SCDMA)
	3GPP2 계열	CDMA 2000 1xEV-DO(IS-856)
3세대 진화형 (3.5G, 3.9G)	3GPP 계열	HSDPA, SHUPA, HSPA+, LTE(E-UTRA)
	3GPP2 계열	EV-DO Rev A, EV-DO Rev B
	그외	mobile WiMAX(IEEE 802.16e-2005), Flash-OFDM, IEEE 802.20
4세대	3GPP 계열	LTE Advanced
	WiMAX 계열	IEEE 802.16m

제3장

유비쿼터스 네트워크

3.1 무선 네트워크

3.1.1 개념

통상 서비스의 범위에 따라 통신망은 학교, 빌딩, 사무실 등의 근거리 지역을 서비스하는 LAN과 하나의 도시 단위를 서비스하는 MAN, 그리고 국가 단위의 영역을 서비스하는 WAN 등으로 분류할 수 있다. 또 접속 기술에 따라 ZigBee, UWB, WiFi, LTE 등이 등장하고 있다. 이렇듯 '무선 네트워크' 하면 이해하기 힘든 것으로 정리되기 쉽다. 특히 IEEE 802로 시작하는 숫자·문자 조합과 〈MHz〉 또는 〈GHz〉 주파수대역 등에 쓰여 있는 숫자를 보면 더욱 어렵게 생각될 수도 있다. 또한 이동통신의 WCDMA에서부터 WiBro, BcN, USN, u-Home, u-City, u-Campus, ITS 등이 모두 무선 network인데, 이렇게 나열하고 보면 더욱 혼란스러워진다. 하지만 몇 개의 단어와 용어만 이해하면 무선 network의 의미를 그리 어렵지 않게 해석할 수 있을 것으로 생각된다.

무선 network는 사용자가 정보에 접근해서 통신할 때 선(line) 없이도 가능한 것이다. 즉 선이 없는 network를 무선 network라고 말한다. 따라서 Network를 구분할 때 기준이 되는 것이 바로 선이다. 즉 cable의 유무를 통해 유선 network와 무선 network로 구분된다. 하지만 선이 없다고 해서 무선 network 전체에 걸쳐 선(cable)이 없는 것은 아니며, 사용자의 최종 단말기에서 유선 network까지 접속하게 되는 연결체, 즉 modem이나 중계기까지만 무선이다. 물론 이하 단에서도 무선 network를 사용할 수 있지만, 유선 network를 사용하는 것이 경제적인 측면에서 훨씬 효율적이기 때문에 유선 network를 사용한다.

예를 들면, 일반인이 가장 많이 접하는 무선 network는 이동통신망이다. 우리나라에서 4,000만 명이 넘게 이용하고 있는 이동통신 또한 각 거점에 설치된 중계기에서 사용자의 휴대폰까지만 무선일 뿐, 나머지는 모두 유선 전용회선을 사용한다. 예컨대, 무선 network가 아무리 발전한다고 하더라도 유선 network의 모든 영역을 대신할 수 없다는 것이다. 무선 network는 사용자의 이동성을 확보함으로써 우리 생활에서 일대 혁신을 일으켰다. 또한 무선 network는 유선 network가 'cable 설치' 라는 물리적인 환경으로 인해 적용하지 못했던 생활 영역에까지 network를 확장하는 한편, 효율적인 선택에 의해 그동안 유선 network가 점유하고 있었던 영역까지도 범위를 점차 넓혀가고 있다.

가) 전송 거리별 분류

무선 network는 우선 적용범위와 전송거리에 따라 〈그림 3.1〉과 같이 WAN(Wide Area Network), MAN(Metropolitan Area Network), LAN(Local Area Network), PAN(Personal Area Network), BAN(Body Area Network) 등으로 분류할 수 있다.

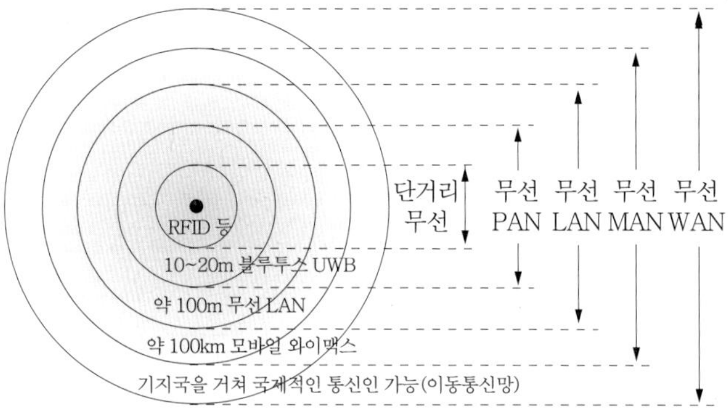

〈그림 3.1〉 통신거리에 따른 무선네트워크의 분류

부언하면, 이 분류는 서비스 적용 범위에 따른 것으로, 한 국가나 대륙과 같은 넓은 범위에 걸쳐 서비스를 제공하는 것을 무선 WAN, 하나의 도시 전체를 포괄할 수 있는 것을 무선 MAN, 사무실이나 건물, 공장, 집안과 같은 특정 지역을 cover하는 것을 무선 LAN, 그리고 한 사람이 자신의 직접적인 활동을 나타내는 범위를 갖는 것을 무선 PAN으로 분류한다. 이와 함께 무선 PAN 보다 더 짧은 전송 거리를 가진 BAN 등 단거리 무선 network이 있다. 한때 어느 휴대폰 제조업체의 광고에서 어떤 배우가 대학 캠퍼스에서 무선 hand-free head-set으로 음악을 듣다가 통화하던 장면은 무선 MAN과 무선 PAN 기술을 동시에 적용한 '적절한 예' 라고 할 수 있다. 만일 그 배우가 note-book을 켜서 internet에 접속한다면, 무선 LAN까지 이용하게 되는 셈이다.

이런 분류는 서로 다른 다양한 요구 사항을 만족시키기는 하지만, 간혹 상호 중첩되는 경우가 없지 않아서 구별하기가 힘든 경우도 있다. 무선 LAN을 통해 무선 PAN이 제공하는 서비스가 좋은 한 예이다. 따라서 무선 PAN과 단거리 무선은 통신 거리만으로는 구분하기가 꽤 모호하다고 할 수 있다.

(1) 무선 WAN

광역 통신망으로 불리는 무선 WAN은 지역적으로 광대역의 영역을 서비스하는 것으로, 일반적으로 여러 행정구역 또는 한 국가, 또는 국가 간의 경계를 넘어서 구성될 수 있다. 일반적으로 WAN은 공중망 사업자에 의해 제공되는 회선을 이용하며, 많은 교환노드를 상호 연결하여 구성된다. 임의의 한 장치로부터의 전송은 이와 같은 내부 교환노드를 거쳐 특정 목적지까지의 경로가 설정된다.

통상 WAN은 가입자에게 제공되는 전송속도가 비교적 느린 편이다. Data 전송 시 데이터 통신망을 이용하든지 아니면 모뎀을 거쳐 전화통신망을 사용하든지간에 전송속도는 64,000 bps 또는 그 이하의 속도가 대부분이다. 하지만 기업통신 가입자는 1.544Mbps의 속도로 전송 가능한 T1급 회선을 사용하여 고속으로 data를 전송할 수 있다.

요즘에는 광섬유를 이용한 통신기술의 지속적인 발달로 보다 고속의 WAN 표준화를 가능하게 하였으며, 이들 서비스는 보다 더 광범위하게 이용되고 있다. 이들 고속 WAN은 ATM(Asynchronous Transfer Mode)이라는 전송기술을 이용하여 수십~수백 Mbps의 전송속도를 가능하게 하고 있다. 또 WAN은 이동통신업체 간의 제휴를 통해 전 세계에 걸쳐 서비스를 제공하는데, international roaming service가 바로 그것이다. 하지만 기반 구조가 야외에 있다. 따라서 실내에서 동작시키기 위해서는 별도의 중계기를 사용해야 한다. 3.5세대를 겨냥한 표준은 3GPP(3rd Generation Partnership Projects)의 HSPA와 3GPP2의 EVDO가 있는데, 이들은 이미 상용화 서비스를 제공하고 있다. 두 표준은 모두 3Mbps 정도의 통신이 가능해 그간 data 전송에서 취약했던 무선 WAN의 약점을 극복했다는 점에서 의미를 두고 있다. 한편 전송 속도 100Mbps를 목표로 하고 있는 4세대 이동통신망은 올해 서비스를 목표로 추진되고 있다.

(2) 무선 MAN

그 명칭에서 알 수 있듯이, MAN은 지역적으로 LAN과 WAN의 중간 범위를 서비스하는 통신망이다. MAN에 대한 관심이 높아지게 된 것은 WAN에서 주로 사용되어 온 기존의 지점 간(point-to-point) 통신기술이나 교환망기술로서는 점차 높아지는 고속통신에 대한 요구를 수용할 수 없기 때문이다. ATM기술이 다양한 범위의 고속전송 요구를 충족시킬 수 있는 적절한 대안으로 제시되었으나, 보다 적은 비용으로 넓은 지역에 대해 고속전송이 가능한 사설망 및 공중망에 대한 필요성이 대두된 것이다. 공유 매체를 통해 고속으로 data 전송이 가능한 고속 LAN 표준은 대도시 규모의 범위를 서비스할 수 있는 MAN의 구축을 가능하게 하였다. MAN은 LAN보다 더 빠른 속도로 더 넓은 지역을 서비스할 수 있으며, MAN의 주요시장은 대도시 지역 내에서 대용량 전송이 필요한 고객이다. MAN은 지역 전화망 사업자로부터 서비스를 받는 것보다 더 저렴한 비용으로 더 높은 효율성을 달성할 수 있는 고속 통신망이다.

무선 MAN은 대략 반경 50㎞ 정도의 무선 네트워크로 하나의 도시 전체나 일정한 교외 지역과 같은 범위에 적합하다. 무선 MAN은 다른 무선 네트워크보다 조금 늦게 2004년에 표준화가 돼서 상용 서비스를 제공하고 있다. 얼마 전까지만 하더라도 무선 MAN은 중계기 간에 hand-off가 되지 않아 고정된 사용자나 실외의 고정된 점을 연결하는데 사용될 것이라고 예상됐었다. 하지만 WiBro가 이를 극복하고 서비스를 제공하면서 이동형 무선 network로도 많은 주목을 받고 있다. 이제 무선 MAN 서비스 업체는 값비싼 케이블을 임대하거나 설치하지 않아도 되기 때문에 투자에 대한 수익률이 높다. 그래서 무선 MAN은 기존 이동통신망이 설치되지 않은 국가나 지역, 유선 네트워크가 제대로 갖춰지지 않은 도시 외곽 지역의 서비스를 중심으로 자리를 잡아 나갈 것으로 예상된다. 향후에는 무선 WAN과의 경쟁이 불가피할 것으로 보이며, 차세대 이동통신 시장을 두고 치열한 경쟁 관계를 형성할 것으로 보인다.

> ↘ hand-off :
> 이동국이 서비스 중인 기지국(또는 sector) 영역을 벗어나 다른 기지국(또는 sector)으로 이동할 때, 계속 통신을 유지하기 위해 통신로를 이동한 cell로 바꾸어 주는 것을 말하며, 종류에는 Hard hand-off, Soft hand-off, Softer hand-off가 있다. 참고로, ITU에서는 hand-over이라는 용어를 사용한다.

(3) 무선 LAN

WAN과 마찬가지로 LAN은 다양한 통신장치를 상호 연결하는 통신망으로, 이들 장치들 간의 정보를 교환하는 수단을 제공한다. 무선 LAN은 무선 네트워크의 대표적인 것으로 사무실이나 공장, 집안과 같은 대략 100m 이내의 지역에서 고성능의 무선 통신을 제공한다. 무선 LAN은 성능이나 구성 요소, 비용, 동작 원리 등이 유선 network의 이더넷과 유사해 빠르게 성장하고 있다. 요즘에는 거의 모든 note book에 무선 LAN 어댑터가 장착돼 있기 때문에 대부분의 공공 무선 네트워크 업체는 공항이나 호텔 또는 특정 거리를 중심으로 사용자들이 자유롭게 e-mail 확인이나 internet을 검색할 수 있는 hot spot 지역을 만들었다. 특히 공중 무선 LAN의 빠른 성장은 보다 많은 사람이 무선 LAN을 통해 internet 접속을 할 수 있는 여건을 제공한다. 그동안 무선 LAN 표준 간 상호 호환에 있어 문제점이 있었지만, 지금은 Wi-Fi 표준을 통해 무선 LAN 제품에 대한 상호 운용이 가능해졌다.

무선 LAN과 WAN의 차이점을 정리해 보면 다음과 같다.

㉠ LAN의 서비스 범위는 통상 하나의 단일 빌딩이나 빌딩군으로 매우 좁은 영역을 서비스한다. 이러한 서비스 범위의 차이는 서로 다른 기술적 해결책을 우리에게 가져다 준다.

㉡ 통상 LAN의 경우는 그 연결 장치를 소유하는 조직과 동일 조직에 의해 소유된다. 이러한 특성은 WAN의 경우, 망(network)의 어느 일부도 망의 소유자가 소유할 수 없는

것과는 대조적이다.

㉢ 일반적으로 LAN의 전송속도는 WAN의 속도보다 훨씬 높다. 지금까지 주로 사용되어 온 대부분의 LAN은 1~20 Mbps 범위의 data 전송속도를 제공한다. 비록 이 속도는 WAN에 비해 매우 높지만, LAN에 접속되는 단말기 수와 다양한 멀티미디어 응용 프로그램의 사용이 급격히 증가하고 있고, 클라이언트-서버(client-sever)구조의 급격한 증가 추세에 따라 더 빠른 전송속도가 요구되고 있다. 이에 따라 최근에는 100 Mbps~10 Gbps의 전송속도를 갖는 고속 LAN이 개발되었다.

(4) 무선 PAN

무선 PAN은 작은 방안이나 개인 영역처럼 20 미터 이하의 짧은 거리의 통신 요구 사항을 가장 효율적으로 만족시킨다. 블루투스, 적외선 통신, ZigBee, UWB 등이 바로 그것이며, 이는 data 전송율이 높고 비교적 저전력이기 때문에 주변 환경을 획기적으로 변화시킬 수 있는 가능성을 갖고 있다. 특히 100Mbps 이상의 전송이 가능한 UWB의 등장은 PC와 가전제품 간의 연결, 가전제품의 internet 접속, data 전송 등 생활환경의 무선 네트워크화를 가속화시킬 것으로 보인다.

(5) 단거리 무선

단거리 무선 기술은 예전부터 업무용 Bar code나 상품 Tag 관리용으로 사용돼왔다. 기술의 급속한 발전으로 최근에는 비접촉 IC카드, 비접촉 센서 등 다양한 형태의 제품이 나오고 있다. 단거리 무선은 저전력 무선, 미약 전파 무선이 대표적이다. 특히 미약 전파 무선의 한 종류인 RFID는 주파수 변조 방식으로 기기의 설계가 자유롭고 목적에 따라 효율적, 경제적인 이용이 가능해 유비쿼터스 시대의 첨병 역할을 할 것으로 기대되고 있다. 그러나 전파가 미약하기 때문에 해당 범위가 한정돼 있으며, 건조물이나 금속 등에 의해 반사되거나 감소하는 단점이 있다.

3.1.2 IEEE 802

IEEE(Institute of Electrical and Electronics Engineers) 802 위원회는 LAN 표준화를 위해 1980년 2월에 IEEE에 설치됐으며, 802는 위원회의 발족시기를 말한다. 무선 랜 혹은 Wi-Fi의 기반이 되는 802.11 표준을 제정한 단체이다. IEEE는 Ethernet(802.3), Wi-Fi(802.11), PAN(802.15) 등의 규격제정을 남낭하는 표준화 단체였지만, 802.16 작업그룹이 WiMAX 표준을 제정하면서부터 본격적으로 이동통신 시장에 진출하게 되었다. 현재 버전의 mobile WiMAX 기술은 2007년 10월에 ITU-R 회의를 통해 IMT-2000의 6번째 기술로 공색 채택되었다. 아울러, IEEE는 차세대 mobile WiMAX를 위한 표준화 진행하여, 차세대 mobile WiMAX 기술을 ITU-R의 4세대 이동통신인 IMT-Advanced에 제안하고 있다. IEEE 802 위원회에서 무선 LAN에 대한 논의는 1987년 IEEE 802.4 그룹에서 시작되었는데, 최초의 관심사항은 토큰 패싱 버스 MAC 프로토콜과 동등한 ISM 기반의 무선 LAN을 개발하는 것이었다. 그 뒤 위원회는 라디오 주파수 스펙트럼의 비효율성 문제의 해결 없이 토큰버스가 라디오 매체를 제어하는 것은 적합하지 않다는 결론을 내리고, IEEE 802에서 1990년 IEEE 802.11이라는 새로운 working group을 만들어 무선 LAN을 전담하도록 하고, MAC 프로토콜과 물리매체 규격을 개발하는 권한을 부여하였다. IEEE 802에 대한 내용을 살펴보면 다음과 같다.

가) IEEE 802

무선 network는 각 무선 network 표준화를 통한 분류 방법이나 주파수대역별로 분류할 수 있으며, 역할에 따라 Ad-hoc network와 Sensor network로 구분하기도 한다. 하지만 주파수별 분류는 각 국가의 주파수 정책에 의해 주파수 사용 내역이 다르기 때문에 좋은 분류 방법은 아니다.

표준화와 관련한 분류로 대표적인 것이 IEEE 802로 시작하는 IEEE의 표준화를 통한 분류 방법이다. 이 위원회에서는 무선 WAN을 제외한 대부분의 무선 네트워크에 대한 표준을 논의한다. 802 위원회가 설립할 당시인 1980년에는 유선 LAN밖에 존재하지 않았고, 유선 LAN의 경우 3가지 종류가 표준화됐지만, 1990년대부터 이더넷으로 일원화됐다.

↘ 표준화 기구 :
국내외 기술의 표준을 제정하는 단체로 국제기준은 ITU, 국내기준은 TTA에서 관장한다.
· 자발적 표준 : 표준화 제정기관에 의해 개발되는 표준들을 말하며, 이들 표준의 사용에 대해 강제성이 없고 자발적인 것이다. 즉 제조사들이 자사제품에 대해 어느 표준을 적용하는 것은 '이득이 있는가에 대해 자발적으로 판단' 하고 법적인 규제는 없다.
· 규정적 표준 : 정부규정을 제정하는 기구로 하여금 경제, 건강, 안정 등 특수목적에 적합하도록 개발되는 표준을 말한다. 따라서 이런 표준들은 구속력을 가지며 공급자들은 이 규정을 적용해야 한다.

앞에 언급한 바와 같이, 무선 LAN은 1990년에 802.11을 발족하고, 표준화가 진행된 1990년대 말 이후에서야 무선 LAN 이외에 무선 PAN, 무선 MAN에도 확대했다. 무선 PAN은 802.15, 무선 LAN은 802.11, 무선 MAN은 802.16과 802.20 위원회에서 표준화가 진행되고 있다. 그러나 이 표준 위원회에 따른 분류에서는 무선 WAN이 빠져 있다.

표준화의 대상에 대해 설명하자면 조금 어려운 용어들이 나오게 된다. IEEE 802 위원회의 표준화 대상은 ISO에서 규정된 7계층으로 구성되는 OSI 기본 참조 모델의 제1계층인 물리층과 제2계층인 데이터링크 제어계층이다. 제3계층인 네트워크층 이상은 IETF(Internet

Engineering Task Force)에서 표준화된다. 무선 LAN의 경우 2계층은 하위에 위치한 LAN 특유의 MAC(Media Access Control) 계층과 하위계층의 윗계층을 흡수하기 위해 설치된 MAC계층의 상위계층에 위치한 LLC(Logical Link Control)계층으로 구성된다.

〈표 3.1〉 IEEE 802 위원회 중 무선 표준화 관련

구분	표준화 내용	
IEEE 802.11	무선 LAN	무선 랜, 일부 적외선 통신
IEEE 802.15	무선 PAN	Bluetooth, UWB, ZiBee
IEEE 802.16	무선 MAN(BWA)	도시 광대역 네트워크(FWA)
IEEE 802.20	무선 MAN(MBWA)	Mobile internet(WiBro, WiMAX)
IEEE 802.21	Hand off	다른 무선 네트워크간의 hand off

↘ · ISO(International Organization for Standardization) :
1946년 제네바에 설립된 전문국제기구. 전기공학 · 전자공학을 제외한(이들은 국제전기표준회의에 속함) 기술적 · 비기술적인 모든 분야에 걸친 표준화작업을 수행한다. 회원국은 80개국이 넘고, 각 회원국에는 각 나라의 표준화를 관장하는 대표적인 단체가 있다. 서구의 공업국가에서는 보통 민간조직으로서 미국표준협회(ANSI) · 영국표준협회(BSI) 등을 두고 있으나, 대부분의 다른 나라에서는 정부기관이 이 일을 하고 있다.
· OSI(Open Systems Interconnection) :
개방형 시스템간의 상호 접속으로 ISO라는 단체에서 만든 것임. OSI 7 Layer라는 표준은 네트워크 에서 두 호스트간의 통신 과정을 7개의 논리적인 부분으로 나눈 것이다.

IEEE 802 위원회의 활동 내용을 살펴보면 다음과 같다.

① IEEE 802.11

IEEE 802.11은 무선 LAN 기술 중 가장 많이 사용되는 표준이며, 이 규격에는 802.11a, 802.11b, 802.11g, 802.11n 등이 있다. 이 기술은 2.4㎓ 주파수에서 운용되며 data 최대 전송 속도는 802.11b의 경우 11Mbps이고, 보수코드방식(CCK)을 사용한다. 802.11a는 무선 비동기 전송 방식(ATM) 시스템에 적용되고 5~6㎓의 주파수에서 운용되며, 변조방식으로는 직교주파수분할다중(OFDM) 방식을 사용한다. 또한 data 속도는 최대 54Mbps이나, 공통적으로 통신 시에는 6Mbps, 12Mbps, 24Mbps가 된다.

802.11n은 다중 안테나 방식(MIMO)과 다중 반송파를 이용해 data 전송 속도를 비약적으로 발전시킨 무선 LAN 기술이다. 이 기술은 802.11a의 변조방식인 OFDM 방식을 사용하면서 2.4㎓ 대역과 5㎓ 대역을 함께 사용하고, 전송속도를 100Mbps 이상으로 발전시켰다.

〈표 3.2〉 무선 LAN의 종류와 특성

구분	IEEE 802.11b	IEEE 802.11g	IEEE 802.11a	IEEE 802.11n
주파수	2.4㎓	2.4㎓	5㎓	2.4/5㎓
전송속도	11Mbps	54Mbps	54Mbps	100Mbps
전송방식	DSSS	DSSS/OFDM	OFDM	OFDM

② IEEE 802.15

IEEE 802.15는 IEEE 802.11에서 분리된 PAN을 위한 표준화 위원회 명칭으로 전력 소모가 적고 비교적 간단한 무선 통신 network를 담당하고 있다.

802.15.1은 블루투스를 기반으로 한 방식으로 2.4㎓ ISM 대역에서 1Mbps 전송속도를 가진다. 802.15.2는 기존 802.11b 또는 g의 무선 LAN과 802.15.1의 무선 PAN 사이에 면허가 필요 없는 대역을 사용하는 것을 목표로 만들어졌다. 이 때문에 802.11에서 2.4㎓ 대역을 이용하는 b와 g방식과 공존하도록 되어 있다. 802.15.3은 무선 PAN-HR(High Rate)를 위한 표준으로 높은 전송속도(55Mbps)를 제공하며, TDMA 방식을 이용한 안정적인 network 전송이 가능하다. 이와 반대로 802.15.4는 무선 PAN-LR(Low Rate)를 위한 표준으로 저전력으로 CPU, memory 등에 제한이 있는 장비를 동작함으로써 낮은 전송 속도를 제공하게 되는데 이는 sensor network에 주로 이용된다. 802.15.5는 메시 토폴로지를 이용해 전력의 증가 없이 네트워크 범위를 넓힐 수 있도록 하는 표준이다. 특히 IEEE 802.15.3a의 경우 110Mbps 이상(최대 480Mbps)의 전송 속도를 가지며, 대용량 멀티미디어 관련 data 전송에 쓰인다. 전송거리는 짧지만 집이나 교실 등에서 개인망/학급망 구성에 적합하다.

③ IEEE 802.16

IEEE 802.16 표준은 고정 광대역 무선 네트워크를 바탕으로 하는 무선 MAN 기술로, 802.11의 네트워크를 확장하는 기술을 뜻한다. 점대 다 지점(point-to-multi point) 구조로 10~66㎓ 범위에서 동작하며 120Mbps 이상의 data 전송속도를 지원한다. 802.11에서 Wi-Fi와 같이 상호 운용성을 위해 제품 인증을 목표로 하는 WiMAX가 설립돼 활발한 활동을 하고 있다. IEEE 802.16a는 고정형 무선 MAN으로 최대 75Mbps 속도까지 지원하며 전송 거리는 최대 50Km 정도이다. 또한 IEEE 802.16e는 이동형 무선 MAN으로 최대 15Mbps까지 지원한다. 전송 거리는 5㎞밖에 되지 않는 대신, 중계기간 끊김없는 연결, 즉 hand-off가 가능해 사용자의 자유로운 이동이 보장된다는 특징이 있다.

④ IEEE 802.20

IEEE 802.20은 MBWA(Mobile Broadband Wireless Access)로도 불리며, 3.5㎓ 대역에서 무선 MAN data 전송률을 1Mbps까지 끌어올려 주는 것이 특징이다. IEEE 802.20은 IEEE 802.16(BWA)산하 특별그룹으로 출발했으나, 인터넷 접속 시 이동성을 보장할 수 있는 장점과 802.16의 고정 서비스와는 달리 이동 서비스라는 점에서 서로 다른 시장이 인정돼 2002년부터 독립 워킹그룹으로 본격적인 활동을 하고 있다.

IEEE 802 산하에는 고정통신 개념인 802.16에서 이동성 문제를 보완하고자 802.16e 표준과 서로 비슷한 것처럼 보이지만, 기존 진행에 대한 up grade와 새로운 방식의 추가라는 차이점을 가지고 있다. 802.16은 고정방식의 경우 최대 50㎞/75Mbps, 이동방식의 경우 5㎞/15Mbps에 80㎞의 차량 이동성을 지원해 DSL, cable modem, Wi-Fi 서비스와 경쟁하며, 802.20은 250㎞의 고속 이동 속도에서 1Mbps 정도의 대역폭 제공을 목표로 하므로 이동통신 기술과 경쟁 관계에 있다. 그러나 802.16e의 급속한 발전을 통해 상용 서비스를 시작한 mobile WiMAX는 3.5G 이동통신이라는 HSPA와 경쟁 관계를 이루면서 개념 구분을 더욱 모호하게 만들었다. IEEE의 조사에 따르면, 802.20 표준화 과정에 퀄컴이 깊게 관여한 것으로 나타났다. 퀄컴은 자사와 관련된 사람들을 워킹그룹에 조직적으로 참여시켜 기술 선정에 유리한 활동을 하고 있다는 소식이 전해지고 있다.

⑤ IEEE 802.21

IEEE 802.21은 서로 다른 무선 네트워크 사이에 끊김없는 hand-off를 지원하기 위해 IEEE 802.21에서 표준하하고 있는 기술이다. 이 기술은 다중 무선 인터페이스를 가진 이동 단말기를 통해 자동으로 이용 가능한 최상의 망 접속 유형을 선택하게 하고, 다른 무선 network 간에 끊김없이 hand-off 시킬 수 있도록 하기 위해 event service, command service 그리고 information service 등을 제공한다.

⑥ 기타

· 802.1(Higher Layer LAN Protocol Working Group) : 802 LAN/MAN 구성, 802 LAN, MAN, WAN간의 상호작용, 802 전체 망 관리, MAC과 LLC 계층보다 높은 상위 계층 프로토콜 등과 같은 영역에 대한 표준이나 권고안을 개발한다.
· 802.2(Logical Link Control(LLC) Working Group) : 현재 활동 중지
· 802.3(Ethernet Working Group) : CSMA/CD 기반의 LAN 표준개발
· 802.4(Token Bus Working Group) : Token Bus LAN 표준을 개발했으며, 현재는 활동 중지
· 802.5(Token Ring Working Group) : Toking Ring LAN 표준개발
· 802.6(Metropolitan Area Network Working Group) : MAN 표준을 개발했으며, 현재 활동 중지
· 802.7(Broadband TAG) : IEEE Std 802.7-1989 권고 실행한(안)과 광대역 LAN에 대한 권고실행(안)들(Reaffirmed 1997)을 개발한 기술 자문그룹으로 현재 지속 project가 없어 활동 중지되었으며, IEEE Std 802.7-1989에 대한 유지보수 업무는

802.14에서 담당하고 있다.

- 802.8(Fiber Optic TAG) : 광섬유에 관련된 실행(안) 개발
- 802.9(Isochronous LAN Working Group) : 등시성 LAN에 대한 표준개발
- 802.10(Security Working Group) : LAN/MAN 보안의 상호운영에 대한 표준개발
- 802.12(Demand Priority Working Group) : 요구 우선순위 LAN(100VG-Any-LAN)에 대한 표준개발
- 802.13 : 사용 안함
- 802.14(Cable Modem Working Group) : 기존 cable TV망을 통한 data 전송 표준을 만들기 위해 생성된 그룹
- 802.17(Resilient Packet Ring Working Group) : 표준은 resilient optical fiber ring 토폴리지에서 패킷 전송이 최적화될 수 있도록 초고속 network 프로토콜로 정의

3.1.3 발전된 네트워크 기술

(1) 4세대 안테나 기술

MIMO 방식은 간단히 말해서 여러 개의 안테나를 동시에 동작하도록 하는 안테나 시스템을 말하는데, 이러한 성능 향상의 배경은 여러 개의 안테나로 신호를 동시에 주고받아 주파수 효율을 증가시키는 MIMO(Multiple Input Multiple Output) 기술이 그 중심 역할을 하고 있다. 한 개의 안테나가 여러 기능을 담당하던 기존 방식과 달리 여러 개의 안테나를 통해 다중의 입출력이 가능하도록 한 것이다. 즉 MIMO는 두 개의 안테나가 동시에 동작하도록 해 고속의 data 교환을 가능하게 한다.

1990년대 후반에 미국 벨연구소의 G.J 포스치니(Foschini)에 의해 제안된 MIMO 방식의 원리를 살펴보면, 산란체가 많은 채널 환경에서 각 전송 안테나마다 서로 독립적인 정보를 보내면 각 정보의 공간특성이 서로 달라 같은 시간과 같은 주파수, 같은 코드 상에 있어도 신호를 분리할 수 있다는 것이다. 즉 여러 개의 송신 안테나를 통해 신호를 전송하면 각각의 안테나로부터 송신된 전파신호는 수신 측에 각각 시간과 공간 위치가 달라 분리 신호로 입력된다. 따라서 분리된 신호를 별도로 처리해 원래 신호를 복원할 수 있으면 data 전송 속도를 안테나 수에 비례하게 할 수 있다는 것이 MIMO 방식의 원리이다.

기존 무선 LAN은 통신 과정에서 전송속도가 저하돼 실제 사용자의 체감속도는 유선 인터넷보다 많이 느렸다. 실제 전송범위 15meter에 전송속도가 45Mbps라고 한다면, 이와 가까운 속도를 볼 수 있는 거리는 AP와 1~2m 정도이다. 무선 LAN은 전송 거리가 멀어질수록 전송속도는 반비례 곡선을 그리게 되는데, 이는 전송속도가 거의 0에 가깝게 되는 15m 지점뿐만 아니라 7~8m 떨어진 지점에서도 전송속도는 절반이하로 떨어지기 때문에 45Mbps라

는 수치는 사실 이론에 불과한 속도가 되고 만다. 이런 현상은 기존 무선 LAN 안테나가 2개 달려 있음에도 불구하고 유선 네트워크와 무선 네트워크를 연결시켜주는 AP 방향에 따라 하나의 안테나만 이용하기 때문이다.

MIMO는 AP와의 거리가 멀어질수록 낮아지는 전송 속도를 최대한 유지하게끔 한다는 점이 가장 큰 매력이다. MIMO 기술은 여러 송수신기에 다수의 안테나를 채용함으로써 추가적인 주파수 할당이나 송신 전력의 증가 없이도 통신 성능을 획기적으로 증대시킬 수 있다. 사실 MIMO는 IEEE 802.11n만의 기술이 아니며 무선 LAN만의 기술도 아니다. MIMO는 무선 LAN 뿐만 아니라 WiMAX나 WiBro, 4G 등 차세대 이동통신 기술에 폭넓게 활용되고 있다. 무선 LAN에서 MIMO 기술을 활용하기 위해서는 AP와 NIC쪽 모두 MIMO를 지원해야 한다.

(2) IEEE 802.11n 구성 기술, MIMO-SDMA-OFDM 방식

MIMO 기술에 대해 조금 더 깊게 살펴보면, 꽤 어려워진다. 수신 안테나는 다이버시티 획득을 위해 사용하며 공유 채널 잡음제거, SNR(Signal to Noise Ratio), 이득 등의 효과를 볼 수 있다. 이렇게 다중 송수신 안테나를 사용함으로써 단일 사용자에서 안테나 수에 비례해 채널용량을 늘릴 수 있다. 하지만 문제는 MIMO 시스템의 용량이 송수신 안테나의 수에 선형적으로 비례하기 위해서는 안테나 소자간의 채널 특성이 독립적이어야 하나 그렇지 못하다는 것이다.

따라서 이런 상관성을 극복하기 위해 1998년 J.M 치오피(Cioffi)가 MIMO 시스템을 위한 부호화 기술을 개발하였으며, V.타로크(Tarokh)가 1998년과 1999년에 각각 STTC(Space-Time Trellis Code)와 STBC(Space-Time Block Code) 기법을 개발하였다. STBC는 코딩 이득은 없지만, 최적의 다이버시티 이득을 얻으며 STTC에 비해 간단한 복호화 구조를 가진다. STBC는 송신단에서 입력정보를 공간 직교성을 갖는 부호를 사용해 부호화해서 안테나별로 매핑시켜 전송한다. 수신 부문에서는 각 안테나에서 받은 신호를 선형 컴바이닝하고 간단한 ML(Maximum Likelihood) 방식을 사용해 복호화 한다. 시공간 부호는 주파수공간부호(SFC, Space Frequency Code)에 대해 적용하고 있으며, 채널의 coherence time이 작은 환경에서는 SFC가 STC보다 좋은 성능을 보인다. IEEE 802.11n의 구성 기술에는 MIMO 방식(SDM, STC, STBC) 이외에도 공간분할다중접속(SDMA)방식, 이밖에도 적응형 변조 기술(Adaptive OFDM) 등이 고려됐다. SDMA(Spatial Division Multiple Access)는 접시 안테나의 지향 특성을 장점으로 취함으로써 전파 스펙트럼의 사용을 최적화하고 시스템 비용을 최소화하는 위성 통신 방식이다. SDMA에서 접시형 위성 안테나들은 지표면 상 다수의 지역으로 신호를 전송한다. 이 안테나들은 지향성이 강하며, 지표면의 여러 지역에서 사용될 수 있도록 중복 주파수를 허용한다.

OFDM(Orthogonal Frequency Division Multiplexing)은 유럽, 일본, 호주의 디지털 TV 표준으로 채택될 것으로 기대되는 4세대 변조 기술이다. OFDM의 대역확산 기술은 정확한 주파수에서 일정 간격 떨어져 있는 많은 수의 반송파에 data를 분산시킨다. 바로 이 간격이 복조기가 자기 자신의 것이 아닌 다른 주파수를 참조하는 것을 방지하는 기술 내에서 직교성을 제공한다. OFDM은 multi carrier 변조 방식의 일종으로, multi-path와 이동수신 환경에서 우수한 성능을 발휘한다. 이 때문에 지상파 D-TV와 DAB(디지털 음성방송)에 적합한 변조방식으로 주목받고 있다. OFDM은 주로 통신 분야에서 연구가 진행돼 왔으나, EBU(European Broadcasting Union)가 제안한 DAB 시스템의 변조방식으로 채택되면서 방송 분야에서도 개발되고 있다.

(3) 차세대 무선 LAN의 입지, 메시 네트워크를 통해 확보

무선 LAN에서 대중화에 성공한 것은 IEEE 802.11b인데, 이를 와이파이라고 부르기도 한다. 현재 WAN(Wide Area Network)과 무선 네트워크 시장을 양분하고 있던 무선 LAN은 최근 차세대 무선 기술에 의해 독보적인 위치가 흔들리고 있다. 우리나라에서는 WiBro라고 불리고 있는 모바일 와이맥스(Mobile WiMAX)에 의해 차세대 시장에서의 주도권을 뺏기고 있는 형국이다. 고정형 와이맥스가 무선 LAN의 확장형이라고 한다면, 모바일 와이맥스는 무선 LAN에 이동성을 부가한 것이다.

또한 WiFi-phone은 집안에서 한정적으로 사용되던 VoIP 서비스에 이동성을 덧붙이면서 이용자 기반이 늘어나는데 결정적인 역할을 하고 있다. 특히 스마트폰의 등장으로 WiFi phone 판매가 급증하고 있다.

메시 네트워크 기술을 이용하면 케이블 설치 없이 여러 AP를 하나의 무선 네트워크 또는 hot zone에 연결하여 방대한 접속거리를 제공할 수 있다. 무선 네트워크 서비스 기술인 메시 네트워크는 광대역 data 전송과 휴대폰의 이동성을 결합한 차세대 무선 네트워크 기술로 AP당 접속거리가 수 ㎞로 기존 무선 LAN(50～200m)에 비해 월등한 우위를 보인다.

무선 메시 네트워크는 미국 국방 프로젝트 연구소(DARPA)에서 1990년대 중반부터 군사목적의 야전용 통신 시스템으로 지속적으로 연구해 왔다. 무선 메시 네트워크는 무선 환경에서 어떤 AP가 다른 AP와 여러 개의 연결성을 그물 형태로 가지며, 경로에 대한 자동 구성능력, 그리고 문제 발생 시 자가 치유능력 등의 기능을 제공하는 것을 기본 사양으로 하고 있다. 또한 back bone network에 유선으로 직접 연결되지만, 대다수의 AP는 유선 케이블 없이 단순히 무선만으로 통신이 이뤄지기 때문에 케이블링 비용과 구축 시간을 절감할 수 있다. 또한 동적 라우팅과 복수개의 경로 사용을 통한 로드 밸런싱이 무선 노드 사이에서 동작해 네트워크의 트래픽이 분산되는 장점도 가지고 있다.

〈표 3.3〉 무선 랜과 모바일 WiMAX의 비교

구 분	802.11n(W-LAN)	802.16e(mobile WiMAX)
주관 단체	WiFi연합(인텔, 시스코, 애플, 브로드콤, 노키아, 후지쯔, 소니 등)	WiMAX Forum(인텔, 삼성, BR, AT&T, 스프린트, 후지쯔 등)
전송 속도	100~600Mbps	15Mbps(5MHz 채널), 35Mbps(10MHz 채널)
이동성	고정형, 옥외형	모바일(120km/h)
커버리지	실내〉100m, 옥외〉400m	2~5Km
주파수 대역	2.4GHz, 5GHz	2.4GHz, 5GHz
이전버전 호환	802.11 계열들과 호환	고성형 버존들과 호환 안됨
VoIP시장진출	이미 진출함(802.11a, b, g)	아직 시작되지 않음(네트워크 미 구축)
타 망과의 연동	GSM망과의 연동 기술은 상용화있음	무선 랜, CDMA와의 연동 추진 중
주 사용 단말기	PDA, PC, 정보가전, 휴대폰	PDA, PC, 휴대폰
주 사용 장소	옥내 주로 사용, 학교, 직장, 가정 등	공간 제약없이 사용, 이동시 사용 가능

실외용 무선 LAN을 말할 때 무선 bridge나 AP에 추가로 장착하는 외장형 안테나를 흔히 떠올리지만 무선 메시 network는 유선 연결 없이 무선 네트워크를 실외로 확장할 수 있으며, 단순 무선 구간의 확장이 아닌 보안, 로밍 등의 지능을 갖춘 무선 시스템이 설치돼 무선 서비스를 제공한다는데 근본적인 차이가 있다. 하지만 모든 무선 메시 토폴로지가 똑같이 구성되지는 않는다. 기본적으로는 풀 메시(Full Mesh)와 부분 메시(Partial Mesh)의 형태로 토폴로지가 구분되며, 토폴로지 외에 구성 요소에 따라 하드웨어 메시, 소프트웨어 메시, 그리고 하이브리드 메시 형태로 분리된다. 대부분의 무선 메시 network에서는 AP 역할을 수행하는 network node만 메시 네트워크에 참여하지만 메시 네트워크 구성요소에 클라이언트를 포함하는 형태도 있다. 메시 네트워크는 무선 LAN AP들을 연결할 때 유선이 아닌 무선으로 연결해서 케이블 설치를 최소화할 수 있다. 또 무선 LAN 서비스를 좀 더 광범위한 지역까지 확대할 수 있기 때문에 군대나 대학은 물론 건설 업체나 제조업체들의 산업 현장에 적용할 수 있다. 그동안 무선 LAN을 구축할 때 AP까지는 유선 케이블을 연결해 왔는데 메시 네트워크는 이런 무선 AP끼리 서로 찾아내 자동으로 연결한다. 기존 무선 LAN의 경우 AP당 무선접속 기리가 50~200m 정도였다면, 메시 네트워크의 경우에는 접속거리가 최대 1km까지 확상된다. 또한 옥외형 AP의 경우 (−)40℃~(+)50℃를 견디는 특수 hardware 설계로, 방수·방설·방충·방진 기능을 지원한다.

(4) 유연성과 확장성이 뛰어난 무선 메시 네트워크

실제로 현재 대구 계명대학교 학생들은 무선 LAN 메시 네트워크를 이용해 캠퍼스 어디에서나 자유롭게 인터넷을 사용하고 있다. 계명대학교의 경우 약 50만 평 규모의 캠퍼스 전역 커버를 위해 총 20여 개의 옥외형 AP와 gate way가 설치됐다. 메시 네트워크는 신속하고 저렴하게 효율적으로 장비를 설치할 수 있고, 유연성과 확장성이 뛰어나 다중 경로와 자동 복구 기능을 갖춰 신뢰성 있는 네트워크 구성을 할 수 있다는 장점을 갖고 있다. 이 때문에 대규모 무선 브로드밴드 환경이 필요한 u-시티, 공공안전, RFID/USN, 헬스 케어, 캠퍼스, 리조트 등에서 메시 네트워크를 활용하면 보다 효율적이라 할 수 있겠다. 특히 대단위 사업장의 경우 무선 LAN 인프라를 구축하고 무선 LAN 전용 전화기를 사용할 수 있어 관련 기술에 대해 보다 적극적인 검토가 진행되고 있다.

메시 네트워크 시장은 트로포스 네트워크(Tropos Networks), 벨 에어(Bel Air), 패킷 홉(Packet Hop), 스카이 파일롯(Sky Pilot), 롬 AD(Roam AD)가 선도 업체로서 위치를 확보하고 있었다. 그러나 메시 network 기술의 발전과 시장이 급성장하면서 그간 협력 관계를 견지하던 전통적인 network 업체들이 적극적인 시장 접근에 나섰다. LG Notel은 패킷 홉과, 루슨트는 벨 에어와 파트너 관계를 갖고 있다. 모토로라는 메시 네트워크(Mesh Network)를 인수해 모토메시(Motomesh) 제품을 개발했으며, 시스코는 무선 스위치 업체인 에어스페이스(Airespace)를 인수해 복수 주파수 메시 제품을 개발했다. 특히 시스코 시스템즈의 시장 진입은 메시 네트워크 시장의 가능성을 한층 높여주고 있다. 통합 무선 네트워크 구조를 갖추고 있는 시스코의 시장 진출은 메시 네트워크의 위치를 확고히 할 수 있는 기반이 되기 때문이다. 기술적으로도 시장의 요구사항 즉 음성, 멀티미디어, 확장성 등에 대한 부분을 충족하는 기술의 발전을 보이고 있어 시장의 개화 가능성이 높다고 할 수 있다. LG Notel에서는 이미 2006년도에 계명대학교 캠퍼스를 메시 네트워크로 구축하였으며, 한국루슨트는 벨에어 네트웍스와 협력해 신라호텔, 광주과학기술원, 삼광유리공업 인천공장에 메시 네트워크를 구축했다. 물론 IEEE 802.11s 그룹에서 진행되는 메시 네트워크 표준화가 2008년에야 완료되는 등 이 기술을 낙관적으로만 전망하기엔 아직 불투명한 요소들이 많다. 또한 메시 네트워크의 AP간 로밍 문제가 여전히 남아 있기는 하지만 대학이나 대기업 등 대단위 사업장에 사용하기에는 별 문제가 없다. 특히 IEEE 802.11n과 결합한 메시 네트워크가 시장에 급속도로 확산된다면, mobile WiMAX와의 시장 경쟁이 치열할 것으로 예상된다.

특히 대기업이나 대학의 경우 통신업체들이 제공하는 무선 네트워크에 자사 기업용 애플리케이션들을 탑재하려고 하는데, 현재까지 WiBro는 이런 기능을 충족시키기에는 미비한 점이 많다. 현재 WiBro가 대도시 위주의 개인 사용자를 대상으로 우선 공략하고 있는 것으로 비춰 본다면, 기업용 시장에서 메시 네트워크, 개인용 시장은 WiBro와 같은 구도로 형성될 가능성이 농후하다.

(5) 유선과 무선 양쪽에서 경쟁하는 무선 MAN, WiBro

RFID, PAN 그리고 LAN 등의 무선 기술들을 들어본 사람들도 무선 MAN이라는 단어는 상당히 생소할 것이다. 통신 서비스와 관련해 주요 테마로 떠오른 WiBro가 바로 무선 MAN의 대표주자이다. 고정형과 이동형으로 나뉘는 무선 MAN은 고정형 무선LAN과 이동형은 무선 WAN과 경쟁을 펼치고 있으며, 4G 이동통신 시장을 두고 802.20 표준과 3G LTE와 경쟁하고 있다. MAN은 대도시 지역 통신 네트워크로, 대략 반경 50㎞를 서비스할 수 있는 무선 network이다. 또한 무선 MAN은 다른 무선 네트워크 표준보다 늦게 2004년에 표준화되었다. 따라서 지금까지 유선 인터넷 무선화의 대표 주자로는 무선 LAN이, 일반 전화 네트워크 무선화의 대표로는 무선 WAN이 주도하고 있는 상황에서 무선 MAN은 어정쩡한 위치에 놓여 있었다. 하지만 무선 MAN의 대표주자라고 불리우는 WiBro가 등장하면서 사정이 달라지고 있다. 무선 MAN 기술은 고정 광대역 무선 네트워크를 바탕으로 하는 IEEE 802.16이 그 대표적 기술 표준이다. MAN은 점대다 지점 구조로 10~66㎓ 범위에서 동작하며 120Mbps 이상의 data 전송속도를 지원한다.

WiMAX에는 2가지가 있는데, 고정형 와이맥스(Fixed WiMAX)로 불리는 802.16-2004(혹은 802.16d)와 모바일 와이맥스로 불리는 802.16e가 있다. IEEE 802.16a는 고정형 무선 MAN으로 최대 75Mbps 속도까지 지원하며 전송 거리는 최대 50㎞이다. IEEE 802.16e는 이동형 무선 MAN으로 최대 15Mbps까지 지원한다. 전송 거리는 5㎞밖에 되지 않는 대신, 중계기간 끊김없는 연결을 통해 사용자의 자유로운 이동이 보장된다는 점에서 장점을 갖고 있다. 이렇게 고정형과 이동형으로 나뉘는 무선 MAN은 용도 또한 확실히 나뉘고 있다. 고정형 무선 MAN은 값비싼 케이블을 임대하거나 설치하지 않아도 되기 때문에 투자에 대한 수익률이 높다. 그래서 무선 LAN의 틈새 시장인 지역, 유선 network가 제대로 갖춰지지 않은 개발도상국이나 도시 외곽 지역과 같이 인구밀도가 낮은 변두리 지역을 중심으로 초기 시장을 형성하고 있다. 이동형 무선 MAN은 중계기 간 hand-off 문제를 해결한 모바일 와이맥스 기술이 2005년 12월에 802.16e 표준으로 승격되면서 부각됐다. 모바일 와이맥스 기술의 대표적인 서비스가 바로 WiBro이며, 이동통신 서비스인 무선 WAN과 경쟁을 하고 있다.

3.2 Ad-hoc 네트워크

3.2.1 개념

Ad-hoc network는 어떠한 즉각적인 요구에 대처하기 위해 임시적으로 설정된 점대점(point-to-point) network이다. 예를 들면, 자신들의 랩탑 컴퓨터나 휴대용 컴퓨터를 가지고 있는 다수의 직원들이 사업이나 모임을 위한 회의 장소에서 그 모임기간동안 임시적인 network 내에 그들의 컴퓨터를 연결하는 것이다.

인터넷의 급속한 성장 속에서 인터넷 사용자들은 지금까지 LAN, xDSL, 케이블모뎀 등의 유선을 통하여 제한된 시공간에서 통신하였다. 그러나 인터넷의 확장과 단말기의 hardware, 무선통신 기술개발이 이루어짐에 따라 시공간상의 제한 없이 인터넷을 사용하고자 하는 욕구 또한 증가하고 있다. 유일한 해결 방법은 무선매체를 이용하는 것이다.

무선 매체는 〈그림 3.2〉와 같이 기존 통신 인프라(기지국, AP)의 지원 여부에 따라서 두 가지로 분류한다. 이동 단말들이 유선 환경에 기반을 둔 기지국이나 AP를 중심으로 구성되는 인프라가 있는(Infrastructure) network와 기지국이나 AP의 도움 없이 순수하게 이동 단말들로 구성된 인프라가 없는(Ad-hoc) network로 분류할 수 있다.

Infrastructure networking은 마지막 부분이 무선으로 유선 네트워크와 연결되어 Last Hop network라 한다. 기존의 설치된 인프라(기지국, AP)를 통해서만 data의 송수신과 같은 통신이 이루어지는 구조로 현재 많이 접하고 있는 이동전화망이나 무선 LAN 등을 예로 들 수 있다.

Ad-hoc 네트워킹은 중앙 집중화된 관리가 지원되지 않는 환경에서 지정된 이동성 지원 기반시설의 도움 없이 임시망을 구성하는 이동 host와 무선 interface의 집합인 Ad-hoc network이다. 이러한 망구조에서 각 이동 host는 단말 host이면서 라우터로 동작하여 packet을 다른 이동 host로 전달한다. 이때 이동성 지원 기술은 위치 정보가 서로 다른 hardware 특성 영역 혹은 서로 다른 이동 통신망 사이에서 단말의 이동을 추적하고, 필요하다면 network 구성 요소 사이에 상호 전달하는데 소요되는 방법론을 통칭한다. Ad-hoc network는 기존 인

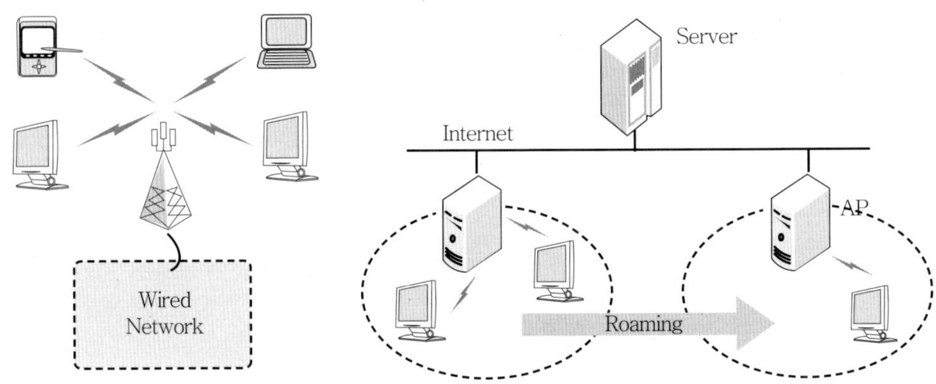

〈그림 3.2〉 Infrastructure networking

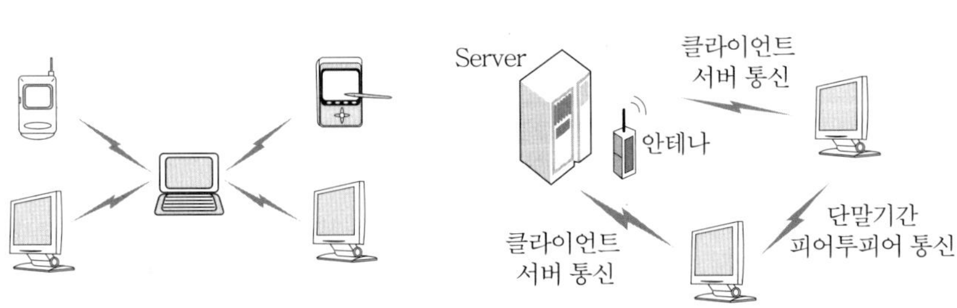

〈그림 3.3〉 Ad-hoc networking

프라가 필요치 않는 특성으로 인하여 임시 구성용 네트워크이나 지진, 태풍, 테러 등에 의한 재해/재난 지역과 특히 전쟁터와 같은 기반 시설이 없는 환경에서 적용 가능토록 주로 군사용 망에 중점을 두어 연구 개발되어 왔다.

하지만 최근 internet의 급속한 성장을 배경으로 Ad-hoc 통신망은 초기의 원거리 망에서 근거리 지역망, 일반 대중의 가정 내 개인용 컴퓨터 간 통신망 요구의 증대 및 IP에 이동성을 부여하기 위한 연구와 함께 이를 지원하기 위한 근거리 지역망에서 상업적으로 주목받고 있다. 최근 부각되고 있는 Bluetooth, Home RF 등은 Ad-hoc 통신망의 좋은 예이다.

3.2.2 프로토콜

통상적으로 packet 무선 네트워크는 Link-state와 Distance-vector 라우팅 알고리즘을 사용해 왔다. 두 알고리즘은 플러딩 방식과 목적지까지 최단 경로를 사용하므로 노드들의 이동이 없는 경우 매우 효율적이다. 그러나 잦은 네트워크 위상 변화는 사용하지도 않는 경로 발견을 위하여 활용 가능한 자원의 많은 부분을 소비할 뿐만 아니라 변화를 반영하는데 상당한 시간을 요구하므로 모든 노드들이 라우터 역할과 이동노드로서의 역할을 동시에 수행하는 Ad-hoc network에는 적합하지 않다.

따라서 Ad-hoc network 라우팅 프로토콜은 다음과 같은 문제를 고려해야 한다.

㉮ Ad-hoc node들은 제한된 대역의 무선 링크로 연결된다. 그러므로 제한된 대역을 최대한 활용하기 위하여 라우팅 오버헤드는 작아야 한다.

㉯ Ad-hoc node들은 저장, 배터리 용량과 같은 자원이 제한되는 랩탑이나 손으로 들 수 있는 장치가 될 것이다. 그러므로 과도한 플러딩 사용과 주기적인 메시지는 최소화하여야 한다.

㉰ Ad-hoc node들은 이동하므로 동적인 네트워크 위상을 가진다. 따라서 빨리 위상 변화를 반영하고 대체 경로를 사용하여야 한다.

그러므로 network 토폴러지가 수시로 바뀌는 Ad-hoc network에 맞는 새로운 로밍 지원 정책이 필요하다. Ad-hoc network는 라우팅 방법 관점에서 크게 두 가지 방법론으로 테이블 기반 경로설정 프로토콜과 요청에 의한 경로설정 프로토콜이 있다.

가) 테이블 기반 경로설정 프로토콜

테이블 기반 경로설정 프로토콜은 임의 시점에서 각 node는 Ad-hoc network에 속한 노드들에 의해 구성된 네트워크 전체에 대한 경로를 테이블의 각 엔트리에 저장하고 있다가 전송할 data가 있을 때 그 테이블의 값을 기반으로 경로를 설정한다. 테이블 기반 방식에서 경로 관리는 주기적인 경로 갱신 message에 의해 이루어진다.

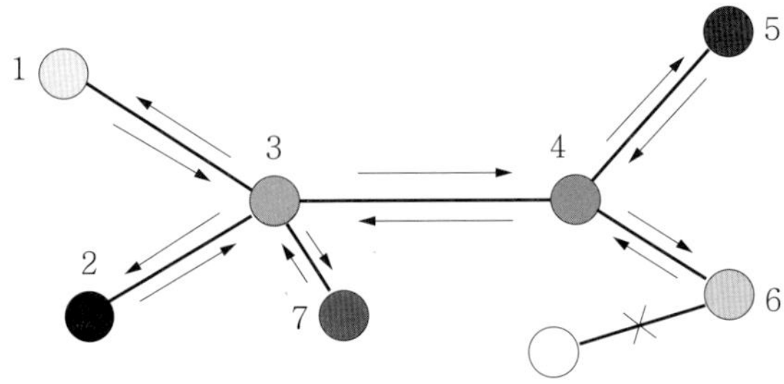

〈그림 3.4〉 테이블 기반 경로 설정 프로토콜

〈그림 3.4〉에서 살펴보면 node 7이 node 6과 인접된 링크를 이용하여 통신하다가 node 3이 있는 곳으로 이동했을 때 경로의 변경을 나타낸다. Node 7이 이동하고 난 후에 기존에 node 6과의 경로는 끊어지고 node 3과 연결하기 위해서는 node 6과 link가 끊어진 것을 알아야 하고, 새로운 접속점인 node 3에 연결되었음을 알아야한다. Node가 이동했을 때 다음 경로 갱신이 처리되는 주기까지는 node의 이동을 알지 못한다. 즉, node 7의 이동이 발생한 후 새로운 경로 갱신이 처리된 다음에야 비로소 node 3과의 통신이 가능함을 발견하고 새로운 경로를 설정한다.

나) 요청에 의한 경로설정 프로토콜

요청에 의한 경로설정 프로토콜은 임의의 시점에 Ad-hoc 네트워크에 속한 노드들의 전체에 대한 경로 값을 가지고 있지 않고 data를 전송하기 위해서 캐쉬 내에 유효한 경로가 존재하는지를 살펴본 후 기존에 설정된 경로가 없을 때 목적 노드로 경로를 설정하는 방식이다.

요청에 의한 경로설정 라우팅 프로토콜을 기반으로 호스트 로밍을 지원하기 위한 다양한 방법들이 제시되고 있다. AODV(Ad-hoc On Demand distance Vector routing)에서는 사용 중인 라우팅에 대해 부분적 포워딩을 지원하여 로밍을 지원하고 있다.

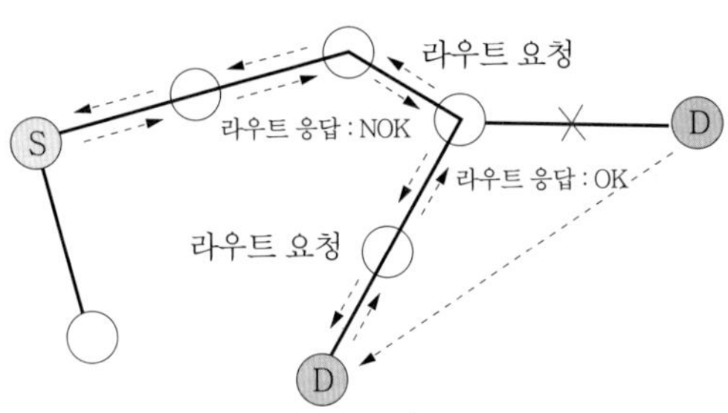

〈그림 3.5〉 AODV에서 전송 중 경로 변경

〈그림 3.5〉는 AODV에서 제시하고 있는 이동성 지원 방법을 보이고 있다. Node S에서 node D로 data를 전송하는 도중에 node D가 이전에 접속하고 있던 경로의 최종 node(라우터)는 data를 최종 목적지인 node D에 전달할 수 없음을 발견하게 된다. 따라서 기존 경로상

의 최종 라우터는 자신이 연결된 모든 인터페이스에 라우팅 요청을 보내게 되면 각 독립된 경로 상에 전달된다. 목적 node인 D가 라우팅 요청에 응답하게 되면 기존 경로상의 최종 라우터는 node S와 node D를 연결하는 Anchor로 동작한다. 즉 목적지에 대한 새로운 라우터를 구성하고 전송 중인 data를 현재 위치에 포워딩하여 로밍을 지원한다.

3.2.3 요구 사항

현재 이동 Ad-hoc network는 대부분 계층3 이상에서의 문제를 중심으로 연구되고 있다. 그러나 이동 Ad-hoc network를 실제 구현하고자 한다면 계층2 이하의 무선 접속 기술을 고려하지 않을 수 없다. 하지만 현재 이용 가능한 여러 무선접속 기술의 경우 규격화된 계층의 종류가 서로 다르다. 예를 들어 IEEE 802.11은 물리계층 및 MAC계층까지만 규격화하고 있으나, Bluetooth는 물리계층부터 어플리케이션계층까지 모든 계층을 규격화하고 있다. 이동 Ad-hoc network에 관한 대부분의 연구는 물리계층을 포함한 계층2 이하의 지원을 기본 가정으로 하고 있지만, 계층2 이하에서의 지원여부에 따라 효율적이고 효과적인 이동 Ad-hoc의 구성이 가능하다.

Multi-hop에 근거를 둔 이동 Ad-hoc 네트워크가 계층2 이하의 계층으로부터 어떠한 특성들을 요구하는지를 명확히 기술하기는 어렵지만, 다음과 같은 무선 접속기술 요구 사항을 제기할 수 있다.

㉮ 노드들 간의 peer-to-peer 통신을 지원해야 한다. 이동 Ad-hoc 네트워크는 어떤 중앙 집중적인 제어를 받지 않고 node에 자율적으로 구성되는 네트워크이기 때문에 네트워크에 참여하는 모든 노드가 기능적으로 동등한 입장에서 서로통신이 가능해야 하며, 네트워크에서 특정 노드의 삭제가 네트워크 전체의 동작에 최소한의 영향을 주어야 한다.

㉯ Node 간 상호 통신을 위하여 동일한 주파수 대역을 송수신 주파수로 사용해야 한다. FDD방식과 같이 송수신에 사용되는 주파수가 서로 다르면 기지국의 도움 없이는 동등한 기기 간 상호 통신이 불가능하다.

㉰ 동일한 채널을 다수의 node가 공유해야 한다. 이동 Ad-hoc 네트워크에서는 중앙 집중적인 제어 기능이 없기 때문에 이동 노드들은 공유된 채널을 통해서만 서로 통신할 수 있다. 따라서, 중앙 집중적인 제어 기능이 존재하지 않는 분산된 제어 환경에서 공유된 채널을 다수의 노드들이 공평하고 효율적으로 사용할 수 있는 메카니즘이 필요하다. 더불어 node간에 상호 간섭이 배제되어야 하며 비연결형 (connectionless) 접속에 기반을 둔 통신 방식이 제공되어야 한다.

㉱ 적절한 무선거리 및 전송속도를 가져야 한다. 이동 Ad-hoc 네트워크는 일반적으로 근

거리 통신에 적합하다고 할 수 있다. 이동 노드 자체가 대부분 유한 용량의 배터리에 의해 동작하기 때문에 원거리 상의 노드 간에 직접적인 통신을 하기 보다는 Multi-hop에 의한 전송 거리 확대가 더 유리하다. 그리고 이동 Ad-hoc 네트워크의 어플리케이션을 볼 때 각각의 노드는 소형의 센서에서부터 PDA,노트북 PC 등 비교적 고속의 장치간의 데이터 전달도 가능해야 한다. 따라서 가능하면 이와 같은 형태의 장치와 어플리케이션을 지원할 수 있는 전송속도를 무선 접속 기술이 제공돼야 한다.

㉮ 이동 Ad-hoc 네트워크를 구성 및 유지하기가 용이해야 한다. 새로운 노드의 추가나 삭제가 지연 없이 네트워크 토폴러지에 반영되어야 하고 네트워크 토폴러지 상에 어떤 제약이 있어서는 안된다. 무선 접속 기술에 의한 네트워크 토폴러지의 제약은 계층-3 라우팅 프로토콜에 의한 Multi-hop 통신에 제약을 주게 된다.

㉯ 이동 Ad-hoc 네트워크의 가장 큰 문제점은 보안이다. 모든 보안문제가 계층 2 이하의 무선 접속 기술에서 해결될 수는 없지만 가능하면 암호화 등의 기본적인 보안 메카니즘이라도 무선 접속 기술에서 제공되어 네트워크상의 보안문제를 경감해야 한다.

㉰ 기술적인 측면을 떠나서 무선 접속 기술 자체가 현재 이용 가능한 것이어야 한다. 구현의 측면에서 본다면 가장 우선적으로 가정이 되어야 할 사항이다.

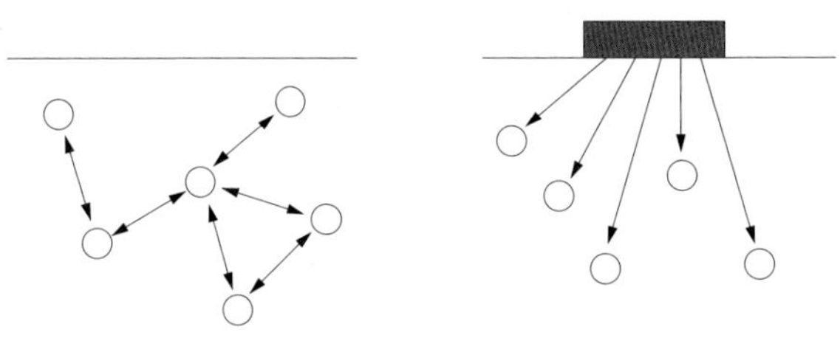

(a) 분산 이동 multi-hop network (b) 중앙 집중 single-hop network

〈그림 3.6〉 Wireless Ad-hoc network의 2가지 시나리오

가) 블로킹 문제

시나리오(a)와 같은 Multi-hop 환경에서 802.11 DCF의 주요 문제점은 블로킹 문제이다. Node A와 node B가 통신 중일 때에, node C는 CSMA/CA와 네트워크 할당 벡터 (NAV: Network Allocation Vector)로 인해 통신이 차단된다. 이때, node D가 node C에 RTS를 보내면, node C가 RTS를 제대로 수신했다 하더라도 node D는 node C로부터 어떠한 응답도 받을 수 없다.

Node D는 곧바로 정지 기간에 들어가서, 네트워크 용량이 유휴상태가 되기를 기다린다. 만일 node D와 통신하고자 하는 다른 node들이 존재한다면, 더욱 심각한 블로킹 확산 문제가 발생하게 되는데, 이로 인해 때때로 교차 상태에 빠질 수 있다.

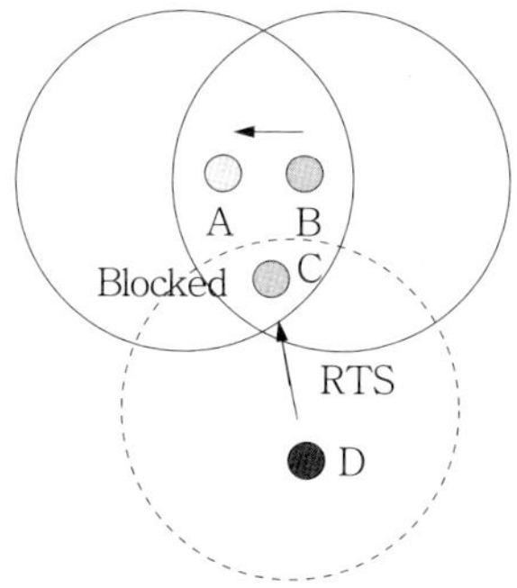

〈그림 3.7〉 Multi-hop 환경에서 802.11 DCF의 블로킹 문제

나) 높은 이동성

빠른 이동의 부작용은 이동 node와 고정 node 간의 링크가 극도로 짧은 연결 시간을 갖는다는 점이다. 따라서 시스템은 정상 상테에 도달할 수 없어서, 결국 대부분 과도상태에서 동작하게 되어 낮은 효율성과 잠재적 물안성성을 깆게 된다. 그러므로 이러한 환경에서는 적은 오버헤드를 갖는 매우 효율적인 프로토콜이 적합한데, 이것은 모든 data packet에 앞서 존재하는 RTS/CTS 교환 절차와 충돌된다. 더욱이, PCF 모드의 경우 포인트 조정자(PC: Point Coordinator)는 반드시 수용 영역 내에 있는 모든 동적 노드들의 리스트를 유지해야 한다.

802.11 protocol이 거리의 함수로 가변 전송률을 지원하기 때문에, 빠른 이동성의 또 다른 부작용은 결과적으로 일시적 연결이 다중 전송률 특성을 갖는다는 점이다. 따라서 PC의 수용 영역을 통과하는 한 노드는 연결기간 동안 가변 data 전송률을 갖게 된다. 이것은 NAV가 현재의 전송률을 기반으로 하기 때문에 미래의 가상 sensing에 사용될 NAV를 더 크게 또는 더 작게 추정하는 것과 같은 잠재적인 문제들을 발생시킨다.

3.2.4 무선접속기술

무선 통신의 발달로 Ad-hoc network에서의 무선 접속 기술이 존재하고 있다. 여기서는 이들에 대한 접속 기술의 특징을 살펴보기로 한다.

가) 셀룰라 (Cellular)

Cellular network에서 이에 할당된 주파수를 사용하여 Ad-hoc network를 구성하는 것은 아직은 지원되지 않고 있다. Cellular에서 사용되는 주파수 자체가 라이센스를 필요로 하는 대역이기 때문에 노드끼리의 Ad-hoc 네트워크를 구성하기 어려우며, 기술적으로는 현재 서비스 중인 대부분의 Cellular 네트워크가 듀플렉싱 방식으로 FDD를 사용하고 있어서 송수신에 사용되는 주파수 대역이 다를 뿐만 아니라 이 주파수대역 상에 정의된 물리채널들이 대칭적이지 않기 때문에 노드 간에 직접적으로 통신하기는 어렵다. 단말기가 제3의 주파수 또는 무선전송 기술을 사용하지 않은 상태에서 Ad-hoc network를 구성하기 위해서는 TDD의 지원이 우선되어야한다.

Cellular 시스템에서 Ad-hoc 기능을 직접 제공하고 있지는 않지만, Ad-hoc 기술을 접목시키려는 연구는 많이 진행돼 왔다. Cellular와 Ad-hoc 기술을 접목시킨 방식을 보면, 첫째는 단말과 기지국이 아닌 제3의 릴레이 노드를 두거나 또는 단말 자체에서 릴레이 기능을 수행하는 것으로 나눌 수 있다. 전자의 경우 WCDMA/TDD에서 ODMA(Opportunity Driven Multiple Access) 채널을 사용하는 것이 해당되며, 후자는 무선 LAN 등을 사용하는 것을 들 수 있다.

〈그림 3.8〉에서 과부하 상태인 cell A로부터 단말이 서비스를 요청하였으나 거절되는 경우 단말은 릴레이 노드 또는 이웃 단말의 릴레이 기능에 의해 과부하 상태가 아닌 이웃 cell B에 접속해서 서비스를 받을 수 있다.

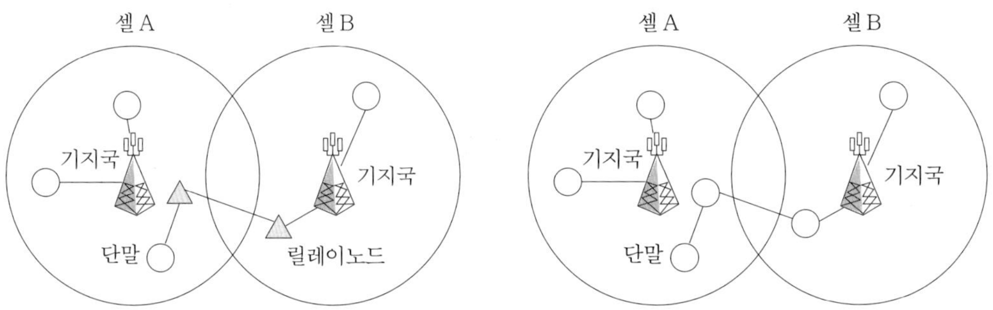

(a) 릴레이 기능을 수행하는 제 3의 장치를 두는 경우 (b) 단말에서 릴레이 기능을 수행하는 경우

〈그림 3.8〉 Cellular 네트워크에서의 Ad-hoc 기술적용 방법

WCDMA의 경우 TDD 상에서 단말이 릴레이 기능을 수행하는 ODMA의 기술이 제안되어 3GPP WCDMA 초기 규격에 포함되었다가 구현상의 복잡도 증가 등의 이유로 지금은 규격에서 제외된 상태이다.

나) Home RF

자세한 내용은 **Home RF**를 참조하시기 바랍니다.

다) IrDA(Infrared Data Association)

(1) 개념

IrDA는 원래 전자기기간에 적외선을 이용해 data를 주고받을 수 있는 Ad-hoc 통신표준을 이끌어 내기위해 1993년에 설립된 비영리단체였다. 하지만 요즘에는 케이블 없이 적외선으로 data를 전송하는 기술을 통칭하는 용어로 사용되고 있다. 적외선 통신기술이 먼저 적용된 분야는 TV, 오디오, 에어컨 등을 무선으로 제어하는데 사용되는 리모컨이다. TV를 예로 들면 TV 리모컨 앞부분에는 적외선 송신 모듈이 달려 있고 TV 본체에는 적외선 수신 모듈이 내장돼 있어 리모컨을 누르면 TV가 이를 인식한다. 이와 같은 통신 기술을 발전시킨 것이 IrDA이며, 노트북 PC와 de나 top 그리고 printer 간의 통신에 처음 사용됐다. 최근에는 휴대전화에도 접목됐다.

(2) 장단점

〈장 점〉

㉮ 전파가 아닌 빛을 사용하기 때문에 주파수 사용 허가가 필요 없다.

㉯ 넓은 대역폭과 높은 전송속도를 가진다.

㉰ 보안성이 우수하다.

㉱ 무선이므로 기동성이 양호하다.

㉲ 소비 전력이 적고, 부품의 가격이 저렴하다.

㉳ 데이터 통신, 음성, 화상 통신도 가능하다.

㉴ 근접 주파수에 대한 간섭이 없고 전자파 장애가 없다.

〈단 점〉

㉮ 안개, 대기 중의 먼지 등에 의해 제한된다.

㉯ 직사광선이나 형광등, 백열등과 같은 여러 가지 빛들이 잡음으로 작용한다.

㉰ 한정된 거리에서 사용 가능하다.

(3) 향후 동향

향후 IrDA는 일단 보장된 거리에서 안정적이고 신뢰도가 높아 차세대 통신 기술로 이용이 기대된다. 하지만 적외선의 특성상 저용량, 단거리의 무선 통신기술에 주로 이용될 것으로 예상된다.

라) WPAN

자세한 내용은 **WPAN**을 참조하시기 바랍니다.

3.3 무선 메쉬 네트워크(*Wireless Mesh Network*)

유비쿼터스라 함은 다양한 공간에 펼쳐져 있는 각종 기기의 센서와 네트워크를 연결시켜 실시간으로 유용한 정보를 생성하여 사용자에게 전달할 수 있는 환경을 말한다. 최근 이러한 신종어가 다양한 정보통신 분야에서 자주 쓰이고 있으며, 유비쿼터스 환경 구축을 위한 다양한 기반 기술과 콘텐츠 개발에 국가 및 산업계가 주목하고 있다.

기존의 무선통신 방식이 점 대 점(point-to-point)의 방식이었던 것에 비해 무선 메쉬 네트워크는 기존의 유선망에서 사용하던 메쉬 형태의 네트워크를 무선망에서도 사용하고자 하는 목적에서 만들어졌다. WMN는 이러한 메쉬 형태의 네트워크를 통해서 망의 신뢰도를 높이고 적은 출력을 가지고 무선망의 확장이 가능하다는 장점을 갖는다. 따라서 메쉬(Mesh)라는 네트워크 토폴로지는 네트워크상의 모든 컴퓨터들이 전부 연결되도록 구성되어 있고, 하나의 형태로 연결된 토폴로지로 1대가 down되었다 하더라도 다른 경로를 통해 신호의 전달이 가능하여 네트워크의 중단이 없는 서비스가 가능하다.

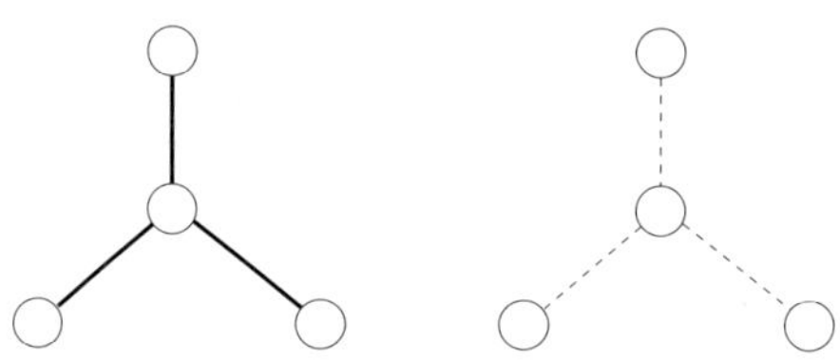

(a) Mesh network (b) Wireless mesh network

〈그림 3.9〉 Mesh network

3.3.1 표준화 진행현황

유비쿼터스 환경을 위해서는 광대역 유선 인프라를 기반으로 한 무선기술의 결합을 통해 이루어 질 것으로 예상되며, 특히 최근 RFID, 홈네트워킹 등의 소출력 무선기술이 유비쿼터스 환경을 앞당기고자 활발히 연구되고 있는 상황이다. 소출력 기반의 광대역 무선 접속기술로는 최근 몇 년 전부터 IEEE 802.11을 기반으로 하는 무선LAN 기술이 대두되고 있으며, 불과 몇 년 전 사무실 및 SOHO 기업들의 사내망 구축을 위한 보완재 역할을 하였던 IEEE 802.11 기술이 이제는 공중무선LAN 및 홈네트워킹을 위한 기반기술로 발전하고 있다.

최근 IEEE 802.11 표준화 기구는 물리계층을 중심으로 한 IEEE 802.11b,a에서 15여개의 TG(작업그룹)와 2개의 SC(상설위원회)로 확장되었으며, 홈 네트워킹을 위한 IEEE 802.15도 차세대 고정 및 이동 기술을 위한 IEEE 802.16, IEEE 802.20도 생겨나게 되었다. IEEE 802.11 표준화 기구의 성장은 유비쿼터스를 위한 기반기술로 무선 LAN 기술을 활용하고자 하는 많은 산업체가 등장되고 있다는 증거이며, 여기서 국제적 산업 기득권을 가지기 위한 국제표준화 활동을 인텔, 모토롤라, 노텔 등의 국제적 통신회사들이 전략적 표준화 활동을 하고 있다.

3.3.2 무선 메쉬 네트워크 기술의 특징

기존 무선 LAN의 한계를 극복하기 위해 다양한 새로운 기술동향 중 WMN 기술이 등장하였으며, 현재 IEEE 802.11에서는 TGs에서 표준화를 다루고 있으며 홈 네트워킹 분야의 IEEE 802.15에서는 TG5에서 WMN 표준화를 다루고 있다. WMN는 기존의 점대 점, 점대 다점의 무선통신의 방식과는 달리, 유선망의 메쉬 형태의 네트워크 구조를 무선망에서도 같은 구조를 가짐으로 망의 신뢰도 및 적은 출력을 이용한 무선망의 확장 등의 장점을 가지고 있는 기술이다.

이러한 WMN의 유사기술은 다음 〈표 3.4〉와 같이 비교될 수 있는데, 표를 통해서도 알 수 있듯이 WMN는 복구 여부, 속도, 망의 확장성, 이동성, 신뢰성 등 모든 측면에서 다른 방법들에 비해 장점을 가지고 있다. 따라서 이 WMN는 차세대 이동통신, 홈 네트워킹, 공공안전과 같은 특수 목적 network 등 다양한 분야에서 활용이 가능하다.

WMN를 위한 표준화는 IEEE 802.11 및 802.15를 중심으로 한 표준화 및 IETF의 MANET에서 라우팅 기술을 중심으로 한 표준화가 진행되고 있으며 주요 표준화 내용 및 차이점은 다음 〈표 3.5〉와 같다.

〈표 3.4〉 무선메쉬 네트워크와 유사기술 비교

	무선메쉬 네트워크	블루투스	IEEE802.15.4	ZigBee	IEEE802.16e
토폴로지	스타-메쉬, 메쉬, 스타, 선형 등	스타, 산재 (Scatternet)	스타	스타, 클러스트 스타	스타, 메쉬
네트워크 실패복구	있음	없음	없음	없음	있음
전송속도	6Mbps~11Mbps	~700Kbps	20~250Kbps	20~250Kbps	~70Mbps
이동성	~150km/h	적음	적음	적음	있음
확장성	매우 큼	작음(8개/노드)	중간(255)	큼	중간

〈표 3.5〉 표준화기구에서의 표준화 진행 이슈

	MANET(IETF)	IEEE802.11TGs
라우팅 레이어	IP 레이어	Subnet레리어(MAC과 IP사이)
IEEE802.11구조분류	IBSS	ESS
관련 MAC기능	DCF, EDCF	DCF, PCF, EDCF, HCF
동 기	비동기 프로토콜	동기 프로토콜

향후 WMN 기술은 유비쿼터스 환경을 위한 차세대 소출력 무선기술로서 중요한 역할을 할 것으로 예상하며, 이에 대한 국내의 관련 산업계 및 정부의 적극적인 관심이 필요하다. RFID와 같은 센서 네트워크를 위한 WMN의 기술이 표준으로 적용이 된다면 우리의 생활 곳곳에 WMN 기술이 사용될 수 있기 때문이다.

WMN라는 용어가 다양한 분야에 걸쳐 사용되고 있다. WMN 기술은 u-시티 본래의 서비스 요구를 가장 잘 만족시키며, 저렴한 망 구축비용(CAPEX) 및 운용비용(OPEX)을 충족시킬 솔루션으로 주목을 받고 있다. WMN 기술은 광의의 의미에서 'Ad-hoc 통신이라는 기술로부터 유래됐다' 고 할 수 있다. 즉 무선인프라 환경에서 고정이나 이동 중에 기지국과 단말과의 스타형 토폴로지의 통신망이 아닌 기지국 대 기지국, 단말 대 단말, 기지국 대 단말 등 모든 노드가 통신을 할 수 있는 다중경로를 가지는 메시형 토폴로지를 무선망에 도입한 기술이 WMN의 유래라고 할 수 있겠다.

3.3.3 무선 메시의 등장

2000년 초반 북미를 중심으로 Wi-Fi 기반의 무선 메시 장비 업체들이 등장하기 시작, 실내 및 핫스팟(Hot Spot)용으로 사용되던 무선랜을 실외의 핫존(Hot Zone) 개념으로 활용하기 시작했다. 이러한 무선망은 'MWN(Municipal Wireless Network)' 이라는 명목 아래 급속히 확산돼 현재 수십 개 이상의 미국 도시들이 WMN를 이용한 u-시티를 구축하고 있는 상황이다. www.municipalwireless.com에서는 지방자치단체의 무선망에 대한 요구가 점차 증가할 것으로 예측하고 있다. 또한 IDC는 미국의 지방자치단체의 무선 시장이 지난 2006년 8천800만 달러에서 2011년에는 62,500만 달러로 성장할 것으로 예측하고 있다.

3.3.4 WMN에서 제공하는 u-시티 솔루션

무선 메시 네트워크 기술의 장점은 경제적인 망 구축, 이동성 제공, 망 확장성, 정보격차의 해소 등 다양하다.

(1) 이동성

IP 기반의 data서비스가 증가하면서 사용자들은 다양한 응용서비스를 이동 중에도 접속하길 원하고 있다. 기존의 이동통신 기술은 제한된 대역폭과 고가의 구축비용으로 저렴한 고품질의 이동 data서비스가 어려우나 WMN 기술은 비면허 대역을 이용, VoIP 및 멀티미디어 data서비스를 고속이동 중 끊김없이 제공할 수 있다.

(2) 망 확장성

광대역 유선망은 신뢰성 있는 통신환경을 제공하지만 경제적인 관점에서 망 확장은 어려운 상황이다. WMN는 음성, video, data 등 다양한 서비스를 Multi radio WMN 구조를 통해 쉽게 망을 확장해 무선의 음영지역을 해소할 수 있다.

(3) 정보격차 해소

경제가 발전하면서 점차 도시와 농촌간의 생활 격차가 벌어지고, 이에 따른 정보 공유에 대한 격차도 점점 증가하고 있는 실정이다. 정부 등 관공서 입장에서 다양한 정보의 혜택을 주기 위해서는 인프라 구축이 필수적이며, 이는 통신사업자의 망에만 의존할 수 있는 것이 아니다. WMN는 이러한 정보격차 해소를 위한 기본 인프라 구축에 매우 경제적이며 유연하게 활용될 수 있다.

(4) 경제성

WMN는 고가의 송신탑이나 기지국마다 유선망의 인입이 필요하지 않기 때문에 전체적인 망 구성비용이 저렴해 경제성 있는 망 구축이 가능하다. 또한 무선 메시 네트워크의 기반은 IP 기술을 이용함으로 기존 망과 연동이 용이하며, 단계적인 망 확장과 커버리지를 증가할 수 있어 계획적인 망을 구성할 수 있다.

3.3.5 WMN 기술적 특징

WMN는 기술적 관점에서 볼 때 물리계층부터 무선 메시 네트워킹을 위한 라우팅이 이뤄지는 MAC 또는 네트워크계층까지 상호 연동돼 동작되며, 또한 다양한 물리계층을 수용해 멀티 플랫폼을 지원할 수 있는 시스템으로 다수의 업체가 기술을 개발하고 있다. WMN가 가지고 있는 주요 특징을 살펴보면 다음과 같다.

(1) 자동망 구성 기능

WMN의 가장 큰 특징은 메시형 network 토폴로지를 무선 환경에서 항시 자동으로 구성한다는 것이다. 이에 따라 기존의 생존성이 낮은 점대 다점의 무선통신 방식에 비해 WMN에서는 다중 경로에 따른 통신의 신뢰성을 높일 수 있다. 이러한 특징으로 소방 및 재난통신이나 군통신과 같이 기존 통신 인프라가 열악하거나 상황에 따라 즉각적인 자동 구성으로 통신이 이뤄져야 하는 응용분야에 WMN기술은 필수적이다.

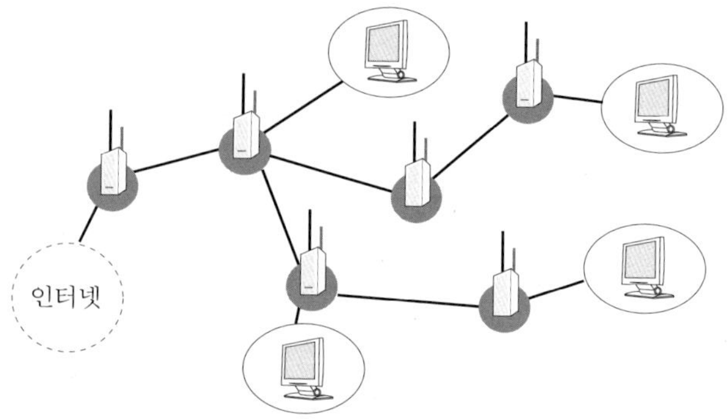

〈그림 3.10〉 자동망 구성 기능(Self Discovery & Configuration)

(2) 자동망 복구 기능

무선 메시 네트워크는 단일경로를 통한 통신방식이 아니므로 통신이 이뤄지던 노드에서 물리적 절체나 트래픽의 과부하 등으로 노드 트러블이 생기면 현 통신망에서 최적의 새로운 라우팅 경로를 찾게 된다. 이러한 망 복구를 위해 모든 노드에서는 주기적으로 최적의 무선링크를 스캔하고 있으며, 자신 노드에서 처리되는 트래픽의 양 및 지연율 등을 계산해 최적의 망을 구성할 수 있도록 한다.

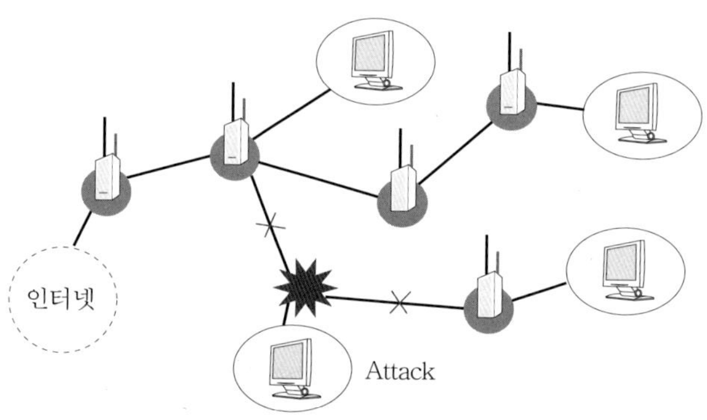

〈그림 3.11〉 자동망 복구 기능(Self Healing)

(3) 소출력 광역 커버리지 네트워크

WMN를 이용한 망 구성은 기존 점대 다점의 무선통신이 100이라는 전력이 필요할 때, 멀티 홉을 통해 통신 커버리지를 확장하는 WMN은 33이라는 저 전력으로 3홉을 가져가며 점대 다점의 통신방식과 같은 커버리지를 가져 갈 수 있다. 이렇게 메시 네트워크 통신 방식은 소출력 장비로 넓은 영역을 커버할 수 있는 것이 특징이다. 일반적으로 WMN 장비는 최적의 채널을 자동으로 인지하는 기능(SFS, Smart Frequency Selection)이 있어 공간적 주파수 재사용 효과를 생기게 해 주파수 재사용 효과를 높일 수 있다.

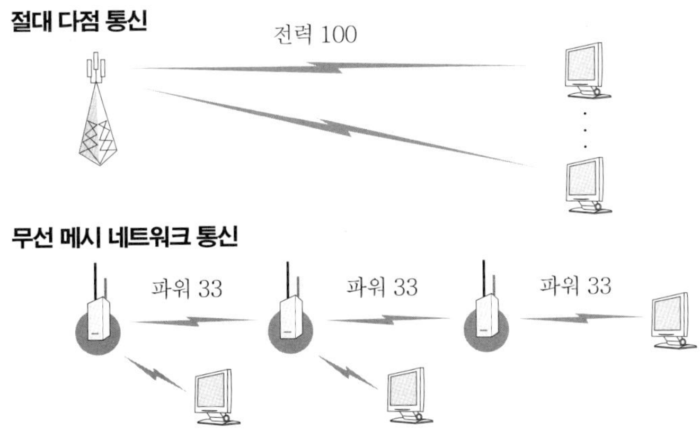

〈그림 3.12〉 소출력 광역 서비스 네트워크

(4) 고속 로밍(Fast Roaming) 기술

WMN의 또 하나의 기술적 특징은 고속 로밍을 지원한다는 점이다. 기존의 Wi-Fi 서비스는 hot spot 형태로 제공돼 이동 중에 접속이 끊기거나 넓은 광역의 망을 가지기 위해서는 모든 유선망을 인입해야 하는 어려움이 있었다. 그러나 무선 메시 네트워크는 메시 노드에 전원만 공급되면 광역망을 구성할 수 있으며, 커버리지 내에서 고속로밍을 지원해 기차, 지하철 등과 같은 고속 이동체에 대한 서비스에도 북미를 비롯 동남아, 중국 등에서 활발하게 활용되고 있다. WMN 장비벤더마다 상이하겠지만 시속 200~300㎞ 까지의 속도까지 data 로밍을 지원한다.

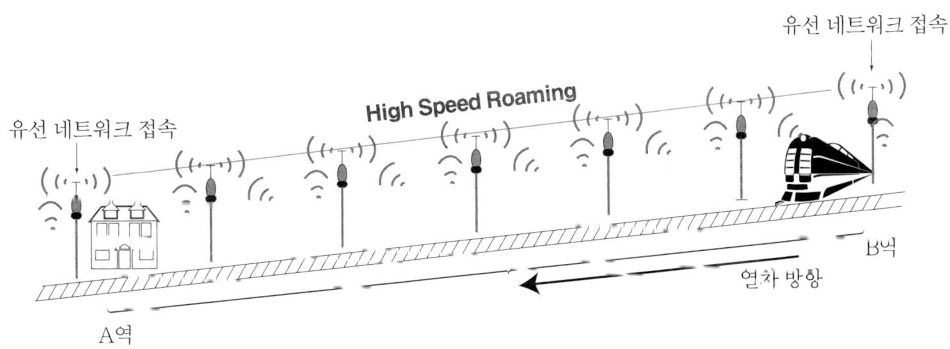

〈그림 3.13〉 고속 로밍 기술

3.3.6 WMN 장비 발전방향

현재의 WMN 장비는 Wi-Fi 기반에서 대부분 개발되고 있으며, 각 벤더마다 독특한 응용분야에 적합한 라우팅 알고리즘 및 장비특성을 가지고 있다. 무엇보다도 무선 메시 네트워크에서 중요한 요소는 홉당 전송률(Throughput)과 노드 당 지연율(Latency)이다. 특히 u-

City와 같이 다양한 응용서비스와 가입자 관리를 위해서는 멀티라디오를 통한 동적인 라우팅으로 최적의 전송률 및 낮은 지연율이 요구된다.

(1) 1세대 WMN

1세대 무선 메시 네트워크는 1개의 무선을 이용하는 솔루션으로 주로 2.4㎓ 대역 IEEE 802.11b/g 기술을 통해 메시 노드간 백홀 및 가입자 접속을 동시에 처리하는 메시 솔루션이다. 동시에 가입자 및 백 홀을 한 개의 무선에서 이용하기 때문에 1홉이 증가할 때마다 전송률이 50%씩 감소하게 돼 802.11g를 이용하는 경우라도 3홉 이상의 메시망 구성이 어려워 u-City 구축을 위한 광역 솔루션으로는 적합하지 않다. 초기 무선 메시 네트워크 장비벤더들이 1세대 무선 메시에 속한다고 할 수 있다.

(2) 2세대 WMN

2세대 무선 메시 네트워크 솔루션은 메시 노드간 백홀은 5GHz 대역인 802.11a로 가입자 접속은 802.11g로 분리시킨 장비로 가입자와 메시 백 홀을 분리시켰다는 점에서 전체 접속 전송률에서는 이득을 봤으나 메시 노드 입장에서 들어오는 채널과 나가는 채널을 같이 공유함으로써 홉당 50%씩 전송률이 절감되는 단점을 극복하지 못했다. 일반적으로 대부분의 무선 메시 네트워크 장비벤더가 2세대 장비에 속한다.

(3) 3세대 WMN

3세대 무선 메시 네트워크 솔루션은 멀티라디오를 이용해 풀 듀플렉스(Full duplex)되는 메시 네트워크 환경을 제공한다. 즉, 메시 노드 관점에서 들어오는 채널과 나가는 채널을 분리시켜 홉당 저하되는 전송률을 최적화시켰으며, 이에 따른 전송 지연율도 낮췄다. 또한 802.11a 및 802.11g를 동적으로 환경에 따라 메시 백 홀로 이용함으로 다양한 무선 메시 환경에 적응할 수 있다. 평균 10홉에서 50㎳ 내외의 지연율을 보장하며 멀티플 SSID, 가상랜(VLAN) 등 다양한 네트워크 관리 기능과 VoIP와 같은 CBR(Constant Bit Rate) 서비스도 제공할 수 있다.

3.3.7 WMN 선택 시 고려사항

WMN 시스템은 u-시티와 같은 기본 인프라를 제공하는 기반 인프라 장비로서 Wi-Fi 기술을 이용한 물리적 링크를 제공하는 것으로, 기존 무선 랜 장비와는 신뢰성 및 기능이 틀린 시스템이다. 따라서 전 세계적으로 인정되고 u-City 같은 대형 인프라 구축 경험이 많은 시스템 도입이 필요하다. 또한 계획적인 망 구축 및 향후 망 운영 시 증설을 위해서는 모듈화된 시스템이여만 중복된 투자 및 효율적인 망 확장이 가능하다.

특히 무선 메시 네트워크가 진정하게 u-City 개념에서 이뤄지려면 평균적으로 5~6홉 이상 홉당 전송률 저하가 적어야 하며, 이에 따른 지연율 또한 낮아야 VoIP 및 화상 서비스를 제공할 수 있다. 그러기 위해서는 3세대 무선 메시 네트워크의 멀티라디오가 필수적이며, 다이내믹한 메시 라우팅이 요구된다. 뿐만 아니라 무선 메시 네트워크를 통해 u-City 같은 대규모 망을 구축하기 위해서는 실내외 환경에서 메시 기능이 지원되는 메시 라우터가 필요하다. 또한 가입자 및 end user에게 사용될 수 있는 가입자형 장비(CPE)가 필수적으로 요구된다. 가입자형 장비의 경우 일반 가정용 및 차량, 실외형 등 다양한 용도에 맞게 설계된 시스템이 필요하다.

이외에도 WMN는 기본 인프라를 제공하는 솔루션으로 Wi-Fi 메시의 경우 보안, 인증, 멀티플 SSID, 가상랜, VPN 등 다양한 네트워크 관리기능이 수용돼야 한다. 또한 트래픽을 제어할 수 있는 QoS 기능도 제공돼야 한다. 위에서 살펴보았듯이 무선 메시 네트워크는 기술적 유행에 지나치는 기술이 아닌 유비쿼터스 네트워크를 위한 핵심기술로 다양한 응용분야에 적용돼 확산돼 가고 있다.

〈표 3.6〉 무선 메시 기술 발전단계

구 분	1세대 WMN	2세대 WMN	3세대 WMN
사용 무선 수	1개	2개	3개
모듈화	고정형	고정형	메쉬 기반 모듈화
확장성	매우 제한적	제한적	높음
홉당 지연율	높음	중간	낮음
홉당 전송률	매우 낮음	낮음	홉당 지연율
실시간 서비스 지원(VoIP등)	제한적	제한적	높음

3.3.8 WMN 활용 및 전망

무선 메쉬 네트워크 기술을 이용하면, 아래 그림과 같이 차세대 무선 접속 AP장비를 통해 각종 재앙으로부터 실시간으로 모니터링을 할 수 있다.

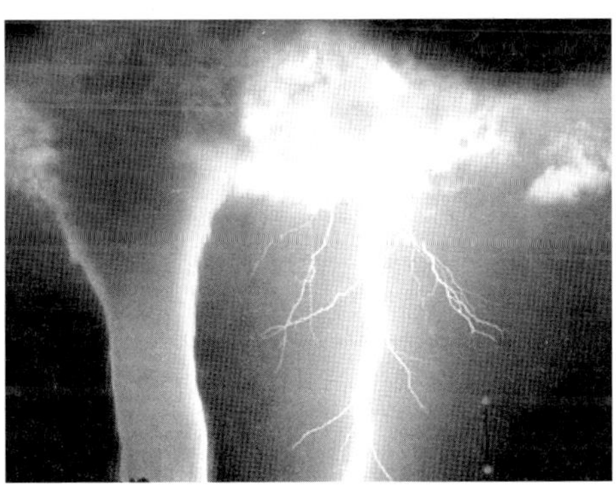

아래 그림은 삼성물산의 '버즈 두바이' 건설현장이다. 삼성SDS의 무선 메쉬 네트워크를 이용하여 인터넷을 통해 전 세계 어디에서도 현장에 설치된 카메라에 접속하여 건설현장을 실시간으로 모니터링 할 수 있어 본사와의 유기적인 커뮤니케이션이 가능함을 보여주고 있다.

또한 철도 및 전철과 같은 이동수단에 네트워크 서비스를 제공할 수 있다. 위의 아래 그림은 무선 LAN 메쉬 네트워크를 이용하여 공중 교통이용 시에 자유롭게 note book을 이용하는 장면을 보여주고 있다.

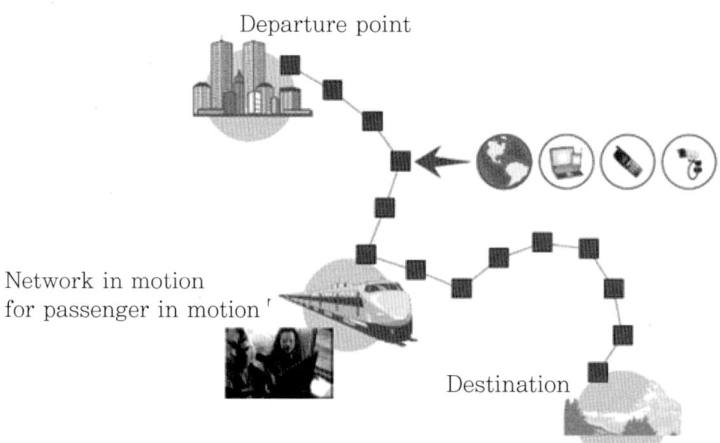

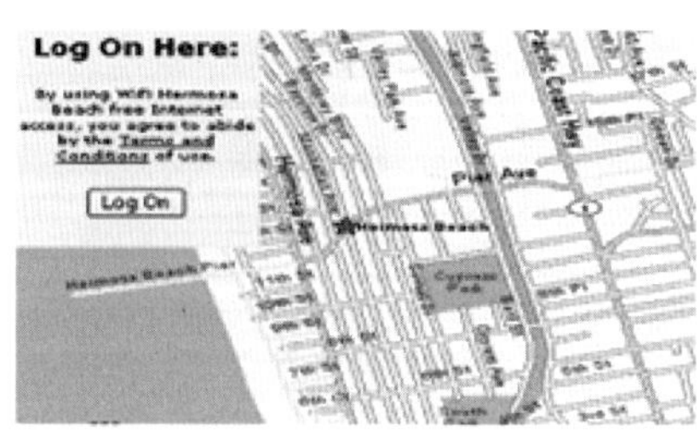

또한 무선 메쉬 네트워크 기술을 이용한 차세대 무선 접속 AP장비를 통해 실시간으로 교통정보를 제공받을 수 있다.

무선 메쉬 네트워크는 현재 발전하고 있는 단계의 기술로 완전히 검증되지 않아 일반인을 대상으로 서비스를 제공하는 것에는 아직 미진하다. 하지만 WiBro, HSPA 등 이동성 기술과의 연계를 통해 속도, 거리 등의 약점 보완이 가능하고 유비쿼터스 시대의 무선 인프라 중 하나로 활동될 가능성이 매우 높은 기술이다. 또한 기존 랜 주호는 AP에서 직접 data가 전송되며 AP는 반드시 유선 네트워크와 연결이 되어 있어야 하고 AP에서 단말기까지는 한 번에 연결되어야 한다. 즉 직접 통신만 가능하며 AP와 단말기 사이의 거리가 멀어지면 네트워크 품질이 급속히 저하된다. 반드시 AP와 일정 거리에서만 작동되고, 타 제품과의 로밍 호환이 어렵고 근처에 유선 환경이 있어야 하는 한계가 있다.

따라서 WMN은 현재 진행형이며 위에서 언급한 몇 가지 한계를 보완한다면, 전망이 매우 밝은 기술이라고 할 수 있다.

제4장
유비쿼터스 어플라이언스

4.1 ITS(*Intelligent Transport Systems*)

4.1.1 개념

ITS는 교통·전자·통신·제어 등 첨단기술을 도로·차량·화물 등 교통체계의 구성요소에 적용하여 실시간 교통정보를 수집·관리·제공함으로써, 교통시설의 이용효율을 극대화하고 교통이용편의와 교통안전을 제고하여, 에너지 절감 등 환경 친화적 교통체계를 구현하는 21세기형 교통체계를 의미한다.

ITS 기본 작동원리를 살펴보면, 교통정보수집 장비(초단파검지기, 비콘, 영상검지기 등)을 설치하여 차량운행 상황정보를 수집하며, 수집된 정보를 교통 정보 센터에 전송하여 교통정보관리 및 가공하고, 교통정보센터에서 교통시설의 자동조작 및 실시간 교통 정보를 제공한다. 아래 〈그림 4.1〉에 ITS 개념도를 보여주고 있다.

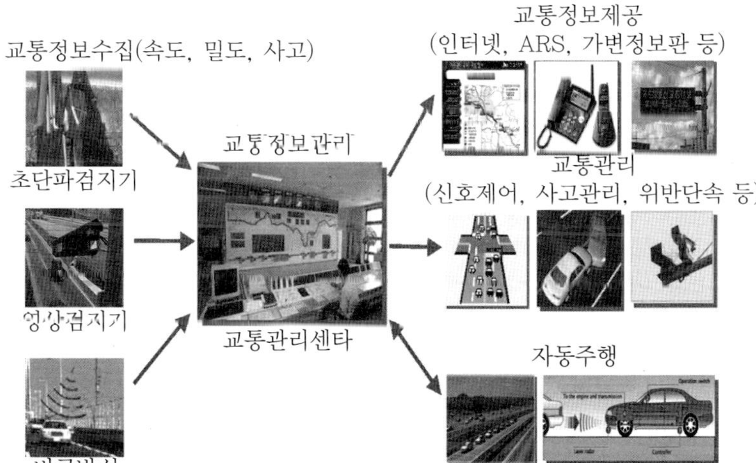

〈그림 4.1〉 ITS 개념도

4.1.2 지능형 교통시스템의 구성

가) 시스템의 구성요소

(1) ATMS(Advanced Transfer Management System) : 첨단교통관리체계
· 기존 모든 도로의 교통을 관리, 제어한다.
· 주행 차량을 자동 인식하여 교통흐름을 극대화한다.
· 모든 ITS 기술의 기반이다.

(2) ATIS(Advanced Traveler Information System) : 여행자 정보 전송체계
· 운전자에게 여행계획에 따른 각종 교통정보를 실시간 제공한다.
· 대체 경로를 제공하므로 안전하고, 편리한 여행을 제공해 준다.

(3) AVCS(Advanced Vehicle Control System) : 첨단 차량제어 체계
· 차량과 운전자에게 보다 안전한 운전이 가능하도록 관련정보를 제공한다.
· 차량 충돌 방지, 교통 혼잡도와 사고정보를 제공한다.

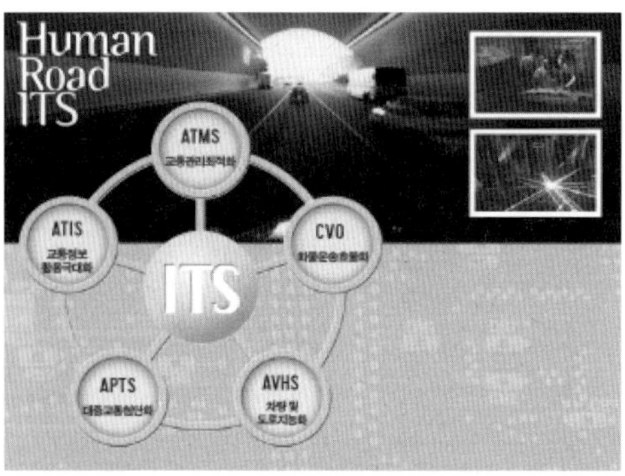

〈그림 4.2〉 ITS 서비스 시스템 구성

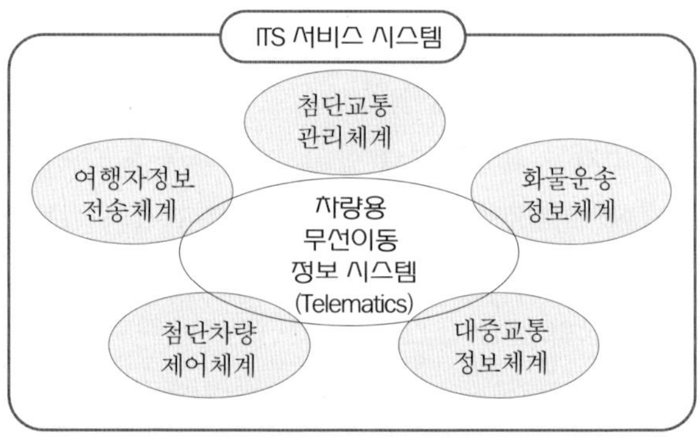

〈그림 4.3〉 ITS 서비스 시스템

(4) APTS(Advanced Public Transportation System) : 대중교통 정보체계
· 차량과 차종을 인식하여 대중교통의 편의성을 도모한다.
· 대중교통정보(도착 및 운행시간 등)등 제반 정보를 제공한다.

(5) CVO(Commercial Vehicle Operations) : 화물운송 정보체계
· 차량위치를 실시간으로 인식하여 전자 지도상에 표시한다.
· 실시간으로 정보를 교환한다.
· 운행시간을 관리하고 수송계획 등을 수립한다.

나) 시스템 체계도

(1) 개념

· 단위서비스의 제공이 가능한 시스템의 구축방안, 시스템구축의 역할분담, 시스템 간 연관관계를 제시하여 단위서비스를 효율적으로 제공하고, 시스템 간 호환성을 확보하는 서비스 구현의 기본 틀을 제공한다.

(2) 구성

· 단위서비스를 제공하기 위한 단위시스템 및 단위시스템별 구축체계를 제시한다.
  - 62개 단위서비스 구현을 위한 60개의 단위시스템 제시
  - 시스템 구축 · 관리기관 및 물리적 구성 체계 제시
  - 시스템의 기능 및 시스템 간 정보흐름 제시

· 단위시스템의 물리적 구조는 중앙센터, 도로장치, 차량장치, 여행자장치 등의 4개의 물리적 장치로 구성된다.

(3) 서비스분야별 사업내용 구성

· 교통관리 최적화 서비스분야
  - 12개 단위서비스(14개 중) 구현을 위한 20개 시스템으로 구성된다.

〈그림 4.4〉 교통관리 최적화 서비스분야 구성도

· 전자 지불 처리 서비스분야

– 4개 단위서비스 제공을 위한 2개 단위시스템으로 구성된다.

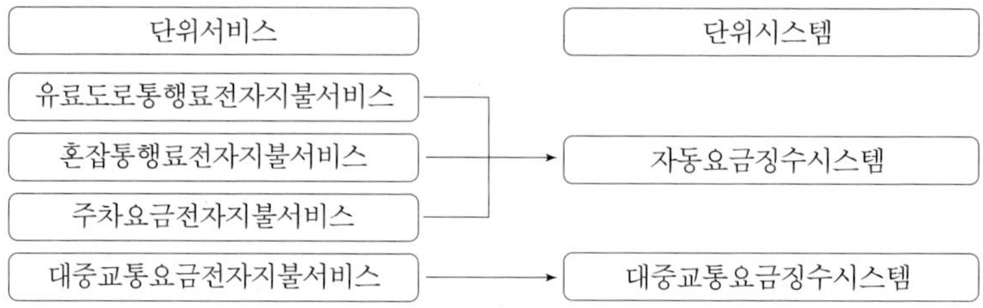

〈그림 4.5〉 전자지불처리 서비스분야 구성도

· 교통정보유통 활성화 서비스분야

– 2개 단위서비스 구현을 위한 2개 단위시스템으로 구성된다.

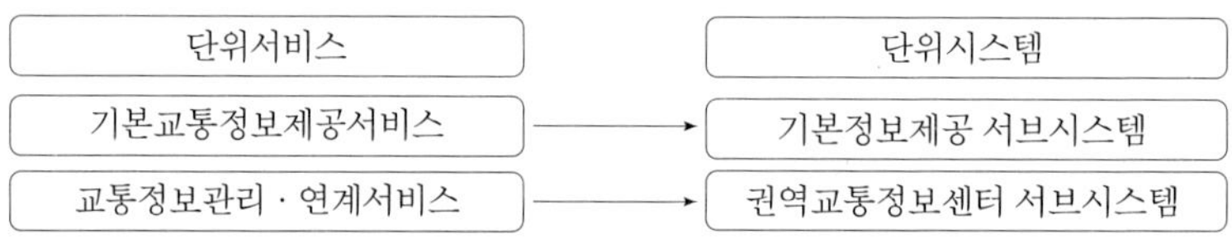

〈그림 4.6〉 교통정보유통활성화 서비스분야 구성

· 여행자정보 고급화 서비스분야

– 5개 단위서비스(8개 중) 구현을 위한 3개 단위시스템으로 구성된다.

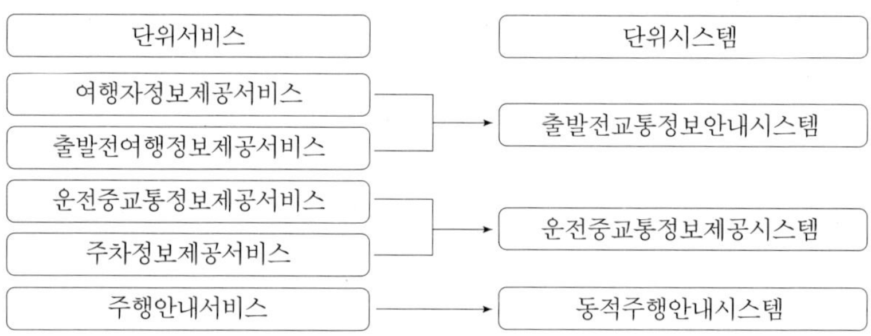

〈그림 4.7〉 여행자정보고급화 서비스분야 구성도

· 대중교통 서비스분야

– 10개 단위서비스 구현을 위한 9개 단위시스템으로 구성된다.

〈그림 4.8〉 대중교통 서비스분야 구성도

· 화물운송 효율화 서비스분야

 – 9개 단위서비스 구현을 위한 6개 단위시스템으로 구성된다.

〈그림 4.9〉 화물운송효율화 서비스분야 구성도

· 차량·도로 첨단화 서비스 분야

 – 11개 단위서비스(14개 중) 구현을 위한 18개 단위시스템으로 구성된다.

〈그림 4.10〉 차량 · 도로첨단화 서비스분야 구성도

4.1.3 ITS 구축 현황

우리나라의 ITS구축사업은 1992년 한국도로공사의 '고속도로 교통관리시스템' 에 대한 연구를 시작으로 1995년에 처음으로 시스템을 적용, 시범 운영을 개시하였다. 이후 1997년부터 올림픽대로, 수도권 국도 등 주로 일정구간 도로 위주로 교통관리시스템을 도입해서 운영하여 오다 교통카드, 노선버스 도착안내 시스템 등 대중교통분야로 확산하였다.

ITS는 2001년부터 2020년까지 20년간 83,415억원을 들여 교통관리최적화, 전자지불처리, 교통정보유통활성화, 여행자정보고급화, 대중교통, 화물운송효율화, 차량 · 도로첨단화 분야로 나뉘어 추진되는데, 단계별로 살펴보면 다음과 같다.

1단계인 2001년부터 2005년까지 16,810억원을 들여 사업추진 기반조성 및 기초서비스를 제공할 수 있는 기반을 이미 조성하였다. 2단계는 2006년부터 2010년까지 성장확산의 단계인데, 2단계에서는 21,739억원의 비용을 들여 첨단차량도로서비스의 시범서비스 및 연구개발을 병행 추진하였다. 또 3단계는 2011년부터 2020년까지 10년에 걸쳐 44,866억원을 들여 추진하고 있는데, 신기술개발 및 자동주행을 할 수 있는 성장·고급화의 단계를 말한다. ITS 사업과정에 소요되는 예산은 중앙정부 42%, 지방정부 42%, 민간 16%로 조달된다.

4.1.4 ITS 추진동향

가) 우리나라

국가 ITS의 기본방향은 크게 교통 이용자에 대한 서비스 제공과 서비스 제공을 위한 효율적인 공급체계 구축으로 나눠지며, 이를 위해 교통 이용자에게 제공 가능한 서비스 체계를 구조적으로 제시하고 서비스 구현을 위한 시스템 체계 등의 기본 틀을 제시하는 것이다.

〈표 4.1〉 정부차원의 ITS 기본계획

구 분	내 용	비 고
기반조성단계	· 2001~2005년 · 표준제정 및 법제도 관련 · 서비스 관련기술 연구개발 · 기초서비스 제공/확대 · 시범사업운용(수도권)	기반 조성 및 기초서비스 제공
확산단계	· 2006~2010년 · 기초서비스 전국확대 · 신기술서비스 제공확대 · 첨단차량도로서비스시범서비스 및 연구개발	성장, 확산 및 서비스 안정화
성숙단계	· 2011~2020년 · 서비스 개선 보완 · 차량 도로 첨단화 서비스 확대제공	차세대기술도입 및 서비스 고급화

〈표 4.2〉 수도권 광역권 단계별 ITS 제공 시스템 계획

구 분	1단계(2002~2005년)	2단계(2006~2010년)	3단계(2011~2020년)
교통관리 최적화	실시간 교통제어 고속도로 교통류제어 교통제어성 정보제공 돌발상황탐지	돌발상황 대응조처	긴급차량운행관리지원
전자지불처리	대중교통요금 전자지불	유료도로통행료 전자지불	–
교통정보유통활성화	기본교통정보제공 교통정보연계	–	–
여행자정보고급화	–	여행자정보제공 출발전여행정보제공 운전중교통정보제공 주행안내	–
대중교통활성화	광역시내버스 정보제공	–	–

나) 해외

1) 미국

미국의 ITS사업은 1991년 육상교통효율화법(ISTEA : Intermodal Surface Transportation Efficiency Act)의 수립으로 본격화되었으며, 각종 시스템 분야를 망라하는 83개 시범

사업을 거쳤다.

· 1995년 – 29개의 이용자 서비스를 정의
· 1996년 – 국가 ITS 아키텍쳐를 완성.
· 1997년 – ISTEA의 후속으로 제정된 TEA-21의 경우 ISTEA보다 제도적인 면과 예산지원규모에서 향후 더욱 활발한 ITS 사업추진을 보장하고 있다.

TEA-21에서는 도로 건설 예산에 ITS예산이 포함되어 ISTEA에 비해 2배에 가까운 예산이 확대 책정되었다. 또한 종래의 시범적인 운영 및 구축단계에서부터 일반 도로 건설에 포함되어 ITS 실질적인 구축이 본격화되었으며, 미국 전체의 ITS 시스템 구축의 통합화 및 상호호환을 본격적으로 추진하고 있다.

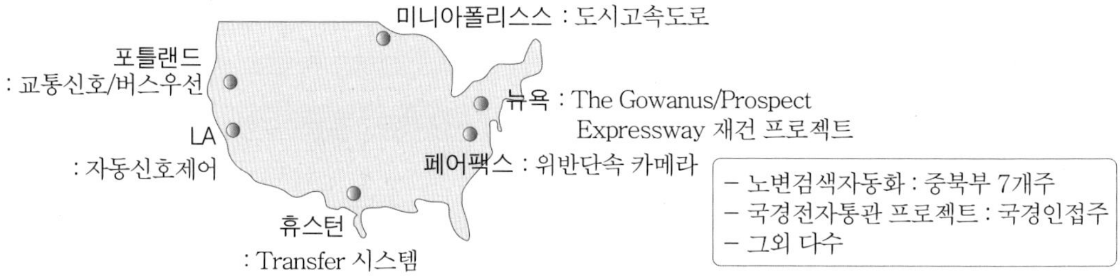

〈그림 4.11〉 미국의 지역별 ITS 구성현황

2) 일본

일본 정부는 ITS 시스템의 완성을 통해 교통혼잡완화 및 교통사고와 사상자수 감소, 교통난으로 인한 환경오염 등 현재 일본정부가 안고 있는 교통문제를 혁신으로 해결해 나갈 수 있을 것이라 기대하고 있으며, 일본의 ITS 추진은 건설성(MOC), 경찰성(NPA), 통산성(MITI), 운수성(MOT), 우정성(MPT)의 정부5개 성정부차원의 ITS 종합계획은 1996년 7월 "일본 ITS 종합계획"을 발표하여 향후 ITS 사업을 정부 주도의 하향식(Top-down)으로 유도하기 위한 종합적인 틀을 제시하였으며, ITS 사업이 궁극적으로 광역적인 통합시스템을 구현하는 정보화 사업이므로, 각 시스템의 체계적 추진을 위한 아키텍쳐와 표준화 계획을 제시하고 기존의 연구개발 성과를 일본 현실에 맞는 구축사업으로 발전시키는 방안 등을 제시하고 있다.

〈표 4.3〉 일본 ITS 종합계획 상의 단계별 구축 계획

추진 단계	구축 계획
1단계 (대략 2000년)	VICS 서비스의 전국적인 확대
2단계 (대략 2005년)	대략 ITS 사용자 서비스 도입
3단계 (대략 2010년 직후)	자동운전시스템의 서비스 개시

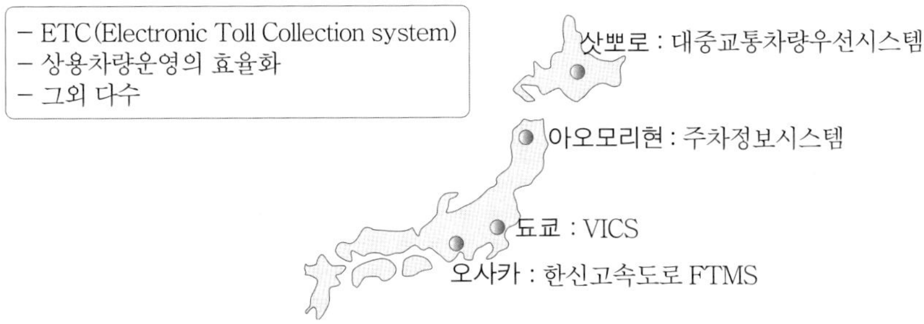

〈그림 4.12〉 일본의 지역별 ITS 구성현황

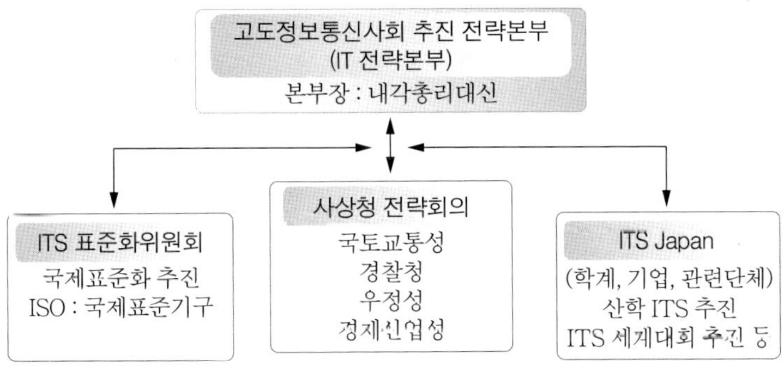

일본의 ITS 추진체계는 정부 산하 4개 부처가 참여하는 사성청 전략회의에 의해서 주도되며, ITS Japan은 산학 기구로서 자문 역할 수행한다.

〈그림 4.13〉 일본의 ITS 추진체계

3) 유럽

유럽의 ITS는 일반적으로 "Telmatics"라고 불리는데 이 중 도로교통시스템의 지능화 관련된 RTT는 도로교통부문에 정보통신 기술을 응용하고 차량 인간 하부구조 사이에 통합된 환경을 만드는 것을 주요내용으로 하며, 안정성 향상, 효율성 제고 및 환경개선을 궁극적 목표로 한다.

〈그림 4.14〉 유럽의 지역별 ITS 구성현황

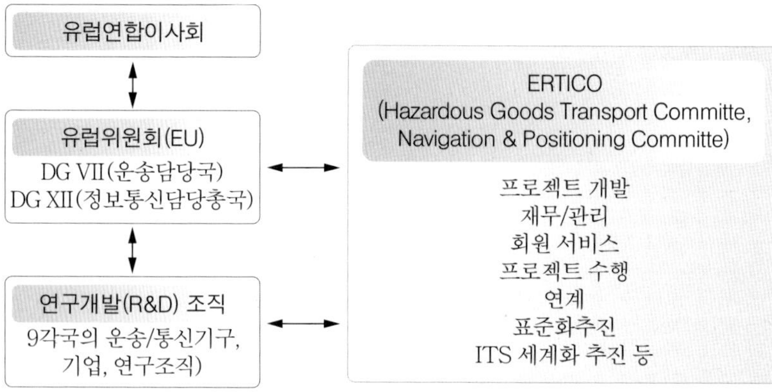

〈그림 4.15〉 유럽의 ITS 추진체계

유럽의 Telmatics는 그 동안의 연구 개발 성과를 실제적인 구축사업으로 발전시키기 위해 유럽위원회가 "유럽의 RTT 구축을 위한 공동체 전략과 틀"을 '97년에 제시하여 우선 구축되어야 할 사업의 선정과 구축전략을 구체적으로 제시하였는데 교통데이터 교환 및 정보관리, 교통정보 서비스를 위한 RDS-TMC, 전자요금지불, Human-Machine Interface, 범유럽 개방형 시스템 아키텍쳐 개발 등 5개 분야가 우선산업으로 선정되었다.

4.1.5 ITS산업의 최근동향

국토해양부와 한국도로공사는 교통혼잡 완화 및 안전관리 개선 등을 위하여 2009년에 총 470Km의 국가 간선도로망(고속도로 198Km, 국도 279Km 구간)에 지능형교통체계(ITS)를 구축하였으며, 2012년까지 국도 3,260Km, 2020년까지 6,210Km(국토 총 연장의 약 45%) 구간에 ITS를 구축할 예정이다.

〈그림 4.16〉 도로교통정보 수집, 가공 및 제공 체계도

지능형교통체계(ITS)는 현재 고속도로 전구간 (3,447Km) 및 국도의 14% 구간(1,909Km)에 설치 되어있다. 아울러 대전~당진 등 고속도로 4개 노선 및 국도 3호선 의정부~동두천 등 13개 노선에 총 667억원을 투자하였다.

가) SK C&C

SK C&C는 지능형교통정보시스템(ITS)구축 사업으로 해외 시장 진출하는 등 정보통신 기술과 IT서비스를 융합한 새로운 사업에 속도를 내고 있다. SK C&C는 컨버전스 사업본부를 신설하고 스마트카드, 전자태그(RFID), 내비게이션, 오픈소스소프트웨어 등 새로운 사업으로 영역을 넓혀가고 있다. SK C&C는 차량의 통행시간 및 속도, 교통량 등을 수집 분석하는 차량검지시스템과 교통상황감시시스템은 물론 주차위반단속시스템, 시내버스의 노선별 운행시간과 정류장 도착 시간 등을 안내판이나 휴대폰을 통해 바로 알려주는 버스정보관리 시스템, 교통운영을 총괄하는 교통정보 센터 등 ITS 시스템 전체를 구축할 예정이다. 국내에서 쌓아온 첨단 지능형교통정보시스템(ITS)의 성공적인 구축 경험과 솔루션, 노하우를 바탕으로 국내는 물론 해외시장 공략에 적극 나서고 있다. SK C&C는 이미 2009년에 7,650만달러 규모의 아제르바이잔 ITS구축 사업과 1,200만달러 규모의 몽골 울란바토르 ITS시스템 구축 사업 등 1억 590만달러 해외 수주실적을 거두고 있다.

나) LG CNS

LG CNS는 2009년에 U-교통 및 SOC사업 3건을 잇따라 수주하면서 융합 IT시장 공략을 강화해가고 있다. LG CNS는 경부고속철도 2단계 구간의 역무용 통신 설비 구축 사업과 안산시 지능형교통정보시스템(ITS) 연계구축 사업, 그리고 서울시 도시교통정보시스템(UTIS) 구축 2차 사업을 연이어 수주하였으며, 특히 경부고속철도 사업 수주로 LG CNS는 2007년 전송망 사업, 2008년 주파수공용무선통신시스템(TRS) 사업과 함께 3개 통신사업을 모두 수주하는 고속철 트리플 크라운을 달성했다는 평가를 받고 있다.

역무용 통신 설비 사업으로 예산 규모가 484억인 152.2km에 달하는 경부고속철도 대구~부산 구간, 오송역 및 김천구미역, 차량기지, 철도교통관제센터에 역무용 통신설비를 구축하였다. LG CNS는 기존 시장이 저수익과 경쟁 심화라는 한계를 드러내고 있는 상황에서 융합 IT 신업은 향후 IT서비스 사업영역의 핵심 분야가 될 것으로 보고 여기에 역량을 집중할 계획이다.

다) 삼성 SDS

삼성 SDS가 용인시 ITS사업을 수주하면서, 용인시에 ITS센터, 도시교통정보시스템, CCTV시스템, 가변전광시스템, 차량번호자동인식시스템, 정류소안내기 및 실시간 신호제어시스템 등을 구축하고 있다. 이사업은 용인시가 200여 억원을 들여 약 16개월에 걸쳐 진행하는 것으로, 정부가 경기 활성화의 일환으로 추진 중인 SOC분야 조기발주 시책의 첫 번째 사업이다. 이번 사업을 통해 용인시는 교통혼잡을 최소화하고, 교통 수요 변화에 탄력적으로 대응해 교통 도로교통시설의 이용효율이 높아질 것으로 기대하고 있다. 삼성 SDS는 우수한 기술력과 수도권, 강원, 울산 등 국내 지방자치단체의 ITS를 구축한 경험을 통해 올 상반기 발주 예정인 약 2000억 규모의 국내 ITS시장을 선점하겠다는 야심찬 전략을 가지고 있다.

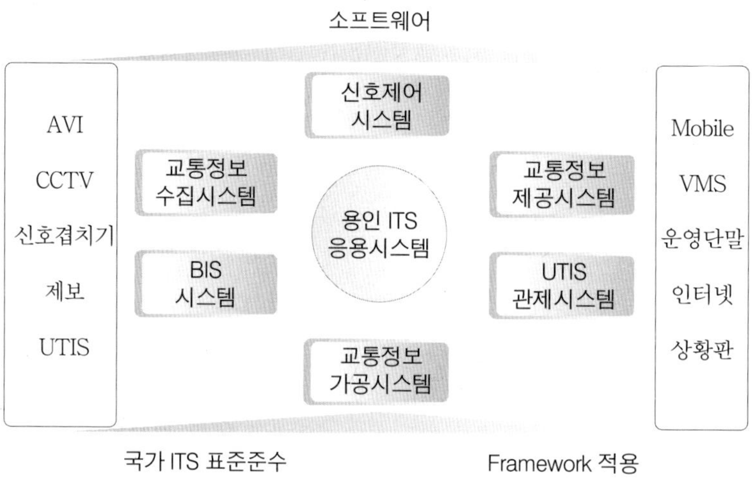

〈그림 4.17〉 용인시 ITS사업 구상도

아울러 2002년부터 중국 광저우를 필두로 베이징, 우한, 텐진에서 세계유수의 기업들을 제치고 중국에서 확고한 위치를 차지한 삼성SDS의 자동차요금 징수 시스템(이하 AFC) 기술은 IT서비스 해외수출의 효자 노릇을 하고 있다.

4.1.6 ITS의 향후 전망

현재 전세계적으로 도시화와 과밀화, 교통량의 증가와 이에 따른 정체로 인한 사회적 비용과 삶의 질 하락등 복합적인 문제들이 발생하고 있고, 이를 해결하기 위한 해결방안으로서 ITS가 주목을 받고 있다. 앞으로 지능형 도로망이 완비되고, 지능형 차량이 탑재되면 교통사고는 물론, 교통적체현상이나 물류 등 다양한 방면에서 효율이 높아질 것으로 보인다. 국내 역시 경기의 영향으로 공공부문의 IT프로젝트의 축소로 IT서비스 시장에 한 파가 몰아치고 있지만 2010년 상반기에만 2,000억원 규모로 발주되는 등 지능형 교통체계(ITS)시장을 선점하기 위한 업체들의 경쟁이 치열해지고 있다. 최근의 정부의 SOC분야에 대한 조기 예산 투자 발표로 국내 IT서비스 기업들은 ITS, u-City 등 SOC시장 선점을 위해 기술, 영업능력 강화에 적극성을 보이고 있는 가운데 특히 덩치가 크고, 기간이 오래 소요되는 u-City와 달리 각 지방자치단체들을 중심으로 ITS에 대한 프로젝트가 쏟아져 나올 것으로 보여 IT서비스업체들은 ITS시장 선점을 토대로 전체 SOC사업 확장을 꾀하고 있다. 아울러 국내 뛰어난 IT기술과 실적으로 기반으로 해외 진출도 활발해질 전망이이서 관련산업과 기업들에게는 기회가 될 것으로 보인다.

4.1.7 도입 효과

가) 교통시설 건설비 절감

· 미국 교통부 통계에 의하면 동일 교통량 처리를 위해 ITS를 함께 구축하는 것이 도로만 신설하는 경우보다 무려 35%정도 비용이 절감되는 것으로 나타났다.

〈표 4.4〉 ITS 도입효과

구 분	도로신설(A)	ITS실지병행(B)	B/A(%)
건설비	1,140억$	573억$	50.4
운영비	18억$	286억$	-
총비용	1,158억$	859억$	74.1
(NPV)	(866억$)	(565억$)	(65.2)

나) 교통체증 완화

· 통행속도가 22%정도 증가하였다.(미국 텍사스주 애빌렌시)
· 처리용량이 2~3배 정도 증가하였다.(영국 Dart-Tag 자동요금징수시스템)

다) 교통사고 예방

· 교통사고가 25% 정도 감소하였다.(미국 미네소타주 미니애폴리스)

라) 교통공해 감소

· 배기가스가 10% 정도 감소하였다.(미국 텍사스주 애빌렌시)

〈표 4.5〉 ITS 도입시 기대 편익

ITS 목표	관련 기대편익
교통시스템의 용량 및 효율성 증가	· 교통류, 용량, 차량대수, 차로 수송용량 · 차량지체시간, 정지횟수, 사고로 인한 용량 감소 · 기반시설 운영비용, 차량운영비용 등
이동성의 향상	· 통행횟수, 개별통행시간 · 정체와 사고로 인한 지체 · 통행비용, 차량통행거리 · 사고횟수, 사고점유시간 등
안전도 향상	· 돌발상황 및 교통사고횟수 · 사상자수 · 의료비용, 보험, 손해비용 등
에너지소비절약 및 환경비용 감소	· 연료소모량, 차량 연료소비효율 · 질소, 황산화물, 일산화탄소 등 배출
경제생산성 증가	· 운영비용, 통행시간, 차량유지와 감가상각비, 관리비, 인력절감
ITS 시장 형성	· 관련 산업의 생산, 고용, 수출 등 유발

4.2 텔레매틱스(*Telematics*)

4.2.1 개념

텔레매틱스는 통신(Telecommunication)과 정보과학(Informatics, Information & Technology)의 합성어로 무선 및 음성, data 통신과 인공위성을 이용한 위치정보시스템(GPS)을 기반으로 자동차 내부와 외부 또는 차량 간 통신시스템을 이용해 정보를 주고받음으로써 차량에 새로운 부가서비스를 제공하는 기술을 의미한다. 좀 더 넓은 의미에서 원격검침(Telemetry), 원격진료(Telemedicine)를 텔레매틱스에 포함하기도 하고 보행자에게 제공하는 위치정보, 내비게이션 서비스도 텔레매틱스에 포함시키기도 한다. 이러한 텔레매틱스 서비스는 1990년대 중후반부터 북미 및 유럽 지역에 빠르게 확산되었으며, 2001년 후반에 우리나라에서도 상용화되면서 주목을 받고 있다. 텔레매틱스에서 기본적으로 요구되는 광범위한 데이터베이스를 구축하기 위해서는 대단위의 인프라가 필요하며, 이는 또한 업체들 간의 중복투자를 방지할 수 있는 합리적인 방식으로 이루어질 필요가 있다. 특히 텔레매틱스는 위치정보와 이동통신망을 이용해 운전자와 탑승자에게 교통안내, 긴급구난, 인터넷(금융, 뉴스, e-mail, 메신저, VoD, 영화, 게임) 등 모바일 오피스 환경을 제공하는 차량용 멀티미디어 서비스로서, 유무선통신 및 방송망을 통해 사무실과 가정에 이어 차량을 제3의 인터넷 공간으로 재구성하여 새로운 개념의 부가서비스를 제공하는 서비스를 말한다. 또한 자동차에 장착되어 있는 통신단말기를 통해, 자동차에서 발생하는 각종 현상을 분석하고, 운전에 필요한 다양한 정보와 콘텐츠를 수집하여 운전자에게 제공함으로써, 보다 편리하고 안전한 운전을 할 수 있도록 갖추어진 시스템을 의미한다.

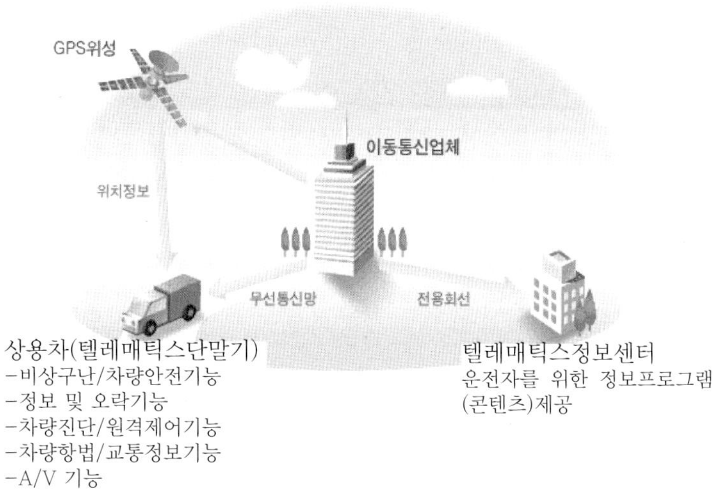

〈그림 4.18〉 텔레매틱스의 개념적인 구성

4.2.2 텔레매틱스 시스템의 구성 요소

이제 우리 생활에 '첨단 옷을 입은 자동차'가 등장하고 있다. 스스로 알아서 주차되는 자동차, 지문만 갖다 대면 모든 장치가 주인에 맞게 조절되고, 추돌할 것 같으면 알아서 정지하는 자동차, 즉 영화에서나 등장하는 것 같은 최첨단 자동차들이 빠른 속도로 우리 생활 속으로 파고 들어오고 있다.

독일의 폭스 바겐이 2008년 7월에 출시를 시작한 콤팩트 SUV(스포츠승용차) 티구안이라는 자동차는 SUV 최초로 park assist 기능을 활용해 '초보자나 여성운전자들이 가장 힘들어하는 주차 스트레스를 해결하였다'며 홍보하고 있다. 또 아우디의 지문인식 시스템은 운전자가 지문을 갖다 대면 운전자의 특색에 맞게 시트 및 운전대 위치, 에어컨 온도, 마지막으로 사용했던 라디오의 주파수·볼륨까지 조절해준다고 한다. 특히 볼보에서 개발한 차선 이탈 방지 시스템은 차량 룸 미러 후면에 장착된 광각 카메라가 주행 방향을 확인해 졸음운전 등으로 정상적인 주행궤도를 넘어서는 운전 패턴이 감지되면 운전자에게 즉각 경고음을 보내는 기능을 탑재하고 있다. 현대자동차에서는 2011년 1월 그랜저에 텔레매틱스 기술을 적용하여 앞뒤차와의 자동 거리조정 및 자동차 고장시에 자동차 정비소에 자동연락을 하는 시스템 등을 장착한다고 발표하였다. 텔레매틱스 기술의 발달은 이렇게 자동차의 안락함과 편리함, 안전성을 담보하며 우리를 자동차 곁으로 안내하고 있다.

가) 시스템의 구성

텔레매틱스는 GPS(Global Positioning System) 위성을 통한 위치추적기술과 최신의 정보

통신기술(하드웨어, 무선통신, 멀티미디어)이 자동차와 결합하여 새로운 개념의 서비스를 제공한다. 따라서 텔레매틱스를 구성하는 필수적인 요소들은 서비스 센터, 차량의 위치추적, 차량과 센터의 양방향 통신, 가입자 차량의 내부 시스템과 연결된 단말기 등으로 구성된다. 특히 텔레매틱스는 사용자가 필요로 하는 정보 및 서비스가 센터를 통해 제공되므로, 서비스 센터에는 사용자 및 차량으로부터의 서비스 요청을 처리하고, 다양한 콘텐츠 제공자 및 서비스 제공자와의 연계를 지원하기 위해서 텔레매틱스 서버가 필요하다.

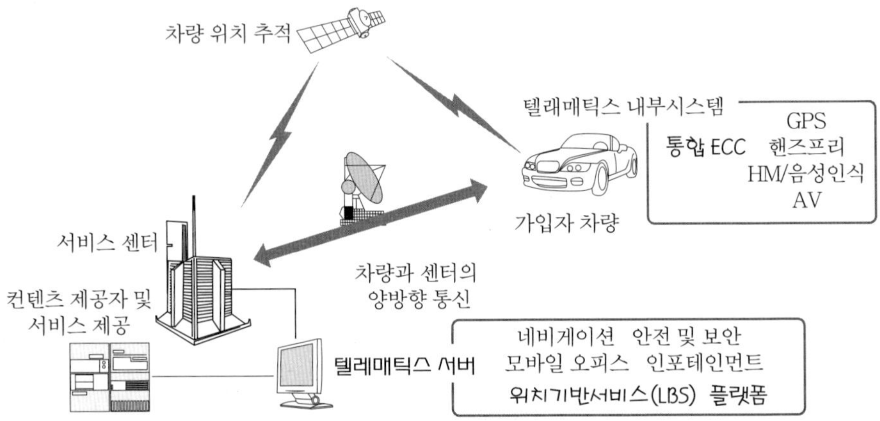

〈그림 4.19〉 텔레매틱스 시스템의 구성

나) 텔레매틱스 서버를 구성하는 기술

(1) 위치기반서비스(LBS, Location Based Services)

휴대폰, PDA, 노트북 PC등 휴대용 단말기를 기반으로 사람이나 사물의 위치를 정확하게 파악하고, 그 위치와 관련된 부가 정보 서비스 및 이를 위한 시스템이다.

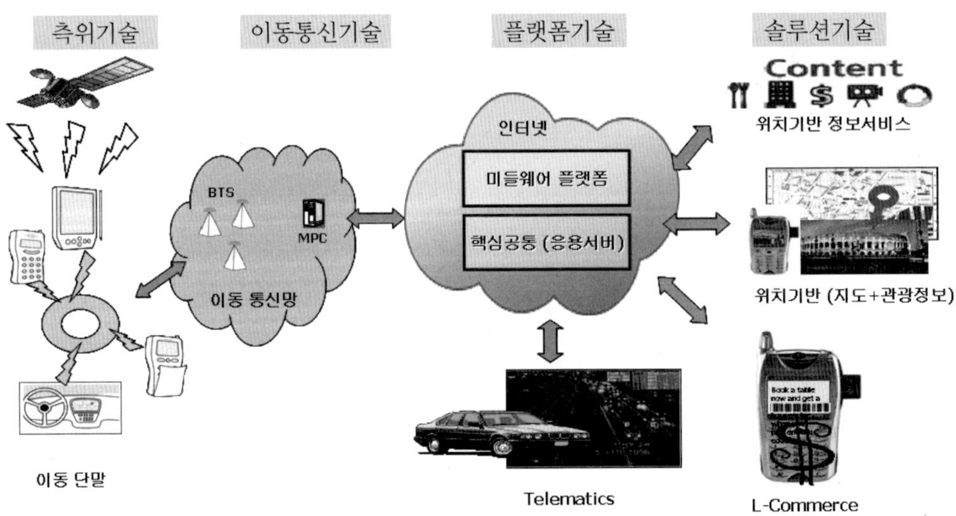

〈그림 4.20〉 LBS 기술을 이용한 시스템 구성 예

(2) 네비게이션 서비스

지리정보시스템(GIS, Geographic Information System)기술, 지능형교통정보시스템(ITS, Intelligent Transport System) 기술 등이 필요하다.

(3) 안전 및 보안 서비스, 인포테인먼트 서비스(인터넷, 영화, 게임 등의 서비스), 모바일오피스 서비스 등이 있다. 또한 텔레매틱스 서버를 구성하기 위해서는 다양한 콘텐츠를 제공하기 위해서 여러 콘텐츠 제공업체와의 연계 기술이 요구된다.

4.2.3 텔레매틱스 기술

텔레매틱스의 핵심 기술은 실시간 교통정보, 안전운전 등의 서비스를 제공하는 서버기술, 자동차 단말기술, 차량과 센터를 연결해주는 무선통신기술, 자동차 제어 및 센서 응용기술료 구분할 수 있다. 특히 USN 기반의 텔레매틱스 안전운전서비스는 2006년 이후부터 주요 이슈로 떠올랐으며, 선진국에서는 이미 RFID 및 센서노드를 이용하여 교통정보 및 도로상황정보를 수집하고 이를 텔레매틱스 서비스를 연결하기 위한 기술개발이 활발하게 진행되고 있다.

IT 강국, 자동차 세계 5위라는 좋은 여건에 비해 국내의 텔레매틱스 기술은 교통정보 제공과 같은 일부 분야에만 편중되어 있어 선진국에 비해 발전수준이 뒤쳐져 있는 실정이어서, 다양한 응용분야에 대한 개발이 적극적으로 이루어져야 할 필요가 있다.

텔레매틱스의 국제표준화 활동은 AMI-C(Automatic Multimedia Interface Collaboration), OSGi 등의 민간포럼 중심으로 진행되고 있으며, 최근에는 차량용 블랙박스 및 차량보험시스템 등의 신기술에 관한 기술개발 및 표준화 활동이 활발하게 진행 중에 있다.

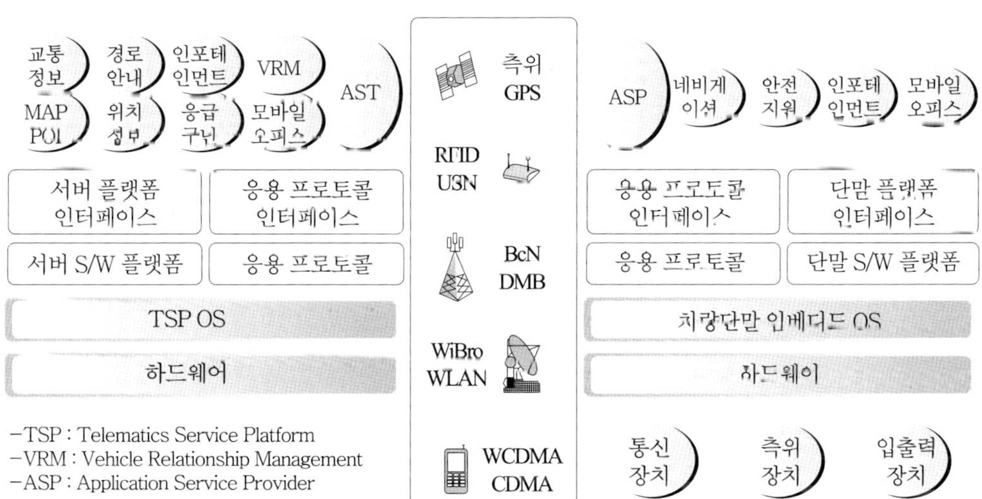

〈그림 4.21〉 텔레매틱스 기술

[단말 기술]

구분	기술
단말 S/W Platform	· 단말 Middleware 기술 · 차량내 서버기술 · 차량간 통신 Inferface 기술 · 차량내 정보기기간 통신 Inferface 기술
HMI Human-Machine Interface	· 키조작 및 Touch Screen기술 · 음성인식 및 음성합성 기술 · HUD(Head Up Display) 기술
네비게이션	· 실시간 동적 경로안내 기술 · 3D기반 경로안내 기술 · 실사영상기반 경로안내 기술
안전지원	· 원격차량진단 및 제어기술 · 주행안전 검지센서 및 운전자 행동 모델링 기술 · 차량상태 센서정보 통합기술 및 상황인식 기술 (차량용 Black Box)

[통신 및 인프라 기술]

구분	기술
차량-서버간 통신	· DSRC(Dedicate Short Range Communication) 기술 · WAVE(Wireless Access Vehicular Environment) 기술 · WiBro, DMB, HSDPA, 무선랜 등 무선통신 통합기술
차량간 Ad-hoc 통신	· 차량 Ad-hoc 통신망 기반 기술 · 차량 Ad-hoc 통신 Protocol 기술
차량 내 통신	· CAN(Controller Area Network) 기술 · MOST(Media Oriented Systems Transport) 기술 · IDB1394/Bluetooth 기술 · LIN(Local Interconnect Network) 기술 · Flexray/UWB(Ultra WideBand) 기술
고정밀 측위 기술	· 무선통신망(WiBro, CDMA 등)을 이용한 무선측위기술 · MEMS DR(Micro Electronic Mechanical System Dead Reckoning) 기술 · 음영지역 및 실내측위기술 · GNSS(GPS+Galileo)+DR+무선측위(Hybrid 측위기술)

[서버 기술]

구분	기술
핵심 콘텐츠	· Telematics 정보(교통정보, 지도, POI 등) 수집 및 통합기술 · Telematics 정보분석 및 처리기술 · 무선환경의 실시간 정보 업데이트 기술 (Digital Map Air Update)
위치기반 서비스 Location Based Services	· LBS 플랫폼 및 공통 컴포넌트 기술 · 시공간 DMBS 기술 · 위치기반 상황인식 기술 · LBS 응용서비스 기술
개방형 서비스 응용 프로토콜	· 유무선 전송 제어 프로토콜 기수 · 음성서비스 프로토콜 처리 기술 · 센터간 연동 및 단말-센터간 프로토콜 처리 기술
ASP 서비스 Application Service Provider	· On-Dream 서비스 임대 기술 · 무선 S/W 스트리밍 기술

[융합 기술]

구분	기술
DMB 연동 기술	· DMB 연동 단말기 플랫폼 기수 · DMB 기반 양방향 Telematics Service Platform 기술
RFID/USN 융합기술	· Telematics Sensor Network 기술 · USN 기반 Telematics Service Platform 기술 · 차량내 Sensor와 USN 연계 지원 Platform 기술 · Sensor Routning 기술 · IEEE 802.15.4(ZigBee) 기술 · Sensor DB 및 기반측위기술 · 차량과 Sensor간 통신 기술
광대역 융합기술	· CDMA/WiBro 통합서비스를 위한 단말 Platform 기술 · UWB 이용 교통정보 수집체계 개발

(1) 단말 기술

· 단말 S/W 플랫폼 및 정보관리기술

- 텔레매틱스 단말을 위한 확장가능한 모듈형 표준 S/W 플랫폼 및 차량 내외부 기기들과 연동을 위한 핵심 인터페싱 기술

· 음성인식 및 음성합성 HMI 기술

- Telematics 음성인식기술 : 분산 음성인식(DSR: Distributed Speech Recognition)
  잡음제거 마이크로폰 사용
  다중의 음성인식 알고리즘을 병렬처리
- Embedded 음성합성기술 : DB 소형화 및 엔진 최적화

· 실감 컨텐츠 네비게이션 기술

- 실시간으로 취득되는 영상정보와 항법데이타를 기반으로 운전자에게 높은 현실감, 인지력, 편의를 제공할 수 있는 실감 차량 항법 기술 개발

· Telematics용 Map Air Update 기술

- 텔레매틱스 및 LBS용 모바일 단말기에 내장된 Map 데이타를 무선통신망(CDMA, WiBro 등)을 이용하여 온라인으로 업데이트하는 기술

· 안전지원 기술 : 주행안전 감지센서 및 운전자 행동 모델링 기술

- 부주의한 운전으로 인한 차선 이탈경보 및 방지 기능
  Image Procession 기술 활용
  차선 이탈 정보 → Lane Departure Warning
  조향모터를 사용한 자동차선 제어 → Lane Keeping
  야간/악천후 환경에서 성능 저하 → 별도 Marker

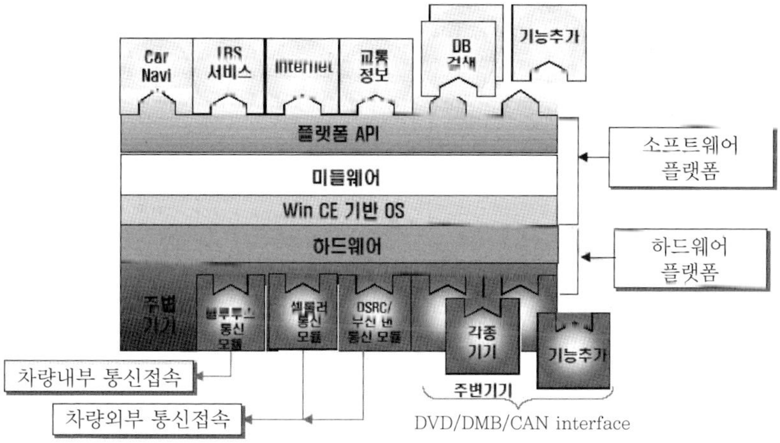

〈그림 4.22〉 단말 기술의 시스템 구성

(2) 통신 및 인프라 기술

· 무선 랜 및 무선통신 통합기술
  - 텔레매틱스 서비스를 위한 무선랜, 셀룰러, DMB 등 무선통신 통합기술
  - 차량충돌방지 경고서비스를 제공하기 위하여 차량간 멀티홉 Ad-hoc 통신 기술

· 차량간 Ad-hoc 통신기술
  - 별도의 관제센터 없이 차량간의 네트워크 구성
  - 차량간 교통관련 이슈 사항 전달 등의 양방향 통신

· 고정밀 측위기술 : 자동차의 정확한 위치 정보획득을 위한 기술
  - GPS L1/L2C 이중주파수를 동시에 수신하기 위한 GPS기술
  - 음영지역 극복을 위한 MEMS DR(Gyro, 가속도계) 기술

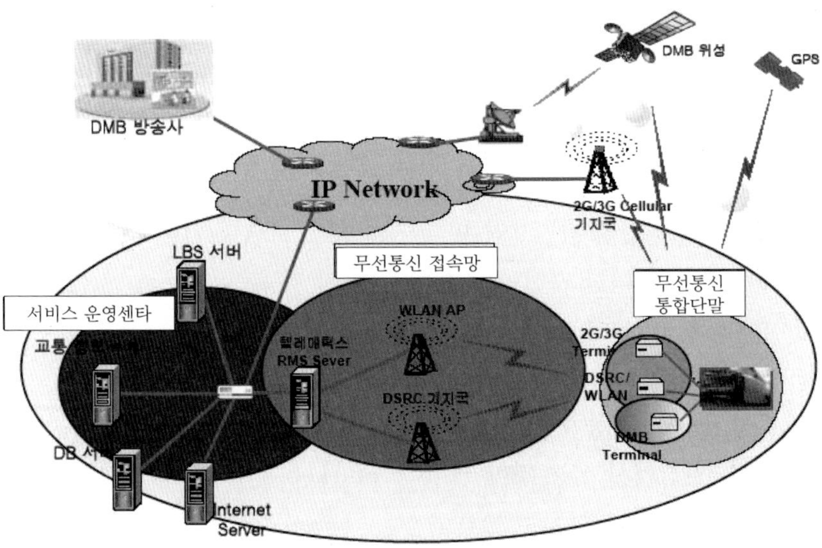

〈그림 4.23〉 통신 접속기술의 시스템 구성

(3) 서버기술

· 핵심 콘텐츠 수집 및 통합기술

· 위치기반서비스 플랫폼 공동기술
  - 유무선 네트워크, 휴대단말기, 콘텐츠 응용시스템간 상호 운용성을 지원하는 개방형 LBS 미들웨어 플랫폼 기술 및 공동기술

· 개방형 서비스 응용 프로토콜 처리기술
  - 텔레매틱스 주요 서비스 및 확장 가능 서비스들의 표준을 제시하고 표준화된 개방형 응용 프로토콜 처리기술

· Telematics ASP(Application Service Provider) 서비스 기술

– 사용자의 필요에 따라 응용 프로그램을 임대 사용하는 기술
– 모바일 환경에 적합하도록 응용 프로그램과 데이터의 꼭 필요한 부분만을 전송하여 실행하는 기술

(4) 융합 기술
· DMB 연동 단말리 플랫폼 기술
 – DMB 데이터 방송 채널을 통해 개인화된 텔레매틱스 서비스 제공
 – RFID 및 센서노드를 이용하여 교통정보 및 도로상황 정보를 수집하기 위한 기술
· 광대역 융합기술

가) 국내외 특허 동향

전 세계의 텔레매틱스 관련 특허출원수는 2000년 이전까지는 미미한 수준이었으나, 2000년 이후 이동통신기술과 자동차 산업이 발전하면서 특허 출원수도 지속적인 증가 추세를 보이고 있다. 2006년까지 텔레매틱스 분야의 특허출원건수는 한국이 648건으로 41%를 차지하였으며, 미국이 480건으로 31%, 일본이 431건으로 28%의 비율을 나타내어 한국의 출원건수가 가장 높은 비율을 차지하고 있다.

국내의 특허출원 동향을 살펴보면 센서 MAC 및 라우팅, 저전력 MAC 및 라우팅을 비롯한 데이터 전달 및 네트워킹 분야가 가장 많고, 그 다음으로 센서 종류와 정보수집 분야가 많은 상황이다.

나) Telematics 기술 로드맵

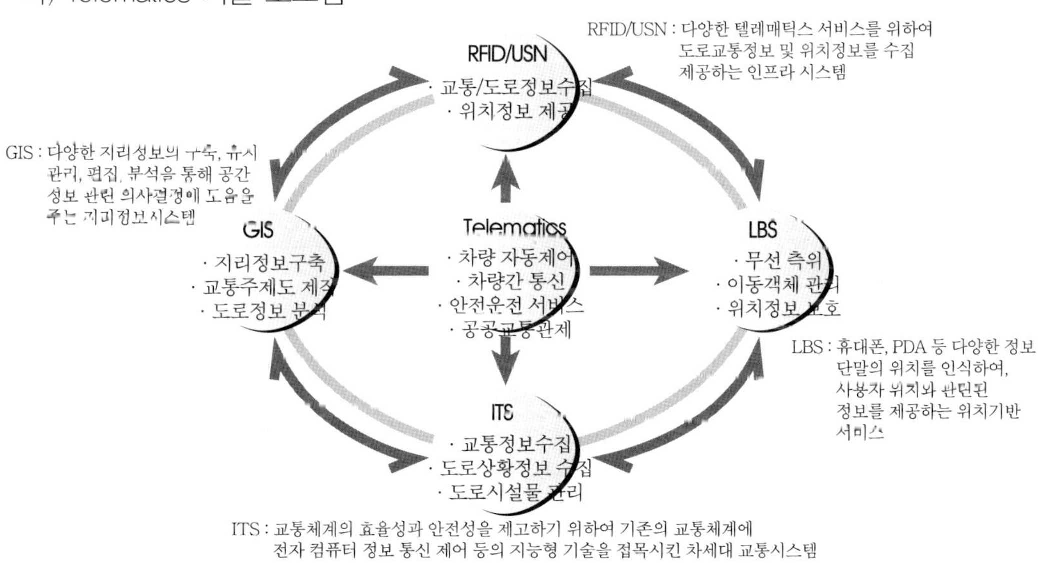

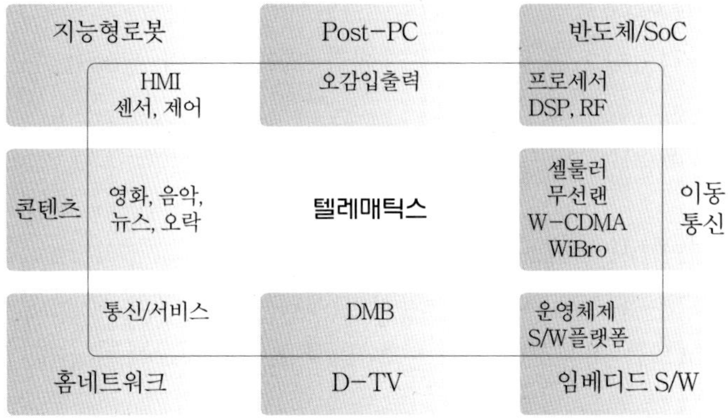

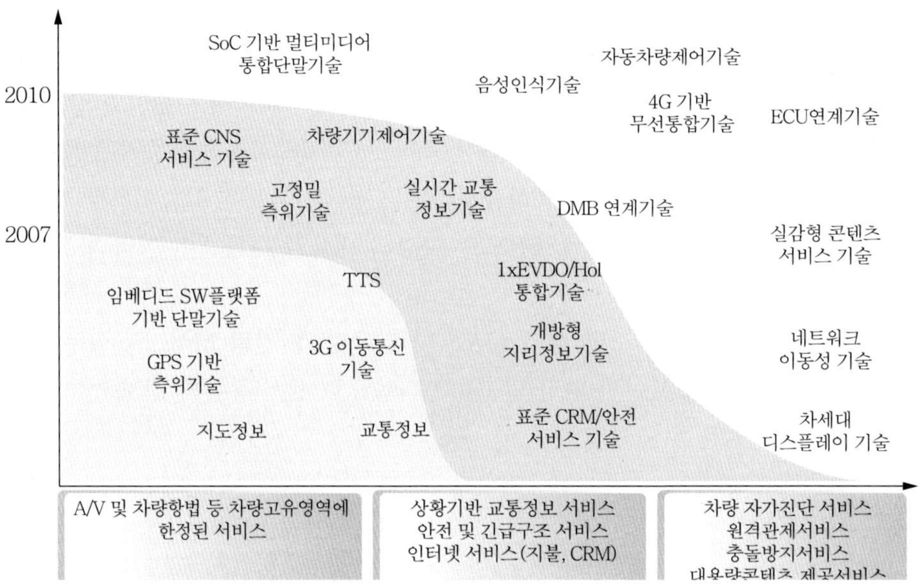

다) 국내외 시장동향

(1) 세계시장 동향

구분		2006	2007	2008	2009	2010	2011	2012
판매량	AM	2,934	4,066	5,406	6,840	8,388	9,951	11,500
	BM	7,554	11,447	16,172	20,539	26,268	33,234	41,565
	합계	10,488	15,512	21,578	27,379	34,657	43,175	53,065
판매액	AM	1,673	2,124	2,596	3,027	3,473	3,904	4,270
	BM	6,149	7,754	9,640	11,366	13,703	16,594	19,852
	합계	7,822	9,878	12,236	14,395	17,176	20,498	24,122

단위 : 천대, 백만불
주) 텔레매틱스 기기의 차량장착시점을 기준으로 BM(Before Market, 자동차 출고시 장착)과 AM(After Market, 출고 이후 장착)으로 구분됨.

텔레매틱스 시장은 1990년대 후반 선진국을 중심으로 도입된 이래 꾸준하게 성장하고 있으며, 차량용 단말기, 지능형 교통시스템 등의 인프라 구축이 전반적으로 완료될 것으로 예상되는 2010년 이후에는 성장속도가 더욱 가속화되어 2012년 텔레매틱스 시장 규모는 240억불 수준에 달할 것으로 전망된다.

또한 자동차 업계 주도의 BM시장이 AM시장에 비해 훨씬 높은 성장률을 기록하고 있으며, 2012년에는 전체 텔레매틱스 시징의 80% 이상이 BM 형태로 이루어질 것으로 예상된다.

한편 ABI Research의 2008년 5월 발표 자료에 따르면 세계 모바일 LBS 시장 규모는 2007년 5억 1,500만 달러에서 2013년 133억 달러 규모로 증가할 전망이며, 그 중 내비게이션 분야는 43억 달러 규모로 32%의 비중을 차지할 것으로 보이고 있다.

① 미국(단위: 천대, 백만불)

구분		2006	2007	2008	2009	2010	2011	2012
판매량	AM	444	583	738	887	1,034	1,174	1,307
	BM	872	1,272	1,743	2,257	2,846	3,539	4,296
	합계	1,316	1,855	2,481	3,144	3,880	4,713	5,603
판매액	AM	261	318	376	422	465	500	524
	BM	617	833	1,067	1,311	1,571	1,685	2,161
	합계	878	1,151	1,443	1,733	2,036	2,365	2,685

② 일본(단위: 천대, 백만불)

구분		2006	2007	2008	2009	2010	2011	2012
판매량	AM	890	1,210	1,502	1,793	2,072	2,320	2,551
	BM	3,804	5,636	7,679	8,882	10,662	12,896	15,669
	합계	4,694	6,846	9,181	10,675	12,734	15,216	18,220
판매액	AM	409	522	611	697	778	849	910
	BM	3,331	3,896	4,580	4,993	5,500	6,245	7,083
	합계	3,720	4,418	5,191	5,630	6,278	7,094	7,993

(2) 국내시장 동향

국내 텔레매틱스 시장은 선진국보다 다소 늦은 2000년 초에 도입되었으며, 관련 매출액 규모는 2007년 2.7억불 수준에서 2012년에는 4.2억불로, 판매량은 2007년 79만대에서 2012년 139만대에 달할 것으로 전망되고 있다.

선진국의 경우 자동차 업계 중심으로 텔레매틱스 시장을 주도하고 있는데 반해, 국내는 자동차 제조업체 중심의 BM시장과 통신사업자 중심의 AM시장이 공동으로 시장을 주도하고 있어 텔레매틱스 시장의 주도 세력이 분산되어 있는 것이 큰 특징이다. 주요 서비스는 실시간 교통정보, 길안내, 알림서비스 등으로 정보서비스에 편중되어 있어 선진국에 비해 사업 모델이 단조롭다는 문제점이 있으며, IT 강국에 맞지않게 기술 수준도 뒤처져 있는 것으로 평가받고 있다.

구분		2006	2007	2008	2009	2010	2011	2012
판매량	AM	128	157	175	197	211	222	231
	BM	524	628	725	851	957	1,057	1,155
	합계	652	785	900	1,048	1,168	1,279	1,386
판매액	AM	61	71	76	82	86	88	90
	BM	178	201	223	251	277	304	328
	합계	239	272	299	333	363	392	418

단위 : 천대, 백만불

라) 주요업체 동향

① 마쓰시다 전기

자동차를 두번째로 큰 시장으로 바꿔간다는 컨셉 하에 지역보급 확대 전략을 전개하고 있으며 "고화질의 지상파 디지털 방소 = Strada"전략으로 추진하고있다 즉, SD카드를 기반으로 하는 정보공유 네트워크를 구축하고 있으며, 그 하나로 PC와 휴대폰에서 사용할 수 있는 정보제공 콘텐츠 "고객맞춤형 Strada"를 판매하고 있다.

② 산요

PND(Personal Navigation Device)를 출시하고 있으며, 향후 기존 제품 및 다양한 계층의 개인 휴대형 디바이스를 대상으로 사업권을 확대할 예정이다.

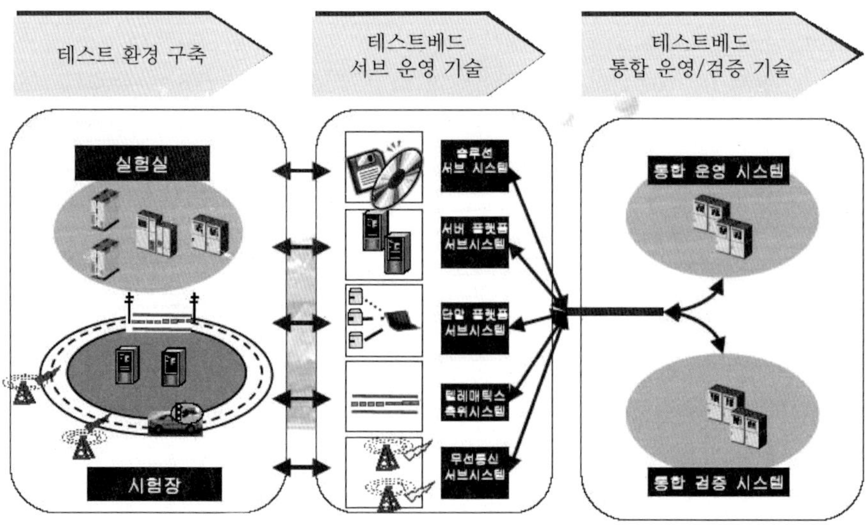

〈그림 4.24〉 테스트베드의 시스템 예

한편 국내 단말기 시장에는 100여개의 업체가 참여하고 있으며, 팅크웨어, LG상사, 파인디지털, 현대오토켓, 카포인트, 디지털큐브가 전체 AM 단말기 시장의 대부분을 점유하고 있는 상황이다.

나) 텔레매틱스 지원기술

〈표 4.3〉 텔레매틱스 지원기술

컴퓨팅하드웨어/주변장치	무선통신기술	멀티미디어기술
마이크로프로세서(MPU)	GSM, PDC, CDMA, TDMA	디지털 압축(MPEG)
메모리(flash)	2.5G/3G Cellular	DSP
디스크드라이버(CD, DVD)	디지털 라디오(DAB, DVB, DSR)	3D Acoustic
음성인식	LAN(802.11x)	디스플레이(LCD, HUD 등)
문자의 음성변환	Ku/Ka Satellite	고속데이터버스
엑세스 (xDSL, Cable, Wireless)	Bluetooth	Conditional Access
고속인터넷	WAP/WML	스마트 카드
라우터		DVD/MP3 Player

4.2.4 텔레매틱스 기술동향

가) 단말기 부문

텔레매틱스의 단말기 기술은 자동차를 첨단 무선 이동통신기술, 정보화시킨 도로, 최첨단 컴퓨팅 기술과 하나의 시스템으로 묶어 텔레매틱스에서 운전자가 원하는 것을 안전하고 쉽게 얻어 사용할 수 있게 도와주는 시스템을 말한다. 단말기 응용 소프트웨어 개발을 위한 단말 플랫폼 기술, 내비게이션 기능 및 정보처리를 위한 프로세싱 유닛 등의 개발을 위한 단말기 부품 기술, 응용 소프트웨어와 콘텐츠 데이터베이스를 지원하기 위한 단말기 부품기술, 응용 소프트웨어와 콘텐츠 데이터베이스를 지원하기 위해 내재한 DMBS 기반의 On-Board DB기술, 운전자정보시스템(DIS, Driver Information System), 핸즈프리 인터페이스(HFI, Hands-Free Interface), 음성인식 등과 같이 인터페이스 등으로 구분된다. 단말기 하드웨어는 터치패드를 사용한 LCD, 모든 디지털 신호를 처리하는 중앙처리장치, 기억장치, HDD, CDMA 모듈, GPS/DR 차량 센서 정합장치 등으로 구성된다.

텔레매틱스 단말은 탑재 차종의 확대, 신기술의 도입, 제백 차종에 따른 사양의 양극화 추세를 보이고 있다.

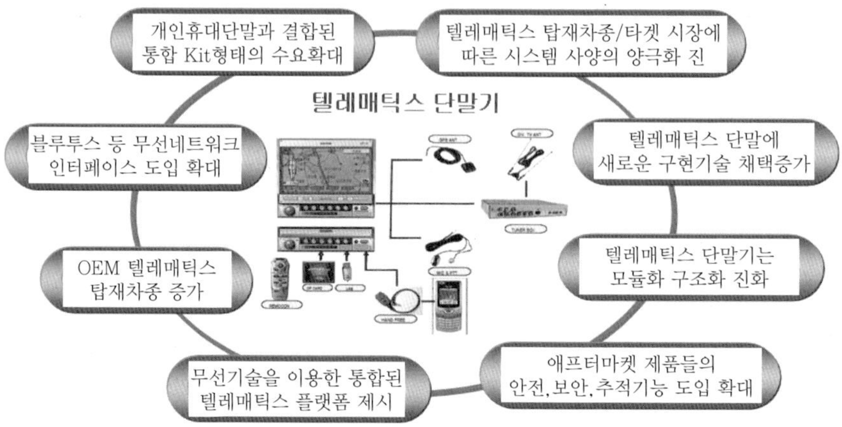

〈그림 4.25〉 텔레매틱스 하드웨어 특성

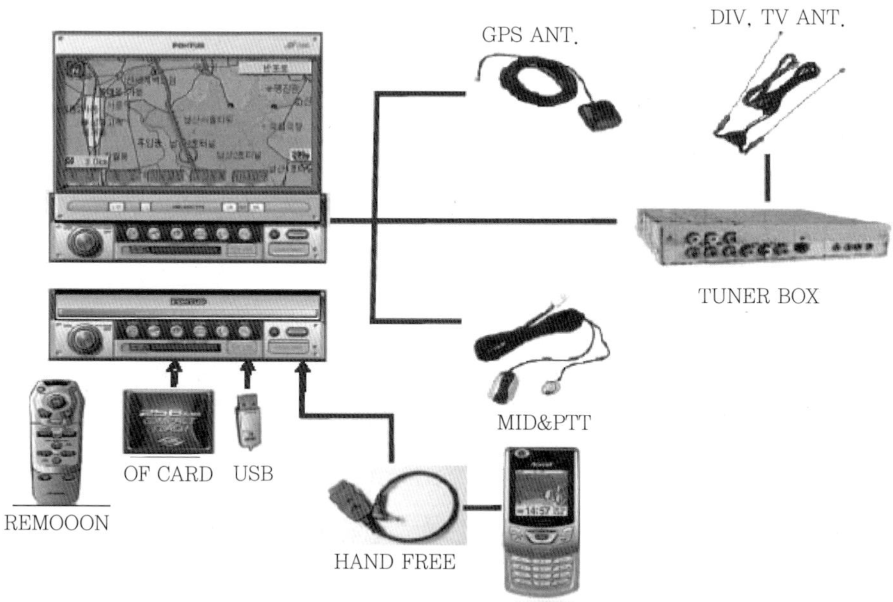

〈그림 4.26〉 현대 오토넷의 A/M 텔레매틱스 단말기 예

최근 출시되는 탑재 차종이 다양해지고 있으며, 특히 기존의 고가 대형차 모델 중심에서 중소형 모델로 텔레매틱스 단말 탑재 범위가 빠르게 확산되고 있다. 텔레매틱스 단말은 Bluetooth IEEE 801.11 등과 같은 무선 network 기술의 도입, 플래시메모리와 같은 미디어 카드 및 HDD의 채택, 룸미러 및 HuD(Head-up Display) 등과 같은 새로운 인터페이스의 활용 증대 등 다양한 신기술을 도입한 시스템 개발이 진행 중이다. 그리고 고가의 차량에는 대형 디스플레이 및 다양한 기능 및 주변기기를 채택한 임베디드 형태의 단말을 탑재하고 있으며, 중소형 차량에 대해서는 디스플레이를 제거한 임베디드 형태의 제품이나 포터블 기기 통

합 시스템(통합 KIT형태)의 채택을 증가시키고 있다. 텔레매틱스 단말 시장은 현재 Before Market을 중심으로 After Market이 틈새시장을 공략하는 양극화가 진행 중이나, 텔레매틱스 시장은 세계적으로 Before Market이 시장을 주도할 것으로 예상된다.

나) 자동차 부문

자동차를 단순한 이동수단에서 움직이는 생활공간으로 바꿔주는 차량 정보통신 시스템 개발과 자동차와 정보통신 기술의 결합을 통해 운전자에게 '안전한 자동차 생활', '편리한 자동차 생활', '유용한 자동차 생활' 기반을 제공할 것이다.

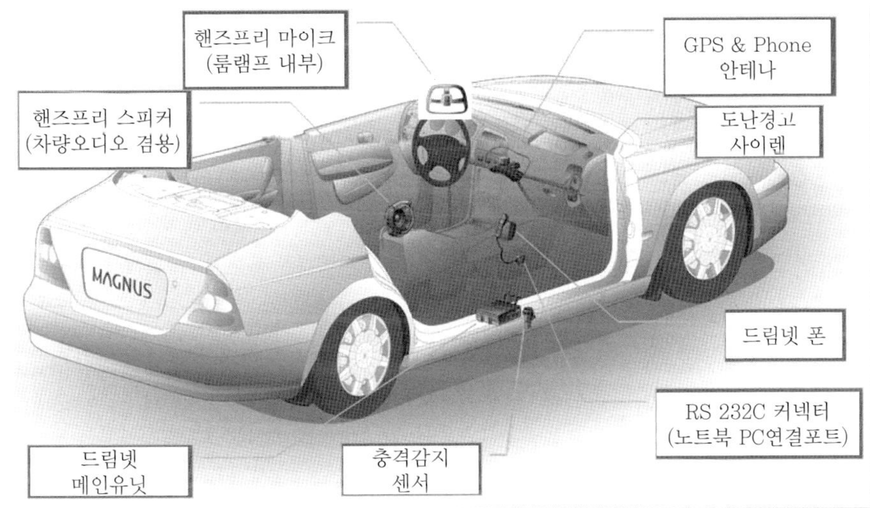

〈그림 4.27〉 GM대우 자동차의 텔레매틱스 기술 적용 예

다) 무선통신 부문

현재는 GSM, CDMA, 2.5/3G Cellular, DSRC 및 무선 랜을 기반으로 텔레매틱스 망이 구축되어 있으나, 향후 차세대 셀룰러 이동통신기술(HPi, 4세대 이동통신)과 방송 DMB 기술을 활용하여 텔레매틱스 통신망이 고도화되어 100 Mbps급 초고속 멀티미디어 서비스를 제공할 수 있을 것으로 전망된다.

↘ DSRC(Dedicated Short-Range Communication) :
ITS(Intelligence Transportation System:지능형 교통체계)를 위한 통신 방식이다. 통행료 자동지불 시스템(ETC), 주차장 관리, 물류배송 관리, 주유소 요금 지불, 자동차 쇼핑 등 다방면에서 활용할 수 있다. DSRC 시스템을 도로변에 설치하여 자동차에 탑재한 단말장치와 수m~수십m의 거리에서 양방향 무선통신을 통해 다량의 정보를 순간적으로 교환할 수 있으며, 협소 지역에서 사용하므로 각 지역에서 주파수의 재사용이 가능하고 사용자 차량과 관련된 지역 정보나 일기 정보도 제공한다.

4.2.5 텔레매틱스 서비스

텔레매틱스는 다양한 통신 · 방송 서비스와 접목되어 향후 모든 이동 공간에서 Mobile Digital Life 구현을 지향하는 서비스이다. 광대역 무선망 차량 및 운전자 정보를 처리하는 정보 센터를 기반으로 보험, 정비 등 다양한 Vehicle Commerce를 창출할 것이다. 제3의 인터넷 공간으로서 이동차량 환경 하에서 무선 랜과 끊김없는(Seamless) 서비스가 가능한 모바일 오피스를 실현하고, BcN, DMB, 콘텐츠, SoC, 임베디드 S/W 등 타 성장 동력의 발전을 수용하는 종합서비스 산업으로 진화(Covergence to Telematics)할 것이고, Infortainment 서비스, 비디오폰, 화상회의 등 다양한 주문형 멀티미디어 서비스로 진화되리라 전망된다.

국내의 텔레매틱스는 위치정보와 무선통신을 이용하여 자동차 운전자에게 교통안내, 긴급구난, 내비게이션 정보를 제공하고, 동승자에게 인터넷, 게임 등 정보오락 서비스를 제공하는 '자동차 멀티미디어 서비스' 로 정의하고 있다. 이로부터 자동차는 이동수단이라는 도구적 기능으로부터 '안전한 차', '일하는 공간의 차', '즐거운 차' 등의 개념으로 확장될 수 있다.

자동차에 GPS 지리정보시스템(GIS)을 장착하며, 서비스를 이용하기 위한 장비로 음성인식, TTS(Text to Speech) 등의 기능을 위한 마이크와 스피커, 액정 디스플레이어, 키보드, 터치스크린 등 독특한 입출력 장치가 있다. 또한 카오디오, T.V모니터, 내비게이션 핸즈프리 휴대전화 기능을 모두 통합하고, 플래시메모리나 PDA, 노트북 등을 이용하여 외부와 데이터 교류를 할 수 있다. 텔레매틱스를 ITS와 명확한 구분 없이 사용하거나 텔레매틱스 현황을 ITS 분야에 추가로 제시하기도 한다. 텔레매틱스 서비스는 서비스 이용주체, 이용목적에 따라 매우 다양하게 개발되고 있다.

가) 국내 텔레매틱스 서비스 현황

USN 기반의 텔레매틱스 서비스는 도로 및 교통상황을 파악하기 위해 노면에 센서 노드를 설치하여 차량의 실시간 위치, 속도, 방향 등의 정보와 도로의 상황정보를 수집하고 데이터 스테이션 처리하여 이를 텔레매틱스 서비스에 적용함으로서 운전자의 안전운전에 도움을 주기 위한 서비스를 말한다.

텔레매틱스는 현재까지 통신, 도로, 방송 등 기본 인프라와 전자, 자동차, 통신, 방송사의 기술 및 서비스 개발, 요금체계의 표준화에 있어 부진한 측면이 있었다. 국내의 경우, 저가 내비게이션 서비스와 차별성을 보여주지 못해 시장이 기대만큼 형성되지 못하였다. 하지만 향후 3G/4G 이동통신 기술과 무선인터넷 통신, DMB서비스, 측위기술 및 시스템 연계/제어기술이 유기적으로 개발될 경우 폭발적인 성장이 가능한 시장으로 전망된다.

2008년도 WCDMA 서비스 시작으로, 고속 무선 브로드밴드 인프라가 빠르게 발전하고 있고, 고성능 마이크로프로세서 및 임베디드 운영체제의 급속한 발전에 힘입어 텔레매틱스 단말의 발전도 급속도로 이루어지고 있다. 텔레매틱스 단말이 다양한 서비스 항목을 기본으로 내장하고 앞으로 파생될 다양한 신규 부가서비스를 실현하는데 어려움이 없을 전망이다.

우리나라의 경우 이미 세계 최고 수준의 이동통신 기술과 초고속 통신망과 같은 첨단 IT인프라 그리고 세계적 수준의 자동차 산업을 보유하고 있는 텔레매틱스 관련 산업을 육성, 발전시키기에 매우 유리한 조건을 보유하고 있다. 이러한 환경을 바탕으로 향후 콘텐츠 산업, 애플리케이션 산업 등 유관분야의 안정된 성장과 기술 및 시장의 성숙을 함께 도모할 수 있다면, 우리나라 텔레매틱스 산업의 가능성은 무궁무진하며 차세대 동력산업으로서의 역할을 할 수 있을 것으로 기대된다.

국내 텔레매틱스 시장은 2005년 4천 6백억 원 수준에서 2011년 2조 5천억원으로 성장할 것으로 전망하고 있다. 아울러 국내 USN 시장은 2005년 2천 5백억원 수준에서 2011년 26조 9천억원으로 고도 성장할 것으로 전망된다.

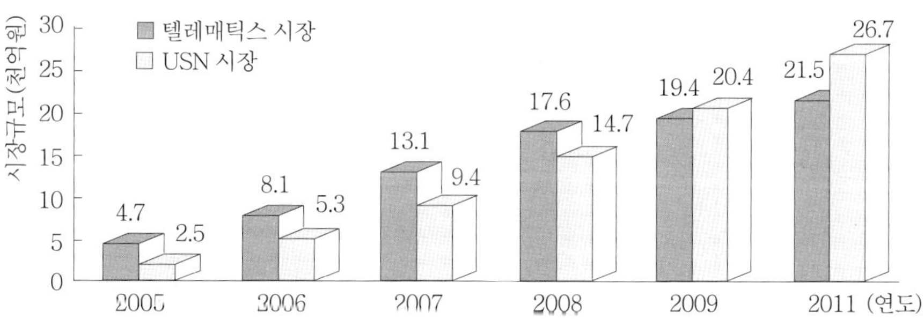

〈그림 4.28〉 텔레매틱스 및 USN 시장 예측

나) 해외 텔레매틱스 서비스 현황

텔레매틱스 시장 중 after market 이라고 할 수 있는 PND(Personal Navigation Device) 시장의 경우 2006년 560만대에서 향후 연평균 26%의 성장률을 기록하면서 2010년 1,100만대의 시장을 형성하였다. 특히, 내장방식(Before Market)의 텔레매틱스 단말기 세계시장은 2011년에는 1,450만대의 시장을 형성할 것으로 전망된다.

참고로 2006년 지역별 수요분포를 살펴보면, 유럽이 전 세계 시장에서 50% 이상을 차지하였다. 또한 미국은 16%, 아시아 태평양 지역 13%, 기타 지역이 21%를 차지하였다. 2011년에는 유럽의 점유율이 42%, 미국 18%, 아시아 태평양지역 16%, 기타지역이 24%로 아시아 태평양지역의 수요가 증가할 것으로 전망된다.

(1) 미국

〈표 4.4〉 미국의 텔레매틱스 서비스 예

구 분	내 용
서비스 현황	· 차량항법시스템 : 100만대 · 텔레매틱스 가입자 : 250만 명 · 텔레매틱스 지원차량 : 300만대
주요 내용	· 안전 및 보안 · 콘텐츠 및 LBS 정보 · 네비게이션 · 이동전화 통합
전략	· 안전 및 보안 기능에 콘텐츠와 서비스 결합
선도기업	· OnStar : GM · Wincar : Ford

(2) 유럽

〈표 4.5〉 유럽의 텔레매틱스 서비스 예

구 분	내 용
서비스 현황	· 차량항법시스템 : 200만대 · 텔레매틱스 지원차량 : 5만대
주요 내용	· 여행정보 · 시간 교통정보 · 네비게이션 · 안전 및 보안
전략	· 경로 안내와 여행 정보의 결합
선도기업	· Assit : BMW, Jaguar · NavTech : Volvo

(3) 일본

〈표 4.6〉 일본의 텔레매틱스 서비스 예

구 분	내 용
서비스 현황	· 차량항법시스템 : 600만대 · VICS 수신기(실시간교통정보무상제공) : 600만대 · 텔레매틱스 지원차량 : 4만대
주요 내용	· 실시간 교통정보 · 여행정보 · 네비게이션 · 안전 및 보안
전략	· 실시간 교통정보와 생활정보의 결합
선도기업	· G Book : Toyota · CarWing : Nissan

4.2.6 텔레매틱스 발전 로드 맵

텔레매틱스 산업은 자동차 제조업체들의 시장 다각화 전략 및 제품 차별화 전략에 따라 빠르게 추진되고 있으며, 이에 이동통신 사업자들이 가세하여 서비스 영역을 확대하고 있는 등 복잡한 산업구조를 갖고 발전하고 있다. 텔레매틱스 산업은 교통 관련 산업의 발전과 함께 빠른 성장이 예상되며, 현재 단일 지역에서의 서비스에서 자동차 제조업체들의 글로벌 시장 진출 전략에 따라 글로벌 환경에 적합한 서비스로 발전될 가능성이 매우 크다.

그리고 지금까지 세계적인 추세는 텔레매틱스 시장의 전망을 매우 긍정적으로 분석해 왔으며, 2011년에는 전 세계적으로 출시되는 대부분의 차량이 텔레매틱스 시스템을 설치할 것으로 예상된다. 또한 USN 기반의 텔레매틱스 사업은 USN 산업간 시너지 효과를 발생시킴으로서 산업 경쟁력 강화와 신규 수익 창출을 이룩할 것이며, 또한 사회적으로는 교차로 등 위험지역의 교통사고율 감소, 사회적 손실 비용감소는 물론 국가 교통체계 첨단화의 기본 인프라 확충을 통하여 사회적 비용 절감 및 국민의 삶의 질 향상을 도모할 것으로 전망된다.

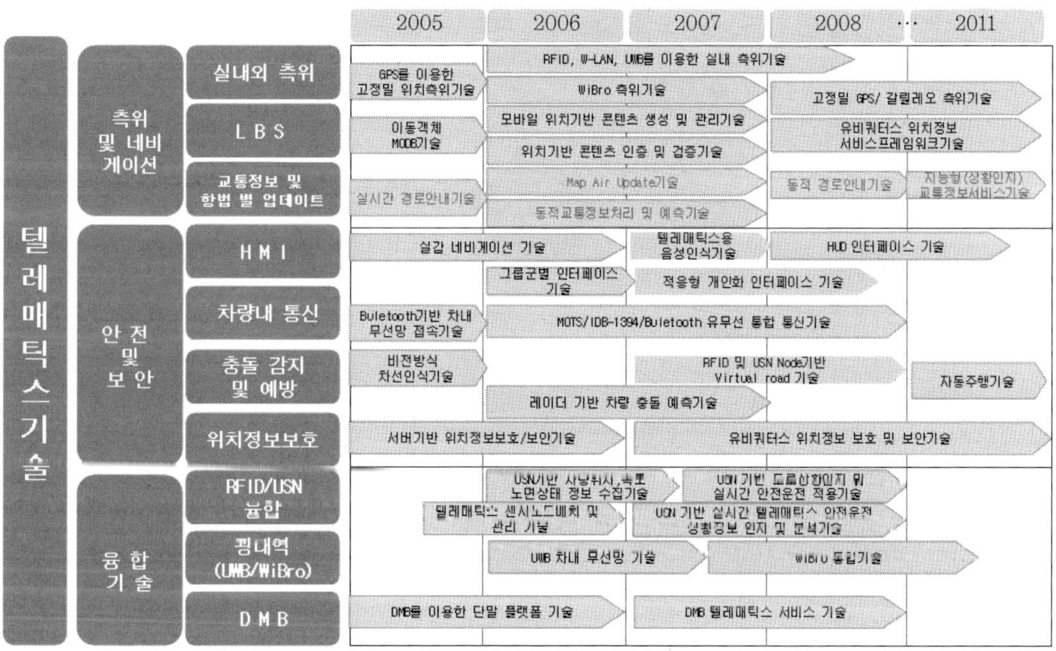

〈그림 4.29〉 텔레매틱스 발전 road map

4.3 홈 네트워크(*Home Network*)

4.3.1 개념

가정 내의 모든 정보단말 · 가전기기 등을 유무선 network로 연결하여 누구나 기기, 시간, 장소에 구애받지 않고 다양한 홈 네트워크 서비스를 제공받을 수 있는 가정 내의 통신망을 의미한다. 따라서 홈 네트워크는 정보가전을 제어하는 홈 오토메이션, TV 기반의 홈 엔터테인먼트 서비스 등을 지원하는 핵심 요소기술로서, 집안의 가전기기 및 시스템을 상호 또는 외부 인터넷상의 정보기기와 연결한다. 이를 통하여 각각의 기기 및 시스템에 대한 원격 접근과 제어가 가능하고, 음악, 비디오, 데이터 등과 같은 콘텐츠를 사용할 수 있도록 양방향 통신 서비스 환경을 구현한다.

〈그림 4.30〉 홈 네트워크의 기본 구성 형태

4.3.2 홈 네트워크의 필요성

홈 네트워크 서비스를 제공받기 위해서는 가정 내의 각종 정보 단말 · 가전을 상호 연결하고 이를 외부의 통신망에 접속하기 위한 광대역 홈 네트워크의 구축이 필요하고, 또한, 각종 센서 네트워크, 지능형 서비스로봇, 홈 연동 텔레매틱스 도입 등 유비쿼터스 환경 구현이 필요하다.

4.3.3 홈 네트워크의 구성

홈 네트워크의 구성은 〈그림 4.31〉처럼 크게 배선기술, 기반통신기술, 유무선기술을 적용하여 구성된다.

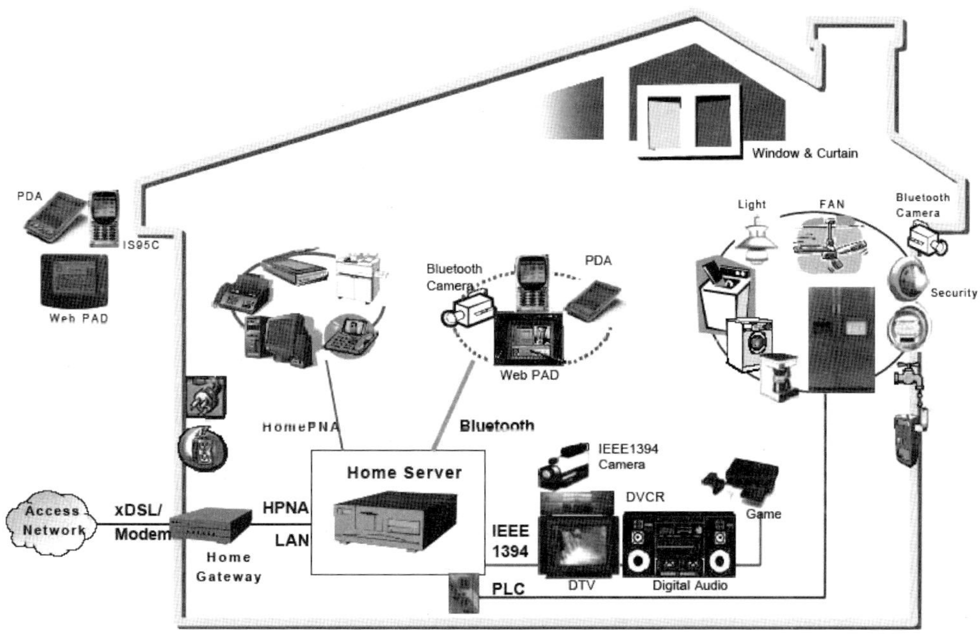

〈그림 4.31〉 홈 네트워크 기술을 적용한 구성도

(1) 배선

홈 네트워킹의 구현을 위한 배선은 전화선, 동축케이블, UTP, 무선채널, 전력선 등이 있다.

(2) 기반통신기술

배선을 기반으로 Home PNA(Phoneline Networking Alliance), IEEE1394, 이더넷, Home RF, 무선LAN, 블루투스, IrDA(Infrared Data Association : 무선적외선장치) 등이 필요하다.

(3) 유무선 기술

유선기술은 Home PNA, IEEE1394, PLC, 이더넷 등이며, 무선기술은 블루투스, Home RF, IrDA 등이 있다.

〈표 4.8〉 홈 네트워크를 구성시 적용기술 비교

	종 류	표 준	전송 속도	최대 전송거리
유선	HomePNA	HomePNA v2.0	1~2/10Mbps	150m
	USB	USB v1.1	12Mbps	30m
	IEEE1394	IEEE1394	100~400Mbps	72m
	Ethernet	1EEE802.3	10/100Mbps	100m(UTP)
	전력선	none	1~2Mbps	100m
무선	Bluetooth	Bluetooth v1.0	720Kbps	10m
	HomeRF	SWAP v1.2	1~2Mbps	50m
	IrDA	IrDAv1.3	최대 4Mbps	1m
	Wireless LAN	IEEE802.11	5.5~11Mbps	50m

4.3.4 홈 네트워크의 기술 동향

(1) 홈 서버의 운영체계 및 어플리케이션

현재 여러 종류의 셋톱박스가 시장에 경쟁적으로 출시되고 있으며, 미국의 임베디드 Windows CE 환경과 R/T Linux를 기반으로 하여 구성된 시스템이 선점할 것으로 전망된다.

(2) 홈 네트워킹의 data 전송기술

유선방식으로서는 전화선을 이용한 Home PNA와 전력선을 이용한 Home PLC(Power Line Carrier) 등이 가장 현실적인 구현수단으로 전망되고 있으나, IEEE1394 프로토콜 방식이 업계의 개발동향을 주도하고 있어 가전기기 등과의 연계방안에 대한 표준화 방식으로 자리잡을 것으로 전망된다. 하지만 장기적인 관점에서 본다면 무선방식의 Home RF 계열 기술이 시장을 지배할 것으로 판단되며, 향후 무선네트워크 관련기술이 부상할 것이라 전망된다.

(3) 네트워크 제어표준 및 가전제어

이 분야의 표준은 각 가전기기 진영들의 시장주도에 의하여 결정될 전망이다. 이러한 제어표준방식으로는 IEEE1394 표준의 HAVi 그룹과 MS의 UPnP, VESA 홈 네트워크 그룹 등이 있으며, 가전제어방식은 SUN의 JINI기술이 HAVi그룹에 의하여 채택되면서 급부상 중이다.

4.3.5 홈 네트워크 발전 단계

홈 네트워크는 현재 아날로그와 디지털이 병행되어 사용되나, 향후 유무선이 통합된 디지털 홈 네트워크 시대가 도래할 전망이며, 궁극적으로는 무선화 되는 방향으 자리매김할 것으로 예상된다.

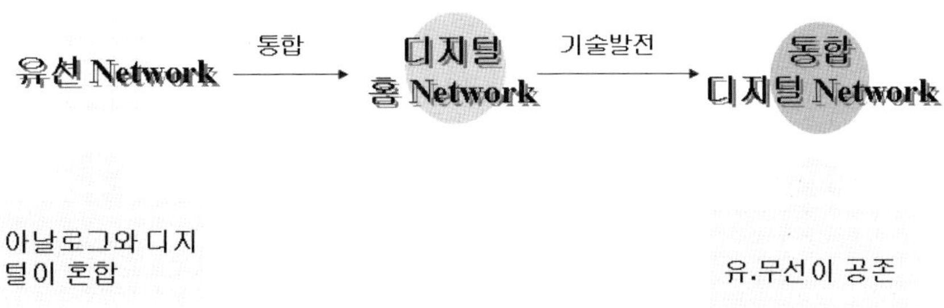

〈그림 4.32〉 홈 네트워크의 발전단계

4.3.6 홈 네트워크 기술

가) 유선기반 홈 네트워크 기술

지능형 홈 네트워크에 사용되는 설비 및 기기는 각각의 설비간의 통신을 통하여 정보를 교환하고, 서비스를 제공하는 데 목표를 두고 있다. 이러한 기능은 크게 유선통신기술과 무선통신기술로 나누어지는데, 유선통신기술을 살펴보면 다음과 같다.

〈표 4.9〉 홈 네트워크 유선통신기술

기술	전송매체	표준	참여업체
HomePNA	전화선	HomePNA 1.0 HomePNA 2.0	3Com, HP, IBM, Intel 등 다수
전력선	Power Line		X10, LonWorks 등 다수
Ethernet	UTP	IEEE 802.3	3Com, Intel 등
USB	Cable	USB V1.1 USB V2.0	Microsoft 등 다수
IEEE 1394	Cable	IEEE1394	Sony, TI, IBM, Intel 등 다수
RS-485	Cable	EIA 485	Chip 밴더 외 다수

(1) RS-485

① 개념

EIA-485(그전에는 RS-485)는 2선식 반이중 다중점 직렬연결에 대한 OSI 모델의 물리계층 명세이다. EIA-485 표준은 차분 신호를 정의하는데, 두 선 사이의 전압차로 data를 표현한다. 전압의 한 쪽이 '1' 레벨이면, 나든 한 쪽은 '0' 레벨을 나타낸다. 올바른 신호로 인식하려면 적어도 전압의 차이가 0.2(V) 이상 이어야 한다. 수신측은 +12(V)로부터 -7(V)까지의 전압이면 올바른 것으로 알고 인식한다.

EIA-485는 Driver와 Receiver의 전기적 특성만을 정한 것이다. Data protocol에 대해서는 가이드라인이 존재하지 않는다. EIA-485를 사용하면 저가의 local network나 multi drop 통신망을 구축할 수 있다. 이 규격은 고속 데이터 통신 속도를 낼 수 있는데, 10미터까지는 35Mbps, 1,200미터에서는 100kbps이다. EIA- 485는 EIA-422와 같이 twisted pair를 이용한 평형형 전송로를 채택하고 있기 때문에 비교적 먼 거리(1,200미터 이상)까지 늘리는 것이 가능하다.

EIA-422는 스위치 오프로 할 수 없는 하나의 드라이버 회로를 가지고 있지만, EIA-485는 송신 모드를 위해 드라이버에 신호를 하나를 더 둘 필요가 있다. 이것에 의해서 EIA-485는 2선만으로 선형 토폴로지를 구축할 수 있다.

② 댁내 제어기기 연동을 위한 RS-485 protocol 표준

· 개요

댁내 홈 네트워크 월 패드/홈 게이트웨이와 RS-485 data 통신으로 연동되는 제어기기의 상호 연동성을 보장하고, 국내 호환성을 유지하기 위하여 RS-485 data 통신 프로토콜에 대한 표준을 정의한다.

· 표준의 구성 및 범위

본 표준은 RS-485 통신 인터페이스에 연결되는 월 패드/홈 게이트웨이와 제어기기 간의 통신 규격과 메시지 기본 포맷을 정의한다. 또한 상호 연동 서비스를 위한 데이터 통신 프로토콜을 정의한다. 통신 프로토콜의 주된 내용은 제어기기에 대한 제어 서비스로 월 패드/홈 게이트웨이의 통신 프로토콜 스택 중 구현되어야 할 RS-485 메시지를 기술하도록 한다.

이러한 정의를 통해 서비스 제공자는 다양한 제어기기 제공자로부터 월 패드/홈 게이트웨이와의 상호 연동에 대한 신뢰성을 보장받게 된다.

③ RS-485 통신 연동 구조

홈 게이트웨이는 댁 외부의 백본망과 댁내의 다양한 통신방식을 갖는 기기들 간의 상호 연동을 보장한다.

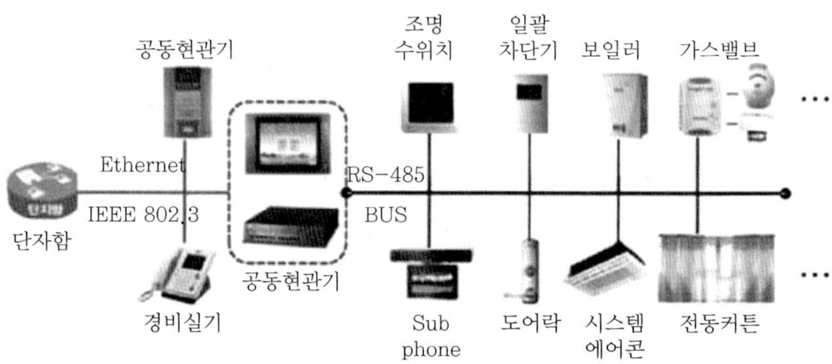

〈그림 4.33〉네트워크 RS-485 연동 제어기기

월 패드/홈 게이트웨이와 연동되는 다양한 통신 방식의 기기 중 본 표준은 〈그림 4.54〉와 같이 RS-485 통신으로 연동 되는 제어기에 대하여 통신 데이터를 정의하도록 한다.

연동 대상 제어기기는 1차적으로 다음의 14개를 정의한다.

→ 세탁기, 전자레인지, 식기세척기, 보일러, 온도조절기, 원격검침기, 전등(조명), 일괄 차단기(외출제어기), 방범확장, 가스밸브 제어기, 커튼, 환기시스템, 도어락, 시스템에어컨

④ RS-485 통신 규격

통신 규격은 다음의 정의에 따른다.

· 통신 방식 : 비동기 직렬 통신
· 통신 속도 및 기타 설정 : 9.6kbps, data bit 8, 패리티 없음, 정지비트 1, 흐름 제어 없음
· 제어 가능한 디바이스 수 : 권장 최대 디바이스 32개
· Data 송수신 방식 : Polling 방식(권장 Polling 주기 : 최대 2sec 이내)
· 요청 및 응답 시간 : 최소 10ms ~ 최대 15ms

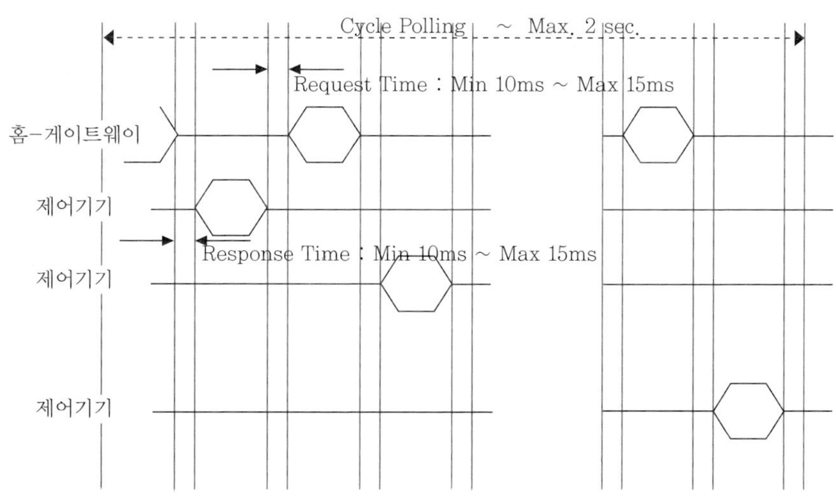

〈그림 4.34〉 RS-485 데이터 통신 규격

⑤ 메시지 포맷 구조

· 기본 패킷 길이 : 7byte
· 최대 패킷 길이 : 16byte(7 + 9byte)
· 최대 등록 가능한 디바이스 수 : 255개
· 최대 등록 가능한 동일한 디바이스 수 : 255개
· 전송 단위가 되는 패킷 길이는 최대 16byte 이내의 가변 길이로 하며, 기본 포맷은 다음과 같다.

〈표 4.10〉 RS-485 메시지 기본 포맷

Header	Device ID	Device ID	Command	Length	Data	Exdusive OR	Add
1B	1B	1B	1B	1B	NB	1B	1B
0xF7					0~8byte		

⑥ 메시지 포맷 필드 설명

〈표 4.11〉 RS-485 메시지 포맷 필드 설명

필드	설 명
Header	패킷간의 구분을 위해 Header 필드를 정의한다. - 0xF7로 정의
Device ID	제어기기를 구분하기 위한 구분자 - 제어기기 별로 Device ID를 부여
Device Sub-ID	동일 제어기기 또는 제어기기 하나에 복수 하위 기기가 연결되는 구분자 - 동일한 제어기기 하위 위치별로 Device Sub-ID를 부여
Command Type	홈네트워크 월패드/홈게이트웨이와 제어기기간의 정의된 명령어
Length	데이터 필드의 길이 - Data(N Byte)가 있을 경우 데이터 길이(0x00~0x08)
Data	명령어에 따른 상세 데이터 - 가변길이 메시지를 사용할 경우에 필요하다. - Data(N Byte)가 필요없는 경우 사용하지 않는다. - 한글 데이타 전송시 ANSI코드 전송을 원칙으로 한다.
Exdusive OR	Header 필드에서 Data 필드까지의 Exclusive OR 연산 결과값
Add	Header 필드에서 Data 필드까지의 Add 연산 결과 값

⑦ Device ID

〈표 4.12〉 RS-485 Device ID

Device Name	Device ID	Device sub-ID
가스밸브	0x12	
원격검침	0x30	1번부터 시작 (0번은 사용하지 않음)
도어락	0x31	
커튼	0x13	
시스템 에어컨	0x02	
환기 시스템	0x32	
일괄 조명 차단기	0x33	
방범확장	0x34	
전등(조명)	0x0E	
보일러	0x35	
드럼세탁기	0x0A	
전자레인지	0x04	
식기세척시	0x09	
온도조절기	0x36	

(2) PLC

① PLC 개요

전력선 통신(Power Line Communication)은 전력을 공급하는 전력선을 매개로 음성과 데이터를 주파수 신호에 실어 통신하는 기술이다. 200Mbps의 데이터 전송 속도가 가능하다. 전력을 공급하는 전력선을 이용해서 음성과 데이터를 수백 ㎑서 수십 ㎑ 이상의 고주파 신호에 실어 통신하는 기술이다.

PLC는 디지털 홈네트워크의 기반 통신기술로 기존 가설된 전력선을 통해 데이터 통신이 가능하고, 홈네트워크에서 PC와 각종 가전제품과의 데이터 교환을 위한 가정 내 랜에서 쓰일 수 있다. 또한 전파가 도달하기 어려운 곳에 PLC를 사용하면 무선랜을 보완할 수 있으며, 전력선와 조합하여 가정 내 가전, 전열 · 조명기기 등의 전자제품을 제어할 수 있다. 게다가 아파트나 사무실과 같은 건물 내 통신망을 네트워크 회선 작업을 하지 않고 구축할 수도 있다.

즉 PLC는 댁내에 배선된 전력선을 이용하여 data 통신을 구현하는 기술로, 전력선을 통하어 통신 신호를 100(㎑)~30(㎒)의 고주파 신호로 바꿔 실어 보내고, 이를 고주파 필터를 통하여 따로 분리해 신호를 수신히는 방법을 말한다. 국내에서 사용되는 전력은 60(㎐)의 교류신호로 가전제품은 이를 전력변환기(트랜스포머)를 통해서 직류로 바꿔 사용하며, 전력선 통신에서의 저주파 신호는 저출력의 신호이므로 일반 가전기의 작동에는 거의 영향을 미치지 않는다.

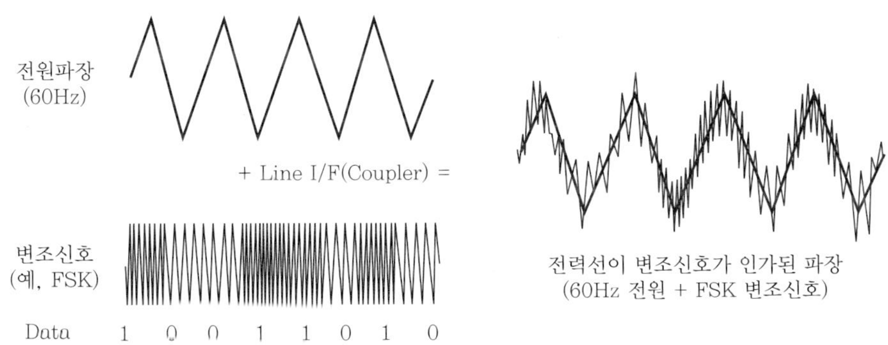

〈그림 4.35〉 각종 신호 파형

PLC는 전력수송을 목적으로 하는 전력선을 매개체로 이용하기 때문에 별도의 통신선로가 필요하지 않고 콘센트를 이용하여 간편하게 접근할 수 있다는 장점이 있는 반면, 잡음과 신호감쇠, 임피던스 부정합(Impedance Mismatching) 등 안정적인 통신환경의 제공을 위해 고려해야 할 기술적, 환경적 요소가 많은 개발 분야이다.

전력선을 통한 홈 네트워크 기술로는 X-10, CEBus, LonWorks가 있다.

· X-10 : 최초로 개발된 전력선 통신기술로 저속 전력선 부문에서 사실상의 표준으로 인

정되어 많이 사용하던 기술이다. 상대적으로 저가이지만 통신 속도가 60bps의 저속으로 단방향 통신만을 지원하기 때문에 조명 또는 기기의 On/Off와 같은 단순 제어에 활용된다.

· CEBus (Consumer Electronics Bus) : 전력선뿐만 아니라 저전압 연선, 동축, 적외선, RF, 광섬유 등을 통해 통신할 수 있는 프로토콜을 정의한 공개형 구조의 미국전자공업협회(EIA) 표준으로 전력선 반송파는 100~400㎑의 주파수 대역을 이용한다.

· Lonworks : 1989년 미국의 에셜론(Echelon)사가 제안한 디바이스 네트워킹을 위한 제어용 네트워크 표준기술이다. 토스터기, 전구, 스위치와 같은 작은 장치에 마이크로 프로세서를 넣어 지능화된 네트워킹을 구현하고자하는 목적과 서로 다른 벤더가 만든 제품 간에 상호 통신하는 방법을 위해 디바이스를 센싱하고 컨트롤할 수 있는 뉴런 칩(nwurom chip)을 모든 디바이스에 탑재하는 것을 전제로 한다.

② PLC 상용 기술

각 기업들이 독자적인 기술로 개발하여 출시하고 있다.

· LonTalk (Lonworks사)
· CEBus (CEBus사)
· x-10 (X-10사)
· S-Cube (삼성전자)
· LnCP (LG전자)
· z-256 (Planet)

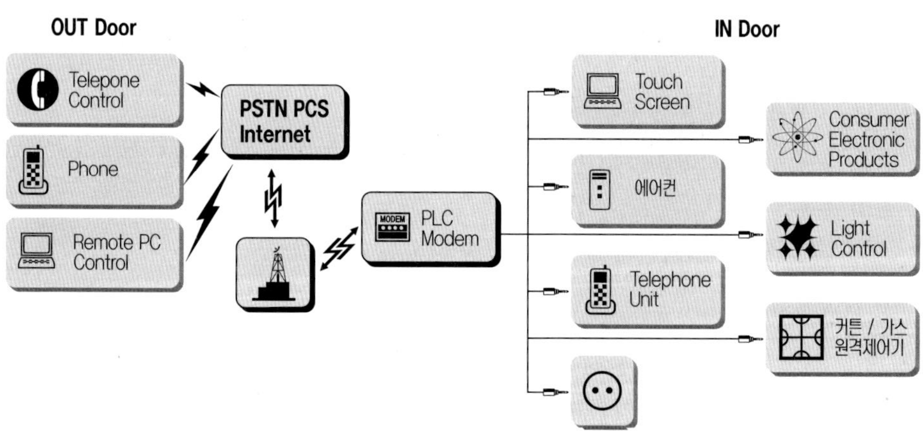

〈그림 4.36〉 PLC 기반 홈 네트워크 활용 예

③ PLC 장단점

· 장점 : 별도의 통신선로 불필요

콘센트를 이용하여 간편하게 접근 가능

· 단점 : 제한된 전송 전력
높은 부하간섭과 잡음
기변하는 신호 건설 및 임피던서 특징
주파수 선택적 특성

(3) Home PNA(Home Phoneline Networking Alliance)

Home Poneline Networking Alliance의 약자로 가정에 설치된 전화선을 이용해서 적은 추가 비용으로 가정 내 정보통신 장비들을 하나의 네트워크에 연결하여 허브, 라우터 등 이더넷 LAN에서 필요하던 별도의 장비 없이 가정 내 LAN을 구성할 수 있는 기술을 말한다. 즉 가정에서 전화선을 이용하여 2대 이상의 컴퓨터들을 서로 공유할 수 있도록 하는 네트워킹 솔루션이다. 원래는 미국 3Com, 루슨트 테크놀러지스(Lucent Technologies), IBM, 휼렛 패커드(HP), 컴팩(Compaq) 등이 참가한 홈 네트워킹 표준화 단체를 말하는 것으로 1998년에 홈 PNA 표준을 공개하고 홈 네트워킹 제품을 출시하고 있어 홈 PNA는 홈 네트워킹 솔루션을 총칭하기도 한다.

홈 PNA는 전화 또는 그 외 다른 서비스가 사용하는 대역폭보다 높은 대역폭을 사용하기 때문에 사용 중에 전화선상의 방해 전파를 피할 수 있고, 신호는 집안에서 전화선을 통해서 이동하기 때문에 외부 조건과 관계없이 신뢰성이 있으며 안전하다.

① Home PNA 표준
· Home PNA 1.0 (1999년 3월 제정)
· Home PNA 2.0 (1999년 12월)
· 100Mbps를 목표로 Home PNA 3.0 진행 중

② Homo PNA 속도
· Homo PNA 1.0 : 1Mbps
· Home PNA 2.0 : 10Mbps

③ Home PNA 전송 거리
· 150 미터

④ Home PNA 특징
· Tut에서 개발
· 간단, 안전, 저속
· 잡음에 대한 영향이 크다
· 유럽이나 오래된 기구에서는 전화선 코드 수에 제한을 받음

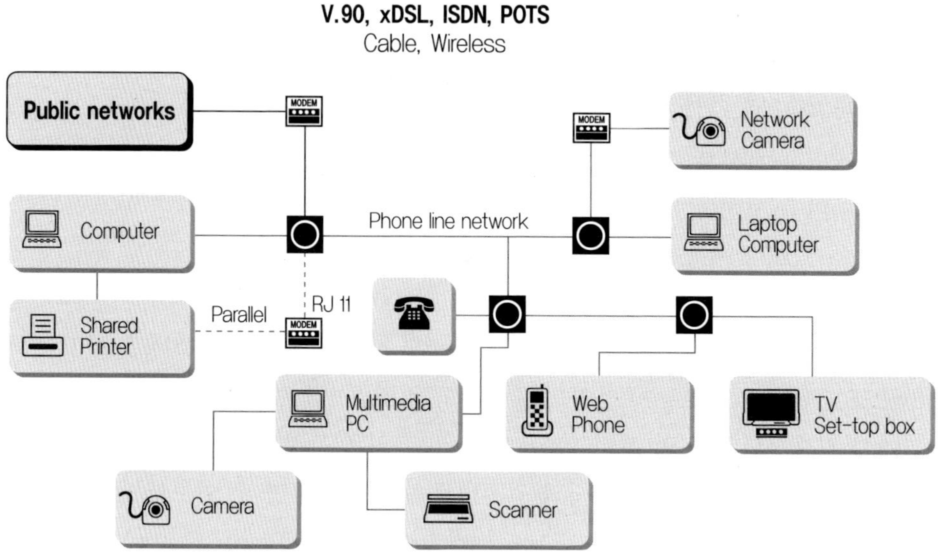

〈그림 4.37〉 Home PNA 서비스 구성도

Home PNA 장비 기반의 전화선 네트워크에서도 인터넷과 프린터/주변기기 공유, 파일, 응용 프로그램 공유, 네트워크 게임, 가정의 자동화, IP를 통한 음성과 비디오 전송 등이 가능하다. Home PNA 1.1에서는 5.5~9.5㎒의 주파수 대역을 사용하여 500피트 이내의 거리에서 1Mbps의 데이터 전송율을 유지하도록 규정하고, MAC(Media Access Controller) 프로토콜 IEEE 802.3 CSMA/CD(Carrier Sense Multiple Access/Collision Detect)를 사용한다.

(4) IEEE 1394

Apple에서 개발한 디지털 기기 간 전송 기술 표준으로 각종 디지털 영상과 음성 신호 및 데이터를 1개의 선을 이용하여 실시간으로 주고받을 수 있다. 통신기기와 컴퓨터, 가전제품을 단일 네트워크로 연결 멀티미디어 데이터를 100Mbps~1Gbps까지 고속으로 주고받을 수 있게 하는 프로토콜이다.

IEEE 1394(1394-1995 IEEE Standard for a High Performance Serial Bus)는 IEEE (The institute of Electrical and Electronics Engineers : 미국전기전자학회)가 지정한 규격의 하나로 1995년에 제정되었으며 PC와 프린터, AV 기기 등의 사이에 디지털 영상과 디지털 음성 등의 data를 쌍방향으로 주고받거나 다른 기기를 제어하기 위한 유선 전송기술이다.

IEEE 1394, 혹은 파이어와이어(FireWire), 아이링크(i.Link)는 미국의 애플 컴퓨터가 제창한 개인용 컴퓨터 및 디지털 오디오, 디지털 비디오용 시리얼 버스 인터페이스 표준 규격이다. IEEE 1394는 데이터의 고속 전송과 등시성 실시간 데이터 서비스를 지원한다. IEEE 1394는 낮은 단가와 간단하고 융통성 있는 케이블 시스템 덕에 병렬 SCSI를 대체하였다.

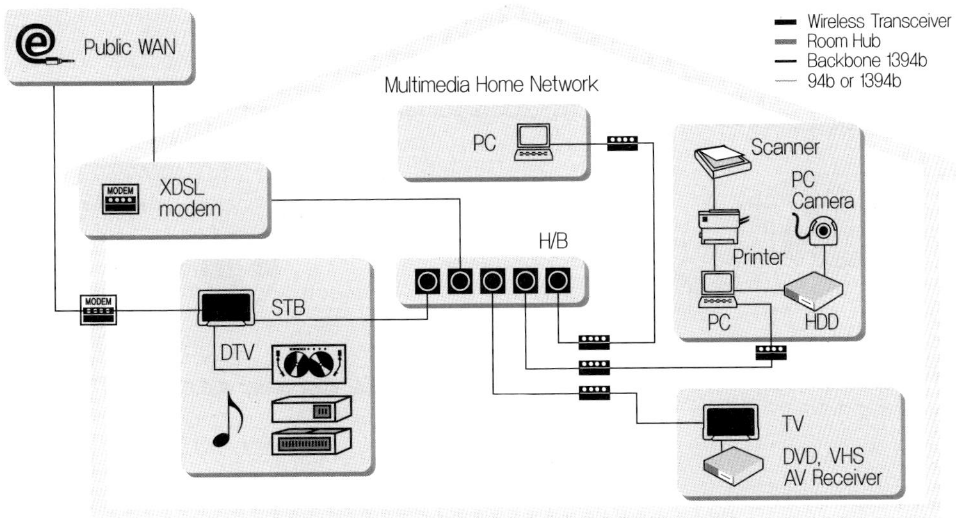

〈그림 4.38〉 IEEE 1394로 연결된 홈 네트워크

IEEE 1394의 규격은 파이어와이어 400과, 800이 있는데 각각 약 100/200/400Mbps, 800Mbps의 전송 속도를 지원한다. 두 규격은 모두 핫 플러깅을 지원한다. IEEE 1394의 두 형태는 6Pin(전기공급:2Pin, 데이터전송:4Pin)과 4Pin(데이터전송:4pin)으로 구성되어 있다.

1995년에 표준으로 제정되었으나 지원되는 하드웨어가 많지 않아 널리 사용되고 있지 않다. 하지만 모든 가전기기가 디지털 방식으로 전환되고, IEEE 1394를 지원하게 된다면 홈 네트워킹에 있어 아주 중요한 역할을 하게 될 것이다. 특히 실시간 동작이 필요하지 않는 비동기 전송과 동영상, 음성 등 실시간 동작이 필요한 동기 전송을 모두 지원해 통신기기, 컴퓨터, 영상기기의 벽을 무너뜨리는 표준으로 자리매김 할 것으로 전망된다.

IBM, 컴팩, 소니, TI, 아답텍, AMP 등 주요 업체들이 IEEE 1394 애플리케이션 표준화를 주고하고 있으며, 하나의 브릿지당 최고 63개의 기기를 직렬로 연결할 수 있고, 중간에 어느 한 기기의 전원이 나가더라도 통신이 가능한 것이 상점이나. 또한 기기를 동작 중에 탈착 가능하며, 접속 케이블을 통해 전원 공급도 가능하다.

와이어는 최대 72m까지의 거리를 연결할 수 있으며, 현재 제품화된 전송속도는 100, 200, 400Mbps 급이다. 와이어의 구조는 6개의 선(전원과 접지선, 2쌍의 신호선)으로 구성됐으며, 최근 4개의 선으로 구성된 케이블과 제이방식이 명령어 방식이 아닌 사용자의 편리성 위주의 GUI(Graphics User Interface) 전송에 의한 제어 방식을 개발하고 있다.

① 표준화된 버전

· 파이어와이어 400 (IEEE 1394-1995)

· 강화 (IEEE 1394a-2000)

· 파이어와이어 800 (IEEE 1394b−2002)
· 파이어와이어 S1600 and S3200
· 파이어와이어 S800T (IEEE 1394c−2006)

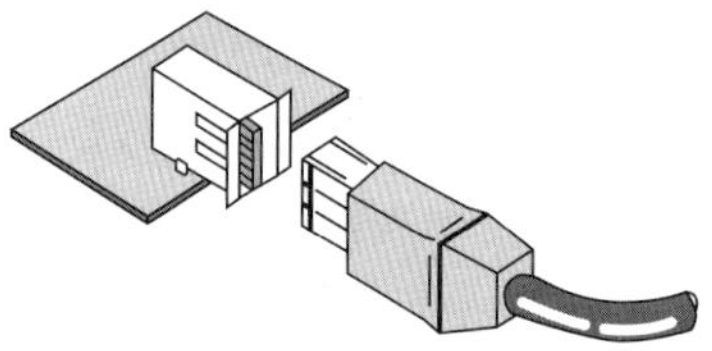
IEEE 1394 Cable and Connector

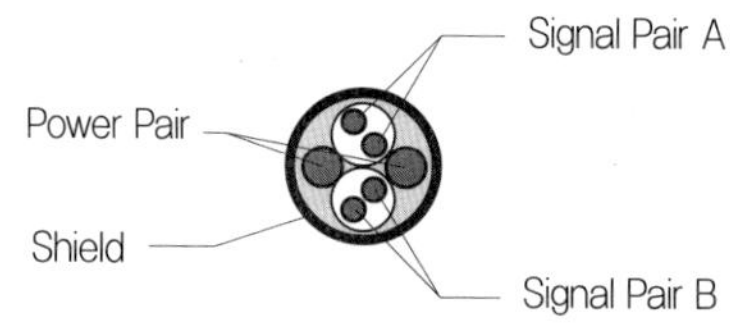

IEEE 1394 Cable and Connector

〈그림 4.39〉 IEEE 표준 규격

② 속도
· IEEE 1394−2000(1394a) : 100~400Mbps
· IEEE 1394b : 2~3Gbps

③ 특징
· 사용성 용이 및 확장성 우수
· 실시간 미디어 전송
· 멀티미디어 데이터에 최적
· PnP 지원

IEEE1394 인터페이스의 가장 큰 특징은 빠른 전송 속도에 있다. 모드에 따라 100Mbps, 200Mbps, 400Mbps 800Mbps 등 속도를 낼 수 있다. 특히 800Mbps, 1.6Gbps의 속도라면 디지털 오디오나 동화상 정보를 전송하기에는 무리가 없기 때문에 스캐너, 디지털 카메라, 디지털 비디오 카메라 등과 같은 멀티미디어 주변기기를 그대로 연결해 실시간으로 사용할 수 있다. 이 네가지 속도 모드에 있어서 높은 속도 모드는 그보다 낮은 속도 모드에 대해 호환성을 갖는다.

즉 200Mbps 모드는 100Mbps로도 동작할 수 있고, 400Mbps 모드는 100Mbps와 200Mbps의 두 가지 모드 가운데 어떤 것으로나 동작할 수 있다. 이는 또 단순한 호환에 그치지 않는다. 가령 400Mbps 속도의 컴퓨터와 200Mbps 속도의 프린터, 그리고 100Mbps 속도의 광 디스크가 동일한 IEEE1394 인터페이스 케이블에 연결돼 있다고 있다고 생각해 보자.

이들은 모두 문제없이 동작하고 서로 데이터를 주고받을 수 있다. 데이터를 주고받을 주변기기 또는 컴퓨터끼리 속도를 맞춰 가며 동작하기 때문이다.

또 다른 큰 특징은 양방향 통신 기능이 뛰어나다는 사실이다. 즉 모든 주변기기마다 IEEE1394 인터페이스를 제어할 수 있는 IC를 내장할 수 있기 때문에 PC를 통한 화상회의 등의 응용 분야에서 성능을 제대로 발휘할 수 있게 해 준다. 따라서 아직 정식으로 시장에 나오지 않았지만, 영상 및 음향 가전제품이 디지털화되면서 컴퓨터에 연결되기 위해서는 IEEE1394 인터페이스가 채택되리란 것을 쉽게 짐작할 수 있다.

IEEE1394의 또 다른 특징은 PnP(Plug-and-Play)를 지원하며, 이와 함께 Hot-Plugging가 가능하다. IEEE1394의 프로토콜은 케이블로 연결된 여러 시스템 가운데 뭔가 변화가 생기면 즉시 그에 대처하도록 만들어져 있다. 또한 사용 중인 주변기기라도 마음대로 장착하거나 분리할 수 있고 다른 장치에는 전혀 영향을 주지 않고 하던 동작을 계속한다. 일일이 컴퓨터를 Shutdown하고 전원을 내린 다음 주변기기를 설치하고, 다시 전원을 넣는 과정을 수행할 필요가 없어지는 것이다. Daisy Chain이 동작중인 상태에서 어떤 주변기기가 붙거나 떨어져 나가면 형태가 달라지므로 모든 정보는 리셋되고 이 체인의 주변기기들은 다시 어드레스를 부여받는다. 그런 다음, 주변기기들은 자신의 위치를 이 체인에 붙어 있는 모든 기기들에게 알리고 재동작을 하기 위하여 준비 상태로 돌아간다.

또한 SCSI와 같이 Daisy Chain 형태의 인터페이스를 사용하는 시스템이나, 혹은 LAN을 구성하는 Ethernet 시스템에서는 항상 Terminator를 사용해야 했다. 이것이 제대로 설정되어 있지 않으면 동작에 이상이 생긴다. IEEE1394에서는Terminator를 사용할 필요가 없다. 왜냐 하면 IEEE1394는 Daisy Chain이라기 보다는 Point-to-Point 방식의 버스 기술을 사용하기 때문이다. 이 밖에도 Thin cable을 사용하여 기존의 크고 비싼 케이블을 대신하고 쉽게 사용자가 이용할 수 있는 특징이 있다.

④ IEEE 1394 전망

IEEE1394 버스는 현존하는 대부분의 주변 장비 연결 방식을 능가한다. 또한 향후 사용될 것으로 보이는 주변 기기들의 요구에도 부응할 수 있다. 프린터 포트, 시리얼 포트, SCSI, 그리고 심지어는 PCI와 같은 확장 버스나 애플에서 사용하는 데스크탑 버스도 IEEE1394로 통합될 것으로 생각된다.

특히 IEEE1394에서는 메모리 어드레싱 방식을 사용하기 때문에 확장을 위해 슬롯을 사용할 필요가 전혀 없다. 이로써 공간을 절약할 수 있고 특히 노트북 컴퓨터나 PDA와 같은 소형 정보 기기에겐 희망을 주기까지 한다. 뿐만 아니라 IEEE1394의 핫플러그, 전원 공급 기능, 동적 재배열 기능은 컴퓨터 환경을 사용자 중심으로 만들어 준다. 그저 TV를 보거나 오디오를 듣기 위해서 전원 플러그를 꽂고 전원을 넣기만 하면 되는 정도로 쉽게 컴퓨터 사용 환경이 바뀌는 것이다.

많은 기업에서 IEEE1394를 지원하는 많은 디바이스와 가전기기들을 개발하고 있으며. 또한 다른 Serial Bus에 비해 많은 장점을 가지고 있어서 향후 무한히 성장할 가능성을 가지고 있다. 이런 여러 가지 움직임과 IEEE1394 인터페이스의 장점을 볼 때 몇 년 이

내에 IEEE1394는 컴퓨터와 영상 기기의 벽을 무너뜨리는 멀티미디어 인터페이스로 확고한 자리를 차지할 것으로 기대된다.

(5) Home PLC(Power Line Communication, 전력선 통신)

〈그림 4.40〉 전력선 기반 홈 네트워크 활용 예에서 볼 수 있는 바와 같이 전력선 기반 통신기술은 전력선을 이용해 PC와 오디오, 비디오 등의 가전제품이 서로 데이터를 주고받을 수 있는 방식이다.

전력선 기술에는 저속 PLC(Power Line Communication) 기술과 고속 PLC 기술로 분류할 수 있다. 저속 PLC는 수십 bps의 속도를 요구하고, 주로 Control data 전송에 사용하며, 고속 PLC는 수십 Mbps까지의 전송 속도를 제공하여 오디오, 비디오 서비스를 가능하게 해준다. 그러나 이 방식은 속도, 안정성, 공유 능력 등의 이유 때문에 비교적 낮은 속도의 홈 오토메이션에서만 사용되고, 1Mbps 이상의 대역을 요구하는 홈 네트워크 기술에서는 아직 사용되지 않고 있다.

가정 내 PC 간 파일 공유, 주변기기 공유, 인터넷 서비스 공유, 네트워크 게임을 하려면 전력선 네트워크 장비가 최소 1Mbps 대역, 높은 안정성, 저가, 쉬운 설치 등의 요구 사항을 만족시켜야 한다.

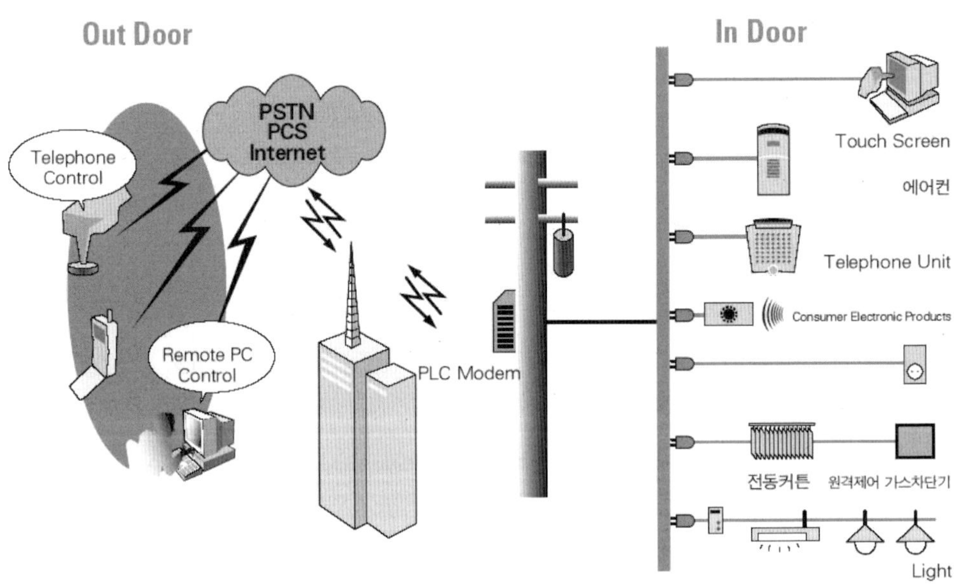

〈그림 4.40〉 PLC 기반 홈 네트워크 활용 예

(6) USB

① USB(Universal Serial Bus)란?

범용 직렬 버스(USB)는 PC를 열지 않고 장치를 컴퓨터에 쉽게 연결할 수 있도록 하는 장치를 말한다. USB는 표준 포트와 플러그 조합을 사용하여 프린터, 모뎀, 스캐너, 디지털 카메라 같은 장치를 연결한다. 이 버스의 장점은 장치를 쉽게 추가하거나, 삭제하거나, 옮길 수 있는 기능을 제공하는 것이다.

현재 사용되고 있는 각각의 장치(키보드, 조이스틱, 스캐너, 모뎀, 디지타이저, 마우스, 적외선 연결장치 등) 들을 연결하기 위해선 각 장치간의 인터페이스가 내장되어야 한다.

그로 인하여 부가 비용이 PC의 제조 단가에 포함되게 되고, 키보드나 마우스가 같은 범용 장비는 이미 오랫동안 사용되어 인터페이스 사용에 별무리가 없지만, 새롭게 만들어진 장비가 있을 때, 전용 인터페이스의 개발 부담과 더불어 현존하는 모든 시스템에 대한 매칭 문제를 고려하지 않을 수 없다.

이로 인하여 컴퓨터를 사용하는 초보자일 경우, 새 디바이스의 연결에 어려움이 따르거나 하드웨어적인 호환성 문제의 발생으로 전혀 그 장비를 사용할 수 없는 경우가 발생하기도 한다.

USB의 등장은 바로 이런 여러 외부 디바이스와 앞으로 개발될 디바이스들의 연결 포트를 하나로 통합하여, 간단하게 연결하여 사용할 수 있다는 데 큰 장점이 있다.

물론 간편한 설치를 위해서 현재 개발되어 사용되고 있는 플러그&플레이도 기본으로 포함되어 있다.

대표적인 버전으로는 USB 1.0, 1.1, 2.0, 3.0 등이 있다.

- USB 1.0: 1.5 Mbit/초 (Low speed), 12Mbit/초 (Full speed)가 제공된다.
- USB 2.0: 최대 480 Mbit/초 (Hi-Speed) 속도를 제공한다.
- USB 3.0: 최대 속도는 5Gbps이며 USB 1.0, 1.1, 2.0 등과 하위 호환되어, USB 2.0 장치를 USB 3.0 포트에 연결하거나 USB 3.0 장치를 USB 2.0 포트에 연결하는 경우 모두 USB 2.0 하위호환모드로 동작한다. 추가된 5개의 단자 때문에 케이블 연장선을 이용할 경우 USB 3.0 규격의 케이블을 사용해야 한다.

USB의 연결 방식을 살펴보면, 전체적인 구조는 TREE 구조로 되어 있다. 마치 외장 SCSI 장비의 연결 방법과도 같은데, 외장 SCSI 장비가 각각 입출력 인터페이스를 동시에 지니고 있는 것과 비슷하다.

따라서 USB장비에 두개의 포트가 있어서, 하나는 상위 USB 포트에, 하나는 하위의 USB 포트에 연결된다. USB의 가장 윗 부분에는 주 컨트롤러(host controller)가 있다. 주 컨트롤러는 루트 허브를 통해 두 개의 USB 단자를 제공한다. 보통 이 단자에 주변 기기를 연결해 사용하며, 포트가 부족하면 허브를 연결하여 더 많은 포트를 마련할 수 있다. 하나의 주 컨트롤러에는 나뭇가지 모양으로 주변 기기를 많으면 127개까지 연결할 수 있다. USB 방식으로 연결된 주변 기기는 대부분 핫 플러그(또는 핫 스왑: 사용 도중 아무 때나 주변 장치를 연결하거나 제거할 수 있는 기능)를 지원한다. USB 방식으로 연결된 주변 기기에는 약간의 전력이 함께 공급된다. 따라서 보통은 외부 전원을 이용하지 않고도 쉽게 주변 기기를 사용할 수 있다.

↘ 주변 기기 종류
오디오 (사운드 카드), 통신 (이더넷, 모뎀, 시리얼포트 아답터), HID (키보드, 마우스 등), PID (포스 피드백 조이스틱), 정지사진 (디지털 카메라), 프린터,저장 장치 (USB 플래시 메모리,USB 외장형 하드디스크), 허브, 통신 (모뎀, ISDN, LAN 어댑터 등), 스마트 카드 리더, 컨텐츠 보안, 동영상 (캠코더), 개인 건강관리, 진단장비, 무선 통신 (블루투스 등), 액티브 싱크용, 기타 장비

② USB의 역사

1994 : USB core 회사 구성

1995 : WinHEC(Windows Hardware Engineering Conference)
USB-IF(USB implementers Forum)결성
340의 멤버, 인텔 첫USB silicon 소개

1996 : USB 설명서 1.0 출간, USB 제품 소개, Comdex에 소개

1997 : USB-IF 멤버 400이상으로 증가. 500개 이상의 제품이 세계전역에 개발중 첫 USB 개발자 회의

USB는 CTI(컴퓨터와 전화의 통합)라고 알려진, 컴퓨터와 전화기를 통합하기 위한 간단한 방식을 제공하기 위하여 컴팩, DEC, IBM, 인텔, 마이크로소프트, NEC, Nortel의 7개회사에 의해 개발된 주변버스규격이라고 할 수 있다. 이 규약이 발전하여, PC에서 최대 127개의 주변장치들을 쉽게 통합시키기 위한 개념으로 확장되어 USB 1.0 규격으로 발표된 것이다.

우선 PC주변장치 확장의 쉬운 사용과 12Mbps의 전송을 지원하는 저가격의 해결책을 제시하고자 했으며, 음성과 압축된 비디오에 대한 실시간 데이터에 대한 완벽한 지원. 혼합된 모드의 동기 데이터전송과 비동기 메시지에 대한 규약유연성과 유용한 장치기술에서의 통합성 그리고 다양한 PC구성과 형태요소의 이해, 제품으로의 빠른 확산을 할 수 있는 표준 환경을 제공하고 PC성능을 증가시키는 새로운 장치개발 등 이었다

이러한 목표로 인하여 결국 USB는 master/slave 개념과 호스트와 각 주변장치간의 직접적인 연결이나 허브를 통한 연결 하에서 작용하게 되었으며, 이는 기본적으로 시리얼버스 즉 직렬버스 형태로 구성된다. 하지만 이는 우리가 PC에서 사용하는 기본적인 RS-232 시리얼환경과 혼동되는 것이 아니며, PCI 버스를 대체하는 것도 아니라는 것

에 유의해야 한다. 첫 목표였던 PC주변장치 확장의 쉬운 사용은, USB의 중요한 특색중의 하나로 컴퓨터의 커버를 여는 수고를 덜어주는 진정한 플러그앤 플레이 개념을 사용하는 호스트PC에 주변장치를 쉽게 연결하거나 구성할 수 있게 된 것이다.

이로 인하여. 모든 연결되는 주변장치들은 호스트상의 직접적인 USB포트나 USB허브장치를 통해서 외부적으로 연결될 수 있으며, 이러한 주변장치들을 사용할 수 있도록 12Mbps의 Full speed와 1.5Mbps의 low speed를 가지게 되었다.

이러한 USB 규격은 1994년 7개의 USB Core 회사들이 뭉쳐, 1995년 WinHEC (Windows Hardware Engineering Conference)와 USB-IF(USB implementers Forum)를 결정하였다. 그 첫 성과로 1996년 1월15일 USB 1.0 규약이 발표되었으며, USB 첫 제품들이 컴댁스에 소개되기에 이른다. 그러던 것이 1.0 규약에 문제점들을 해결하고 실제 사용할 수 있는 주변장치들을 위해 1998년 9월 23일 USB 1.1 규약이 다시 발표되었다.

이러한 USB 1.1 규약의 발표로 인하여 비로소 USB포트를 지원하는 칩셋들이 인텔이나 VIA, SiS, ALi등과 같은 회사에서 출시되었고, 마더보드에 기본적으로 장착되기 시작했다. 하지만, 이러한 하드웨어상의 지원은 MS사의 윈도가 지원하지 못하여 여러 가지 문제점을 나았고, 윈도95의 OSR 2.1에서 비로소 제대로 지원이 되기 시작했다. 하지만 좀 더 현실적으로 보면 윈도98에서부터 지원된다고 보아야 하며, 윈도98도 SE 버전에서 USB 주변장치들의 드라이버들을 포함하는 주요한 버전업이 이뤄졌으며, 현재에 이르고 있다.

③ USB의 이해

요즘, 사용의 편리성과 확장의 자유로 인해 많은 장치들이 USB 방식으로 출시되어, 이제는 주변에서 스피커, 카메라, 프린터 등 USB 방식의 여러 주변 장치들을 쉽게 접할 수 있다

USB는 IBM, DEC, NEC, 마이크로소프트, 인텔, 컴팩, 노턴 텔레콤 등의 7개 업체가 중심이 되어 기존의 느린 직병렬 인터페이스를 대체하고 확장성이 떨어지는 노트북용으로 개발된 방식이다. USB의 주 개발 목적은 각종 주변기기의 케이블 통합이 주 목적이다. 12Mbps의 속도는 기존의 직병렬 인터페이스에 비해서는 빠르지만, 충분히 빠른 속도라고 할 수 없어 상대적으로 저속의 주변장치를 위한 방식이라 할 수 있다.

1996년 2월에 USB가 발표되자, 얼마 후 최초의 USB 지원 칩셋인 인텔의 430HX 와 USB를 지원하는 윈도우95-OSR2가 발표되었고, 98년 초에 최종 규격이 확정되었다. 현재는 노트북과 데스크탑 모두 USB가 표준이다.

↘ USB 포트/허브 참고사항 / 이용시 주의사항
허브라는 장치는 하나의 포트를 여러개로 확장 시켜주는 역할을 한다. USB 포트의 특징 중 하나가 별도의 전원 연결 없이 USB 포트에서 전원을 공급 받는다는 것이다. 한개의 USB Port에서 5V/500mA의 전원을 주변장치로 공급해 줄 수 있다. 컴퓨터 주변기기 중 많은 장치가 500mA 이하의 적은 전력으로도 동작이 가능하다. 따라서 한개의 USB포트에 USB허브를 연결해서 확장하여 다수의 주변기기를 사용할 수 있다. 하지만 여러개의 주변장치를 HUB에 연결해서 사용할 경우 사용전류가 500mA이상으로 커지게 될경우 주변기기가 정상적으로 동작하지 않을 수도 있다.

④ USB의 특징 및 장점

USB가 널리 사용되고 있는 실질적인 장점은 사용이 편리하고 속도가 빠르다는 것이다. 또한 USB 주변기기는 부피와 무게가 작기 때문에 휴대가 간편하다는 이유로 USB 주변기기의 인기를 뒷받침하고 있다. 그런 이유로 노트북용 주변기기 중 상당수가 USB 인터페이스로 개발되고 있다. USB의 실질적인 장점을 살펴본다.

· 주변기기의 설치가 간단하다.

USB는 다른 인터페이스처럼 설치를 위해 Driver가 필요하지 않다. 각종 입출력 장치와 주변기기들을 자동으로 인식함으로 별다른 설정을 해 줄 필요가 없다. 한 개의 주변기기의 설정을 변경하기 위해 컴퓨터를 재부팅 할 필요도 없으며 시스템을 사용중에 주변기기를 연결하거나 제거하여도 문제가 되지 않는다.

· 전송속도가 빠르다.

USB는 4개의 선으로 구성되어있으며 이 중 2개의 선은 전원을 공급하는데 사용되고 나머지 2개의 선은 데이터를 전송하는데 사용된다. USB 케이블에 공급되는 전류는 0.5A 정도이다. 때문에 USB 버스에 접속되는 주변기기와 허브는 전력 공급형과 비공급형의 두 가지로 분류된다.

예를 들어 프린터나 모니터에는 자체 전원장치가 있어서 전력을 공급받으므로 이들은 전력 공급형 USB 장치가 되며, 함께 연결되는 다른 전력 비공급형 USB 장치에 전력을 공급해주는 역할을 한다. 반면에 키보드나 마우스와 같은 경우는 전력 비공급형이므로 여기에 함께 연결되는 다른 USB 장치는 반드시 조이스틱이나 마우스처럼 전력 소모가 거의 없는 장치여야 한다.

USB의 전송속도는 12Mbps로 Serial Port의 최고 전송속도보다 10배정도 빠르며, LAN의 전송속도인 10Mbps보다 빠르다. 이 속도는 SCSI보다는 느린 속도이긴 하지만 이 속도의 한계만 극복한다면 앞으로 많은 장래성이 있을 것으로 판단된다.

· 주변기기를 여러 대 연결할 수 있다.

USB에 주변기기를 연결하는 방식은 SCSI처럼 케이블로 서로 연결하는 데이지 체인(Daisy Chain) 방식으로 되어있다. 이것은 PC의 USB포트에서 나온 USB 케이블이 주변기기에 연결되고, 또 여기서 케이블이 나와 또 다른 주변기기에 연결되는 식으로 차례차례 연결하는 방식이다. 이와 같은 방법으로 최대 127개까지 주변기기를 연결할 수 있어 주변기기들을 모두 케이블 하나를 통해서 해결할 수 있다.

위에서도 설명을 했듯이 USB 장치에는 전력 공급형과 전력 비공급형이 있어 하나의 케이블로 모두 연결할 수 없다. 그래서 나온 것이 USB HUB이다. HUB는 네트워크에서 사용되는 용어로서 버스의 신호를 증폭시켜주는 리피터(Repeater) 역할을 하는 장치이다.

HUB에는 16개의 외부 장치를 연결 할 수 있으며 0번 포트는 컴퓨터에서 오는 버스 케이블이거나 다른 허브에서 오는 버스 케이블이어야 한다. 지금 현재 주를 이루고 있는 HUB는 주변기기를 4개 또는 7개를 연결할 수 있으며 전력 공급형과 비공급형이 있다.

· 핫 플러그 지원

USB 주변기기는 핫플러그와 PnP 기능을 지원한다. 핫플러그 지원으로 컴퓨터에 전원이 켜져 있는 상태에서도 바로 연결할 수 있다. 기존의 주변기기는 주로 컴퓨터에 전원이 꺼져 있을 때 연결해야 했다. USB는 컴퓨터에 전원이 켜져 있는 상태에서 연결하면 바로 PnP 기능이 동작하여 자동으로 인식을 한다. 다른 장치의 경우에는 컴퓨터 전원을 껐다가 다시 켜야만 인식되지만 USB 주변기기는 연결 즉시 바로 인식된다. 그만큼 설치하기도 편리하고 사용하기도 편리하다.

· 세계적인 표준규격

USB는 이와 같은 다양한 장점으로 인하여 세계적인 표준 규격으로 정해진지 오래이다. 최근에 생산되는 메인보드나 주변기기는 USB 인터페이스를 지원하는 경우가 많다. 신규로 생산되는 PC의 100%가 USB포트를 가지고 있다고 봐도 무리가 없다.

· 확장성 좋은 케이블

SCSI 인터페이스가 여러 가지 장점을 갖고 있지만 실제로 SCSI 인터페이스에 여러 가지 주변장치들을 사용할 때에는 유의해야 할 점이 있다. 바로 케이블 문제이다. 최근 사용되는 울드라 와이드(Ultra Wide) SCSI의 경우 외장형으로 사용할 때 제한되는 케이블의 길이는 1.5m이다. 더욱이 케이블의 두께도 만만치 않다. USB의 케이블은 키보드나 마우스 케이블 굵기 정도밖에 되지 않으며, USB는 기본적으로 전원을 공급할 수 있도록 되어 있다.

· 전원공급 기능 활용

각 Port당 500mA의 전원을 공급할 수 있다. 저전력을 사용하는 장치들은 별도의 전원을 공급받을 필요가 없다.

· 호환성에선 아직 문제가 있다.

현재 USB의 가장 큰 문제점은 예전의 운영체제와 게임 및 응용 프로그램에 대한 호환성을 제공하지 못한다는 사실이다. 가장 문제가 되는 것은 키보드 입력의 경우인데, 도스 6.X나 그 이전 버전에서 운용되도록 만들어진 응용 프로그램들은 대부분 키보드 입출력 포트 주소인 60H 및 64H 번지를 사용한다.

하지만 USB 방식의 키보드는 이 주소와는 전혀 관련이 없기 때문에 그대로 사용할 수 없다. 이런 문제를 해결하기 위해서는 이런 입출력 주소 문제를 해결해 주는 하드웨어 보드가 필요한데, 이는 현실적으로 불가능한 일이다. 따라서 USB는 결국 윈도 98과 같은 운영체제에서나 제대로 쓰일 수 있을 것이다.

또 다른 호환성 문제는 전력 사용에 관한 것이다. 만약 USB 인터페이스에 물린 주변기기들이 너무 많아서 지나치게 전력을 많이 소비하면 안되기 때문에 키보드와 같은 전력 비공급형 허브를 가지고 여기에 조이스틱 따위의 또 다른 전력 비공급형 장치들이 연결되면 결국 과부하가 걸리는 결과를 낳는다. 이런 경우를 항상 염두에 두어야 할 것이다.

⑤ USB의 단점

살펴본 바와 같이 USB는 많은 장점을 가지고 있으며 이러한 이유로 인해 그 사용도는 급속도로 증가하고 있는 추세이다. 하지만 USB역시 여러 가지 단점을 가지고 있으며, 이를 감안하여 적절한 디바이스를 선택해 사용해야 할 것이다. USB가 가지고 있는 단점을 살펴보면 다음과 같다

· 낮은 전력 공급

USB의 최대 전력 공급은 5V, 500mA로 되어 있다. 반면에 많은 사용기기가 연결될수록 많은 전력 공급이 필요하게 되며 또한 외장형 저장 장치들은 많은 전력을 필요로 하기 때문에 고속 동작을 위한 걸림돌로 작용하게 된다. 또한 자체 전원 공급에 대한 한계로 상당수의 주변기기들은 별도로 전원을 공급해 주어야 한다.

· 저속 장치나 버퍼형 전송 장치만 사용 가능

USB 1.1 규격에서는 최대 전송 속도가 장치 당 4.8~7.2Mbps 정도가 한계이다. 때문에 저속형 장치에서는 큰 문제가 되지는 않고 스피커나 해상도가 낮은 화상회의 카메라 등에서는 겨우 전송 대역을 따라잡는 수준이지만 고속의 저장장치 들에서는 문제가 되고 있다. 하지만 USB 3.0 규격이 상용화 된다면 이러한 것들은 더 이상 문제가 되지는 않을 것이다.

· 높은 CPU 점유율

USB에서는 기본적인 장치 인터페이스가 소프트웨어적으로 구성이 되기 때문에 CPU의 성능에 대한 의존도가 높다. 만약 CPU에 인터럽트가 걸리는 작업이 길어지면 기존의 통신을 유지하기 어렵게 되며 또한 통신 인터럽트가 길어지는 경우에는

CPU가 순간적으로 멈추는 현상이 발생할 수도 있다.

· 제한된 OS

USB는 기본 하드웨어 규격이 있고 이를 구동하는 펌웨어로 구성되어 있기 때문에 이를 운영할 수 있는 시스템 환경이 구축되어야 하고 주변 소프트웨어와의 표준 규격이 있어야 한다. 실제 USB는 윈도 시스템을 표준 모델로 설계가 되어 있기 때문에 USB의 모든 동작은 윈도에서 제공하는 가상 드라이버 환경에서 동작한다. 때문에 정상적인 환경에서는 무척 편리한 장치이지만 시스템이 조금만 불안정한 상태가 되어도 손쉽게 시스템이 무력화되고 이에 대한 복구가 어려워질 수가 있다. 또한 제한된 바이오스 지원으로 인해 각종 고급 기능의 사용이 어렵다. 최근에는 윈도 계열뿐만 아니라, 리눅스 등 다른 OS에서도 USB를 지원할 수 있는 환경이 제공되고 있다

· 테스트 용으로 USB를 사용할 때의 장점과 잠재적 위험

USB 데이터 수집 모델은 테스트 및 계측 어플리케이션에 많은 이득을 주지만, 어플리케이션에 따라 바람직하지 않은 결과를 야기할 수 있는 잠재적 위험을 내포하고 있다.

⑥ USB 포트

셀러론이나 펜티엄 II, III를 사용한다면 100% USB 포트를 갖고 있다. 키보드와 마우스를 꼽는 부분 옆에 자리잡고 있는 2개의 포트가 USB이다.

⑦ USB의 전송방법

· USB는 패킷통신을 하며 3가지 전송 모드가 있다.

USB는 하나의 선을 통해 호스트에서 모든 장치를 일괄적으로 관리하며 데이터의 전송은 호스트와 장치간 만 가능하며, 각 장치간은 데이터 교환을 할 수 없으며, 직렬방식이기 때문에 한 선에 하나의 데이터 신호만 송수신이 가능하므로 여러 장치에서 동시에 데이터를 받을 수가 없다.

이런 장애를 극복하기 위해 USB는 데이터를 패킷 단위로 전송을 한다. 호스트는 패킷 전송에 관한 명령을 SOF(Start Of Frame)이라는 신호를 1ms마다 보낸다. 즉 1ms를 하나의 프레임으로 인식해서 장치와 차례대로 패킷 송수신을 명령한다.

· 등시성 전송은 IEEE1394에서도 설명 했듯이 데이터에 오류가 있어도 재전송을 요구하지 않아 USB용 저해상도 디지털 카메라, PC 카메라 등에 이용된다. 프레임 중에서 우선 순위가 가장 높으며, 1프레임에 최고 1KB의 데이터를 포함하고 8Mbps의 전송 속도를 보장한다.

· 인터럽트 전송은 HID(휴먼 인터페이스 장치)와 같은 저속 전송 모드에서 사용한다. 키보드나 마우스처럼 적은 데이터가 실시간으로 처리할 때 이용된다. 1.5Mbps의 저속전용 모드로 사용된다.

· 벌크전송은 등시, 인터럽트 전송을 실행하다가 프레임의 여유가 있을 때만 실행하는 모드이다. 다른 장치에서 데이터 이동이 적어서 전송 대역이 확보되었을 때만 고속 전송이 가능하고, 여유가 없다면 그만큼 전송 대역이 낮다. 따라서, 다른 전송에 비해 대역 보증이 없기 때문에 벌크 전송이라고 한다. 프린터 등과 같이 데이터의 양은 크지만, 실시간 처리가 필요 없어 대기 시간을 가질 수 있는 장치를 위한 전송 모드이다. USB용으로 나온 저장 장치들은 벌크전송 모드를 이용한다.

↘ 컴퓨터의 USB 포트를 사용할 수 있는지 확인하는 방법 :
USB제품을 컴퓨터에 연결한 후에도 새 하드웨어 추가 마법사 화면이 표시되지 않는다면 다음 단계를 수행한다.
1. Windows 에서 [시작] -〉 [설정] -〉 [제어판]을 선택한다.
2. [시스템] 아이콘을 두 번 누른다.
3. [장치 관리자] 탭을 누른다.
4. 범용 직렬 버스 제어기 항목 앞에 있는 더하기 부호(+) 아이콘을 누른다.

나열된 USB 호스트 제어기와 USB 루트 허브가 있다면 USB를 사용할 수 있을 것이다. 또한, 케이블이 단단하게 연결되어 있는지 확인해 보아야 한다. (USB 허브란 여러 USB 케이블을 꽂을 수 있는 하드웨어 장치이다.)
그러나 사실상 현재 컴퓨터에는 100% USB 포트를 갖고 있다.

⑧ USB의 시장 현황

USB메모리는 이미 현대인의 필수품으로 자리잡았다. 몇 년 전까지만 해도 USB를 가진 사람을 찾기가 어려웠지만 요즘에는 2~3개뿐 아니라 고용량 제품까지 갖고 있는 이를 쉽게 찾아 볼 수 있다. 그러한 사실을 증명하듯이 USB메모리 판매량은 매년 급격히 증가하고 있다.

그래프를 보면 USB메모리 판매량은 기하급수적으로 상승하고 있다. 이는 작은 크기에 다양한 파일을 담아 간편하게 휴대할 수 있는 유용성과 휴대폰 액세서리, 열쇠고리 등으로 이용할 수 있는 디자인이 영향을 끼친 것으로 보인다. 또 인터넷뱅킹 사용자가 늘면서 공인인증서 보관의 용도도 높은 판매량에 일조했다. 꾸준히 떨어지는 낸드 플래시 메모리 가격도 USB메모리 판매량을 늘리는 중요한 요소다. 최근에는 판촉용으로 큰 인기까지 누리고 있다.

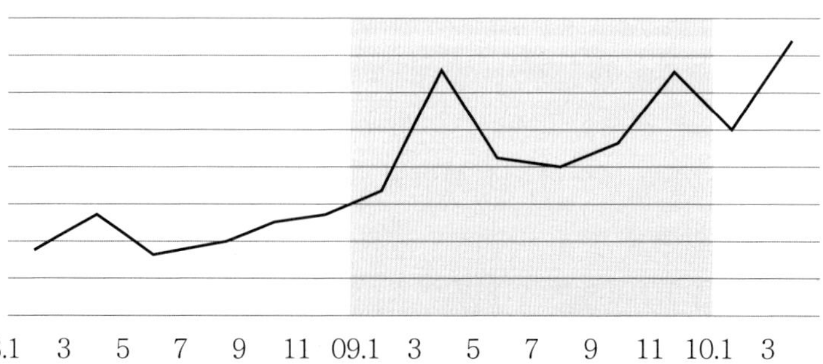

〈그림 4.41〉 USB 메모리 판매량

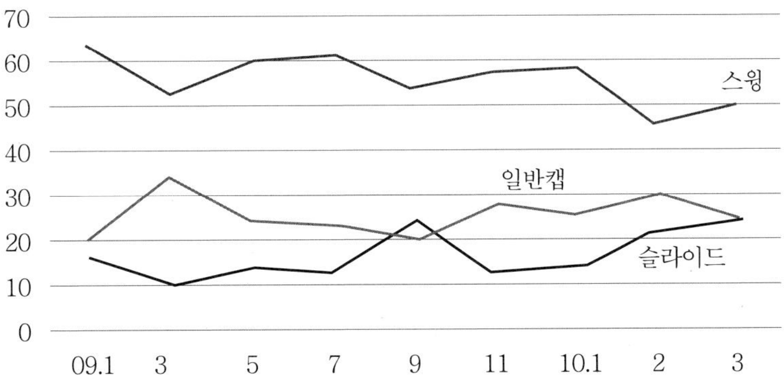

〈그림 4.42〉 USB 메모리 사용방식별 판매율(%)

USB메모리는 포트를 덮는 뚜껑 형태에 따라 나누는데, 소비자들의 선호방식은 무얼까? USB메모리에서 가장 인기 있는 사용방식은 스윙형태다. 돌려서 사용할 수 있는 간편함과 접촉 단자를 보호할 수 있다는 장점으로 오래 전부터 인기를 누려왔다. 현재 스윙형 제품은 절반이 넘는 점유율을 자랑하고 있는 만큼 독보적이다.

스윙 다음으로 가장 많이 판매되는 타입은 일반 캡이다. 평균 30%대의 점유율을 가진 일반 캡 제품은 메모리 칩셋을 안전하게 보호할 수 있다는 장점이 있다. 하지만 캡의 분실위험으로 스윙보다는 선호도가 낮은 편이다.

슬라이드는 칩셋을 빼고 넣을 수 있는 간편함이 특징이다. 점유율은 평균 20%대를 넘나드는 수준이다. 사실 몇 년 전만 해도 슬라이드 제품은 칩셋이 USB단자에 꽉 끼지 않아 메모리 인식을 못하는 경우가 많았다. 그렇다 보니 슬라이드 제품의 판매율은 일반 캡에 비해 저조했다. 최고 20%까지 차이가 벌어진 적도 있다. 최근에는 이러한 단점을 보완하며 일반 캡과 격차를 줄이고 있다. 하지만 단자에 꽂았을 때 슬라이드 뒤로 밀리는 단자 때문에 일반 캡을 따라 잡는데 어려움이 있다.

USB메모리가 액세서리로 이용하는 경우가 많아지면서 디자인 의존도도 높아졌다.

⑨ USB 3.0

SS(Super Speed)라는 명칭으로 사용되며 마이크로소프트와 인텔 등의 회사가 현재 개발을 마쳤다.

2008년 11월 17일에 SIG(Special Interest Group)에서 USB 3.0 스펙에 대한 표준안 작업이 완료되어, USB 3.0 규격(Rev. 1.0)이 발표되었으며 2010년에 출시되었다.

· 속도

USB 3.0은 초당 전송속도가 5Gbps로 기존 USB 2.0보다 10배정도 빠른 속도를 지원한다. USB 2.0에서 15분 정도 걸리는 27GB의 동영상을 1분 10초 정도만에 전송이 가능한 속도이다.

· 전원관리

전원 관리도 대폭 강화됐다. USB 2.0은 단순히 전원을 올리고 내리는 기능만 지원하고 전력 관리 자체도 연결된 주변기기에서 이뤄진 반면 USB 3.0의 경우 아이들, 슬립과 같은 저전력 모드를 사용할 수 있다.

· 호환성

사실 엄밀하게 따지면 USB 3.0이 쓰는 프로토콜은 기존 USB와 호환이 불가능하다. 이를 해결하기 위해 USB 3.0은 듀얼 버스 아키텍처를 도입하였다. 호스트와 디바이스 사이에 기존 USB를 위한 버스를 따로 마련해 전기적으로 호환이 되도록 한 것이다.

· 규격 및 전송방식

- USB 3.0은 듀얼 버스 아키텍처를 도입해 기존 2.0과 호환이 가능하다.
- 모두 6가지 포트 규격을 가지고 있다. 스탠더드 A B, 파워 B, 마이크로 A B, 마이크로 B 포트.
- 파워 B 포트는 기존 2.0에 없던 새로운 규격이며 모두 하위호환이 이뤄지도록 배려했다.
- 데이터 전송 방식은 늘어난 케이블 덕을 톡톡히 봤다. 6개의 데이터 케이블 중에 4개를 3.0이 사용하며 풀 듀플렉스 방식이라 업로드와 다운로드가 동시에 이뤄진다.

· 케이블 구조 및 로고

항목	슈퍼스피드 USB 3.0	하이스피드 USB 2.0
데이터 전송률	5Gbps	480Mbps
데이터 인터페이스	폴듀플렉스	하프듀플렉스
케이블 신호 카운트	6개(하위호환용 2개)	2개
전원 관리	아이들, 슬립, 서스펜드	디바이스 레벨 관리
버스 파워	90mA	100mA

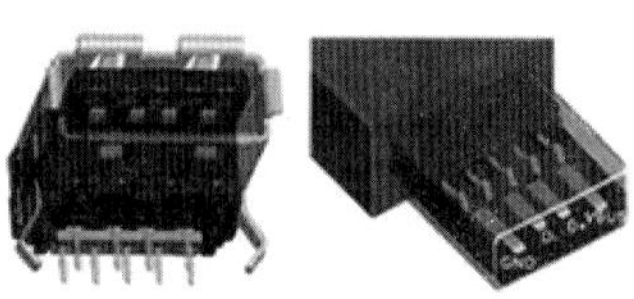
USB 3.0 Standard-A Connector

USB 3.0 Standard-B Connector

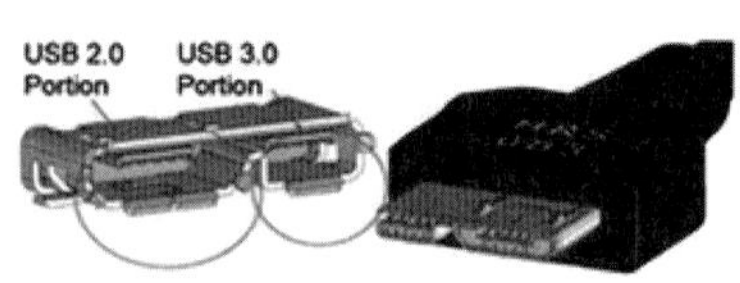

USB 3.0 Micro-B Connector

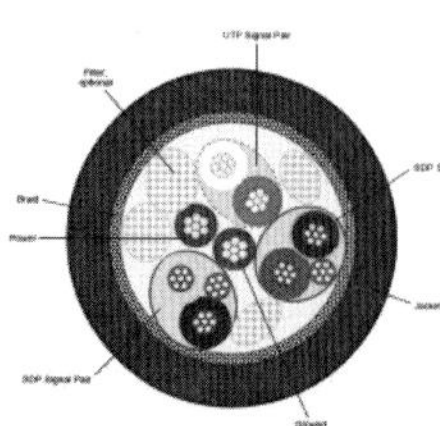
USB 3.0 Cable Construction

USB 3.0 Logo

· 전망

USB-IF 제프 레이븐크래프트 협회장은 "슈퍼스피드 USB는 다음 세대를 이끌어갈 차세대 유비쿼터스 기술"이라며 "오늘날 소비재 시장에서 사용되는 풍부한 미디어와 덩치큰 디지털 파일을 손쉽고 빠르게 PC에서 주변기기로 전송할 수 있다", "전문가는 물론 일반 사용자 요구를 모두 만족시킬 수 있을 것"이라는 주장르 하고 있다.

나) 무선기반 홈 네트워크 기술

〈표 4.13〉 홈 네트워크 무선통신기술

기술	전송매체	표준	참여업체
Bluetooth	RF	Bluetooth 1.0 Bluetooth 2.0 Bluetooth 3.0	Ericsion, NOKIA 등이 주도
Home RF	RF	SWAP V1.1 SWAP V1.2	Intel 주도
IrDA	적외선	IrDA	HP, Intel 주도
무선 LAN	RF	IEEE 802.11	루스트 등 다수
ZigBee	RF	IEEE 802.15.4	TI 등 칩 밴더

통신방식이 유선(Wire)에서 무선(Wireless)으로 진화하듯이 홈 네트워킹 또한 무선 통신방식을 적용한 기술로 빠르게 진화할 것으로 예상된다. 홈 네트워크에 적용되는 무선 통신기술을 살펴보면 다음과 같다. 자세한 내용은 2장. 유비쿼터스 구현기술을 참조하길 바랍니다.

4.3.7 Gateway & Middle Ware

각종 댁내 가전기기들에 IT기술이 융합되면서 네트워크와 연계된 지능형 홈 시스템의 구축이 가속화 되고 있다. 홈 네트워크가 고도화될수록 기기 간 상호접속 및 중계를 담당할 장비가 필요하게 되는데 이에 발맞춰 등장한 시스템이 바로 'Home gateway'이다. 최근 홈 게이트웨이는 컨버전스를 지향하며 개인중심의 멀티미디어 기기와 가정의 디지털 기기들과의 다양한 컨텐츠 공유를 가능하게 하는 솔루션으로 발전하고 있다. 또한 전통적인 기능인 네트워크 기반의 한정된 서비스에서 탈피해 다양한 유비쿼터스 환경에 적합한 기능을 처리하는 agent 장비로 자리매김하고 있다.

또한, 이제는 정보보호 대상이 PC 중심에서 서비스로 발전해 가고 있어 다양한 위협 요인이 발생할 우려가 있다. 인터넷 전화 등의 서비스에서는 IP를 도용한 위치 정보, 의료 정보 등의 개인 정보 유출에 대한 위협이 증대될 수 있으므로 이에 대한 정보보호가 시급한 실정이다. 특히 홈 네트워크에서는 비허가자에 대한 통제가 요구되는 보안도 함께 고려해야 한다. 또한, 유비쿼터스 환경에서는 개인의 정보를 수시로 수집하여 관리하면서 필요한 정보를 수시로 제공하는 데, 이러한 다량의 정보가 유출됨으로서 개인의 프라이버시에 심각한 위협이 될 수 있다. 따라서 플랫폼 환경을 설계할 때 이에 대한 대응 방안이 필요하다.

가) Home gateway

1) 홈 게이트웨이 정의

'디지털 홈' 이란 가정 내의 모든 정보·가전 기기가 유·무선 홈 네트워크로 연결되어 누구나 시간·장소에 구애 받지 않고 원격 교육, 홈오토메이션, 멀티미디어 등 다양한 서비스 제공이 가능한 첨단 주거 환경을 말한다.

Home Gateway는 가입자 댁내에 위치하여 장치 내·외부로 출입하는 모든 정보의 통제, 제어 및 인증 등 관문 역할을 수행하는 장치로서

· 디지털 정보가전, 정보기기, Home Automation
· 원격감시 및 제어
· TCP/IP 통신을 통한 Server 연동 및 제어
· PLC를 통한 정보가전 원격관리 및 제어
· ZigBee통신을 통한 도어록, 조명, 가스차단 제어기능
· NAT 기능을 통한 Network Gateway Functoin
· Ethernet, Wireless Lan(802.11b/g) 접속기능
· DHCP, Port Forwarding, QoS, Firewall Function
· Remote Upgrade & Maintenance 등

디지털 홈 실현을 위한 핵심 단말 장치를 의미한다.

홈 네트워크에서 중요한 부분이 홈 서버와 홈 게이트웨이 부분이다. 홈 게이트웨이는 댁내망과 댁외망을 유·무선으로 연결하고 표준에 의거한 프로토콜을 지원하며 라우팅 기능을 위해서 라우팅 프로토콜을 지원한다. 현재 임베디드 시스템으로 홈 게이트웨이를 구현하는 연구가 활발히 진행되고 있으며, Vxworks, Embedded Linux, WinCE등의 OS를 기반으로 구축되어 지고 있다.

서유럽을 중심으로 디지털 TV 보급이 확산됨에 따라 기존 TV 방송 수신과 더불어 유료 콘텐츠 및 IPTV 등을 시청할 수 있는 향상된 성능의 셋톱박스(STB)의 필요성이 대두되고 있으며, 셋톱박스·홈 게이트웨이 통합 단말의 등장 가능성에 이목이 집중되고 있다. 유럽 지역에서 디지털 방송이 널리 보급되고 있지만, 프랑스, 이탈리아, 스페인, 영국의 시청자 중 약 44%가 주로 지상파 방송을 시청하고 있는 등 여전히 지상파 방송이 주요 방송으로 자리매김하고 있는 것으로 나타났다. 그러나 유럽 각국의 규제 기관들이 지역 상황에 따라 아날로그 방송 종료일을 공표함에 따라 머지않아 디지털 지상파방송(DTT, Digital Terrestrial Television)이 기존의 아날로그 지상파 방송을 대체하게 될 것으로 보인다.

유럽 지역에서 DTT 도입률이 가장 높은 스페인에서는 다양한 신호를 수신할 수 있고, 유료 콘텐츠에 접속할 수 있도록 한 하이브리드 셋톱박스 시장이 형성되고 있다. 이는 유럽 지역 통신사들이 저렴한 TV 서비스를 원하는 이용자를 겨냥한 요금제를 출시함에 따라 IPTV와 DTT를 결합한 셋톱박스가 가장 큰 인기를 끌고 있음을 보여주고 있는 증거이기도 하다.

아울러, 셋톱박스의 성능이 향상됨에 따라 디지털 홈 에코시스템에도 변화의 바람이 불고 있으며, 셋톱박스는 다양한 애플리케이션과 서비스를 지원하는 중요한 단말로 자리매김해 가고 있다. 통신사와 케이블 사업자들은 이미 정교한 홈 게이트웨이(RG, Residential Gateway)를 지원하기 위한 인프라스트럭처를 갖추고 있다. 현재로서는 셋톱박스가 홈 게이트웨이로 자리 잡을 가능성이 높다.

통신 장비 벤더인 Alcatel-Lucent는 셋톱박스는 소매 가전이지만, 홈 게이트웨이는 서비스 제공사를 위한 단말이므로 서로 영역이 다르다고 주장하고 있으며, 브로드밴드 서비스 플랫폼 제공업체 2Wire와 Motorola는 셋톱박스가 홈 게이트웨이로 통합될 수 있으며, 통합할 경우 서비스 제공 사업자가 엔드 투 엔드(end to end)로 뛰어난 품질을 유지할 수 있고 단말을 통합함으로써 비용 절감을 꾀할 수 있다고 주장하고 있다.

미국 시장조사업체 Parks Associates는 통신사가 통합 홈 게이트웨이를 사용하게 되면 단말을 새로 추가할 때 마다 드는 설비투자비용을 크게 절감할 수 있고, 향후 추가 지원 비용도 최소화할 수 있을 것으로 전망했다. 홈 게이트웨이 단말 통합에 많은 기술적 노력이 요구되는 만큼, 단말 선택의 폭이 좁을 것으로 예상된다.

Residential Home Gateway의 예를 들어 본다.

① Hardware

▷ CPU : ARM922T base @190MHz

▷ Flash ROM : 32MB

▷ SDRAM : 64MB

▷ Interface

WAN : RJ-45 10/100BaseT x 1 port

Ethernet : RJ-45 10/100BaseT x 3 port

RS-232 : 2 port - LnCP용 x 1 port, 예비용 x 1 port

RS-485 : 1 port - 9Pin D-SUB

USB 2.0 : 1 port

WLAN : 802.11 b/g

ZigBee Module built-in.

▷ Dimension : 240 x 170 x 36 (W x D x H)

▷ Input Power : DC 5V / 3A

② Software

▷ O/S : Linux 2.4

▷ Home Network Interface : Ethernet, WLAN, LnCP(PLC) & ZigBee

▷ Support HOMS protocol, ZigBee Coordinator protocol

▷ Support Data security

▷ Management

수동 및 원격 software upgrade 지원

▷ 성능관리

RG 성능 감시 기능 지원

▷ 구성 관리

RG 구성 환경 사용자 설정 및 초기화 기능 지원

원격 접속, 환경 설정 및 부팅 기능 지원

▷ 장애 관리

자체 진단 기능 지원 : 사용자 터미널(CIT) 및 원격 접속

장애 발생 내용 파악 및 HOMS 원격 통보 기능 지원

Ping Test 기능 지원

▷ 보안 관리

접속 ID 및 Password 부여 및 변경 가능

사용자 접속 허용(Access List) 기능

외부 침입 탐지 기능

※ 지원 Software 및 Management Protocol 은 고객의 요구 조건에 따라 제공이 가능하다.

나) Wall pad

기존의 비디오 도어 폰에서 한층 더 발전된 기기가 홈 네트워크 wall pad이다. 현재 월 패드는 제품마다 조금씩 다르지만 보통 5~15인치 정도 크기의 화면과 대부분 터치스크린 방식이 되어있다.

Wall pad를 이용하여 가정 내 다양한 정보기기들 상호간 네트워크를 구축하는 것 외에 다른 여러 기능을 추가 하여 월 패드의 활용도를 높일 수 있을 것 같아 생각해보자. 월 패드의 터치스크린이 항상 정지되어 있는데 여기에 전자앨범이나 전자달력 기능을 추가하여 평상시에는 가족들의 사진이 슬라이드식으로 넘어가도록 설정해 놓으면 좋은 인테리어도 기능도 될 수 있을 것 같고 전자달력을 이용하여 스케줄기능을 활용한다며 가족들의 스케줄도 알 수 있어 여러모로 편리하게 활용할 수 있다.

1) 홈 네트워크 월 패드와 홈 게이트웨이 일체형 구성방식

월 패드에 게이트웨이 기능이 포함된 제품을 사용할 경우의 구성 방식

〈표 4.14〉 홈 게이트웨이 일체형 월 패드 구성의 장단점 비교

장점	단점
– 홈 네트워크 월 패드와 홈 게이트웨이가 일체형으로 구성되어 있으므로, 홈 네트워크와 관련된 모든 배선 구성이 월 패드로 집중되어 구성이 단순 – 구축비용이 상대적으로 낮아지며 유지관리가 용이	– 세대나 IP 단말과의 상호 연동에 대한 구성이 불명확 – 현실적으로 홈 게이트웨이가 없는 구성과 유사

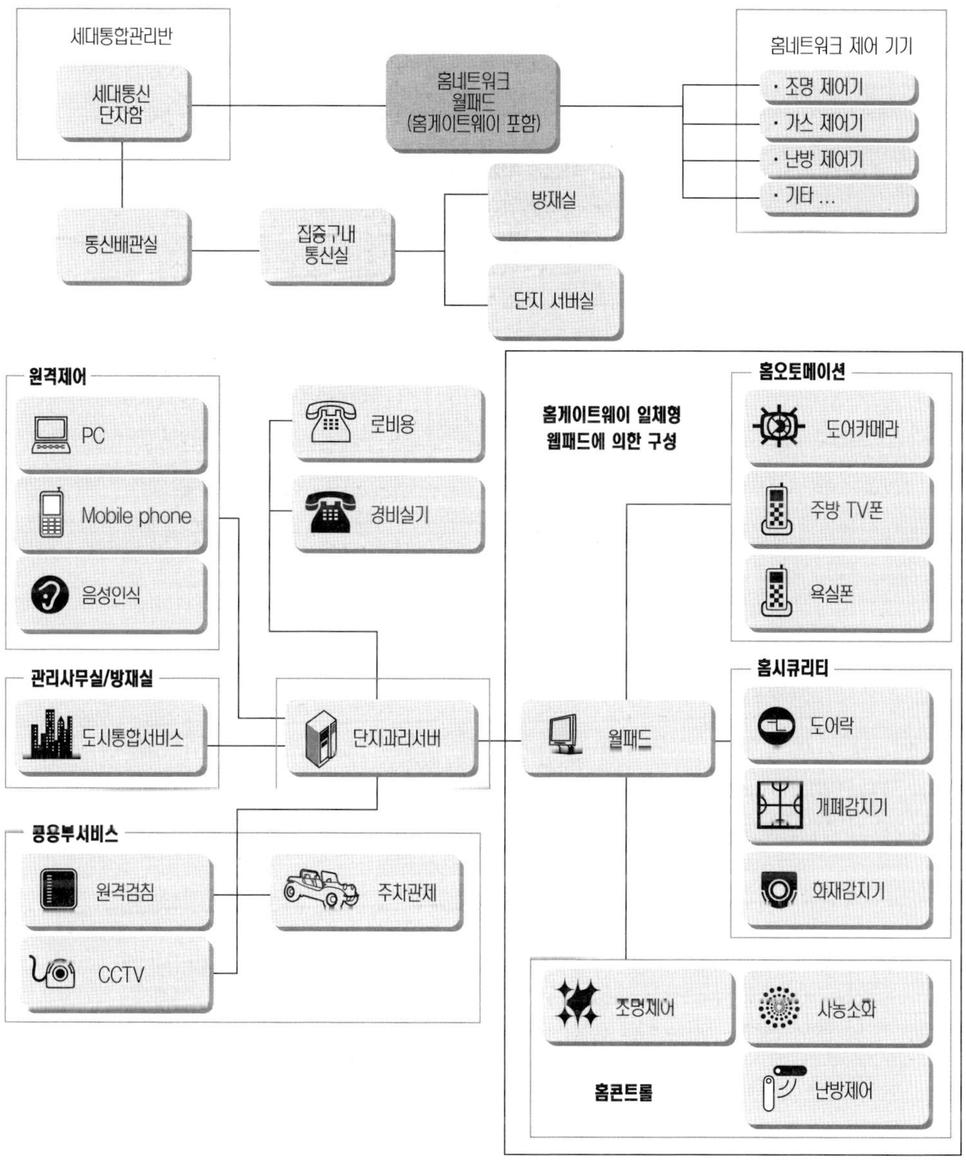

〈그림 4.43〉 홈 게이트웨이 일체형 월 패드 구성 사례

2) 홈 네트워크 월 패드와 홈 게이트웨이 분리형(1)

월 패드와 홈 게이트웨이가 분리되어서 방문자 확인과 침입감지 기능은 월 패드에서 동작하고, 제어와 관련된 부분은 홈 게이트웨이에서 수행되는 제품을 사용할 경우의 구성 방법을 살펴본다.

〈표 4.15〉 홈 게이트웨이와 월 패드 분리형 구성의 장단점 비교 1

장점	단점
- 홈 네트워크 제어 디바이스와의 연결을 위한 배관 배선을 세대 통신단자함으로 집중하여 월 패드 매입함의 배관 구성이 단순 - 유지관리 측면에서 전급성이 용이 - 세대통신단자함에 홈 게이트웨이가 위치하므로 세대 내 IP 단말과의 연계성이 높다 - 월 패드가 2개 이상 연동되는 대형 주택의 경우 구성이 유리	- 홈 게이트웨이 추가 구성으로 비용이 상승 - 월 패드에서의 제어 UI와 홈 게이트웨이에서의 제어 연동을 하여야 하므로 개발 및 유지관리 지점이 증가

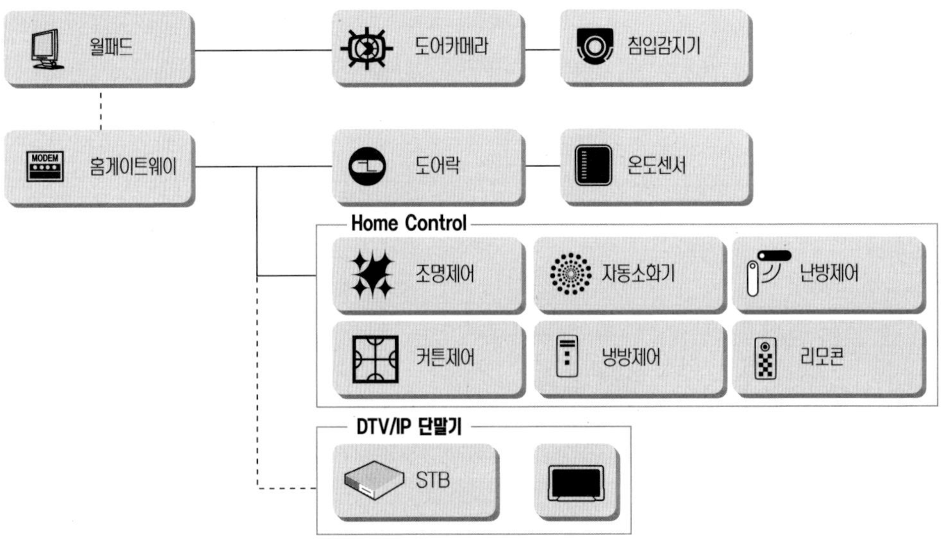

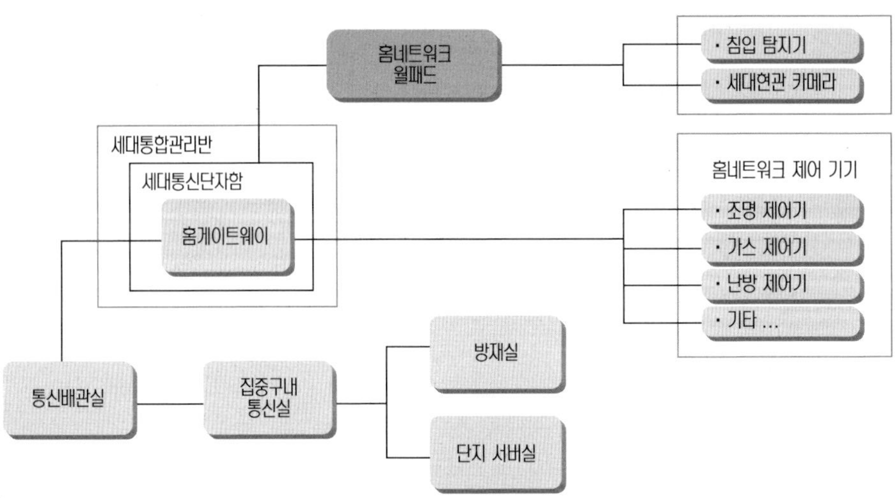

〈그림 4.44〉 홈 네트워크 월 패드와 홈 게이트웨이 분리형 구성 1

3) 홈 네트워크 월 패드와 홈 게이트웨이 분리형(2)

〈표 4.16〉 홈 게이트웨이와 월 패드 분리형 구성의 장단점 비교 2

장점	단점
- 홈 네트워크 제어 디바이스와의 연결을 위한 배관 배선을 세대통신단자함으로 집중하여 월 패드 매입함의 배관 구성이 단순 - 유지관리 측면에서 접근성이 용이 - 세대통신단자함에 홈 게이트웨이가 위치하므로 세대 내 IP 단말과의 연계성이 높다 - 사용자 UI기기를 다양하게 연결 가능	- 홈 게이트웨이 추가 구성으로 비용이 상승 - 월 패드에서의 제어 UI와 홈 게이트웨이에서의 제어 연동을 하여야 하므로 개발 및 유지관리 지점이 증가 - 홈 게이트웨이에서 도어카메라 등과 직접 연동해야 하므로 회로 구성이 복잡

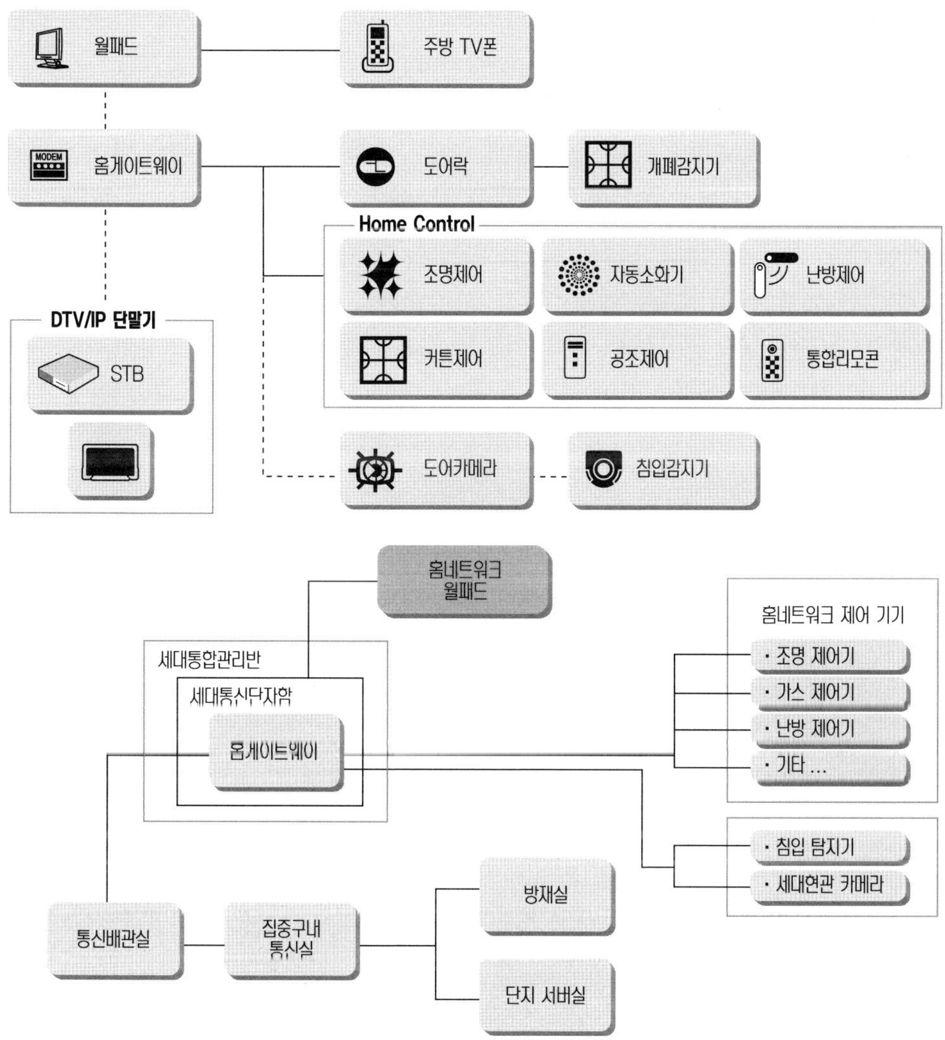

〈그림 4.45〉 월 패드와 홈 게이트웨이 분리형 구성 사례 2

다) Middleware

홈 네트워크워킹이란 가정 내의 모든 기기, 즉 컴퓨터 관련 기기, A/V 기기, 홈오토메이션을 위한 제어나 보안기기, 게임기와 같은 오락기기 등을 가정 내의 통신망으로 묶어서 정보를 공유하고 제어하는 시스템을 말한다. 최근에는 종래의 저속 데이터 통신에 중점을 둔 가정 자동화 개념과는 구별되는 고속의 인터넷 통신 및 디지털 가전기기를 수용할 수 있는 새로운 개념의 댁내 통신기반으로 정의할 수 있다.

홈 네트워킹이 추구하는 서비스는 가정의 가전제품들을 외부에서 휴대폰, PDA 같은 무선단말기를 이용해 제어할 수 있는 가전제품의 네트워크화에 있다. 음성만으로 집안의 기기들을 조정할 수 있고, 필요한 물건을 TV를 통해 구매할 수도 있다. TV나 기타 단말기를 이용해 상대방과 서로 화상을 보면서 대화하는 일들도 가능해진다.

홈 네트워크 미들웨어는 시스템 간의 연동을 위한 중간 매개체로서 통신망 환경에서의 다양한 하드웨어, 네트워크 프로토콜, 응용 프로그램, PC 환경 및 운영체제의 차이를 메워주는 역할을 하고, 복잡한 이 기종 환경에서 응용 프로그램과 운영 체제 간의 원만한 통신을 이룰 수 있게 해 주는 것이다.

대표적인 홈 네트워크 미들웨어로는 Jini, LonWorks, HAVi, UPnP 등을 들 수 있다. 그리고 다양한 미들웨어를 묶어 정보가전기기들의 호환성과 홈 네트워크에 부가가치 서비스를 제공하기 위해서 OSGi(Open Service Gateway Initiative)에 관한 연구가 활발히 진행되고 있다.

미들웨어 플랫폼은 Software 응용 프로그램들을 돌리는데 사용되는 하드웨어와 소프트웨어의 결합을 의미한다. 플랫폼은 하나의 운영 체제 또는 컴퓨터 아키텍처라고 단순히 말할 수 있으며, 그 두 가지를 통칭해서 얘기하는 경우도 있다. 가장 친근한 플랫폼은 마이크로소프트의 윈도우이며, 휴대전화와 같은 장치들은 효과적으로 컴퓨터 플랫폼이라고도 하지만 보통 그렇게 불리진 않는다.

응용 프로그램 소프트웨어는 특정한 플랫폼-하드웨어나 운영체제, 아니면 가상기기의 기능들에 맞추기 위해 프로그래밍 된다. JAVA 플랫폼은 가상 기기 플랫폼으로 여러 가지의 운영체제와 하드웨어에서 실행되며, 소프트웨어가 짜여지는 일반적인 플랫폼의 한 종류이다.

플랫폼 서비스는 일반적으로 다른 미들웨어 플랫폼 서비스로부터 독립되어 있으며 서비스 세트나 프레임 워크 형태로 제공되기도 하는 데 다음과 같이 여섯 개의 영역으로 구분할 수 있다.

1) 통신 서비스

네트워크의 종류에 관계없이 응용이 다른 응용과 통신할 수 있도록 해주는 서비스로 peer-to-peer 전송 또는 protocol 및 data간의 변환을 지원한다. 세부적인 서비스로는 메시지 정의 및 프로시쥬어 호출이 있다.

2) 통제 서비스

원격 응용을 실행시키거나 다양한 응용 사이에서 실행할 수 있는 기능 및 단일 응용에서 다양한 기능을 통제할 수 있는 기능 등을 제공한다.

3) 정보 서비스

정보 서비스는 사용자와 응용이 네트워크상에 있는 정보에 접속하거나 공유하는 것이 가능하도록 지원하며, 분산 환경에서 다중 접근 방식을 제공한다. 문서, 디렉터리, 파일 공유 등이 이 영역에 포함된다.

4) 프레젠테이션 서비스

사용자와 프로그램이 서로 대화기 가능하도록 하는데, 이 서비스는 여러 가지 사용자 인터페이스 기기를 사용할 수 있다. 프린팅, 터미널, 그래픽 서비스가 여기에 속한다.

5) 컴퓨테이션 서비스

컴퓨테이션 서비스는 복잡한 데이터의 연산을 가능하게 해 주는 서비스이다. 이 서비스에는 정렬, 수학 함수 계산, 그리고 데이터 변환 등이 있다.

6) 시스템 관리 서비스

시스템 관리자로 하여금 시스템의 자원을 원격 노드에서도 효과적으로 관리할 수 있도록 한다. 구성 관리 및 보안 서비스가 여기에 해당한다.

이상과 같이 다양한 플랫폼이 등장한 후 데이터 전송 속도의 향상으로 텍스트 보다 다양한 형태의 데이터 서비스가 가능하고 직관적이고 편리한 user interface를 제공할 수 있게 되었다. 그러나 아직까지 데이터 크기가 커지고 있다는 것을 감안할 때 서비스 요금이 부담 된다는 점과 킬러 애플리케이션이 부족하다는 점이 극복해야할 문제로 남아 있다.

지능형 홈 네트워크는 홈 네트워크 기기의 제어, 출입통제, 원격검침, 방문자 확인, 에너지 관리, 네트워크 연결 등 많은 기능 요소들을 가지고 있으며, 이러한 기능들은 각각의 개별적인 기기 및 설비들의 조합으로 구성이 되어 진다. 지능형 홈 네트워크는 건축물에 매입 되도록 설치 공간을 구성하는 경우가 대부분이므로 건축 설계 시 이러한 특성을 고려하여 홈 네트워크 설비를 선택하여야 한다.

지능형 홈 네트워크 설비의 설치 환경을 예를 들어 보자.

월 패드를 설치하기 위한 매입함을 구성할 경우 설치하고자 하는 제품의 크기를 고려하여 콘크리트 타설 시에 미리 매입 박스를 시공하여야 하며, 건축물의 구조적인 특성으로 인하여 콘크리트 벽 구조의 철근이나 벽의 두께에 따라서 매입할 수 있는 적절한 제품의 크기를 선정해야만 하는 것 같은 상호 고려해야할 사항을 많이 가지고 있다.

단지 망을 구성하기 위한 네트워크 장비의 경우에도 어떤 방식의 통신 기능을 사용하는 네트워크 장비를 사용하는가에 따라서 통신 배관 등의 인프라 설계 시에 영향을 미치기도 하고, 이미 설계된 배관 및 배선에 적합한 통신 방식의 네트워크 장비를 선택해야만 하는 등 복합적으로 고려해야할 사항들을 많이 가지고 있다.

지능형 홈 네트워크 설비는 대부분 IT 제품으로 구성되어 있다. 이들은 일정한 수명 주기를 가지고 있는 특성으로 인하여 향후 수리, 교체 등을 고려하여 상호 호환성이 있는 제품을 선택하여야 하는데, 이러한 호환성에는 제품의 기능에 대한 호환성뿐만 아니라 건축물의 벽면에 미입되는 특성으로 인하여 그 크기까지도 고려 사항에 포함하게 된다.

따라서 지능형 홈 네트워크 설비와 기기의 선택 및 제조 시 다음의 항목들을 반드시 고려하여야 한다.

① 홈 네트워크와 연동되는 설비의 기능 고려 사항

지능형 홈 네트워크의 구축을 위한 설비를 선택할 때에는 세대 내외부를 구분하여 전용공간에 설치되는 세대부 설비와 공용공간에 설치되는 공용부 설비로 각각의 항목을 분류하고, 지능형 홈 네트워크 설비 설치 기준에 적합한 항목들을 고려하고 구분하여 계획하여야 한다.

각각의 구성 요소의 선택 시에 홈 네트워크 전용으로 생산된 제품뿐만 아니라 기능 구현에서 홈 네트워크 설비와 직접 연동이 되는 제품에 대한 기술 사항을 함께 고려하여야 한다. 예를 들면, CCTV 설비의 경우 지능형 홈 네트워크 설비와는 별도로 구성 되더라도 월 패드에서 공동주택 단지내부의 영상을 확인 하는 등의 연동이 필요하므로 최초 계획 시 이를 충분히 고려하여야 한다.

② 지능형 홈 네트워크 기술 및 표준화 고려 사항

지능형 홈 네트워크의 구성에 포함되는 제품에 사용되는 기술 및 국내외 표준화 현황은 단체표준, 국가표준, 국제표준들이 있는데, 각각의 제품의 상호연동 및 유지보수 시의 호환성을 위하여 이러한 사항을 설계 시 고려하여야 한다.

통상적으로 건축공정의 기간이 시스템 설계 후 2년 이상의 기간이 소요되며 설비의 설치는 건축물의 구조가 갖추어진 후에 설치가 되는 특성이 있으므로 최초 설계 당시에 표준화가 되어 있지 못한 항목에 대해서도 표준화를 진행 중인 항목이 있다면 설계 시 이를 우선적으로 고려하여 설계 시 반영하여야 한다.

③ 지능형 홈 네트워크 기기간 상호 운영성

지능형 홈 네트워크 기기간 상호 운영성은 기술의 표준화와 마찬가지로 매우 중요한 요소이다. 홈 네트워크 기기는 많은 제조사에서 매우 다양한 기기들을 생산하고 새로운 기능들이 추가되기 때문에 모든 기능을 표준화로 정의하여 가져가기는 현실적으로 매우 어렵다. 따라서 기술적인 표준화에 포함되어 있지 않은 항목에 대해서도 제품 간의 상호 운영성을 반드시 고려하여야 한다.

상호 운영성이라는 의미는 반드시 특정한 기능이 되어야만 한다는 좁은 의미 보다는 "다양한 특성을 가진 다른 제조사의 제품과도 각각 연동이 가능하다"라는 넓은 의미로 이해하고, 이를 홈 네트워크 기기의 설계 및 선택 시에 고려하여야 한다.

라) 구현 기술

1) LonWorks(Local operating netwrok)

1989년 애셜론(Echelon)사가 제안한 홈오토메이션을 위한 제어용 네트워크 시스템이다. 가정에서 사용되고 있는 토스터기, 전구, 스위치와 같은 작은 장치에 마이크로 프로세스를 넣어 지능화된 네트워킹을 구현하고자 하는 목적과 서로 다른 벤더가 만든 제품 간에 상호 통신하는 방법을 위해 디바이스를 sensing하고 control할 수 있는 neuron chip을 모든 디바이스에 탑재하는 것을 선제로 한나.

명칭의 Lon은 Local operating network의 약자로 네트워크의 LAN 개념과 유사하다. 즉 최하위에 센서, 엑츄에이터와 같은 장치와 통신, 모니터, 컨트롤 기능을 담당하는 장치를 하나의 동일 프로토콜로 묶어 네트워크를 구축하고자 하는 개념인 것이다. 이처럼 Lonworks는 제어나 감시, 감지기를 사용하는 모든 부문에 적용될 것을 전제로 설계되었다.

2) UPnP(Universal Plug and Play)

UPnP라는 용어는 컴퓨터에 직접 장치를 유동적으로 부착하는 기술인 플러그 앤 플레이에서 비롯한 것으로, 유니버설 플러그 앤 플레이(UPnP)는 UPnP 포럼이 공표한 컴퓨터 네트워크 프로토콜의 집합이다. UPnP의 목표는 장치들을 부드럽게 연결하고 가정 네트워크와 회사 환경의 기능(데이터 공유, 통신, 엔터테인먼트)을 단순화하는 것으로, UPnP는 개방된 인터넷 기반의 통신 표준 기반의 UPnP 장치 제어 프로토콜을 정의하고 출판함으로써 이를 달성한다.

UPnP 포럼이 공표한 컴퓨터 네트워크 프로토콜의 집합이며 UPnP의 목표는 장치들을 부드럽게 연결하고 가정 네트워크와 회사 환경의 기능(데이터 공유, 통신, 엔터테인먼트)을 단순화하는 것이다. UPnP는 개방된 인터넷 기반의 통신 표준 기반의 UPnP 장치 제어 프로토콜을 정의하고 출판함으로서 이를 달성한다.

UPnP는 IP 기반 네트워크 프로토콜로 디바이스를 자동 인식하고 각 디바이스의 상태 및 서비스 정보를 XML 메시지를 통해 교환해 각 디바이스가 가진 정보를 공유하며 해당 디바이스가 제공하는 서비스를 원격의 다른 디바이스에서 제어할 수 있도록 한 표준을 의미한다.

UPnP 표준은 지난 1999년 10월에 형성된 포럼을 통해 제정됐으며 포럼은 현재 가전, 컴퓨터, 홈 오토메이션, 홈 시큐리티, 프린트, 네트워크 등 다양한 기관이 참여하고 있다. 엔터테인먼트 센터는 이러한 UPnP 표준 중에서 UPnP 디바이스 사이의 기본 통신 메커니즘을 제공하는 Basic Device 1.0 표준을 바탕으로 해 AV 콘텐츠 공유를 위해 UPnP AV 표준을 사용하고 있다.

UPnP는 장비간의 1:1 통신(peer to peer)을 기반으로 하고 있으며, 현존하는 ITCP/IP 프로토콜을 이용하여 그 구조를 정의하고 있다. 그러나 이로 인해 장비마다 IP를 부여하고 동작으로 IP를 할당 받아야 하기 때문에 DHCPP(Dynamic Host Configuration Protocol)와 같이 가정 내의 장비의 동적인 IP 할당방안을 제공하거나 IP 주소의 크기를 늘인 IPv6를 필요로 한다는 점은 UPnP 확산에 부담으로 작용하고 있다. UPnP 모임은 MS, Intel을 주축으로 하여 정보, 가전중심의 250개 이상의 회사들이 회원으로 가입되어 있으며, 현재 활발한 활동을 하고 있다.

UPnP는 PC, 주변장치, 지능형 가전제품, 무선 장비 등과 같은 장치들을 네트워크에 접속시켰을 때, 인터넷과 웹 프로토콜을 사용하여 서로를 자동으로 인식할 수 있도록 해주는 표준이다. UPnP를 이용하면, 사용자가 어떤 장치를 네트워크에 추가하면 그 장치는 스스로 구성을 완료하며, TCP/IP 주소를 받고, 다른 장치들에게 자신의 존재를 알리기 위해 인터넷 HTTP에 기반을 둔 발견 프로토콜을 사용하게 된다.

예를 들어, 현재 네트워크에 접속되어 있는 카메라와 프린터가 있고 그 프린터를 통해 사진을 출력하려고 할 때, 카메라의 단추를 누르면 카메라가 '발견 요청' 신호를 네트워크에 보냄으로써 이용 가능한 프린터가 네트워크 상에 있는지 찾도록 할 수 있다. 그러면 그 신호를 받은 프린터는 자신의 위치를 URL의 형태로 카메라에게 응답하게 된다.

카메라와 프린터는 공용의 언어로 XML을 사용하거나, 또는 프로토콜 협상을 통해 어떤 방식으로 의사소통을 할 것인지를 정할 수 있게 된다. 의사소통을 위한 공용 언어가 결정되면, 카메라는 프린터를 제어하고 선택된 사진을 출력할 수 있게 된다. 마이크로소프트와 그 밖에 UPnP를 후원하는 28개 회사들은 UPnP가 소켓에 전구를 꼽는 것만큼이나 쉽게 어떤 장치나 가전제품들을 가정이나 회사의 데이터 네트워크에 쉽게 추가할 수 있게 되기를 희망하고 있다.

UPnP의 특징을 살펴보면 다음과 같다.

① 소규모에서 대규모의 네트워크로 확장이 용이하다.

② PnP를 지원하여 장비의 접속과 분리를 자동으로 인지한다.

③ 개발이 용이하다.

④ 작은 리소스로도 이용이 가능하다.

⑤ 가전 장비와 같이 IP가 없는 장비에 대해서는 단순한 기능을 가진 SCP라는 프로토콜을 통하여 Bridge(네트워크 프로토콜 변환기)로 연결할 수 있도록 지원한다.

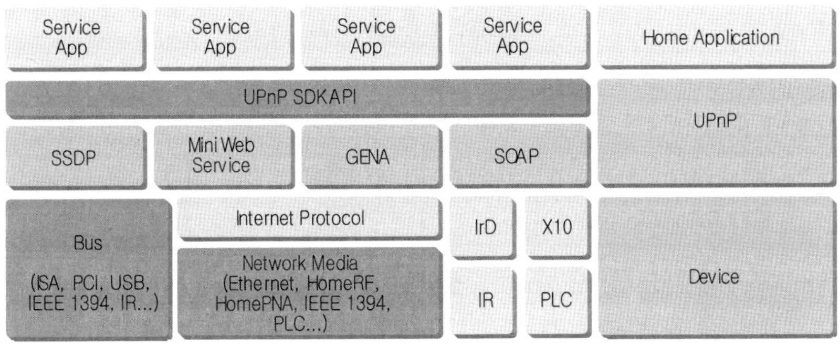

〈그림 4.46〉 UPnP의 구조

UPnP는 장비에 관계없이 공통적인 Interface를 제공한다. 따라서 홈 서비스용 응용 프로그램 입장에서는 UPnP를 지원하는 장비들의 구체적인 사항에 대한 고려를 하지 않아도 통신이 가능하며, 장비의 입장에서도 UPnP만을 지원하면 이를 지원하는 모든 서비스용 응용 프로그램과 연결이 가능하게 된다. 위의 그림에서 SSDP(Simple Service Discovery Protocol)는 네트워크에 연결되어 있는 장비와 사용 가능한 서비스를 검색하기 위한 프로토콜이고, Mini Web Server는 장비간의 기능 및 상태정보를 주고받기 위해서 사용되고, GENA는 장비간의 이벤트(상태 변화 등) 교환을 위해서 사용되며, SOAP은 XML 문법을 이용하여 장비에 제어 명령 등을 전달할 때 사용된다.

UPnP를 지원하는 장비는 제어의 주체가 될 수 있느냐에 따라 제어기(Control Point)와 피제어기(Controlled Device)로 구분된다. 제어기는 다른 장비를 검색하거나 제어하며, 피 제어기는 제어기에서 전달되는 명령을 수행한다.

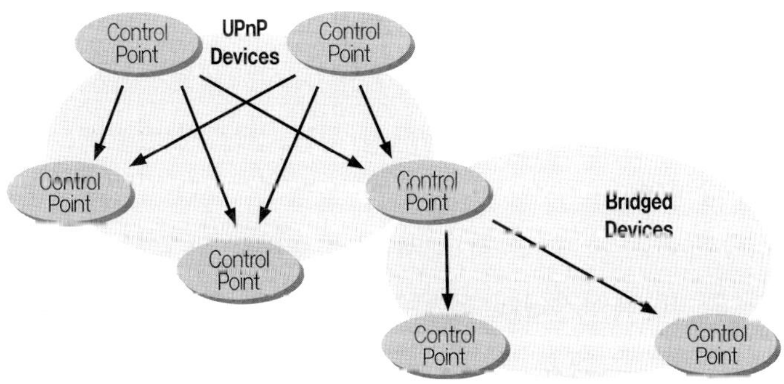

〈그림 4.47〉 UPnP Network의 구성

〈그림 4.47〉은 UPnP Network상에서 장비들 간의 관계와 동작을 보여주고 있다. 제어기는 다른 피 제어기들을 찾아주고 이 장비들을 제어한다. 피 제어기는 장비 내부에 여러 가지 서비스를 내장하고 있으며, 제어기에서 명령이 오면 이에 대응하는 서비스를 수행한다. 또한, UPnP를 지원하지 않는 장비들에 대해서는 브릿지라는 프로토콜 변환기를 통하여 UPnP 네트워크에 접속할 수 있도록 고려하였다.

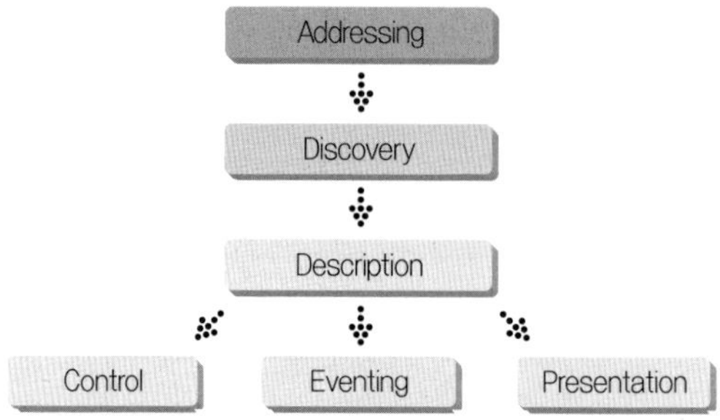

〈그림 4.48〉 UPnP Networking 단계

〈그림 4.48〉에서는 UPnP가 실제로 동작하는 과정을 보여주고 있다. 각 단계별로 설명을 하면 다음과 같다.

- ▷ 주소지정(Addressing) : UPnP는 IP기반의 네트워크이므로 장비들마다 IP가 필요하며, 이를 위해 IP의 할당이 제일 먼저 수행 된다. 장비가 처음 네트워크에 접속할 때 DHCP서버를 검색하여 IP를 할당 받으며, 이때 각 장비들은 모두 DHCP Client가 된다.
- ▷ 장비 검색(Discovery) : 주소지정을 통해 각 장비들이 IP를 부여 받게 되면, 그 다음에는 제어하고자 하는 장비들을 검색하는 것이 필요하다. 이를 위해 제어기에서는 SSDP라는 프로토콜을 사용하여 장비를 검색한다. 제어기는 관심 있는 장비들을 검색하고 피 제어기는 이에 응답한다. 피 제어기에서는 자신이 네트워크에 접속하는 경우, 자동으로 타 장비들에게 접속된 사실을 알려주고 주기적으로 접속의 지속여부를 알려준다.
- ▷ 장비 명세(Description) : 장비를 발견하게 되면 각 장비마다 수행할 서비스가 무엇이 있는가를 알아야 한다. 이를 위해 제어기에서 피 제어기를 발견하면, 피 제어기에서는 장비에 대한 명세가 들어 있는 URL을 보내고, 제어기는 피 제어기에서 XML 문서로 된 장비 명세를 가져온다. 이 문서에는 제조사 정보, 제품정보(모델, 시리얼 번호,…), 서비스 목록 등이 담겨있다.
- ▷ 제어(Control) : 제어기는 피 제어기에서 장비 명세를 가져와 기술되어 있는 장비의 서비스를 분석한 후, 피 제어기에게 적절한 명령어(action)를 보내어 제어한다. 이 때 사용되는 프로토콜은 XML/SOAP이다.
- ▷ 이벤트 처리(Eventing) : 홈 네트워크에서는 주변 환경에 따라서 장비의 상태가 변하는 경우가 빈번하다. 때로는 이러한 변화가 사용자에게는 중요한 정보가 될 수도 있기 때문에 UPnP에서는 이벤트를 정의하고 있다. 제어기는 피 제어기의 상태가 변화하는 것에 주목을 하고 있고, 피 제어기는 자신의 상태가 변할 때 제어기에게 이벤트 메시지를 전달한다. 이벤트는 (이름, 값)의 쌍으로 되어 있으며, 이벤트에서 사용되는 프로토콜은 XML형식의 GENA라는 프로토콜이다.

▷ 장비의 사용자 인터페이스(Presentation) : 제어기에서는 피 제어기의 HTML Page를 읽어들일 수 있다. 이 HTML Page는 장비 사용에 관련된 사용자 인터페이스를 보여주며, 이를 통하여 장비를 제어하거나 상태를 보여주기도 한다.

마지막으로 UPnP의 장단점을 살펴보자. 먼저 장점으로는 범용의 인터넷 기반의 프로토콜이기 때문에 개발자들에게 친숙하며 개발이 쉽고 유지보수가 용이하다. 또한 웹 기반의 프로토콜이기 때문에 운영체제와 무관하게 사용할 수 있다. 단점으로는 TCP/IP기반의 프로토콜을 사용하므로 사용 모듈의 크기와 수행에 따른 CPU의 부담이 크다. 따라서 PC와 같은 고급 장비에 어울리는 미들웨어이다. 현재 마이크로소프트에서는 이러한 단점을 보완하기 위하여 가전장비와 같은 저급의 CPU에서 사용이 가능한 SCP(Simple Control Protocol)라는 가전 장비 제어용 프로토콜을 정의하고, SCP와 UPnP의 호환성을 위한 브릿지를 사용하는 방법을 제안하고 있다.

3) HAVi(Home Audio Video Interoperability)

HAVi는 가정 내의 오디오 및 비디오 가전 기기간의 상호운영성(장비간의 통신 및 제어기능 등)을 위한 홈 네트워크용 표준으로 정의된다. 즉, 네트워크로 연결된 모든 오디오/비디오 가전 장비들은 네트워크의 연결 순서나 위치, 장비 생산업체와 관계없이 서로 다른 장비의 기능을 제어할 수 있도록 해주는 것이다.

HAVi는 특히 오디오와 비디오에 최적화되어 있는 홈 네트워크 프로토콜로 가장 큰 특징은 고품질의 디지털 비디오와 오디오 신호를 고속으로 전송할 수 있도록 하기 위하여 전력선, 전화선, 무선랜, 블루투스, 이더넷 등 하위의 미디어 접근 기술에 독립적인 다른 미들웨어와는 달리 고속(400Mbps)의 IEEE 1394 네트워크를 기반으로 하고 있다는 점이다.

HAVi는 적용분야에서 나타나듯이 주로 오디오 및 비디오 장비를 생산하는 8개 주요 회사(Grunding AG, Hitachi, Panasonic, Royal Philips Electrics, Sharp, Sony, Thomson Multimedia, Toshiba)에 의해서 시작되어 현재는 국내의 삼성, LG전자를 포함하여 50여 개 이상의 업체들이 참여하고 있다.

HAVi의 주요 특징을 살펴보면 다음과 같다.

① 상호 운용성 : HAVi를 지원하는 장비의 기능들을 서로 다른 장비에서 제어할 수 있다. 즉, 안방의 TV를 통하여 거실의 VTR를 작동하여 안방 TV 화면을 통하여 영화를 감상하는 등의 기능이 안방 TV 조작만으로 가능해 진다.

② 제조사 독립성 : 제조사와 무관하게 HAVi 표준 미들웨어 사용으로 상호 운용성을 제공한다. 즉, 소비자는 홈 엔터테인먼트 네트워크를 구축하기 위하여 제조사와 무관하게 제품에 대한 선택 폭을 넓게 가질 수 있다.

③ Plug & Play : 제품이 연결되면 자신의 존재와 기능을 자동으로 알려서 네트워크 주소

나 장비 드라이버 등의 설치 없이 간편하게 장비를 설치하고 바로 사용할 수 있다.

④ 기능 갱신의 용이성 : DCM(Device Control Module) 형태로 개별적인 기능을 처리하는 방식을 지원함으로서 새로운 DCM의 제공을 통해 기능 개선이나 추가적인 기능 제공이 가능하다.

⑤ 분산 제어 : 중앙에 서버 형태의 기능을 두지 않고 장비간의 직접통신(peer to peer)을 통해 제어하는 분산처리 구조이다.

4) Jini(Java Intelligent Network Infra-structure)

Jini는 가정 내 통신망에 접속하는 AV(audio, video) 기기나 개인용 컴퓨터(PC), 인쇄기 등에 미국 선 마이크로시스템스사가 개발한 프로그램 작성 언어인 자바로 작성한 프로그램(자바 객체)을 장착하여 각 자바 객체 간의 통신 방법을 정한 것을 의미한다. Jini에 의해 통신망을 거쳐 플러그 엔 플레이가 실현되도록 한다. 자바의 애플리케이션이 1대의 PC로 가동하는 데 반해, Jini는 여러 대의 PC로 분산 동작시킬 수 있는 장점이 있다. 기기에 짜 넣은 자바 객체끼리 RMI(remote method invocation) 방법으로 통신한다.

예를 들면, 통신망에 인쇄기가 접속된 경우 Jini 대응의 PC나 디지털 카메라를 그 통신망에 접속하면 Jini가 자동적으로 인쇄기의 드라이버 소프트웨어를 찾아내어 설정한다. 이용자 자신이 드라이버 소프트웨어를 설치하거나 설정할 필요는 없다. 이러한 구조를 '탐색 서버' 라고 하는데, 통신망에 접속된 각종 기기의 속성 정보를 보존하는 서버이다. 예를 들면, 통신망에 접속된 인쇄기의 종류나 인쇄 속도, 해상도 등의 정보 외에 인쇄기용의 드라이버 소프트웨어도 유지한다. 이용자가 디지털 카메라를 통신망에 접속하면 디지털 카메라에 실장된 자바 객체는 탐색 서버에 통신망상의 인쇄기 정보를 물어 적절한 드라이버 소프트웨어를 설치, 설정한다.

Jini는 썬마이크로시스템즈가 추구하는 소프트웨어로서 네트워크상에서 프린터나 디스크 드라이브와 같은 장치들의 접속이나 공유를 단순화하기 위한 것이다. 현재로서는 이러한 장치들을 컴퓨터나 네트워크에 추가하려면 설치와 부팅이 필요하지만, Jini가 지원되는 장치는 스스로 자기 자신을 네트워크에 알리고 자신의 능력에 관해 자세한 정보를 제공하며, 네트워크상의 다른 장치들이 즉시 액세스할 수 있도록 한다.

이러한 기술 하에서는 분산 컴퓨팅을 구성하는 것과, 이에 따라 공통의 네트워크상에 있는 컴퓨터들끼리 서로의 능력을 공유하는 것이 가능해질 수 있다. 지니는 네트워크상의 사용자들이라면 어떤 장비의 성능이나 능력이라도 액세스할 수 있으며, 어떤 일을 처리하는데 필요한 메모리, 저장장치 및 처리성능 등 모두를 지니고 있어야 하는 부담으로부터 데스크탑 컴퓨터를 자유롭게 할 것이다. 예를 들어, 네트워크상의 한 디스크드라이브가 지니 기능을 가지고 있다면, 네트워크상에 있는 어떤 컴퓨터라도 그 드라이브가 마치 자신의 것인 양 사용할 수 있을 것이다.

Jini는 운영체계를 단지 네트워크의 부수적인 것으로 만들 수 있는 역량이 있기 때문에, 많은 사람들은 Jini를 마이크로소프트 윈도우의 영향력을 줄일 수 있는 시도로 보고 있다. 이 소프트웨어는 애플릿이라고 불리는 작은 프로그램 조각들을 장치사이로 이리저리 통과시킴으로써 동작한다. 자바를 실행시킬 수 있는 모든 컴퓨터는, 장치들 사이를 통과하는 이 코드와 데이터를 액세스할 수 있게 될 것이다.

5) OSGi(Open Service Gateway initiative)

OSGi Alliance는 1999년에 썬 마이크로시스템즈, IBM, 에릭슨 등이 구성한 개방형 표준 단체이다. OSGi Alliance는 처음에는 Connected Alliance라고 불렸다. 그 뒤 여러 해 동안 OSGi Alliance는 원격 관리 될 수 있는 자바 기반의 서비스 플랫폼을 제정해왔다. 요약하면, OSGi 는 한 개의 번들 또는 여러 개의 번들로 이루어진 애플리케이션 자체를 언제든지 동적으로 프레임워크상에 설치, 실행, 업데이트, 중단, 제거하는 것을 가능하게 하는 매우 유연한 라이프 사이클 모델을 지원하는 프레임워크이다.

이 표준 사양의 핵심은 응용 프로그램의 생명주기(Life cycle) 모델과 서비스 레지스트리(Service Registry)를 정의하는 프레임워크(Framework)이다. OSGi 표준 사양에는 이 프레임워크에 기반 하여 매우 다양한 OSGi 서비스가 정의되어 있다.

OSGi 프레임워크는 독립적인 자바/가상 머신 환경에서 제공하고 있지 못한 세련되고, 완전하며 동적인 컴포넌트 모델을 구현한다. 응용 프로그램 또는 구성 요소(번들, Bundle)는 다시 시동 과정 없이 원격지를 통해 설치(installed), 시작(started), 정지(stopped), 업데이트(updated) 그리고 제거(uninstalled)할 수 있다.

OSGi는 Embeddable(응용 프로그램 내부로 포함될 수 있는) SOA를 구현하고 있다. 이를 통해 응용 프로그램 개발에서 가장 복잡하고 관리하기가 어려운, 모듈간의 동적(Dynamic) 관계와 의존을 매우 효과적으로 관리할 수 있게 한다. (Web service based SOA가 네트워크를 중심으로 하는 SOA라면 OSGi는 Java Object based SOA이다)

OSGi 서비스 플랫폼은 자바 환경에서 기존 또는 신규 소프트웨어를 효과적으로 통합 및 개발할 수 있는 핵심요소 기능을 제공한다. 또한 이러한 요소 기능들을 표준화함으로써 다양한 서비스 응용분야에 사용될 애플리케이션들의 재사용성, 컴포넌트 모듈간 협업 및 소프트웨어의 경량화를 지원한다.

바이트코드와 가상머신 기술을 이용하여 코드 호환성을 보장하는 자바 플랫폼 위에서, 각 애플리케이션들이 번들이라 불리는 작고 재사용 가능한 컴포넌드로부터 조립될 수 있도록 도와준다. 번들은 OSGi에서 얘기하는 각각의 컴포넌트 또는 애플리케이션을 가리키는 단위를 의미한다. OSGi는 JVM 위에서 돌아가는 하나의 프레임워크이며, 사용자가 개발한 프로그램들은 번들 형태로 선언되어 OSGi 내부에서 실행된다.

OSGi 서비스 플랫폼은 다양한 네트워크 토폴로지를 형성하는 여러 유형의 네트워크 장치들에 탑재될 수 있으며 그 장치들을 재부팅하지 않고 동적으로 새로운 기능을 추가할 수 있기도 합니다. 하지만 OSGi 서비스 플랫폼이 탑재된 장치를 이용하면 네트워크 관리자는 네트워크 서비스의 중단 없이 원격에서 새로운 서비스를 설치하거나 기능을 업그레이드 할 수 있다.

① OSGi 적용 분야

OSGi의 본래 적용 분야는 RG(Residential Gateway), 홈게이트웨이였으나 OSGi의 응용 가능성으로 인해 훨씬 폭넓고 다양한 분야에 적용되고 있다. 현재 OSGi 표준 사양은 차세대 스마트폰뿐만 아니라 이클립스 IDE와 같은 데스크톱 응용 프로그램에까지도 적용되고 있다. OSGi 서비스 플랫폼은 홈 게이트웨이, 텔레매틱스 단말(예:BMW, SimensVDO), 모바일 단말, 산업 자동화, 빌딩 자동화, PDA, 그리드 컴퓨팅, 백색가전(예: BSH, 보쉬-지멘스 가전 합작회사의 Serve@Home), 엔터테인먼트 (예: 필립스의 iPronto), 기업 차량 관리(예: Acunia의 Fleet Management Solution), 로봇 미들웨어와 데스크톱 등에 응용할 수 있다.

② OSGi 표준 사양

- OSGi Release 1 (R1) : 2000년 5월
- OSGi Release 2 (R2) : 2001년 10월
- OSGi Release 3 (R3) : 2003년 3월
- OSGi Release 4 (R4) : 2005년 10월 / 2006년9월 Core Specification (R4 Core) : 2005년 10월 Mobile Specification (R4 Mobile /JSR-232) : 2006년9월
- OSGi Release 4.1 (R4.1) : 2007년 3월 (별칭: JSR-291)
- OSGi Release 4.2 (R4.2) : 2009년 9월

③ OSGi 관련 표준

- RFC-2608 (서비스 위치 프로토콜)
- Sun JINI™ (Java Intelligent Network Infrastructure)
- Sun JCP JSR-8 (Open Services Gateway Specification)
- Sun JCP JSR-232 (Mobile Operational Management)
- Sun JCP JSR-246 (Device Management API)
- Sun JCP JSR-249 (Mobile Service Architecture for CDC)
- Sun JCP JSR-277 (Java™ Module System)
- Sun JCP JSR-291 (Dynamic Component Support for Java™ SE - 별칭: OSGi 4.1)

· Sun JCP JSR-294 (Improved Modularity Support in the Java™ Programming Language)

④ 대한민국의 OSGi 커뮤니티
- · 한국 OSGi 사용자 포럼
- · SERI Open OSGi 포럼
- · 네이버 OSGi 개발자 포럼

⑤ 주요 OSGi 적용 프로젝트
- · EasyBeans : 오픈소스 EJB2 컨테이너
- · 이클립스 : 오픈소스 IDE 및 RCP(Rich Client Platform)
- · Nuxeo : 오픈소스 ECM 서비스 플랫폼
- · JOnAS 5 : 오픈소스 Java EE 5 애플리케이션 서버
- · JPOX : 오픈소스 객체 관계 매퍼
- · Newton : 오픈소스 분산 OSGi/SCA 런타임

⑥ OSGi 아키텍처
- · Secutiry Layer : 자바의 보안 구조에 기반하고 있으며, 패키지나 서비스에 대한 권한을 관리하거나, Digitally Signed JAR 파일에 대한 지원을 해주는 레이어이다. 꼭 사용하지 않아도 되는 선택 가능한 Layer이다.
- · Service Layer : 서비스 레지스트리를 통해 서비스를 등록하고 찾을 수 있도록 지원하는 Layer이다.
- · Life Cycle Layer : 번들이 어떻게 동적으로 설치되고 관리될 수 있는지를 정의하는 Layer이다. 번들 내에서 어떻게 외부의 OSGi Context에 접근할 수 있는지를 정의한다.
- · Module Layer : OSGi의 근간이 되는 번들이다.
- · Exccution Environment : 번들이 수행될 수 있는 환경(J2SE 등)을 말한다.

4.4 가정용 로봇(*Robot*)

4.4.1 개념

정부에서 2007년 8월에 유비쿼터스로봇(URC) 시범사업자로 KT로봇 컨소시엄, ED 컨소시엄, du로봇 컨소시엄을 선정 · 발표하면서 로봇 시대의 문을 활짝 열었다. 다사로봇, 로보테크 등 5개 기업으로 구성된 KT로봇컨소시엄은 2008년에 인천경제자유구역청, 성남시, 벡

스코 등 5개 기관에 로봇 7대를 설치하여 상용 서비스를 제공하고 있다. 또 ED 컨소시엄은 CJ푸드빌 · KT · 한국과학기술연구원 등과 협력하여 페밀리레스토랑, VIPS 매장에 3대의 로봇을 설치하여 대기 고객에게 서비스를 제공하고 있다.

〈표 4.17〉 가정용 서비스 로봇의 분류

구 분	중분류	종 류
가정용 서비스 로봇	생활서비스 로봇	청소로봇, 경비로봇, 가정관리 로봇
	개인 서비스로봇	의료로봇, 간호로봇, 안내 및 도우미 로봇, 교육 로봇, 엔터테인먼트 로봇, 보행보조 로봇

가정용 서비스로봇은 생활 서비스로봇과 개인 서비스로봇으로 분류할 수 있다. 생활 서비스로봇은 가정에서 사람을 대신하여 작업해 주는 로봇으로 청소로봇, 경비로봇, 가정관리로봇 등이 있다. 개인 서비스로봇은 사람에게 정보를 전달하고, 사람과의 상호작용을 통해 인간에게 필요한 정보 및 도움을 주는 로봇으로 의료로봇, 안내 및 도우미로봇, 교육로봇, 엔터테인먼트로봇, 보행보조 로봇 등이 있다.

생활 서비스로봇에 대해 구체적으로 설명하면, 기능 및 용도에 따라 청소로봇, 가정 경비로봇, 가정관리 로봇으로 분류된다. 즉 집안의 가사노동 중 주부들이 가장 불편함을 호소하고 기존의 진공청소 기술과 이동로봇 기술들을 이용하여 집안의 청소를 지원해 주는 로봇과, 또한 개인의 재산을 보호하여 주는 방범기능과 화재, 가스누설 및 누수로부터 가족 구성원의 인명 피해를 미연에 방지하는 방재기능을 가진 가정용 경비로봇이 있다. 또한 network에 연동하여 집안내의 가전제품, 전등 및 각종 기기들을 사용자와의 상호작용을 통하여 제어하고 결과를 사용자에게 알려줄 수 있는 가정관리 로봇이 있다.

개인 서비스로봇은 의료로봇, 간호로봇, 안내 및 도우미로봇, 교육로봇, 엔터테인먼트로봇, 보행보조로봇 등 다음과 같이 분류 된다. 다양한 프로그램과 여가활동을 지원해주는 엔터테

〈표 4.18〉 가정용 서비스 로봇의 종류 및 주요기술

구분	분류	종류	주요기술
개인용 로봇	생활 서비스	청소로봇	진공흡입 청소모듈, Sweeping, 장애물 감지 및 회피 등
		경비로봇	침입감지, 침입내용, 화재인식 및 진압 등
		가정관리 로봇	인간로봇 상호작용 등
	개인 서비스	엔터테인먼트 로봇	음섬 및 영상 인식, 감성인식 및 표출 등
		교육로봇	네트워크, 다양한 디지털 컨텐츠 제공 등
		안내/도우미	스마트 핸드, 인간로봇 상호작용 등
		보행보조 로봇	정밀 모션 제어, 조작 편의성
		의료로봇	네트워크, 의료서비스, 의료용 Actuators
		간호 로봇	심부름 수행, 스마트 핸드, 인간로봇 상호작용

인먼트로봇과 가족 구성원들에 의해 요구되는 교육을 지원하는 교육로봇, 노약자 및 장애인의 보행보조를 돕고 재활치료를 위한 보행훈련 기능을 제공해 주는 보행 보조로봇과 사람에게 필요한 정보 및 기능을 제공하는 안내 및 도우미로봇, 네트워크 기술과 연동하여 가정 내에서 의료 및 간호 서비스를 제공해 줄 수 있는 의료와 간호로봇 등이 있다.

위에서 언급된 가정용 서비스로봇의 주요기술들은 〈표 4.18〉과 같으며, 산업화 속도와 주요 기술들을 분류해 보면 기존의 여러 분야의 기술들과 로봇 기술들이 융합된 형태로부터 산업화가 빠르게 진행되고 있다.

4.4.2 가정용 서비스 로봇의 중요성

가정용 서비스 로봇은 기존의 산업기술과 로봇기술의 접합과 저가형으로 민간수요를 창출할 수 있는 장난감 로봇, 청소 로봇 등을 주축으로 시장이 형성되고 있으며, 향후 출산율 저하와 급격히 진행되고 있는 노령화로 인하여, 2010년 이후부터 생활지원 로봇으로는 네트워크와 연동되어 가사노동 및 십안기기들을 통합적으로 관리해 줄 수 있고 집안의 위험상황에서 가족 구성원을 보호할 수 있는 통합 가정관리 로봇이 가정에 급속하게 보급 될 것으로 예측된다.

개인용 서비스 로봇으로는 엔터테인먼트 및 교육지원 기능이 통합된 형태의 복합로봇, 안내와 도움, 간호기능을 가지는 복합 도우미 로봇, 그리고 의료 서비스를 제공할 수 있는 의료로봇, 여가 및 교육지원 로봇으로의 복합 · 통합화가 추진되어, 점진적으로 시장이 창출 되어갈 것으로 예상된다.

가정용 서비스 로봇산업을 경제적, 사회적, 기술적, 산업적 측면에서 고려할 때 단품으로의 경제적 가치 이외에 기타 산업, 기술에 미치는 부가적인 효과 및 사회적 기여 효과를 확인해 보면, 경제적인 측면에서 가정용 서비스 로봇은 향후 필수 생활가전 시장에 필적할 시장규모가 예상되는 신규 사업으로, 국내의 가정용 서비스 로봇 산업은 2020년부터 1가구 1로봇 보급의 시대가 도래 하여, 100조원 이상의 시장이 창출될 것으로 전망된다.

사회적 측면에서 보면 우리나라는 세계에서 고령화가 가장 빨리 진행되고 있는 국가로, 2020년부터 노인부양 및 복지에 필요한 노동의 수요가 증가하고 인구의 감소로 인해 증가하는 인건비로 인하여 의료 및 도우미로봇의 수요가 급증할 것으로 예측되며, 저 출산으로 인한 급격한 인구감소는 가정에서 많은 시간이 소요되는 가사노동, 가정관리 등을 대신할 수 있는 청소와 경비 등 가정관리 로봇들은 기존의 필수 생활가전 이상의 필요성을 가지게 될 것으로 전망된다.

〈표 4.19〉 10대 차세대 성장 동력 사업

구 분	주요 제품
디지털 TV	디지털 방송시스템, 디지털 TV, 셋톱박스, 복합기기등
디스플레이	TFT-LCD, PDP, 유기EL등
지능형 로봇	가정용, IT기반 서비스, 의료지원용 로봇 등
미래형 자동차	하이브리드, 연료전지 자동차 등
차세대 반도체	차세대 메모리, SoC, 나노전자소재 등
차세대 이동통신	4G단말기, 시스템, 텔레매틱스 등
지능형 홈 네트워크	홈 서버, 홈게이트웨이, 홈네트워킹, 지능형 정보가전, 유비쿼터스 컴퓨팅 등
디지털 콘텐츠 /SW솔루션	디지털 콘텐츠 제작 · 이용, 유통시스템, 문화 콘텐츠, 임베디드SW, 지능형 종합물류 시스템 등
차세대 전지	연료전지 등
바이오 신약 및 장기	신약, 바이오 장기, 바이오 칩 등

기술적 측면에서의 파급효과는 정보통신, 의료산업과 융합된 종합 서비스 로봇 시스템으로 발전하면서, 세계 최고수준의 정보통신 및 의료기술의 발전에 시너지 효과를 낼 수 있는 산업이다. 정부에서는 2003년 8월에 지능형 로봇을 포함한 국민소득 2만불 시대를 이끌어갈 9대 성장 동력 산업을 선정하고, 2008년까지 총 3조5000억 원을 투자하였다. 소프트웨어, 부품, 생산기술 등의 총체인 지능형 로봇산업의 발전은 기타 응용산업 및 기반 산업의 파급효과를 로봇 단품 시장의 5배 이상으로 예상하고 있다.

4.4.3 가정용 서비스 로봇의 주요기술

산업용 로봇과 달리 가정용 서비스 로봇은 불확실한 환경에 적응하며, 작업을 수행할 수 있는 성능을 확보하기 위해 환경을 '감지' 하고 가정에서 인간과의 '상호작용(음성인식 등)' 을 통하여 원하는 곳으로 이동하여 정밀한 작업을 수행할 수 있는 기술이 필요하다. 이러한 기술들은 산업용 로봇에도 필요한 기술들이며, 가정용 서비스 로봇 역시 시장이 급격히 증가하면서 단순한 호기심 충족용이 아닌 일반 가전제품과 같은 제품으로 역할을 하기 위해서는 산업용 로봇에 버금가는 안정성 및 신뢰성을 확보해야 하므로 상호 보완적인 기술이 개발되고 있다고 생각된다.

가정용 로봇의 산업화를 위한 필수기술 개발 동향을 살펴보면, 기존 가정용 서비스 로봇 시장에 진출한 기업과 진출할 기업에 있어서 매출증진 및 수익률 극대화가 가능한 매력적인 시장으로 진화하기 위해서 가장 중요한 것은 실제 사용되는 로봇의 수가 증가하여 전시용이 아닌 실제 생활에 꼭 필요한 하나의 제품군으로 자리잡는 것이다. 현재 가정용 서비스 로봇의 주요 개발 기술들은 로봇이 제공할 수 있는 기능의 질적/양적 향상을 위해 시도되고 있는 기술들이며(〈표 4.20〉), 다양한 기술들이 개발되면서 로봇이 제공할 수 있는 기능이 확대되고 있지

〈표 4.20〉 가정용 서비스 로봇 주요기술 및 개발동향

분 류	주요 기술	개발 동향
명령 입출력	Haptic장치, User Interface (영상, 촉각, 감각), 생체신호처리, 원격통신을 통한 제어신호 및 처리결과 송/수신	인간은 로봇에 작업명령을 입력하고 로봇은 처리결과를 사용자에게 출력하는 시스템으로 네트워크를 통한 원격제어 및 결과 알림 시스템
		사용자의 생체신호 처리를 통한 자동 제어신호 발생 및 결과 알림 시스템
지능형 상호작용	감성재현, 대화접촉(터치), 비접촉(영상기반 등)	로봇에 작업명령을 입력하고 로봇은 무조건적인 수행을 하는 시스템이 아닌 지능형 상호작용을 통한 대화형 시스템
감지 및 인식	시각(얼굴, 제그처, 패턴인식), 청각, 후각, 촉각, 위치인식 등	스마트 환경을 이용한 위치인식 시템(인공표식 포함)
		자연표식 기반 위치인식 시스템
		영상, 청각, 촉각 센싱 시스템
센서	CCD, CMOS,자이로, 적외선, 마이크로폰 등	SoC, 저가형/모듈형 센서
기계부품	구동기, 감속기(소형, 정밀)	기계부품의 저가 모듈화 및 소형화
기계	이동기구, 인공관절, 인공 손 등	기계의 경량화, 초소형화, 저가화
제어	작업제어, 경로제어	실시간 적응형 제어 시스템
		지능형 정밀 작업 제어 시스템

만, 시장이 확대되고 순수한 민간자본으로 이루어지는 필수 가전제품에 필적하는 산업이 되기 위해서는 소비자가 수용할 수 있는 가격에 제품을 공급할 수 있는 저가화 및 대량생산이 필수적인데 저가화 및 대량생산에 필요한 기술들이 본격적인 산업화를 위해 기업들을 중심으로 개발되고 있는 실정이다.

가) 규격 표준화와 모듈화

통신 인터페이스, 소프트에어 및 하드웨어의 표준 규격화 및 모듈화를 하지 않으면 가정용 서비스 로봇의 구성 부품의 대량생산 및 비용절감이 불가능하며 구성모듈 하나하나의 대량생산 및 저가화가 이루어짐에 따라 로봇제품 전체의 가격을 낮출 수 있으며, 시장 확대를 가져올 수 있다. 현재 가정용 서비스 로봇시장은 다품종 소량생산 시장으로 순수한 민간자본으로 이루어진 하나의 산업군이 되기는 미흡한 상황이다. 따라서 부품 공용화/모듈화에 의한 개발비용, 제조비용 및 개발기간 단축이 가능해야하며, 이를 위한 부품 및 모듈단위의 가정용 로봇규격 표준화가 진행되고 있다.

나) 어플리케이션

가정용 로봇의 물리적인 응용 어플리케이션이 활발히 개발되고 있지만 향후 5~10년 내에 모듈단위의 대량생산이 가능하고 소비자의 욕구를 100% 충족시킬 수 있는 저가형 제품이 공급되어 시장을 창출하기는 어려운 수준이다. 따라서 물리적인 어플리케이션의 부족을 보완

해 줄 수 있는 S/W 어플리케이션 개발이 필수적인데, network를 통한 콘텐츠 제공 등의 소프트웨어 어플리케이션의 제공을 위해서는 콘텐츠 제공업체들과 로봇 제품 생산업체들 사이에 유기적인 관계를 확립하여야 한다. 현재 가정용 교육/엔터테인먼트 제품 시장에서는 지속적인 콘텐츠 up grade의 여부가 지속적인 구매를 유발시킬 수 있는 핵심요소가 되고 있으며, 사용자의 로봇제품에 대한 각각 다른 기대치를 충족시키기 위해 한정적인 물리적 어플리케이션과 이를 보충할 수 있는 S/W 어플리케이션이 병행되어야 자생력을 가진 시장을 창출할 수 있다.

다) 학습/진화

사용자의 제어명령을 수행해야하는 가정용 서비스 로봇에게 있어서 안정성과 신뢰성의 확보는 필수적인데 가정용 로봇의 시장 확대에 가장 큰 난점은 예측할 수 없는 다양한 환경에서 작업을 수행해야 한다는 점에 있다. 따라서 지금까지 작업했던 환경을 기억하고 사용자와 통신했던 data나 사용자의 기호 등에 맞추어 작업했던 콘텐츠, 작업유형 및 경로 등을 기억하여 성장 및 진화가 가능한 로봇이 필요하다. 자동 주문 제작 기능을 실현하기 위해 인간과 같이 학습하고 진화할 수 있는 기능을 실현할 수 있는 인공지능이 필수적으로 갖추어져야 한다. 따라서 사용자와의 상호작용의 결과를 평가하고 가중치를 부여할 수 있는 학습, 성장 및 진화 소프트웨어가 활발히 개발되고 있다.

4.4.4 지능형 로봇 산업

〈그림 4.49〉 지능형 로봇의 응용분야

로봇에는 제조용(또는 산업용) 로봇과 지능형 로봇이 있으며, 지능형 로봇은 스스로 외부환경을 지각 및 인식하고 상황을 판단하여 자율적으로 동작하는 로봇을 말한다. 또한 제조용 로봇은 3개 이상의 운동 축을 프로그래밍할 수 있는 매니퓰레이터(Manipulator)를 갖춘 장치를 말한다. 지능형 로봇은 인간이 가지고 있는 인식(Perception)과 판단(Cognition) 기능을 보유하여, 자율적으로 동작(Mobility & Manipulation)하거나 인간과 상호작용을 하는 로봇으로, 첨단 제조용 로봇도 포함된다. 1990년대 선진국의 산업용 로봇시장이 정체하여 새로운 로봇 분야에 대한 연구가 진전되었으며 최근에는 신규 로봇시장이 활발하게 형성되고 있다.

하지만 21세기 들어 급격히 진행되고 있는 사회 환경변화와 소비자의 기대에 부응할 수 있는 기술 실현의 가시화로 지능형 서비스 로봇 시장이 형성 중이지만, Killer Application의 부재 등으로 아직 활성화되지 않은 상황이다. 따라서 지능형 로봇이 스스로 외부 환경을 자각 및 인식하고 상황을 판단하여 자율적으로 동작하는 기능을 수행하면서 킬러 어플리케이션으로 자리 잡기 위해서는 조작제어기술, 환경 인식기술, 자율 주행기술, 위치 인식기술 등의 분야에서 중점적인 기술개발이 필요하다 할 수 있다. 지능형 로봇의 중점기술을 〈그림 4.50〉에 보여주고 있다.

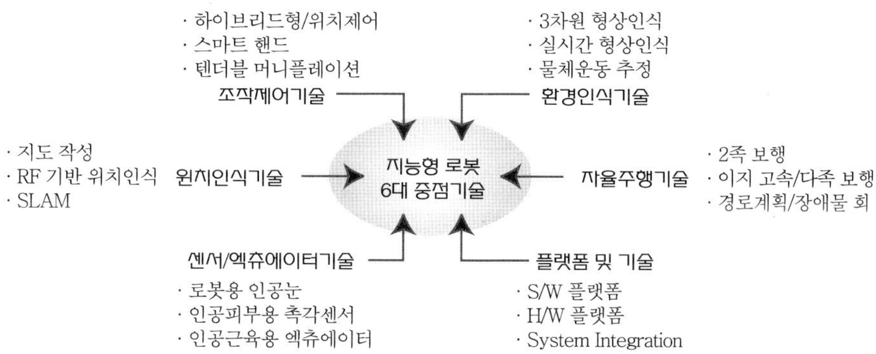

〈그림 4.50〉 지능형 로봇 6대 중점기술

4.4.5 지능형 로봇기술의 발전방향

'21C 로봇은 인간의 삶을 바꾸어 놓을 것' 이라고 지난 2000년 '미래학회' 에서 발표되었다. 로봇은 기술 집중과 응용 확산을 반복하면서 20년을 주기로 발전해 나갈 것으로 예측하였다. 또한 로봇의 인간사회 공존능력과 인간과의 상호작용 기술이 급격히 발전할 것이며, 고도의 지능을 요구하는 고난도의 작업과 극한 환경에의 로봇이 확산될 것으로 전망된다. 지능형 로봇 시장은 개인서비스용 로봇, 전문 서비스용 로봇, 산업용 로봇 시장으로 분화될 것으로 전망되고 있다. 홈 서비스, 초정밀 초소형 로봇, 실버 라이프 로봇과 관련한 시장이 주목받을 것으로 관련 업계에서는 예상하고 있으며, 따라서 동 분야의 기술개발이 활발하게 진행될 것으로 전망되고 있다.

1960	1970	1980	1990	2000	2010	2020
산업용 로봇의 탄생과 성장			전환기	새로운 로봇의 탄생과 성장		
산업용 로봇 탄생(유압) 일본에서 투자 시작	전기 Motor 이용한 로봇	현대적 산업용 로봇의 탄생과 확산 한국에서 투자 시작	산업용 로봇의 성숙기 로봇시스템의 지능화 퍼스널 로봇의 탄생	퍼스널 로봇 성장/확산 IT.BT 접목 중요	서비스 로봇 성장/확산 로봇수~자동차수	필드로봇 성장/확산 로봇산업~자동차산업
Unimation	FANUC Kawasaki Yaskawa Nachi	FUMA DDARM SCARA	로봇 적용분야의 폭발적 확대	오락용 경비용 청소용 교육용	빌딩, 병원, 사회시설의 유지보수	극한작업, 농업, 건설, 군사

 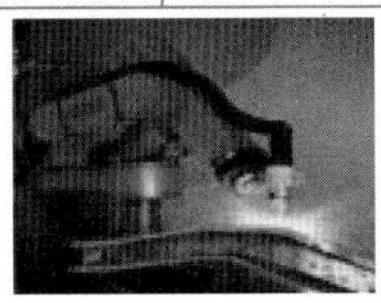 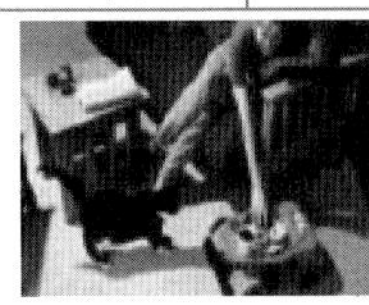 

〈그림 4.51〉 지능형 로봇의 발전 방향

1980	1990	2000	2010	2020	2030	2040
Interdiscipline 학제적 결합	Inter-industry 업제적 결합	Digital Fusion	Digital Diffusion	New intelligence Revolution	New intelligence Spread-out	Intergration with Biology
제조업 중심 다양한 제조업용 로봇의 등장	농업용로봇 건설용로봇 등 다양한 분야로 확산 -특히 1차 산업	지능형 로봇 가정용 첨단작업 극한작업	군사용, 사회 서비스 등의 다양한 분야로 확산 로봇의 사회화	새로운 지능의 혁명	새로운 지능의 확산, 전개	Bio, 생체와의 결합

〈그림 4.52〉 지능형 로봇기술의 발전방향

4.4.6 우리나라 로봇산업의 향후 전망

'로봇이 없다면 미래도 없다' 며 로봇 관련 기업 등에서는 로봇에 대한 강한 자긍심을 갖고 있다. 우리나라 로봇산업을 크게 4가지로 전망해 볼 수 있다.

가) 제조업용 로봇의 지능화가 진전될 전망이다.

① 산업현장에서의 노동력 부족으로 점차 로봇과 인간이 같은 현장에서 공동 작업을 할 필요성이 커지고 있다. 센서기술의 발달로 로봇의 안전도가 대폭 향상되면서 과거와 같은 위험사고의 가능성이 점차 사라지고 있다.

② 특히 숙련공 부족을 겪고 있는 국내 중소기업의 경우 수작업을 대체할 수 있는 지능형 중소기업 로봇(SME 로봇)의 활용이 늘어날 전망이다.

나) 향후 제조업용 로봇이 전자산업의 중심이 될 전망이다.

① 현재 우리나라 제조업용 로봇의 68.3%가 자동차 부문에 투입될 목적으로 생산되고 있으나 점차 반도체, FPD 산업용의 비중이 높아질 전망이다. 자동차 산업내 신규투자가 점차 감소함에 따라 국내 최대의 로봇생산업체인 현대 중공업도 전자산업용 로봇생산에 진출하였다.

② 2010년경 국내 제조업용 로봇 생산부문에서 자동차 산업과 전자산업의 비중이 역전될 것으로 전망된다.

다) 지능형 서비스로봇 시장의 성숙에는 상당한 시일이 소요될 전망이다.

① 이미 성숙된 시장으로 수요가 제한되어 있어 향후 국내 제조업용 로봇 시장은 규모가 급속히 커지기는 어려울 것으로 보인다. 반면, 서비스로봇 시장은 가정용, 공공서비스용, 군사용, 의료용 등 다양한 분야에 잠재적 수요가 풍부한 편이다.

② 서비스로봇의 현재 수준과 소비자 기대치와의 괴리를 극복하는 것이 과제이나 이를 위해서는 상당한 시일이 소요될 전망이다. 현실적 상황을 보면, 소비자들은 사람의 말을 알아듣고 대화가 가능하며 지능을 갖춘 '안드로이드' 를 기대하고 있지만, 안드로이드형 로봇인 '아시모' 나 '휴보' 는 아직 시험제작에 불과하며 실용화를 위해서는 해결과제가 많이 남아있다.

③ 소비자도 인지하지 못하고 있는 잠재적 니즈를 찾아내어 폭발적인 수요를 발생시킨 MP3 업계의 '아이팟' 과 같은 '킬러앱' 제품 등장이 요구되는 상황이다.

라) 전문서비스 로봇 분야의 성장이 빨라질 가능성이 농후하다.

① 수요자의 니즈가 명확하고, 제조업용 로봇 기술의 응용이 가능하다. 특히 군사용, 사회안전용, 건설작업용, 원전용, 해양수산용, 의료용, 재난극복용 등 전문서비스 로봇은 수요자의 니즈가 명확하여 개인서비스 로봇과 달리 주문 제작이 가능하다.

② 구매처가 개인이 아닌 공공기관이므로 아직까지 고가인 로봇제품 구매에 대한 부담이 덜한 잇점이 있다.

③ 정부에서도 공공기관의 로봇제품 구매를 적극 유도하고 있어, 개인서비스용 보다는 전문서비스용 로봇 시장의 활성화가 우선될 것으로 전망된다. 정부에서는 초기 시장의 형성단계에 있는 로봇산업을 미래 성장 산업으로 육성하기 위해 다양한 지원 및 정책수단 등을 모색하고 있다.

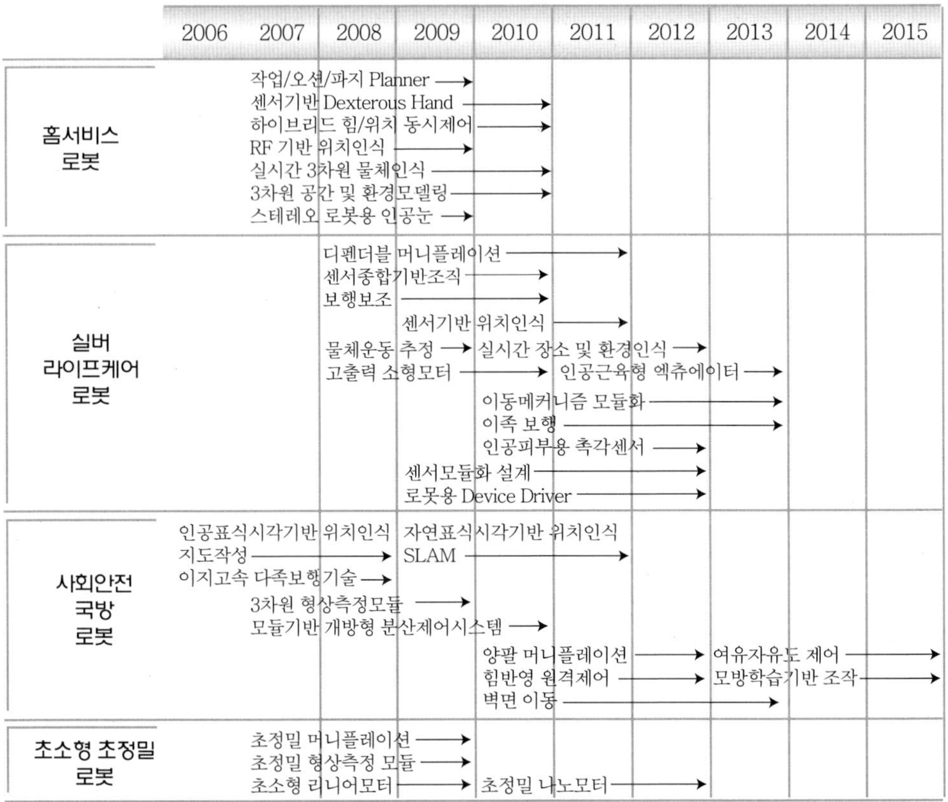

〈그림 4.53〉 로봇 기술 로드맵(홈 서비스 로봇 등을 중심으로, 산업기술재단 참고)

4.5 VoIP

4.5.1 개요

인터넷전화(VoIP, Voice over Internet Protocol)란 인터넷을 통해 통화할 수 있는 통신 기술로 기존부터 사용되고 있는 데이터통신용 패킷망을 인터넷폰에 이용하는 것으로 인터넷폰 또는 IP전화라고도 부른다. 1995년 미국의 벤처 기업인 보컬테크(Vocal Tech)가 퍼스널 컴퓨터(PC)에 접속하는 마이크와 스피커를 통해 통화하는 시스템을 개발한 다음부터 보급되기 시작하였다.

우리나라에서는 1999년 새롬기술이 다이얼패드를 이용해 처음으로 서비스를 시작하였다. 이후 초고속 인터넷 보급률의 증가 및 기업들의 비용절감을 위한 VoIP 도입 추세가 가속화되면서 전 세계적으로 VoIP시장이 크게 성장하고 있다. 시장 조사 기관인 ABI는 전 세계 VoIP 가입자 수를 2012년에 2억6천7백만 명으로 예상하였다. 이와 같은 시장의 성장은 VoIP 관련 기술의 발전과 서비스 업체들간 경쟁의 심화, 기업의 VoIP 도입, 그리고 PSTN 대체재로서 VoIP시장의 발전에 따라 더욱더 가속화되고 있다.

아래 〈그림 4.78〉에서 보는 바와 같이 인터넷 전화는 기존의 아날로그 전화와 비교해서 케이블을 통하여 여러 명이 동시에 사용할 수 있고, 확장성도 뛰어나며 기존 전화에 비하여 요금도 훨씬 저렴하다.

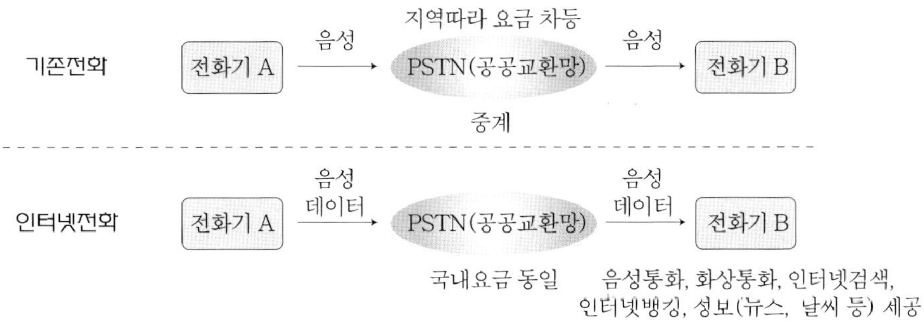

〈그림 4.54〉 기존 아날로그전화와 인터넷전화

인터넷전화의 방식은 PC와 PC 사이에 이루어지는 형태, PC와 전화기 사이에 이루어지는 형태, 전화기와 전화기 사이에 이루어지는 형태가 있다. 이 가운데서 가장 큰 관심을 끄는 것은 인터넷 FAX 서비스와 마찬가지로, PC를 보유하지 않은 이용자에게 보통의 전화기로 인터넷을 경유하여 장거리 전화나 국제전화를 걸게 하여 주는 전화 서비스이다.

그 구조는 전화망-인터넷-전화망의 형태로 접속하여 전화망의 중계망 부분을 인터넷으로 바꾸어 통신하는 것이다. 그러나 인터넷에는 통화의 품질을 보장하는 기능이 없으므로 인터넷 전화는 음성 전달의 지연이나 음질의 저하가 일어날 수도 있고, 전화를 걸 수 있는 지역에도 제한이 있다. 인터넷 전화는 아래 그림에서 보듯이 기존 헤드셋을 이용한 소프트폰 방식에서 이동통신기기 시장 분야에까지 넘보는 무선 와이파이폰까지 종류가 다양해졌고, 크게 소프트폰과 IP폰으로 나눌 수 있다. 소프트폰은 대형 포털 사이트들이 제공하는 전화 프로그램을 설치 후, 헤드셋이나 기타 장비로 통화할 수 있는 방식이다. 또 IP폰은 일반 전화기와 동일한 디자인으로 네트워크에 IP를 직접 할당받아 사용하므로 PC를 켜지 않고도 사용할 수 있는 방식이다.

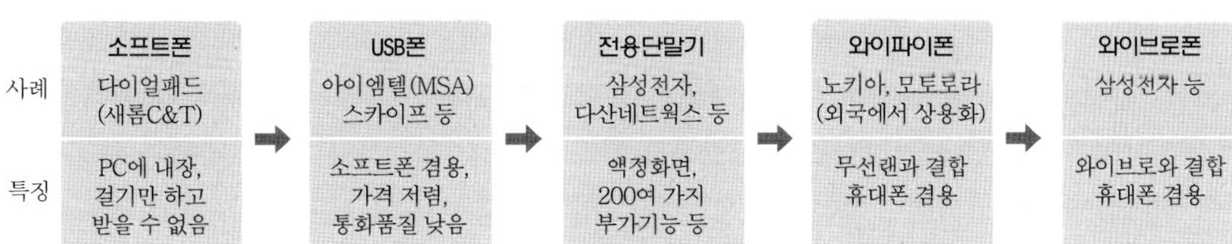

〈그림 4.55〉 인터넷전화 단말기의 진화

또한, 최근에는 무선 랜 환경만 구축되면 장소에 구애 받지 않고 사용 가능한 무선 와이파이폰과 별다른 설치과정 없이도 PC에 꽂아 바로 사용 가능한 USB폰까지 출시되고 있다. 아래 〈그림 4.56〉은 이러한 인터넷전화의 종류를 보여주고 있다.

〈그림 4.56〉 왼쪽부터 IP폰, 무선 와이파이폰, USB폰

여기서 와이파이폰이란 무선 AP(Access Point)를 이용해 무선 랜 환경이 구축된 공간에서 휴대하며 전화 연결할 수 있는 인터넷전화기를 말한다. 과거 900MHz 주파수를 사용하던 일반 무선 전화기의 확장된 개념이라 생각하면 이해가 쉽다. 900MHz 일반 전화기가 충전기에 달린 송신기로 전화통화 가능한 지역을 제한했다면, 와이파이폰은 2.4GHz 주파수에 AP를 통해 통화 범위가 정해진다. 또한 와이파이폰은 단말기에 내장된 무선 AP지역 외에도 무선 랜이 제공되는 지역에서는 언제든지 자신의 집에서 사용하듯이 연결이 가능하다.

즉 자신의 070 인터넷 번호로 걸려 온 전화를 무선 랜 환경이 구축된 지역이라면 때와 장소에 상관없이 통화가 가능하다. 또한 최고속도 54Mbps의 무선 데이터 통신이 가능해 음악, 동영상 등 대용량 파일의 전송에도 유리하다. IPTV 서비스가 제공되면서 모바일 IPTV 서비스 단말기로도 가능해 차세대 인터넷 전화기로 큰 기대를 받고 있다.

4.5.2 VoIP의 시장동향

한국IDC는 최근 발간한 '국내 통신 서비스 및 장비시장 분석 및 전망보고서'를 통해 국내 통신 서비스 시장은 2006년 약 26조 9천억원에서 2007년에 약 28조 9천억원 규모로 성장했으며, 향후 5년간 연평균성장률(CAGR) 3.8%로 성장하여 2011년에는 약 32조 4천억원 시장이 될 것으로 전망하였다.

국내 통신 서비스 시장은 2006년에 전년대비 3% 성장이 그치는 뚜렷한 포화 국면에 접어들었고, 이러한 상황 하에서 정부가 규제완화 로드맵을 통해 유무선 교차진입을 허용하고 신규 통신사업자의 출현을 독려하면서 사업자간 경쟁은 유선, 무선 또는 통신 역무와 관계없이 더욱 첨예화 되어가고 있다. 이러한 규제 완화로 인해 다양한 결합 서비스가 본격적으로 출시될 예정이며, 특히 2008년부터 인터넷전화의 번호이동제도 실시와 함께 인터넷전화와 결합된 서비스들이 보다 활성화 되고 있다. 2011년에는 전체 인터넷 전화 시장 규모가 1조 4천억 원에 이를 것이라는 전망이 나왔다.

〈그림 4.57〉에서 보는 바와 같이, 한국 IDC는 최근 발간한 '2007~2011 국내 VoIP서비스 및 장비시장 전망 보고서'를 통해, 국내 VoIP 서비스 시장이 2006년 약 1,677억원에서 2007년에 약 2,552억원 규모로 성장했으며, 향후 5년간 연평균 성장률 53%로 성장하여 2011년에는 약 1조 4,190억원 규모에 이를 것으로 전망하였다.

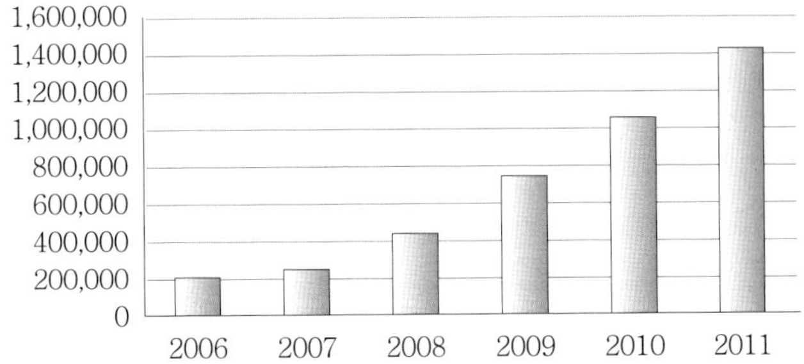

〈그림 4.57〉 국내 VoIP 서비스 시장 전망(단위, 백만 원, 자료: IDC, 2008)

현재까지는 인터넷 전화 시장이 별정사업자를 중심으로 기업용 서비스 위주로 성장하였지만, 향후에는 대형 사업자들이 보다 적극적으로 시장에 참여하고 더불어 가정용 서비스 시장에 대한 성장률 또한 높을 전망이다. 또한 2008년 번호이동성 제도의 시행으로 지금까지 070번호로의 전환문제로 인해 도입을 꺼리던 기업시장에 활력소가 되었으며, 이제까지 통화료 절감을 위한 목적으로 사용되어 오던 VoIP 서비스가 UC(Unified Communications) 형태의 각종 부가서비스와 결합하여 시장 활성화의 한 요소가 될 것으로 예상된다.

4.5.3 VoIP 업체 동향

가) 국내업체 동향

인터넷 전화는 IP망이 기본이기 때문에 PSTN에서 벗어나 다양한 애플리케이션과 융합할 수 있는 가능성을 제공해 주는데 KT에서는 VoIP를 넘어선 SoIP를 제공하고 있다.

SoIP(Service over IP)는 음성 위주의 통신서비스인 인터넷 전화에 더해 고객이 필요한 편의 정보나 음악, 영상, 광고, 뱅킹, 게임과 같은 다양한 부가서비스를 함께 제공해 추가적인 고객 가치를 제공하는 서비스를 말한다. KT는 이렇듯 단순 음성통화를 넘어 각종 데이터 서비스를 제공하는 SoIP 서비스를 표방하면서 가입자를 적극 유치하고 있다.

SK BroadBand는 시내전화와 인터넷전화에 고르게 비중을 둔다는 방침을 세우고 있다. 자사 시내전화 가입자를 인터넷전화로 유도하면 가입자당 수익(ARPU)이 떨어질 가능성도 있지만, 기존 KT 등 타사 가입자를 유치한다면 충분히 상쇄할 수 있을 것이라는 판단이다. 그리고 기존 유선전화 단말기 교체 없이 인터넷전화를 이용할 수 있도록 모뎀에서 데이터를 음성으로 바꿔주는 기술을 적용할 예정이다.

한편 인터넷전화에 주력하는 LG데이콤은 시내전화 점유율이 1%도 안되는 만큼 myLG070에 대한 강력한 마케팅으로 KT 및 SK BroadBand의 가입자를 끌어온다는 전략이다.

전국 1,600만 가입자를 확보한 케이블TV 사업자는 인터넷전화 가입자 유치 및 저변 확산을 위해 케이블TV 가입자간 인터넷전화를 완전 무료로 제공하고 있다. 이는 특정 케이블TV 사업자 가입자간 인터넷전화 무료 통화를 넘어 다른 케이블TV 사업자 가입자와 통화도 무료로 이용할 수 있게 되는 조치로 인터넷전화 무료 통화가 사실상 케이블TV 가입자 전체로 확대되어 적용되는 것이다.

한편 삼성네트웍스의 삼성Wyz070은 국내 최저 수준의 통화요금, 차별화된 부가서비스라는 두 가지 강점을 갖고 있다. 가입자간 통화는 무료이고, 또 유선전화보다 시외전화 85%(시내외 구분 없이 3분 39원), 국제전화 최고 96%(미국과 중국의 경우 1분에 49원) 저렴한 통화요금제를 적용하고 있다. 여기에 콜메이트, 인터넷팩스, 단문전송서비스(SMS), 클릭 투 다이얼(Click to Dial), 발신자표시, 착신전환 · 동시착신, 멀티넘버링, 삼자통화 등 200여 가지의 부가 서비스를 제공, 이용자 편의성 및 업무효율성을 한층 높여 주고 있다. 또 기업 규모 및 경영환경에 따른 맞춤형 서비스를 제공한다.

나) 해외 업체 동향

1999년 전 세계적으로 다이얼패드라는 인터넷전화 열풍이 있은 이후, 미국의 보니지(Vonage)는 저렴한 정액 요금을 앞세워 기존 유선 통신사업자 가입자를 뺏어 오는데 성공했다. 하지만, 최근 기존 통신사업자(특히, 컴캐스트를 비롯한 케이블사업자)의 역공에 시달리며 이제는 생존을 걱정해야하는 상황에 처해있다. 보니지를 가리켜 1.5세대 텔코, 디지털보이스라는 개념을 쓰는데 기존 텔코의 음성 서비스를 서킷(Circuit)망이 아닌 패킷(Packet)망을 통해 제공한다는 것이다.

한편 스카이프(Skype)는 보니지와 비슷한 시기에 활동을 했지만 성공한 케이스이다. 스카이프는 회원간 무료통화 및 일반 전화망으로 저렴하게 전화를 걸 수 있는 그카이프아웃(Skype Out), 그리고 음질이 깨끗하다는 입소문을 앞세워 현재 2억 7,000만 명이 넘는 이용자를 보유한 전 세계 인터넷전화 사업의 대표 업체이다. 스카이프가 이렇게 인터넷전화 사업의 선두주자가 될 수 있었던 이유는 개발자 인터페이스(API) 공개를 통한 스카이프 생태계(Skype Ecosystem)를 성공적으로 구축했다는 점이다. 〈그림 4.58〉은 스카이프의 기본 기능 화면이다.

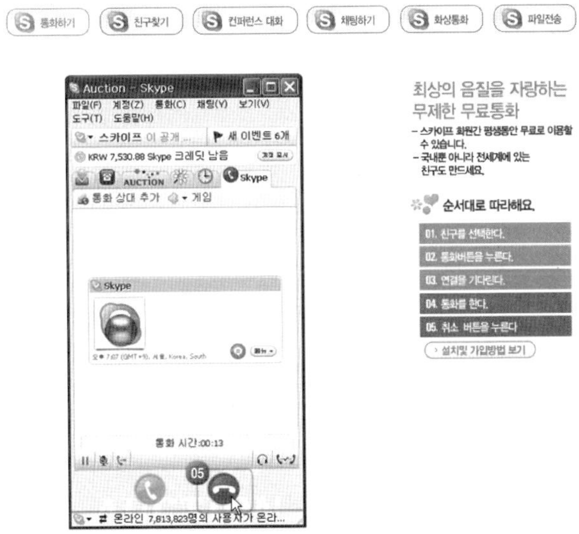

〈그림 4.58〉 스카이프의 기본 기능화면

한편, 최근 해외 인터넷전화 비즈니스 모델 중 급부상하고 있는 분야는 소셜네트워킹서비스(SNS, Social Neiworking Service)로 대표되는 웹서비스 영역이다. 미국 내에서 미이스페이스와 페이스북으로 대표되는 소셜네트워크서비스는 하루가 다르게 영역을 확대하고 있으며, 페이스북의 경우 개발자인터페이스(API) 공개를 통해 외부서비스를 페이스북에 접목하게 되었다.

이에 인터넷 사업자의 대응도 빨라지고 있는데, 대표적인 곳이 젝스터(Jaxtr)이다. 젝스터는 웹버튼 서비스 분야로 자신의 블로그나 홈페이지에 콜 버튼을 달아 놓고, 방문자가 콜 버튼을 누를 경우 양쪽을 연결해 주는 서비스이다. 이 서비스의 핵심은 상호익명성을 보장해 준다는 점이다. 현재 웹에 텍스트, 사진, 동영상 등 수많은 종류의 컨텐츠가 올라가 있지만 실시간 통신을 보장하는 음성 컨텐츠가 전무한 실정인데, 자신의 연락처를 웹이라는 오픈 공간에 공개하는 것을 꺼리기 때문이다. 젝스터는 서로의 전화번호를 공개하지 않고 실시간 통화를 할 수 있다는 매력으로 스카이프 회원 증가 속도보다 더 빠른 속도로 성장하고 있는 중이다.

또한 해외에서는 모바일 인터넷전화 분야가 많은 관심을 끌고 있다. 기존 인터넷전화 서비스의 고정성에 대한 문제제기와 이동전화 네트워크의 고도화로 인한 데이터 전송속도 향상, 그리고 하드웨어 단말의 고성능화는 필연적으로 모바일 인터넷전화의 태동을 수반하고 있다. 스카이프도 모바일 분야로 진출하기 위해서 다양한 시도를 하고 있는데 윈도우모바일용, 모키아의 N800 타블릿용 프로그램을 출시했으며, 최근에는 영국 이동통신 사업자인 쓰리(Three)와 제휴하여 2스카이프폰까지 출시하고 있다.

영국의 브리티시텔레콤(BT)나 일본의 NTT도코모는 이미 몇 년 전부터 모바일 인터넷전화 서비스를 제공하고 있다. 프랑스, 이탈리아의 통신사업자들도 모바일 인터넷전화 도입을 적극 검토 중이다. 또 대만, 일본, 미국, 인도 등지에서는 공공기관 차원에서 광범위한 무선네트워크를 구축해 대 시민 서비스 차원에서 모바일 인터넷전화를 제공하는 사업들이 한창 진행되고 있다.

4.5.4 서비스 유형

가) PC–to–Phone 방식

컴퓨터 사용자는 인터넷전화 소프트웨어를 작동시킨 후에 인터넷전화 서비스를 제공하는 서버에 접속한다. 서버의 통제 하에 전화번호를 입력하면 Call은 패킷화되어 인터넷망을 통해서 가장 가까운 곳에 위치한 게이트웨이에 도착, 일반전화번호로 바뀌어 전화망을 통해서 상대방에게 전달된다.

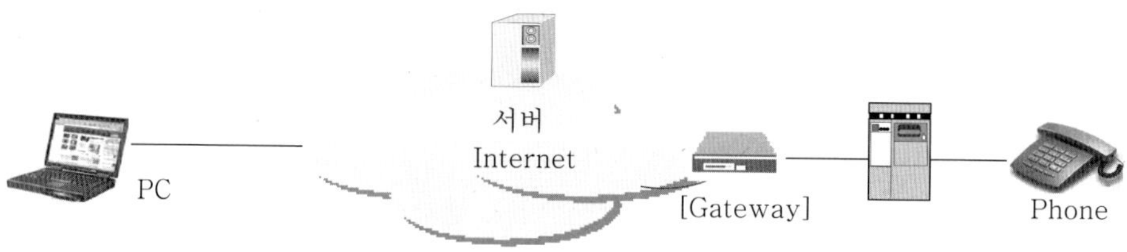

〈그림 4.59〉 PC–to–Phone 방식

나) Phone–to–Phone 방식

기존의 전화처럼 일반전화를 사용할 수 있는 방식이다.

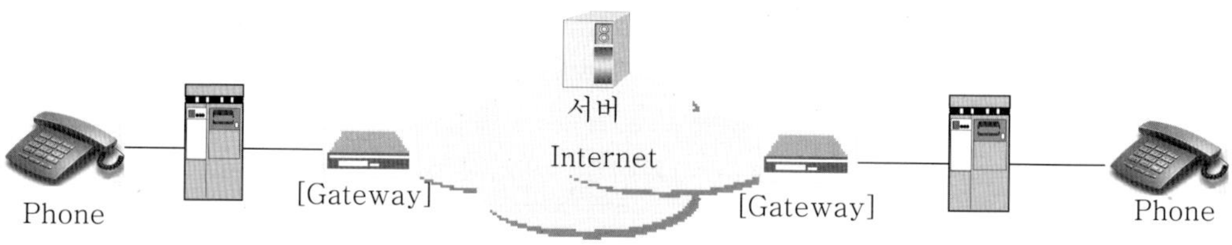

〈그림 4.60〉 Phone–to–Phone 방식

다) Phone–to–PC 방식

PC–to–Phone 방식과 반대이다. 사용자는 일반전화에서 서버에 전화를 한다. 서버로부터 인터넷주소를 입력하라는 음성을 듣는다. 사용자는 전화를 이용하여 주소를 입력하면 서버는 상대방 인터넷 주소를 packet화하여 상대방과 가장 가까운 서버로 보낸다. 서버는 그 접속 패킷을 상대방 컴퓨터에 보내 접속을 설정한다.

사용자로부터의 음성 데이터는 서버에 압축된 패킷으로 변환, 인터넷을 통해 상대방에게 전달된다.

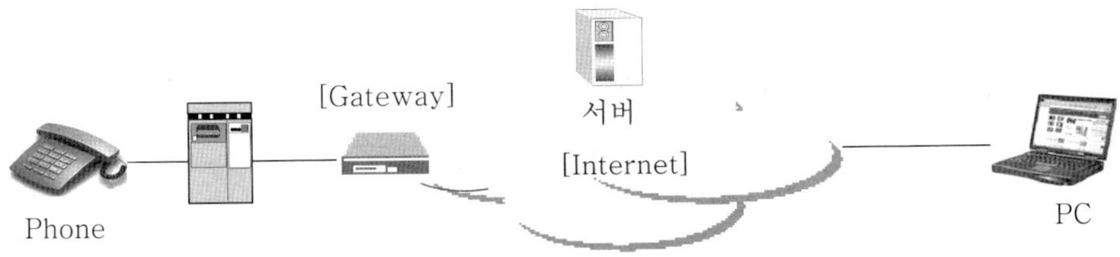

〈그림 4.61〉 Phone-to-PC 방식

라) PC-to-PC

통신하고자 하는 양 사용자는 특정 서버에 접속하고 서버는 접속된 사용자들의 목록을 보여주는 디렉토리 서비스를 제공한다. 이때 통화하고자 하는 사용자를 선택하는 방법.

〈그림 4.62〉 PC-to-PC 방식

4.5.5 호 흐름도(PSTN 대 VoIP Call-Flow)

가) PSTN 방식

① A 수화기를 든다(Off hook)
② End office 다이얼 톤을 A에게 송출
③ A 다이얼(B의 전화번호로)을 한다.
④ End office 스위치에서 번호 해석 후 경로결정
⑤ Local이냐 아니냐 해석한다.
⑥ B의 특정 가입자 라인을 결정한다.
⑦ End office는 B에게 링신호를 보낸다.
⑧ A가 링백을 들을 수 있다.
⑨ B가 수화기를 든다.
⑩ End office가 통화구를 열고 사용자가 통화 실시

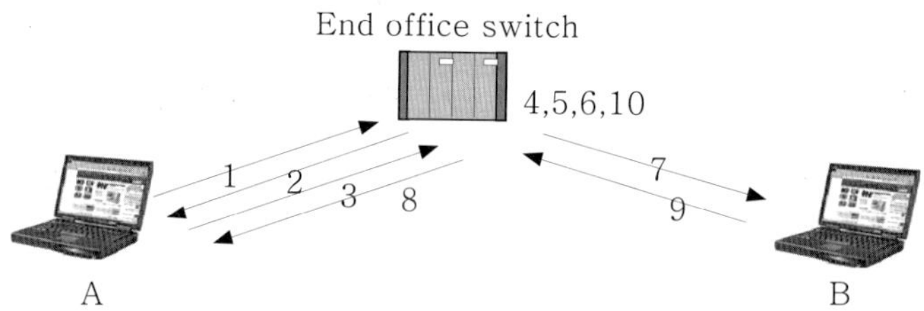

〈그림 4.63〉 PSTN 방식

나) 인터넷전화(IP Phone)

① A Internet Phone Application 기동한다.
② B는 이미 Internet Phone App를 기동시켰다.
③ I-Phone 프로그램을 이용 호출을 시도
④ DNS는 이 콜을 받아 IP 주소로 변환
⑤ A에게 IP 주소를 알려준다.
⑥ A는 이 주소를 이용하여 H.225 메시지를 B에게 송출
⑦ H.225 메시지는 B에게 링을 하기위해 신호를 보낸다.
⑧ B는 H.225 연결 메시지를 A에게 송출하게 된다.
⑨ A의 IPhone 프로그램은 다시 H.245 협상을 B와 시작
⑩ H.245 협상 후 Logical 채널이 열리고 통화 실시

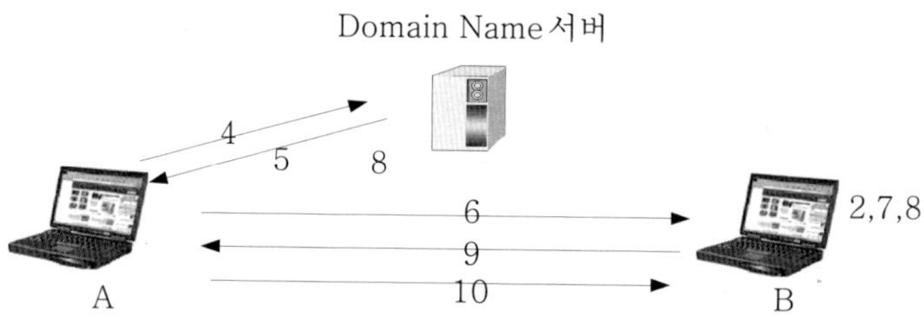

〈그림 4.64〉 IP 방식

4.5.6 VoIP 관련기술

가) 음성 코딩 및 압축

① 음성압축 (Voice Compression)

음성압축은 망의 효율성 제고 측면에서 두드러지는 VoIP의 핵심기술이며 음성압축을 통해 중복과 중요하지 않은 정보를 제거하여 대역폭 부담 완화(대역폭 절감)

② 종류

· 파형 CODEC : 오디오 코덱 방식으로 PCM과 ADPCM 같은 파형 자체의 중복적인 특

성을 활용하는 기법

· 소스 CODEC : 음성 생성의 소스 특성인 음성진동과 구강 형태를 단순하게 표현한 파라메트릭 정보만을 보내어 음성을 압축하는 신호처리 기법으로 LPC (Linear-Predictive Coding), CELP(Code Excited Linear Prediction), 및 MP-MLQ(Multi Pulse, Multi Level Quantization) 등과 같은 것이 있다.

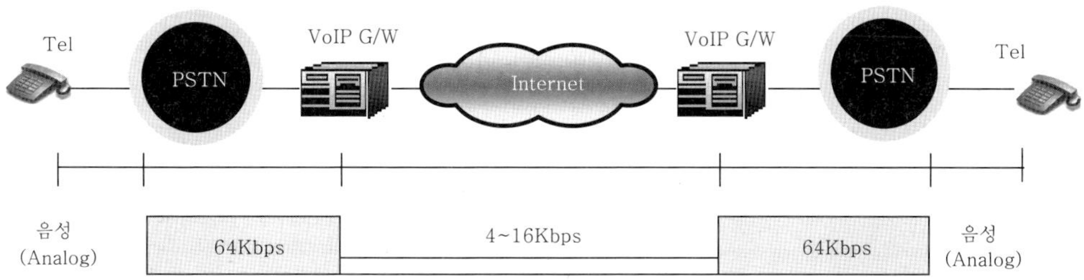

〈그림 4.65〉 음성압축 적용구간

나) 음성압축 표준

〈표 4.21〉 음성압축 표준

Standard	코딩타입	Kbps	MOS	복잡도	지연(ms)	비고
G.711	PCM	64	4.1	1	0.125	PSTN
G.726	ACPCM	32	4.0	10	0.125	PSTN
G.728	LD-CELP	16	4.0	50	0.625	
GSM	RPE-LTP	13	3.7	5	20	
G.729	CS-ACELP	8	3.92	30	10	VoIP
G.723.1	ACELP	6.3	3.9	25	30	VoIP

4.5.7 전송 기술

가) Transport Protocol

· IP에는 TCP(Transmission Control Protocol)와 UDP(User Datagram Protocol) 2가지 프로토콜 존재

· 지연에 민감한 음성 트래픽은 UDP를 이용한 RTP(Real-time Transport Protocol) 프로토콜을 이용한다.

나) RTP(Real-time Transport Protocol)

· Packet-based 네트워크에서 오디오와 비디오를 포함하는 Real-time 데이터 전송을 위한 인터넷 표준 프로토콜

· UDP 상에서 실행되며 Packet이 순서적으로 도착했는지 여부를 알기위해 Sequence-

Number와 Packet 도착간격(Jitter)을 알기위해 Time-stamps를 이용한다.

· Packet 형식

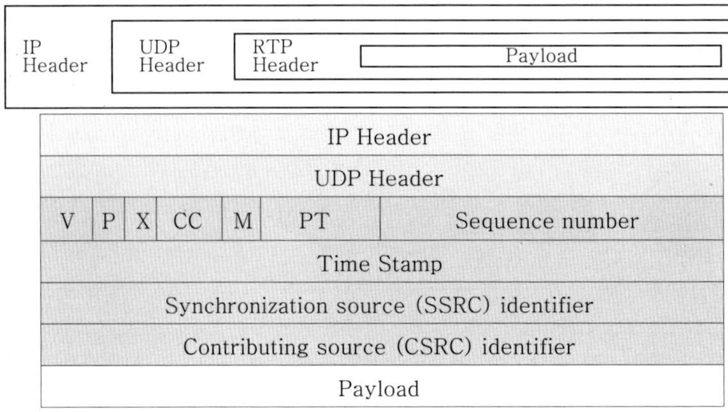

〈그림 4.66〉 Packet type

4.5.8 VoIP 전망

VoIP 서비스는 가정용 및 기업용 VoIP 수요증대에 따라 기존 PSTN전화 시장을 대체하는 것만이 아니다. 기업들이 All-IP network를 목표로 하게 되면서 기업내부의 네트워크 관리 및 효율성을 높이기 위해 VoIP 장비 수요가 중대되었으며, 이에 따른 장비 공급업체들의 활성화로 VoIP 시장은 더 큰 성장세에 놓여있게 되었다. 또한, 무선 VoIP 기술의 발달로 행동반경의 제약이 따르는 유선 전화기 대신 초기 설치 비용 외에 추가 비용이 들지 않는 무선 VoIP 전화기의 발전도 기대되고 있다. VoIP가 기업용이라고 하면 SoIP는 가정용이라고 할 수 있겠다.

한편, 현재 서비스되고 있는 음성 VoIP 서비스는 향후 네트워크를 통해 데이터, 음성, 비디오 등을 포함하는 통합서비스로 발전할 것으로 전망되고 있으며, VoIP 서비스는 네트워크 시장, 통신장비 시장 및 전화시장 등 통신전반에 영향을 미치는 새로운 요소로 자리를 잡아가고 있으므로 앞으로의 발전이 기대되고 있다. 2008년 시내전화 번호이동제도의 정책마련으로 인터넷전화 시장이 성장하고, 유선전화 시장이 하락하고 있다. 또한 KT가 SoIP 서비스를 제공하며 인터넷전화 시장에 적극적으로 참여함으로서 시장이 급성장하고 있다. 이제는 070 번호에 대한 인식전환 및 다양한 서비스 제공으로 차세대 통신시스템으로 자리매김해 가고 있다.

4.6 3D TV & Smart TV

4.6.1 3D TV

가) 개요

흑백TV, 컬러TV 시대를 거쳐 오늘날 아날로그 TV방송에서 HDTV 방송으로 전환되는 시기를 맞이하고 있다. 디지털 HDTV 방송 이후, 미래의 방송은 현실감 있고 실재감을 느낄 수 있는 실감형 콘텐트를 제공하는 형태로 발전하는 대표적인 예가 3D TV방송을 들 수 있다. 3D 입체영화 '아바타'가 국내를 포함한 전 세계적인 흥행돌풍을 일으키면서 3D에 대한 국내외적인 관심이 증폭되고 있는 상황 속에서, 앞으로의 3D TV방송에 대한 기대감도 한층 높아지고 있는 실정이다.

나) 3D TV 소개

(1) 3D 인식의 원리

인간의 시각/인지/정보 체계에서의 깊이감이나 물체의 3차원 형태 지각은 양안사치와 더불어 물체의 회전운동 등과 같은 여러 가지 단서를 이용하여 가능하다. 이 중에서 양안사치는 양쪽으로 약 6.5cm정도 떨어진 두 눈에 입력되는 영상이 약간의 차이나 나게 되는 것을 의미하는 것으로, 뇌에서는 인지/정보 체계를 이용하여 미세한 차이를 검출하여 정확한 입체감을 인식하게 된다.

양안시차만으로 인간의 시각/인지/정보 체계의 3D 인식 원리를 정확하게 규명할 수 없지만, 주로 3D 인식을 위한 간단한 모델링은 양안사치로 설명하는 것이다. 양안시차 모델링은 좌/우측의 눈에 입력된 약간 다른 두 개의 2D영상을 뇌에서 하나의 영상으로 조합함으로써 사물의 거리와 입체감을 인시하는 3D 인식 메커니즘이다.

(2) 3D TV 개요

3D TV는 디스플레이에 좌안/우안용 영상을 각각의 눈에 입력해 주고 양안시차 원리를 이용하여 인간의 인지/정보 체계에서 3D로 인식하게 하는 장치이다. 인공의 시각차를 발생시킨 좌/우 영상을 디스플레이에서 분리시켜 두 눈에 전달함으로써 뇌에서 3D 입체감을 느끼게 한다. 좌/우의 2D 영상은 각도 차이를 갖는 카메라 리그를 이용하여 획득 및 제작되며, 디스플레이에서 좌안/우안용 영상을 좌/우에 분리시키는 장치를 이용하여 두 눈에 전달하게 된다. 각각의 눈에 입력된 영상은 뇌에 전달되어 인간의 인지/정보 체계에서 3D로 인식하게 된다. 좌/우 영상이 바뀌어 전달되거나 두 영상 사이의 깊이 감이 매끄럽지 못한 영상의 경우에는 입체감 인식이 약하며, 다소 시각적 불편함도 발생할 수 있다.

① 우리 눈으로 사물을 입체로 보는 원리

좌, 우 눈에서 보는 사물의 각도가 다름 → 좌, 우 눈을 번갈아 가며 감고 사물을 봤을 때의 차이

뇌는 이 두 가지의 정보를 조합하여 사물을 입체로 인식

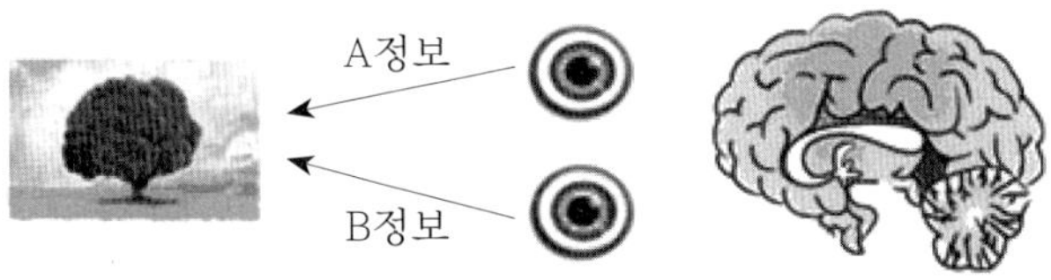

좌우의 눈이 각각의 서로 다른 영상정보 인식　2개의 영상정보를 조합해 인식

〈그림 4.67〉 우리 눈으로 사물을 입체로 보는 원리

② 3D 영상의 원리

두 대의 카메라를 이용하여 다른 각도에서 사물을 촬영

TV 또는 영화관에서 녹화한 이미지를 번갈아 가면서 교차로 재생

3D 안경 좌, 우에서 각각의 정보를 인식 → 두 정보를 구분하는 방식은 편광필터 방식, 셔터글래스 방식등이 있음

뇌에서 각각의 정보를 조합하여 입체적으로 인식

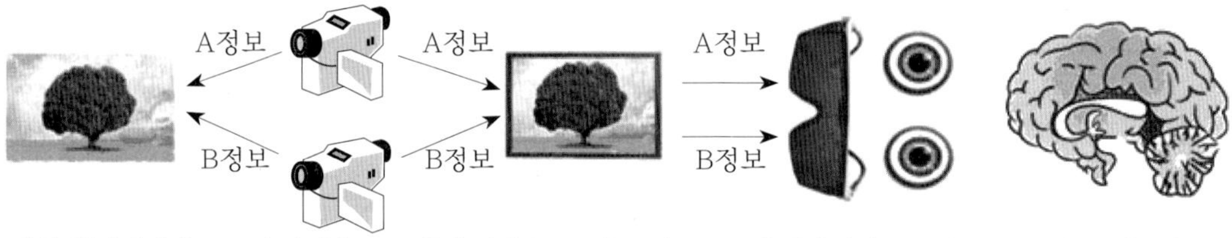

2대의 촬영카메라 A,B의 간격은 사람의 눈간격을 감안하여 조절　2대의 영상을 TV에 표현 (맨눈으로 영상에 흐리게 보임)　특수안경에서 A,B정보를 분리해서 인식　2개의 영상정보를 조합해 인식

〈그림 4.68〉 3D 영상의 원리

다) 3D TV 방송 방식

(1) Side-by-Side

Side-by-Side 방식은 좌안용 영상과 우안용 영상을 나란히 붙여 하나의 프레임 영상을 구성하는 방식이다. 이 방식은 좌안영상과 우안용 영상의 가로 해상도를 절반으로 줄여 하나의 영상으로 구성하기 때문에 기존 DTV 방송 시스템의 변경 없이 수상기에서 좌안/우안용 영상을 분리하여 3D TV의 입체감을 구현할 수 있는 장점이 있다. 우리나라 위성방송 Skylife의 Sky3D, CJ헬로비젼의 3D 시범서비스, 일본의 BS11의 3D 채널, 영국의 위성채널 BSKYB에서 사용하는 방식이다. 그러나 가로해상도 감소로 인한 화질 열화가 불가피하며, 동시에 기존 DTV 사용자에게는 두 영상이 동시에 보여지는 DTV와의 역 호환성 문제가 발생한다.

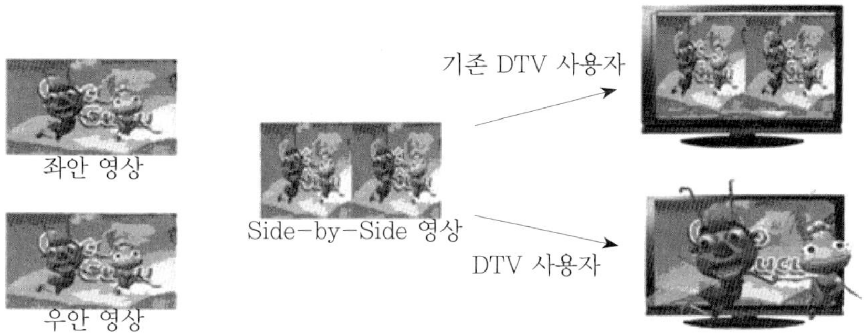

〈그림 4.69〉 Side-by-Side 방식

(2) Top-Bottom 방식

Top-Bottom 방식은 좌안용 영상과 우안용 영상을 위 아래로 붙여서 제작하는 방식이다. Side-by-Side 방식과는 좌안/우안영상의 위치만 차이가 있을 뿐 거의 유사하다. 인터레이스인 콘텐츠의 경우에는 Top-Bottom 방식으로 제작된 영상의 수평해상도의 손실이 없어 편광방식 디스플레이에서 무 손실의 재생이 가능하다. 그러나 프로그래시브인 경우에는 수평해상도가 절반으로 줄어 화질열화가 불가피하다.

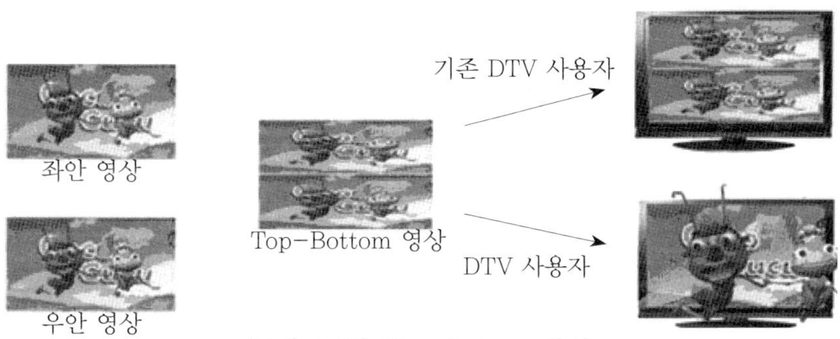

〈그림 4.70〉 Top-Bottom 방식

(3) Line interleave 방식

Line interleave 방식은 좌안용 영상과 우안용 영상을 한 행씩 교대로 섞어 하나의 스트림으로 전송하는 방식이다. 프로그래시브 영상에서 Top-Bottom방식과 유사하게 수평 해상도의 감소로 인한 열화가 불가피하나, 기존 DTV 사용자는 좌/우 영상이 한 행씩 섞여 하나의 프레임으로 구성된 영상을 시청하게 된다.

(4) Column Interleave 방식

Column Interleave 방식은 방식은 좌안용 영상과 우안용 영상을 한 열씩 교대로 섞어 하나의 스트림으로 구성하는 방식이다. Side-by-Side 방식과 유사하게 가로 해상도의 감소로 인한 화질 열화가 불가피하며, 기존 DTV 사용자는 좌/우 영상이 한 열씩 섞여 하나의 프레임으로 구성된 영상을 시청하게 된다.

(5) Checker board 방식

좌안/우안용 영상을 바둑판의 모자이크 형태로 섞는 Checker board 방식이 있다.

(6) dual stream

좌안/우안용 영상을 하나의 스트림으로 구성하는 경우 수평 또는 수직 해상도의 감소로 인한 화질 열화가 송출 소스에서부터 발생하는 문제점이 있다. 이를 보안하기 위해서 좌안용 영상과 우안용 영상을 별도로 두 개의 스트림으로 구성하면 해상도의 손실을 막을 수 있다. 또한 기존의 DTV에서는 두 영상 중 하나만 선택하여 표시함으로써 3D TV 방송과 역호환성을 유지할 수 있다. 그러나 두 개의 스트림을 전송해야 하므로 전송 대역폭이 두 배로 늘어나야 하는 단점이 있다.

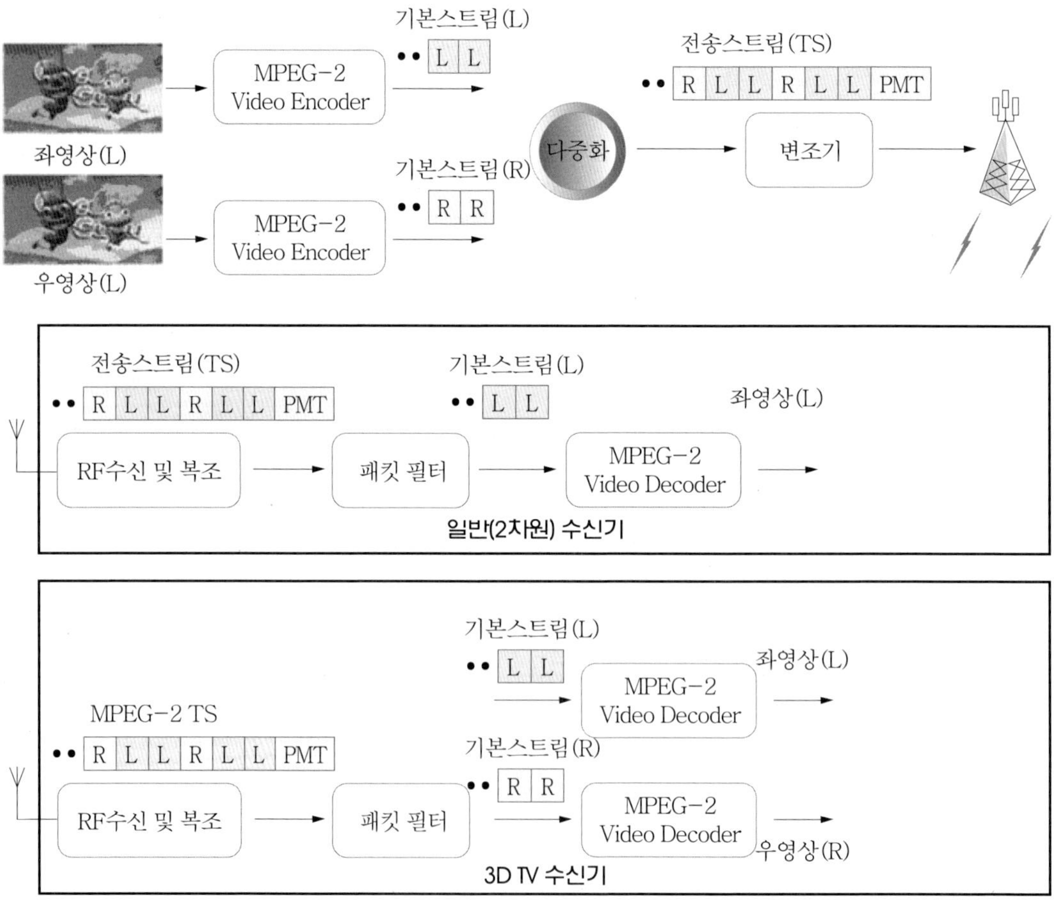

〈그림 4.71〉 지상파 3D TV 실험방송 포맷

현재 우리나라에서 준비중인 3D TV 실험방송에서는 기존 DTV와 역호환성을 보장하기 위해 3D 콘텐츠의 구성을 두 개의 스트림으로 구성하는 dual stream 방식을 추진하고 있다. 지상파 3D TV방송은 기존의 디지털 방송의 6MHz, 19.39Mbps 대역폭에서 좌안용 영상은 MPEG-2,12~16Mbps로 인코딩하고, 우안용 영상은 H.264, 6~2Mbps로 인코딩하는 dual stream 전송 방식을 취한다. 기존 DTV 시청자는 MPEG-2로 인코딩된 좌안용 영상만으로 DTV를 시청하게 되고, 3D TV 수신기를 보유한 사용자는 두 개의 스트림을 디코딩하여 3D 입체영상을 시청하게 된다. 또한 위성과 케이블 방송에서는 좌안/우안 영상 모두를 각각 H.264로 인코딩하여 dual stream으로 전송하게 된다.

라) 3D TV 디스플레이

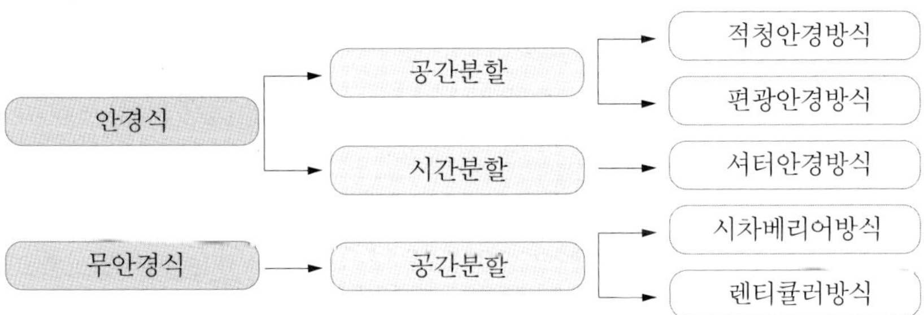

〈그림 4.72〉 3D TV 디스플레이 방식

(1) 적청안경방식(애너글리프)

적청안경방식은 보색의 원리를 이용하여 좌안/우안용 영상을 분리하여 시청함으로써 좌/우 시차를 발생시키는 방식으로 입체감을 느끼게 하는 방식이다. 이 안경을 이용하면 2DTV에서도 입체감을 느낄 수 있지만, 색재현성이 나쁘고 입체감 표현이 약하여 눈의 피로와 두통을 쉽게 유발시키는 단점이 있다.

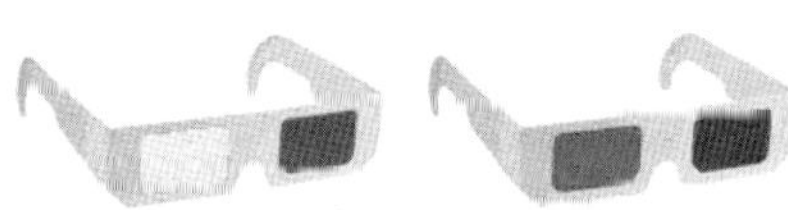

〈그림 4.73〉 Red-Cyan 안경(좌) 및 Green Margonta 안경(우)

(2) 편광안경방식

편광안경방식은 편광원리를 이용하여 좌안/우안용 영상을 분리하고, 시청사들로 하여금 입체감을 느끼게 하는 방식이다. 디스플레이에 편광필름을 부착하여 좌/우 영상을 수평라인별로 분리하고, 좌우 서로 다른 위상을 갖는 편광안경을 착용하여 두 영상을 분리하여 인식시키는 방법이다.

안경이 가볍고 저렴하여 Hz에 영향을 받지 않으므로 LCD 등과 같은 보급형 3D TV에 가능하다. 그러나 수평해상도의 감소로 이한 열화가 불가피하다는 단점이 있다.

(3) 셔터안경방식

셔터안경방식은 좌안/우안용 영상을 순차적으로 재생하면서 안경의 우/좌의 셔터를 닫아 각 영상 신호를 사람의 눈에 전달하는 방식이다.

좌/우 영상을 순차적으로 재생하므로 프레임율이 2배가 되고, 화질의 열화 없이 고해상도의 3D 구현이 가능하다. 그러나 120Hz 이상의 프레임율이 요구되고, 무겁고 비싼 안경과 셔터방식의 깜빠거림으로 인해 눈이 쉽게 피로해지는 등의 단점이 있다.

(4) 렌티큘러 방식

인간은 약 6.3cm 떨어져 있는 눈으로 같은 물체를 다른 각도의 모습을 보며, 뇌에서 하나로 결합하여 입체감이나 원근감 거리 등을 느끼게 된다. 이러한 원리를 렌티큘러 시트에 응용하여 상을 입체로 보이게 하는 기술이 렌티큘러 방식이다. 렌티큘러 시트 뒤에 좌안과 우안의 위치를 계산하여 전면에 배치된 렌티큘러 렌즈를 통해 좌/우안 영상을 디스플레이 화소에 분리하여 일정한 깊이를 가지고 있는 입체로 인식하게 하는 방법이다.

(5) 시차배리어 방식

시차배리어 방식은 렌티큘러 시트 대신 배리어 플레이트를 이용하는 것으로 기본 원리는 렌티큘러 방식과 동일하다. 배리어 플레이트는 얇은 투명판 위에 일정한 간격으로 불투명한 줄무늬가 있도록 구성되어 있으며, 좌/우측 눈이 볼 때 배리어의 투명한 틈을 통해 보이는 디스플레이 픽셀을 분할하여 영상을 다르게 보여주어 입체감을 느끼게 한다.

(6) 그 외의 무안경식 3D 디스플레이

렌티큘러 방식과 시차배리어 방식은 양안시차를 이용한 무안경식 3D 디스플레이의 대표 기술이고, 이외의 무안경식 3D 디스플레이로는 집적영상 디스플레이, 체적형 입체영상 디스플레이, 빛의 회절과 간섭현상을 이용하는 홀로그래피식 입체영상 디스플레이가 있다.

마) 주요국 3D TV 동향

(1) 일본

① 일본은 PANASONIC이 3D TV를 시장에 출시한 2010년을 일본내 3D시장이 시작된 해로 업계는 인식하고 있음.

② 일본의 가전사는 각사 마다 강점을 지닌 기술을 접목시킨 3D TV를 출시.

〈표 4.22〉 전세계 3D TV 방송

국가	매체별	사업자명	실시시기	비고
한국	위성	Sky Life	10.01	시험방송 중이며 연말께 본방송 예정
	케이블 TV	CJ 헬로비전	09.12	기가인터넷을 이용한 3D VoD 시범서비스 실시
		HCN 강남 씨엔엠 Tbroad	10.07	3D VoD 시범서비스 실시
	IPTV	BTV	10.06	3D 특별관 서비스 실시
		QOOK TV	10.	3D VoD 서비스 실시
	지상파/위성/케이블	지상파/위성/케이블	10.10	Dual Stream방식의 HD급 실험방송
일본	위성	Sky Perfect TV!	10.06	3D 방송채널 론칭 예정
		BS11	07.12	하루 1시간 정도 시험방송 중
미국	케이블 TV	Cablevision	10.03	NHL 경기 중계
		CBS	10.04	NCAA 남자농구 4강 시험 생중계
		Comcast	10.04	PGA 마스터스 대회 생중계
		Direc TV	10.06	3개 방송채널 론칭 예정, 1개 채널은 PPV
		ESPN	10.06	6월 남아공 월드컵 3D 생중계
		FOX	06.06	고스트 앤 크라임 시즌 2 일부 3D방송(적청방식)
		NBC	09.02	몬스터 vs 에일리언, 척 시즌 2 일부 3D방송(적청방식)
영국	위성	BSkyB	10.06	1~5 시험방송(공개장소에서 테스트)
호주	지상파	CH9/SBS	10.5~7	3D

③ 일본의 3D시장은 다양한 품목을 중심으로 발전중.

- 게임기에도 3D기술 적용, NINTENDO는 전용안경 없이 3D 게임을 즐길 수 있는 'NINTENDO 3DS' 를 2011년 초 출시 예정.

(2) 미국

① 2D 산업에서 3D 산업으로 진행 중.

② 2008년 초 3D @Home Consritum을 구성.

③ 영화콘텐츠를 일반 가정에서도 소비할 수 있는 트렌드.

(3) 독일

① 독일 3D 시장에는 현재 삼성, 파나소닉, 도시바 등의 기업이 주축이 되어 각종 3D제품이 출시중이나 반응은 미온적.

② 현재 독일에서 판매되고 있는 주요 3D 제품의 가격대는 매우 높은 수준.

③ 가정용 3D TV 수요 설문조사 결과 독일 소비자의 49.3%가 "구매의사가 없다" 고 응답하였고, 단지 6.6%만이 구매의사가 있는 것으로 나타남.

(4) 중국

① 2009년 '아바타' 이후 3D기술 및 관련 제품에 대한 중국 각계의 관심은 높아진 상태.

② 하지만 중국의 3D 시장은 아직 산업사슬초기 형성단계로 각 콘텐츠 업체, 하드웨어공급업체, 서비스 제공업체등이 분산발전하고 있음.

③ 3D 하드웨어의 경우 TV, 모니터, 안경 등은 점차 산업기반을 이루는 단계이나 핵심기술력은 외국기업들이 보유.

④ 서비스분야의 경우 중국은 아직 3D관련 전문 방송채널이 전무하여 2011년 경에 톈진을 포함한 일부지역 시범방송 예정임.

⑤ 지역별로 선전시의 3D 하드웨어산업이 기타 지역에 비해 빠른 발전을 보이고 있음.

바) 향후 전망

3D 방송의 확산은 우주항공 및 군사, 의학, 교육 등 다양한 산업에 응용되어 각 산업의 효율성을 증대시킬 것으로 예상된다. 또한, 온라인 거래, 화상통화, 가상산업 등의 활성화는 삶의 편리성과 질 향상에 기여하는 동시에 물리적인 이동과 물질 사용을 줄여 친환경, 녹색환경 조성에 기여할 수 있을 것이며, 기업 업무 환경에 적용 될 경우 재택근무 및 원격 영상회의 등을 통해 편리한 생활을 할 수 있을 것으로 기대된다. 하지만 3D 방송이 방송사의 수익에 큰 도움이 되지 않아, 방송사의 소극적 참여가 해결되어야 할 과제이다.

4.6.2 Smart TV

가) 개요

스마트 TV란 TV와 휴대폰, PC등 3개 스크린을 자유자재로 넘나들면서 데이터의 끊김 없이 동영상을 볼 수 있는 TV를 말하며, '인터넷 TV' 또는 '커넥티드 TV' 라고도 불린다. 스마트 TV는 콘텐츠를 인터넷에서 실시간으로 다운받아 볼 수 있고, 뉴스 · 날씨 · 이메일 등을 바로 확인 할 수 있는 커뮤니케이션센터의 역할을 한다. TV에 웹 구동 운영체제(OS)를 탑재하여 TV와 인터넷의 기능을 동시에 제공하는 다기능, 지능령 차세대 멀티 미디어 디바이스를 뜻하며 간단하게 한줄 요약하면 TV에 OS를 탑재하여 인터넷이 되도록 하는 기기이다.

요즘 IT업계의 핫트렌드중 하나가 스마트(Smart)이다. 휴대폰(스마트폰)에서 시작한 스마트 열풍은 이제 모든 디바이스로 확산되고 있다. 스마트 홈, 스마트 카드, 스마트그리드, 스마트 경영 등이 그것이다. 이러한 스마트 트렌드에서 TV도 예외는 아니다. 휴대폰분야에서 스마트화를 주도하고 있는 구글과 애플이 TV산업에서도 이를 이어가려 하고 있다. 구글은 이미 2010년 5월, 공식적으로 '구글TV' 를 출시하겠다고 하였으며, 애플도 이미 '애플TV' 라는 셋탑박스 출시를 통해 TV 산업에 진출을 표명하고 디스플레이 화면을 가지는 TV를 출시하였다. 이에 따라 세계 TV시장은 또다시 격전을 벌이고 있다. 인터넷을 통하여 컨텐츠와 다양한 애플리케이션을 쉽고 자유롭게 이용할 수 있는 스마트 TV 시장을 선점하기 위한 싸움이다. 3DTV와 더불어 이제 막 태동기에 접어든 스마트 TV 시장에는 기존의 구글과 애플 외 국내기업인 삼성, LG를 비롯하여 내로라하는 글로벌 기업들이 각축전을 예고하고 있다. 스마트 TV는 TV 개념 자체를 바꾸는 것인 만큼 초기 주도권을 잡은 업체가 시장을 주도해 나갈 것으로 보인다. 이는 애플이 아이폰으로 휴대폰의 개념을 스마트폰으로 단숨에 바꾸며, 최강의 업체로 부상한 것에서도 알 수가 있다. 이에따라 헤게모니 쟁탈전 또한 치열하게 전개되고 있다.

삼성전자는 2010년 7월 세계 최초로 TV전용 애플리케이션 스토어인 '삼성앱스' 를 오픈하였다. '삼성 앱스' 는 미국, 독일, 영국, 프랑스, 이탈리아, 스페인, 네덜란드 등 각 지역에 특화된 다양한 애플리케이션을 내려받을 수 있도록 하고 있다. LG전자는 자체 플랫폼 넷캐스트 2.0을 적용한 스마트 TV로 경쟁을 하겠다는 전략이다. 실시간 방송과 VOD 서비스 같은 프리미엄 콘텐츠와 앱스토어, 선호하는 채널, 추천 콘텐츠 등을 각각의 카드형태로 한 화면에 배치시켜 편의성을 높이겠다는 것이다. 그리고 소니는 구글과 손잡고 유럽 최대 가전박람회인 'IFA 2010' 에서 안드로이드 OS 내장 구글 TV를 출시하고 함께 선보인 스트리밍 VOD와 음악 서비스를 지원하는 네트웍 시스템의 경우 이용자들이 헐리웃 히트작과 다양한 장르의 음악을 접할 수 있도록 하고 있다.

스마트폰에서와 마찬가지로 스마트 TV 역시 결국은 콘텐츠가 관건이 될 것으로 예상되는 가운데 삼성이 일찍부터 앱스토어에 주력하고 있고 LG도 120개 넘는 프리미엄 콘텐츠사업자와 파트너십 구축을 계획하고 있는 것도 이 때문이다. 소니가 들고 나올 구글TV에는 영화 음악 등 소니의 강점으로 꼽히는 콘텐츠 사업과의 결합 전략이 깔려 있다. 이런 시점에 정부도 최근 전세계적으로 경쟁이 본격화되고 있는 스마트 TV 조기상용화를 위해 연구개발 R&D 및 제도개선 방안 등을 포함한 종합 대책을 마련중인 것으로 알려지고 있다. 이는 디지털TV(PDP, LCD)에서 세계를 선도해온 국내TV산업을 스마트 TV에서도 이어가기 위한 정부의 의지로 보인다.

정부는 이르면 2012년, 늦어도 2013년까지는 스마트 TV 상용화를 위한 인프라 정비를 마무리한다는 방침이며 이미 각 회사별로 자체 기술 개발이 충분히 이뤄진 상황이나 상용화를 위해 전반적인 제도 개선과 일부 기술에 대한 보완 작업만 남아있는 상황이며 이런 부분만 중점 지원해 스마트 TV 분야를 선도해 나간다는 전략이다. 이를 위해 스마트 TV를 위한 브로드밴드 수를 확대하고, 3D TV등과 통합할 수 있는 기술 개발 지원, 방송 및 콘텐츠 분야와 연계해 종합적인 스마트 TV 생태계도 육성한다는 방침이다. 여기에는 현재 절대적으로 부족한 스마트 TV분야의 소프트웨어 인력 양성 방안, 스마트 TV 구현을 위한 핵심 인프라인 클라우드 컴퓨팅 분야에의 지원도 포함되어 있다. 최근 지경부가 삼성전자, LG전자 등 가전사와 KBS, EBS, KT 등 방송사 및 통신사, 관련 연구소 등이 참여하는 스마트 TV 포럼을 창립한 것도 이런 일환으로 보인다.

나) 스마트 TV의 의의

스마트 TV가 새삼 주목을 받으며 핫이슈로 떠오르는 이유는 그동안 PC를 시작으로 한 소위 인터넷 혁명으로 TV는 과거에 누리던 미디어의 영향력을 점차 잃어가고 있기 때문이다. 특히 PC(인터넷)에서 휴대폰(스마트폰) 그리고 라디오(인터넷 라디오)와 신문(스마트패드)으로 이어지고 있는 디지털 혁신은 TV의 변화를 요구하고 있다. 그간 TV도 흑백에서 컬러로 변화된 이후 하드웨어적 측면에서의 진화는 지속해 왔다. 특히 화면과 화질면에서 제조사를 중심으로 눈부신 발달을 해왔다. 그리고 CA방송과 위성방송 등의 등장은 콘텐츠의 다변화를 가져온 것도 역시 TV 방송의 지속적인 변화상이었다.

최근에는 TV와 인터넷이 결합되는 IPTV와 고화질의 디지털 TV 그리고 3D TV로 혁신을 하고 있지만 혁신은 전혀 다른 곳에서 시작되고 있다. 즉, TV제조사와는 무관한 애플과 구글이 스마트 TV라는 이름의 기존TV 개념과는 다른 미디어를 표방하고 있는 것이다. 그 첫 출발은 2007년 애플이 애플TV라는 이름으로 발표되었다. 이는 일종의 셋톱박스로 TV와 연결해서 사용하는 방식인 애플TV는 아이튠즈를 통해 제공되는 다양한 TV 프로그램을 VOD로 시청하는 방식이었지만 큰 주목을 끌지 못한채 잊혀졌다.

이후 2010년 구글은 구글TV를 선보이며 구글이 장악한 Web을 TV와 스마트하게 엮기 시작했다. 이렇게 재탄생된 스마트 TV 시장은 기존의 삼성과 엘지전자의 수성전략과 소니와 컴캐스트(미국위성사업자), 로지텍등이 협력하며 새로운 혁신으로 도전하는 형식을 만들어 가고 있다. 베를린에서 열린 가전전시회 2010IFA에서 삼성전자 , LG전자, 소니 등 TV제조사들은 스마트 TV의 주도권을 애플과 구글 등에 뺏기지 않겠다고 선언했다. 이 선언은 2010년 5월 공개된 구글TV 프로젝트와 2010년 9월초 베일을 벗은 애플TV를 정면으로 겨냥한 것으로, 모바일 생태계의 포식자 애플과 구글, 그리고 TV 시장의 주인인 글로벌 TV 제조사 사이에 한판 전쟁을 예고하고 나섰다.

삼성전자는 2010년 7월 삼성앱스를 세계 최초의 TV 응용프로그램 마켓으로 확대했고, 독자적인 OS '바다' 로 세계 TV 시장 1위의 강점을 최대한 살리려 하고 있다. LG전자는 구글TV에 가담할 가능성이 있지만 2010IFA에서 '넷캐스트 2.0' 이라는 자체 OS를 선보인 만큼 독자적인 행보도 예상된다. 스마트 TV에 대해 관망세를 유지 중인 방송사들은 고객과의 접점을 빼앗겨 애플과 구글, TV제조사에 끌려 다니지 않을까 우려하고 있는 상황이다. 방송사들은 확실한 수익원이 확보되기 전까지는 관망할 가능성이 높은 가운데 향후 스마트 TV가 기존 방송사(+케이블 사업자 = 콘텐츠 유통사)와 프로그램 개발사(콘텐츠 사업자)와의 관계를 어떻게 정립을 시장에 정착해 나갈지를 주목해 보아야 할 것이다. 애플은 스마트폰에서 구글은 스마트 TV에서 두기업의 혁신성을 보여주었다. 이를 통하여 향후 TV는 다른 디바이스(스마트폰, 스마트패드 그리고 PC 등)와 네트워킹 되면서 다바이스간의 시너지(D2D;Device to Device)를 창출해 내는 방향으로 발전해 나갈 것으로 보여 진다.

따라서 종전의 보는 TV에서 인터랙티브하게 양방향으로 소통하는 TV, 즉, 엔터테인먼트 제공 측면에서 기존에는 드라마, 쇼, 오락 등 시청자의 재미를 높이기 위한 동영상 컨텐츠가 TV의 주기능이었지만 최근에는 동영상 이외에 앱스토어, T-commerce 등 다양한 컨텐츠와 애플리케이션이 TV에 적용되고 있고 이를 보다 생생하게 구현하기 위한 3D 등의 기술, 다양한 네트워크인프라 구축 또한 증가하고 있다. 또 TV가 매스 커뮤니케이션, 대중을 위한 인포메이션을 제공한다는 점에서도 변화가 일어나고 있다. 과거 보급 초기 TV는 대중을 계도하는 역할을 담당하면서 공공성이 강조되었으나, 이제는 정보를 전달하는 기능이 발전되면서 정보의 정확성과 신속성이, 개방형 환경과 스마트 폰을 통해 스마트 시대에 적응한 능동적이고 참여적인 고객들의 자신에게 맞춤화된 정보를 요구하고 있다. 그리고 뉴스뿐 아니라 생활에 필요한 날씨, 지역 등의 정보를 실시간으로 TV를 통해 얻고자 하는 욕구 또한 커져 가고 있으며, 집에서 가족과 함께 시청한다는 개념도 많은 부분 희석되고 있다. 한 가정에 대화면TV 1 대를 가족들끼리 함께 공유하는 과거의 모습에서 이를 개인적으로 사용하는 개인화(Personalize)가 진행되고 있다.

이제는 phone으로 영화를 보다가 TV로 연결해 보는 스마트 시대의 총아로 불리는 'N Screen' 시대가 열리고 있다. 이렇게 되면 친구와 점심 약속을 기다리면서 커피숍에서 사무실 PC를 통해 보던 영화를 스마트 폰으로 이어서 보고, 퇴근 후에는 거실 TV의 큰 화면을 통해 영화의 남은 부분을 감상할 수 있게 된다. 언제 어디서든 편리하게 드라마나 영화 서비스를 즐길 수 있는 N 스크린은 사용자들의 시청 행태까지 크게 뒤흔들만한 스마트 시대의 핵심 서비스로 떠오르고 있는 것이다.

> ↘ ㅁ N 스크린:
> TV나 PC, 태블릿 PC, 스마트폰 등 스크린을 기반으로 한 다양한 디지털 기기에서 영화, 음악, 게임 등의 콘텐츠를 끊김없이 이용할 수 있게 해주는 서비스를 말한다. 여기서 N은 숫자, 즉 스크린의 갯수를 말한다. TV와 PC만 사용한다면 '2 스크린', 여기에 스마트폰가지 쓰면 '3 스크린'이 된다. 같은 콘텐츠를 스크린 갯수와 관계없이 확장해서 쓰는 개념이다.

다) 스마트 TV의 등장 배경

① 성공적인 인터넷 동영상 서비스 사업을 TV로 확장
② 스마트 폰의 개방성, 선택성, 참여성 기능의 성공으로 TV의 스마트화
③ 기존 방송의 일방성에서 탈피, 소비자가 직접 원하는 방송을 선택할 수 있는 기능 제공
④ 방송 콘텐츠 외, 인터넷 웹서핑이나 전자우편, 게임, 사진 및 음악 동영상 미디어등 PC에서 이용 가능하던 인터넷 기반 콘텐츠를 TV에서도 제공 → 소비자 니즈를 충족 시켜

능동적인 콘첸츠 소비를 유도 한다.

⑤ TV의 선호도 및 사용량, 시장 규모가 PC인터넷, 모바일 폰보다 우위.

→ 스마트 TV는 선택이 아닌 필수가 되었다.

- 공급자적 측면: N-Screen대비, 광고시장 확대, 협력사 유인
- 소비자적 측면: 폐쇄 → 개방, 일방향 → 양방향, 소형화면 → 대형 화면

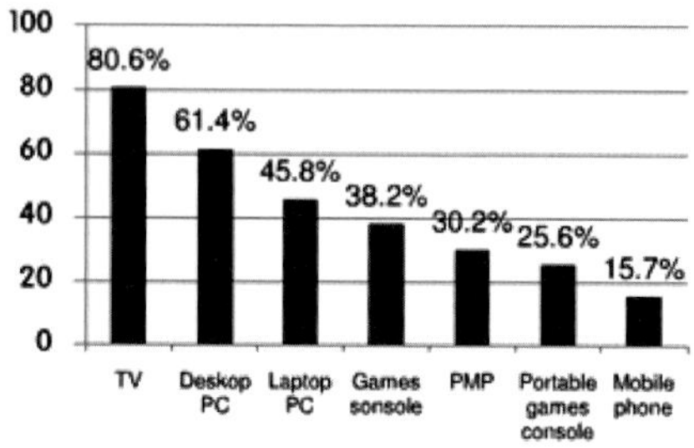

〈그림 4.74〉 비디오 소비용으로 선호하는 단말

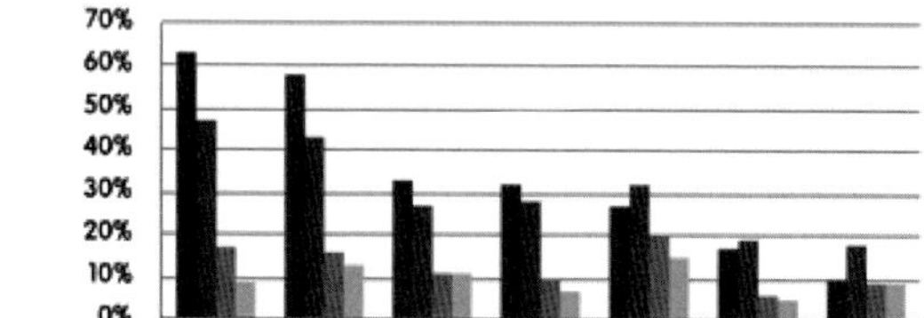

	Hollywood film	TV program	Sport	Home movie	Music video	Adult	Short clips
TV device	63	58	33	32	27	17	10
PC	47	43	27	28	32	19	18
PMP	17	16	11	10	20	6	9
Mobile phone	9	13	11	7	15	5	9

〈그림 4.75〉 콘텐츠 장르와 기기간의 궁합

라) 스마트 TV의 특징

(1) 서비스적

① 기존 방송 프로그램 시청

② 웹 콘텐츠 검색, 이용 가능 (동영상, 플래시, 전자책등)

③ 양방향 인터넷 서비스 (검색, 인터넷 전화, 웹쇼핑, 게임, 이메일, SNS, 위치 정보 등)

④ 각종 어플리케이션 이용 가능

〈표 4.23〉 스마트 TV와 기존 TV 서비스의 구분 및 비교(자료: LG경제연구소)

구분	전통 TV	케이블 TV / IPTV	인터넷 TV/ 웹 TV	스마트 TV
전달방식	방송전파	케이블/인터넷망	인터넷망	인터넷망
양방향 서비스	없음	부분적으로 있음	있음	있음
콘텐츠	지상파 방송사가 확보한 콘텐츠	케이블/통신 사업자가 확보한 콘텐츠	온라인 상에 존재하는 대부분의 콘텐츠	온라인/오프라인 상의 모든 콘텐츠
애플리케이션	없음	자체 제작한 소수의 애플리케이션 제공	셋탑박스 사업자가 제작 공급하는 애플리케이션	서드파티 개발자의 애플리케이션을 포함한 다수의 애플리케이션 제공
요금체계	무료	유료	부분 유료	유/무료 혼합
예시	KBS, MBC, SBS ABC, CNN, NBC	GS강남방송/CJ헬로비전 myLGtv/QOOK Cable Vision/ Comcast	LG/삼성의 인터넷 TV OTT 사업자(Hulu) Vudu/Netflix Apple TV	Google TV Apple iTV(가칭)

(2) 디바이스적

① PC나 모바일, 타 단말과의 호환성이 높음. (N-screen)

② 셋톱박스, 또는 TV내장 방식의 스마트 TV

(3) 전달방식

전통TV는 전파를 통한 방식인데 비하여 CATV나 IPTV, 웹TV, 스마트 TV는 인터넷망을 사용한다는 점에서 동일하다.

(4) 양방향성

전통TV는 일방향성이나 CATV나 IPTV 부분적 양방향성을 웹TV, 스마트 TV는 양방향성을 가진다는 점에서 동일하다.

(5) 컨텐츠

전통TV와 CATV, IPTV, 웹TV는 자사가 제작한 컨텐츠를 중심으로 방송을 하나 웹TV는 온라인상에 유통되는 컨텐츠를 중심이고 스마트 TV는 온/오프라인상의 모든 컨텐츠를 볼 수 있다는 점에서 차이가 난다.

(6) 응용프로그램

CATV나 IPTV는 사업자가 제작한 소수의 프로그램만이 가능하나 스마트 TV는 불특정 소비자나 전문개발자가 개발한 다수의 프로그램이 사용가능하다는 점 등에서 차이가 난다.

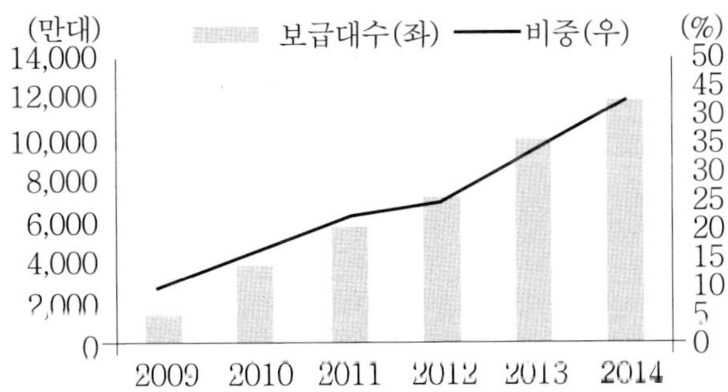

〈그림 4.76〉 스마트 TV 성패 결정 요인

마) 스마트 TV의 시장성

삼성전자와 LG 전자는 최근 몇 년간 일본의 소니 · 샤프와의 치열한 경쟁을 거쳐 세계TV 시장에서 1 · 2위를 점유하고 있다. 당분간 이러한 추세가 이어지겠지만 낙관할 반한 상황은 아니다. 새로운 경쟁자들과 각축전을 벌여야 할 인터넷 서비스가 가능한 컨넥티드TV 시장이 급격히 확대될 전망이기 때문이다. KT경제경영연구소가 디스플레이서치등의 자료를 인용 분석한 데 따르면 지난해 현재 커넥티드 TV는 전세계 평면 TV 판매량의 약 10%를 차지했다. 컨넥티드TV는 이후 전 세계적으로 연평균 38% 성장해 2013년에는 전체 TV 판매량(3억대)의 3분의 1인 1억대를 차지할 것으로 전망하고 있고, 특히 북미지역에서는 평면 TV의 60%가 인터넷 직접 연결이 가능한 컨넥티드 TV가 될 것이라는 분석이다. 현재 연간 230만대 규모로 추정되는 국내 TV 시장도 고기능 고성능의 LED TV와 3D TV를 중심으로 이러한 컨넥티드 TV가 확대되는 추세에 있다. 이에 따라 국내 컨넥티드 TV 판매량은 2011년 54만대, 2012년 80만대에 이어 2013년에는 전체 TV 시장(262만대)의 절반인 131 만대를 차지할 것으로 추정되고 있다.

- 스마트 TV의 시장점유율은 2010년 15%에 불과했지만 2014년에는 40%를 웃돌 정도로 향후 성장성이 폭발적일 것이라고 평가했다.
- 애플의 아이폰이 개방성을 무기로 , 세계 모바일 시장에서 폭풍의 핵으로 부상한 것처럼, 조만간 스마트 TV가 세계 미디어시장의 판도를 뒤바꿀 것이며 2014년에 인터넷 접속이 가능한 스마트 TV가 전체 TV 시장의 54%를 차지할 것으로 전망(아이서플라이). 디스플레이리서치 역시 이와 비슷한 전망을 하고 있다.

(1) 유저 인터페이스(UI)

스마트 TV는 시청자가 직접 콘텐츠를 검색하는 서비스 이므로 기존 TV의 리모콘보다 복잡한 조작 시스템이 필요하다. 사용자가 쉽게 이용 할수 있는 유저 인터페이스를 개발하는 것이 스마트 TV 성패의 관건이라고 할 수 있다. 스마트 폰의 터치 스크린 방식도 있으나, TV의 기본 모티브는 린백(Lean back;뒤에 기대서 TV를 시청함)이기 때문에 터치스크린 방식은 힘들 수도 있다. 음성인식 방식 역시 구글 TV에서 제공되는 추세이나, 한국어는 음성인식 지원이 어려워 우리나라에서 지원을 기대하기 힘들다.

(2) 셋톱박스 vs 내장형

셋톱박스와 내장형 OS도 관건이라고 볼수 있다. TV는 교체 기간이 다른 기기보다 길기 때문에 스마트 TV를 사용하고자 TV를 하나 다시 장만한다는건 소비자들에게 큰 부담이 될수도 있다. 따라서, 상대적으로 작고 저렴한 셋톱박스를 먼저 구입하여 스마트 TV를 이용한뒤, TV기기를 교체할 때 내장형 TV를 사는게 일반적이라는 생각이다.

(3) 킬러 콘텐츠

현재 소비자의 니즈를 충족시킬 킬러 콘텐츠가 부족하다. "인터넷은 PC로 하면 되고 방송은 TV로 보고, 왜 스마트 TV를 사야 하는가?" 라는 생각을 소비자들이 갖지 않도록 소비자들의 소비를 유도할 수 있는 스마트 TV만의 킬러콘텐츠가 필요할 것이다.

(4) T-Commerce 및 광고시장

티 커머스를 간단하게 정의하자면, 인터넷 등에서 가능한 전자 상거래를 TV에서도 가능하게 하는 기능이다. TV시장의 주 수입원은 광고가 차지하고 있다고 해도 과언이 아닐 정도로, 소비자들의 컨텐츠 소비를 유도하면서 집중력을 흐리지 않게 광고를 슬쩍 흘리는 것이 중요하다.

(5) 생태계 조성

스마트 TV는 기기만을 개발한다고 되는 사업이 아니다. 다른 타 회사들과의 강력한 교류로 큰 호환성과 다양한 컨텐츠들을 제공할 수 있어야 한다.

사) Smart TV 트렌드

지금 휴대폰 산업에서 스마트폰이 핫 트렌드가 되고 있는 상황에서 TV산업에서도 스마트 TV가 같은 방향으로 빠르게 진행되고 있다. 구글과 애플 등 TV제조와는 무관한 인터넷기업들이 스마트 TV를 통하여 차세대 TV산업을 주도하려는 기업과 아마존 같은 인터넷 서점까지 스마트 TV 시장의 진입을 추진 중이다. 그리고 기존 TV제조업을 통하여 세계 TV시장을 선도해온 삼성, 엘지전자, 소니 등은 TV시장을 수성하려는 노력외 방송국, IPTV 사업자, 케이블 TV 사업자, 유통 업체, TV수상기 및 셋탑박스 제조업체 등 기존 TV 산업 관련 업체들도 스마트 TV활성화에 대비하기 위해 상호 전략적 제휴나 인수 합병 등을 통해 새로운 사업 모델을 만들며 이에 대응하기 위하여 치열한 경쟁에 돌입 하고 있다. 아직 스마트 TV시장이 형성되지 않았는데도 각 기업들이 스마트 TV시장에 뛰어들며 경쟁업체의 움직임에 민감한 방응을 보이는 것도 애플이 아이폰을 통하여 단순 통화기능위주의 핸드폰 단말시장에서 휴대폰의 개념을 스마트폰(PC기능의 휴대폰)으로 바꾸며 휴대폰업계의 강자로 자리매김한 것처럼 스마트 TV가 향후 컨텐츠 유통과 TV시장의 주도권을 잡을 새로운 사업기회로 보고 있기 때문이다. 여기서는 이런 각 기업들의 스마트 TV전략에 대하여 살펴보고자 한다.

(1) 국내트렌드

스마트 TV 시장을 선점하기 위한 글로벌 업체들의 각축전이 본격화되고 있는 가운데 성부도 경쟁이 본격화되고 있는 스마트 TV 조기 상용화를 위해, 연구개발(R&D) 및 제도개선 방안 등을 포함한 종합 대책을 마련중에 있다. 그리고 국내기업들은 스마트 TV 비중을 늘려 관련인프라 확보에 나서는 한편 스마트폰 시장에서 밀렸던 주된 원인이 컨텐츠와 애플리케이션에 있다고 보고 TV용 앱스토어를 개설하고 개발사들을 독려하면서 야후 등 기존 인터넷 기업들과 손을 잡는 등 컨텐츠 확보에 적극적으로 나서고 있다. 한편으로는 구글 플랫폼 도입등도 적극 검토하고 있다. 많은 전문가들은 몇 년 후에는 IPTV 침체와 Smart TV의 활황을 전망하고 있다.

① 삼성전자

세계 1위 TV제조 업체인 삼성전자는 스마트 TV와 3D 입체영상이 결합된 대형 TV로 글로벌 시장의 주도권을 유지한다는 전략이다. 2012년이면 '스마트 TV' 경쟁이 본격화할 것으로 보고 스마트 TV 비중을 전체의 50% 이상으로 대폭 확대할 계획이다. 이에 스마트폰 OS인 바다를 스마트 TV에 탑재하였고, 지난 7월에는 세계 최초로 TV전용 앱스토어를 오픈하는 등 스마트 TV에 공을 들이고 있다. 그리고 최근 향후 스마트 TV의 트렌드를 알 수 있는 라스베가스에서 열린 가전전시회 'CES 2011' 에서 LED 3D TV를 선보이며 하드웨어 기술의 우위를 확인하는 한편 다양해진 콘텐츠도 소개하였다. 아울러 스마트 TV용 애플리케이션 확보에 주력할 방침이다. 세계 최초 스마트 TV용 '삼성앱스' 를 통해 '보는 TV' 에서 '즐기는 TV' 로의 전환을 목표로 현재 107개국에서 제공되는 120여개 지역특화 애플리케이션을 연말까지 700개로 늘리고 애플리케이션의 유료화도 조만간 단행할 방침이다. 그리고 애플리케이션 개발자와 삼성전자의 수익배분은 7대3으로 하고 중간에 전자결제대행업체를 둔다는 계획이다. 삼성은 게임과 인테리어, 헬스케어, 디지털액자 등 가정용 애플리케이션을 활성화하기 위해 이미 미국의 블록버스터와 동영상제공사인 부두 및 훌루(Hulu) 등과 콘텐츠 제휴를 마쳤다. 삼성 스마트 TV 라인업과 관련해 2010년 나온 TV의 50%에 스마트 기능을 탑재하고 있으며 이 비중을 더 늘려 나갈 전략이다. 또한 2011년 상반에는 웹 브라우징이 가능한 TV를 출시할 계획이다. 삼성전자는 스마트 TV도 종국에는 높은 화질과 편안한 경험의 제공에 있다고 보고 이런 점에서 삼성전자가 강점이 있다고 보고 있다. 삼성전자는 최근 NHN, 다음, SK, 컴즈 등 국내 최대 인터넷업체와 스마트 TV 콘텐츠 연합전선을 구축했으며, 향후 전 세계 통신사업자와의 IPTV 사업 협력을 강화해 스마트 TV 콘텐츠 경쟁력을 더욱 확대해 나간다는 전략을 갖고 있다. 특히 통신사업자가 제공하는 유무선 실시간 IPTV 어플리케이션을 지속적으로 확대하여 세계 스마트 TV 선두기업으로서의 위상을 제고해 나갈 것으로 보인다.

② LG전자

LG전자는 2010년 200명 규모의 스마트 TV 대응팀을 만들고 전문가를 영입하는 한편 애플·구글의 TV용 인터넷 플랫폼에 대항할 독자적인 플랫폼 개발을 진행하고 있다. LG전자는 스마트 TV 분야의 투자를 늘리고 있으며 독자 플랫폼 준비와 함께 구글TV에 참여하여 Two Track 플랫폼을 개발하고 있다. LG전자의 스마트 TV전략은 일단 콘텐츠 확보에 주력한 후 2011년 본격적인 서비스에 돌입한다는 계획이다. LG전자도 'CES 2011' 에서 차세대 FPR(Film-type Patterned Recarder) 3D 패널을 적용한 '시네마 3D TV' 를 선보였다. 그리고 사용자 친화적인 GUI와 입력 장치 이 제품은 사용자 친화적인 그래픽 유저 인터페이스(GUI)와 입력 장치로 고객 편의성을 극대화하고 홈 데쉬보드(Home Dashboard)로 이름 붙여진 스마트 TV의 GUI는, 실시간 방송 , 주문형 비디오(VOD) 서비스 등 프리미엄 컨텐츠, 앱스토어, 선호 채널, 추천 컨텐츠 등을 각각의 카드 형태로 한 화면에 배치했다. 이를 통해 스마트 TV의 다양한 컨텐츠와 어플리케이션을 누구나 여러화면을 거치지 않고 한 눈에 확인해 단 한번의 클릭으로 쉽게 사용할 수 있다. LG전자는 2011년부터 이 제품을 본격적으로 서비스할 예정이다. 하나 현재 이 제품이 제공하는 스마트 기능은 제한돼 있고 컨텐츠 확보도 부족한 수준으로 알려지고 있다 따 라서, LG전자는 '11년 초까지 지역별로 가장 인기 있는 컨텐츠 사업자를 중심으로 120개 이상의 프리미엄 콘텐츠 사업자와 파트너십을 구축할 계획이다.

(2) 해외트렌드

현재 해외 스마트 TV 사업자 진영은 애플, 구글, 대만, 일본과 연합 전선을 펼치는 형상이다. 지난해 말 애플의 주문을 받아 '아이팟' 과 '아이폰' 을 제조해온 기업으로 알려진 대만 최대 전자업체 홍하이가 소니의 멕시코 LCD TV 생산라인을 인수하였고 또, 대만의 TV용 LCD 패널 제조업체 CMO를 계열사로 편입시켰다. 이 회사는 애플의 TV를 위탁 생산할 준비를 하고 있는 것으로 알려지고 있다. 애플은 아직 이에 대한 구체적인 계획을 밝히지 않고 있으나 콘텐츠 사업자와의 지속적인 제휴 추진, 주변 하드웨어 제조업체 인수 등 TV 제조 및 콘텐츠 사업을 위한 움직임이 계속 포착되고 있다. 한편 구글은 부족한 TV제조 능력을 소니를 통해 만회할 계획이다. 구글은 최근 소니, 인텔 등과 함께 안드로이드 OS와 인텔의 아톰 프로세서를 탑재한 구글TV를 개발하고 있다고 밝혔다. 세계 최고 수준의 TV 기술력을 갖춘 소니가 구글TV 진영에 참여하면 상대적으로 삼성전자·LG전자에 비해 뒤처진 TV 제조능력을 단숨에 만회할 것으로 보여지고 있다. 여기에 애플과 구글은 국내기업이 갖지 못한 소프트웨어 파워를 가지고 있기 때문에 긴장을 하지 않을 수 없을 것으로 보인다. 이들 기업들의 전략을 보면 다음과 같다.

① 구글TV

구글 TV가 2010년 10월 17일부터 미국 가전제품 소매점인 베스트바이를 통해 판매에 들어간 것으로 알려졌다. 구글 TV는 안드로이드 플랫폼을 기반으로 크롬 웹 브라우저를 구동시킨다. 어도비 플래시 플레이어 10.1을 지원하기 때문에 유투브를 비롯한 다양한 인터넷 동영상을 감상할 수 있으며, 넷플릭스, 아마존 주문형비디오 등 수백개의 방송 프로그램과 디시 네트워크의 위성 TV 콘텐트도 즐길 수있다. 안드로이드를 기반으로 하는 만큼 안드로이드 마켓에서 구매한 애플리케이션을 사용할 수 있는 것은 물론이다.

구글 TV는 하나의 스크린에서 다양한 방송 및 유료채널, 디지털 비디오 레코더(DVR), 인터넷 서핑 등 다양한 콘텐트를 활용할 수 있도록 통합 검색 기능을 제공한다. 홈스크린에서 사용자들이 즐겨찾는 콘텐트를 사용자 취향에 맞게 개인화해서 보여주기 때문에, 콘텐트의 바다에서 원하는 영상을 찾아 헤매는 수고를 덜어준다. 구글 TV는 시작부터 업계의 알려진 업체들을 협력업체로 결집을 하며 영향력을 보여주고 있다. 구글 TV가 첫 선을 보인 구글 I/O 컨퍼런스에는 인텔(CPU), 소니(TV), 로지텍(컨트롤러), 베스트 바이(유통), 디시 네트워크(위성 TV), 어도비(플래시) 등 관련 업계의 리더들이 협력업체로 참여하고 있다.

인텔은 구글 TV에 가전제품에 최적화된 아톰프로세서 CE4100을 제공하며, 소니도 2010년 가을 미국시장에 구글TV를 활용한 '소니 인터넷 TV'를 출시하였다. 로지텍은 키보드와 리모컨을 결합한 신개념의 리모컨을 출시해 구글 TV를 지원할 예정이다. 위성 TV 업체인 디시 네트워크는 구글 TV에 적용되는 통합 시스템을 개발해, 일년 전 부터 공동으로 테스트 작업을 진행하고 있다. 어도비는 플래시 플레이어 10.1을 크롬 브라우저에 내장해 게임, 동영상, 애플리케이션 등 수많은 플래시 콘텐트를 감상할 수 있도록 지원하며, 전자제품 유통업체 베스트 바이는 올 하반기부터 미 전역의 지점을 통해 구글 TV를 판매에 발벗고 나선다. 이처럼 구글TV가 출시도 되기 전에 수많은 업계 파트너를 확보한 것은, 구글 TV과 가져올 커다란 변화를 관련 업계에서 느끼고 있다는 방증이다.

〈표 4.24〉 구글 TV 제휴업체 및 역할(자료: 디지털타임스 2010.9.2)

제휴업체	역할
구글	안드로이드 OS 및 크롬 웹브라우즈를 통한 검색엔진 제공 광고사업 운영
소니	TV 수상기 및 블루레이 디스크드라이브 제공
인텔	고성능 CPU 제공
어도비	플래시 컨텐츠 지원용 플래시 10.1 제공
로지텍	셋탑박스, 입출력 장치 제공
디시네트워크	위성방송 가입자망 제공
베스트바이	구글 TV 판매 및 유통망 제공

② 애플 TV

애플은 지난 2007년 아이튠스와 연계한 셋톱박스형 TV를 출시한데 이어 아이팟, 아이폰, 아이패드를 연계하는 스마트 TV 출시를 앞두고 있다. 이런 가운데 애플은 2010년 9월 초 손바닥 크기의 셋톱박스인 애플TV를 공개했다. 와이파이가 내장된 애플 TV는 ABC, ABC패밀리, FOX, 디즈니 채널 , BBC 아메리카의 프로그램을 각 편당 99센트에, 개봉작 영화는 4.99달러에 온라인으로 감상할 수 있다. 이외에 유튜브, 플리커 등의 동영상 컨텐츠를 볼 수 있고, PC에서 음악, 사진 비디오를 불러오는 것도 가능하다. 무엇보다 가격이 99달러로 파격적이다. 이는 하드디스크를 없앰으로서 값도 싸졌고 사용법도 단순해졌다. 사용자는 그저 애플TV에 전원 케이블을 꽂고 TV에 영상 케이블만 연결하면 된다. 집 안에 무선 인터넷인 와이파이(Wi-Fi) 공유기가 있다면 인터넷선도 꽂을 필요가 없다. 또 하드디스크에 TV드라마나 영화를 '다운로드' 하는 대신 이를 '스트리밍' (인터넷 중계)으로 감상한다. 다운로드가 안 되므로 불법 복제도 막을 수 있어 콘텐츠 업체와의 협력도 용이해 보인다. 이런 조작부를 극도로 단순화한 애플 TV에 대한 시장의 반응은 그리 호의적이지 않다. 엄밀하게 말하면 현재 판매되고 있는 애플TV는 아직은 스마트 TV가 아니다는 반응이다.. PVR(Personal Video Recorder) 기능을 가지고 있고 OTT 서비스를 받을 수 있는 일종의 웹(Web) TV에 가깝다. 무엇보다 앱스토어의 이용이 안 된다는 점이다. 스마트 TV라면 아이폰처럼 앱스토어에서 애플리케이션 프로그램을 다운받아서 설치하거나 구동할 수 있어야 하는데 그렇지 못하다.

하지만 향후 시장에서 애플과 삼성은 치열한 경쟁을 할 것으로 보인다. 애플이라는 브랜드 이미지+어플리케이션과 삼성의 막강한 하드웨어적인 기술력이 한판 승부를 겨룰 것으로 전망된다.

③ 소니

소니는 2010 IFA에서 콘텐츠를 유통할 수 있는 '큐리오시티' 라는 서비스를 유럽시장에 새로 소개하고 수익모델 발굴에 본격 나섰다. 큐리오시티는 소니판 '아이튠스' 라고 할 수 있는 곤텐츠 플랫폼이다. 또한 소니는 구글의 TV용 플랫폼을 적용한 구글 TV를 선보였다. 그러나 이 제품은 동작해볼 수 없는 시제품 수준인 것으로 알려졌다. 소니는 이를 소비자의 반응을 조사하는 수준으로 스마트 TV를 출품하였고 통합형 제품과 블루레이 디스크 드라이브를 갖춘 셉톱박스형 2 모델이 동시 출시되었다.

④ 아마존

인터넷 쇼핑몰 아마존도 인터넷으로 TV와 영화를 볼 수 있는 서비스를 추진하고 있다. 월스트리트저널(WSJ)은 아마존이 월정액 방식의 인터넷 TV · 영화 서비스를 추진하기 위해 주요 미디어 기업인 제너럴일렉트릭(GE)와 NBC, 타임워너 뉴스코프 등과 접촉하고 있는 것으로 알려지고 있다 . 이 서비스는 인터넷 웹 브라우저 외에도 인터넷과 연결되는 TV 및 블루레이 재생기, 마이크로소프트(MS)의 게임기 '엑스박스360' 등을 통해 제공된다. 아마존은 현재 TV 프로그램을 한편당 1.99달러에 판매하고 있는데 앞으로는 월정액 가입으로 콘텐츠를 무제한 볼 수 있는 서비스를 내놓을 방침이다.

아) 국내 스마트 TV 발전방향

스마트 미디어 시대를 주도하고 있는 스마트 폰은 태블릿 PC의 스마드 패드에 이어 스마트 TV로 그 영역과 영향력을 확대하고 있다. 스마트 TV는 이와 같이 차세대 스마트 미디어의 핵심으로 차세대 방송을 통해 기존 방송의 단순한 대체를 넘어 방송과 애플리케이션, 콘텐츠를 흠결없이 제공하는 서비스로 이용자 편의와 함께 활용범위가 매우 광범위하여 그 기능성이 높게 평가되고 있다. 스마트 TV를 통해 이용자는 보다 편리하고 효용이 높으며 개인형 맞춤형 서비스를 이용할 수 있게 되며 또한 스마트 워크나 스마트 교육, 유헬스와 같은 다양한 서비스로 그 활용범위가 넓게 된다. 이에 애플, 구글과 같은 글로벌 유수의 플랫폼 업체들은 스마트

폰에서 점유하고 축적해온 사업역량과 비즈니스 모델, 에코시스템의 경쟁역량을 바탕으로 스마트 TV에서도 기술과 시장을 선점하기 위해 제품과 서비스를 본격적으로 시작할 예정이다. 특히 2010년도에는 구글 스마트 TV가 등장하고 이어 애플의 스마트 TV를 통해 다양한 제품이 등장하였다. 또한 삼성과 LG의 국내 주요 정보가전 업체에서는 휴대폰 부문의 강한 사업역량을 확대하고 글로벌 1위의 디스플레이 부문의 시장지위를 유지하고 강화하기 위해 개방형 애플리케이션을 추구하는 스마트 TV 출시를 계획하거나 시작하였다. 이와 같이 스마트 TV는 다양한 참여진영간 경쟁으로 비화하고 있으며 우리나라가 스마트 폰, 디스플레이 부문에 이어 스마트 TV에서도 강한 시장지위를 유지하기 위해서는 가치사슬 참여진의 치열한 전략과 역량제고가 요망된다. 국내 스마트 TV 산업발전을 위한 방향을 살펴보면 다음과 같다.

첫째, 우리나라 스마트 TV 산업이 발전하기 위해서는 우선 SW 플랫폼의 글로벌 역량확대를 통한 IT 시장의 선도력을 지속적으로 강화시킬 필요성이 있다. 첫째 구글과 애플의 플랫폼 장악력이 글로벌 시장을 주도하고 있으며 그 영향력을 스마트 TV에서도 지속 확장시킬 가능성이 높다. 따라서 우리나라는 글로벌 개방형 플랫폼 주도국가로 전반적인 산업역량을 강화시킬 필요성이 있다. 특히 전문 하드웨어 제조업 중심의 국내 IT 산업은 SW 플랫폼의 장악력이 미흡하여 향후 글로벌 경쟁우위를 유지하는데 치명적 위협으로 작용할 가능성이 높다. 따라서 스마트 TV에서도 구글 또는 애플의 제조 벤더로 그 위상이 약화되거나 낮은 수익의 악순환 구조를 고착시킬 가능성이 있다. 이에 개방형 SW 플랫폼을 중심으로 합종연횡을 주도하는 글로벌 플랫폼 전략을 강화하는 것이 필요하다.

둘째, 빠른 기술개발과 시장창출, 해외진출을 통해 스마트 TV 선도국가로 글로벌 포지셔닝을 강화해야 할 필요성이 있다. 우리나라가 스마트폰의 후발국가로의 다른 부문에 비해 상대적으로 낮은 위상을 반면교사로 삼아 스마트 TV에서는 글로벌 선도국가로 그 위상을 강화시킬 필요성이 있다. 특히 우리나라는 IPTV, 위성방송, 인터넷 인프라, 방송통신 융합서비스와 같은 에코시스템 측면에서 스마트 TV의 최적국가로 역량을 기 보유하고 있다. 반면에, 스마트 폰, 테블릿 PC와 같은 혁신 멀티미디어 제품을 중심으로 상대적으로 늦은 시장진입으로 후발국가로 위상이 약화된 측면이 있다. 따라서 스마트 TV에서는 우리나라의 전후방 산업의 역량을 집결하여 글로벌 테스트 베드 국가로 도약하는 전략적 선택이 필요하다.

제5장

유비쿼터스 구현 사회

5.1 u-City 개념

5.1.1 u-City 정의

'유비쿼터스' 라는 용어가 사람들의 입에 오르내리기 시작한 것은 아마 2004년도 중반쯤이 아닌가 싶다. 당시는 유비쿼터스 컴퓨팅, 유비쿼터스 네트워킹 등으로 불리면서 조금씩 전파되기 시작하였다. 그러다가 2005년에 들어서면서 IT기술을 활용한 서비스분야에서 'u-' 라는 첨자를 개념 앞에 붙여 쓰기 시작하였는데, 그 중 하나가 바로 u-City이다. u-City의 개념은 앞문자의 유비쿼터스란 용어를 토대로 정보시스템과 컴퓨팅의 발달과정에서 설명될 수도 있으며, 뒷문자의 City란 개념에서 토목, 도시공학적 측면에서 접근할 수도 있다. 전자는 컴퓨팅의 발달과정에서 '도시 공학적 적용과 확산' 이 적용될 것이며, 후자는 '토목, 도시공학적 발달의 과정에서 컴퓨팅의 진보와 결합' 으로 설명될 수도 있다.

유비쿼터스 도시의 건설 등에 관한 법률(법률 제9052호)이 2008년 9월 29일 시행됨에 따라 도시공간의 기반시설 또는 공공시설을 건설하는 기술에 전자, 제어, 통신기술 등의 기술을 융합하여 지능화 시키는 도시공간이 등장하였다.

'u-City' 는 서비스 중심의 정의와 인프라 중심의 정의로 구분할 수 있는데, 서비스 중심의 정의는 행정안전부에서 하고 있다. 행안부의 u-City는 언제 어디서나 행정 서비스를 제공하여 공공 서비스의 질을 향상시키고, 지역 특성에 맞는 산업을 육성시켜 재정 자립도를 높이고, 지역 주민의 교육, 문화, 복지 증진을 위한 도시 기반을 갖춘 도시를 의미한다. 또한 인프라 중심의 정의는 지식경제부와 방송통신위원회에서 하고 있다. 지경부의 u-City는 도시민의 삶의 질과 도시의 경쟁력 향상을 위하여 도시공간에 유비쿼터스 기술을 구현함으로서 언제 어디서나 유비쿼터스 서비스를 지향하는 도시를 말한다.

결론적으로, u-City는 첨단 정보통신 인프라와 유비쿼터스 기술을 도시공간에 융합, 즉 행정서비스를 유비쿼터스화 하여 도시 생활의 편의 증대와 지역 주민의 삶의 질 향상을 위한 교육·문화·복지증진 및 지역 특성에 맞는 새로운 산업을 창출하며, 방범·방재, 재해 예방, 환경보호를 위한 체계적인 도시 관제를 갖추어 도시의 제반 기능을 혁신시킬 수 있는 21세기형 도시를 일컫는다. 유비쿼터스를 도시에 접목해서 u-City 개념을 창안한 국가는 우리 대한민국이다. 따라서 우리나라가 유비쿼터스의 학문적 연구에서는 다소 뒤늦게 출발했지만, 응용·기술면에서는 세계에서 최고를 자부하고 있다. 그래서인지 전 세계가 우리나라를 주목하고 있으며, 또 많은 사람들이 u-City를 배우기 위해 앞 다퉈 한국을 찾고 있다.

콜럼버스가 발견한 아메리카 대륙을 off-line상의 신대륙이라면, u-City는 뉴밀레니엄 디지털 시대에 걸 맞는 cyber상의 신대륙이라 할 수 있겠다. 그래서인지, 경쟁적 개발로 인한 과잉투자, 난개발, 불확실한 수요 등 비판 여론도 공존하고 있다. 따라서 성공적인 사업수행을 위해서 국토 균형발전의 대명제 아래 각 지방자치단체 도시간의 유기적 결합과 도시개발의 효율성이 담보된 표준화가 해결해야 될 선결과제가 아닐까 싶다.

5.1.2 유비쿼터스란 무엇일까?

유비쿼터스는 초고속 광대역 정보화의 진행과 더불어 사용자가 시간과 장소에 상관없이 자유롭게 컴퓨터를 이용하거나 네트워크에 접속할 수 있는 정보통신환경을 일컫는다. 따라서 정보통신의 발전에 따라 유비쿼터스라는 용어가 단순 개념에서 벗어나 사회 일상에 두루 적용되고 있다. 사용자 중심의 서비스이면서, 항상 유무선으로 연결되어 되어 있는 유비쿼터스 환경은 개인 맞춤형 광대역 멀티미디어 서비스의 활성화, 유무선/방송망의 BcN 통합화, 상황인식인 Context-awareness 기반의 지능형 서비스로의 진화를 가능케 한다.

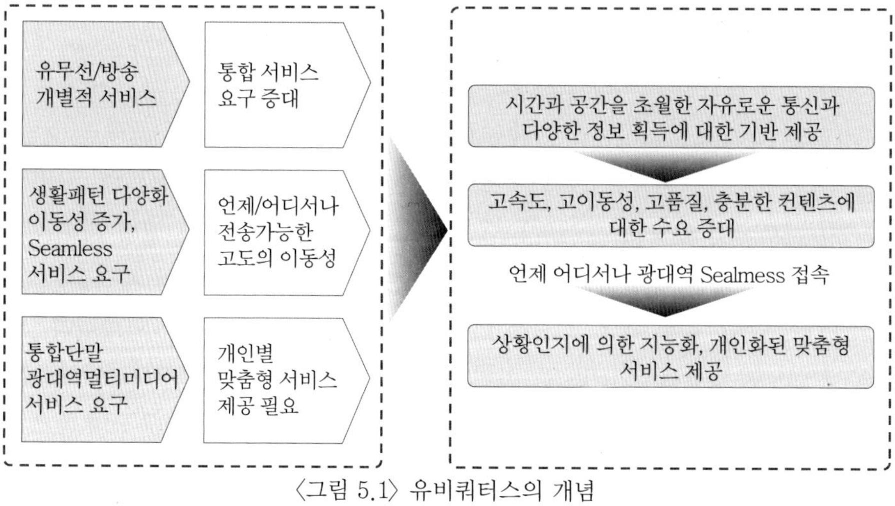

〈그림 5.1〉 유비쿼터스의 개념

'IT 코리아' 의 벽을 넘어 'u-코리아' 를 합창하고 있는 요즘 서울·인천·부산 어느 지역 할 것 없이 'u-City' 를 추진하고 있다. u-City는 도시 건설·운영·관리에 'u-Tech' 를 활용한 것으로, 'u-Tech' 은 각종 센서와 작동장치 등을 옷·가로수·신호등·도로·건물 등 주변 생활 환경에 설치하여 언제, 어디서나 컴퓨터를 이용할 수 있도록 하는 것을 말한다. 곳곳에 설치된 센서를 통해 방범·방재, 상수도 누수 관리를 하고 버스 정보 시스템을 통해 집 안에서 버스가 언제 정류소에 도착하는지 알 수 있다. 또 주차장 어느 곳에 주차를 했는지 집안에서도 파악할 수 있다.

유비쿼터스 도시는 도시의 경쟁력과 삶의 질 향상을 위해 유비쿼터스 도시 기능을 활용하여 건설된 유비쿼터스 도시기반시설 등을 통하여 언제 어디서나 유비쿼터스 도시서비스를 제공하는 도시를 의미한다.

5.1.3 u-City 개념

u-City는 첨단 도시기능과 관리의 효율화를 목적으로 유비쿼터스와 컨버젼스 기술을 도시 기반 시설에 접목시켜, 도시 안에서 발생하는 업무를 내상으로 실시간으로 상황 인지에 따른 지능적 반응이 이루어지도록 하여 각종 생활 관련 정보통신 서비스를 제공하며, 주민에게 편리와 안전, 안락한 생활을 제공하는 새로운 개념의 도시로 정의할 수 있다.

u-City는 다음과 같이 크게 5가지로 구분할 수 있다.

㉠ 유비쿼터스 정보기술을 활용한다.

㉡ 공공 행정서비스의 질을 향상한다.

㉢ 지역특성에 맞는 산업을 육성한다.

㉣ 지역 주민의 생활복지 서비스를 제공한다.

㉤ 도시시설물을 원격제어·관리·통제한다.

u-City는 국민에게 제공되는 서비스에 해당하는 응용서비스 계층과 이러한 서비스를 제공하기 위한 하부의 두 가지 연계 기술 layer로 구성된다. 응용 서비스 계층은 u-City 정보운영 센터인 도시 통합 관제 센터를 중심으로 도시민에게 각종 서비스를 제공하기 위하여 정보통신 인프라와 서비스, 도시 기반 시설물과 교통 시설물의 지능화, 도시 행정 정보화와 각종 기반 시설을 운용하는 것을 의미한다.

예를 들면, u-행정, u-교육, u-홈/헬스, u-환경, u-오피스/기업, u-컨벤션, u-관광, u-시설관리(공동구; 전기, 가스, 상·하수도, 통신 등), u-교통, u-실버타운 등의 응용 서비스 계층을 말한다.

유비쿼터스를 응용한 예를 들어 본다.

요즘 유비쿼터스를 응용한 제품과 시스템 개발이 한창이다. 그래서인지 "우리 후손들이 필요한 환경과 에너지, 식량을 보장하려면 바다 속을 누비는 로봇 기술에 더 많은 관심을 쏟아야 한다"며 무인 잠수정 등을 개발하고 있다. 한국해양연구원에서는 2006년 5월에 미국·일본·프랑스에 이어 세계 4번째로 6,000m급 무인잠수정인 '해미래'를 개발하여, 2006년 10월에 동해의 울릉분지 해저 2,050m에 동판 태극기를 설치했으며, 2007년 11월부터는 동해안의 가스하이드레이트 개발을 시작하였다. 무인잠수정의 심해 작업은 해양로봇의 핵심기술인 로봇팔, 초음파 영상기술 등을 적용하게 된다. 이 밖에 캄캄한 수중에서 무인잠수정의 정확한 위치를 파악하기 위한 음향탐지기(소나)와 가속도 센서를 혼합한 수중항법 기술 등도 발전해 가고 있다. 따라서 머지않아 우리나라 전 해역에서 '자원을 캐는 로봇'이 심해를 누비게 될 것으로 생각된다.

또 한국도로공사에서는 시속 160㎞의 속도로 주행할 수 있는 한국형 '아우토반'을 2016년까지 1,500억 원을 들여 구축한다고 홍보하고 있다. 도로공사에서 구상하고 있는 시스템을 살펴보면 〈그림 5.2〉와 같다.

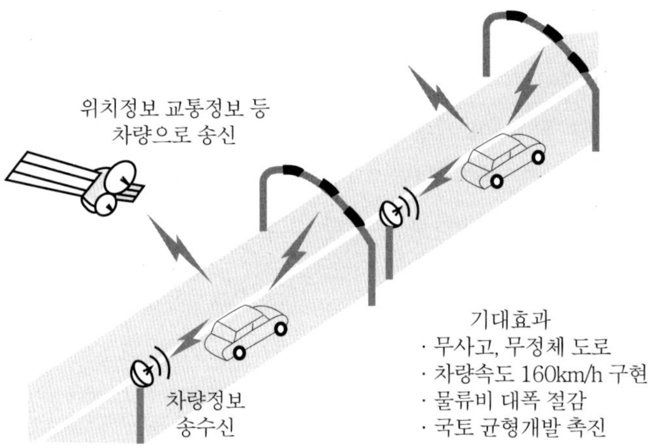

〈그림 5.2〉 스마트 하이웨이

도로공사에서 설계하고 있는 한국형 차세대 고속도로 '스마트 하이웨이'를 살펴보면, smart highway는 정보기술(IT)과 첨단 도로건설 기술이 결합된 형태로 차 안에서 도로 상황 등 교통정보를 실시간으로 주고받으며 소음과 교통체증 없이 고속주행이 가능한 고속도로를 말한다. 첨단 고속도로가 건설되면 운전자들은 안전성과 편리성을 실감하게 된다. 왜냐하면, 스마트 하이웨이가 인공위성이나 교통정보센터를 이용해 각종 안전정보를 각 차량에 제공해 일부 기능을 제어하기 때문이다.

또 간혹 발생하는 안개 속 다중충돌사고나 악천후로 인한 교통사고 등을 미연에 방지할 수 있게 된다. 또한 처음 설계과정부터 고속 주행에 적합하도록 만들어져 운행시 소음이 크게 줄어들고, 고속 주행 시에도 안정적 운행이 가능하다. 특히 도로와 차량 간에 양방향 정보전달이 가능하기 때문에 실시간 정체구간 해소, 우회로 안내 등이 가능한 것도 장점이다. 우선 개발이 추진되는 세부 기술은 실시간 교통정보 제공 기술, 도로 상태 실시간 계측 기술, 교량 등 도로 부속물 수명 연장 기술, 타이어 소음방지기술, 배수 촉진 포장기술, 미래형 첨단 자동차 안전주행 지원 기술 등이다.

이렇게 스마트 하이웨이는 국내 거점 도시간의 이동성을 향상시켜 궁극적으로 물류비 절감과 국토균형 개발에도 큰 도움을 줄 것으로 기대된다.

하부의 기반 기술인 응용 서비스 연계 기술은 도시민에게 제공되는 응용 서비스를 구성하기 위한 기술을 패키징화 한 것으로 광대역 통합망(BcN)과 유무선 통신망 기술, RFID/USN을 비롯한 센서 네트워크 기술, GIS, 텔레매틱스, 도시통합 관제기술 등 각종 응용 기술계층과 이러한 서비스의 기초 기반 기술로서 FTTH, RFID, SoC, IPv6, Embedded S/W가 이에 해당한다.

u-City가 구축되면 중앙정부/지방자치단체, 국민/기업은 각각 많은 이득을 얻게 된다. 정부/지방자치단체는 고도화된 통신 및 센서 인프라를 통해 도시 관리의 효율성을 높이고, 대민서비스 향상과 비용을 절감하며, 지방자치단체의 위상 제고와 도시의 가치 상승효과를 얻게 된다. 국민은 쾌적하고 안전한 생활을 누릴 수 있고, 주거 환경 우위로 자산 가치 상승 등의 경제적 이득을 얻게 된다. 또한 기업은 새로운 분야의 산업을 창출하게 될 것이다.

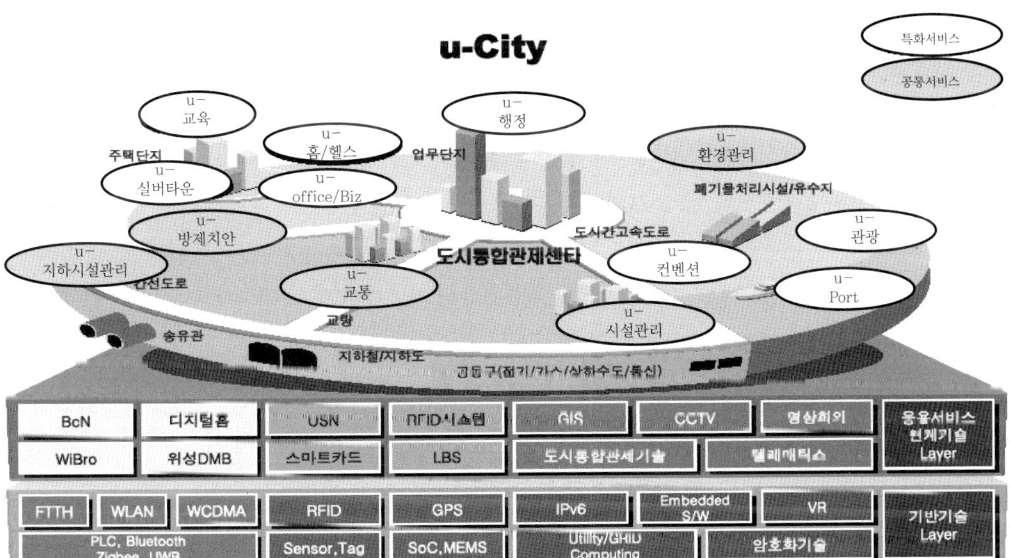

〈그림 5.3〉 u-City의 개념도

5.1.4 u-City의 목적 및 특징

가) u-City의 목적

u-City는 주요 추진 주체에 따라 추진 목적, 대상자, 영역 등에서 일부 차이를 나타내는데 이를 정리하면 아래 〈표 5.1〉과 같다.

〈표 5.1〉 u-City 주요 추진 주체별 목적, 대상, 영역, 기대효과

주체	중앙정부	지방자치단체	통신사업자, SI사업자
추진 목적	· 국토의 균형개발과 효율적 관리 · 신규산업육성과 첨단기술 개발	· 거주민과 지방기업 서비스 제고 · 재정자립도 확충	· 차세대 성장동력과 수익원확보 · 신규사업영역의 확대오 비즈니스 포트폴리오
대상	· 전체국민 · 유망기업과 첨단기술업	· 해장지역 거주민과 기업 · 지변 지역주민과 기업	· u-City 추진 정부와 지자체 · u-City 범용과 특화 서비스 이용자
추진 영역	· 국가 u-City사업 추진과 개발계획수립 · u-City육성정책/법제도 정비 · 지자체, 사업자와 협력체계 구축	· 지역 u-City 지역선정 및 개발 계획수립 · 재원조달과 사업추진 · 생활 및 산업환경 개선 · 유비쿼터스 IT 인프라 확보	· u-City 통신인프라 구축과 관리 · u-City 솔루션 구축과 운영 · u-City 부가서비스 개발과 제공
기대 효과	· 국가산업과 경제적 파급효과 · 국민 삶의 질 제고	· 지역산업과 경제적 파급효과 · 거주민 삶의 질 제고	· 사업자의 수익성 제고 · 거주민과의 CRM을 통한 충성도 제고

첫째, 중앙정부가 추진하는 u-City로서 국토균형 발전 및 효율적인 개발, 신성장 동력산업 육성 및 첨단 기술 유치를 목적으로 하고 있으며, 추진 대상은 전체 국민과 국내외 유망기업, 첨단 기술 기업이며, 추진영역은 사업효과 분석, 지역 선정, 재정 지원, 사업자 선정 등의 개발계획과 u-City 추진을 위한 정책, 법규, 제도 수립 및 개선과 지방자치단체, 사업자 등 관련 사업 주체와의 긴밀한 협력체계 마련을 영역으로 한다.

둘째, 지방자치단체의 u-City로서 해당지역 거주민 및 기업에 대한 서비스 제고, 일자리 창출, 지역산업의 활성화와 기업 유치 등을 통한 재정자립도 제고를 목적으로 하고, 해당 지역 거주민 및 기업, 주변지역 주민 및 소재기업을 추진대상으로 한다. 사업 영역은 해당 지역 u-City 선정 및 개발 로드 맵 작성, 민간투자 및 정부지원을 위한 각종 자금조달계획 추진, 생활과 산업 환경 개선을 영역으로 한다.

셋째, 통신사업자/SI사업자의 관점에서 u-City는 첨단 유무선 통합 통신과 솔루션 인프라 제공을 통해 삶의 질을 개선하고, 통신 서비스 및 부가 서비스를 통한 신규 수입원 확보를 목적으로 한다. 통신사업자와 SI사업자의 u-City는 정보통신과 솔루션 인프라를 근간으로 구현된 유비쿼터스 환경을 통해 첨단 유무선 통합 서비스와 다양한 부가 서비스를 제공하

여 삶의 질을 개선하고, 이에 수반되는 신규 부가가치를 창출하는 새로운 형태의 정보화 도시를 의미한다.

나) u-City의 특징

u-City의 특징은 아래 〈표 5.2〉와 같이 크게 지능화, 네트워크, 플랫폼, 서비스 측면에서 분석할 수 있다. 즉 u-City는 도시 기능과 관련된 다양한 상황을 지능적으로 관리하고 최적화하는 도시 기능의 지능화(Intelligence), 전자적 공간 구현의 기반이 되는 유무선 통신 네트워크 연결(Network), 언제 어디서나 보편적인 서비스 활용을 추구하는 공동 플랫폼 및 통합관리(Platform), 유비쿼터스 기술이 접목된 실용적인 서비스를 추구하는 응용 서비스의 다양화와 상용화(Application)를 특징으로 한다.

〈표 5.2〉 u-City 특징

구분	주요 내용
Intelligence (지능화)	· 도로 등의 도시 인프라와 공항 등의 도시기발시설 등을 유비쿼터스 환경으로 실시간 관리 · 도시 기능의 지능화를 위해서는 IT, BT, NT 등 연계사업 복합적으로 활용
Network (네트워크)	· 도시라는 물리적 공간을 전자적 공간으로 구현하는 기반 · 도시의 모든 사람, 사물, 컴퓨터들을 끊임없이 연결(Seamless)
Platform (공통/통합)	· 누구든지, 어디서나, 언제라도 서비스를 이용하기 위한 공통 플랫폼 필요 · 안전하고 편리한 서비스 활용을 보장하기 위해 이를 전체적으로 조정할 통합센터 필요성 대두
Application (서비스)	· 실제도시의 기능을 전자적 공간에서 그대로 이용할 수 있는 서비스 구현 · 공간(집, 학교, 사무실 등)과 기능(교통, 행정, 건강 등) 측면에서 유비쿼터스 환경 구현 기능

5.2 u-City 기반 기술

u-City 추진 체계와 계층 구조는 다음과 같이 맡은 역할과 책임에 따라 구분할 수 있다. u-City는 실제 도시 기반 위에 u-City의 해당 인프라 계층을 구축하는 것으로 크게, IT 인프라, u-공간, u-사회, u-생활 계층으로 분류할 수 있다.

따라서 도시 건설과 관련한 추진 체계는 시식경제부에서 도시 기반 시설 구축(도로, 건물 등)등의 업무를 주관하고, 기반 정보통신 기술과 유비쿼터스 네트워크의 구축 관련해서는 방송통신위원회, 도시행성 정보화/시비스와 관련해서는 행정안전부 및 각 지방자치단체에서 주관한다. 이해관계가 있는 시행 사업자는 IT 부문의 기간 및 민간 통신 사업자, 도시 개발 시행사가 된다. 물론 u-교육은 교육과학기술부, u-헬스는 보건복지부, u-물류 유통은 국토해양부가 주관한다.

〈그림 5.4〉 u-City 계층구조

u-City의 실제적인 정보 통신 인프라 구조는 〈그림 5.5〉와 같이 u-Space, u-정보운용센터, u-통신망으로 구분되며, 이는 다시 연관 관계에 따라 전기통신 시설의 지능화(제어/계측), USN, 도시통합 운영센터, IDC센터, 자가망과 사업용망으로 구분되며 유기적 상관관계를 갖는다. u-City 인프라 각각의 구현 목표를 살펴보면 〈그림 5.6〉과 같다.

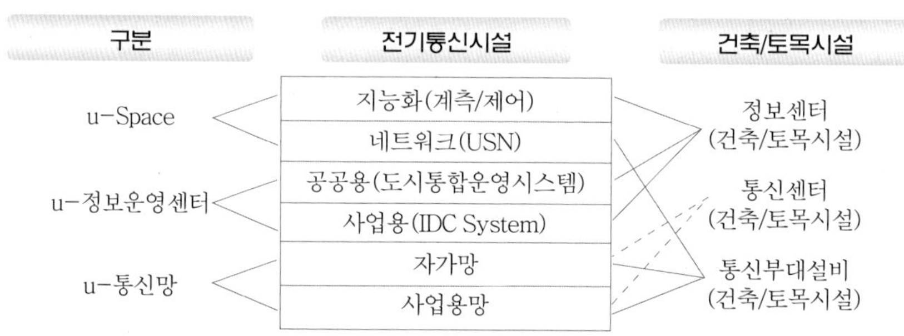

〈그림 5.5〉 u-City 인프라 구조

u-통신망

- 언제 어디서나 통신, 방송, 인터넷이 융합된 광대역통합망에 접속되는 도시건설(광통신망, 전파음영지역이 없는 도시)
- 시간이 경과해도 통신망 증설(추가)를 위해 도시에 토목공사를 다시 하지 않는 도시 (도시 재굴착 방지)
- 도시 미관을 해치지 않는 통신설비 (전봇대 없는 도시)

u-정보운용센터

- 다양하고 유익한 입주민 서비스와 효율적인 도시관리를 위한 정보시스템 관리

u-Space

- 도로, 주차장, 공원 등 도시시설물에 계측, 제어 기술과 RFID, BcN 기술을 결합하여 지능화함으로써 입주민에게 생활 편익을 제공하고 관리 효율을 높임
- 기반시설 구축에 IT 기술을 융합하여 건설
- CCTV, 위치추적 기능으로 주민생활 안전 서비스 제공

〈그림 5.6〉 u-City 인프라 구현 목표

5.2.1 u-City 기반 기술의 특징

u-City 구축의 기반기술은 수행되는 서비스와 관련되어 설치된 정보 기기들의 존재는 인식하지 않고 사용하여 결과를 얻을 수 있어야 한다. 즉 전기, 상수도 등 일상의 도시 생활에서 이용하는 인프라처럼 서비스를 제공받아야 한다. 따라서 u-City 구현을 위한 USN의 기본 개념으로 센서 웹을 구성하도록 인공물과 자연물에 유비쿼터스 칩 형태로 내장시켜서 네트워크를 구성하며, 환경과 시설물의 상태, 이동, 위치 등을 감시 추적, 최적화한다는 개념이 도입되어야 한다. 또한 센서 웹은 도시 내에서 언제 어디서나 존재를 들어 내지 않고 도시민에게 연속적으로, 현재 개인의 상황을 반영한 맞춤형 서비스를 제공하므로 도시민의 요구에 따라 능동적으로 도시가 서비스를 제공할 수 있게 된다. 이를 위해서는 유비쿼터스와 컨버전스의 기술을 사용하며, 이동성, 광대역성, 중단 없는 접속 기술을 확보하여 모든 기기를 항상 네트워크에 연결시켜 각종 응용 서비스를 수행하게 된다.

5.2.2 USN 센서의 일반적 요구 조건

가) 내구성

도시 시설물의 생애 주기(콘크리트 구조물 생명은 약 100년)를 고려하고, 비, 바람 등 일반 도시 외부 환경 요인에 제대로 견딜 수 있어야 한다.

나) 부착될 시설물 고려(크기, 전력)

도시 시설물의 구조와 형태에 맞추어야 하고, 가로등, 신호등과 같은 전력이 공급되는 시설물을 최대한 이용하며, 전기 시설이 없는 장소와 시설물에는 별도의 태양전기 또는 배터리 충전 등의 시스템 계획이 수립되어야 한다.

다) 구조물의 생애 주기에 따른 계획, 시공 유지관리 필요

다양한 도시 구조물(빌딩, 도로, 지하 시설물, 교량, 터널, 댐, 항만, 공원 시설 등)의 특성을 고려하여 설계 하고, 유비쿼터스 센서가 부착되어야 한다. 또한 각 센서간의 통일성과 연계성, 호환성이 설계 단계에서부터 철저하게 계획되어야 한다.

도시 구조물의 센서는 건설 과정에서 구조물의 안전성을 체크하기 위해 사용하는 것이 일반적이며, 이러한 센서는 건설 이후 유지 관리 단계에서도 효율적으로 이용하는 것이 바람직하다. 따라서 다양한 센서를 소프트웨어적으로 관리할 수 있는 미들웨어의 지원이 필요하며, 건설 초기 단계부터 통합관리센터가 먼저 설치되어 도시 확장에 따른 라이프사이클을 모니터링 하는 것이 필요하다.

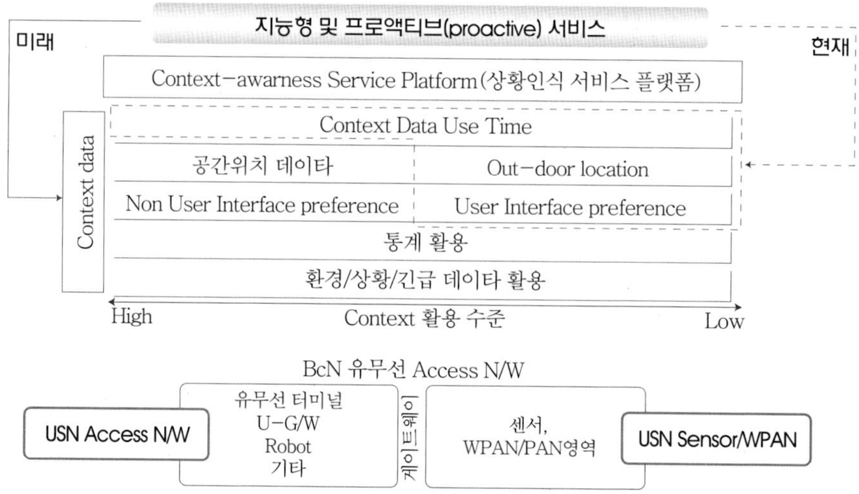

〈그림 5.7〉 유비쿼터스 센서 네트워크

5.2.3 u-City 기반 기술의 구성

가) Sensor 및 응용분야

도시 내 상황 인지 및 변화를 파악하는 센서 개발이 최우선 되어야 한다. 기존 구조물 및 건축 관련 센서는 구조물의 위치, 변화를 모니터링하고, 각종 인지 센서는 사람의 움직임과 상황 인지 정보를 수집해야 한다. 또 온도, 습도, 변이, 가속도 등의 정보를 취득함은 물론 공유 가능한 OS를 통하여 S/W로 프로그래밍 되고, 지능형 센서가 되어 배터리 수명, 센서의 오동작 등에 지능적으로 대처할 수 있어야 한다.

또 센서는 네트워크에 연결되어 센서 웹을 구성함은 물론 응용 기술이 도입되어 센서는 센싱과 통합의 두 원칩화를 통한 초소형화, 저전력/긴수명 전력기술을 활용해야 하며, 복수 미디어 응답, 오감 등을 모두 센싱할 수 있는 복합 센서 등도 개발 되어야 한다. 현재의 센서 기술은 변위, 진동, 가속도, 적외선, 초음파, X선 등 생활 주변의 거의 모든 것을 감지할 수 있다. 센서는 그 종류만큼이나 쓰임새도 매우 다양하여 여러 역할을 수행할 수 있다.

센싱에서 일반 센싱은 온도, 습도와 같은 환경 센싱 뿐만 아니라, u-City 구조물의 변위, 가속도, 침하 등을 감지하는 토목 센서, 자기, 적외선을 감지하는 특수 센서 등을 포함한다. 상황 인지 기술은 현재 연구가 진행 중이며 이미지 기반의 태그(2D/3D 바코드), 컬러ZIP 코드와 RFID, IR로 나누어진다.

광역 정보 취득에는 기존의 지형 정보 취득을 위한 항공사진, 위성 영상 카메라를 포함하여 특정 목적으로 개발된 3대 주요 센서로 Hyperspectral, LiDAR(Light+Radar) 및 SAR이 거론 되고 있다. 위치 정보 취득 기술로는 Time of Flight, Map Matching, Landmark Navigation으로 나눌 수 있다. Time of Flight 기술은 단말의 위치를 측정하는 기술로서 GPS 수신기를 이용한 단말기 기반(Handset-based) 방식과 기지 국의 수신신호를 이용한 네트워크 기반(Network-based)방식, 혼합형 하이브리드 방식으로 A-GPS(Assisted GPS), DGPS 등이 활용된다. A-GPS는 위성과 무선 기지국 모두를 활용하여 위치를 측정하는 방법으로 GPS 전파가 도달하기 어려운 실내에서도 이용 가능하다는 점에서 활용도가 높다.

> ↘ DGPS(Differential GPS) :
> 위성의 관측성이 좋은 곳에 기준국용 GPS 수신기를 설치하여 정밀하게 측정된 자신의 위치와 GPS 위성 신호를 받아 수신기로 계산된 위치를 비교하여 오차를 계산하는 방식이다. 계산된 오차 항을 주변의 사용자 수신기에 무선망을 통해 일정한 형식에 맞추어 전송하면, 사용자는 자신의 수신기에 계산한 위치 값에 수신된 오차 항을 적용하여 두 신신기간의 공통 오차를 제거함으로서 단독 GPS의 경우보다 정확한 위치를 계산할 수 있다.

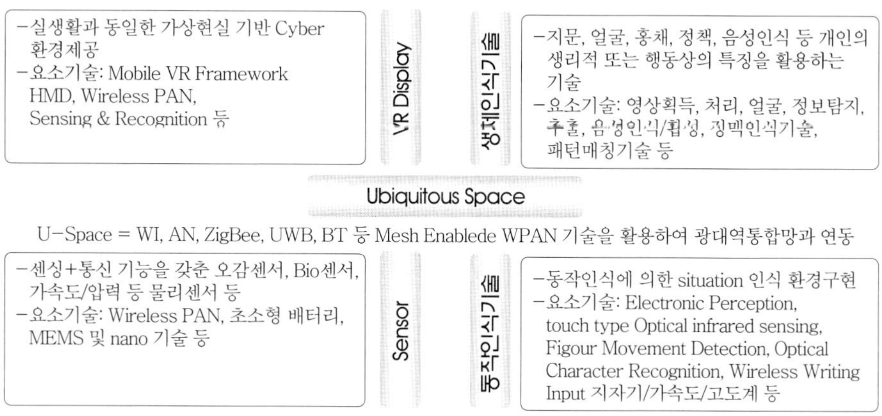

〈그림 5.8〉 유비쿼터스 센서 응용

Map Matching방식은 오차를 보정하는 방식으로 Gyro나 Radio Signal과 같은 기술이 이에 속하며 해당 대상체가 존재하는 곳에 지도를 이용하여 측정된 값의 오차를 보정하거나, 지도를 기반으로 방향성만을 가지고 위치를 추적하는 방식을 말한다. Landmark Navigation 방식은 실내에서 움직임을 감지하거나 상황 인지에 적용하기 위하여 정확한 위치정보가 필요 없는 곳에서 적용되는 방법이다. 실내에 격자 형태루 부착된 RFID나 무선 비콘을 이용해서 움직임을 파악하고 이에 따라 상황을 인지하여 서비스를 제공하게 된다.

나) 센서 통합 기술

센서 통합 기술에는 유비쿼터스 ID와 같이 One-chip화가 되어 센서가 소형화가 되는 기술과 센서들을 네트워크로 구축하는 센서 네트워크로 나뉜다.

(1) One-Chip(SoC & MEMS) 기술

유비쿼터스 ID를 만들기 위해서는 센서, 프로세서, 기타 컨트롤러 부분을 통합하여 초소형 저전력의 센서를 만드는 기술이 필요하다. 이는 SoC(System on Chip)기술로 대변된다. SoC는 마이크로프로세서, 메모리, DSP(Digital Signal Processing), 버스 인터페이스 등 모든 기능 모듈을 하나의 칩에 집적하는 기술을 말한다. SoC의 특징은 컴팩트하고, 통합도가 높으며, 고성능, 저전력 등으로 휴대폰, PC, PDA , 홈 네트워크 서버 등에 내장된 복합 기능의 칩을 적용할 수 있다.

또한 One-Chip화하기 어려운 다양한 센서를 소형화시켜야 한다. 여기에는 초소형 정밀기계(MEMS, Micro Electro Mechanical Systems)기술이 적용된다. MEMS는 입체적인 미세구조와 회로, 센서와 Actuator를 실리콘 기판 위에 집적화시킨 것으로 소형이면서도 복잡하고 고도의 동작을 수행하는 특징을 가진 시스템이다.

(2) 센서 네트워크 기술

센서 웹 환경을 구축하기 위해서는 초소형 센서 시스템을 개발하는 것과 함께 수 많은 센서를 네트워크로 관리하고 운영하기 위한 기술이 필요하다. 유비쿼터스 센서 네트워크는 필요한 모든 곳에 센서를 부착하여 사물의 인식 정보 및 주변의 환경 정보까지 탐지하여 이를 실시간으로 네트워크에 연결해서 정보를 관리하는 것으로 정의할 수 있다.

지금은 RFID 등의 인식 정보를 네트워크에 연결하는 전자 태그 중심으로 발전하고 있으나, 점차 센싱 기술이 추가 되고 Ad-hoc과 같은 네트워크 관리 기능이 추가되는 형태로 발전할 전할 것으로 보인다.

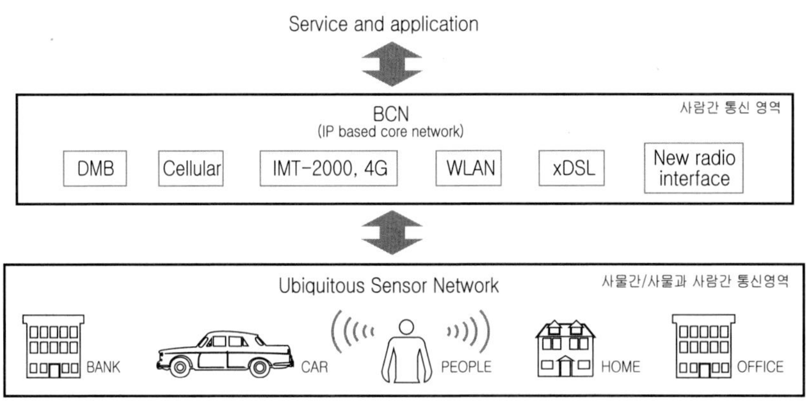

〈그림 5.9〉 Ubiquitous Sensor Network

다) RFID 시스템

RFID 기술은 무선 인터페이스를 통해 사물의 정보를 원격으로 주고받을 수 있으며, 점차 기존의 Bar code를 대체하고 있다. 또한 RFID는 비접촉 방식으로 포장, 표면의 재질, 환경

변화 등의 여부와 관계없이 인식이 가능하여 특정 매체가 담고 있는 정보를 자동으로 식별해서 data를 수집할 수 있으며 다양한 용도로 활용이 가능하다.

특히 RFID는 무선 주파수의 특성에 의해 인식 거리가 길고, 동시에 다수의 태그 인식이 가능하며, 데이터의 변경과 추가가 용이하다는 장점을 갖고 있다. 따라서 현재의 물류 관리 뿐만 아니라 u-City 시설물 관리에도 효과적으로 활용할 수 있다.

구성은 데이터를 저장하는 RFID 태그(Transponder), 판독 및 해독 기능을 수행하는 RFID 리더(interrogator), 미들웨어, 응용서비스로 구성된다. 좀 더 자세한 것은 제2장(RFID)을 참고하기 바라며, 여기서는 간단히 살펴보기로 한다.

· 센서네트워크는 RFID 체계를 비롯하여, 초광대역 근거리통신인 UWB(Ultra Wide Band), IPv6(인터넷프로토콜 버전6), 위치추적정보 GPS, IEEE 802계열의 무선통신, Auto-ID, Auto-LPS 등과 밀접한 관계를 갖는다.

전자태그(RFID)를 이용하여
- 원격모니터링 및 양방향 커뮤티케이션 제어를 통한 실시간 도시시설물 관리가 이루어진다.
- 또 동시에 실시간 교통흐름을 감지하는 신호관리, CCTV를 통한 불법주차 단속, 버스 도착시간을 알려주는 대중교통정보 서비스 등이 제공된다.
- 뿐만 아니라 홈 헬스케어, 원격교육 등도 가능해지고 원스톱 통합행정 서비스도 도입된다.
- 특히 RFID을 적용한 옥외광고물 관리시스템에 USN (Ubiquitous Sensor Network)을 이용해 언제 어디서나 행정서비스를 제공할 수 있도록 한다.
- u-City기능 중 하나인 RFID를 이용한 옥외광고물 관리시스템을 활용, 옥외광고물 허가를 인터넷으로 받을 때 사진을 첨부하도록 해 간판 사진을 주소와 연계해 DB에 입력할 수 있다.

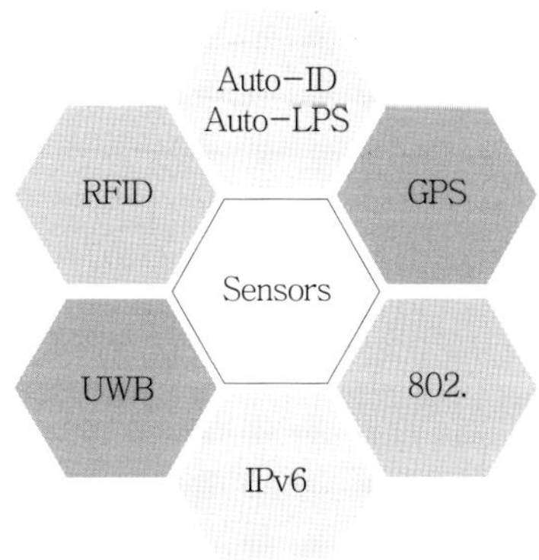

〈그림 5.10〉 RFID 이용도

· 센서네트워크는 RFID 체계(태그에서 발생된 신호를 RFID 리더에서 읽음)에서나 센서(노드)에서 들어오는 정보를 싱크노드나 인터넷 망의 게이트웨이(또는 라우터)를 통해 기간망(BcN)에서 접속되어 필요한 목적지(서버 또는 이용자)로 전달되도록 한다.

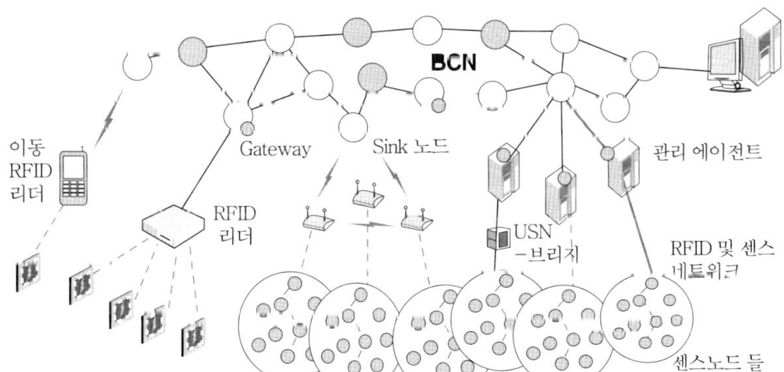

〈그림 5.11〉 RFID 네트워크 개념도

태그는 메모리와 안테나를 포함하고 있으며, 메모리에 저장된 정보를 RFID 리더로 전송하는 기능을 수행한다. 태그는 전원 공급 여부에 따라 수동형과 능동형으로 구분된다. 수동형 태그는 태그의 동작에 필요한 전원을 리더기가 발생시키는 전파를 이용하여 만들며, 능동형 태그는 내장한 배터리 등을 통해 전원을 갖는다. 리더기는 태그 충돌 방지 알고리즘으로 현재 약 100개/sec 인식이 가능하며, 여러 대역에서 다중 코드 인식이 가능한 Multi-band, Multi-protocol 리더기가 개발되고 있다. 또한, 인식 성능을 높일 수 있도록 2~4개의 안테나를 배열하여 사용하거나 응용분야에 따라 고정형, 휴대형 리더기 또는 PDA나 휴대폰에 내장된 초소형 리더기가 출시되고 있다.

RFID 미들웨어는 리더로부터 인식된 데이터를 수집하고, 의미 있는 정보를 요약하여 응용프로그램에 전달하는 기능을 수행한다.

〈표 5.3〉 RFID 구분 및 특징

분류	구분	특징
전원 여부	수동형	- 리더기의 유도 전류에 의해 전원 공급 - 간단한 구조, 대표적인 읽기 전용 - 소형 경량, 비용 저렴 - 긴 동작 수명, 단거리 전송 - 데이터 전송 시간이 비제한적 - 물류 관리, 전자 상거래, 교통 분야 등 활용
	능동형	- 전원 또는 배터리로 전원 공급 - 읽기/쓰기 형 - 장거리 전송, 동작 수명이 제한적 - 배터리에 의한 가격 상승 - 토목/건축 분야, 의료분야 등 활용
주파수 대역	저주파 시스템	- 30~500㎑의 저주파 이용 - 짧은 해독 거리 - 낮은 시스템 비용 - 사용분야 : 보안, 자산관리, 동물식별 등
	고주파 시스템	- 850~950㎒ 또는 2.4~2.5㎓의 고주파 이용 - 긴 가독 거리(27m이상) - 높은 시스템 비용 - 빠른 읽기 속도 - 사용분야 : 컨테이너 추적, 자동차 통행료 징수

라) EPC(Electronic Product Code) 체계

EPC는 인터넷에서 이용하는 IP address와 유사한 개념으로 RFID 내에 저장되는 일련의 코드 정보이며, EPC 네트워크는 RFID 태그의 EPC 정보를 리더기로 읽은 후, 네트워크로 연결하여 인터넷을 통해 실시간으로 제품을 관리하는 솔루션이다. 즉 RFID를 인터넷에 연결한 시스템으로 다음 〈표 5.4〉와 같이 인터넷의 Web 서비스와 유사한 구성 요소를 갖는다.

ONS(Object Name Service)는 RFID 태그에 저장된 EPC 주소를 통해 해당되는 제품 정보를 가지고 EPC IS(Information Service) 서버에 주소를 알려주는 역할을 한다. 단순히 제

〈표 5.4〉 EPC 네트워크와 Web 서비스 비교

EPC Network		Web Service	
구 성	내 용	구 성	내 용
EPC	객체에 대한 유일 식별자	IP address	인터넷에서 컴퓨터에 대한 유일 식별자
ONS	객체의 위치 정보 파악을 위해 EPC를 URL로 변경	DNS	웹 주소를 서버의 IP 주소로 변경
PML	EPC 네트워크에서 객체와 데이터를 표현	HTML	웹 서비스 콘텐츠를 표현
EPC IS	객체와 상품의 정보를 공급	Web server	HTML로 정보를 서비스
ALE (SAVANT)	다른 기종 RFID 환경에서 태그 데이터를 요약/전달	middleware	다른 기종 서버간의 데이터 통신 및 전달

조사의 URL 정보를 알려 주는 Static service와 이동되는 제품들의 수치여부 기록과 현재 위치를 알려 주는 Dynamic service로 나눌 수 있다.

PML(Product Markup Language)은 RFID에서 여러 이벤트 정보(제품명 등)를 교환하기 위해 XML 기반으로 작성된 개방형 표준 언어이다. EPC IS는 RFID에서 센싱된 정보를 PML 형식으로 저장하고, PML data를 생성하고 관리한다.

ALE(SAVANT)는 RFID의 미들웨어로서 EPC 네트워크상의 모든 구성요소들 사이에서 데이터를 수집, 제어, 응용을 위해 만들어졌다. 주요 기능으로는 EMS(Event Management System), TMS(Task Management System), RI(Reader Interface), AI(Application Interface) 등이 있다.

EMS는 수집된 이벤트 데이터를 분류하고, DB에 배치하는 역할을 한다. TMS는 실제로 일을 수행하는 곳으로 기존의 시스템과 연동을 수행하며, data의 관리와 추적이 가능하다. Reader Interface는 다양한 종류의 RFID 리더기를 구동하기 위한 Multi- Adapter를 지원한다. 또한 Application Interface는 외부 응용 요소와 통신을 하기 위한 XML/SOAP 기반의 웹 서비스를 지원한다. 이와 같이, RFID 기술을 u-City에 도입함으로서 각종 도시시설 물류의 서비스 자동화를 통한 비용 절감 및 업무 자율화를 통한 효율성 향상이 가능하다. 이를 가능하게 하는 기술은 RFID 태그 기술보다는 RFID 미들웨어 및 네트워크 소프트웨어이다.

마) 모바일 RFID 시스템

모바일 RFID는 RFID 기술과 이동통신 기술이 융합된 것으로 휴대폰에 소형 RFID 리더기를 탑재하여 휴대폰으로 RFID 태그를 읽었을 때 여러 가지 서비스를 이동 통신망을 이용하여 제공하는 서비스이다. 이 기술은 물류 중심의 기존 RFID 기술과는 달리 u-City에서 도시민에게 적용될 핵심 기술로 적용할 수 있다. 현재 우리나라에서 선도하여 표준화가 진행 중이며, 발생 가능한 기술적 이슈는 다음과 같다.

(1) 인식거리 문제

휴대폰에서 내장형 안테나 및 저출력 리더를 사용하는 관계로 인식거리가 수십 Cm 단위로 한정 된다. 또한 고정형 RFID 리더의 경우 송신과 수신이 동일 주파수에서 이뤄지므로 송수신 안테나를 분리하는 것이 일반적인데 이를 모바일에 적용할 경우 휴대폰 내에 2개 이상의 안테나를 사용하는 것이 문제이다.

(2) 주파수 간섭 문제

기존 RFID가 물류를 위해 설계된 반면에 모바일 RFID의 태그는 우리 주위의 고정된 구조물에 부착하게 된다. 이에 따라 태그의 위치를 선정할 때 이동 통신망의 Cell Planning이 필요할 수 있고, 이에 따른 주파수 간섭 문제가 발생할 수도 있다.

(3) 구현상의 문제

RFID 리더기를 휴대폰에 집적하기 어려우며, 특화된 소자 개발이 필요하다. 전지 소모를 최소화하고 간섭을 줄이면서도 인식거리를 늘릴 수 있도록 전력 증폭기, 안테나 등 RF 핵심 기술과 기기 내의 통신부와 간섭이 최소화 되어야 한다.

바) 유무선 network 분야

u-City에서는 컴퓨터와 컴퓨터가 연결되는 인터넷(그 접속 대상)이 컴퓨터에서 모든 정보기기로 확대되면서 유비쿼터스 network로 진화한다. 따라서 이동통신, 무선LAN, WiBro, FTTH, DMB 등의 빠른 성장으로 도시민은 광대역 통합망으로 영상자료를 서비스 받을 수 있게 되며, 차세대 통신 기술을 통해 언제 어디서나 자유로운 네트워킹이 가능해진다.

모든 센서, 정보기기가 유무선 네트워크에 하나로 연결되므로, network은 광케이블 기반의 유선과 근거리/원거리 무선망으로 구성되어 대용량 동영상을 편리하게 이용할 수 있다. 또 유비쿼터스 환경에 대비하여 정부에서 광대역 통합망을 계획하고 있으므로 통신, 방송, 인터넷이 융합된 품질 보장형 광대역 멀티미디어 서비스를 언제 어디서나 끊김 없이 안전하게 이용할 수 있게 된다,

이 서비스는 2011년까지 2,000만 유선 가입자에게 50~100Mbps급의 광대역 가입자 망 FTTH를 구축하여 제공하는 것을 목표로 하고 있다. FTTH는 각 가정 까지 직접 광케이블을 공급하여 가입자당 100Mbps의 대역폭을 보장하는 기술로, 광대역의 다양한 서비스가 수행되는 u-City에 기본 통신 인프라로 이용될 것이다.

우리나라의 경우에는 전체 가구의 95%가 전화국으로부터 4㎞ 이내에 위치(전화국과 가입자까지 평균거리 2.2㎞)하고 있으며, 69%의 가구가 아파트와 같은 공동 주택에 거주하고 있어 FTTH 구현 시 미국, 일본보다 구축비용 면에서 유리할 것으로 판단된다. 하지만 모든 network을 광대역으로 구축할 필요는 없으며, 대상물과 목적에 맞게 구성되거나 변경하면 된다.

한 예로 구축물 센서는 data의 양이 많지 않고, 수명 주기가 짧기 때문에 ZigBee 같은 근거리 통신을 기반으로 구축하여, 센서 네트워크를 통합 관리하는 것이 바람직하다. ZigBee 기술은 저속 전송 속도를 갖는 홈 오토메이션과 data 네트워크를 위한 표준 기술이다. 좀 더 자세한 것은 ZigBee를 참고 바랍니다.

듀얼 형태로 주파수 대역은 2.4㎓, 869/915㎒를 사용하고, 직접 시퀀스 확산 방식(DSSS)을 통해 20~250kbps 까지의 속도 확보가 가능하다.

↘ DSSS(Direct Sequence Spread Spectrum) :
하나의 신호 심벌을 일정한 시퀀스로 확산시켜 통신하는 방식. 의사 잡음 시퀀스(pseudo-random noise sequence)에 원래의 신호를 입력시키면, 주파수당 전력 밀도가 낮아진 확산 대역 스펙트럼 신호를 얻을 수 있다. 수신 측에서도 동일한 시퀀스의 의사 잡음 시퀀스를 사용하면 원래 신호를 재생할 수 있다. 변조의 효율성이 좋고, 신호의 동기가 빠르며, 낮아진 전력 밀도로 대역 내 간섭이 적은 장점이 있어 CDMA에 사용되고 있다.

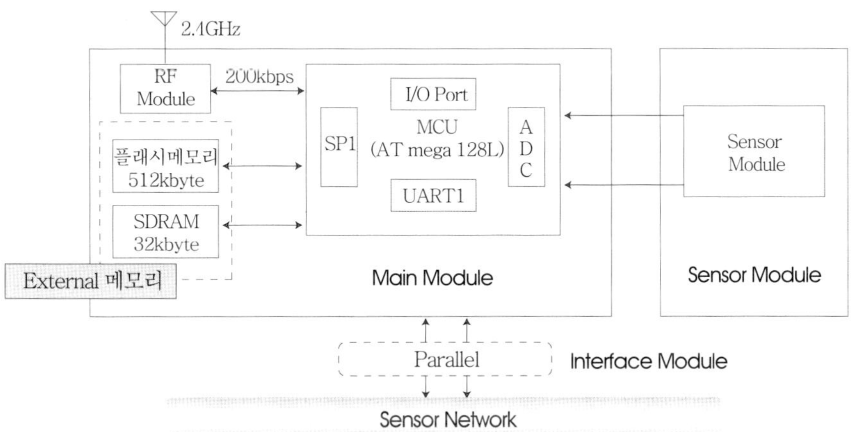

〈그림 5.12〉 ZigBee system 구성

시) 센서 네트워크의 특징

센서 네트워크는 다수의 저고 이질적인 센서들 간의 network를 의미하며, 각 센서 노드에는 전원, 센싱, 프로세싱, 통신부분을 포함한다. 이질적인 노드간의 통신을 위해서는 Ad-hoc network 기능을 가져야 하며, 서비스의 중심 network가 필요하다.

(1) 센서노드 자원의 제한성

센서 노드의 크기 및 가격에서 경쟁력을 확보하기 위해서 컴퓨팅 파워, 메모리, 배터리 용량, 통신대역 등에서 제한을 가진다. 제한된 용량으로 필요한 목적을 달성하기 위하여 센서 노드는 계획적으로 설계되어야 한다.

(2) 센서 네트워크의 확장성

도시 내의 가혹한 외부환경에 노출된 센서 노드들은 오동작, 이동, 망실, 신규 설치 등과 같이 네트워크에 변화를 일으키는 일이 자주 발생되는 특징을 지닌다. 따라서 네트워크 토폴로지는 동적으로 재구성이 가능해야 하며, 이에 따른 라우팅 프로토콜이 필요하게 된다.

(3) 센서 노드들의 이질성

기존의 개별적인 센서들은 자신의 목적에 맞게 정보취득을 위해 최적화되어 있었으나, 센서 네트워크에서는 이러한 개별적인 센서를 통합하여 사용자가 원하는 정보를 동적으로 제공하여야 한다. 또 이질성을 극복하기 위해 센서 네트워크 관리를 위한 미들웨어의 도입이 필요하다.

아) 센서 네트워크의 구성

센서 network는 프로토콜에서 자가 구성(self-organization)능력을 가지고, 센서 노드들이 유기적으로 동작하도록 되어있다. 무선 센서망은 센서 노드들이 배치된 센서 필드(sensor field)와 외부 망을 연결하는 싱크(sink)로 구성된다.

즉 사용자나 응용 프로그램은 sink를 통해서 센서 필드에 질의를 전달하거나 센서 필드에서 수집된 data를 전달 받을 수 있다. 센서 노드는 대상지역에 미리 결정된 형태 없이 배치될 수도 있으며, 근접한 센서 노드들이 유사한 정보를 감지하는 특성에 의해 임의 센서 노드의 동작이 실패하거나 망실될 경우에도 network의 전체적인 동작에는 영향을 미치지 않는 특징이 있다. 그러나 통신 대역폭의 한계, 오류 전송, 제한된 전원 공급, 센서 노드의 임의 배치로 교체가 않되는 문제가 있다.

이러한 특성으로 인해 기존의 Ad-hoc 네트워크에 제안된 라우팅 프로토콜은 센서 네트워크에 적용이 적합지 않다. 그러므로 센서 네트워크는 자기 구성 능력, 제한된 전력, data 중심적 특성을 고려한 새로운 라우팅 기법이 요구 된다.

센서 네트워크를 구분하면 다음과 같다.

(1) 사전적 네트워크(Procative network)

노드들이 주기적으로 센서와 송신부 전원을 기동시켜 환경을 감시하고, 응용의 관심에 속하는 데이터를 전송한다. 따라서 주기적인 간격으로 네트워크의 상태를 파악하여, 주기적으로 데이터를 감시하는 분야에 적합하다.

(2) 반응적 네트워크(Reactive network)

노드들이 연속적으로 환경을 감시하여 감지된 속성 값의 갑작스런 변화에 즉시 반응 한다.

따라서 침입 탐지나 폭발 탐지에 적합하다. 이러한 무선 센서에 적용될무선 Ad-hoc 라우팅 기법은 크게 평면 라우팅과 계층적 라우팅 프로토콜로 나누어진다.

(3) 평면 라우팅(Flat routing)

네트워크 전체를 하나의 영역으로 간주하여 모든 노드들이 동등하게 라우팅에 참여할 수 있고 Multi-hop 라우팅을 특징으로 한다.

(4) 계층적 라우팅(Hierarchical routing)

네트워크 전체를 클러스터링을 기반으로 한 다수의 영역으로 분할하여 각각의 영역 내 특정 노드에 헤드의 역할을 부여하여 라우팅을 수행한다.

자) 센서 네트워크의 인터페이스

센서 네트워크 표준 중의 하나로 NIST와 IEEE가 공동으로 발표한 IEEE 1451이 있다. 이 표준은 표준 버스와 업체 고유의 네트워크 버스 사이의 인터페이스 역할을 하는 NCAP(Network-Capable Application Processor)를 이용하게 된다.

이 표준 인터페이스가 장착되면 센서 업체는 기술 개발에만 더 집중할 수 있어 무선 타이어 센서, 스마트 고속 도로 센서, 환자용 무선의료 센서 등과 같이 여러 응용 분야에서 센서 개발이 활발하게 진행될 것으로 예상된다.

차) 응용분야

하드웨어 구축과 함께 u-City에 다양한 서비스를 공급하는 소프트웨어가 필요하다. 먼저 각종 기기를 제어하고 관리하는 Agent 기술이 필요하며, 현실감 있는 정보 제공을 위해 영상 스트리밍 및 압축 기술 등이 필요하다. 이러한 응용은 기 구축된 GPS나 RFID 등과 같은 센서를 이용하여 위치기반 서비스 또는 상황인지 서비스를 제공할 수 있다.

카) GIS(Geographic Information System)

GIS는 종이지도(공간 정보) 및 각종 대장(속성 정보)을 이용하여 수행하던 업무를 전산화하여 컴퓨터를 이용해서 공간 분석과 자료의 통합 관리를 수행하는 시스템이다. 현재 국가 차원에서 토지, 자원, 환경, 시설물 등 국토공간에 관한 제반 정보를 디지털화해서 공유·활용하기 위한 국가지리정보체계구축이 진행되고 있다.

기본적인 GIS는 좌표와 축적을 가지는 도면을 컴퓨터를 활용하여 이용할 수 있도록 수치화하고 효율적인 관리를 위하여 DB화를 수행한다. 이렇게 하면 기존의 종이 도면관리로 인한 과도한 관리 비용이 절감될 것이다. 또한 여러 도면의 중첩 분석 불가, 지도 혹은 도면의 위치 정보와 연관된 속성 정보(대장 정보 등)의 연계 분석 불가, 기관별 혹은 부서별로 발생하는 공간 자료의 중복 생산, 공간 관련 계획 수립과 정책 결정시 의사 결정 지원 불가 등의 문제를 해결할 수 있다. 이에 따라 공공 기관을 중심으로 GIS를 도입하고 있으며, 특히 정보 밀도가 높고 자료의 변동이 심한 도시 관리에 이를 적용한 UIS(Urban Information System)를 통해 많은 성과를 거두고 있다.

향후 유비쿼터스 환경에서는 기존 도시 도면 혹은 시설관리 위주의 UIS는 도시 안에서 발생하는 모든 정보를 실시간으로 수집·입력 처리가 가능하게 된다. GIS로 구축한 DB에 해당하는 지형도, 지하 시설물도, 지적도 등의 각종 도면은 u-City가 제공하는 모든 서비스의 기본 data로 이용되며, 각종 통계 및 속성 정보와 결합시키는 GIS 기술 특성상 u-City의 통합 관제센터의 주 업무인 data의 구축 및 각종 서비스의 관제 관리 업무에 GIS 기술이 기본적으로 채용된다. 최근 GIS 기술 추세는 공간자료의 통합 관리를 위한 순수 GIS 기술뿐만 아니라, 통신기술, 위치 추적기술, 영상 기술 등과 융합되어 새로운 기술로 발전되고 있으며, Web GIS, Mobile GIS, 3D GIS 등 응용 범위가 빠르게 확산되고 있다.

(1) Web GIS

Web GIS는 인터넷 기술을 GIS와 접목하여 지리정보의 입력, 수정, 조작, 분석, 출력 등 GIS 데이터와 서비스 제공이 인터넷 환경에서 가능하도록 구축된 서비스이다. 현재의 Web GIS는 처리방식에서 전송부하를 최소화하는 동시에 클라이언트와 서버의 컴퓨팅 자원을 최대한 활용할 수 있는 혼합 방식이 주를 이루며, 데이터 포맷에서는 전송 속도에서 유리하고 객체 선택이 가능한 벡터방식이 주를 이룬다. 또한 Plug-in, Active X, Java 등 인터넷 GIS의 구현 방식에 있어 각각의 장단점을 결합한 방식을 채택하는 경우가 많아지고 있다. 특히 Web GIS는 대용량의 지형 공간 데이터 처리 및 GIS 응용 서버 요청과 Web 서버요청 사이의 트랜젝션 분산과 다중 사용자 처리가 중요한데 이 방식은 데이터 소스 접근을 효율적으로 분산시키므로 대량의 on-line 트랜젝션 처리와 트랜젝션의 집중을 여러 개의 서버에 분산하는데 적합하다.

(2) Mobile GIS

모바일 GIS는 휴대폰, PDA 등 휴대용 단말기를 이용하여 이동하며, 어디서나 공간과 관련된 자료를 수집·저장·분석·출력할 수 있는 응용 시스템이다. 이는 지형공간과 관련된 모든 정보를 컴퓨터에 저장하고 이를 바탕으로 공간적인 제약 없이 공간과 관련된 의사 결정을 효율적으로 지원할 수 있다는 장점이 있다.

모바일 GIS를 구현할 때 고려사항은 모바일 단말기, 무선 데이터 통신, Map 인터페이스, data 취득 방법, GIS 인터페이스, 데이터 편집 및 갱신 방법 등이 있다. 모바일 GIS는 GIS

기술, 모바일 하드웨어 기술, GPS, 무선 통신 기술이 통합되어 기존의 desktop에서 수행하던 GIS 클라이언트 역할을 휴대용 기기를 통해 수행하게 된다. 이동성 있는 기기를 이용하기 때문에 업무의 수행시간, 장소의 독립성, 이용의 편리성 등을 제공한다.

응용 서비스로는 위치 기반 서비스(LBS, Location Based Service)가 있다. LBS는 이동전화를 통한 응급구조 요청의 폭발적인 증가와 위치 추적의 정확도에 대한 요구의 증가로 빠르게 발전하고 있다. LBS는 사용자의 존재하는 위치 정보를 알아내기 위하여 다양한 기술을 사용하고 있으나, 24개의 위성을 이용한 GPS(Global Positioning System)가 현재 가장 많이 활용되고 있다.

GPS는 저가의 수신기로도 10~20m 정확도를 얻을 수 있으며, DGPS를 활용하면 수 m 이내의 정확한 위치를 알 수 있다. 요즘에는 휴대폰에 GPS와 WiFi, 3G 기지국 정보를 혼합한 위치측정 기술이 사용되는 등 스마트폰을 활용한 다양한 어플리케이션이 등장하고 있다. 여러 기술의 융합으로 실내나 지하에서도 사용자의 위치를 끊임없이 추적할 수가 있다. 이렇게 위치기반 서비스 기술을 차량, 항공기, 선박 등에 활용할 경우 기존의 교통 시스템을 첨단화하는 ITS와 이동체의 무선 정보 통신 환경이 텔레매틱스 분야에 응용되게 된다.

(3) 3D GIS

3D GIS는 전통적인 2차원 지도를 3차원화시켜 사용자의 이해 및 현실감을 증가시킨 기술이다. 이를 위해 수치표고 모델(DEM, Digital Elevation Model), 위성 영상, 다양한 수치지도 등을 통해 3차원 모델을 생성 하고, 이를 3차원 엔진으로 사용자에게 공급해 준다. 또한 Web GIS 기술 발달로 다양한 3차원 GIS 서비스가 인터넷을 통해 손쉽게 사용자에게 제공되고 있다.

3차원 GIS는 시각인식 효과가 뛰어나고, 가상 시뮬레이션이 가능하다. 3차원 공간 분석이 가능한 점에서 정확성과 효율성을 높일 수 있는 장점이 있다. 반면에 큰 용량의 data를 처리해야 하므로 비교적 많은 시간이 소요되고, 이를 실현할 수 있는 효율적인 3차원 엔진과 그래픽 기술, 성능이 좋은 하드웨어가 필요하다.

3D GIS는 지형과 시설물의 3차원 연동으로 공간정보의 검색, 편집, 분석이 가능하여 사용자에게 가상현실을 제공해준다. 이는 u-City의 서비스가 사용자 친밀도를 가지게 하는 주요 기술로 통합 관제 센터는 물론 사용자 인터페이스와 연계되어 각종 단말기에 적용될 것으로 예상된다.

타) u-City 서비스

u-City 서비스라 함은 도시통합관제센터가 핵심 플랫폼이 되어 외부의 각종 시스템과 연계하여 도시정보를 수신하고 통합적으로 분석하여 도시를 효과적으로 운영 관리하며, 시민과

관련 기관에 분석된 도시정보를 실시간으로 제공해주는 서비스를 말한다. 주요 서비스로는 u-교통, u-의료, u-교육, u-생활, u-공공, u-행정, u-융합/복합 서비스 등이며, 도시통합관제센터는 이러한 응용 서비스를 통합 관리하고, 각 도시 계층을 통합시켜 도시전체를 하나로 연결시키는 서비스를 제공한다. 예를 들어, u-교통 서비스의 경우 외부 기관과 기존 교통시스템이 도시통합관제센터에서 연계되어 실시간 지능형 교통 정보를 제공하게 된다.

〈표 5.5〉 도시통합관제센터 서비스 종류

서비스	서비스명	내 용
u-CHM	Channel Manager	보안 인증 권한관리(웹,TV, PDA, 운영APP)
u-NB	Net Broker, Middleware	유비쿼터스망 M/W(SOAP, TCP/IP, multicast, 장애복구)
u-SEC	Security Service	안전관리(무인방범, 재난 관리)
u-ITS	Intelligent traffic System	교통정보(실시간 교통상황, 대중교통정보, 외부 교통 SYS 연계)
u-LIFE	Life	생활정보(도시포탈, 콘텐츠 관리, 상가연계)
u-GOV	Government Service	행정정보(행정정보, 열람 · 제공, 공공정보)
u-EXT	Extension Service	User 확장
u-FUS	Fusion Service	융복합 서비스(통합 GIS엔진, 서비스 융복합 모드 편집 · 메시징)
u-SES	Service Eng. Suit	서비스관리 도구(등록 · 수정 · 조회 · 삭제), 권한 설정, 유지보수 설정 · 조회
u-OCS	Operation Control Suit	통합운영도구(통합GIS기반 상황판 운영 및 단말 APP)
u-DMS	Database Mgmt. Suit	DB 관리도구
u-WMS	Webservice Mgmt. Suit	웹서비스관리도구(웹연계, 이력관리, 실시간모니터링)

↘ ㅁ 도시통합관제센터 서비스 특징 :
도시 기반의 실시간 융 · 복합서비스를 제공하기 위하여 도시통합관제센터에서 안전 · 교통 · 생활 · 행정 통합 운영을 위해 통합 GIS 기반위에 메타 정보를 관리하므로, 사용자가 지금처럼 별도의 사이트에 연결해서 정보를 얻는 불편함에서 벗어날 수 있다. 또 도시통합포탈을 통해 각종 정보의 조회가 가능하고, 서비스 관리 측면에서도 다음과 같은 변화가 일어나게 된다.
· 서비스 엔지니어링: 통합 환경 설정, 사용자 권한 설정, 유지보수 설정
· 센터 단말 운영: 통합 GIS 기반 상황판 운영 프로그램, 운영단말 프로그램, 알람 모니터링
· DB 관리: 원격 메타 정보 설정 관리, 백업 스케줄 관리, DB 공통 미들웨어
· 웹 서비스 관리: 웹 서비스 인터페이스 등록/수정/삭제/조회, 이력관리, 실시간 모니터링

파) 플랫폼과 보안 분야

u-City에는 그 목적에 따라 다양하고 수많은 기기들이 활용된다. 이러한 다양한 센서와 기기를 효과적으로 관리하기 위해서는 공통 플랫폼이 필요하다. 공통 플랫폼을 통해 유사한 서비스는 컴포넌트로 구성하여 재사용이 가능토록하고 통일된 프로토콜을 통해 중복 투자와 복잡성을 최소화할 수 있다. 하지만 폭발적으로 증가하는 정보량에 대응하는 보안 기술이 필수적으로 요구된다.

u-City 공통 플랫폼의 문제점으로는 시스템 등 구축에 신규 투자비용이 많이 들고, 완전한 단일 규격이 아직 제정되지 않았다는 것과 각종 시스템이 인터넷 데이터 망에 연결되어 다수의 하드웨어나 소프트웨어 구성요소를 공유하게 되므로 종래의 일반적인 도시 기반의 네트워크나 시스템에 비해 침입자들이 더 많은 공격 수단과 해킹 등의 기회를 갖게 되므로 불특정 다수의 민원인과 u-City의 주요 행정 처리를 담당하는 정부 기관과 공공 기관에서는 사이버 보안 등에 더욱 유의해야 한다.

인터넷과 각종 멀티미디어 서비스를 제공하는 광대역 통합 망에서 u-City의 시스템에 의한 서비스들도 모든 개인의 정보가 소중한 자원으로 사용되기 때문에 이런 정보를 안전하게 보호하여야 하나, 각종 사이버의 역기능 또한 광범위하게 나타날 것으로 예측된다. 따라서 새로운 유무선, 인터넷, 방송/통신 융합 환경에서는 일반적으로 사용자측 단말과 기타 부문에서 아래와 같은 몇 가지 미흡한 점이 예상되므로 u-City 기반 구축 단계에서 이를 대처할 수 있는 대안을 고려해야 한다.

· 고품질 멀티미디어 서비스 수용에 사용자측 네트워크 대역폭 한계
· 이종 네트워크의 개별적인 발전으로 네트워크간 연동 및 보안 취약 문제
· 인터넷 망의 서비스 품질(QoS) 보장과, 통신망 관리 및 유지 보수 문제
· 현재의 인터넷 주소 자원(IPv4)은 가까운 장래에 고갈될 전망

통신 서비스 사업자들은 광대역 기간 전송망과 메트로폴리탄 지역에 back bone으로 기가/테라 비트급 라우터, DWDM, OXC 등 고가의 전송 장비를 설치하여 기간 광대역 통합망(BcN)에서 요구하는 대역폭 문제를 상당 부분 해소한 상태이나, 상대적으로 통신 사업자와 도시기반의 센서 네트워크를 연결하는 매트로폴리탄 지역 부분과 단일 기관, 빌딩 등 도시 정보 통신망 부분은 유비쿼터스/컨버젼스를 실현하고 다양한 서비스를 수용하기에는 통신망 자체의 대역폭 부족이 근본적인 문제로 대두되고 있다. 이에 대한 대책으로, 신축 대형 건물에서는 초고속건물 인증제도에 따라 광케이블 포설 등 지능형 구내 배선 시스템을 도입하여 구내 회선과 대역폭을 관리하고, 층간 및 수평 배선에도 Giga 비트급 이더넷링크의 사용이 점차 확대되고 있다.

그러나 이미 혼잡하거나 과부하가 걸려 있는 기축의 구내정보 통신망에 u-City 관련 시스템을 설치하여 통합한다고 하면, 오히려 전체 시스템에 심각한 문제를 초래 할 수도 있다.

또한 공통 플랫폼 시스템은 기존의 인터넷 네트워크 기술에 다수의 복잡한 기술 요소를 추가하는 것이므로, 과거에 비해 많은 문제가 해결되었다 하더라도 BcN은 개방형 망구조를 이용하여 다양한 서비스를 제공하는 통합망이기 때문에, 타 인터넷 서비스 망에서 발생하는 웜, 바이러스 등 사이버 공격이 BcN을 통해 u-City의 전 시스템으로 전파 확산되는 등 보안상의 취약점 문제가 더 확대될 수 있다. 또한 사용자의 품질 기대치를 충족하려면 u-City 공통 플

랫폼에서 서비스 품질(QoS) 보장은 기본 요소이다. 그러나 보안 대책을 구현하는 과정에서 오히려 일부 서비스에선 QoS가 현저하게 저하될 수 있다.

또한 IPv6의 인터넷 주소체계의 변환도 새로운 보안상 취약요소로 대두될 수 있다. 예를 들어, 새롭게 IPv6에 추가된 자동 환경 설정 기능이나, 근접 노드 탐색 기능, 이동 IP 등의 기능은 기존 형태와는 다르게 변형된 새로운 공격이 발생될 소지가 있고, 새로운 IPv6 전환 이전에는 과도기적으로 IPv4와 IPv6를 병행하여 사용해야 하므로 종단 vs 종단(End-to-End) 네트워크 차원의 정보 보호도 간단한 문제가 아니다. 따라서 u-City의 공통 플랫폼에서는 모든 센서의 data가 모두 하나의 통합된 망에서 서비스 되어야 하므로, 기존의 개별적인 data망일 때 필요했던 것보다 품질과 보안에 더 많은 노력과 대책이 필요하고, 시스템 도입 시에는 전례가 없으므로 품질과 보안면에서 사전에 철저히 대비해야 한다.

5.3 u-City 법제도 및 정비

정부에서는 유비쿼터스와 컨버젼스 환경 구현의 핵심 인프라로 종합적인 BcN 구축 계획을 수립하여 전략적으로 추진하고 있다. 현재 제정돼 운영되고 있는 법/제도 부분을 살펴보면 다음과 같다.

· 초고속 건물 인증제도(방송통신위워원회)

· 빌딩 자동화를 위한 개방형 표준 통신 방식(지식경제부 기술표준원)

· BcN 기반의 품질 인증제도(한국정보사회진흥원) 등이 적용 되고 있으나.

u-City 구축과 관련해서, 정부 각 관련 부처가 유기적인 체계를 갖추어 원활한 BcN 보급을 위한 법적/제도적인 핵심 사항을 검토 · 제정해야 한다. u-City 건설과 관련된 정부/지방자치단체, 이용자인 도시민, 생산을 담당하는 기업이 관련 업무 추진에 직접 이해 당사자가 되며, 역할과 그 내용을 살펴보면 다음과 같다.

u-City는 우리나라에서 처음 제안된 개념으로 해외는 정보 통신 인프라 구축 중심의 디지털시티에 머무르고 있어, u-City 관련 법/제도 관련 사항도 벤치마킹 자료도 용이하지 않다. 따라서 우리나라의 실정을 고려한 u-City 건설지원법 연구 등 '한국형 u-City' 모델을 정착시키기 위한 연구 · 검토가 지속적으로 필요하다.

u-City는 법제화를 위해 '첨단 정보화 도시' 라는 용어로 검토되고 있으며 주요 검토 항목은 각종 관련 용어와 구축 범위로 아래와 같다.

㉮ 인프라 위주의 소극적 u-City:

서비스를 위한 인프라만 구축 예로서 토목시설 공동 구축 분야, 선로 시설 공동 구축

분야, 자가망, 사업자망 공동 구축 분야

㉯ 인프라와 서비스가 결합된 적극적 u-City 방안이 검토되고 있다.

문제점으로는 국토해양부와 방송통신위원회의 범위를 벗어난 부분을 들 수 있다.

· u-유통센터 구축과 전자 결제: 지식경제부

· u-학교 구축과 언제/어디서나 교육: 교육과학기술부

· u-응급실 구축과 긴급 의료 서비스: 보건복지가족부

건설 지원 대상에서 건설 절차와 건설 주체로 볼 때 신도시를 중심으로 연구되고 있고, 예상되는 지원 내용은 u-City 건설 요건에 충족되는 지방자치단체(또는 도시개발사업자)에 개발 자금 일부를 지원하며, 예산은 기반시설 분담금, 도시조성 원가 반영 등 사항이며, u-City 예비 인증제도 등이 포함되어 있다.

↘ ㅁ 초고속 정보통신 건물 인증제도 소개 ;
방송통신위원회(구. 정통부)는 광대역 통합망을 이용자 단말기의 종단 대 종단까지 구축하려는 전략에서 마련된 초고속 정보통신 건물 인증제도(일명 엠블럼 인증제)가 건설업체 및 통신사업자가 인정하는 신축 건물의 구내 정보통신 분야에서 사실상의 표준으로 정착되고 있다.
인증제도는 2000년 10월에 전면 개정된 이래 2005년12월에 부분 개정되는 등 5차례에 걸쳐 개정되어 시행되고 있으며, 신축 건물에 일정 기준 이상의 구내 정보 통신 설비를 갖춘 건축물에 대해 초고속 정보 통신 건물 인증을 부여하는 것으로 업무 시설 구분 속에 국가 또는 지방자치단체의 청사가 해당된다. 그러나 기축 건물의 낙후된 구내 정보 통신 설비를 고도화하는 인증제도 도입 및 기축 건물주에게도 초고속 건물 인증제에 의한 구내 정보통신망을 구축 시 자금지원 등의 대책도 적극 검토 되고 있다. 기술적으로도 ABF공법 도입 등이 검토 논의 중에 있으며, 엠블럼 제도가 신축 건물에만 적용 인증되는 것으로는 전국의 광대역 통합망(BcN)을 원활하게 추진하는 데는 사실상 어려움이 있다고 생각된다.
ㅁ ABF공법 :
관례상 특정 통신 사업자가 건물 내에 광케이블을 설치 해 준다면, 초고속 인프라를 독점하게 되는 결과가 되기 때문에 이를 방지하기 위한 ABF 공법으로 구내 간선계와 건물 간선계에 적용되며 일반 광케이블을 대신해 ABF공법의 광 튜브 케이블을 설치하는 방법. 다수의 통신사업자가 통신 인프라를 그대로 이용할 수 있고 통신 사업자는 입주자가 서비스를 신청하면 광코어 심선을 추가로 설치해 서비스를 제공하면 되는 공법으로 기축 및 신축 건물에 많이 이용될 것으로 판단된다.

5.4 표준화 동향

u-센서 네트워크 표준화는 USN 추진위원회 산하 표준분과를 중심으로 활동하는데, 국제표준에 대처 및 국내표준을 수립하고 있다. 기본 규격은 현재 ISO/IEC에서 제정하고 있는 국제표준에 따르고 있으며, 구현과 관련된 새로운 기술을 개발하여 국제표준에 반영하려고 많은 노력을 하고 있다.

표준화 일례를 살펴보면, u-센서 네트워크 구축을 위한 RFID용 주파수는 기본적으로 ISM 대역을 활용하고 있으나, 일부 대역의 경우 국가별로 주파수 분배가 달라 RFID용으로 공급하지 못하고 있다. 따라서 GTAG(Global TAG)용으로 제안된 860~960㎒ 대역에 대하여는 CT(Citizen band)-2 반납대역인 910~914㎒를 분배하는 방안을 검토 중이며, 컨테이너 관

리용으로 제안된 433MHz 대역에 대하여는 분배된 아마추어 대역을 정비하거나, 주파수를 공유하는 방안을 검토하고 있다. 또한, 출력 등에 관한 규정도 엄격하여 RFID 활성화에 장애 요인이 되고 있으므로 RFID가 전 세계적으로 통용되고, 다양한 용도로 활용되는 특징이 있으므로 외국의 기준을 고려하여 출력 제한을 완화하거나 점유시간 규정을 도입할 것으로 보인다.

↘ ISM(Industrial, Scientific and Medical) Band :
허가 없이 ISM밴드용으로 사용 가능한 주파수 대역으로 900MHz, 2.4GHz, 5.7GHz가 있다.
이 중 900MHz(902~928MHz), 2.4GHz(2.4~2.4835GHz)가 허가 없이 사용 가능한 주파수 대역이다.

5.5 유비쿼터스와 융합

5.5.1 유비쿼터스와 스마트

유비쿼터스(ubiquitous)는 라틴어로 그 의미는 anytime, anywhere, any network, any device, any service 등으로 모두가 언제 어디서나 존재한다는 의미이다.

eMTAc =유비쿼터스 기술체계

e electronics 전자화 → 가상공간
M mobile 이동성 → 장소이동
T telecommunication 통신 → 시공단축
A autonomic computing 자율 컴퓨팅 → 자가 구성, 최적화
c cognition 인지화 → 자기지능 보유
context awareness 상황인식 → 네트워크가 스스로 인식

정보는 컴퓨터에 의해 처리된 결과이다. 컴퓨터는 자료를 수집 분석하여 처리하여 정보를 생산한다. 자료나 정보를 처리하는 단계에 따라 가치가 달라진다. 자료를 1차 처리하면 정보(information)가 되고, 2차 처리하면 지능(intelligence)이 되고, 인간의 경험이 쌓이면 지식(knowledge)이 되고, 저장하여 가치가 창출되면 현명함(smart)이 되고, 지혜(wisdom)가 된다. 사물이 지능화(smart)되면 영리해져 스스로 알아서 한다. 이로 인해 인간은 단순하고 반복적인 일에 수고스럽게 나서지 않아도 사물들이 스스로 문제를 해결하고 부가가치를 창출하는 전혀 새로운 인간과 사물의 관계를 가능하게 한다.

통신은 떨어져있는 사람 또는 사물간의 정보를 주고받는 것으로, 사람 중심의 의사전달, 컴퓨터 중심의 정보교환, 사물 중심의 상황인지 순으로 변하고 있다. 의사전달은 전화 서비스로, 정보교환은 데이터통신 서비스로, 상황인지는 유비쿼터스 센서로 통신하다.

유비쿼터스는 전산화와 정보화를 통해 이루어진다. 전산화는 사물의 기능을 컴퓨터에 저장하는 것이며 정보화는 저장되어 있는 정보를 원하는 장소가지 전달하는 것이다. 유비쿼터스는 컴퓨터 기능을 사물에 집어넣음으로써 사물이 지능화 된다.

5.5.2 디지털화 융합

반도체 기술의 발달은 기술과 산업을 디지털화 시켰다. 디지털화는 종합화와 통합화를 거쳐 융합화로 발전될 전망이다. 정보기술의 진화는 정보처리의 지능화와 통신망의 이동성, 정보통신기술을 활용한 내재화로 발전될 전망이다.

지능화는 자료 처리 단계에 따라 data, information, intelligence, knowledge, smart, wisdom으로 발전되고 있다. Intelligence는 미래지향적인 유용한 내용이고, knowledge는 기본이론과 실무경험을 갖춘 지식이며, smart는 저장기능을 갖춘 정보나 지식이다.

이동성은 유선통신에서 이동통신으로 변천하면서 등장한다. 통신의 대상도 인간 상호간의 의사전달을 거쳐, 컴퓨터 상호간의 정보교환을 지나, 사물 상호간에 상황정보를 주고 받는 유비쿼터스 통신으로 변천하고 있다.

내재화는 하드웨어에서 소프트웨어로 발전되어 설비로 저장된다. 임베디드 소프트웨어는 정보가전, 차량, 로봇, 산업기기, SoC 등 차세대 성장 동력 분야의 제품에 내장되는 소프트웨어이다. IT SoC(System on Chip)는 비메모리 집적회로로 차세대 성장동력일 뿐만 아니라 정보기술 제품의 경쟁력을 좌우하는 핵심부품 산업이다.

종합(summarizing)은 낱낱으로 따로 된 여러 가지 서로 다른 것을 한데 모아 하나로 뭉침 또는 몇 개의 개념과 판단을 통일하여 새로운 개념이나 판단을 이루는 일이다. 협대역 종합정보통신망이 그 예이다.

통합(integrating)은 둘 이상의 조직이나 기구 따위를 하나로 합치는 것으로 집대성, 완성, 완전의 의미이다. 통합은 고유의 성질을 유지하면서 하위체제의 기능을 목표에 맞게 통일시키는 의식적인 과정이다. 유선통신망과 이동통신망을 통합하여 각각의 통신망의 성격을 그대로 유지하는 망이 그 예이다.

융합(convergence)은 서로 다른 두 개 이상의 것이 모여 구별이 없게 하나로 합쳐지는 것으로 녹아서 하나로 합침, 융해하여 화합함이다. 융합은 서로 다른 기술이나 산업분야 간에 효율과 성능 개선 등을 목적으로 결합됨으로써 존재하지 않았던 새로운 기능이나 서비스를 창출한다. 기술과 산업차원에서 융합이 된다.

정보통신기술(ICT)이 서비스에서 산업으로 발전됨에 따라 산업간 융합이 이루어지고 있다. 우리나라의 가장 경쟁력을 갖고 있는 자동차, 조선, 건설, 의료, 문화스포츠 산업과 정보통신기술 산업간 융합이 활발하게 이루어지고 있다. 산업간 융합은 서로 다른 산업들이 결합ㅂ되어 개별 산업의 특성이 보완되므로 새로운 가치를 갖는 제품이 탄생한다.

산업간 융합은 정보통신기술의 활용이 확대되고 다른 산업분야의 기술에 정보통신기술의 활용도가 증가하면서 산업간 경계가 무너지고 있다. 다른 산업분야가 정보통신기술을 내재화함으로써 새로운 서비스를 창출한다. 다른 산업 내에 정보통신기술이 하나의 기능으로 자리잡는다.

정보기술과 건설산업의 융합은 정보기술을 활용하여 건축물의 관리에 혁신적인 변화의 바람을 일으키고 있다. 업무용 건축물이 지능형 건축물로 변신되고, 주거용 건축물은 홈 네트워크로 지능화되고 있다. 건축물의 지능화와 더불어 교통시설이 지능화되므로 도시공간이 유비쿼터스 도시로 변천되고 있다. 유비쿼터스 도시의 등장으로 정보기술과 도시공간의 융합이 더욱 가속화될 것이다.

건설산업 분야에서 정보기술을 활용하는 방안에는 기업경영 도구로 이용하는 방안과 건설산업에 사용되는 자재나 시설에 정보기술을 융합하는 방안이 있다.

건설회사는 기업경영도구로 정보시스템을 활용하여 생산성과 효율성을 증대시키고 있다. 정보시스템으로 ERP와 KMs 시스템을 활용하고, 본사와 자재 공급업체, 협력업체의 협업체계 강화를 위한 SCM, 고객관리를 위한 CRM이 도입 중이다.

건설산업에서 사용하거나 운용하는 자재난 시설에 태그나 센서를 부착하여 형황 및 실황정보를 원격으로 언제 어디서나 감지하고 있다. 앞으로 FRID/USN 등 유비쿼터스 정보기술이 발달하면 이 분야의 발전이 눈부실 것으로 예상된다.

건설자재에 RFID 태그 시스템을 적용하여 효율적으로 자재를 관리할 수 있다. 유비쿼터스 센서 네트워크를 기간시설이나 공공시설에 부착하면 시설물 관리의 생산성을 크게 향상시킬 수 있다. IT산업과 도시공간을 융합시켜 모든 시설물을 지능화하는 산업이 유비쿼터스 도시이다.

5.5.3 융합방안

도시공간 시설과 유비쿼터스 기술을 합치는 방안에는 종합화, 통합화, 융합화가 있다. 종합화는 물리적 공간의 공용화이다. 이는 공동구를 구축하여 지하시설물이 함께 사용하는 방인다. 통합화는 도시 공간에 분포되어 있는 시설물을 통합하는 단계이다. 도로변에 시설되어 있는 가로등, 신호등, 교통시설물, 통신설비 등을 하나의 기둥에 설치하는 것이다. 지능형 기둥을 시설하여 공용화와 기능의 통합을 이루는 단계이다. 융합화는 도시공간의 시설물에 RFID 태그나 센서를 부착하여 지능화를 이루는 단계이다. 이 단계에서 유비쿼터스 도시가 구현된다.

가) 물리적 공간의 공용화(공동구)

도시의 물리적 공간의 하나인 지하시설물을 공용화하는 것이 기본이다. 지하시설물을 공용화하는 시설이 공동구이다. 공동구는 도로를 근간으로 상수도, 하수도, 전력, 가스, 통신, 열배관 등을 공용화 한다.

공동구는 지하매설물을 공동 수용함으로써 미관의 개선, 도로구조의 보전 및 교통의 원활한 소통을 기하기 위하여 지하에 설치하는 시설물을 말하며, 지하에 실비를 수용할 수 있는 기초시성을 의미한다.

〈그림 5.13〉 공동구의 구조도 예

공동구는 공동구 본체, 분기구, 재료 반입구, 환기구, 출입구, 부대시설, 부속물 등으로 구성된다. 공동구 본체는 공동구 자체 콘크리트 구조물을 말한다. 분기구는 전기, 통신, 오수, 급수 및 상수, 소방, 난방 등 공급시설의 일부가 분기하기 위하여 공동구의 단면 또는 형태를 변화시키는 부분을 말한다.

나) 물리적 시설의 기능 통합(통합 IP 폴)

통합 IP 폴은 도시공간에 시설될 기간시설 및 공공시설과 통신설비를 물리적으로 공용화하여 기능을 통합하는 시설이다. 통합 IP 폴은 가로등, 통신설비, 센서설비, 장비보호용 함체, 전원장치 등으로 구성된다. 가로등은 도로 조명, 경관 조명 기능을 한다. 통신설비는 센서설비나 CCTV 등의 장치로부터 정보를 수집하여 도시통합운영센터로 전송하기 위한 시설로서 주로 무선랜 AP(Access Point)가 설치된다.

센서설비는 다양한 센서장치들이 부착된다. 장치보호용 함체는 외부함체를 사용하는 경우와 가로등 몸체 내부에 설치하는 방식이 있다. 전원장치는 주간에 전력이 공급되지 않는 가로등의 경우 센서설비 및 통신망 장치를 위한 별도의 상시 전원장치를 설치한다. 기타 서비스와 관련하여 디스플레이 장치, 음향장치 등을 설치한다.

또한 전력제어를 자동화하고, 원격 장애관리, LED등을 이용한 경관조명 등 다양한 기능을 수행한다. 무선으로 원격 IP 제어를 할 수 있는 첨단 가로등을 설치하여 LED 조명을 이용한 무드 · 이벤트 경과조명서비스와 재난방송 등 복합적인 서비스를 제공한다.

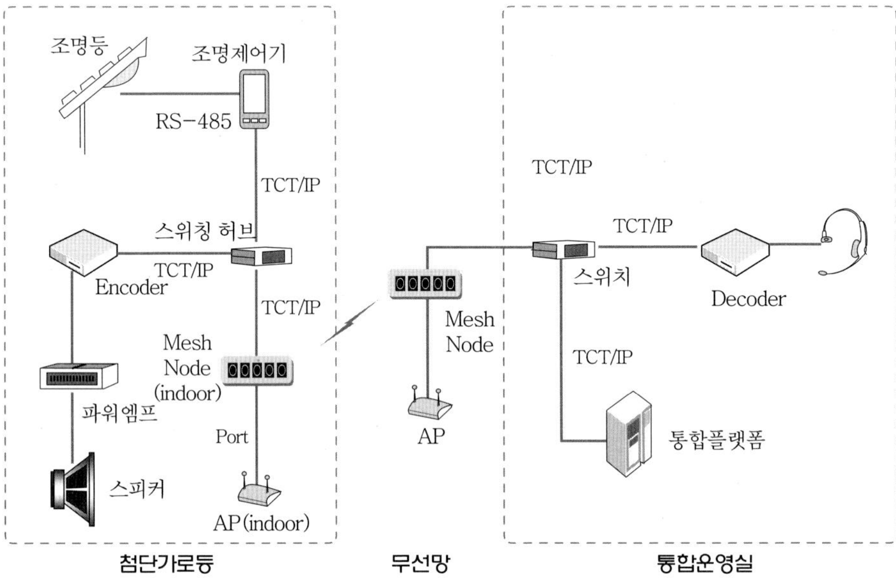

〈그림 5.14〉 u-청계천 통합 IP 폴 시스템 구성도

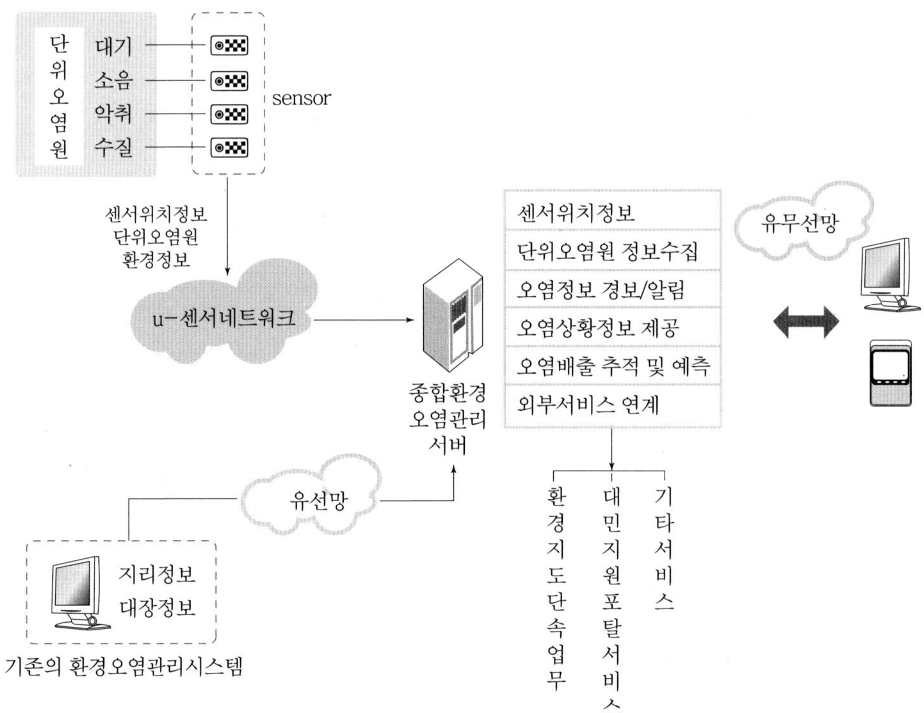

〈그림 5.15〉 서비스 구성도

다) 도시공간과 유비쿼터스 기술의 융합

환경오염관리 서비스는 종합적인 단위환경오염원 관리를 위한 종합환경오염관리 서비스이며, 도시에서 발생하는 각종 환경정보를 종합적으로 모니터링하고, 분석하여 예방 및 대응, 복구가 가능한 통합환경정보관리체계를 구축함으로써 시민의 삶의 질을 향상시키기 위한 서비스이다.

대기, 수질, 토양, 생태, 폐기물, 녹지 등 단위별 오염물질 실시간 모니터링, 오염배출 추적, 사전 예방 등을 통해 지역주민에게 쾌적한 생활환경을 제공해주는 서비스이다.

〈그림 5.15〉는 도시공간과 유비쿼터스 기술 융합에 기반한 서비스 구성의 한 예이다.

5.6 u-City 전망

지금 전 세계적으로 활발히 추진되고 있는 u-IT연구와 상용화 사례를 통해 미래 사회의 모습이 어떻게 변화될 것인가를 전망해 본다.

1) u-IT는 우리 신체에 이식되거나 착용되는 형태로 제품화되면서 인간의 모습에 상당한 변화를 가져올 것으로 전망된다. 즉, u-IT는 신체적 한계를 극복하는 인간상과 유비 노마드(ubi-Nomad), 디지털 노마드 등의 첨단 이미지의 인간상을 창조하게 될 것이다.

2) u-IT는 다양한 분야에 새로운 제품과 서비스를 등장시키면서 일상생활 전반을 더욱 편리하고 안전하고 효율적으로 변화시킬 전망이다. 즉 사무 및 가정생활을 위한 공간에 첨단 장비 및 가전제품이 도입 · 적용되면서 생활공간은 유비쿼터스 공간으로 변화하고, u-IT는 사물간의 커뮤니케이션으로 서비스의 첨단화, 제품의 용도 확대, 생체정보 활용의 확대, 건강관리 서비스의 일상화 등이 실현되면서 지능형 생활 서비스가 사회 전반으로 확산될 전망이다. 또한 첨단 기술의 개발, 기존 기술과의 융합 등을 통해 지금까지 경험해 보지 못한 다양한 신규 서비스가 등장할 것이다.

3) 이렇게 u-IT는 새로운 인간상과 다양한 생활 서비스를 창출하면서 우리 삶의 모습을 보다 발전된 방향으로 이끄는 중요한 수단이 될 전망이다.

유비쿼터스 네트워킹 기술이 조래하는 일종의 IT 혁명은 조용하게 추진될지 모르나 그것이 가져올 파급효과는 아주 클 것으로 예견된다. 유비쿼터스 컴퓨팅 혁명은 새로운 지식정보국가 건설과 자국의 정보산업 경쟁력 강화를 위한 핵심 패러다임이라는 인식하에 미국, 유럽, 일본의 정부뿐만 아니라 이들 국가의 기업과 주요 연구소들이 유비쿼터스 관련 기술을 앞 다투어 개발하고 있다.

미국은 자국의 정보산업 경쟁력 유지를 위해서 1991년부터 유비쿼터스 컴퓨팅 실현을 위한 연구개발을 하고 있으며, 그러한 계획의 일환으로 국방부 산하 고등연구계획국과 국가기술표준원(NIST)의 정보기술 운용국(ITAO)이 연구자금을 지원하고 있다. 또한, 정부기관과 대기업의 자금 지원으로 MIT, CMU 등의 주요대학과 HP, MS, IBM 등의 민간기업 연구소에서 다양한 프로젝트를 수행하고 있다. 미국은 주로 유비쿼터스 컴퓨팅 기술과 조기 응용개발에 중점을 두고 있으며, 특히 일상생활 공간과 컴퓨터간의 자연스런 통합이 가능한 HCI(Human Computer Interaction) 기술과 표준 개발을 핵심 요소로 인식하고 있다.

그리고 일본은 자국이 국제 경쟁력을 확보하고 있는 광, 모바일, 센서, 초소형 기계장치, 가전, 부품, 재료, 정밀가공 기술 등을 연계시켜 조기에 유비쿼터스 네트워크를 구현하여 세계 최첨단 IT 국가를 실현하고, 최근에 약해지고 있는 자국의 국가 경쟁력을 강화하기 위한 야심찬 계획을 추진하고 있다. 일본의 전략은 미국의 강점 분야인 컴퓨터, 소프트웨어 등의 핵심기술도 중요하지만, 마이크로 센서기술을 이용한 사람과 사물간의 통신 그리고 그와 관련된 주변기술도 중요하다고 인식하고 있다. 이렇듯 일본은 유비쿼터스 네트워크 사회의 실현이 새로운 산업 및 비즈니스 시장의 창출과 편리하고 풍요로운 Life Style의 실현 그리고 일본이 직면하고 있는 고령화 문제 및 교통 혼잡, 지진, 환경 관리 등을 해결하는데 기여할 수 있다고 보고 있는 것이다.

하지만 언급한 바와 같이, 미국과 일본은 유비쿼터스 컴퓨팅 기술개발 방향과 전략에서 약간의 차이를 보이고 있다. 즉 미국이 최첨단 컴퓨터와 소프트웨어 기술력을 토대로 바이오기술과 나노기술의 응용을 통해 정보통신 기술을 새로운 차원으로 발전시켜 유비쿼터스 컴퓨팅을 구현하려고 하는 반면, 일본은 자국이 보유한 기술력과 자원을 네트워크화 함으로서 유비쿼터스 컴퓨팅을 조기에 확산시키는 전략을 수립하고 있다.

한편, 유럽은 유럽 공동체가 중심이 되어 2001년에 시작된 정보화사회기술계획의 일환으로 미래기술계획에서 자금을 지원하는 '사라지는 컴퓨팅 계획' 을 중심으로 주변의 일상 사물에 센서 · 구동기 · 프로세서 등을 내장시켜 사물 고유의 기능 외에 정보처리 및 정보교환 기능이 증진된 정보 인공물을 개발하여 새로운 가능성과 가치를 창출하고, 궁극적으로는 인간의 일상 활동을 지원 및 향상 시킬 수 있는 환경을 구축하는 것을 목표로 하고 있다. 유럽은 이러한 프로젝트의 수행과정에서 유비쿼터스 컴퓨팅 혁명에 대한 대응전략을 모색하고 있다.

즉, 각국 정부는 미래 기술의 실용화에 대한 공격적인 연구개발 및 실험을 통하여 유비쿼터스 컴퓨팅 기술의 조기 일상 생활화를 추진하고 있으며, 컴퓨팅이 생활화를 통하여 새로운 거대 IT 시장의 출현을 준비하고 있는 것이다.

이제 u-City는 지역 특성을 고려한 자연 환경 기반의 도시구축과 시공간 정보 제공으로 쾌적한 삶의 질을 높이는데 크게 기여할 것이다. 더 나아가 'Smart-Korea 건설' 의 초석이 될 것임에 틀림없다. 친환경 첨단 유비쿼터스 도시의 고도화 건설은 국가경제의 새로운 성장 원동력이 될 것으로 생각한다. 향후, 우리나라 u-City 관련 산업의 시장 규모를 전망해 보면 〈그림 5.16〉과 같다.

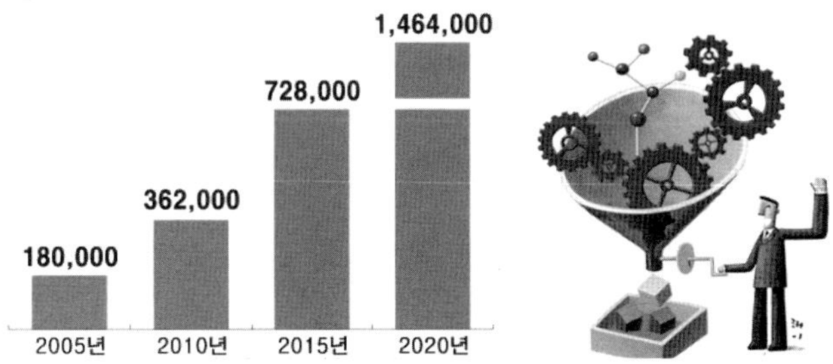

〈그림 5.16〉 우리나라 u-City 관련 산업 시장규모 전망(단위, 억원)

특히 정부에서 저탄소 에너지 절약형 신도시를 조성하고 있는데, 기본방향은 친환경 토지이용, 녹색교통체계, 자연생태, 에너지 효율화, 자원순환의 5대 부문이다.

5대 부문을 고려하여 추진하고 있는 지역을 살펴보면 다음과 같다.

가) 동탄 2신도시

동탄 2신도시는 바람길을 고려한 토지이용, 물순환체계, 친환경건축 등의 생태환경도시시스템, 신교통수단 도입, 자전거이용확대, 복합환승센터 등의 저탄소 도시 시스템, 태양광 · 태양열, RDF(Refuse Derived Fuel, 폐기물고형연료), 환경기초시설 집적화 등의 신재생에너지 이용시스템이라는 3가지 시스템을 통해 저탄소 녹색도시를 구현할 계획이다.

특히, 동탄의 자연지형 및 자연자원(해, 흙, 바람, 물)을 활용한 에너지 자립형 주거 단지(695천m^2) 조성을 통해 에너지 사용량 연 5,745 TOE* 및 이산화탄소 8천톤을 절감할 수 있게 된다. TOE(Ton of oil Equivalent ; 석유환산통)은 각종 에너지자원들을 원유 1톤이 발열하는 칼로리(1,000만kcal)를 기준으로 표준화한 단위이다.

생태환경 도시 시스템　　저탄소 도시 시스템　　신재생에너지 이용 시스템

〈그림 5.17〉 동탄 2신도시

나) 인천검단 신도시

인천검단 신도시의 친환경에너지타운은 약 25만m^2 규모로, 블록형 단독주택이 에너지 저소비형 건축물(패시브 하우스)로 조성되며, 태양광, 태양열 등의 신재생에너지가 도입된다. 또한 신재생에너지는 태양광 발전시스템과 태양열 설치시스템의 설치공간을 고려하여 단독주택 및 공공시설에 설치하여 전력과 급탕을 공급할 계획이다.

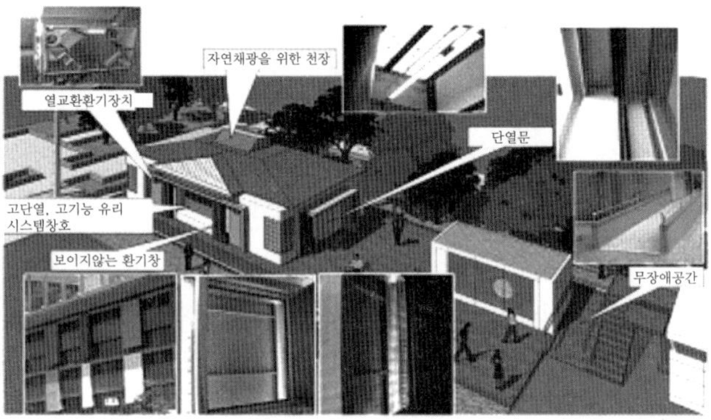

기계적인 냉난방 시스템을 사용하지 않고, 순수하게 건축계획으로 건물내부의 냉난방을 조절하여 쾌적한 실내환경을 획득하는 건축물

〈그림 5.18〉 패시브 하우스(Passive House)

시범단지는 계절별 주풍향인 북동·남서 방향의 바람길을 확보하고, 한남정맥과 나진포천이 위치하여 열섬을 완화시킬 수 있는 곳에 선정할 계획이며, 모든 블록형 단독주택에는 고단열, 고기밀, 고효율 창호 및 폐열회수 환기장치 등을 도입하여 난방에 소요되는 에너지를 90%까지 절약할 계획이다.

인천검단신도시는 바람길을 고려한 녹지 및 수공간체계 구성, TOD(대중교통지향형개발) 개념의 컴팩트 시티 도시구조, 자전거 인프라 확대, 패시브하우스 건축 도입, 신재생에너지 사용 확대 등을 추진한다.

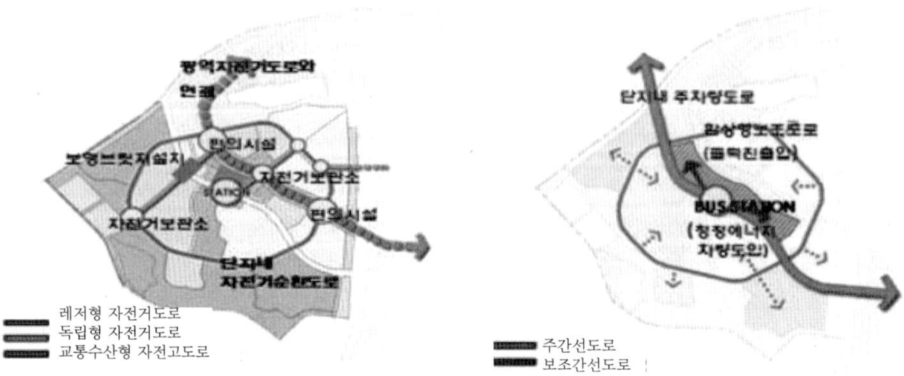

보행 및 자전거 이용 활성화 계획　　　녹색교통 및 편리한 대중교통체계 계획

〈그림 5.19〉 검단 신도시

검단신도시내 Zero Energy Town(315천m^2) 시범단지에는 패시브하우스와 태양광, 태양열 등의 신재생에너지를 활용하여 에너지 사용량 연 284TOE 및 이산화탄소 5천톤을 절감할 수 있게 된다.

다) 아산 신도시

아산 신도시는 도시계획적 기법과 건물에너지 저감기법, 신재생에너지 적용기법 등이 융합된 저탄소 신도시로 조성할 계획이다. 계획단계에서 녹지축, 수계축, 바람길등을 활용한 도시 환경부하 저감방안(열섬완화 등)을 마련하고 에너지효율화 설계기법을 통해 도시 및 건물의 에너지 부하를 최소화하게 한다.

최대 40%의 에너지 절감 및 30%의 이산화탄소 배출 저감효과가 있다. 또한, 도시전체에서 발생하는 폐기물을 에너지화하는 방안 및 하수처리장 등 환경기초시설의 에너지자립화 방안 등 자원순환 시스템도 구축할 계획이다.

일조·채광을 고려한 단지배치 및 설계　　　　쓰레기 집하시설

〈그림 5.20〉 아산 신도시

라) 행복도시

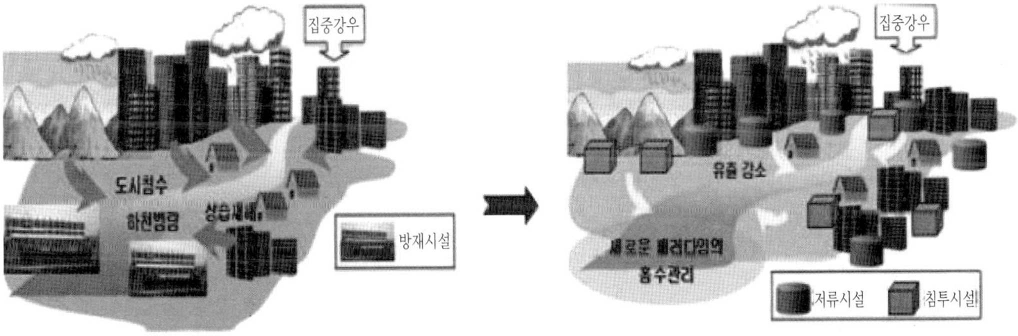

기존 집중형 빗물관리　　　　분산형 빗물관리

〈그림 5.21〉 행복도시

행복도시는 새로운 패러다임의 분산형 빗물관리를 통하여 도시전체의 물관리에 소요되는 에너지를 구조적으로 줄이고 물자급율을 높이는 등 기후변화에 대응한 저탄소 모델도시로 만들 계획이다. 기존의 물관리 방법은 하천하류에 위치한 대규모 시설을 이용하여 관리하는 집중형 관리방식이었으나, 기후변화에 대비하고 에너지를 적게 쓰기 위해서는 분산형의 빗물관리로의 전환이 필요하다.

【약어 정리】

A ▶

AAA : Authentication, Authorization, Accounting
ACAP : Advanced Common Application Platform
ADS : Active Double Star
A-GPS : Assisted Global Positioning System
AI : Application Interface
AMC : Adaptive Modulation and Coding
AODV : Ad-hoc On Demand distance Vector routing
AON : Active Optical Network
AP : Access Point
APTS : Advanced Public Transportation System
ARPU : Average Revenue Per Unit
ATM : Asynchronous Transfer Mode
ATIS : Advanced Traveler Information System
ATMS : Advanced Transfer Management System
ATSC : Advanced Television System Committee
ATSC-DASE : ATSC Digital TV Application Software Environment
ATVET : Advanced TV Enhanced Forum
AVCS : Advanced Vehicle Control System

B ▶

BAN : Body Area Network
BcN : Broadband convergence Network
BCAST : Broad CAST
BCS : Broadcasting Satellite Service
BER : Bit Error Rate
BIFS : Binary Format for Scene
BoD : Bandwidth on Demand
BRAN : Broadband Radio Access Networks
BSAC : Bit Sliced Arithmetic Coding
BWS : Broadcasting Web Site

C ▶

CA : Conditional Access
CAS : Conditional Access System
CBR : Constant Bit Rate
CELP : Code Excited linear Predication
CMTS : Cable Modem Termination System
CP : Content Provider
CQI : Channel Quality Indicator
CRC : Cyclic Redundancy Check
CVO : Commercial Vehicle Operations
CSMA/CA : Carrier Sense Multiple Access/Collision Avoidance
CSMA/CD : Carrier Sense Multiple Access/Collision Detect
CT-2 : Citizen band -2
CVSD : Continuous Variable Slope Delta Modulation

D ▶

DCS : Digital Cellular System
DECT : Digital Enhanced Codeless Telecommunication
DEM : Digital Elevation Model
D-GPS : Differential Global Positioning System
DIS : Driver Information System
DMB : Digital Multimedia Broadcasting
DMC : Digital Media Center
DPS : Data Push System
D-QPSK : Differential-Quadrature Phase Shift Keying
DRS : Disaster Recovery System
DSB : Digital Sound Broadcasting
DSG : DOCSIS Set-top Gateway
DSL : Digital Subscriber Line
DSP : Digital Signal Processing
DSRC : Dedicated Short Range Communication
DSSS : Direct Sequence Spread Spectrum
DVB-NIP : DVB -Network Independent Protocol

E ▶

EBU : European Broadcasting Union
E-DCH : Enhanced uplink Dedicated Channel
EG : Exploratory Group
EIRP : Effective Isotropic Radiated Power
eMBMS : evolved Multimedia Broadcast Multicast Service
EMM : Entitlement Management Message
EMS : Event Management System
EPC : Electronic Product Code
EPC IS : Electronic Product Code Information Service
EPG : Electronic Program Guide
ERP : Enterprise Resource Planning
ETCS : Electronic Toll Collection System
ETSI : European Telecommunication Standards Institute
EVDO : Evolution Data Only/Evolution Data Optimized

F ▶

FCC : Federal Communication Commission
FHSS : Frequency Hop Spread Spectrum
FH/TDD : Frequency Hop/Time Division Duplex
FIC : Fast Information Channel
FTTB : Fiber To The Building
FTTC : Fiber To The Curve
FTTH : Fiber To The Home
FSN : Full Service Network
FSS : Fixed Satellite Service

G ▶

GFSK : Gaussian Frequency Shift Keying
GIS : Geographic Information System
GMPLS : Generalized Multi Protocol Label Switching
GPR : Ground Penetrating Radar
GPS : Global Positioning System
GSM : Global System for Mobile communication
G-TAG : Global TAG
GTS : Generalized Traffic Shaping

H ▶

HA : Home Automation
HARQ : Hybrid Automatic Repeat reQuest
HAVi : Home Audio Interoperability
HCI : Human Computer Interaction
HDTV : High Definition Television

HE : Haed End
HFI : Hands Free Interface
HR : High Rate
HRMIS : Human Resource Management Information System
Home PNA : Home Phone-line Networking Alliance
HS-DPCCH : High Speed Dedicated Physical Control Channel
HS-DSCH : High Speed Downlink Shared Channel
HSPA : High Speed Packet Access
HS-PDSCH : High Speed Physical Downlink Shared Channel
HS-SCCH : High Speed Shared Control Channel
HuD : Head-up Display

I ▶

IANA : Internet Assigned Numbers Authority
IBOC : In Band On Channel
IEEE : Institute of Electrical and Electronics Engineers
IETF : Internet Engineering Task Force
IIF : IPTV Interoperability Forum
IMCS : In-building Mobile Communication System
IPPV : Impulse Pay Per View
IPTV : Internet Protocol Television
IPv4 : Internet Protocol version 4
IPv6 : Internet Protocol version 6
IrDA : Infrared Data Association
ISM : Industrial, Science, Medical
ISO : International Organization for Standardization
ITS : Intelligent Transport System
iTV : interactive Television

L ▶

LBS : Location Based Services
LiDAR : Light + Radar
LLC : Logical Link Control
LPC : Linear Predictive Coding
LR : Low Rate
LTE : Long Term Evolution

M ▶

MAC : Media Access Control
MAN : Metropolitan Area Network
MANET : Mobile Ad-hoc Network
MBCo : Mobile Broadcasting Corporation
MBS : Multicast Broadcast Service
MBMS : Multimedia Broadcast Multicast Service
MBWA : Mobile Broadband Wireless Access
MCS : Modulation and Coding Selection
MDC : Multimedia Development Corporation
MEMS : Micro Electro Mechanical System
MHEG : Multimedia & Hypermedia information coding Experts Group
MPEG-2 TS : MPEG-2 Transport Stream
MHEG-4 AVC : MPEG-4 Advanced Video Coding
MHEG-4 BSAC-ER : MPEG-4 Bit Sliced Arithmetic Coding-Error Resilient
MHP : Multimedia Home Platform
MIMO : Multi Input Multi Output
ML : Maximum Likehood
MMoIP : Multimedia over IP
MOT : Muktimedia Object Transfer
MPLS : Multi Protocol Label Switching
MP-MLQ : Multi-pulse, Multi-level Quantization
MSC : Main Service Channel
MSO : Multiple System Operator
MWN : Municipal Wireless Network

N ▶

NATO : North Atlantic Treaty Organization
NAV : Network Allocation Vector
NCAP : Network Capable Application Processor
NGN : Next Generation Network

O ▶

OAM : Operation & Maintenance
OCAP : Opencable Common Application Platform
OD/BIFS : Object Descriptor/BInary Format for Scenes
ODMA : Opportunity Driven Multiple Access
ODN : Optical Distribution Network
OFDM : Orthogonal Frequency Division Multiplexing
OLT : Optical Line Termination
OMA : Open Mobile Alliance
ONU : Optical Line Unit
ONS : Object Name Service
OOK : On-Off Keying
OSGi : Open Services Gateway initiative
OSI : Open Systems Interconnection
OXC : Optical Cross Connect

P ▶

PAL : Protocol Adaptation Layer
PC : Point Coordinator
PCS : Personal Communication System
PDS : Passive Double Star
PDSCH : Physical Downlink Shared Channel
PFD : Power Flux Density
PG : Project Group
PLC : Power Line Communication
PML : Product Markup Language
PMP : Portable Multimedia Player
PNA : Phoneline Networking Alliance
PND : Personal Navigation Device
PON : Passive Optical Network
PPV : Pay Per View
PSIP : Program and System Information Protocol
PSTN : Public Switched Telephone Network
PTP : Point To Point
PVR : Personal Video Record

Q ▶

QoS : Quality of Service

R ▶

RAN : Radio Access Network

RFID : Radio Frequency IDentification
RI : Reader Interface
RS : Reed Solomon
RTP : Real-time Transport Protocol

S ▶

SCM : Supply Chain Management
SCTE : Society of Cable Television Engineers
SDR : Software Defined Radio
SDMA : Spatial Division Multiple Access
SFC : Space Frequency Code
SFS : Smart Frequency Selection
SI : System Information
SIG : Special Interest Group
SIM : Subscriber Identity Model
SIR : Serial Infra Red
SLA : Service Level Agreement
SNR : Signal to Noise Ratio
SNS : Social Neiworking Service
SoC : System on Chip
SoIP : Service over Internet Protocol
SPP : Project Monitoring System
SS : Single Star
STB : Set Top Box
STBC : Space Time Block Code
STTC : Space Time Trellis Code
SWAP : Shared Wireless Access Protocol

T ▶

TA : Trade Association
TCP : Transmission Control Protocol
TDMA : Time Division Multiple Access
TMS : Task Management System
TPS : Triple Play Service
TTA : Telecommunication Technology Association
TTS : Text To Speech

U ▶

UC : Unified Communications
UDP : User Datagram Protocol
UIM : User Identity Model
UIS : Urban Information System
UPnP : Universal Plug and Play
USN : Ubiquitous Sensor Network
USP : Ubiquitous Sensor Port
u-ZM : u-Zone Master
u-ZMOS : u-Zone Master Operation Software
UWB : Ultra Wide Band

V ▶

VBI : Vertical Blanking Interval
VDSL : Very High bit-rate Digital Line
VoIP : Voice over Internet Protocol
VPN : Virtual Private Network
VSI : Vertical Side Band

W ▶

WAN : Wide Area Network
WDM-PON : Wavelength Division Multiplexing - PON
WECA : Wireless Ethernet Capability Alliance (cf : 2002년 에 WiFi로 변경)
WG : Working Group
Wi-Fi : Wireless Fidelity
WiMAX : World Interoperability for Microwave access
WLAN : Wlreless Local Area Network
WPAN : Wireless Personal Area Network
WRC : World Radio communication Conference

숫자 ▶

1 : 1 : Point to Point
I : N : Point to Multipoint
3GPP : 3rd Generation Partnership Project
3GPP2 : 3rd Generation Partnership Project 2
4A : Anything, Anytime, Anywhere, Anyone

【찾아보기】

ㄱ ▶

ㄴ ▶

ㄷ ▶

ㅁ ▶

ㅅ ▶

ㅇ ▶

ㅈ ▶

ㅊ ▶

ㅌ ▶

ㅍ ▶

A ▶

B ▶

D ▶

E ▶

F ▶

G ▶

H ▶

I ▶

J ▶

송면규
(kosinsong@hanmail.net)
공학박사
경원대학교 전자공학과
(사)IIA IT Promotion Agency, President

저서
통신시스템, 모바일시스템, 방송통신기술 요론
유비쿼터스 기반기술과 응용 외 다수

유비쿼터스 어플라이언스
Ubiquitous Appliance

1판 1쇄 인쇄　2011년 2월 21일
1판 1쇄 발행　2011년 2월 28일

지은이　송면규
펴낸이　윤용호
펴낸곳　석학당출판사

출판등록 2001. 10. 23 제10-2238호
주소　121-865 서울시 마포구 신수동
448-6 한국출판협동조합내
전화　02)719-6116
팩스　02)719-6120
E-mail　shd6116@chol.com
값　25,000원
ISBN　978-89-93158-33-5　93560